国外生命体领域的创新信息

张明龙　张琼妮　著

知识产权出版社

全国百佳图书出版单位

图书在版编目(CIP)数据

国外生命体领域的创新信息 / 张明龙,张琼妮著.—北京:知识产权出版社,2016.9
ISBN 978 – 7 – 5130 – 4475 – 2

Ⅰ.①国…　Ⅱ.①张…②张…　Ⅲ.①生命科学—普及读物　Ⅳ.①Q1 – 0

中国版本图书馆 CIP 数据核字(2016)第 224033 号

内容提要

本书以现代生命科学理论为指导,系统考察国外生命体领域的创新成果,本书着手从国外现实创新活动中搜集、整理有关资料,博览与之相关的论著,细加考辨,取精用宏,在充分占有原始资料的基础上,抽绎出典型材料,精心设计成研究生命体领域创新信息的思维脉络和框架结构。本书分析了国外在原核生物、真核微生物和非细胞型微生物方面的创新信息;分析了植物生理与生态、粮食作物和经济作物等方面的创新信息;还分析了动物生理与生态、哺乳动物、鸟类、爬行动物与两栖动物、鱼类、节肢动物,以及其他无脊椎动物等方面的创新信息。本书以通俗易懂的语言,阐述生命体领域的前沿学术知识,宜于雅俗共赏。本书适合生物资源开发人员、生物工程人员、医学研究人员、高校师生和政府工作人员等阅读。

责任编辑:王　辉　　　　　　　　责任出版:刘译文

国外生命体领域的创新信息
GUOWAI SHENGMINGTI LINGYU DE CHUANGXIN XINXI

张明龙　张琼妮　著

出版发行:知识产权出版社有限责任公司　　网　　址:http://www.ipph.cn
　　　　　　　　　　　　　　　　　　　　　　　　　http://www.laichushu.com
电　　话:010 – 82004826
社　　址:北京市海淀区西外太平庄 55 号　　邮　　编:100081
责编电话:010 – 82000860 转 8381　　　　　责编邮箱:wanghui@cnipr.com
发行电话:010 – 82000860 转 8101/8029　　发行传真:010 – 82000893/82003279
印　　刷:三河市国英印务有限公司　　　　经　　销:新华书店及相关销售网点
开　　本:720 mm×1000 mm　1/16　　　　印　　张:25
版　　次:2016 年 9 月第 1 版　　　　　　　印　　次:2016 年 9 月第 1 次印刷
字　　数:400 千字　　　　　　　　　　　定　　价:78.00 元
ISBN 978 – 7 – 5130 – 4475 –2

前　言

　　现代生命科学研究表明,基因、蛋白质和细胞构成生命基础,由此起始,出现了微生物、植物和动物等生命体。微生物中的病毒,只含有基因和蛋白质两个生命基础要素,有的像朊病毒,甚至仅由蛋白质构成。除病毒以外的其他微生物,如细菌、酵母菌、霉菌、藻类等,与植物和动物一样,都同时含有基因、蛋白质和细胞三个生命基础要素。微生物除蕈类真菌外,它与动植物的显著差别是,个体微小,通常无法用肉眼来观察。植物和动物,虽然都含有三个生命基础要素,但是,两者之间的基因、蛋白质和细胞却存在着很大差异。就细胞来说,动物细胞缺少植物细胞中的细胞壁,也不含叶绿体,而且囊状液泡也不像植物细胞那样明显。这使得动物不能像植物那样,可以把无机物合成为有机物,它只能通过吃下有机物,用以维持和延续自己的生命。21 世纪以来,生命现象,特别是生命体及其生态状况,引起众多专家和学者的关注,他们从不同领域、不同角度,以及不同方法来研究生命体问题,从而使这方面的研究成果,在世界科技成果总量中占有很大比重,由此产生了丰富多彩的创新信息。本书把国外 21 世纪以来生命科学的研究成果作为考察对象,集中分析微生物、植物和动物等生命体方面的创新成果,在充分占有原始资料的基础上,抽绎出典型材料,精心设计成研究生命体领域创新信息的思维脉络和框架结构。本书由三章内容组成:

　　第一章　微生物领域研究的新进展

　　1. 国外在原核生物研究方面的新成果

　　(1)细菌生理及功能研究,揭示出幽门螺旋杆菌生理机制、痢疾杆菌生理机制、百日咳杆菌生理机制和金黄色葡萄球菌生理机制,破解了肠道菌群的生理现象、人体细菌生理现象和海洋细菌等生理现象,还发现了纳米比亚珍珠硫细菌、抗辐射菌、屎肠球菌等细菌具有的特殊功能。

　　(2)细菌种类研究,培育出降血压乳酸菌种、可部分替代抗生素的新益生菌,开发出首个可用的人造细菌菌株;发现含有新限制酶的细菌突变种、炭疽杆菌的新变种,以及一种生存在极端环境中的新型古生菌;还发现了一些有利于环境保护的新细菌。

　　(3)细菌开发利用方面的研究,利用细菌清除工业废水、汞、铀和卤代化合物等污染物质,利用细菌制造氢气、寻找海底石油,以及把一氧化碳变成燃料丙烷等来推进能源开发,利用细菌研制青蒿素、防病健康食品、杀虫剂、抗菌药物、减肥药物、单糖和乳酸等生物医用产品,同时,还利用开展各种实验活动。

（4）细菌致病及防治研究,揭开炭疽杆菌和白色念珠菌的致病机理,破解金黄色葡萄球菌、结核杆菌和绿脓杆菌的耐药机理。同时,发现人体拥有抵抗艰难梭菌的天然机制,研制对付 A 型链球菌、炭疽杆菌、李斯特菌、金黄色葡萄球菌和脑膜炎奈瑟菌等细菌的新疫苗,并开发出一系列抗菌灭菌新物质、检测细菌新技术,以及灭菌消毒新方法和新设备。

（5）蓝藻研究,从藻青菌基因组分析生物体光合作用的起源,发现微藻与巨型细菌可交换多个基因,发现单细胞藻类毒素的致病机制,发现高浓度二氧化碳影响海洋蓝藻的长期适应性。同时,培育出营养丰富的新型螺旋藻,开发有毒蓝藻暴发早期预警技术,利用转基因蓝藻可制造化学燃料。

（6）其他原核生物研究,开发钩端螺旋体的快速检测法;创造出人类历史上首个实验室合成支原体,并成功制造出人体生殖支原体;发现孕妇有衣原体性病将大幅度提高孩子患白血病概率,开发出沙眼衣原体的无细胞培养体系。

2. 国外在真核微生物研究方面的新成果

（1）真菌研究,发现真菌及所有食用菌类均会发光,发现地衣真菌具有丰富的多样性,揭示出真菌分布和多样性的全球模式。利用真菌降解塑料,研制出抗真菌疫苗,由土壤真菌研制出新药物。

（2）酵母菌研究,培育出耐盐碱酿酒酵母菌,从葡萄和木瓜中提取出新酵母菌,发现可生产石油、可用于乳酸品加工,以及能"永葆青春"的新酵母菌。发现酵母基因组中存在的新基因,并用高清三维图片等新技术推进酵母菌基因和细胞的研究。发现酵母菌可凭人类基因生存,还发现酵母菌在食品和卫生等方面的多种新用途。

（3）霉菌、食用菌与黏菌研究,发现霉菌中可提取治疗脊髓损伤和药用生物碱的物质,完成黑曲霉基因组测序计划;发现蘑菇中有益心脏的膳食纤维,发现灵芝对治疗艾滋病有辅助作用,发现某些食用菌重金属含量高;发现黏菌有可能成为一种新的制药资源。

（4）真核藻类研究,发现外来影响可改变团藻繁殖方式,发现褐藻合成酚类化合物的机制;利用海藻制成贺卡专用纸浆、海藻酒,以及万能型超级原材料。同时,利用海藻开发新能源产品和生物医用产品。

（5）原生动物研究,发现四膜虫可大幅消除食物中胆固醇,并发现它在生物技术领域的新用途;证实阿米巴虫能吃掉活肠道细胞,研究防治阿米巴虫污染的新措施;研制预防杜氏利什曼原虫寄生虫病疫苗,揭示枯氏锥虫制剂的抗癌机理。

3. 国外在非细胞型微生物研究方面的新成果

（1）病毒种类研究,发现一种能杀死癌细胞的无害病毒,发现有望帮助治愈乙肝的转基因病毒,并发现多种巨型病毒;还发现多种能使人和动物患病的新病毒,以及病毒特异核糖核酸片段和病毒新变异毒株。

（2）埃博拉病毒研究，探明埃博拉病毒感染细胞、让免疫系统"瘫痪"的致病机理，发现埃博拉病毒感染的关键蛋白质；发明快速、高效检测埃博拉病毒的新技术和新方法；开发出治疗埃博拉病毒的新药物。

（3）流感病毒研究，发现甲型流感病毒细胞内复制机制，发现流感病毒的分子结构细节，研制出甲型 H1N1 病毒三维模型、流感病毒预测模型，以及流感 A 病毒外壳模型；发现咳嗽往往包含大量流感病毒，发现海洋哺乳动物能感染甲流病毒；发明禽流感病毒快速检测法。

（4）古病毒研究，大胆假设远古病毒参与了人类进化；从 3 万年冻土中复活长达 1.5 微米的大病毒，从 700 年前粪便中复活病毒，还将复活封存 3 万年的史前巨型病毒。

（5）其他病毒研究，发现腺病毒的传播机理，揭开天花病毒的生化机制秘密；估计中东呼吸系统综合征冠状病毒暂不会大范围流行，找到新型冠状病毒从骆驼传染给人的直接证据；获得呼吸道合胞病毒三维图像。

（6）病毒抗体及病毒利用和防治研究，开发出预防西尼罗热等新疫苗，发现能阻断非典病毒、治疗亨德拉病毒和登革热病毒的新抗体。首次批准把病毒用作食品添加剂，把病毒改造成只杀死癌细胞的"安全卫士"，通过培育溶瘤细胞病毒来治疗癌症。研究检测病毒的新技术，研究防治病毒感染的新方法、新设备和新药物。

第二章　植物领域研究的新进展

1. 国外在植物生理与生态方面研究的新成果

（1）植物基因研究，发现控制植物茎干生长的基因，发现控制植物叶片生长的基因，发现决定和影响植物开花的基因。同时，创建植物基因组学研究平台，发现基因优势是植物显性遗传的原因，还从南极草中发现抗冻基因等。

（2）植物光合作用研究，发现植物合成能量过程能够促进光合反应，发现植物体内光合作用"单位"的立体结构，发现热带雨林中树木越高光合作用能力越强，发现调控植物光合作用的新"开关"，发现二氧化碳浓度增加会强化植物光合作用。同时，推进人工光合作用技术的开发，并编制出植物光合作用的蛋白质目录。

（3）植物生理研究，发现植物能通过装病躲避虫害进攻，发现阻碍植物生长素合成的抑制剂，发现植物能为授粉者提供食物奖励的授粉新方式，发现植物体内存在"信息通道"，发现蕨类植物通过合作决定性别比例，发现叶绿素能帮助植物加强自我防御，发现变异植物具有更强大的抗毒能力。揭开海洋植物生长、农作物增产和猪笼草"捕虫袋"的生理机制。发明观察植物生理现象的新技术，设计含有木质素植物可崩解的细胞壁。

（4）古今植物体研究，成功培育出远古植物的植株，从蕨类化石分析该类植物体的演化状况，确认发现白垩纪植物化石。同时，发现一棵携带有万年前遗传物质的云杉,发现罕见的巨型食肉猪笼草植株。

(5)热带雨林研究,研究表明热带雨林难以改变全球气候变暖的趋势;认为亚马孙森林正走向生物物理紊乱状态,认为亚马孙森林一半树种可能会"灭绝";发现热带森林损失远超联合国预期,发现热带雨林多样性生态系统面临严重退化。

(6)植物生态研究,发现空间联结良好的植物有利于抵抗疾病,发现砍伐湿地森林会让世界变得更潮湿,发现把非洲草原转为耕地将会得不偿失,发现月球引力或许能掌控地上植物的运动。发现生物多样性减少会导致植物分解速度放慢,发现生物多样性是生态系统稳定的关键。此外,还研究了植物生态与气候的关系,以及恢复和维护多样性植物生态的措施。

2. 国外在粮食作物方面研究的新成果

(1)粮食作物整体研究,认为全球30%粮食作物产量已达极限,尝试利用卫星数据估测粮食产量。研究能利用盐碱地的粮食作物,通过合理利用水资源来缓解粮食危机,开发更安全健康的功能性粮食。

(2)水稻研究,培育出抗寒水稻、抗洪水稻、节水型水稻、可制茉莉花香糙米的水稻、超级富含铁水稻、可加工成免煮即食大米的水稻、适合糖尿病人的水稻、不吸收重金属镉的水稻。同时,发现水稻籽粒容易脱落基因、稻瘟病病原菌遗传基因、水稻增产基因、抑制镉蓄积的水稻基因、水稻米粒变大基因。运用基因工程使盐碱地水稻高产、提高水稻耐盐性。

(3)麦类作物研究,培育抗盐小麦、高蛋白质小麦、可在盐碱地中维持高产的小麦,以及抗病高产的大麦和小麦。发现能控制小麦开花和大麦开花期的基因,发现小麦抗穗发芽基因,利用野生小麦基因提高营养含量,加强转基因小麦田间试验监管。另外,发现燕麦具有保健功效,发现人类食用燕麦可追溯至旧石器时代。

(4)玉米与高粱研究,开发出能抵抗条纹病毒的玉米、生物质含量高的玉米、维生素强化的玉米,以及抗盐碱性的高产玉米。揭开玉米身世之谜,敲定玉米驯化路线,发现由于数千年来的基因修饰让玉米变得无壳且美味。与此同时,批准"超级高粱"种植试验,还从高粱种子中提取出光致变色材料。

(5)薯类与豆类作物研究,开发出高功能甘薯淀粉;培育出可预防糖尿病马铃薯、含乙肝疫苗马铃薯、能够自动杀虫马铃薯、风味独特且有益健康的彩色马铃薯,以及优质高产马铃薯。培育抗芽腐病大豆,培育出转基因大豆新品种。

3. 国外在经济作物方面研究的新成果

(1)园艺作物蔬菜研究,开发营养健康与环境保护双效益的超级蔬菜,开发防治蔬菜软腐病的基因技术,把废弃防空洞改成蔬菜基地,尝试在海底培育蔬菜水果,打造机器人控制的无人蔬菜农场。培育出有药用价值西红柿、抗干旱西红柿、有柠檬和玫瑰香味西红柿,还培育成同时结出西红柿和马铃薯的植物。培育出有药用价值的辣椒,破解大蒜有性繁殖的难题,发现洋葱皮营养成分高。利用芥菜和拟南芥消除环境污染。培育出"超级保健"水芹和更利于钙吸收的胡萝卜,同时,发现嫩竹尖也是保健佳品。

（2）园艺作物花卉研究,延长牵牛花开花时间,破解矮牵牛花蓝色之谜,培育出黄色牵牛花。培育出世界上第一株蓝色玫瑰,发现对玫瑰花香形成至关重要的水解酶。培育出含青蛙基因的转基因杜鹃花,通过基因重组培育出蓝色大丽花。发现观赏植物马齿苋能分解环境荷尔蒙双酚A,发现一种能让花开得更鲜艳的蛋白质。

（3）园艺作物瓜果研究,从西瓜中提取高纯度西红柿红素,开发以南瓜为原料制成的新凝胶;发明测试水果棒曲霉菌的方法,研制出水果和蔬菜的烃类混合物保鲜剂,加紧酸性水果的基因测序和品种改良。同时,推进苹果、葡萄、柑橘、柚子、草莓、木瓜、石榴、李子和椰枣等水果的开发利用。

（4）纤维作物研究,开发"蛛丝"转基因棉花,运用基因技术促使棉籽除去毒性,开发出可食用的转基因棉籽。同时,开发出可避免杀死蚕蛹的抽丝新技术,培育生产人胶原蛋白的转基因蚕,培育成能吐出蛛丝纤维的转基因蚕,并成功地从野蛾茧中抽出长丝。

（5）油料和糖料作物研究,培育出含脂肪酸的转基因亚麻籽等新油料作物,发现油料作物渣滓可吸附重金属离子保生物健康;培育能长到3米高的超级甘蔗,发现使用钼可降低甘蔗种植成本,开发以甘蔗为主要原料的乙醇燃料。

（6）饮料与嗜好作物研究,发现茶叶有防治癌症的功能,有促进脊髓神经元复活、帮助减肥的用途,有预防自身免疫性疾病、老年痴呆症的功效,还有降低艾滋病病毒传染性的作用。找到决定咖啡品质的基因,并研制出以基因测试技术辨析可可豆优劣。发现嗜好作物烟叶能生产抗病毒抗体,能提炼治疗肾病的蛋白质,能制成抗艾滋病药物原料;同时,对吸烟损害身体健康研究有了新发现,戒烟研究也有了新进展。

（7）药用作物研究,发现小白菊提取物可治白血病,发现艾蒿能预防乳腺癌,利用菊科植物研制出抗疟疾新药,通过改变万寿菊基因组增强药用功效,开发出青蒿素生产新方法。发现银杏叶提取物有助于降低癌症罹患风险,并可研制保护大脑的药物。同时,推进栀子花果实、射干根茎、蓝莓、红豆杉紫杉醇、延胡索、天竺葵、常山、藏红花色水芹和楝树等药用成分的研究与开发。

（8）热带作物研究,把香蕉纤维变成织布原料,用香蕉植株废弃物生产纳米级纤维,发明利用香蕉秆造纸的技术,发现香蕉皮能净化水中重金属污染。把剑麻渣转化成可燃气体进行发电,从油棕渣滓中提炼出生物燃料,发现可制生物燃料的热带瓜类植物,用麻风树种子生产生物柴油。培育成功无异味榴梿,开发出可再利用的橡胶。

（9）其他经济作物研究,发现树木纤维素可做超级储能装置。大力发展燃烧值高而污染少的"能源草",培育出可以与主人进行交流的植物,发明阳光收集器解决柚木育种缓慢问题,把树木直接"种"成家具。

第三章　动物领域研究的新进展

1. 国外在动物生理与生态方面研究的新成果

(1)动物生理研究,找到动物的"驯化基因",通过改变蛋白开发出能操控动物行为的新技术,发现在动物生物钟中发挥主时钟作用的细胞。由鱼类研究首次证明生物荧光普遍存在于动物界,研究古鱼类发现体内受精生殖方式起源早于以往认知。发现哺乳动物血液中能够吸引食肉动物的气味分子,发现哺乳动物脑中的神经3D罗盘。发现布洛芬可延长实验动物的寿命。

(2)包括史前人类在内的古生物研究,通过史前女孩遗骸揭秘美洲人起源,发现史前奇特古生物怪诞虫的化石;发现最早期动物可能仅需少量氧气,认为动物因氧气原因崛起时间推迟十几亿年;研究表明北美史前巨兽灭绝与人类无关,提出西伯利亚火山爆发是史上最大物种灭绝的原因,研究显示海洋酸化可能造成史前生物大灭绝。

(3)动物生态关联性研究,揭示食草动物数量与植物防御机制的关联性,发现自然界动植物关联性的一个重要证据;发现动物变小与气候变暖存在关联性,证实海猴子等浮游动物迁移影响全球洋流,发现植食性昆虫会导致大气中二氧化碳浓度上升,发现海洋生物食物链可能会随着海洋酸化和变暖而崩溃;发现新烟碱类杀虫剂,可能对动物生态系统造成潜在连锁效应。

(4)动物生态与动物资源保护研究,发现大型陆生哺乳动物迁徙活动渐趋消失,发现生物多样性发生全球性改变,调查表明欧洲大型食肉动物数量回升,发现冷血动物适应全球变暖能力差,发现地盘大的动物物种抗灾能力并不强;在喜马拉雅山脉东段发现众多新物种,发现南极冰山正在改变当地海域富饶的生态环境。同时,用化学方法对付生态入侵问题;绘制大象DNA地图,绘制受气候变化影响的物种地图,建成最完整的生命树,建立灭绝动物克隆实验室。

2. 国外在哺乳动物方面研究的新成果

(1)哺乳动物研究,基因分析表明哺乳动物曾与恐龙同行,剖析雄性哺乳动物会杀死幼婴的现象;培育出无脂肪家畜,建立旨在减少家畜甲烷气体排放的"甲烷室",发明可检测畜产品毒素的生物传感技术。

(2)马科动物研究,培育出自体克隆马,发现马步形态各异源于基因突变;发现斑马条纹具有"晃晕"天敌的功能,认为斑马条纹的最大意义在于赶走苍蝇,认为区域气温与斑马条纹之间的关系最密切。

(3)牛科动物研究,用"连续细胞核转移"技术克隆出奶牛,利用耳部组织和胚胎组织克隆出水牛;完成牛的全基因组测序,完成"千头公牛基因组测序计划"第一阶段;利用基因技术提高牛肉的柔嫩度,利用转基因牛生产人体胰岛素,利用基因技术复制死亡16年的飞骣牛;利用从牛羊身上提取的活细胞组织培育人造耳,用35年前的冷冻精子通过人工授精孕育出小牛犊。此外,还对牛奶效用、牛病防治和牛舍设计等问题展开研究。

（4）羊亚科动物研究，培育出可防羊瘙痒病绵羊新品种，成功地使子宫移植实验绵羊怀孕；把人类基因移植到母山羊体内，用转基因山羊奶中提取的蛛丝纤维制成"防弹皮肤"；开发改性莱泽诺娃羊绒，研制出羊毛大豆纤维面料。

（5）猪科动物研究，破解克隆猪早亡的原因，培育出可生产抗癌辅助成分的克隆猪，培育出能治糖尿病的克隆猪，培育出发橙色光的克隆猪，用骨髓干细胞克隆猪获得成功，克隆出拥有人类免疫基因的迷你猪，利用体细胞克隆技术培育出无免疫力猪；运用基因技术成功研制出"绿色"猪肉，开发转基因猪胚胎的冷冻和保存新技术，率先把基因技术用于种猪选育，通过基因编辑技术把猪变成人类器官的捐献者。

（6）犬科动物研究，成功培育出雌性克隆狼。培育出紫外线下呈红色的转基因克隆狗，成功克隆"9·11"英雄搜救犬，首批克隆缉毒犬正式上岗。发现狗类并非真正的色盲动物，发现养狗可预防过敏，发现目光接触可确保狗在人心目中的地位。在狗身上发现遗传性癫痫基因，测序研究发现狗起源于东南亚。研制出营救犬独立完成搜寻营救任务的远程遥控装置。

（7）灵长目动物研究，培育出世界首批转基因猕猴，发现近亲繁殖竟有利于山地大猩猩繁衍；解释猩猩为何不能说话的原因，发现大猩猩会精心准备早餐，发现黑猩猩或具烹饪基本智力。从猴子身上成功复制抗艾滋病毒基因，证实两类艾滋病病毒源自大猩猩；放射性物质可致灵长类动物血液改变，研究发现猴子也会得早老症。

（8）其他哺乳动物分类研究，对老虎种类的划分及争议，利用声音分析软件帮助研究人员听声辨虎。研究表明猎豹和美洲狮捕猎时须维持能量平衡。发现大象嗅觉基因最多，长毛象基因组实现高质量测序，揭示猛犸象的"抗寒基因"，近亲繁殖或加速猛犸象灭绝。以红鹿皮毛为原料纺成超细天然纤维，表明驯鹿骨头提取物可治疗骨折，发现鹿茸干细胞具有用于再生医学和美容学特性。培育出体型跟狗一样大的超级兔子。从北极熊雪地足迹中提取出DNA，发现极地变暖让北极熊以海豚为食，发现新陈代谢无法让北极熊应对海冰消融。发现雌缟獴为了避免"杀婴"而选择同一天生育。发现老鼠新器官：颈部胸腺，发现大鼠孕期压力或可代代相传，揭示催产素会影响雌鼠行为，发现老鼠和人一样具有同情心，发现老鼠也有"后悔"情绪，绘出小鼠大脑皮层基因活性完整图谱；开发出光基因学新工具助盲鼠"重见天日"，揭示"不患癌症"的盲鼹形鼠相关基因。发现蝙蝠回声定位系统会因为人类噪音而改变，发现蝙蝠是唯一用偏振光导航的哺乳动物。在鲸口腔中发现有弹性的神经，发现抹香鲸不同群体拥有不同的方言。

3. 国外在鸟类方面研究的新成果

（1）鸟类生理及行为研究，发现鸟类独特的受精机制，发现长期感染疟疾严重缩短大苇莺生命；揭开大山雀繁殖时藏蛋的秘密，发现鸟类选择筑巢材料不单靠本能;用线性分散模型描述八哥飞行线路的变更,发现鸽子或许靠依靠重力感应找到飞回家中的路线,发现斑头雁用"过爬行动物研究山车"策略飞越喜马拉雅山;发现是利他主义造就了 V 形鸟群,发现母代蓝鸲通过子代影响社群,发现鸟类学到的技能会在群体内传播。

（2）家禽研究,培育出转基因荧光鸡、产下抗癌药物鸡蛋的新型母鸡、能持续产药用蛋的母鸡、可产低致敏性蛋的母鸡。通过显微授精的细胞工程技术孵化出鹌鹑雏鸟。发现小鸡识数方式与人类相似。认为鸡蛋是最环保的蛋白质食品,试验培育新概念的蛋品。

（3）有关鸟类的其他研究,开展两种乌鸦基因组的比较。研究杜鹃与乌鸦的寄生关系及其裨益,揭秘杜鹃与燕雀等"鸟蛋战争"及其制胜之道。利用鸵鸟高效制造癌症抗体,利用鸵鸟蛋中抗体研发抗过敏产品。揭开蜂鸟喜好甜味的秘密,揭示蜂鸟飞行的秘密。发现电子污染会"迷惑"知更鸟,发现光污染可以催鸟清晨早啼,开发对海鸟身上油污进行快速清理的系统。认为鸟类之死无关高温而有关降水量,启动研究受环境生态威胁榛鸡的应急项目。发现 4000 多万年前鸟类传播花粉的化石证据,发现完好的冈瓦纳大陆鸟类化石,通过制造"恐龙鸡"胚胎揭示鸟嘴进化过程。

4. 国外在爬行动物与两栖动物方面研究的新成果

（1）爬行动物研究,发现蟒蛇独特的归巢机制,发现蛇能模仿灭绝"亲戚"避免被捕食,已知最早蛇化石被辨认出来,发现响尾蛇毒素可用于治疗斜视。南太平洋发现荧光海龟。发现巨蜥存在独特的呼吸方式,揭开变色龙的变色机制,首次在野外环境发现野生蜥蜴发生性别逆转。研究鳄鱼的捕猎行为,鳄鱼血中发现杀菌分子。

（2）两栖动物研究,发现青蛙体内一种核糖核酸酶可用来治疗脑癌,揭开凹耳胡蛙用超声波互相交流的生理秘密,解释青蛙"合唱"的秘密,观察到非洲爪蟾受精卵的头部形成机制,发现热带雨林毒蛙随处都能找到回家的最短路线。揭开蝾螈肢体再生之谜,发现蝾螈细胞也能与植物一样进行光合作用,发现火蝾螈的跳跃特点,发现壶菌威胁全球火蝾螈等动物。

5. 国外在鱼类方面研究的新成果

（1）鱼类生理特点研究,发现海洋生长与淡水环境的鲑鱼基因存在明显差异,分析丽鱼科鱼类基因组适应性辐射的标志,揭开南极鱼类抗冻糖蛋白的作用机制。探明鱼类牙釉质来源,斑马鱼条纹源自细胞追逐游戏。获得鱼类捕食时的大脑思维活动影像,发现鱼也有逻辑思维能力,揭开鱼探测水流的"第六感"之谜。揭示鱼儿能够到达的水深极限。

（2）鱼类行为研究,发现酸泡能指引鲶鱼的觅食行为,发现鱼类用来对抗噪音的行为,发现电鳗可对猎物进行遥控的捕食行为,发现河豚膨胀不忘呼吸的逃生行为;通过大马哈鱼耳石描绘精确的行踪地图。

（3）开发与保护鱼类资源，发现第一种能够保持整个身体温暖的温血鱼，培育抗寒性很强的罗非鱼新品种；利用虹鳟鱼精原干细胞培育出卵子，运用基因技术使虹鳟鱼能够生产人类蛋白质，开发出海水鱼产品的新型基因标签，高效基因组改编方法在鱼类实验中获得成功。研制成功鱼苗营养饲料，研制防治鱼类虹彩病毒的疫苗，发明在物质循环系统中养鱼的新方法。发明鱼肉新鲜度测定技术，发明鱼肉安全检测新方法。加强蟾鱼身上药用物质的研究，发现鲑鱼鼻软骨对炎症性肠病有疗效，用鱼黏液和虾壳制成超级防晒霜。发现酸性海洋会破坏鱼儿视力，发现原油泄漏会对金枪鱼心脏造成伤害。研制出不伤害鲨鱼的防御新装置，利用水下传声装置保护鱼类。

（4）鱼类考古和进化研究，研究化石发现古鲨是从海水到淡水进行迁徙，从化石上发现反拱盾皮鱼交配和体内受精的证据，研究化石发现3亿年前鱼就能辨色，通过分析古化石发现可能要重塑鱼类家谱。姥鲨基因有助于理解早期脊椎动物的进化，由研究鳃骨架证明鲨鱼是不断进化的生物，研究揭示鲨鱼生殖器进化过程。用3D模型分析活腔棘鱼的进化特点。

6.国外在节肢动物方面研究的新成果

（1）甲壳类动物研究，发现虾蛄眼部结构远远超过人造光学结构，发现虾蛄具有特殊的视觉系统。在海底熔岩管里发现新的无眼甲壳纲动物，发现桡足类浮游动物具有储存二氧化碳的巨大作用。

（2）蛛形纲动物研究，发现气候变暖使北极蜘蛛体型增大，发现长腿蜘蛛利用强力"胶水"诱捕猎物，发现蜘蛛借助"密封性"身体可以漂洋过海，发现蜘蛛也有"蓝颜"知己。利用转基因细菌制造蜘蛛丝，合成可用于航空航天等领域的蜘蛛丝蛋白，造出强度比钢高两倍的超级蜘蛛丝，让蜘蛛吐出含有碳纳米管的超级蜘蛛丝。另外，由化石推测最早的蝎子或许来自海洋。

（3）昆虫纲鞘翅目动物研究，揭示潜水甲虫身上粘贴结构的秘密，发现隐翅虫折叠翅膀的巧妙机制，发现能以塑料为食的黄粉虫。同时，制成灭杀森林粉蠹虫的新型高效昆虫信息素。

（4）昆虫纲双翅目动物研究，发现能杀灭传播登革热蚊虫的天然物质，发现按蚊可以靠声音来区分不同种群的行为习性，用培育转基因不育雄蚊控制登革热，利用基因编辑技术干预"埃及伊蚊"肆虐。培育出克隆果蝇，以及一种可用激光照射遥控的转基因果蝇；开发出能有效对付地中海果蝇的无毒杀虫剂，发现激活一关键基因可延缓果蝇衰老进程。另外，利用肉蝇幼虫体内生成物制成抗病毒新药。

（5）昆虫纲膜翅目动物研究，发现蜜蜂具有特殊的视觉器官及其构成系统，揭开蜜蜂幼虫变身蜂王的秘密，开发可提高蜜蜂授粉率的蜂群感应技术，发现食用天然花粉的蜜蜂耐药性更强，开发用蜜蜂检测空气污染的新技术。研制世界上首个抗蜂毒血清，把黄蜂训练成嗅探能手，发现让蜂王和蚁后保持主导地位的古老信息素。发现寄生蜂姬蜂科新物种。研究用蚂蚁控制虫害，发现切叶蚁社会行为与特殊基因有关，揭示红火蚁被黄疯蚁击败的秘密，发现在蚂蚁交换信息时发挥重要作用的蛋白质，揭示蚂蚁进入蚁群时不会拥堵的秘密。

（6）昆虫纲鳞翅目动物研究，运用微型雷达研究蝴蝶行为习性，发现帝王蝶存在迁徙基因，破解蝴蝶艳丽颜色的秘密；发现蝴蝶幼虫能利用自己分泌物役使蚂蚁。认为基因变异导致玉带凤蝶善于伪装。发现气味频率及背景会影响飞蛾寻找花朵，用蜡蛾做原料开发新药物。

（7）昆虫纲其他动物研究，证实蚜虫与细菌形成紧密的相互共生关系；完成首个白蚁基因组的测序与分析，发现白蚁蚁巢可遏制沙漠化；首次证实蜻蜓也有嗅觉，发现蜻蜓可预测猎物的动作，发现蜻蜓辨色能力特别强的原因；发现蟑螂有夜视眼，人工合成出诱捕雄蟑螂的物质，通过制成当"卧底"的机器人来剿杀蟑螂。

（8）其他节肢动物研究，在内口纲弹尾目动物雪蚤身上发现防冻蛋白质，揭示有爪纲栉蚕科动物天鹅绒虫黏液地喷出机理，从多足纲山蛩目动物千足虫体内提炼药用成分。

7. 国外在其他无脊椎动物方面研究的新成果

（1）软体动物研究，开发出牡蛎超高压灭菌技术，开发出高效养殖牡蛎技术，破解牡蛎玻璃护甲之谜。找到麻醉章鱼的新方法；发现乌贼停歇时产生电信号是为了伪装。

（2）扁形动物研究，在涡虫体内发现抑癌基因，揭示真涡虫无限再生寿命的支持机制，真涡扁虫种间"换头"实验获得成功。

（3）环节动物研究，发现袋鼠水蛭喜欢搭螃蟹便车，发现蚯蚓能"小心"躲开植物防御系统。

（4）刺胞动物研究，证明珊瑚能够经受海洋酸性变化的考验，证实大堡礁海水变暖会增大珊瑚死亡风险，研究预测珊瑚礁对气候引发损伤的反应，研究表明加勒比海珊瑚礁退化将危及其他物种。首次成功培育出长 12 个头的水母，揭开水母推进力的形成机制，发现水母断腕采用"均衡化"自我疗伤。

（5）线形动物研究，绘出线虫胚胎形成图，从研究线虫发现进化可预测的有力证据，发现线虫能自我调节适应低温，发现线虫等虫子身上也自带"指南针"。发现食用未煮熟的猪肉易感染旋毛虫，发现蛔虫、绦虫、钩虫等严重威胁全球人类健康；开发出治疗钩虫感染的一种安全廉价疗法，发现线虫或可成为"验癌高手"，揭开抗抑郁药延长线虫青春的秘密。推出线虫全神经实时成像新技术，开发使线虫神经系统三维可视化新技术。

张明龙　张琼妮
2016 年 3 月

目　录

第一章　微生物领域研究的新进展

　　微生物主要是指肉眼难以看见的所有微小生物,包括细菌、真菌、病毒和少数藻类等。它们个体微小,种类繁多,呈现出千姿百态。微生物与人们的日常生活和生产活动,关系非常密切。特别是食品、医药和环保等领域,往往需要与各种微生物频繁接触。对人类来说,不少微生物是有益的,如常用抗菌药品青霉素,就是从青霉菌中提炼出来的。人们还可以用微生物制造白酒、黄酒、啤酒和葡萄酒,生产馒头、面包、酸奶和泡菜等。当然,也有一些微生物是有害的,它们会造成食品腐败变质,会致使布匹和皮革发霉腐烂,还会引起人和动物感染致病。研究微生物的目的是为了开发利用它们,让其更好地为人类服务。本章着重考察国外在微生物领域研究取得的成果,概述国外微生物领域出现的创新信息。21世纪以来,国外在原核生物方面的研究,主要集中在细菌生理及功能、细菌种类、细菌开发利用、细菌致病及防治,以及蓝藻、螺旋体、支原体和衣原体等。在真核微生物方面的研究,主要集中在真菌、酵母菌、霉菌、食用菌与黏菌、真核藻类,以及四膜虫、阿米巴虫、杜氏利什曼原虫、枯氏锥虫等原生动物。在非细胞型微生物方面的研究,主要集中在病毒种类、埃博拉病毒、流感病毒、古病毒,以及腺病毒、天花病毒、冠状病毒、朊病毒、非典病毒、亨德拉病毒、登革热病毒和艾滋病病毒等。

第一节　原核生物研究的新成果

一、细菌生理及功能研究的新进展

　　1.幽门螺旋杆菌生理机制研究的新发现

　　(1)发现幽门螺旋杆菌可"变形"使不同血型者受感染。2004年7月,由日本、美国等国专家组成的联合研究小组,在《科学》杂志上发表文章说,导致胃溃疡元凶的幽门螺旋杆菌,具有很强的适应性,它在感染人体时,可根据人的血型改变自身蛋白质的形态,在人的胃黏膜上"安家落户"。

　　研究人员发现,血型不同的人,其胃黏膜细胞表面的糖链的类型也不一样,幽门螺旋杆菌从自身表面伸出的蛋白质"手"能与不同的糖链结合,造成人体感染幽门螺旋杆菌。

　　研究小组从日本和南美洲、欧洲部分国家的胃溃疡患者胃部,采集了幽门螺旋杆菌,并研究这些杆菌和被感染者血型的关系。

结果发现,在O型血居多的南美秘鲁人身上采集的幽门螺旋杆菌,具有特定形态的蛋白质,只能与O型血人体的胃黏膜细胞糖链结合,而从部分日本和欧洲人身上采集的幽门螺旋杆菌有95%,具有"万能型"蛋白质"手",能"握"住任何血型者的胃黏膜细胞糖链。

研究小组得出结论认为,幽门螺旋杆菌可识别不同血型者的胃黏膜细胞糖链,并改变与之结合的杆菌蛋白质的形态,从而扩大在人群中的感染范围。

全世界有半数以上的人,感染了幽门螺旋杆菌。上述研究成果,有助于专家进一步了解幽门螺旋杆菌的适应和进化能力。

(2)发现幽门螺杆菌可诱发基因突变。2015年4月,日本媒体报道,很多人都知道寄生在胃部的幽门螺杆菌可致癌,但它们究竟是如何引发癌症的呢? 日本冈山大学研究人员近日宣布,幽门螺杆菌所含物质能诱发胃上皮细胞基因突变,从而引发癌症。这一发现,有望为预防胃癌开辟道路。

幽门螺杆菌是一种单级、多鞭毛、螺旋形弯曲的细菌,感染这种细菌与胃癌发生之间的密切关系已为大量研究证实。

冈山大学有元佐贺惠副教授领导的研究小组,把幽门螺杆菌浸入水中,然后将提炼出的物质添加到鼠伤寒沙门氏菌中,结果鼠伤寒沙门氏菌的基因发生突变。他们又将幽门螺杆菌提取物添加到实验室培养的多种人体细胞中,结果发现其中的胃上皮细胞会发生基因突变。

研究人员还把幽门螺杆菌提取物和低剂量烷化剂类致癌物一道加入人体细胞,发现在这种情况下发生突变的胃上皮细胞数量,明显多于单纯添加烷化剂类致癌物的情况。研究人员认为,这显示幽门螺杆菌增强了上述致癌物的功能。但他们也发现,将幽门螺杆菌提取物加热到100℃后,它们就难以导致基因突变了。

研究人员表示,很多癌症是由正常细胞基因突变导致的,如能确定究竟是幽门螺杆菌中的哪种物质诱发基因突变,并弄清其功能,就有可能阻止基因突变,从而促进胃癌预防药物的研发。

2.痢疾杆菌生理机制研究的新发现

(1)探明痢疾杆菌的"毒针"结构。2012年2月,日本大阪大学研究人员参与的一个国际研究小组,在美国《国家科学院学报》网络版上报告说,他们弄清了痢疾杆菌感染人类时,使用的极其细小"毒针"的蛋白质结构。

痢疾杆菌属于肠杆菌科志贺氏菌属,革兰氏染色阴性。痢疾杆菌通过表面约100根如同"毒针"般的菌毛排出毒素,在人类的肠部等细胞上开孔,然后侵入细胞内部。

以前,对"毒针"这种细微结构,一直难以分析。此次,研究人员通过在零下220℃的低温下冷冻"毒针",在不破坏蛋白质结构的情况下,利用低温电子显微镜,成功观察到了"毒针"的蛋白质结构。

观察结果显示,痢疾杆菌的"毒针"直径约7纳米、长50纳米,由MxiH蛋白质呈螺旋状叠加形成,"毒针"内还有直径约1.3纳米的供毒素通过的通道。毒素通过通道时呈细长形状,但是出了通道后就会变为球形。

（2）发现痢疾杆菌攻击人体的机制。2012年3月,日本东京大学笹川千寻教授领导的研究小组,对当地媒体宣布,他们发现了痢疾杆菌,借助特殊蛋白质破坏人体免疫功能的机制。这一发现,有望促进开发新的治疗药物。

研究小组发现,痢疾杆菌侵入肠道下部的上皮细胞时,人体会激活免疫功能,力图击退痢疾杆菌。但痢疾杆菌却抢先一步,提前分泌一种名为"OspI"的蛋白质,然后吸附到激活免疫功能的人体"UBC13"蛋白质上,导致人体无法充分免疫。

研究人员成功使"OspI"蛋白质结晶化,然后用大型同步辐射光源"SPring-8"分析其结构,并根据该蛋白质的立体结构,确认其各种特点。

笹川千寻指出,如能在此次研究基础上,开发出以痢疾杆菌分泌的"OspI"蛋白质为靶向的药物,就有望保护人体免疫功能,消灭痢疾杆菌。今后,研究小组准备继续寻找能攻击"OspI"蛋白质的物质。

3. 百日咳杆菌生理机制研究的新发现

发现百日咳杆菌进化速度极快。2015年1月,英国巴斯大学等机构研究人员组成的一个研究小组,在美国《传染病杂志》月刊上发表研究报告说,他们发现导致百日咳的百日咳杆菌进化速度极快,这可能是近年来此类传染病在全球迅速蔓延的原因之一。不过,专家强调,现有疫苗仍可为婴幼儿等易感群体提供有效保护,及时接种十分必要。

百日咳属于急性呼吸道传染病,发病初期症状与感冒相似。患者可出现长达两个多月的剧烈咳嗽,婴幼儿最易感染。英国卫生部门的数据显示,2012年英国百日咳确诊病例数为上年的近10倍,全球感染病例数也出现上升势头。

研究人员说,他们对2012年在英国采集的百日咳杆菌菌株进行研究,重点分析其表面蛋白质的基因编码,现有疫苗正是通过识别这种蛋白质来引发人体免疫反应,让机体对病菌发起攻击。

研究人员表示,病菌进化速度快,很可能导致暴发新的疫情,为此有必要对现有疫苗做出调整和完善。同时,他们也指出,这一研究并不意味着现有疫苗已经失效,尤其是为孕妇和儿童等易感人群及时接种疫苗仍有必要。

4. 金黄色葡萄球菌生理机制研究的新发现

（1）发现金黄色葡萄球菌具有自控毒素机制。2009年5月24日,加拿大西安大略大学罗伯茨研究所所长华金·马德瑞纳斯领导的研究小组,在《自然·医学》网络版上发表论文称,他们发现金黄色葡萄球菌具有自我控制毒素机制,这有助于人类更好地了解该超级细菌的自我演化进程,从而开发出新的抗生素。

金黄色葡萄球菌,是医院交叉感染的主要原因,也是普通人群中常见的感染源之一。在北美,每年有超过50万人因此类感染入院,所消耗的医疗费用高达60亿美元。金黄色葡萄球菌中,含有的致命超级抗原,会引起免疫系统大规模的有害应急反应,从而导致毒性休克综合征。这种病症死亡率很高,也没有特效药。而让科学家们疑惑不已的是:人的身体直接接触毒性休克综合征毒素,数小时内置人死地,但携带能产生这种毒素的葡萄球菌的人却不会患病或者死去。

针对这种现象,该研究小组展开研究,结果发现,金黄色葡萄球菌具有自我控制毒素的机制:葡萄球菌细胞壁内的分子会与人体内免疫细胞上的一种叫作TLR2的受体绑定,从而产生一种称为IL-10的蛋白。这种蛋白具有抗炎作用,可有效防止毒性休克综合征的发生。这一发现,有助于人类更好地了解金黄色葡萄球菌的自我演化进程,从而开发出新的抗生素药物。

(2)发现超级金黄色葡萄球菌的传染机理。2010年6月,加拿大麦克马斯特大学内森·马加维副教授主持的一个研究小组,在《科学》杂志上发表论文称,他们发现,超级金黄色葡萄球菌内部存在着控制其致病能力的"中央处理器"。所谓的"中央处理器",其实是一种小化合物。

研究人员说,这种化合物由超级金黄色葡萄球菌以其抗药性的形式产生,由它决定了这种病菌的传染强度和传染能力。有关专家认为,该项发现为治疗这种致命的病菌感染提供了一条新的途径。

所谓超级病菌,通常指抗甲氧苯青霉素金黄色葡萄球菌。狭义上说,它是一种具有抗药性的金黄葡萄球菌。就广义而言,是指对一种或多种抗生素有抗性的金黄色葡萄球菌。该病菌具有致命性和传染性,虽然被认为流行性不强,但在多个国家出现了这种病例。

超级病菌能够引起各种感染,可以抵抗最有效力的抗生素及药物,多种抗生素都无法杀死它。超级病菌可在人体鼻腔内寄居繁殖。在正常情况下,它只会出现在皮肤与鼻腔内,通常都可以自我痊愈,而不需要进行抗生素的治疗。但若碰到手术后的患者或免疫力低下者,则可能引发体内感染,导致肺炎等疾病。

5.肠道菌群生理现象研究的新成果

(1)破解肠道与细菌共处之谜。2009年11月,瑞士洛桑市全球健康研究所尼古拉斯·布冲领导的一个研究小组,在《基因与发育》杂志上发表论文认为,细菌大量存在于许多动物的肠道中,但是研究人员对宿主如何在这些细菌面前保持其组织完好性,却一直缺乏相关的了解。

对此,研究小组以黑腹果蝇为对象展开研究,他们发现在受外来细菌激发后,黑腹果蝇肠道上皮细胞的修复,需要一种氧化裂解,以及多条信号通道来完成。

由双氧化酶调控的一种氧化裂解,是黑腹果蝇肠道的免疫响应的一部分。这会使肠道壁受损,从而要求上皮细胞通过肠内干细胞的增殖来修复。

研究人员发现,在响应非共生细菌Ecc15的激发时,抗氧化剂能够减少黑腹果蝇的肠内干细胞增殖。而抑制双氧化酶,同样能够在Ecc15存在的前提下减少肠内干细胞的增殖,这意味着氧化裂解,在肠道组织增殖性修复的开始过程中扮演了一个重要角色。

(2)发现人类有三种不同的肠道菌群类型。2011年7月,欧洲人类肠道宏基因组计划(MetaHIT)联盟中,法国国家农业研究院微生物基因研究部研究小组,在致力于肠道研究过程中发现,按照人类肠道菌群的主要类型,可将人群划分为3类,就像世上有4种主要血型一样。这样划分,有助于找到肥胖症和肠炎等病症的原因,也将有助于实施个体化医疗。

现在,科研人员越来越重视人类体表和体内的细菌。在美国,人类微生物组计划旨在给我们鼻子、口腔、皮肤、肠道、尿道以及生殖道的所有活细菌,进行分类。

法国的研究小组,利用基因筛查来鉴别排泄物中的微生物。他们将来自22个欧洲人的样本,与17个来自美国和日本的样本,进行对比后发现,肠道菌群只有3种类型,这些类型与年龄、性别、种族或饮食结构无关。

他们按主导类型,将其命名为类杆菌属(*Bacteroides*)、普氏菌属(*Prevotella*)和瘤胃球菌属(*Ruminococcus*)。类杆菌属已知擅长于分解碳水化合物,所以这种类型的人可能会抵抗肥胖;普氏菌属擅长于分解肠道黏液,这种黏液会增加肠道疼痛;而某些瘤胃球菌属有助于细胞吸收糖分,使体重增加。

研究小组对此给出3种可能的解释:一是人的肠道微生物构成取决于血型;二是认为这由新陈代谢所决定,人们清除结肠内由食物发酵而产生的过多氢气的化学路径有3种,肠道微生物可能与此有关;第三种解释是,由婴儿出生后接触的第一种微生物决定,这种微生物引发了免疫系统,由此形成了不同类型。

(3)研究表明某些益生菌可缓解婴儿肠绞痛。2014年1月,芬兰广播公司报道,芬兰图尔库大学科学家安娜·佩尔蒂等人组成的研究小组说,他们在研究肠道菌群组成与婴儿肠绞痛关系时,发现某些益生菌,可有效缓解婴儿常见的肠绞痛。

研究人员随机选择了30名不到6周大,并患有肠绞痛的婴儿,给一部分婴儿喂服一种名为鼠李糖乳杆菌(LGG)的益生菌,同时给另一部分婴儿喂服安慰剂。结果表明,服用了益生菌的婴儿因肠绞痛导致的哭闹明显减少。

此外,该研究还表明,益生菌对早产儿的肠绞痛也有效。94名孕期为32～36周的早产儿参与了该研究,研究人员跟踪研究这些早产儿至其年满一周岁。研究显示,服用益生菌或益生元的早产儿中,因肠绞痛而哭闹的仅有19%,而服用安慰剂的早产儿因肠绞痛引起的哭闹的比例则高达47%。

佩尔蒂说:"研究结果表明,我们所用的这种益生菌(LGG),有助于缓解婴儿因肠绞痛引起的哭闹。但目前来说,直接将益生菌用于治疗肠绞痛为时尚早。"

尽管医学界对婴儿肠绞痛的研究,已有50多年的历史,但肠绞痛的确切原因及长期后果仍不明确,也缺乏有效的治疗手段。图尔库大学这项研究的目的,是探讨肠道菌群的组成和婴儿肠绞痛之间的关联,有关成果为今后使用益生菌和益生元预防和治疗婴儿肠绞痛开辟了新前景。

(4)发现肠道菌群的组成不只由饮食决定。2014年7月29日,美国得克萨斯大学奥斯丁分校丹尼尔·伯尼克领导的一个研究小组,在《自然·通讯》上发表研究成果显示,肠道菌群的组成,不仅仅取决于吃的东西,而是饮食与性别以及两者相互作用的结果。由此科学家建议,任何试图通过改变肠道菌群治疗胃肠道疾病的手段,应考虑加入"性别"这一因素。

肠道菌群即人体肠道的正常微生物,其中超过99%都是细菌。这些微生物群落特别的丰富且多样化,并且对宿主的发育、营养吸收和免疫功能都有促进作用。已知饮食会改变肠道菌群的组成,这意味着饮食治疗可能会缓解由微生物组成改变而导致的疾病。不过,饮食治疗的作用,是普遍的还是取决于宿主的基因型,这一点尚不清楚。

伯尼克研究小组,此次研究了性别和饮食在脊椎动物肠道菌群组成上的影响。他们分别使用了野生鱼类(棘鱼和河鲈)、人工养殖棘鱼、实验室小鼠和人类的数据。在每一个例子中,饮食对于雌性和雄性肠道菌群的影响都是不一样的。

尽管该结果背后的机理还需要被确认,但是研究人员认为,这可能和不同性别在激素或者免疫功能上的区别有关。他们同时提出,今后进行肠道菌群的研究,应考虑"性别"因素,任何试图通过改变肠道菌群治疗胃肠道疾病的医学手段,也应该考虑到患者的性别差异。

(5)研究发现母乳影响婴儿肠道菌群的发育。2015年5月11日,瑞典歌德堡大学弗莱德里克·伯克荷德领导的一个研究小组,在《细胞宿主与微生物》期刊上发表研究成果称,他们针对98个瑞典婴儿的排泄物样本分析发现,儿童肠道菌群的发育和生育方式之间存在联系。那些经由剖腹产出生的婴儿,肠道菌群明显少于顺产的婴儿。这项研究还发现,营养是婴儿肠道微生物发育的主要驱动因素,母乳喂养还是奶瓶喂养的决定尤为重要。

伯克荷德说:"我们的发现证明,停止母乳喂养,而非引进固体食物,是驱动成人样微生物群发展的主要因素。不过,生命初期改变微生物群落,对青春期和成人期健康和疾病的影响,尚不明确。"

这项新研究,支持了此前的研究结论:婴儿大部分肠道细菌,最初来源于母亲。研究人员还发现,虽然剖腹产出生的婴儿从母亲那里接收到的微生物较少,但他们仍能通过皮肤和口腔吸收微生物。

一旦细菌进入婴儿的肠道,菌群数量的变化就开始依赖儿童的饮食情况。研究人员认为,停止母乳喂养对微生物发育而言是一个重要时刻,原因是某些细菌类型以母乳提供的营养盐为食。一旦不再摄入母乳,其他在成年人体内更常见的细菌便开始出现。

6.人体细菌生理现象研究的新成果

(1)发现女性手上细菌种类多于男性。2008年11月3日,美国科罗拉多大学博尔德分校生态学和生物进化学部助教诺厄·菲勒、罗布·奈特等人组成的一个研究小组,在美国《国家科学院学报》网络版上发表研究报告称,他们发现,与男性相比,女性手上细菌种类更多,而且每个人手上的细菌种类超过预期的想象。

研究小组从 51 名大学生的手上提取样本,运用聚合酶链反应技术,放大细菌脱氧核糖核酸(DNA),同时使用焦磷酸测序技术给基因物质排序。

研究人员共从 102 只手上,检测出分属 4742 类的 33.2 万个细菌。平均每名学生手上携带分属 150 种的 3200 个细菌。但是,在每只手上都能发现的细菌只有 5 种。不仅个体之间手上细菌种类差异大,同一个人左右手上的细菌种类也只有 17% 相同。对此,奈特说,让我们感到惊奇的不仅是个体间的差异,还有同一个体两只手之间的差异。

菲勒对发现的细菌种类和数目也感到惊讶。他说,让我们吃惊的结果之一,是发现女性手上细菌的种类多于男性。

研究人员表示,目前,尚无法确认女性手上细菌种类比男性多的原因,但菲勒猜测这也许与皮肤酸碱度有关。酸性环境不利于微生物多样性。奈特说,通常男性皮肤酸性高于女性。此外,差异可能与汗水和油脂腺分泌、涂抹保湿霜或化妆品、皮肤厚度,以及荷尔蒙分泌量有关。研究人员发现,在皮肤表层下无法清洗的部分,女性携带的细菌更多。

当被问及男性是否会因此在与女孩握手时犹豫,奈特答道,我认为,每个女孩情况都不同……人身上大部分细菌没有危害,也没有益处……病原菌只是其中很小一部分。

尽管研究人员强调日常勤洗手的重要性,但他们在研究报告中指出,洗手无法彻底消灭细菌。洗手后细菌群体能迅速复原,而洗手无法清除皮肤表面大部分菌群。虽然通常女性洗手次数多于男性,但还是女性手上细菌种类更多。研究人员随后挑选 8 个人在洗手后跟进测试,结果发现洗手后细菌群体需要时间恢复,但一些细菌喜欢干净的手。至于左右手上细菌的差异,菲勒猜测可能与外部环境有关。例如任意一只手碰到了油性、含盐分或者潮湿的环境表面。

考虑到不同国家居民有不同的用手习惯,研究人员希望在其他国家开展同类实验。

菲勒说,今后或许可以通过检测物品上的细菌,确认谁摸过这一物品。

(2)绘制成功人体细菌分布图。2009 年 11 月,美国科罗拉多大学博尔德分校的一个研究小组,在《科学特快》杂志发表研究报告称,他们成功绘制出人体细菌群落分布图,为临床医学研究提供重要帮助。

研究小组对 9 名健康志愿者身上 27 个部位的细菌群落,进行长达 3 个月的深入观察分析。在 3 个月内,研究人员分别对每名志愿者做了 4 次细菌采样。采样工作一般在志愿者洗澡 1~2 小时后进行。

运用最新计算机技术及基因序列,研究人员绘制出了人体不同部位细菌分布的概况和轮廓。结果显示,不仅人与人之间菌群分布有别,同一个体不同部位菌群分布也不相同。此外,人体同一部位在不同时间菌群分布也有变化。

尽管如此,菌群分布还是呈现一定模式。人体腋窝及脚底菌群分布变化不大,研究人员推测可能是这两处潮湿避光环境所致。头部几个部位,如额头、鼻孔、耳朵及头发等部位主要由一种特殊类型的细菌占主导,躯体和四肢则由另一种不同菌群"霸占"。口腔菌群分布变化最小。

(3)发现人体细菌可能存在时差。2014 年 10 月 16 日,以色列魏兹曼科学中心,免疫与微生物学家艾然·厄里奈夫领导的一个研究小组,在《细胞》杂志上发表论文称,根据一项对大鼠和少数人类志愿者的研究,他们发现,居住在消化道里的细菌,它们的生物钟与其寄主具有同步性。

地球上的生命都与自然界 24 小时的太阳光明暗循环有关,作为生物节律之一,昼夜规律对植物、动物甚至是细菌等微生物的生物功能都有影响。人类可以自行调节生物钟,但是也要为此付出代价:比如昼夜规律经常被时差、倒班等扰乱的人,更容易患糖尿病、肥胖症、心脏病,以及癌症。

过去几年来,科学家对肠道细菌的研究兴趣产生了一次大爆发,这些微生物,似乎对从免疫力到新陈代谢,再到个人情绪等每件事情上,都有影响。尽管很多因为生物钟紊乱而产生的疾病,都存在肠道微生物被扰乱的情况,但两者之间的精确联系目前尚未明确。厄里奈夫十分好奇,这些微生物的生物钟,是否是其中丢失的一块拼图?

为了证明这项理论,他的研究小组,在 24 小时昼夜生活规律的实验室大鼠排泄物样品中,提取一些微生物进行分析。样品在两个 24 小时的周期内,每隔 6 小时提取一次。60% 的微生物由各种细菌组成,这些细菌,在白天和晚上,会在整体数量和相互之间的干扰等方面,上下波动。光线较暗的夜间,是大鼠最活跃的时候,这些细菌会忙着消化营养物,修复它们的 DNA,并不断增长;而在光线较强的时候,微生物则变为"管家",比如排毒、感知它们周围的化学物质,生长出鞭毛或"尾巴"帮助微生物运行。而那些丧失生物钟功能的大鼠肠道细菌,无论在数量还是活性上,均没有出现相同的波动,并对光线产生相应的应答。这表明,动物自身的生物钟,在一定程度上控制着体内寄生细菌的生物钟。那些取自生物钟功能丧失的大鼠体内的微生物,被植入正常昼夜光照条件下健康的大鼠体内后,一周内这些微生物的生物节律也恢复正常。

厄里奈夫表示,这些结论让很多人感到惊奇。此前的研究发现,很多细菌确实存在基于光线应答的昼夜节律现象,比如蓝藻就通过光合作用获取能量。但是肠道内的微生物所有时间都待在黑暗中,它们怎么分辨时间呢?在寄主与这些细菌之间一定存在某种传递信号。

7. 细菌生理现象研究的其他新成果

(1)发现塑料垃圾成海洋细菌等微生物的避风港。2014 年 3 月,在 2014 年的海洋科学会议上,与会者都是专门研究"塑料垃圾"问题的专家。这些垃圾,是指漂浮在海洋中的上百万吨的合成碎屑。美国马萨诸塞州伍兹霍尔海洋研究所微生物学家特雷西·明瑟说:"这是由人类活动创造的新的生物栖息地。"

有研究显示,超过 1000 种海洋中的细菌和其他微生物,能够在塑料碎片中生存,而这些碎片通常还不及人类的手指甲大。明瑟说:"在中心海域,细菌等微生物一直在寻找一块'容身之地',且有一些栖息地要明显优于其他选择。"根据一项初步的遗传分析结果,弧菌类是其中的佼佼者,且大部分的弧菌能够发光。

实际情况也正是如此,在研究者夜间拖网打捞上来的塑料垃圾中,40% 是发光的。此外,明瑟认为,这种发光的垃圾对鱼类,尤其是依靠光线觅食的鱼类吸引力极大。塑料垃圾对于鱼类来说是魔鬼,而对细菌等微生物来说却是天使——能使它们"逃离鱼口"。明瑟说:"微生物的基因,能使其以塑料垃圾为家,鱼类再想吞噬它们必须'三思而行'。"

(2)首次发现生存于健康胎盘中的细菌。2014 年 5 月 22 日,美国得克萨斯州休斯敦市贝勒医学院,产科医师凯悦斯娣·埃格德和她的合作者组成的一个研究小组,在《科学·转化医学》杂志上发表研究成果称,一直被认为处于无菌环境中的人类孕妇胎盘,其实是一个细菌群落的家,就像科学家在人体口腔中发现的细菌群落一样。这些微生物通常是非病原性的,但根据科学家的此项研究,其构成的变化可能是一些人们知之甚少的妊娠疾病的共同根源,例如早产,大约每 10 名孕妇便会诞下 1 名早产儿。

细菌群落是细菌、病毒与真菌等的总称。2012 年,该研究小组发现,孕妇阴道中最丰富的细菌,与那些没有怀孕女性阴道中的细菌并不相同,但却无法普遍代表新生儿在其降生后第一周所排粪便中最常见的细菌。为了搞清这些微生物从何而来,研究人员决定对胎盘展开研究。

在这项新的研究中,研究人员采集了 320 名刚刚分娩的产妇的胎盘组织样本,并从这些组织中提取了脱氧核糖核酸(DNA),同时对其进行了测序。他们发现,胎盘中有大约 300 种微生物存在,不过水平较低,其中大多数微生物都发挥着重要作用,例如为发育中的胎儿代谢维生素。

宏基因组又称元基因组或生态基因组,是指与人类共生的全部微生物的基因总和。研究人员此次采用的鸟枪测序法,首先把整个基因组打乱,切成随机片段,然后测定每个小片段的序列,最终利用计算机对这些切片进行排序和组装,并确定它们在基因组中的正确位置。

研究人员同时注意到,孕妇的体重,或是她们的生产方式(剖宫产或顺产),似乎并不会改变其胎盘的微生物构成。但埃格德指出,细菌群落"在那些发生早产或更早前曾被感染的孕妇胎盘中却是不同的,例如一次尿路感染,即便这种感染在几个月或几周前得到治疗并治愈也是如此"。此外,早产胎儿与足月产胎儿的胎盘,微生物群落组成存在明显不同,说明胎盘微生物群落与早产之间可能存在关联。研究人员同时把孕妇胎盘菌群与在没有怀孕的女性阴道、肠道、口腔和皮肤上发现的菌群进行了比较。研究还表明,胎盘中数量最多的是肠道中常见的、不致病的大肠杆菌,两种口腔菌坦纳氏普雷沃氏菌与奈瑟菌数量也相对较多。总体而言,他们发现,胎盘菌群与口腔菌群最为类似。作者推测,微生物向胎盘的旅行,是通过流经口腔的血液完成的。埃格德表示,这一研究结果强化了暗示孕妇口腔牙周病与早产风险之间存在关联的数据。她说,这说明女性怀孕期间保持口腔健康的重要性,"强化了一个长期以来的观点:牙周疾病与早产风险存在关系。"并未参与此项研究的得克萨斯大学医学部产科医师乔治·萨阿德认为:"这是首次有研究表明,即便是在正常的孕期中,也有特定的细菌群落与正常的胎盘形成有关。"

8. 细菌功能研究的新发现

(1)发现纳米比亚珍珠硫细菌的特殊功能。2005年1月,德国媒体报道,德国麦斯宾克海洋微生物学院生物学家海德·舒尔斯领导的研究小组,2004年在非洲西南面的纳米比亚海岸发现了纳米比亚珍珠硫细菌。随着研究的深入,它的功能与作用也越来越清楚。

研究人员说,这细菌外观呈球形,阔度普遍大多为0.1~0.3毫米,但有些在0.75毫米。它们的数量很多,住在纳米比亚海岸的沉淀物里,因含有微小的硫黄颗粒,所以发出闪烁的白色。当它们排列成一行的时候,就好像一串闪亮的珍珠链。这种巨大细菌,生长在缺乏氧气但含有丰富养分的沉淀物中,在沉淀物含有很多硫化氢,细菌利用硝酸盐将硫氧化以获得能量。

它的发现意义在于,提供了地球硫循环和氮循环之间耦合作用的更确切的证据,这两种海洋中主要的环境循环方式,直到最近还被认为是互不相关的。

研究人员说,这种巨大细菌,通过构成磷矿,帮助驱动地球的一个营养循环。磷在植物和动物、海洋以及沉积岩中循环,最终由沉积岩的风化释放出磷再开始这个循环。虽然岩石中的磷主要以磷灰石的形式出现,但是人们几乎不知道任何现代的磷灰石形成的例子。

舒尔斯研究小组发现,纳米比亚珍珠硫细菌生活的沿海中有丰富的磷灰石。实验室的研究显示,这种细菌的代谢活动,在它附近的水中产生丰富的磷,足以构成磷灰石沉淀的条件。这项研究表明,该过程也许能够解释在某些海洋区域的磷灰石积累。

(2)发现抗辐射菌的自我保护功能。2007年3月,有关媒体报道,美国国防部军队卫生服务大学的研究小组表示,他们发现抗辐射菌在高剂量电离辐射(IR)环境中保护自己的功能。该发现,有望帮助科学家,开发出保护人们免遭辐射影响的新方法。

50年前,科学家就发现了抗辐射菌,并认为它的抗辐射功能在于它自身的DNA修复机理,此后绝大多数有关该细菌的研究均基于这种假设。然而,美国的研究人员发现,该细菌的 DNA 修复成分,并没有明显的不同之处,同时在辐射剂量设定后,具有不同抗辐射功能的细菌的 DNA 修复量相同。此外,许多被电离辐射杀灭的细菌,实际上其 DNA 几乎没有受到损伤。

早在 2004 年的研究中,该研究小组就发现,抗辐射细菌的细胞,与辐射敏感细菌的细胞,所含金属元素量完全不同。细胞含锰量超高,同时含铁量越低,它在遭受辐射后的恢复功能也超强。他们指出,抗辐射功能最强的细菌,含锰量是辐射敏感细菌锰含量的 300 倍,而含铁量则少 3 倍。

研究人员对金属元素含量不同导致的抗辐射功能差别,进行新的研究后,认为胞质锰的高含量和铁的低含量,能够保护蛋白(而不是 DNA)免遭电离辐射引起的氧化损伤。

这项发现,有可能导致科学家对抗辐射菌的研究方向发生转变,将注意力从DNA 损失和修复,转向有效的蛋白保护形式。根据这项新研究开发出的人体辐射保护方式,将有望最终帮助医生根据每个患者的体质,决定其进行放疗时所接受的辐射剂量,并为保护癌症患者免受放疗副作用影响开辟新途径。

(3)发现一种肠道细菌具有增加好胆固醇含量的功能。2008 年 7 月 6 日,巴西媒体报道,巴西圣保罗州立大学,与阿根廷乳酸杆菌研究中心科学家组成的一个联合研究小组,在《拉美营养档案》杂志上发表研究成果称,他们发现,一种屎肠球菌,具有增加人体血液中的好胆固醇(又称高密度胆固醇)含量的功能。

据报道,屎肠球菌是一种肠道细菌,有多种种类。研究小组在试管试验和动物试验中发现,其中一种屎肠球菌可有效增加好胆固醇含量。他们用这种屎肠球菌进行人体试验,44 名志愿者每天服用 200 毫升加入屎肠球菌发酵的大豆酸奶,6周后他们血液中的好胆固醇含量水平提高了 10%。

研究人员介绍,好胆固醇含量水平提高 1% 或 2%,就能大大减少罹患心血管病的风险。因此,这种屎肠球菌的作用相当可观,不过有关作用机制尚待继续研究。胆固醇分为高密度胆固醇和低密度胆固醇两种,前者对心血管有保护作用,通常被称为好胆固醇,后者通常被称为坏胆固醇,因为它的增多会增加患心血管病风险。

(4)首次在细菌中发现核糖核酸修复功能。2009 年 10 月,美国伊利诺伊大学香槟分校生物化学系教授黄雷文及其同事,分别在《科学》和美国《国家科学院学报》上发表相关论文称,他们首次在细菌中发现一项新功能:核糖核酸(RNA)修复系统。这是迄今为止发现的第二个 RNA 修复系统,第一个为噬菌体(可攻击细菌的一种病毒)中的带有 2 个蛋白的 RNA 修复系统。此次发现的细菌 RNA 修复系统的新颖之处在于,在受损的 RNA 封闭前,一个甲基会附着在该 RNA 受损点的两个主要羟基之上,使得受损点无法继续开裂,从而达到修复的效果。这一细菌功能的发现,对于保护细胞免遭核糖毒素的侵袭具有重要意义。该毒素,能使蛋白质转译涉及的重要 RNA 发生开裂,从而导致细胞的死亡。

由于新发现的 RNA 修复系统中,对甲基负责的酶是细菌中的 Hen1 的同系物,因此该发现对理解 RNA 干涉以及动物、植物和其他真核生物的基因表达同样具有相当重要的意义。

他们在《科学》杂志上发表的论文,主要描述 RNA 修复过程的全部机理。而在美国《国家科学院学报》上发表的论文,则着重解析甲基化反应的化学机理,尤其是细菌中的 Hen1 内起主导作用的转甲基酶的晶体结构。由于真核态的 Hen1 能产生同样的化学反应,研究应进一步侧重于理解真核生物中的 RNA 干涉。

(5)发现细菌具有自制氧气分解甲烷的功能。2010 年 3 月 25 日,欧洲一个研究小组在《自然》杂志上发表论文称,他们发现细菌一项新功能:它能够在无光照的情况下,用自己制造的氧气,来分解甲烷气体。这一发现,表明在植物首次出现之前,细菌就已开始制造氧气,补上了地球演化过程中"缺失的一环"。

甲烷是一种化学性质相当稳定的气体,跟强酸、强碱等一般不起反应。理论上,真核生物在厌氧条件下,能够利用硝酸盐氧化甲烷。但此前,利用这种反应的生物,无论是在自然环境中,还是在实验室中,都没有被发现。而微生物氧化甲烷的作用,仅被认为在氧气和硫酸盐条件下才能发生。直到 2006 年,荷兰奈梅亨拉德伯德大学的马克·施特鲁斯与合作者,在对一个微生物群落的研究中才发现,它在完全无氧条件下,能利用硝酸盐脱硝作用氧化甲烷。

现在,荷兰的研究人员,与法国、德国研究人员组成的一个国际研究小组,在进一步研究中发现,在没有现成氧气源,也没有光照的情况下,细菌可以将亚硝酸盐分解为一氧化氮和氧气,然后用生成的氧气来分解甲烷获取能量。

由于作为研究对象的微生物,生长极为缓慢,且在微生物群落中只有少量存在,荷兰研究人员不得不用基因分析的最新方法,即宏基因组方法,来对这些微生物进行研究。他们先分离出水样中的基因片段,然后进行基因的测序和重构。

令研究人员惊讶的是,完整的基因组序列分析表明,还原亚硝酸盐缺少特定的基因,而且这种细菌对氧气有依赖。实验室的实验数据与基因组数据有矛盾。为探明细菌,究竟是如何在亚硝酸盐的帮助下,从稳定的甲烷氧化中获取能量,德国马克斯·普朗克海洋微生物学研究所的研究人员,也加入了研究工作。

通过微型传感器和质谱分析,德国研究人员证实了矛盾的真实性。综合实验结果和基因组数据,研究小组认为,只有当细菌使用特殊途径,生产出氧气来氧化甲烷,才是合适的解释。不过证明,氧气的生成是一个漫长的任务,经过一年多的努力,研究小组终于成功得到实验性的证据:这种微生物,可从两个亚硝酸盐分子中,释放出一氧化氮和氧气,甲烷可随后被氧化。

此前,人们一致认为,地球上最早的产氧光养生物是海藻和蓝藻。它们在大气层从无氧到有氧的转化过程中,起了关键作用。而现在,最新的研究成果,让科学家发现一个新机制的线索。细菌在第一种植物出现在地球上之前就已经存在,细菌在地球演变过程中的作用,将补上地球演化中"缺失的一环"。同时,由于亚硝酸盐通过化肥的使用,而在淡水农业土壤中大量存在,新的研究结果也可为肥料在甲烷循环中的利用提供契机。

二、细菌种类研究的新进展

1. 培育出有益或可用的新细菌

(1)培育出降血压乳酸菌种。2005年3月,有关媒体报道,当前世界最大的益生菌供应商,丹麦科汉森公司培育出一种新的能降血压的乳酸菌菌种。这种乳酸菌添加剂酸乳酪和其他食品中,人们吃了就可以起到降血压的作用。目前,该菌种已经通过了动物试验。

据介绍,新菌种比现在的益生菌更具价值,它不仅仅具有改善肠道菌群的功能,还能对现代生活方式病起到特殊的功效。目前,新菌种已被乳制品公司采用。

(2)培育出可部分替代抗生素的新益生菌。2005年7月,哈萨克斯坦微生物学与病毒学研究所一个研究小组,培育出一种新型益生菌,可以部分替代抗生素来对付沙门氏菌和大肠杆菌。

人们通常使用抗生素治疗沙门氏菌和大肠杆菌感染引起的疾病,但抗生素在杀死病菌的同时,也会破坏人体肠道内正常微生物群落的功能,导致对抗生素具有抗药性的病原体数量增加,进一步引发疾病。

哈萨克斯坦研究人员新近合成的益生菌,可以部分替代抗生素来治疗这类病菌感染。这种益生菌利用乳酸菌和丙酸菌培育而成,乳酸菌本身可以杀死沙门氏菌和大肠杆菌,而丙酸菌能够大量合成维生素B12,增强机体抵抗肠道感染的能力,还能增强宿主的免疫能力。

研究人员说,与单种培育的益生菌相比,在两种细菌基础上培育出的益生菌作用范围更广,并且受营养环境的限制更小。实验表明,在使用这种益生菌3小时后,沙门氏菌和大肠杆菌的数量降低到原来的千分之一。

(3)开发出首个可用的人造细菌菌株。2011年9月18日,《自然·化学生物学》杂志上,发表加利福尼亚州萨克生物研究所的一项成果:通过把非天然的人造氨基酸,整合入蛋白质,成功制造出新的人造细菌菌株。这项技术,可广泛应用于药物研发、药物合成、生物燃料等领域。

专家指出,用人工合成方法制造细菌,在药物研发领域拥有巨大的潜力。据此研制出的药物,拥有的生物学功能,将远远超过只包含天然氨基酸的蛋白质。这些分子或许也能作为基础元件,制造从工业溶剂到生物燃料在内的任何产品,帮助解决与石油生产和运输有关的经济和环境问题。

2. 发现细菌新变种与新型古生菌

(1)发现含有新限制酶的细菌突变种。2004年9月,俄罗斯科学院西伯利亚分院一个研究小组,在《科学信息》杂志发表研究成果称,他们在贝加尔湖中发现了一些细菌突变种,其体内含有以前未发现的限制性核酸内切酶,能够把进入细菌体内的外来病毒的脱氧核糖核酸(DNA)"切割"开,从而杀死病毒。

限制性核酸内切酶,简称限制酶,最初于20世纪70年代在细菌中被发现。当外源DNA侵入细菌后,各种限制酶能各自识别外源双链DNA上的特定核苷酸序列,将其水解并切割成片段,从而限制了外源DNA在细菌细胞内的表达。正是由于限制酶具有切割DNA的特性,专家在基因工程中利用他们充当切割DNA的"手术刀"。但是由于每种限制酶只能切开DNA链上的特定核苷酸序列,因此目前已知的1500多种限制酶,仍不能满足迅速发展的基因工程的需要,因而科学家不断寻找新的限制酶。

据报道,研究小组从贝加尔湖不同地点,采集了大量湖水和湖底沉积物样本,并从中分离出650株细菌。利用这些细菌进行的电泳实验发现,部分细菌含有的限制酶,能够把某些病毒的DNA链分开,而这些病毒DNA链上被分开的核苷酸序列,却是目前已知限制酶所不能分开的。俄专家由此判断,他们找到的细菌含有一种新的限制酶。

俄罗斯专家认为,他们新发现的限制酶,可以用于设计人工DNA,推动基因工程的进一步发展。

(2)发现炭疽杆菌的新变种。2006年2月1日,德国负责流行病预防与控制的权威机构罗伯特·科赫研究所宣布,该研究所所长库尔特教授等人组成的研究小组,在喀麦隆自然保护区的类人猿尸体上,发现了一种迄今未知的炭疽病原体变种。专家认为,这一发现表明,炭疽杆菌作为野生类人猿的"致命杀手",比人们原先估计的传播范围更广。

研究人员从3只黑猩猩和1只大猩猩尸体上,分离出这种炭疽病原体变种。库尔特说,这一发现意义重大,它有助于人们对某些疾病的现代诊断程序,进行检查和改进。

研究人员认为,炭疽杆菌比人们想象得更加容易发生变异,现在发现的炭疽病原体变种,可能在人类进化早期就发生了变异,并在非洲西部和中部进行扩散。

(3)发现一种生存在极端环境中的新型古生菌。2015年5月,瑞典乌普萨拉大学细胞和分子生物学系的瑟伊斯·埃特蒙教授主持的一个研究小组,在《自然》杂志发表论文称,他们新发现的一种微生物,极有可能代表着从单细胞到复杂细胞进化过程中所缺失的一环。它的发现,填补了生命进化过程中一个空缺已久的"真空地带",有望为揭示复杂生命的起源和演化带来全新的见解。

尽管生命存在多样性,但所有生物都可以被归到两个群类之中:一是原核生物,包括细菌和古生菌,体形小,属于单细胞,没有细胞核;二是真核生物,体形大,有复杂细胞,细胞有细胞核以及一定程度的内部组织和构造。真核细胞和原核细胞存在巨大差异,然而,真核细胞是如何由原核细胞演化来的? 这个问题一直是个谜团。近来的研究认为,真核生物或起源于古生菌,但其间某种中间形式的生命至今却未被探测到。

研究小组称,他们在位于格陵兰岛和挪威之间大洋水下2352米深处的一处热液喷口附近,发现了一种新型古生菌。这种被命名为"洛基"的古生菌,可能是最接近真核生物的一种原核生物,恰恰位于简单细胞到复杂细胞进化的过渡环节。

埃特蒙说:"真核细胞起源这个问题极其复杂,很多线索都处于缺失状态,我们希望'洛基'能揭示出这个谜题的更多线索。"

通过对"洛基"基因组的研究,研究人员发现,"洛基"与真核生物有很多共同的基因,拥有以前只在真核生物中发现过的蛋白质基因编码。这表明,细胞的复杂性在真核生物进化的早期阶段就已出现。埃特蒙说:"它代表着构成微生物的简单细胞和真核生物的复杂细胞之间的一个中间类型。将其置于生命树中时,这个想法得到了证实。"

乌普萨拉大学细胞与分子生物学系研究人员吉米·索斯说,"洛基"取自海底的火山系统,在类似的极端环境中,通常有许多未知的微生物,他们称之为"微生物暗物质"。他们希望通过用新的基因组技术探索这些"微生物暗物质",找到复杂细胞进化的更多线索。

3. 发现有利于环境保护的新细菌

(1)发现能吃有毒金属的细菌。2005年8月,物理学组织网站报道,德国德累斯顿放射性化学和核物理研究所一个研究小组,发现了能够在核废料中生存的细菌,它们能够积聚有毒金属,可用来清洁金属有毒物废弃场所。

该研究小组目前正在研究使用生物复育的方法,作为消除核废料的手段。生物复育法,是一个利用微生物使被污染环境恢复原状的过程。他们在研究中,把位于德国东南部的一个核废料场作为示范点,在该废料场储积了球形芽孢菌的菌种。这种球形芽孢菌的菌种具有水晶表层(S-layer),该表层覆盖在细胞外面,除了作为保护层外,还能够聚集大量的有毒重金属,如铀、铅、铜、铝、镉等。新工艺是把晶体表层,与硅片、金属、聚合物、纳米团簇,以及生物陶瓷盘结合。得到的产品,可用于清除已污染的水和土壤中的有毒金属。此外,该技术还可用于从工业废料中提取铂或钯等贵重金属。研究人员现正在研究寻求各种使用细菌的方法。

在核电及核武器生产过程中,也产生了类似铀的各种放射性物质,这些金属对生态环境、动植物健康及核废料场附近的土地和水源构成了很大威胁。

目前,全球大量的核废料,正在占用越来越多的土地,蚕食着人类的生存空间。清洁这些有毒废料的常规办法通常非常昂贵,而且效果不佳,人类必须寻求一种新的途径,来解决核废料对环境的破坏。而细菌方法,可以说是用于清除核废料污染的技术典范。也许在不久的将来,人们可以将合成水晶表层盘置于污染区域,让它们像海绵一样帮助清洁环境。

(2)发现一种能把蔗糖变成生物塑料的新细菌。2005年10月,巴西媒体报道,用蔗糖制造生物降解塑料,已成为一些国家的热门研究课题。巴西技术研究院的路易·济依婀娜等人组成的一个研究小组,在甘蔗田里发现了一种名叫 B 傻瓜糖袋的细菌,能够高效率地把蔗糖变成塑料,每 3 千克蔗糖就能产 1 千克塑料。

研究人员用蔗糖培养出 B 傻瓜糖袋的细菌,这些细菌能迅速增肥和繁殖。过量的蔗糖使细菌体内产生大量的聚羟基丁酸颗粒,科学家们打碎细菌的体壳,用沉淀法分离出细菌与聚羟基丁酸颗粒,然后用化学添加剂使聚羟基定酸颗粒增大,即生物降解塑料颗粒。最后,把这些塑料颗粒送到工厂加工,就制成了塑料成品。

傻瓜糖袋细菌早在 1994 年就已经被发现。2005 年年初,研究人员发现此细菌还携带着另一种细菌,因此将这种细菌取名为 B 傻瓜糖袋。经过实验,科学家们摸索出上述制造塑料的生产工艺,并已经开始小规模生产。现在,巴西技术研究院、圣保罗大学和巴西糖业联合会,决定联合投资 500 万美元,对该项目进行大规模开发。

(3)发现能"吃"甲烷的细菌。2006 年 10 月,德国马普海洋微生物研究所,安帖·波埃修斯及其同事组成的一个研究小组,在《自然》杂志上发表研究成果称,他们发现了能够消耗甲烷的细菌,这有助于控制全球变暖的趋势。

波埃修斯表示:单细胞有机物,有助于调节海洋通过火山喷发等形式释放出来的甲烷量。研究人员对位于挪威格陵兰海域的西斯匹次甲尔根南部的活跃的哈康·莫斯比泥火山进行了研究,结果发现了消耗甲烷的这三个关键微生物群落。

最近发现的一个细菌群落,属于古细菌———一种不同于细菌和真核细菌的单细胞有机体;另外一种是能够利用氧气分解甲烷的细菌;还有一种是另外一种古细菌,能够与其他细菌一起利用硫酸盐来分解甲烷。

但是,火山所喷发出来的硫酸盐和氧气的上升流,限制了嗜甲烷菌的生存环境。因此,最终微生物仅能够分解掉火山喷发出来的 40% 的甲烷。

(4)发现可在有氧条件下生产绿色能源氢气的细菌。2010 年 12 月,美国华盛顿大学研究人员希马德里·帕克莱希等人组成的研究小组,在《自然·通讯》杂志上发表文章称,他们发现一种细菌,可在有氧气存在的自然条件下生产氢气,有望用来开发较廉价的绿色能源氢气。

文章说,这种名为"蓝藻菌 51142"的细菌,在白天和夜晚的生理活动不同。在白天有光线的时候,它可以进行光合作用,生成氧气和糖分。到了夜晚,它会燃烧白天生成的糖分来提供能量,这个过程会耗尽细胞内的氧气,使得固氮酶可以安全工作,在有氧环境中也可生产氢气。通常,固氮酶只要和氧气接触就会被破坏。因此,此前发现的一些可生产氢气的微生物,都需要在无氧环境中工作,使得产氢成本提高。

研究人员帕克莱希说,他们正计划对这种细菌进行基因改造,进一步提高其产氢量。

(5)发现以异糖酸为食的细菌种类。2014 年 9 月,英国曼彻斯特大学一个研究小组，在《微生物生态学杂志》上发表论文称，他们在英格兰北部地区的高碱性土壤样本中，发现一些单细胞微生物，其不仅能够很好地适应高碱环境，还具有降解异糖酸（ISA）的能力。研究人员表示，这一发现，或许有助于找到安全处置核废料的办法。

核废料的处置，对人类来说是一大挑战。当一些深埋地下的水泥基核废料与地下水接触后，会发生化学反应，变成高碱性。这种变化会驱动一系列化学反应，导致纤维素的化学降解，从而产生大量的有机污染物，而其中一种名为异糖酸的物质，可与核废料中的多种有毒元素发生反应，形成可溶性复合物和放射性核素，对周围环境、甚至饮用水和食物链构成潜在威胁。

研究人员认为，这些细菌不同寻常的"饮食习惯"和自然降解异糖酸的能力，或有助于解决地下核废料的安全处置问题。他们表示，这些细菌仅仅经过几十年即适应了高碱性土壤环境，而核废料会被深埋地下几千年，给予了细菌大量的适应时间，很可能有些细菌会用类似手段适应核废料的影响。

三、细菌开发利用方面的新进展

1.利用细菌清除污染物质

（1）利用细菌吸附方法处理工业废水。2006年3月，朝鲜中央通讯社报道，朝鲜国家科学院微生物学研究所，利用细菌吸附的方法处理工业废水，获得了成功。

报道说，这一方法可以回收工业废水中99.92%的重金属，使重金属的含量降低到水质允许的标准以下。

这种新方法，可以运用于所有产生重金属废水的工厂企业。采用该方法，不仅可以完全不使用昂贵的沉淀剂和化学药剂，而且还能够减少沉淀水量，提高净化效果。该方法在一些企业的试用结果表明，重金属的含量、酸度和浊度等指标，均降低到现有标准以下。

报道说，新方法成本低，既能防止江河湖泊的污染，又能回收金属离子，经济效益很大。

（2）培育出能够清除汞污染的细菌。2011年8月，有关媒体报道，美国波多黎各泛美大学的一个研究小组，用转基因手段，对一些细菌进行改造，使它们含有能生成金属硫化物和多磷酸盐激酶的基因。实验显示，这些细菌能抵抗高浓度汞，即使汞浓度高达使普通细菌致死的24倍，它们仍能存活。

此外，这些细菌还能吸收环境中的汞，将其转移到自己内部。实验显示，在高浓度汞溶液中，它们可以在5天内从溶液中清除80%的汞。

研究人员指出，这些转基因细菌，不仅可用于清除环境中的汞污染，而且在细菌内部逐渐聚集大量汞之后，也有利于回收这些汞，供工业生产循环使用。

（3）发现地杆菌具有治理铀污染的能力。2011年9月，美国密歇根州立大学的一个研究小组，在美国《国家科学院学报》上发表论文称，一种叫作地杆菌的细菌,具有治理铀污染的巨大潜力。

以往的研究表明,有些地杆菌,能够通过向金属添加电子,用还原周围环境里的金属,来获取能量。溶解在水里的铀,经过这样的还原之后,会变得难以溶解,从而缩小污染范围,并且容易被清除掉。

美国研究小组,对此继续深入研究,发现地杆菌外面长着的细长丝状菌毛,它们是由蛋白质组成的,能够导电,正是这些菌毛在铀污染生物治理中发挥关键作用。研究人员做过以下实验:以硫还原地杆菌为对象,培育出因缺乏某种基因而不能产生菌毛的菌株。把它们与能正常产生菌毛的菌株,进行比较。结果显示,菌毛能大大增强细菌清除铀污染的能力。

实验发现,如果没有菌毛,铀的还原反应是在细菌内部进行,会伤害到细菌自身。而有菌毛时,大部分反应围绕着菌毛完成,不仅扩大了反应过程中可用于电子传输的空间,还拉远了铀与细菌的距离,提高安全性。

研究人员用一种荧光染料,测量了地杆菌细胞的呼吸酶,在接触铀之后的活性。结果显示,有菌毛的细菌呼吸酶活性更高,因而生存能力更强。有菌毛的菌株在接触铀之后,还能恢复过来,并且比没有菌毛的菌株生长更快。

专家认为,这种方法,理论上也适用于治理,其他一些金属元素的放射性同位素,包括锝、钚和钴等。因此,该成果不仅可用于治理以往核试验造成的铀污染,还有可能帮助应对日本核电站事故。

(4)利用厌氧菌群降解有毒化学污染物质。2012年6月,有关媒体报道,在欧盟第七研发框架计划资助的支持下,德国专家领导、欧盟多个成员国研究人员参加的一个研究小组,研究开发出利用新型微生物修复技术,努力克服卤代化合物的有害影响,其治理卤代化合物污染场所的研究已取得明显效果。

化学污染物质对人类健康、环境保护和生态系统造成了的严重的威胁及危害。其中,卤代化合物,是现代经济社会中最大量存在的环境化学污染物质之一,主要来自人类广泛使用的杀虫剂、化学溶剂和化工产品等。

研究小组充分发挥"喜好"脱卤酶微生物家族的新菌群,即厌氧的细菌(CBDB1菌株)的"特殊"作用,来消化吸收和有效降解卤代芳香化合物污染物质。为进一步深入理解和掌握厌氧菌群降解化学污染物质的机理,从而提高微生物修复技术的效率,他们从CBDB1菌株生理学的同位素和蛋白质组学入手,集中科技资源研究突破CBDB1菌株的生理学特性,尤其是显示还原卤化苯脱卤和剧毒卤化二噁英的机理。基于生物学技术知识的科研成果,已揭示CBDB1菌株有效降解卤化苯酚和卤代联苯,以及其他几种化学化合物毒性的奥秘。

研究小组的成果,充实了厌氧菌群的生物学基础知识,及其降解危险化学污染物质的应用潜力。该项新型微生物修复技术的普及推广,对生态环境的友好性改善和经济社会的可持续发展,具有重大的现实意义。

(5)利用细菌降低污染物的毒性。2014年11月,英国曼彻斯特大学大卫·利斯教授领导的一个研究小组,在《自然》杂志上发表研究成果称,他们历时15年深入研究,掌握了细菌是如何降低污染物毒性的详细过程。该研究,有望帮助研究人员开发出降低二噁英、多氯联苯等污染物毒性的新方法。

利斯解释道:"大部分有毒污染物都含有卤族元素,而大多数生物系统,并不知道如何应对这些分子。但是,有些细菌利用维生素B12就能清除这些卤素原子。我们的研究发现,这些细菌使用维生素B12的方式,与我们所知的大不相同。"

据报道,利斯研究小组,通过对生长更快的细菌进行基因改造,从而获取了关键的蛋白质。他们继而利用X射线晶体成像技术,获得卤素原子被清除的细节。他表示,了解这些独特的解毒过程细节后,研究人员现在可以试着复制这一过程,从而开发出新手段,更快速高效地解决世界范围内有毒污染物问题。

目前,大量的有害分子被排放到自然界中,其中许多是通过污染物直接排放,还有些是通过室内垃圾燃烧而来。这些有害分子的浓度日渐升高,对环境和人类的威胁也越来越大。这也是该研究背后的主要动因。人们已经采取了一些手段来限制污染物的产生,例如,多氯联苯在20世纪70年代被美国禁用,并于2001年在世界范围内遭禁。

2. 利用细菌推进能源开发

(1)以细菌微生物把废水转化为可用电流。2006年5月15日,比利时根特大学研究人员组成的一个研究小组,在《环境科学和技术》杂志上发表研究成果称,他们利用细菌微生物形成的一种新型生物能量加工系统,生产出可利用的电流。

研究人员说,水中寄生着大量微小的细菌,其中有些细菌微生物,可以稳定地分解水流中的有机物质,并在这一过程中产生电荷。通过研究和收集这些电荷,他们发明了微生物燃料电池。

研究人员试验了以连续、平行、独立个体等不同排列方式的燃料电池。在历时200多天的检测过程中,他们分别把细菌微生物寄生于厌氧或者有氧的淤泥、医院以及马铃薯加工厂的废水中,经过一定的作用时间后,燃料电池的供能效率增大了3倍。同时还发现,以平行方式排列的燃料电池,可以稳定地产生强电流,电荷生成效率最高。

(2)利用固氮细菌制造氢气。2008年8月25日,《每日科学》网站报道,美国农业部下属的农业研究服务机构,发明了一种识别固氮细菌的方法,无须经过基因组测序或者遗传修饰,这将有利于更好地制造清洁能源氢气。

固氮细菌是以空气中的氮气为养料,形成自身蛋白质的微生物。它们生活在土壤,以及某些植物的根部,把空气中的氮转化成化学养分,来供植物生长。固氮细菌,是氢的重要微生物来源,它们主要通过光合作用来产生氢气,目前研究较多的主要有颤藻属、深红红螺菌、球形红假单胞菌、深红红假单胞菌、球形红微菌、液泡外硫红螺菌等。

研究人员通过使用一种选择剂,来找到能产生氢气的固氮细菌的菌株,而无须通过基因组测序或者遗传修饰。研究人员使用这种选择剂,能够确定一个基因,该基因使细菌的氢气摄取活动系统钝化,于是产生的所有氢气都被释放出来,因为菌细胞不能再利用氢气,它们产生的氢气,能够被捕捉并且作为燃料来使用,产生水和热量。

(3)发现可利用深海细菌寻找海底石油。2009年9月18日,加拿大科学家凯西·休伯特博士率领的一个国际研究小组,在《科学》杂志上发表研究成果称,他们在挪威附近北冰洋海底的沉积物中,发现了大量处于冬眠状态的一种嗜热菌。它们以细菌芽孢状态存在,在低于0℃的海底冬眠。这项发现,使科学家可能有机会追踪到来自海底热环境中渗出的热流,从而可能利用这种手段找到海底蕴藏的石油和天然气。

研究小组发现,这种嗜热菌以孢子形式冬眠于沉积物中,可以抵御其所处的恶劣环境。实验显示,在40℃~60℃,这些孢子就可以复活为细菌。因此研究人员认为,这些冬眠细菌可能来自海底的某些热区域。

休伯特博士目前接受加拿大自然科学和工程研究委员会的资助,在德国与多国科学家开展合作研究。他表示,最令他们关注的是,这种细菌与取自海底石油的细菌在遗传特征上有许多相似性。目前他们正在探索这些细菌究竟来自何处,如果它们来自某个泄漏的海底石油储藏地,那么其今后将可帮助人类找到海底石油。这些细菌属厌氧菌,而且在海底沉积物中大量存在,源源不断。研究人员由此推断,一种可能,是它们来自于大洋深处的高压原油储藏区域,向上泄漏的原油将其带入海底水域。另一种可能,是海底"黑烟囱"或其他热流口的存在,产生的热液流动将其带出。但这种嗜热菌究竟来自何处,还需要进一步通过研究来确证。

(4)用大豆根部固氮细菌把一氧化碳变成燃料丙烷。2010年8月,美国加州大学欧文分校马库斯·里贝等专家组成的一个研究小组,在《科学》杂志上发表论文表示,一种存在于大豆根部的固氮细菌所产生的酶,可能有望成为实现新型空气动力汽车梦想的关键。这种酶名为钒固氮酶,它可以把常见的工业副产品一氧化碳(CO)转化为燃料丙烷。

研究人员表示,目前,该研究还处于早期阶段。不过,他们同时表示,这项研究最终可能会带来全新、环保的燃料生产方式,最终从稀薄的空气中提取汽油。里贝说,这种微生物是一种非常常见的土壤细菌,我们对其已有深入了解,并且实施了长期的研究。他还说,虽然我们仍在研究钒固氮酶,但我们知道这种酶具有不同寻常的特性。

科学家研究的这种微生物,名叫棕色固氮菌。是一种对环境很重要的细菌,它通常存在于像大豆等固氮植物根部周围的土壤中。

农场主之所以对含有棕色固氮菌的植物情有独钟,是因为这种细菌可充分利用多种酶,把大气中毫无用途的氮气变成重要的氨和其他化合物。接下来,其他植物吸收这些化合物,利用它们生长。里贝在研究中与合作者将一种氮——钒固氮酶——隔离出来,用以把氮变成氨。接着,他们从钒固氮酶中分离出氮和氧,并用一氧化碳填补剩余空间。

没有了氮和氧,钒固氮酶开始把一氧化碳,变成 2~3 个原子长的短碳链。一个三碳链通常被称为丙烷。丙烷是一种点燃后形成蓝色火焰的气体,是常见的火炉中使用的燃料。

里贝说,很显然,如果我们可以制造出更长的碳碳链,这项发现最终会令我们开发出合成液态燃料。新酶只能形成 2~3 个碳链,而不是构成液态汽油的更长链。不过,里贝认为,可以对钒固氮酶做出改动,令其可以生成汽油。如果这项技术得到进一步完善,最终或能令汽车以自身排放的尾气当作部分燃料。而经过更长时间的研究,汽车甚至还能从空气中"吸收"二氧化碳供其运行的燃料,而目前已经拥有把二氧化碳变为一氧化碳的技术。

3. 利用细菌研制生物医用产品

(1)试用转基因细菌合成青蒿素。2006 年 4 月,有关媒体报道,青蒿素是目前最有效的抗疟疾药物之一,但对最需要它的贫困患者来说仍过于昂贵。美国加州大学伯克利分校的一个研究小组,成功地用转基因酵母,合成了青蒿素的前体物质——青蒿酸,有望大幅增加青蒿素产量、降低治疗疟疾的费用。

研究人员说,他们的新研究成果,有望把青蒿素药物价格大大降低。

该研究小组曾经把青蒿的一个基因,植入大肠杆菌。利用细菌的生物合成过程,获得一些中间物质。但这些物质,还需要几步反应,才能生成青蒿酸。

在最新的研究中,研究人员在青蒿里,发现了一种与青蒿酸合成有关的新酶。把制造这种酶的基因,植入酿酒酵母后,酵母制造出了青蒿酸。这项新成果,有望为大幅降低青蒿素生产成本开辟道路,但付诸实用至少还需要几年时间。

(2)计划把双歧杆菌加工成预防流感的健康食品。2006 年 5 月,《日经产业新闻》报道,日本森永乳业公司等机构组成的科研小组,经过研究认为,每天摄取大量双歧杆菌可以预防流感。

科研小组在 2004 年 11 月至 2005 年 3 月,以 27 名 65 岁以上老人为对象进行研究。他们在最初 6 周让每位老人每天服用含 1000 亿个双歧杆菌的粉末(相当于一升酸奶的双歧杆菌含量),其间,给他们接种了流感疫苗。

从第 7 周开始,研究人员将 27 人分成两组,其中一组继续按前 6 周的剂量服用双歧杆菌,另一组则服用安慰剂。最后,服用安慰剂的研究对象中有 5 人患上流感,而继续服用双歧杆菌的一组则无一发病。血液检查显示,自始至终服用双歧杆菌的人体内,白细胞的数量多于另一组。

森永乳业公司认为,老年人一旦患上流感就容易恶化。双歧杆菌是乳酸菌的一种,它能提高老人的免疫力,即使疫苗作用减弱,也能降低他们受流感侵扰的概率。森永乳业公司计划把双歧杆菌加工成粉末或片剂,将其作为健康食品实现商业化。

(3)用苏芸金杆菌制成毒死蚊子幼虫的杀虫剂。2006年6月,俄罗斯媒体报道,含氯、磷化合物的杀虫剂容易危害其他生物,而用特定病毒对付蚊子幼虫等办法成本很高。为了趋利避害,莫斯科生物化学研究下属的一家实验室,筛选出一种苏芸金杆菌作为原料研制杀虫剂。这种细菌能通过体内生命活动合成一种晶体,当该晶体通过水流进入蚊子幼虫的肠道后,可在其肠道物质的作用下释放出毒素,最终毒死蚊子幼虫。这种杀虫剂对人、畜和鱼均无害。参与研究的专家介绍说,为了获得上述晶体,需要先对苏芸金杆菌进行培养。当苏芸金杆菌体内的特定晶体积累到一定程度后,可破坏杆菌的细胞膜,提取出晶体。为了避免提取物中含具有繁殖作用的芽孢,造成杆菌繁殖失控,专家培育出了只能通过克隆繁殖的苏芸金杆菌,然后再将其合成的晶体制成一种浅褐色浓缩液。

(4)用厌氧菌研制出抗菌物质。2010年4月8日,德国莱布尼茨自然物质与传染病生物学研究所发布公报说,该所研究人员利用厌氧菌制造出一种新的抗菌物质,这种化合物在抑制一些有耐药性的细菌方面很有效,有可能用于研制新型抗生素。

自从发明抗生素以来,微生物中的自然物质一直是抗生素的重要来源。然而,有些病菌,总能想方设法适应抗生素的作用,并形成抗体,其中典型例子就是金黄色葡萄球菌。它的某些菌株,已对常用抗生素甲氧西林产生耐药性,变成有"超级病菌"之称的耐甲氧西林金黄色葡萄球菌,可导致严重甚至致命的炎症。

他们通过在实验室中模拟"解纤维梭菌"的自然营养环境,促使这种厌氧菌合成了一种化合物,它含有很多硫原子,化学结构非常特殊。初步研究显示,这种化合物,对于耐甲氧西林金黄色葡萄球菌等耐药病菌,具有显著的抑制效果。

研究人员说,利用厌氧菌合成抗菌活性物质意义重大,下一步将研究其具体作用机制,并将检验这种化合物是否适宜制造抗生素。

(5)利用转基因光合细菌生产单糖和乳酸。2010年7月,美国哈佛大学维斯生物启迪工程研究所杰弗里·维、哈佛医学院帕梅拉·瑟尔沃领导的一个研究小组,在《应用和环境生物》杂志上发表论文表示,光合细菌(PSB)进行基因工程改造后能够产生单糖和乳酸。

光合细菌,是一种能进行光合作用而不产氧的特殊生理类群原核生物的总称,是一种典型的水圈微生物,广泛分布于海洋或淡水环境中。光合细菌作为一种特殊营养和特殊细菌,已在畜牧、水产、环保、农业上进行应用试验。

杰弗里·维说,我们的研究,主要是利用转基因技术,让微生物按照我们的要求来工作,此次是生产食物添加剂。这些发现,在人类社会走向绿色经济过程中,具有十分重要的现实意义。

采用转基因光合细菌生产单糖和乳酸等化合物,有多种益处。一是能够减少二氧化碳排放,二是有助于生产更多的生物可降解塑料,三是可以减少空气中的碳含量。此外,这种利用光合作用进行单糖、乳酸和其他化合物的生产方式,其生产成本也会大大降低。

转基因技术,只有二三十年历史。光合细菌,则是地球上最早出现的,具有原始光能合成体系的原核生物。哈佛大学完成的这项成果,是把人类最年轻的技术,嫁接到自然界最古老的生物上,为我们开辟了一种低碳经济的美好前景。作为重要的微生物资源,光合细菌显著、确切的应用效果,已被研究证实,而其中不少限制和难题,未来都可望以转基因手段加以解决。

4. 开发利用细菌形成的其他新成果

(1)拟送细菌上火星开展生命星际飞行实验。据报道,2009 年 10 月,俄罗斯科学家开始在太空开展一项生命科学实验,旨在研究地球生物,在未加防护的条件下,能否在外太空长时间存活。以此验证一种关于生命起源的有生源说假设。这种假设认为,物种都是由以往生物繁殖而来的,原始生命是一切后来生命的渊源。并认为简单的生物能够在太空漂浮、存活很长时间,地球上的生命起源于从其他星球漂浮到地球上的简单生物。

按照实验计划,俄罗斯已发射一艘名为"火卫一土壤"的自动飞船,搭载地球生命,飞往预定目标。飞船将飞行 10 个月抵达火星轨道,并围绕火星轨道飞行数月,最终在火卫一着陆。该飞船将从火卫一采集土壤样本,同飞船生命星际飞行实验舱一同返回地球。这些采集自火卫一的土壤,将有望成为自人类从月球取回土壤后,首次从外星球取回的土壤样本。

"火卫一土壤"飞船,将持续执行任务 34 个月。搭载的地球生物,放在一个直径 3 英寸的钛金属盒子内。这些将经受严酷考验的地球生物,包括能耐受强辐射的科南细菌,能无中生有获得父母不存在基因的阿拉伯芥,能忍受极端温度和压力的熊虫,还有酿造啤酒的酵母菌,以及从西伯利亚极地地区永久冻土中含有的许多微生物。

(2)培育出遇见地雷会变色的细菌。2009 年 11 月 16 日,英国爱丁堡大学发布公报宣布,他们培育出一种遇见地雷就会变色的细菌,可用于在雷区安全快捷地大规模扫雷。

研究人员介绍说,在实际应用中,可以利用飞机在雷区上空大规模喷洒含有这种细菌的溶液,探测结果在几个小时后就能显示出来。另外,这种细菌生产成本低,对人和动物无害。不过研究人员表示,目前还没有将这一成果商业化的计划。

(3)利用大肠杆菌"造"出最耐热生物塑料。2014 年 2 月,日本科学技术振兴机构等机构组成的一个研究小组,在美国化学学会刊物《大分子》网络版上发表论文称,他们利用大肠杆菌,通过转基因操作和光反应等方法,制作出 400℃ 左右高温下也不会变性的生物塑料,是当前同类塑料中最耐热的。

研究人员说,这种塑料是透明的,硬度特别高,用于汽车上代替玻璃,能大幅度减轻汽车重量,从而节约能源、减少二氧化碳排放。

生物塑料用来自植物等的生物质为原材料生产,有利于保护环境。但此前的生物塑料硬度和耐热性都较差,所以用途有限,一般都是作为一次性材料使用。

该研究小组注意到,某些放线菌分泌的一种氨基肉桂酸,拥有非常坚固的结构。他们根据这一发现,对大肠杆菌进行基因重组,再利用它使糖分发酵,制造出自然条件下几乎不存在的"4-氨基肉桂酸"。

研究人员通过光反应和高分子化等方法,用"4-氨基肉桂酸"聚合制取聚酰胺酸,然后在 150~250℃的真空下,加热制成聚酰胺薄膜。这种薄膜难以燃烧,能够耐受 390~425℃的高温,而此前生物塑料的最高耐热温度是 305℃。

研究人员认为,比起以石油为原料、通过复杂工艺制造的传统塑料,这种生物塑料成本相对较低。他们今后准备进一步提高其强度,争取早日达到实用化。

5.开发利用细菌出现的新技术

借鉴芯片印刷术成功开发细菌"印刷术"。

2005 年 5 月,美国媒体报道,哈佛大学道格·维贝尔等人组成的一个研究小组公布研究成果说,他们开发出一种能够将活的细菌,以精确的模式印在固体表面的技术。这种技术,将有助于解释细菌是如何在空间内相互影响的。了解了这种关系,就能帮助研究人员找到阻止细菌攻击的方法,并能用它们清除污染物。

例如,细菌有时会形成生物膜,这是一种独特的生物群落,它成黏稠的糖状薄片,依附在表面上。而细菌在这种状态下,能够更好地处理废物。但我们并不知道在何种情况下,细菌才会形成这样的生物膜,而又是为什么它们在这种状态下会更加富有弹性。

维贝尔说,通过这项研究,我们试图明白两个位于同一表面的相邻细菌,是如何发出信号,从而形成这种长距离的相互依赖的。

生物学家已经有了较粗劣的制成细菌模式的技术,包括将一列相互整齐有距离的细菌液,滴入细菌营养液中并让这些液滴滴在无菌的表面。但由于液体会扩散,使得无法生成一个精确的,可再生的模式。

为了制成各种不同种类细菌的复杂模式,维贝尔从计算机芯片工业中借鉴了一个名为影印石版术的技术。

通常,在制作芯片时,会在一个硅晶片的表面包一层薄薄的感光聚合物,然后通过模板将紫外线照到上面,最后消融掉感光部分,从而制成需要的模式。

维贝尔用这种刻好的芯片当模具,并往内充入液态聚合物。待其冷却、定型,将其取出,就形成了一个带印痕的薄片。再把薄片外包上琼脂糖,这是一种供细菌生长的营养凝胶。他用吸液管将细菌溶液滴在琼脂糖上,琼脂糖吸收了水分,只留下了一层固体状的细菌层。

然后只需将这块带刻痕的薄片,印在一个清洁的营养凝胶上,就可以印刷细菌,制成一个与母版一模一样的活的复制品。这种复制品只有一微米厚,而这正是一个细菌的大小。留在母版上的细菌,只需给予温暖就可以在表面繁殖,重新形成一张毯子,为母版充上"墨水"。

维贝尔已经用这种方式制成了不同种类细菌的模式,以及同一个种类细菌在不同的化合物中的模式,并培育出生物膜。

四、细菌致病及防治研究的新进展

1. 研究细菌致病机理的新发现

(1)揭开炭疽杆菌引起的肺型炭疽致命之谜。2005年11月,德国马克斯·普朗克学会下属的传染病生物学研究所,发表新闻公告称,该所科学家阿图罗·左奇林斯基领导的研究小组,揭开了肺型炭疽的致命之谜,有望找到治愈肺型炭疽的新方法。

炭疽也称脾瘟、恶性脓疱,是由炭疽杆菌引起的急性、特异性和发热性疾病。全世界人类炭疽病例中,皮肤型炭疽占95%～99%,在早期症状出现后若能得到有效治疗,自愈率超过80%;但人们已经知道,肺型炭疽通常是致命的,任何治疗手段都无济于事。

研究小组发现,在炭疽杆菌接触到皮肤,获得侵入人体的机会后,炭疽孢子会开始试图"萌芽"成长,积聚夺取生命的恶毒能力。但炭疽孢子的侵入,会引来许多嗜中性粒细胞自发聚集过来,这些特殊的白细胞能够在一番"肉搏"之后,成功包围并很快歼灭炭疽杆菌,进而阻止了炭疽杆菌在人体内的传播。

研究人员解释说,肺型炭疽的致死率,之所以比皮肤型炭疽高得多,主要是因为炭疽杆菌在被吸入人体后,肺部并没有引发与皮肤型炭疽类似的防御机制。肺部嗜中性粒细胞的数量较少,不足以将炭疽孢子扼杀在"襁褓"之中。而炭疽孢子在迅速成长并散播开来之后,便在人体内四处肆虐,最终夺去生命。

发现了上述机理后,研究人员做了进一步的试验研究加以确认。经过复杂的分解,左奇林斯基等人,在嗜中性粒细胞中最终确认唯一剩下的物质:一种名为 α 防御素的蛋白质,在治疗炭疽的过程中扮演了重要角色。

炭疽是最早有记载的动物疾病,早在18世纪60年代,科学家就证实了炭疽病原的存在。1881年,法国科学家巴斯德又发现了能预防炭疽的菌苗,使炭疽成为第一个被发现能用菌苗有效预防的传染病。但引起炭疽的炭疽杆菌以孢子形式存在于土壤中,在特定条件下,可以存活数十年,加上肺型炭疽的高致命性,炭疽成为最早被使用的生化武器之一。

(2)发现白色念珠菌过度增殖会引发肠道疾病。2011年9月,圣彼得堡"梅奇尼科夫"国立医学研究院等机构的研究小组,在俄学术期刊《医用真菌学问题》上撰文称,他们发现,如果肠道内白色念珠菌等微生物的繁衍过于兴旺,会持续引发十二指肠炎和消化不良。

研究小组征集65名慢性十二指肠炎患者,提取并分析了他们的十二指肠黏膜组织切片和肠道内物质样本。

参加这项工作的研究者介绍说,在正常情况下,人体肠道内分布的微生物菌群,处于生态稳定状态,有助于肠道保持健康。但在罹患某些肠道疾病后,一些肠道微生物的数量和种类比例会发生变化。在上述志愿者中,研究人员发现,24名成年患者,与14位少儿患者的部分肠道微生物过度增殖,其中白色念珠菌的增殖尤为活跃。在机体正常状态下,白色念珠菌不引发疾病,可一旦其家族过于繁盛,就会持续破坏十二指肠黏膜,加重该黏膜的萎缩程度和十二指肠炎症,导致这些疾病慢性发展。此外,俄专家还发现,肠道白色念珠菌过于兴旺,会导致某些消化酶的缺乏。

2. 研究细菌耐药机理的新发现

(1)发现金黄色葡萄球菌具有耐药性的秘密。2005年7月,美国加州大学圣迭戈分校副教授维克托·尼泽特等人组成的研究小组,在《实验医学杂志》上报告说,他们发现,金黄色葡萄球菌具有耐药性的秘密,就在于它外表的“金色”,这一成果可望催生出治疗金黄色葡萄球菌感染的新方法。

金黄色葡萄球菌是目前最难以对付的病菌之一。它感染人类表皮、软组织、黏膜、骨和关节,尤其在医院环境中,金黄色葡萄球菌往往能抵御消毒剂的杀伤,造成创口感染,严重时会致人死亡。近年来,抗药性金黄色葡萄球菌传染更加严重,已成为公共卫生威胁。

研究人员说,让金黄色葡萄球菌得名的那种金黄色,实际上是类胡萝卜素,类胡萝卜素具有抗氧化功能,好比一层“金盔金甲”,帮助金黄色葡萄球菌抵御了外来的杀伤。

研究人员为了进行对比,用基因“敲除”技术,制造了一种不能产生类胡萝卜素的葡萄球菌。他们发现,金黄色葡萄球菌能抵御,免疫系统中杀伤细胞生成的氧化物攻击,甚至能抵御过氧化氢等常用于消毒的强氧化剂。反之,不能产生类胡萝卜素的葡萄球菌,很快就被免疫系统攻击杀死,甚至不能造成机体局部感染。

在进一步研究中,研究人员把生成类胡萝卜素的基因,植入一种威胁很小的链球菌中。结果,链球菌不仅变成了金黄色,也变得更有危害了。转基因的链球菌也能抵抗氧化剂的攻击,在注射到实验鼠皮肤上后还会引起严重的感染和溃烂。

尼泽特说,上述发现为防治金黄色葡萄球菌感染提供了新思路。过去,人们只用传统的抗生素对抗葡萄球菌感染,结果是明显增强病菌的抗药性,如果解除葡萄球菌那层“金盔金甲”,那么仅依靠人类自身免疫系统就能清除病菌。

(2)发现脂肪细胞是结核杆菌的“避难所”。2006年12月,法国巴斯德研究所发现,脂肪细胞给结核杆菌提供了非常好的避难场所,躲进脂肪细胞的结核杆菌可以处于休眠状态,从而躲过外来攻击,甚至连药效最强的抗生素对它也无能为力。此外,这些潜藏在脂肪中的结核杆菌,可以休眠数年,甚至数十年,但始终具有随时"苏醒",导致机体罹患结核病的可能。

研究人员指出,这项发现,将有助于根治结核病。如今后在对结核病患者进行治疗时,必须考虑到其脂肪细胞中藏有休眠结核杆菌的可能。对此,有专家建议,在对某些严重结核病患者进行治疗时,应该考虑切除其病灶周围的脂肪,以防结核病复发。

(3)发现细菌产生耐药性的新机理。2009年9月,美国纽约大学的一个研究小组,在《科学》杂志上报告说,他们通过研究,发现了细菌产生耐药性的一种新机理。研究人员称,这一发现,将有助于解决致病细菌耐药性的问题。

很多抗生素药物,都会使细菌面临氧化"压力",从而导致细菌死亡。他们的新实验发现,细菌内产生的一氧化氮分子会缓解细菌的氧化"压力"。同时,一氧化氮还会帮助"中和"抗生素中的许多抗菌化合物,从而使细菌产生耐药性。

该研究小组说,他们的研究结果表明,利用一氧化氮合酶抑制剂,可以抑制一氧化氮的合成,从而削弱细菌的耐药性。研究人员表示,新发现将有助于解决这一难题,提高现有抗生素的药效。

(4)研究揭示细菌在抗生素攻击下的保命伎俩。2013年12月,耶路撒冷媒体报道,以色列希伯来大学医学院迦底·格拉泽教授和物理学研究所娜塔丽·巴拉班教授领导的一个研究小组,第一次揭示出,某些细菌能够在抗菌治疗中存活下来的机制。他们的研究工作,有可能为找到一些新的方法控制这些细菌铺平道路。

已知一些细菌,可通过突变来对抗生素产生耐药,除此之外,还存在另外一些"持久存在的细菌"类型,它们并没有抗生素抗性,而是在暴露于抗菌治疗时,继续以一种休眠或失活状态存在。当治疗结束时,这些细菌会随后"觉醒",重新开始执行它们的破坏性任务,如何对付这些细菌,是医疗人员面对的一道难题。

到目前为止,人们已经知道这些类型的细菌,与天然存在于细菌中的HipA毒素存在关联,但科学家们并不知道这一毒素的细胞靶点,以及它的活性触发细菌休眠的机制。

该研究小组揭示了这种情况发生的机制。他们的研究表明,当抗生素攻击这些细菌时,HipA毒素,会破坏对于细菌利用营养物质构建蛋白质至关重要的化学"信号"过程。细菌将其解读为一种"饥饿信号",这使得细菌进入到失活(休眠)的状态。在休眠状态下,细菌能够存活下来直至抗菌治疗结束,它们就可以恢复它们的破坏性活动。

多年来,巴拉班实验室针对持久存在的细菌开展研究,侧重于从生物物理学角度了解这一现象。而格拉泽实验室的研究,则侧重于针对性对抗持续存在的细菌。联合两个实验室的研究工作,有望促成更有效的疗法来对抗细菌感染。

(5)从分子角度揭示细菌的耐药性。2015年6月,比利时鲁汶大学生物学家杰安·米迁尔斯领导的一个研究小组,在《分子细胞》期刊发表论文认为,传染性疾病在全球范围内致人死亡的数量,超过其他任何一个单一原因,其中一小部分细菌能在抗生素中瞬时存活下来,并再度回到人体。他们的研究显示,这些所谓的持续形式,通过 Obg 分子的活动响应不利条件。该分子,在多种细菌的所有重要分子过程中,发挥着重要作用。通过揭示细菌持续性的共享遗传机制,该研究为新诊断工具和更有效治疗策略的研发铺就了道路。

米迁尔斯说:"持久性为治疗细菌、真菌病原体导致的慢性和生物膜感染,带来了障碍。我们根据发现,建议结合抗生素治疗和特定靶点疗法,有可能提高患者的响应,并缩短抗生素疗法时间。"

持久性部分,由能关停蛋白质合成,或能量产生等重要细胞过程的细菌毒素引发,迫使细菌进入休眠状态,以便其不会被抗生素杀死。但这种毒素调节背后的机制尚不明确,并且人们也不清楚环境信号,是如何触发细菌持久性的。

为了回答这些问题,米迁尔斯研究小组,专注于 Obg 的潜在作用,因为这种酶与蛋白质和 DNA 合成等重要细胞过程有关联,并且当分子能量变低时,它就会触发细胞休眠。研究人员发现,高水平的 Obg 能保护大肠杆菌和绿脓杆菌,免受两种阻碍 DNA 和蛋白质合成的抗生素的影响。米迁尔斯说:"这表明一个共性机理产生了持续性,并且该机理活跃在不用细菌中。因此,Obg 将成为开发新疗法的一个针对目标。"

研究人员表示,Obg 通过增加一种名为 HokB 的有毒分子的水平,诱发大肠杆菌出现持续性。HokB 能让细菌膜出现小孔,从而阻止细菌的能量产生,最终导致其休眠。但消除 HokB 并不会降低大肠杆菌的持续性,并且该基因也存在于绿脓杆菌中,因此,科学家认为,持久性还受到至少另外一个 Obg 调节通路的控制,该路径仍有待发现。未来研究面临的另一个问题是,细胞如何从毒素破坏中恢复过来,并重回正常状态。要回答这些问题,还需要进一步研究。

3. 研究人体抗菌机理的新发现

发现人体拥有抵抗艰难梭菌的天然机制。2011 年 8 月 21 日,《自然·医学》杂志网站发表了一篇防御艰难梭菌感染的论文。这项成果,是由美国加州大学洛杉矶分校大卫·格芬医学院、凯斯西储大学和塔夫斯大学等多家研究机构合作完成的,他们在人体内找到一种能抵抗艰难梭菌感染的天然防御机制。这一发现,为治疗肠道疾病展示了一种新模式,也有助于开发治疗各类腹泻和非腹泻细菌感染的新方法。

艰难梭菌感染是一种普通的肠道疾病,会导致腹泻、大肠炎、结肠炎等,甚至死亡,常在医院中传染流行。该感染在美国的发病率比 10 年前增加了一倍,而且新的高毒性菌种的出现也让治疗变得更加困难。

研究人员介绍说,艰难梭菌在繁殖期会释放两种强力毒素,这些毒素能和 InsP6(一种广泛存在于叶类蔬菜和胃肠道中的物质)结合,然后发生变形和断裂,断裂的碎片能穿透细胞壁,导致胃肠道出血性损伤,引起炎症反应和腹泻。

他们在研究中发现,在感染艰难梭菌后,人体肠道内的细胞能释放一种含有亚硝基(—NO)的分子巯基亚硝基化谷胱甘肽(GSNO),该分子能直接占据毒素的活性基位,使其丧失活性,从而遏止了它们穿透和损害肠道细胞。

参与研究的专家指出,这种天然防御机制,是由人体进化而来。它的核心,是巯基亚硝基化(SNO)过程。这一过程,是一种把一氧化氮(NO),与半胱氨酸(cysteine)残基结合在一起的蛋白修饰作用。

在动物实验中,研究人员用药物引发了巯基亚硝基化过程,成功阻止了艰难梭菌毒素破坏肠道细胞。下一步即将开展相关的人体临床试验。

4. 研制对付细菌的新疫苗

(1)推进 A 型链球菌疫苗的研究。2004 年 8 月,美国一个研究小组,在《美国医学协会会刊》上发表论文称,他们对 28 人进行的 A 型链球菌疫苗试验表明,这种试验性疫苗能引起一种免疫反应,并且没有严重的副作用。但是,现在还不知道这种疫苗,是否能真正保护人们不受链球菌的感染。这是 30 年来这类疫苗所进行的第一次人体试验。

A 型链球菌是一种常见的细菌,它导致成千上万人的咽喉疼痛,甚至引起致死性的但较罕见的肉腐疾病,影响人类康健。早在 20 世纪 30 年代,世界就已开始研究链球菌疫苗。但是,由于此前对 A 型链球菌研究的失败,使得人们越来越关注安全问题。但研究人员说,这种新的、通过遗传技术改造的疫苗,不含先前疫苗中造成安全问题的物质。

在 6 种不同的链球菌中,A 型链球菌是最常见的一种。在美国,每年导致 1000 万例链球菌性喉炎、轻度皮肤感染。链球菌性喉炎如果不经治疗,将可能导致风湿热,甚至风湿性心脏病,在全球有 1200 万人患有风湿性心脏病,每年有 40 万人因此死亡,多数在发展中国家。由于抗生素的普及,风湿热在美国并不常见。最严重的链球菌 A 感染,是比较罕见的链球菌坏死性肌膜炎,俗称食肉病,以及中毒性休克综合征,美国每年有 9000 例这类恶性疾病。

美国联邦疾病控制与预防中心的专家说,确实需要一种 A 型链球菌疫苗,因为在美国,这种细菌造成一定的经济负担,并导致严重的恶性感染;而在发展中国家则常引起风湿病。

尽管在美国恶性的 A 型链球菌感染疾病并不常见,但在 20 世纪 80 年代到 90 年代,出现了严重感染上升的趋势。在那以后虽然总体的发病率相对稳定,但也没有任何的下降。专家指出,尚不清楚为什么那时会突然增加了毒性更强的菌株,也很难预测什么时候这种现象会再度暴发。

对该新成果,罗切斯特大学疫苗专家评价说,这个结果是在研究链球菌 A 疫苗漫长过程中前进的一步,但是距离证实其效果和安全性,还需要更多人参与更多的研究。

(2)研究表明烟草能大量生产抗炭疽杆菌疫苗。2005年12月,中部佛罗里达大学的分子生物学家亨利·丹尼尔教授主持的研究小组,在美国微生物学会出版的《传染和免疫学报》发表研究成果认为,1英亩转基因改良烟草植物,能够产生足够多的抗炭疽杆菌疫苗,为所有美国人安全地、便宜地接种。

丹尼尔说他的方法已经应用于其他疫苗和稀缺药品中,能够消除药品的匮乏,使成本降低,并且可以控制污染的传入,这是传统发酵法生产疫苗中经常遇到的问题。

丹尼尔表示,之所以选择烟草来生产疫苗和其他药品,是因为烟草是一个常年生的、繁殖能力强的物种,每棵植株能生产100万个种子。他说,与玉米和其他可食用的植物不同,一棵经过基因工程改良的烟草,不可能再进入食品供应渠道。

丹尼尔认为,这是一个革命性的观念,研究人员花了20年时间,研究通过转基因作物生产具有治疗作用药物的可能性。他说,这是新时代的技术。为了制造出抗炭疽杆菌疫苗,研究人员把疫苗基因注入烟草细胞的叶绿体基因组中。他还说,在近日全国卫生机构的试验中,在遭受比恐怖分子炭疽杆菌袭击程度高15倍的炭疽杆菌袭击中,注射过烟草生产疫苗的老鼠,存活下来了。

丹尼尔说,除了抗炭疽杆菌疫苗,研究小组正在用烟草产生的疫苗在Ⅰ型糖尿病、C型肝炎、霍乱和瘟疫方面的研究。他说,Ⅰ型糖尿病已经有所控制,注射了他的烟草产生的胰岛素的老鼠,在8星期内有所好转。

(3)培育可对付李斯特菌的新疫苗。2006年3月20日,哈佛医学院副教授达伦·希金斯,与智利厄尔艾免疫研究所研究人员,以及波特兰医学中心免疫学家阿奇·鲍威尔等人组成的一个研究小组,在美国《国家科学院学报》网络版上发表研究成果称,他们利用开发疫苗的方法,培育出一株活性降低的,可在细胞内致病性的细菌。这项研究表明,疫苗方法,可以保护细胞免受其他的细胞体内致病性细菌的感染。

研究人员说,当致病性细菌攻击细胞表面时,疫苗诱导的抗体,可以组成一个强大的防御体系,来驱逐这些有害微生物。当抗体不能够识别这些致病性细菌时,细菌就会感染细胞,并且在进入到细胞壁内部并寄生下来。

研究小组开始把开发疫苗的方法,应用于李斯特杆菌上。这种细菌,最容易攻击的人群是慢性患者、老年人、怀孕妇女和儿童等,导致他们致病的原因,都是因为食用了感染上这种细菌的食物。在美国,估计每年有2500人,由于感染上这种细菌而患有严重的疾病,其中大约500人会因此而死亡。

活力降低的李斯特菌株被表面抗原细胞吸收后,不能够自身复制,因此很容易被杀死。希金斯说,这是第一次使用活力降低的李斯特菌株作为疫苗,它不需要宿主和细菌之间的反应,而是引起免疫系统提供一些保护性的免疫反应。

研究小组发现,复制缺失的李斯特菌疫苗菌株,在正常的和免疫力低下的小鼠体内消失得很快。同时,体内必需的免疫系统的协调者T细胞会刺激产生免疫力,使得注射了这种菌株疫苗的动物,可以抵抗 40 倍致死剂量的剧毒李斯特细菌。希金斯说,理论上,我们能够应用这个疫苗的办法,来免疫其他致病细菌例如沙门氏菌。现在,我们所需要的工作,就是找到那样不能在宿主细胞内复制的菌株。

新的李斯特菌疫苗,是根据 2002 年希金斯小组研究结果研制的。他们利用灭活的大肠杆菌作为运送工具,把抗原运送进体内的抗原表面细胞。在先前的研究中,希金斯以大肠杆菌作为传送工具的疫苗,注射进入老鼠体内。结果表明:那些老鼠在受到黑色素瘤细胞的感染后,不会造成肿瘤的形成。

希金斯说,目前,我们正在着手以大肠杆菌为基础的癌症疫苗的研究,并希望把它扩大到感染性疾病的疫苗研究。我们对李斯特菌的研究表明,一些可以产生疫苗的菌株是有效的,而且对于正常的和免疫力低下的个体都是安全的。

(4)金黄色葡萄球菌疫苗研究取得新突破。2006 年 10 月,芝加哥大学,微生物学教授奥拉夫·西尼文领导的研究小组,在美国《国家科学院学报》上发表论文称,他们通过合成细菌表面四种蛋白质,并在小鼠体内引起明显的免疫反应,成功的研制出多重耐药性金黄色葡萄球菌疫苗。

西尼文指出,金黄色葡萄球菌是引起医院获得性感染最常见的病因,也是社区相关性疾病的传染源。他说,这种菌有一套保护机制来对抗治疗药物,这也是为什么我们将疫苗研究看作重点。细菌在一代又一代的繁殖中逐渐增强抗药性,因此研制保护性疫苗显得尤为重要。

先前的研究,一般采用死的或活的但毒力减弱的细菌,或者选择细菌的亚单位,结果制成的疫苗只具备部分免疫性。本次研制的疫苗不同,它需要激发机体的免疫反应来识别细菌表面特异性蛋白。

研究人员采取了新的方法即"反向疫苗学"。他们先获得金黄色葡萄球菌基因组,并从 8 个细菌种属里选择 19 个细胞表面抗原,作为新的疫苗靶位。接着,把每种抗原注射到小鼠体内,评测其免疫反应,并鉴定出其中四种蛋白质能引起最强的免疫反应。他们发现 IsdA 和 IsdB 蛋白的作用,在于帮助细菌从宿主的红细胞里获取所需的铁元素,另两种 SdrD 和 SdrE 蛋白,则参与了细菌在宿主组织里的黏附作用。最后,研究人员把这四种疫苗,混合接种并证实所有的小鼠都得以存活,而没有接种的对照组小鼠都有确切的肾脏感染。

(5)研制以荚膜多糖抗原为靶点的抗细菌新疫苗。2007 年 11 月,有关媒体报道,美国哈佛大学的研究小组,最近发明"蛋白质—荚膜疫苗"技术,主要以荚膜多糖抗原为靶点。荚膜多糖,是有荚膜细菌性病原体的保护性免疫中,所涉及的主要抗原物质,这类病原体包括脑膜炎奈瑟菌、肺炎链球菌、流感嗜血杆菌以及炭疽芽孢杆菌等。

研究人员说,新病原体、抗药性病原体,以及生物恐怖主义袭击的潜在威胁,使寻找研发疫苗的新途径显得格外重要。新疫苗技术,不仅为多种疫苗的研发提供希望,还有可能大大降低疫苗生产成本。

5.研发抗菌灭菌的新物质

(1)研制出用"噬菌病毒"对付细菌的清洁剂。2004年10月,有关媒体报道,英国思克莱德大学马里医生领导的一个研究小组,已经研制出含有噬菌病毒的清洁剂,可以杀死肆虐英国医院病房的致命超级病菌。研究人员希望在数月内可在医院试用。

现在,英国每年有数百计人,因染致命的抗药性金黄葡萄球菌死亡,而且大部分都死在医院里。该研究小组开发出一种能攻击超级病菌的"噬菌病毒"。这种病毒只会攻击细菌,不会危害人类。

该研究小组把噬菌体涂在固体的表面上,令它们吸附及不断衍生。当噬菌体接触到致命病毒时,噬菌体便会依附在病毒上,并复制出数更多的噬菌体,不断吞噬病毒。马里医生介绍说:"噬菌体是细菌世界的天生杀手,但不会伤害人类。"

(2)发现抑制幽门螺旋杆菌的物质。2005年2月17日,《日经产业新闻》报道,日本日清公司最近发现,一种名为"FB-10"的乳蛋白提取物,可以抑制幽门螺旋杆菌附着在胃粘膜上,这对于治疗幽门螺旋杆菌导致的胃炎和胃溃疡,具有一定的医用价值。

研究人员发现,幽门螺旋杆菌附着胃粘膜时,表面的尿素酶是附着因子。于是,研究人员在与尿素酶发生反应的乳蛋白中,提取出名为"FB-10"的物质。试验表明,"FB-10"对幽门螺旋杆菌附着胃粘膜,能起到阻碍作用,并可抑制幽门螺旋杆菌增殖。

据有关统计,日本有60%的人感染幽门螺旋杆菌,该菌分泌的毒素可导致胃炎和胃溃疡,甚至是胃癌。治疗幽门螺旋杆菌引起的胃炎和胃溃疡以往一般使用抗生素,但这种方法容易使幽门螺旋杆菌产生抗药性,此外也会杀死对肠胃有益的双尾菌。"FB-10"则可以在肠胃中分解吸收,安全性很高。

(3)开发出天然的抗菌物质。2005年5月16日,《日本经济新闻》报道,旭川医科大学客座副教授绫部时光,与庆应义塾大学医学部副教授森山雅美等人组成的一个研究小组,成功利用人体细胞,生成一种天然抗菌物质,这种物质不仅能防止耐药性细菌的出现,还能对各种微生物导致的感染都发挥疗效。

所有生物体内,都含有一种名为抗菌缩氨酸的物质,来抵抗细菌等微生物造成的感染。抗菌缩氨酸在皮肤和消化器官等部位生成,在机体内发挥着一线免疫作用。

该研究小组,从人小肠壁上提取出制造抗菌缩氨酸的细胞,并在实验室中模拟病菌感染的情况,成功刺激这些细胞产生了数毫克抗菌缩氨酸。研究人员随后对引起食物中毒的沙门氏菌施以这种抗菌缩氨酸,结果有近70%的细菌死亡。

研究人员说,现有的抗生素在反复使用后会导致耐药性菌株的产生,此外,抗生素还不能治疗病毒性感染。而新开发出的这种天然抗菌物质,可以防止耐药性菌株的出现,还能治疗包括病毒在内的各种微生物感染,有望成为一种新药,但要将其作为药品使用,至少需要以千克为单位的抗菌缩氨酸。因此,他们准备进一步研究,如何使生成抗菌缩氨酸的细胞大量增殖的技术。

(4)开发出控制细菌的化合物。2005年6月,有关媒体报道,以色列耶路撒冷希伯来大学,一位年轻研究人员阿德尔·雅布尔,通过干扰细菌的交流过程,从而发明了一种在不使用抗生素的情况下,控制细菌活性的方法。

大多数人类和动物疾病都与细菌有关,它们组合形成能够附着到多种表面(如活组织、移植物和牙齿)的生物膜"社区"。生物膜还存在于人工表面,如水管或空调管表面。

近年来,研究人员发现组合在生物膜中的细菌之间,存在一种叫作"群体感应"的交流网络,它控制着集体活性。这些感应信号,控制着生物膜中的细菌的生理和致病性。这些细菌产生的一种硼分子"auto inducer－2",控制着这个群体感应过程中的信号。

(5)发现有望成为新型抗生素的物质。2006年5月18日,美国新泽西州默克实验室的一个研究小组,在《自然》杂志上发表研究成果称,他们发现,一种从真菌中提取的物质,能够抑制细菌的繁殖,其原理与普通抗生素不同。这种物质有望成为新的抗生素,用于对抗具有抗药性的细菌。

这种物质,提取自南非某种土壤样本中的普拉特链霉菌,其抗菌能力是研究人员新发现的。试验表明,对包括一些抗药性很强的"超级细菌"在内的大部分革兰氏阳性菌而言,这种物质都是有效的抑制剂。

研究小组首先让实验鼠感染金黄色葡萄球菌,然后向实验鼠体内注入这种物质。金黄色葡萄球菌是常见的具有抗药性的病菌之一,某些菌株能够抵抗现有效力最强抗生素的万古霉素。

试验结果显示,新型物质能够有效清除金黄色葡萄球菌,并且没有明显毒副作用。其发挥功效的原理是通过抑制某种关键酶,来阻止细菌合成脂肪酸。

由于抗生素的滥用,越来越多的细菌产生抗药性。许多常见抗生素有着相似的作用原理,即破坏细菌生成细胞壁进行自我保护的能力,或者阻止细菌合成蛋白质或DNA。这种方式的弊端在于,一旦细菌对某种抗生素产生抗药性,就可能同样能抵抗其他多种抗生素。

新型抗菌物质另辟蹊径,通过阻止细菌合成脂肪酸来抑制其生存与繁殖。由于脂肪酸合成过程中的一些酶是许多细菌共有的,这种物质有望成为能杀灭多种细菌的广谱抗生素。

(6)发现尼古丁可作灭菌消炎药。2006年7月,美国媒体报道,纽约州曼哈塞北岸大学医院的路易斯·乌略亚等人组成的研究小组,通过研究败血症,掌握了能够阐明尼古丁灭菌消炎作用生化途径的证据,从而把尼古丁开发成更有效的灭菌消炎药成为可能。

败血症是炎症中最致命的一种,在第三世界发展中国家,它是第三大主要的人口致死因素,也是造成美国人口总死亡率10%的祸首。败血症的起因,是细菌入侵了血液循环,而细菌感染可以造成一定的机体损伤,但真正使患者面临危险的,是他们自身强烈的免疫反应:人体内的巨噬细胞为了消灭细菌,吐出数量巨大的促炎性细胞因子,不断强化免疫反应,直至攻击自身组织,造成损伤,最终使患者死于心血管功能障碍和多脏器衰竭。

研究小组发现,尼古丁能够遏制老鼠体内的过激炎症反应,甚至可以改变败血症的发生过程。与现有的消炎疗法相比,它的能力更强。

尼古丁的结构与乙酰胆碱非常相似,能在免疫调节中模仿乙酰胆碱。神经系统通过乙酰胆碱控制人体内此起彼伏的炎症之火。乙酰胆碱的受体不仅存在于神经末梢,也存在于免疫细胞表面。尼古丁能够结合并激活这些受体,实现大脑和免疫系统的越界对话。

现在,乌略亚实验室的研究表明,尼古丁与巨噬细胞表面的烟碱受体结合,阻止细胞释放炎症细胞因子,并且抑制作用异常强大。研究人员还辨别出,在尼古丁抑制细胞因子产生时,它结合的位点,是位于巨噬细胞表面的特定受体亚型,即 $\alpha-7$ 乙酰胆碱受体。

但是,作为一种药物来说,尼古丁有很多副作用。除了固有的成瘾性,它还可能导致心血管问题,甚至引发癌症。乌略亚说,没有人指望用尼古丁来治疗炎症,我们想做的是设计特别的药物,既能够像尼古丁一样,与这个特定受体结合,发挥消炎作用,同时又能免去尼古丁附带的毒性。

美国匹兹堡大学重症监护医学专家米切尔·芬克评论说,一种具有受体选择性的类尼古丁化合物,不管是对败血症,还是对许多其他同类的慢性疾病来说,都是值得期待的。目前,急待完成的任务是找到尼古丁的最佳替代物,让我们对乌略亚的培养皿拭目以待吧。

(7)发现缩氨酸可抵御超级细菌。2007年3月25日,加拿大不列颠哥伦比亚大学,病体基因和抗菌剂研究机构主席罗伯特·汉考克领导的一个研究小组,在《自然·生物技术》杂志上发表研究成果称,他们发现了一种缩氨酸,它可以通过增强人体内在的免疫能力,抵御诸如超级细菌等细菌的感染。目前,已在动物身上试验成功。

汉考克表示,由于许多病菌对抗生素有耐药性,因此急需寻找新的治疗方法。缩氨酸的优点在于不直接用于对抗病菌,因此病菌不太可能对其产生抗药性。它可以增进人体内在的免疫能力,抵御病菌,同时不会引发严重感染。

研究人员使用这种缩氨酸,来治疗对万古霉素有抗药性的肠道球菌、超级病菌以及沙门氏菌,研究结果显示,在感染前24~48小时或感染后4小时使用,虽然病菌未能完全消灭,但病菌数量显著减少,特别是对沙门氏菌,在感染前服用可提供有效的预防。

研究人员预期可将缩氨酸与抗生素共同使用,治疗常见的医院感染,诸如与通风管有关的肺炎、手术后感染等。

(8)发现可与细菌 DNA 结合而灭菌的无机化合物。2009 年 6 月 8 日,英国沃里克大学发布的新闻公报说,该校研究人员阿代尔·理查德斯等人组成的一个研究小组,发现一种无机化合物,可直接作用于细菌 DNA,并在 2 分钟内杀死细菌,这将有助于研究人员开发出新型抗生素,用于对付那些已对其他药物产生耐药性的"超级细菌"。

研究小组表示,这是一种铁的化合物,它具有和细菌 DNA 相近的螺旋结构,能够穿过细菌的细胞壁等,与细菌的 DNA 结合到一起,并阻止 DNA 和其他物质结合。由于细菌的 DNA 不能再指导其体内的生化反应,这种化合物最终可以起到杀菌效果。针对枯草杆菌和大肠杆菌的实验显示,这种化合物可以在 2 分钟内杀死几乎所有细菌。

理查德斯说,这一发现,将有助于开发出新型抗生素,用来对付那些已有耐药性的细菌,比如耐甲氧西林金黄色葡萄球菌。

6. 开发检测细菌的新技术

(1)开发超级细菌快速检测技术。2005 年 2 月,英国媒体报道,医院是治病救人的地方,然而许多细菌也会在此交叉感染,最近,一种超级病菌在欧美一些医院中流行开来。这种超级细菌学名为:耐甲氧苯青霉素金黄色葡萄球菌。之所以称它为超级细菌,是因为它具有极强的抗药性。

超级细菌,最早发现于 1961 年。研究发现,这种细菌在不断繁殖变异的过程中,保留了对某些抗生素耐药的基因,一旦人体感染,特别是那些免疫力低下的患者感染后,常常会引起败血症、肺炎等并发症,危及生命。如果发现及时,目前的治疗方法是将感染者隔离,并采用万古霉素进行治疗,效果还不错。

通常诊断是否感染了超级细菌,需要 3~4 天的时间,这是因为医生需要培养出数百万个超级细菌才能进行观察鉴定。如今,英国的阿克莱特生物医药公司宣称,他们研制出了一种快速诊断超级细菌的技术,将诊断时间缩短为 5 小时。

据说这种检测仪采用的并非新技术,而是来源于英国军队的秘密武器实验室,源于那里的一种用来在生化战中快速探测微生物细菌的技术。如今,这种检测仪已经进入了试验阶段,英国卫生部表示,他们将密切关注这一检测仪的实验进展,并要求各大医院改善卫生状况,建立超级细菌检测机制,以降低超级细菌的感染率。

(2)发明探测"超级细菌"的电子鼻。2005 年 9 月 24 日,《新科学家》杂志报道,英国华威大学一个研究小组,发明了一种电子鼻,它能够嗅出患者是否感染了抗药性极强的"超级细菌",准确率很高。这种电子鼻的体积,大约有两个普通计算机的显示器那么大,售价估计在 6 万英镑左右。

俗称"超级细菌"的耐甲氧苯青霉素金黄色葡萄球菌,抗药性越来越强,已经有突破"抵御病菌的最后防线"万古霉素的趋势。目前,"超级细菌"在英国一些医院中肆虐,严重影响患者健康。

通常的培养基检测,需要2～3天才能确定"超级细菌"的存在。正在开发中的DNA检测法,识别"超级细菌"据说需要两个小时。而该研究小组发明的这种电子鼻,只要15分钟就能探明"超级细菌"的存在。

据报道,这种电子鼻中装有一组电极,电极上包裹着不同的导电聚合物。每个电极在遇到不同物质时,就会改变电阻,做出反应。电子鼻综合所有电极的反应,绘制出被检测物质的"气味图"。随后再把"气味图"输入计算机,就能够分辨出被检测的物质。研究人员说,"超级细菌"排泄出的一种易挥发化合物,很容易被电子鼻识别。

研究人员对159名,已知感染了"超级细菌"的患者进行测试。他们用棉签蘸取患者的鼻液,放入电子鼻中。结果,电子鼻对其中96%的患者做出正确判断。

(3)发明用唾液测试口腔细菌的新技术。2009年5月,以色列特拉维夫大学的微生物学家梅尔·罗森伯格领导的研究小组,发明了一种新的唾液测试技术,如果检测到口腔内一定数量的某种细菌酶,测试结果便会呈现出蓝色。最新出版的《呼吸研究杂志》,介绍了与这项技术相关的新产品。这项技术已在申请专利。

过去,一种由革兰氏阴性细菌组成的微生物群落,为唾液产生口臭背负了罪名。但是罗森伯格的研究小组,在对培育的唾液样本中的细菌进行分析后发现,其他的一些主要细菌群落,例如革兰氏阳性细菌,通过形成特殊的酶,使得革兰氏阴性细菌能够更为容易地把蛋白质分解为发出恶臭的化合物,从而加速了口腔内唾液变口臭的演变过程。

罗森伯格表示,他们用来测试唾液的物质,是有关口腔气味的微生物学研究迅猛发展的一个副产品。

一周前,在美国的宾夕法尼亚州费城,召开了美国微生物学学会有关这一领域的第一次座谈会,罗森伯格与大约150名科学家,对这些造成肥料、牲畜和宠物的气味,以及肠胃气胀的微小生物,进行了讨论。

(4)开发出能确定饮用水中所含细菌的检测技术。2013年9月,有关媒体报道,英国谢菲尔德大学凯瑟琳·比格斯教授主持的一个研究小组,开发出一种基因检测技术,用以确定饮用水中所含细菌的具体种类。

研究人员发现,水管中几种常见细菌结合体,可以形成一种生物薄膜,成为其他可能对人体更为有害的细菌繁衍的"温床"。

研究人员把4种细菌分离出来,并发现其中任何一种细菌都无法独立形成生物薄膜。但是,当这些细菌与任何一种甲基杆菌属细菌混合在一起时,就可以在72小时内形成生物薄膜。

比格斯说:"我们的研究结果表明,这种细菌可以起到桥梁的作用,使其他细菌与其表面接合并产生生物薄膜。很可能不只这一种细菌能起到这样的作用。"

研究人员表示,这意味着,人们可以通过确定这些特定菌种,来控制甚至阻止饮用水中这类生物薄膜的形成,通过这种方式,就可以减少水处理中所添加的化学剂含量。目前,净化饮用水的措施,就像是在不清楚究竟感染了何种细菌的情况下滥用抗生素。尽管这很有效,但需要大量使用化学试剂,并使消费者在一段时间内暂时无法用水。目前的测试方法,要花很多时间才能得出结果,而在此期间试样中的细菌已经开始繁衍。

比格斯说:"我们现在进行的基因测试研究,将能提供一种更快、更精密的替代方法,让自来水公司能够精准地确定供水系统中发现的菌种,并有针对性地进行处理。"

7. 研发灭菌消毒的新方法

(1)发明冲击波消毒灭菌新方法。2004年11月,墨西哥克雷塔罗自治大学的应用物理学和高科技系,阿希姆·洛斯克和同事组成的一个研究小组,在英国《新科学家》杂志发表研究成果称,他们开发出一种冲击波灭菌新方法,能比现有的灭菌法更加有效地保持食物原先的风味,有望获得广泛应用。

研究人员介绍道,他们把装有细菌的小瓶放入一个叫作电动液压发生器的装置中,该装置在压强达到1000个大气压的情况下会发生震动,同时产生强烈的可见光和紫外线,并共同作用杀灭瓶中的细菌。洛斯克说:"该过程的一个潜在优点,在于冲击波不会改变食物的风味。"

研究人员解释说,细菌周围的液体中极微小的气泡在压强突变的作用下会瞬间膨胀,接着发生猛烈破裂,在小范围内产生很高的热量,这一过程被称为气穴现象。正是这一作用,连同冲击波的压强以及可见光和紫外线的剧烈脉冲,一起杀灭了病菌。

不过,目前该系统能够杀灭的细菌数量还不足以达到实际应用的标准,对不同的细菌杀灭效果不尽相同,尚需进一步完善。但研究人员相信能使细菌减少到原来的几百万分之一,从而确保食品安全。他们认为,需要完善的,只是增加冲击波能量和剂量的问题。

据悉,这是冲击波首次被用来杀灭大量常见的食物细菌。如果这一技术得以完善,它有望取代目前常用的巴氏灭菌法,在不破坏食物风味的基础上为婴儿食品、乳制品和果汁杀菌。

(2)研制出等离子体灭菌消毒新技术。2011年6月,有关媒体报道,不久前,德国出现肠出血性大肠杆菌疫情。这让德国人普遍增强了个人卫生意识,谨防病从口入。特别是,德国马普学会地外物理研究所,适时推出一种利用等离子体灭菌的手电形装置,可以有效消灭手上和食品上,包括肠出血性大肠杆菌在内的各种病菌。

研究人员介绍说,该所研制的这种微型等离子体消毒器,利用脉冲高压电,对空气放电产生的常压低温等离子体,进行物体表面灭菌。在实验室条件下,这种直径不到 4 厘米、长约 15 厘米的装置,可在 20 秒内杀死照射面积上超过 99% 的细菌。

德国肠出血性大肠杆菌疫情发生后,该所研究人员,利用从慕尼黑一家医院的患者身上,分离出的致病菌,进行实验室培育,并用这种消毒"手电"照射病菌,结果证明它能有效杀死肠出血性大肠杆菌。

研究人员指出,与酒精等液态消毒方法相比,这种等离子体的气态消毒法有个明显长处,它可以深入伤口的缝隙中灭菌,消毒效果更好。实验还表明,等离子体可以穿透信封和食品包装袋等普通包装材料灭菌。

据悉,等离子体消毒"手电"可充电,一次充电能进行上百次消毒。研究人员说,将利用相同原理,研制大小不同的消毒装置,以便今后在创口消毒、皮肤病治疗、牙科消毒和食品加工行业消毒等方面得到应用。

(3)重建有助于控制病菌传染的埃希氏菌种代谢目录。2013 年 11 月,美国加州大学圣地亚哥分校,雅各布工程学院生物工程教授博哈德·帕尔森主持,该学院纳米工程系研究生乔纳森·蒙克,以及亚当·菲斯特等为主要成员的一个研究小组,在美国《国家科学院学报》上发表论文称,他们通过对 55 个埃希氏菌种的基因测序,重建了每个菌种的代谢目录。他们发现,利用这些重建目录,能预测每种菌株会在哪种环境里繁盛。这一成果,有助于开发出控制致死性埃希氏菌传染的方法,并掌握更多有关菌种变毒的情况。

这些目录标绘出了每个菌种的所有基因、反应和代谢产物,据此研究人员发现,每个菌种的代谢能力与它们所处的环境有关,由此能测出它们的协调功能,预测它们会在哪种环境繁盛,还能把那些共生或"友好"的埃希氏菌与病原菌区别开来,可作为一种特殊的"代谢模型"。

帕尔森说:"研究表明,你能预测使人类致病的埃希氏菌的生长环境,它们是在膀胱、胃里、血液,还是在其他什么地方。"他接着说,将来有一天,当埃希氏菌"讨厌的新变种"出现时,研究人员能用"代谢模型"迅速发现它们,并找出新菌种的特征。

蒙克说,代谢模型还可能帮人们找到剥夺致病埃希氏菌所需营养的方法,"这样就能预防它们在适生环境里占据优势,更好地控制它们。"

研究人员还发现,他们的模型能识别出"营养缺陷型"菌种,即缺乏某基因而无法合成某种关键物质,如烟酸的菌种,而这种细菌通常都有毒。许多实验也表明,当缺失基因被恢复时,细菌毒性会变小。蒙克说:"找到这些菌种营养缺陷的原因,能进一步理解微生物是怎样变成病原菌的。"

菲斯特说,由于埃希氏菌的生存环境极其多样,如皮肤、体内、外部灰尘等,到处都能发现它们,因此不同菌种的代谢差异也很大,这些差异大部分表现为它们分解不同营养的能力。除了这些差异,他们还识别出了一种所有菌种共同的核心代谢网络。今后,他们希望深入研究这些代谢差异,探索差异中的相同之处。

由于代谢模型成功的预测能力,研究小组考虑把这种方法扩展到其他细菌,如金黄色葡萄球菌。帕尔森说:"我们打算用这种方法为更多人类病原菌分类。"

8.研制防治细菌感染的新设备

(1)研制出快速检测食品中致病大肠杆菌的便携式装置。2006年2月,有关媒体报道,美国德雷克塞尔大学研究人员,成功研制出,一种能快速检测食品中致病大肠杆菌的便携式检测装置。它使用方便且灵敏度高,消费者能借助它轻松了解食品安全性。

利用传统方法检测食品中的大肠杆菌,既耗时又费事,不仅需要大量样本,而且检测结果通常需要等上24小时甚至更长时间。研究人员研制出的新装置,不仅10分钟内就可令致病大肠杆菌"原形毕露",而且灵敏度很高,在浓度为每毫升4个大肠杆菌细胞的食品样本中仍能发现"目标"。

据介绍,新型检测装置,"就像温度计一样容易操作"。研究人员说,大肠杆菌与装置内传感器表面的抗体结合后,会改变传感器固有振动频率。利用这一原理,就可检测出大肠杆菌的存在。

该检测装置的传感器,由一根5毫米长、1毫米宽的玻璃束组成。这根表面涂有大肠杆菌抗体的玻璃束,一端配有压电陶瓷。这是一种能够把机械能和电能互相转换的功能陶瓷材料。装置通电后,压电陶瓷把电能转化为机械能令玻璃束产生振动。这种振动,在频率达到玻璃束固有频率时最强。然而,当被测试溶液中的大肠杆菌,与玻璃束上的抗体结合后,整个玻璃束的固有频率就会被改变。检测装置,正是通过感知这一变化,而准确找出致病大肠杆菌。

据报道,上述新技术,已引起美国农业、卫生和环保部门的关注。德雷克塞尔大学的研究小组,也正准备与相关部门合作,利用该技术进一步开发能检测包括炭疽杆菌在内的,其他病菌的快速检测装置。

(2)研发快速检测细菌等病原体的试纸。2006年9月,在美国化学学会第232次全国会议上,科内尔大学纺织和服装助理教授玛格丽特·弗芮博士领导的研究小组,发表研究报告称,他们正利用纳米和生物技术,开发一种能够检测细菌、病毒和其他有害物质的试纸。一旦开发工作全部结束,今后,人们只需用该试纸擦一下被检测的物品,就能知道其上是否带有细菌等有害物,并将它们识别出来。

研究人员开发的具有吸附能力的试纸内,含带有多种生物有害物抗体的纳米纤维,原则上可以在任何地方使用,以迅速发现肉类包装车间、医院、游艇、飞机和其他易受污染地方的病原体。目前,这种试纸正在实验室接受测试。

弗芮说,这种试纸将十分便宜,人们不需经过高级培训就可以使用它,同时可以用在任何地方。比如说,在肉类包装车间,你可以用它擦一下你面前的牛肉饼,就能很快知道它上面是否带有大肠杆菌。

在实验中,弗芮和她的同事研制出了直径在100纳米至2微米间的纳米纤维,并在纤维上构造出由生物素、维生素 B 和链霉抗生物素蛋白组成的平台,以让抗体存留在其上。纳米纤维由聚乳酸制成,为降低成本,其中还添加了普通的纸产品。

弗芮介绍说,纳米纤维的基本作用如同海绵,能蘸液体和擦物体。在使用后,纤维上的抗体就会有选择性地"锁住"相对应的病原体。理论上讲,利用这种方式,人们可以快速检测出多种有害物,无论它是禽流感、疯牛病还是炭疽病毒。

目前,需要不同的几项步骤才能识别病原体。该研究小组希望,在对试纸进行更深层开发后,能够十分容易地识别病原体,例如通过颜色的变化等方式。不过,弗芮同时表示,这种产品也许还需要数年时间才能推向市场。

(3)发明细菌膜检测新设备。2007 年 8 月,有关媒体报道说,细菌多数时候以"微克隆"方式存在,细菌本身在每个"微克隆"中占据的体积不到 1/3,余下的空间则由细菌分泌的被称作"胞外基质"的黏性物质占据,这种黏性物质将成千上万个细菌微克隆黏结在一起形成生物膜。

约 70% 的细菌性感染是由细菌生物膜引起的。细菌生物膜对抗生素和宿主免疫防御机制的抵抗性很强,感染部位的细菌一旦形成生物膜,即使使用正常剂量成百倍的药物也不易治愈,这是导致慢性和难治的感染性疾病的重要原因之一。美国疾控中心的数据显示,在美国,每年治疗此类感染性疾病的费用大约是 50 亿美元。

为了帮助医务人员尽早诊断生物膜感染性疾病,并实施有效治疗,美国北亚里桑纳大学、马里兰州立大学联合组成一个研究小组,共同发明了横流分析设备。它通过把生物膜特性蛋白质与抗体结合来,发现患者体内存在生物膜特性抗体,其检测原理类似于检测喉咙链球菌感染。

研究人员说,以前医务工作者难以有效诊断这些感染性疾病,因而耽误患者的治疗,现在,问题有望解决了。目前研究小组正努力完善使用该仪器的细节,使之能作为普通医疗器械被广泛使用。

(4)发明病菌类生物恐怖毒剂快速检测仪。2008 年 3 月,有关媒体报道,麻省理工学院林肯实验室,研究员詹姆斯·哈珀参与的一个研究小组,研发出一种检测系统,能够快速检测包括炭疽杆菌在内的 6 种可通过空气传播的生物恐怖毒剂。该系统采用的是活的免疫系统细胞,这种经过基因工程改造后的细胞,在接触到特定的污染物时会发出光,整个检测过程只需 3 分钟。

对于生物恐怖毒剂的检测来说,时间是至关重要的。人如果暴露在含有炭疽杆菌之类的毒剂环境中,在 2~3 分钟内就会被感染。因此,越早疏散,造成的伤害就会越小。

哈珀介绍说,他们发明的这种检测系统的核心,是活的 B 细胞。B 细胞如果在体内同病菌结合,1 秒钟内就会做出反应,这几乎是目前最快的病菌检测系统。

B 细胞之所以能识别出细菌和病毒,奥秘在于它表面上携带的抗原,当抗原与其抗体——特定的目标病菌结合时,会在细胞内部产生一个自我放大的化学信号波,由此导致的结果之一就是产生钙离子流。

林肯实验室的托德·里德从20世纪90年代起就对此现象进行研究,并且找到了利用这一现象的方法。通过对老鼠的B细胞进行基因改造,里德制备出一种能对钙离子非常敏感的荧光素酶,这种酶源自水母,被称为水母发光蛋白。当水母发光蛋白,与钙离子发生特异性反应时,在荧光素酶的作用对象,即另一种来自水母的物质腔肠素的作用下,会发出蓝光。据此,便可以推断出特定的目标病菌的存在。

林肯实验室最初的研究重点,只是针对6种生物病菌的检测。但从理论上讲,通过基因工程改造,B细胞可用来检测任何一种生物病菌,前提是要有该种病菌的抗体。

位于美国马里兰州罗克维尔市的创新生物传感器公司,已经推出基于上述技术原理的检测仪器生物芯片。该仪器可同时进行16项检测,在30立方分米的空气中,只要含有10个以上的病菌,就会被检测出来。该仪器可用作机场、建筑物,以及从事危险病菌研究的实验室的报警检测装置。

五、蓝藻研究的新进展

1. 研究蓝藻生理机制的新成果

(1)从藻青菌基因组分析生物体光合作用的起源。2006年9月,德国奥斯纳布吕克大学阿芒·穆尔基贾尼安领导,他的同事,以及美国马里兰州贝塞斯达国家生物技术信息中心的迈克尔·加尔佩林等人参与的一个研究小组,在《新科学家》发表研究成果称,他们分析了15种藻青菌基因组,认为蓝藻门细菌(藻青菌)的祖先应该是最早进行光合作用的生物体。

光合作用是过去数十亿年里意义最重大的进化事件之一。它是支撑地球上几乎所有复杂生命的基础。但是,人们以往一直不清楚,最早进行光合作用的是哪种生物体,它又是如何进行光合作用的。

研究人员表示,藻青菌是细菌的一大门类,在世界各地都能找到这种丝状细菌。除藻青菌之外,还有其他4门细菌也能进行光合作用,而且每一门都有不同的光合作用基因。研究小组发现,只有藻青菌拥有全部100种光合作用基因,并且其中许多是藻青菌独有的。穆尔基贾尼安说:"这意味着藻青菌'发明了'大多数光合作用基因。"

此前,人们认为藻青菌是从其他光合细菌进化而来的,但研究人员现在认为事实恰恰相反。加尔佩林认为,藻青菌的许多光合作用基因,是其他光合细菌所没有的,这意味着这些基因源于原始藻青菌。

研究人员还援引34亿年前的化石为证。从化石来看,最早进行光合作用的生物体是细丝状的,这为其原始藻青菌最早开始光合作用的理论提供了证据。穆尔基贾尼安说,原始藻青菌学会利用光能之后,便有了无尽的能量来源,从而具备了巨大的进化优势,在光合细菌中占据了主导地位。

也有人对此理论持不同意见。华盛顿大学的罗伯特·布兰肯希普说,藻青菌与其他细菌相比光合系统更为复杂,在他看来这意味着藻青菌是较晚才进化形成的。

(2)发现微藻与巨型细菌可交换多个基因。2009年8月,法国国家科研中心基因组与结构信息实验室一个研究小组,在美国《基因组研究》杂志上发表研究成果称,他们发现,一种名为"海洋浮游藻"的微藻,会与巨型细菌(EhV)交换基因,从而获取新的机能。

这种巨型细菌,呈20面体结构。研究人员把它与"海洋浮游藻"的基因组序列,进行对比发现,两者进行了基因互换。更令人惊奇的是,被交换的基因不止一个,而是涉及7种酶的基因,它们对合成神经酰胺至关重要。

研究人员指出,细菌之间发生基因交换,获取新的机能,所以十分普遍。但是,如此大规模的基因交换,则是十分罕见的。

(3)发现单细胞藻类毒素的致病机制。2010年3月,法国国家科研中心、法国原子能委员会和美国加州大学联合组成的一个国际研究小组,在美国《国家科学院学报》上发表研究成果称,他们发现了单细胞藻类毒素的致病机制。研究人员说,这一发现将有助于藻毒素解毒药物的研发。

寄生在鱼类和贝类里的单细胞藻类会产生毒素,人们如果食用了被感染的海产品,就会出现腹泻、麻痹或是神经方面的问题。自1991年以来,加拿大、挪威、西班牙、突尼斯和法国等多个国家,相继发现了被藻毒素感染的海鲜。

研究人员选取两种单细胞藻类毒素为研究对象,将它们分别注入实验鼠体内,结果仅仅几分钟,实验鼠就出现了严重的精神紊乱。分析发现,藻毒素的攻击对象,是一种位于肌肉和神经细胞膜上的接收器。这种接收器,一旦被藻毒素控制,就会导致肌肉和大脑等运行异常。

(4)发现高浓度二氧化碳影响海洋蓝藻的长期适应性。2015年10月,美国南加州大学和伍兹霍尔海洋研究所的研究人员,在《自然·通讯》期刊网络版上,发表题为《束毛藻适应二氧化碳浓度升高的不可逆固氮实验》的文章称,在二氧化碳浓度升高时,海洋蓝藻会通过改变其固氮能力来适应变化的环境。二氧化碳浓度的升高,不仅会改变蓝藻的短期生理可塑性,还使其发生长期的全面适应响应,这将对未来海洋的碳、氮等生物地球化学循环,带来巨大影响。

束毛藻是一种在全球广泛分布的、具有重要生物化学意义的海洋蓝藻,其固氮作用是海洋生物圈中,限制养分氮的主要来源。先前的短期实验表明,海洋蓝藻的固氮率,在高浓度的二氧化碳环境中会升高,但其长期的适应响应还不清楚。

研究人员采用实验进化方法,分别在当前的二氧化碳浓度(380ppm)、预测的未来二氧化碳水平下(750ppm),培育束毛藻细胞系,评估生长速度和固氮速度的变化。研究结果表明,升高的二氧化碳浓度下,束毛藻的生长速度和固氮速度均加快,即使恢复到先前较低的二氧化碳条件时,这种获得的生殖适合度仍被保留。生长速率的增加,伴随着不可逆的固氮类型的转变,以及调控 DNA 甲基转氨酶活性的增强。

研究还表明,高浓度二氧化碳条件下,选择的细胞系在磷缺乏环境中表现出增长率的增加。这种关键生物,在未来酸化和营养物质缺乏的海洋环境中,具有潜在优势。

2. 开发利用蓝藻的新进展

(1)培育出营养丰富的新型螺旋藻。2007 年 12 月,韩国生物科学与生物技术研究所吴熙穆领导的科研小组,在《微生物与生物工艺学通讯》发表论文称,他们利用甲基磺酸乙酯培育出编号为 M2OCJK3 的新型螺旋藻,它具有丰富的营养价值,可以用作动物饲料添加剂,又有助于减少大气中的温室气体。

研究人员说,这种螺旋藻是蓝藻家族中的一员,它通过生命体的光合作用吸收二氧化碳。如果进行大规模养殖,它的二氧化碳固定率,可稳定在每天每平方米 21.8 克二氧化碳,比广为人知的 CG590 型螺旋藻高 13%。

研究人员指出,如果养殖方法得到改善,它可用作水产动物饲料添加剂出售。初步实验结果表明,吃过这种螺旋藻的虾,比没有吃这种螺旋藻的虾多长 10%以上。

(2)开发有毒蓝藻暴发早期预警技术。2009 年 7 月,南非科技与工业研究会(CSIR)的湖泊学家保罗·奥博郝斯特博士领导的研究小组,在《生态毒理学》杂志上发表论文称,他们开发出一种可以预测有毒蓝绿藻在淡水环境中暴发的技术。它对于监测淡水环境,帮助水源管理部门采取恰当的水排放策略,减少下游污染和健康风险,具有重要应用意义。

蓝绿藻又称蓝藻或蓝菌,是一种生长于水中的浮游生物,当水中的营养物质过剩时,原本稀少的蓝绿藻会在短时间内迅速繁殖,在河流、湖泊或水库的水面上,形成庞大而浓密的藻垫,这就是蓝藻暴发。蓝藻暴发,打乱了湖泊水库正常的生态系统和功能,造成水中严重缺氧,致使大量鱼类和其他水生物死亡;同时会产生有腥臭味的“水华”现象,令饮用水源受到威胁,而蓝藻中含有的毒素更是严重影响人类健康。

该研究小组考察了位于南非自由州的克鲁格斯德瑞福特湖,对其近岸水域的物理和化学特性,以及生物相互作用进行研究;特别是,对在靠近该湖水坝区域暴发的有毒蓝藻,进行重点研究。通过比较参考点和有毒蓝藻污染区域物种构成的变化,他们成功地利用大型无脊椎动物的多样性指数,对有毒蓝藻暴发的可能性进行了评估。他们采用水蛭作为生物指示物,因为与某些大型无脊椎动物相反,水蛭可以在被蓝藻释放的有毒物质污染的水中生存,它们的存在往往是水质差的证明。如果水蛭出现在比较稠密的蓝藻周围,说明这种蓝藻极有可能是有毒的。

但水蛭不能说明水体中的毒性水平到底有多高。为此，他们同时采用基因技术，检测可以合成蓝绿细菌毒素的蓝绿细菌基因的存在。这种灵敏的酶联免疫吸收分析方法，利用一种抗体可以识别出能产生毒性的基因片段，并测出其含量，由此可以确定毒性高低。

奥博郝斯特表示，这是首次把这两种方法结合起来，对湖泊水库的有毒蓝藻暴发，进行早期预警评估。

（3）发现转基因蓝藻可用于制造化学燃料。2013年1月7日，美国加州大学戴维斯分校化学副教授渥美翔太领导的一个研究小组，在美国《国家科学院学报》上发表论文称，他们通过基因工程对蓝藻进行改造，使其能生产出丁二醇，这是一种用于制造燃料和塑料的前化学品，也是生产生物化工原料以替代化石燃料的第一步。

渥美翔太说："大部分化学原材料都是来自石油和天然气，我们需要其他资源。"美国能源部已经定下目标，到2025年要有1/4的工业化学品由生物过程产生。

生物反应都会形成碳—碳键，以二氧化碳为原料，利用阳光供给能量来反应，这就是光合作用。蓝藻以这种方式在地球上已经生存了30多亿年。用蓝藻来生产化学品有很多好处，比如不与人类争夺粮食，克服了用玉米生产乙醇的缺点。但要用蓝藻作为化学原料也面临一个难题，就是产量太低不易转化。

研究小组利用网上数据库发现了几种酶，恰好能执行他们正在寻找的化学反应。他们把能合成这些酶的DNA（脱氧核糖核酸）引入了蓝藻细胞，随后逐步地构建出了一条"三步骤"的反应路径，能使蓝藻把二氧化碳转化为2,3 - 丁二醇，这是一种用于制造涂料、溶剂、塑料和燃料的化学品。

研究人员说，由于这些酶在不同生物体内可能有不同的工作方式，因此，在实验测试之前，无法预测化学路径的运行情况。经过3个星期的生长后，每升这种蓝藻的培养介质，能产出2.4克2,3 - 丁二醇。这是迄今把蓝藻用于化学生产所达到的最高产量，对商业开发而言也很有潜力。

渥美翔太的实验室，正在与日本化学制造商旭化成公司合作，希望能继续优化系统，进一步提高产量，并对其他产品进行实验，同时探索该技术的放大途径。

六、其他原核生物研究的新进展

1. 螺旋体研究的新成果

（1）开发钩端螺旋体的快速检测法。2006年9月，美国加州大学圣地亚哥分校约瑟夫·费内茨主持，他的同事参与的一个研究小组，在《公共科学图书馆·医学》杂志网站上发表论文称，他们开发出一种新的方法，可以迅速检测人接触水出现严重的钩端螺旋体病的风险。这种方法，已经在秘鲁进行测试，它可以测定水中是否含有致病的钩端螺旋体，以及钩端螺旋体存在的数量。

费内茨表示,这项研究,对于卫生部门检测饮水、洗澡水、清洁用水和游泳池用水,有直接的政策影响。

钩端螺旋体这种微生物,会导致严重的黄疸、肾衰竭和肺出血。它在世界各地均有发现,但是在热带地区出现得特别多,可以导致最多25%的感染者死亡。

研究人员说,这种称作钩端螺旋体的细菌致病过程,是通过被感染的动物(例如家畜和啮齿动物)的尿液传播的。该疾病的严重程度,取决于感染的是各种钩端螺旋体中的哪一种。标准的实验室检测方法费时费力,而且常常无法分辨致病的钩端螺旋体类型。

研究小组使用了一种叫作聚合酶链反应的方法,迅速扩增了钩端螺旋体 DNA 的小片段。这让他们可以检测哪种钩端螺旋体,出现在秘鲁亚马逊区域的伊基托斯市城乡的水沟、水井、水坑和水流中。

研究人员说,他们的方法,还可以用于检测其他水传播疾病的风险,例如由志贺氏菌、沙门氏菌和埃希氏大肠杆菌引发的疾病。

在秘鲁进行的这项研究还表明,减少死水源以及清理城市垃圾,可能会减少严重钩端螺旋体病的发病数量。

(2)发现化石上携带的螺旋体。2014 年 7 月,美国俄勒冈州立大学古昆虫学家兼寄生虫学家乔戈·潘英纳尔领导的一个研究小组,在《历史生物学》上发表论文称,他们在蜱虫化石身上发现了疑似螺旋体的寄生虫,这种细菌是导致人类患上多种病症的罪魁祸首。在化石身上发现的螺旋体与当代的包柔氏螺旋体极度相似,后者是莱姆病的病因。研究者认为,这一发现,为探究莱姆病的进化史提供了重要资料,同时也是同类发现中最具突破性的。

潘英纳尔说:"这是首次在蜱虫化石中发现螺旋体。"尽管莱姆病在当时并不存在,这种螺旋体却也许是多种包柔氏螺旋体的祖先——很可能是由这种微生物,衍化出了多达 12 种甚至更多种类的包柔氏螺旋体,并导致当今莱姆病和其他类似疾病的暴发。

在当今所有物种中,起码有半数以上的物种身上存在寄生虫,且这一数据在数百万年前可能也差不多。加州大学圣塔芭芭拉分校寄生虫学家阿尔芒·库里斯说:"单就寄生虫本身来说,这一发现并不令人惊奇,因为地球上几乎所有生物都被寄生过,但考虑到是从化石中发现的,这就是前所未有地发现了。"

潘英纳尔早在 25 年前就得到了化石样本,当时他正在多米尼加共和国的琥珀矿中做调研。直到最近他才通过能将标本放大 1000 倍的强力复式显微镜,在化石身上发现了这种螺旋体。

与现代蜱虫一样,古代蜱虫也是螺旋体的携带者——很可能是在吸食脊椎动物的血液时感染上的。但潘英纳尔认为,化石中的这只蜱虫,不是通过吸血染上的螺旋体,而是通过母体传染上的,这种现象被称作垂直传播。他没有在化石中发现,任何能够说明这只蜱虫吸食过血液的证据。

遗憾的是,潘英纳尔没有尝试分析化石中螺旋体的 DNA,因为一旦进行测试,标本就会被损坏,因此也无法确定这种细菌是否与现代包柔氏螺旋体有关。但是,通过对这种细菌进行形态学研究,外加对该微生物在蜱虫消化道中的位置进行分析,研究者认为它很可能与"声名狼藉"的病原体——包柔氏螺旋体有关。

库里斯说:"无论从逻辑上还是通过其他证据分析,化石上携带的螺旋体与包柔氏螺旋体关系密切。但我们不能给出肯定答案,因为有许多其他种类的螺旋体寄生虫以蜱虫为载体进行传播。"

2. 支原体研究的新成果

(1)研制成以支原体和细菌为动力的微型马达。2006 年 8 月,日本产业技术综合研究所等机构组成的一个研究小组,在美国《国家科学院学报》网络版上发表研究报告说,他们研制成功以支原体、细菌等微生物的运动为动力的微型马达。这种马达有望作为微观世界的动力源,用于超微型机械等装置中。

研究人员说,他们应用半导体加工技术在硅基板上刻下直径 13 微米、深 0.5 微米的圆形槽,然后在槽内埋入 6 个微细的小柱,这些小柱支撑起一个直径 20 微米、由 6 个叶片组成的转子。小柱和槽的缝隙,用蛋白质进行表面加工,以便微生物能够在槽里沿着一个方向移动。

在实验中,研究人员把体长不足 1 微米的细菌和支原体放进小柱和槽的缝隙。这些微生物随后拉动转子旋转,使马达以每分钟 2 圈的速度持续旋转。

参与研究的东京大学生产技术研究所平塚祐一说,这种微型马达的燃料,只是微生物体内的糖分。研究人员计划下一步采取调整微生物数量等措施,使马达能够长时间稳定运转。

(2)创造出人类历史上首个实验室合成支原体。2007 年 10 月,颇具争议的美国著名科学家克雷格·文特尔领导的研究小组,在美国《科学》杂志撰文宣布,他们已经合成出人类历史上首个人造染色体,并有可能创造出首个永久性生命形式,以此作为应对疾病和全球变暖的潜在手段。

文特尔研究小组研制出的这种新型染色体,叫做实验室合成支原体,是一种经过简化拼接的生殖支原体 DNA 序列。他们把这种合成支原体移植到活细胞中,使之在细胞中起主控作用,变换成一种新的染色体。按照实验计划,最终这个染色体将控制这个细胞并变成一个新的生命形式。

此次获得的实验室合成支原体,是一种新单细胞生物体,它被命名为"合成器",受 381 个基因控制,包含 56 万个碱基对。这些基因是维持细菌生命所必备的,使它能够摄食和繁殖。由于新的支原体是在现存生物体上搭建,其繁殖和新陈代谢仍然依赖原来生物体的胞内机制。从这一角度看,它并非完全意义上的新型生命形式。但这种给特定的基因派上特定的任务的观点,已被众多生物学家广泛接受。

(3)成功制造出人体生殖支原体。2008 年 1 月 24 日,美国克雷格·文特尔研究所,17 位科学家组成一个研究小组,在《科学》杂志网站上公布消息称,他们通过合成生殖支原体微生物 JCVI－1.0 中的 58.297 万个碱基对,成功制造出了人体生殖支原体的完整基因组,创造了目前世界最大的人工合成 DNA 组织,成为合成基因组学的又一大突破。

研究人员说,虽然还需验证这些人造基因组能否替代细胞中的原始基因组,但对于定制可有效制造药物、生物燃料,以及其他对人类有益的分子的微生物来说,这项工作已经迈出了重要一步。

科学家通过 5 年研究,发现可以利用啤酒酵母的同源重组,来快速建立整个细菌染色体,在同源重组过程中,细胞被用来修复受损染色体。实验由获取基因组的原始排序开始,以确定起始序列无差错。由于较长的 DNA 序列容易断裂,研究人员首先在实验室,把核酸碱基逐个累加制造出较短的基因片段。此前,日本研究人员也曾把两个已有的细菌染色体,合成为一个较长的染色体。但此次文特尔研究小组使用的,是仅含约 6000 对碱基的基因片段。为了区别人造染色体与原始染色体,研究人员在基因片段中加入了许多不同的标示碱基。

然后,研究人员利用生物酶,把这些基因片段拼接在一起,并最终形成了四段 DNA 序列。最后再将这些序列插入酵母细胞,使之复制并连接成为一个完整的染色体。通过基因组测序,研究人员发现,人造染色体上除了之前留下的标识碱基外,与支原体的原始染色体完全吻合。

在以往的研究中,搭建 DNA 结构的积木———腺嘌呤(A)、鸟嘌呤(G)、胞嘧啶(C)和硫胺(T)这几种化学成分,非常难用人工方法合成到染色体中,而随着 DNA 搁置时间的延长亦会愈加脆弱,使研究工作难以展开。之前规模最大的合成的 DNA 只含有 3.2 万个碱基对,而此次挑战成功超过 58 万个碱基对,成为整个基因研究领域的巨大成就。

该研究成果,使人类在实验室中以化学方法制造 DNA 片段成为可能,并为合成与复制 DNA 的技术提供了新方法。克雷格·文特尔研究所,曾计划以三步骤制造出人造生命体,如今已到达第二步,接下来研究小组将把人造支原体植入细胞,观察它们能否使细胞正常工作,试图创造出完全基于人工合成技术的活体细菌细胞。

生殖支原体是已知生命体中基因组最简单的一种微生物,它只有一条染色体和 517 个基因。2007 年,文特尔研究所的科学家,通过替换生殖支原体细胞内的基因组,将山羊支原体转化为丝状支原体。这意味着人造生命体已离真实世界越来越近,而关于人造生命科技的伦理考量也终究要提上日程。

(4)利用基因工程培育丝状支原体细胞。2009 年 8 月,美国克雷格·文特尔研究所的一个研究小组,在《科学》杂志网络版上发表论文称,他们把一个细菌基因组移植到酵母中,经改造后再把它移植到一个中空的细菌壳中,从而产生了一个新的丝状支原体微生物。这项技术,为对实验室中很少研究的生物体进行基因改造,提供了一种更简易的途径,对培育生产燃料或清除有毒化学品的微生物也有重要价值。

科学家们得益于对酵母和大肠杆菌等微生物的多年研究,已能利用这些基因工具,进行更为复杂的基因改造。如更换整个化学路径,制作出可执行更复杂任务或更有效地生产物质的微生物。但是,很多业界关注的微生物,如那些具有生产化学物这种独特能力的微生物,并不容易制成。科学家们希望能够设计像光合微生物这样的目标有机物,以更有效地将光转换为燃料。

文特尔研究所的研究人员发现,通过把这些细菌的基因组插入酵母,可以更容易地对其进行操控。他们表示,人们想要的是酵母或大肠杆菌的能力,而不是拥有其光合作用的器官。把这两种基因组相结合在生物燃料世界里,将是极为有趣的事情。

该研究小组为了研制出一个合成生物体,设法把合成基因组移植到一个细胞内,使其成功地重启细胞。合成基因组被装配入酵母中,意味着它缺少一些细菌的生物标记特征。研究人员发现,如果没有这些标记,宿主细菌会将移植基因组视为外来入侵者而将其摧毁。

研究人员为了解决这个问题,首次把丝状支原体基因组移植入酵母中。虽然科学家们曾在酵母中生长出细菌 DNA 片段,但这是首次以这种方式生长出完整的细菌基因组。使用现有的酵母基因工程工具,研究人员在化学上改变了细菌的遗传物质,从而使其携带了细菌的分子标记特征。研究人员把这个改性基因组,移植入与丝状支原体具有很近亲缘关系的山羊霉浆菌,以产生一个丝状支原体细胞。

美国波士顿大学生物工程师吉姆·柯林斯表示,此项研究增强了基因组工程的能力并开辟了新的应用领域。对于生物能源和生物材料产业来说,这是一个重大的进步。

目前,该研究小组正在致力于对其他细菌进行测试,以便把生产技术转移到与生物燃料业更为相关的有机物上。研究人员表示,有机物的遗传路径可分解环境污染物,它通过基因工程移植入细菌后,就可以生存在如酸性池塘这样恶劣和被污染的环境中,然后就可用于对这些区域进行清理。

第二节　真核微生物研究的新成果

一、真菌研究的新进展

1.真菌生理与生态研究的新成果

(1)发现真菌及所有食用菌类均会发光。2012 年 7 月,俄罗斯媒体报道,长久以来,真菌生物荧光,从亮橙色有毒蘑菇奥尔类脐菇,到腐木蘑菇蜜环菌发出的微弱荧光现象,一直备受关注。俄罗斯科学院西伯利亚分院生物物理研究所,与西伯利亚联邦大学科学家,联合组成的一个研究小组,深入克拉斯诺亚尔地区的针叶林、阔叶林及混交林中,采集了180多种真菌,他们利用数码相机在黑暗中拍下蘑菇的照片,并加以分析。研究人员发现,所有这些蘑菇,在黑暗中都能发出明亮的光,只不过有时肉眼看不到而已。

目前,这种发光现象的机理尚不清楚。研究人员推测,真菌王国的发光特性,是许多高等菌类组织所固有的,肉眼可见及不可见的蘑菇辉光,均是在弱辐射基础上发生的,是菌类在某些生化过程的基础上,一直独立反复存在的生物化学发光。

研究人员为了揭示这一过程和发光性质,分析了从森林中收集到的150个样品。他们在所有标本中均发现了化学发光,尽管有些光辐射非常弱,但用仪器设备可以测出来。新鲜蘑菇可保持数十小时的化学发光能力,通过对组织的机械损伤实验,表明能导致真菌暴发强烈的光辐射,随着样本的枯干,辐射光减弱。根据菌类的品种不同,其化学发光强度与方式也有所不同,从每秒 2.51×10^5 到 2.22×10^8 光量子不等。木耳、红菇、臭红菇、赭红菇等这些生长在针叶林和阔叶林的菌类,都有很强的发光能力。

研究人员在许多原来看似不发光的蘑菇物种中,发现了真菌的化学发光现象。他们认为,上述现象的发生来源于以生物化学为基础的发光机理。在菌类组织中只要其中有一个或两个生化反应链发生变异,真菌组织由此就会出现明显的可见光。那么它们到底如何变异?原因是什么?仍有待研究人员的确定。

到目前为止,实验结果只表明,蘑菇发光机理与已知的动物、植物及其他细菌中的光辐射机制具有明显的区别。菌类只要水和氧气充足,可以24小时发光。动物发光的关键因素是脂质过氧化反应机理,只有在活动时才能发光。植物的化学发光则与光合系统化学反应的相关化学势和电势的形成相关。

(2)研究显示地衣真菌具有丰富的多样性。2014年6月,美国芝加哥菲尔德博物馆的罗伯特·勒金及其同事组成的一个研究小组,在美国《国家科学院学报》上发表论文称,形成地衣的真菌,可能代表了数百种未被发现的物种。这种真菌是热带山地及南方温带灌木丛林地和森林中,具有生态重要性的"居民"之一。

真菌的数量预计为150万~300万种。长久以来,地衣真菌被认为只构成了真菌的一小部分,并且是单一的分类单元。这种真菌实际上有未知的物种多样性隐藏在研究较少的热带小型地衣中。

在把地衣真菌,重新分类为由总计16个物种组成的两个单独的属之后,勒金研究小组使用了DNA条码以及系统发生分析技术,结果发现它事实上由至少126个具有独特形态的物种组成,具有形态学和栖息地偏好方面显而易见的差异,以及高度的特有分布。

此外,研究人员使用拉丁美洲与加勒比地区的网格图,跨越了这种真菌的主要分布范围,并且使用了基于网格的建模,结果发现了这种真菌更大的物种丰富程度:迄今为止约有452种单独的物种,被一个名字掩盖了。

研究人员说,由于地衣真菌的蓝细菌伙伴固定了大气的氮,而这些地衣充当了生物肥料,因此这些发现可能对于物种保护具有意义,并且提示安第斯高寒带可能是进化的一个温床。研究人员还表示,鉴于这些地衣在濒危生态系统中的重要性,应该精确记录此类物种的丰度。

(3)揭示真菌分布和多样性的全球模式。2014年11月28日,生物学家乐豪·特岱秀及其同事组成的研究小组,在《科学》杂志发表论文表明,他们对全世界真菌的大规模基因调查,揭示了真菌分布和多样性的全球模式。同时,这项研究还表明,人们对这些微生物,及人类活动如何对其造成影响所知道的并不多。

研究人员从世界各地365处收集了近1.5万个土壤样品,并用焦磷酸测序技术,来研究其中所含的真菌基因。他们的研究结果表明,植物与真菌的演化,并非如科学家们过去所认为的那样相互交织在一起,而导致如今真菌多样化的主要驱动因子,与气候有关。

研究人员说,尽管像pH值和钙浓度等因子,会对生物多样性有着明显的作用,但每年的降雨量,似乎是真菌物种丰富程度的最强驱动因素。从表面上看,真菌与植物和动物一样,似乎集中在地球的赤道附近。然而,该研究小组却发现了某些主要的真菌种类违背了这种模式,其中包括某些外生菌根真菌物种,它们大多富集于中—高北纬地区,而其他某些品种则越近地球的极地数目越有所增加。

研究人员表示,外生菌根真菌需要有众多的植物品种,以及土壤的高pH值,才能兴盛发展,腐生性真菌则喜欢雨水丰沛的环境,而病原体则会避免高纬度地区,但它们会趋向富含氮的地方。

研究人员指出,一般来说,真菌物种的丰富程度,不会像植物物种多样性那样,随着纬度的上升而急剧下降,表明真菌在影响地球上的生命中起着一种主要的作用,尤其是在气候较为恶劣的较高纬度地区。即使如此,真菌的丰富程度会在更高北纬地区下降,表明目前的假设真菌在地球各处恒定分布的预测,实际上高估了真菌的丰富程度。总之,这些发现,较好地描绘了世界各地土壤真菌类群落,及它是如何影响人类健康的。

2.工业领域利用真菌研究的新成果

研发出利用真菌降解塑料的新方法。2011年8月11日,奥地利工业生物技术中心报告说,聚对苯二甲酸乙二醇酯是当今用途十分广泛的工程塑料,却难以自然降解。奥地利研究人员,研发出一种利用真菌降解这种材料并使其循环利用的新方法。

酶是一种特殊的蛋白质,可起到生物催化剂的作用。此前,奥地利格拉茨技术大学和维也纳技术大学等机构的研究人员,已在一些真菌菌株中发现了能"拆解"该塑料的酶。

基于前人的研究成果,研究人员说,他们借助基因工程技术,提高了利用真菌及其产生的酶将该塑料材料高效分解成初始单体的能力。分解出的初始单体,能重新用于生产优质材料。

奥地利工业生物技术中心酶与聚合物研究组组长格奥尔·古比茨说,这种工艺能避免产生垃圾,使资源得以再利用,且对环境无害。

目前,该中心已与一些企业建立了伙伴关系,以开展应用实验。研究人员还计划进一步提高真菌分解该塑料垃圾的速度,从目前的约 24 小时缩短到几小时。

3. 医学领域真菌研究的新进展

(1)研制出抗真菌疫苗。2005 年 9 月 8 日出版的《试验医学》杂志,发布了意大利科学家的一项研究成果,他们成功地培育出一种新型疫苗,能够保护实验动物避免真菌感染。而真菌感染也常发生在人类之间,尤其是在那些免疫系统功能受损的患者,容易被真菌感染,而且一旦感染了真菌,往往会导致严重的疾病。

意大利研究小组制成的新疫苗,是利用真菌内的 β - 葡聚糖化合物联合白喉类毒素研制成功的。β - 葡聚糖存在于致病真菌的细胞壁上,对于维持真菌活性至关重要。研究人员从一种棕色海藻中提取出被称为昆布糖的 β - 葡聚糖。但是,昆布糖本身诱发免疫反应的能力很差,因此研究人员把它与白喉类毒素 CRM197 黏附在一起,研制成疫苗 Lam - CRM。

研究人员用疫苗 Lam - CRM 接种小鼠,先初步注射接种一次,一周后强化注射一次。免疫接种两周后,给实验动物注射致死量的念珠菌。大多数接受免疫接种的小鼠活了下来,而且平均生存时间超过对照小鼠。这种疫苗还可以保护实验动物预防烟曲霉感染。研究者认为,尽管还只是初步的研究结果,但是它证明利用疫苗的免疫接种也能够预防多种真菌感染。今后,研究小组准备在人体内测试这一疫苗,最终形成能够让人类免受真菌侵袭的疫苗。

(2)由土壤真菌研制出抗辐射新药物。2006 年 7 月,有关媒体报道,白俄罗斯国家科学院细胞与遗传学所的科研人员,研制出一种可供活机体抗辐射用的新药物,能显著减少人和动植物所受的辐射剂量。有了这种药物,未来的航天飞船和空间站有可能不设防辐射舱。

研究人员说,这种药物的原料,是一种从土壤真菌体内分离出的黑色素,这种真菌易于培育,成本不高。

白俄罗斯研究人员说,这种黑色素具有很强的抗辐射作用,大量存在于土壤真菌中。此外,它还存在于人的毛发、鸟类的羽毛、其他动物的毛发、绿色葡萄和绿色菌类中。研究人员开始关注该黑色素的抗辐射作用,是由于他们发现含有这种黑色素的菌类,在辐射量达 3500 伦琴/小时的环境里,也能生长繁衍。

(3)发现土壤真菌或许是对付抗生素耐药性的秘密武器。2014 年 6 月,加拿大麦克马斯特大学迈克尔·德格罗特传染病研究所所长格里·赖特领导的一个研究小组,在《自然》杂志上撰文指出,生活在新斯科舍省土壤中的一种真菌分子

（AMA），能让一种最具威胁性的抗生素耐药性基因：NDM-1缴械投降，从而让抗生素重焕生机，为我们对付耐药病菌提供了新手段。

新德里金属-β-内酰胺酶1（NDM-1）是一种能降解抗生素的酶，被世界卫生组织确认为是一个全球性的公共健康威胁。赖特表示："NDM-1是公共健康的头号大敌，它不知从哪冒出来，现在到处传播，基本上毁掉了我们最后的抗生素资源。我们认为，如果能找到一种分子来阻断NDM-1，那么，这些抗生素将重新起作用。"

科学家们表示，发现AMA的"性格"至关重要，因为它可以提供一种手段，靶向并快速阻断导致碳青霉烯类抗生素（一类与青霉素相似的药物）无效的耐药病菌。赖特说："简单来说就是，让这一分子干掉NDM-1，使抗生素发挥作用。"

研究人员表示，自从20世纪80年代末以来，科学家们一直没有发现新型抗生素，医生只能用少得可怜的工具，来对抗威胁生命的感染。因此，与找到新抗生素相比，为病菌的耐药谜题找到答案更有前景。NMD-1需要锌才能存活，但找到方法除去锌而不在人体引起中毒反应非常困难。然而，这一真菌分子，似乎能自然且无害地完成这项工作。

二、酵母菌研究的新进展

1. 培育和发现新型酵母菌

（1）培育出耐盐碱酿酒酵母菌。2005年12月，以色列海法大学的研究人员，在美国《国家科学院学报》发表论文提出，利用死海菌类基因，提高作物抗盐碱能力。地球上绝大部分生物不能在盐碱环境下存活，如果盐度过高就会发生脱水，继而死亡。死海的每升水含盐量大约为340克，是海水浓度的10倍。但在这样极端的环境下，却孕育了散囊菌科散囊菌属的标本霉。

海法大学研究人员对此进行探索，他们从这种死海真菌上，分离出一种被称为EhHOG的基因，并将其移植到酿酒酵母菌中。他们发现，同普通酵母相比，这种转基因酵母可耐更多盐分，同时它还拥有耐高温和低温以及耐过氧化氢的能力。

研究人员由此认为，如果这一基因被植入农作物，也许最终能够提高其抗盐碱的能力。他们还补充说，死海生物体上的其他基因可能也有同样的效果。

（2）发现两种具有开发价值的新酵母菌。2007年4月，印度媒体报道，印度细胞与分子生物中心副主任师瓦吉教授率领的研究小组，分别从葡萄和腐烂的木瓜中提取出两种新酵母菌。

研究人员说，他们通过对木瓜和青葡萄的100多种酵母菌种，进行全面分析，剔除已知菌种后，发现其中两种为新菌种。

研究人员指出，目前的酶、抗氧化剂、抗生素和营养添加剂，都是通过细菌和酵母菌制作而成的。因此，新发现的酵母菌将可用于开发疫苗、制作啤酒和葡萄酒。他们认为,这两种微生物菌种,都属于印度本土物种,具备进行工业和生物技术开发的价值。

(3)发现可生产石油的转基因酵母菌。2008年6月,有关媒体报道,硅谷LS9公司的高级主管格雷格·帕尔说,他们发现了一种能变废为宝并产出石油的转基因工业用酵母菌。他告诉人们,只要通过给这种转基因酵母菌"喂食"农业废料,如刨花或麦秆,就可以让它奇迹般地分泌出石油。

硅谷LS9公司,以及附近的另外几家公司,放弃软件和网络化等传统高科技研发工作,转而研究生产一种叫作"石油2.0"的产品,能够与石油互换。这种新型燃料不仅可以再生,而且负碳排放,即该燃料的碳排放量,少于其原材料从空气中吸入的碳量。

帕尔解释说,实验室里使用的工业用酵母菌是单细胞微生物,每个细菌仅为蚂蚁的十亿分之一大小。另外,非致病性大肠杆菌的菌株,通过改变基因也具有同样功能。LS9公司对它们的脱氧核糖核酸进行了重组。由于原油可轻易从脂肪酸中分离,酵母或大肠杆菌在发酵过程中通常就可生成脂肪酸,因此不用太费劲就可以达到理想的效果。

利用转基因酵母菌发酵生产燃料,与利用天然细菌生产乙醇燃料的程序,基本是相同的。只是前者省去了耗能的最后一道蒸馏工序,因为转基因酵母菌的分泌物马上就可加入油箱。

(4)研发用于乳酸品加工的新型酵母菌。2009年6月,有关媒体报道,俄罗斯科学院普通遗传学研究所,正致力于研制用于加工乳酸食品的新型酵母菌。由于用它加工出来的乳酸食品中含有的某类双歧杆菌和乳酸菌,特别适合于俄罗斯人的体质。

乳酸食品中含有多种双歧杆菌和乳酸菌,它们对提高免疫力,维持肠道正常细菌群落,改善人体健康具有特殊功效。但是,该所专家在研究中发现,这些菌群,在不同种族中表现出的特性也不尽相同,从外国进口的乳酸饮料,对俄罗斯人并没有表现出应有的有益特性。美国和西欧制造的生物酸奶等乳酸类饮料,对于俄罗斯人的体质并不十分适宜。如果俄罗斯人饮用符合自身基因特性的乳酸饮料,产生的效果将是进口产品的10倍。

在俄罗斯政府支持下,这项研究正在有序推进。俄罗斯科学家已经对15种双歧杆菌和20种乳酸菌进行了验证。这些细菌能够抑制某些诱发急性和慢性疾病微生物的活性。由于俄罗斯60%的人口存在肠道健康问题,这项研究对改善俄罗斯人的肠道健康,提高俄罗斯民族健康水平具有重大意义。

2.酵母菌生理研究的新成果

(1)发现酵母基因组中存在的新基因。2005年1月,有关媒体报道,美国哈佛医学院的研究人员,在酵母基因组的"垃圾DNA"中发现了一种新基因,它的名字叫*SRG*1。

这种新基因与其他基因不同,它并不编码蛋白质或者酶表现出功能。但当它开启时,它将调控临近基因的表达。它能够利用转录获得 RNA 屏蔽或者压制酵母基因组中临近基因的功能。他们认为,肯定有其他基因以同样的方式起作用,其他生物体的基因组中,也应该存在这种基因,包括人类。

(2)获取酵母菌细胞高清三维图片。2007 年 3 月 30 日,德国媒体报道,位于德国海德堡的欧洲分子生物实验室,研究人员成功获取了显示单细胞酵母菌内部构成的高分辨率三维图片,为研究更高级别的生物提供了新的依据。

据报道,研究人员使用电子束从不同角度照射酵母菌细胞,再通过计算机组合完成了这张细胞内部结构高清图片。图片除了显示细胞核及其他组成部分外,还可以显示细胞内细微的丝状物。通过类似的方式,科学家也获取了人脑细胞内部结构的图片。

研究人员认为,如同人体由骨骼支撑一样,一个细胞内部的组成部分也决定了细胞的结构和形状。单细胞的酵母菌,被认为能够为研究包括人类在内的高级生物提供依据。

(3)测定酵母菌所有基因的复制次数上限。2013 年 1 月 8 日,日本冈山大学发表公报说,该校冈山大学特聘副教授守屋央朗率领的研究小组,利用独创的方法,测定了酵母菌所有基因的复制次数上限,发现大多数基因即使复制 100 次以上,细胞仍能维持正常功能,而一些基因只复制数次就会引发细胞死亡。日本东北大学的研究人员,也参与了此项研究。

使用约有 6000 个基因的酵母菌进行实验,调查它所有基因的复制次数上限,即基因复制次数到何种程度时会导致细胞死亡。结果发现,有 80% 以上的基因分别复制超过 100 次后,酵母菌的细胞依然维持着正常功能。

但是,有 115 个基因只复制数倍就会导致酵母菌死亡。这些基因多数与细胞内运输和细胞骨架等基础功能有关,还有的基因与制造细胞内蛋白质或蛋白质复合体有关。

研究小组认为,这些基因复制数倍后,导致不必要地大量合成或分解蛋白质,给细胞造成负担,使酵母菌内的平衡严重紊乱,从而导致酵母菌死亡。研究人员说,这项成果,将有助于弄清唐氏综合征、癌症等因染色体数异常而导致的疾病。

(4)发现酵母菌可凭人类基因生存。2015 年 5 月,美国奥斯丁得克萨斯大学系统生物学家爱德华·马克特领导,他的同事参与的一个研究小组,在《科学》杂志网络版上发表研究报告说,他们的研究证明,尽管酵母菌和人类分别沿着不同的路径进化了 10 亿年,然而两者之间依然存在着强烈的家族相似性。研究人员发现,在向酵母菌细胞中一次性嵌入超过 400 个人类基因后,差不多有 50% 的基因能够行使功能并使这种真菌继续存活下去。

并未参与该项研究的美国布卢明顿市印第安纳大学进化生物学家马修·哈恩表示:"这太神奇了,它意味着类似的基因在分离 10 亿年后依然能够完成类似的功能。"

多年以来,科学家已经知道,人类与帮助我们制造面包和啤酒的微生物分享着类似的分子。人类的基因组包含着 1/3 的酵母菌基因副本。平均而言,可比较的酵母菌和人类蛋白质的氨基酸序列重叠了 32%。

共享基因的一个例子引起了该研究小组的兴趣。酵母菌是单细胞且不流血的,然而它们携带的基因却能够在脊椎动物中协调新血管的生长。在酵母菌中,这些基因能够帮助细胞对压力做出响应。马克特表示:"这使得我们质疑酵母菌和人类基因完成相同工作的程度。"为了找到问题的答案,该研究小组决定系统地检查人类基因是否能够在酵母菌中运作。

研究人员挑选了 414 种真菌存活不可或缺的基因,如帮助控制新陈代谢和处理细胞垃圾的基因。随后他们把每个基因的一个人类版本塞入了酵母菌细胞,而这些基因自身的拷贝则被调低、关闭或剔除。研究人员推测,如果这些酵母菌细胞能够在培养皿中生长,则意味着人类基因可以填补其酵母菌等价物的空缺。

研究人员发现,176 种人类基因,能够使酵母菌在一种生死攸关基因缺失的情况下存活下来。马克特说:"这些基因中,大约有一半能够在人类与酵母菌之间互换,并且依旧保持功能,它完美地阐明了生物的共同遗产。"

接下来,研究小组分析了可替换的基因之间存在哪些区别。研究人员评估了 100 多个可能的影响,从基因的长度到其蛋白质的丰度。

研究人员说,脱氧核糖核酸(DNA)的相似程度,并不一定能够表明一种人类基因,是否可以代替一种酵母菌基因。事实上,研究人员发现,当一群基因在一起紧密工作时,它们中的大多数都是可替换的或大多数都不是。例如,调节 DNA 复制路径上的每一个基因,都是不能替代的,但是在人类制造胆固醇分子路径上的几乎所有基因,都是可以被交换的。

法国巴黎巴斯德研究所分子遗传学家伯纳德·杜乔恩表示,研究人员投入的"巨大工作量让我印象深刻"。他说,尽管这项研究的结果,并不让人感到惊奇,但"我很高兴有人做到了"。

马里兰州贝塞斯达市美国国家生物技术信息中心进化生物学家尤金·库宁提醒道,该研究小组只能说明酵母菌配备人类基因是可以生存的,但并不是说它们精力旺盛,能够与未被改变的菌株竞争。库宁说,尽管如此,这项研究,对一种理论提供了强有力的支持,即在不同生物体中,可比较的基因具有类似的功能,而这也正是一些研究人员所质疑的。

马克特说,这项发现,给出了在研究上进一步利用酵母菌的方法。科学家经常通过把单个人类基因嵌入酵母菌细胞,从而对前者进行研究。但他们也可以移植成群的相互作用的基因,以便制造与人类更加类似的酵母菌,这对于研究可供治疗疾病的新药物或分子路径,是非常有帮助的。

3. 酵母菌功能研究的新发现

(1)发现毕赤酵母菌在担当口腔卫士。2014 年 3 月,美国俄亥俄州克利夫兰凯斯西储大学,医学真菌学家穆罕默德·格汉诺姆研究小组,在《公共科学图书馆·病原体》网络版上发表研究报告说,一种鲜为人知的被称为毕赤酵母菌的真菌,生活在健康的口腔中,并在保护人们免受有害念珠菌引起的感染中起着重要作用。这种对人体友好的真菌,甚至可以成为新的抗真菌药物。

当人的免疫系统遭到破坏时,念珠菌就会泛滥成灾,引起口腔真菌感染,即鹅口疮。这种感染在 HIV 感染者中十分普遍。格汉诺姆研究小组,通过对 12 个 HIV 感染者与 12 个健康人的口腔进行对比实验发现,健康人口腔中有更多种类的真菌,其中毕赤酵母菌对念珠菌来说,是一个可能的竞争对手。有着更多毕赤酵母菌的口腔中,念珠菌的数量较少。

研究人员推测,毕赤酵母菌产生的一种化学物质,会使念珠菌中毒,因此他们把毕赤酵母菌细胞,从其培养液中过滤出来,剩余的化学液被证实含有强效的抗真菌物质,可以干扰念珠菌的生长,以及形成生物膜的能力。当研究人员使小鼠感染念珠菌时,毕赤酵母菌产生的混合物,会在其舌头上杀死念珠菌。研究人员认为,对于治疗鹅口疮来说,基于毕赤酵母菌的治疗,甚至优于使用制霉菌素的标准疗法。

格汉诺姆表示:"另一件令人惊喜的事情是,它能够抑制其他会引起疾病的真菌。"这些真菌包括曲霉菌和镰刀菌素。这意味着,毕赤酵母菌显示出了成为广谱抗真菌物质的潜力。格汉诺姆还设想,含有活性毕赤酵母菌的漱口水,可以为 HIV 感染者或有感染念珠菌风险的人群提供益生菌。康涅狄格大学健康中心口腔微生物学家安娜·冬葛莉评价道:"这是一个巨大的进步。"

(2)发现酿酒酵母可给葡萄酒风味做贡献。2015 年 9 月,新西兰一个由生物学家组成的研究小组,在《科学报告》上发表论文称,他们发现酿酒酵母不同的遗传种群,可以对葡萄酒的味道和香气产生影响。

具有相同或者高度相似的遗传背景的作物,在不同地区能产生具有独特物理和感官特征的产品。以前人们认为这种作物的地区差异,是由基因与当地的土壤、天气和农业时间的互动产生的。然而农产品当中微生物和地区特征之间的关系,又叫风味被认为是存在的,但是并没有被证实。

通过在新西兰 6 个主要的葡萄酒产区,使用 6 种不同的酿酒酵母,研究小组研究了酿酒酵母,对于葡萄酒的风味影响。研究者测量了 39 种,来自包括酯类和醇在内的化合物浓度,这些化合物都来自酵母发酵葡萄酒的过程,会影响味道和香气。研究者发现,39 种化合物中,有 29 种都会随着不同的酵母地理来源而出现变化。研究者指出,其他种类的真菌和细菌,也可能影响葡萄酒的特征,这一方面需要进一步的研究。

4. 酵母菌开发利用研究的新进展

(1)推出业界高水平的酵母菌抽提物。2006 年 2 月,有关媒体报道,法国思宾格有限公司,研制成业界高水平的两种酵母菌抽提物:一是含有 8% 谷胱苷肽的酵母菌抽提物,二是含有 20% I + G 含量的酵母菌抽提物。该公司,是全球酵母菌抽提物生产领域的领导者之一,凭着一百多年积累的技术和经验,不断地根据市场的需求进行新产品的开发和应用研究。

谷胱苷肽酵母菌抽提物,是以天然面包酵母菌为原料,经过一系列科学的加工工艺精制而成。含有 8% 的谷胱苷肽、大量丰富的游离氨基酸、寡肽、维生素 B1、B2、B5、B6、B8、B9、B12、PP、微量元素等营养元素。其中,众所周知的重要生理活性物质——谷胱苷肽,是由谷氨酸、半胱氨酸和甘氨酸通过肽键缩合而成,具有良好的生理活性;经过科学研究,谷胱苷肽对肝脏有着很好地保护作用,能很好地消除酒精等外来化学物质对肝脏的损伤,并且具有显著的抗氧化性能,能快速清除体内的自由基,同时起到延缓衰老的作用;谷胱苷肽对酒精脂肪肝有一定的预防和保护作用。含有谷胱苷肽的酵母菌抽提物,同时又具有其他丰富的营养元素,因此是一款具有抗氧化和保健功能的酵母菌抽提物,能被广泛应用于保健品中。

20% I+G 含量的酵母菌抽提物,是通过不断的科学研究和技术创新,开发出来的核苷酸的产品。经过改进的精制工艺,该产品采用微胶囊油包埋技术,使得产品在使用过程中,不易起尘,并且具有良好的溶解性,大大方便了食品加工的需求。该产品的设计,使食品具有强烈的前味、浓厚的中味和绵长的后味,让食品的风味和口感达到平衡。

(2)以酵母为基础利用基因工程培育新型微生物。2009 年 8 月,美国克雷格·文特尔研究所的一个研究小组,在《科学》杂志网络版上发表论文称,他们把一个细菌基因组移植到酵母中,经改造后再把它移植到一个中空的细菌壳中,从而产生了一个新的微生物。这项技术,为对实验室中很少研究的生物体进行基因改造,提供了一种更简易的途径,对培育生产燃料或清除有毒化学品的微生物也有重要价值。

科学家们得益于对酵母和大肠杆菌等微生物的多年研究,已能利用这些基因工具,进行更为复杂的基因改造。如更换整个化学路径,制作出可执行更复杂任务或更有效地生产物质的微生物。但是,很多业界关注的微生物,如那些具有生产化学物这种独特能力的微生物,并不容易制成。科学家们希望能够设计像光合微生物这样的目标有机物,以更有效地将光转换为燃料。

文特尔研究所的研究人员发现,通过把这些细菌的基因组插入酵母,可以更容易地对其进行操控。他们表示,人们想要的是酵母或大肠杆菌的能力,而不是拥有其光合作用的器官。把这两种基因组相结合在生物燃料世界里,将是极为有趣的事情。

该研究小组为了研制出一个合成生物体,设法把合成基因组移植到一个细胞内,使其成功地重启细胞。合成基因组被装配入酵母中,意味着它缺少一些细菌的生物标记特征。研究人员发现,如果没有这些标记,宿主细菌会将移植基因组视为外来入侵者而将其摧毁。

研究人员为了解决这个问题,首次把丝状支原体基因组移植入酵母中。虽然科学家们曾在酵母中生长出细菌 DNA 片段,但这是首次以这种方式生长出完整的细菌基因组。使用现有的酵母基因工程工具,研究人员在化学上改变了细菌的遗传物质,从而使其携带了细菌的分子标记特征。研究人员把这个改性基因组,移植入与丝状支原体具有很近亲缘关系的山羊霉浆菌,以产生一个丝状支原体细胞。

目前,该研究小组正在致力于对其他细菌进行测试,以便把生产技术转移到与生物燃料业更为相关的有机物上。研究人员表示,有机物的遗传路径可分解环境污染物,它通过基因工程移植入细菌后,就可以生存在如酸性池塘这样恶劣和被污染的环境中,然后就可用于对这些区域进行清理。

(3)用转基因酵母菌造出止痛药。2015 年 8 月,美国斯坦福大学生物工程学家克里斯蒂娜·斯默克领导的研究小组,在《科学》上发表论文称,酵母菌不但能用来发面蒸馒头,也能用来制造止痛药。他们已经用一种转基因酵母菌生产出了吗啡类止痛药。研究人员称,该法不但能把药物的生产周期从一年缩短到几天,还能把成本降低到传统方法的十分之一,未来技术成熟后,有望大幅降低相关药物的零售价格。

止痛药的生产,往往需要经过一个漫长的过程:首先由得到许可的农民种植罂粟,等罂粟成熟后再送到制药公司,提取阿片类的药物分子,配以其他成分制成药物。这个过程往往需要耗时一年左右。由于植物很容易受到天气、病虫害等因素的影响,传统生产方法往往存在很多不可控因素。

该研究小组认为,转基因工程酵母菌,可能会取代这一过程。在新研究中,他们对面包酵母菌的遗传机制进行了重新编程,让酵母菌细胞将糖转化成一种吗啡的近亲氢可酮。该物质具有和可待因(又称甲基吗啡)特性相似的多种活性,能用于止痛和镇痛。除此之外,这种方法还可以用来制造治疗癌症、传染病、高血压以及关节炎的药物。新方法也给生产商用不同化合物制造药品提供了更大的灵活性。

研究人员认为,随着研究的进一步深入,用这种转基因酵母菌生产止痛药的成本,可以降到传统方法的 1/10。

这将是一件很重要的事情,因为服用这些药物的人,在全球人口中占有很大比例。据世卫组织估计,全球有数十亿人没有或很少能得到所需的止痛药。研究人员希望新方法能够大幅降低这些药品的价格,让更多患者能以较低的价格,获得自己需要的药物。

不过,斯默克也承认,新技术暂时还不够完美:目前生产一剂止痛药要耗费 2 万升工程酵母菌。下一步,研究人员需要增加每个细胞对酶的利用效率,优化酵母菌生产药物的数量,提高工程酵母菌的效率。斯默克认为,一个资金雄厚的公司,有望在 5～6 年内破解这些难题。

三、霉菌、食用菌与黏菌研究的新进展

1. 霉菌研究的新成果

(1)从霉菌中提取可用于治疗脊髓损伤的药物。2006 年 11 月,庆应大学教授

冈野荣之等研究人员,在《自然医学》杂志网络版上撰文说,他们通过动物实验证实,从霉菌中提取的一种物质,能促进中枢神经细胞再生,并使神经恢复运动机能。

脊髓等中枢神经一旦受损便难以恢复。研究人员注意到,脊髓受损后,受损部位周围的细胞会发生过激反应,并分泌出阻碍神经细胞再生的蛋白质。他们研究了十几万种化合物后发现,从霉菌中提取的物质"SM216289"能阻碍这种蛋白质的活动,促进神经细胞再生,并防止受损部位扩大。

在实验中,研究人员从背部切断实验鼠的脊髓。实验鼠大脑发出的信号传递不到后脚,后脚陷入瘫痪状态。接着,他们持续一个月,向实验鼠脊髓受伤部位施加这种霉菌提取物。3个月后,实验鼠神经组织中有10%左右得以再生,断裂的神经重新连在一起,后脚的全部关节重新恢复运动。而且,这种提取物未在实验鼠体内表现出明显毒性。

研究小组认为,在实际生活中的脊髓损伤病例中,总有部分神经未受到伤害,因此患者只要接受这种物质治疗,症状就可以得到改善。而对于慢性疾病患者,若结合神经干细胞移植等手段,也有望恢复部分神经功能。

日本国内因交通事故、运动伤害或工伤而造成脊髓损伤的患者,超过10万人,引发运动障碍及感觉障碍。但目前除在脊髓受损后立即抑制炎症反应外,尚无有效的治疗方法。

(2)完成黑曲霉基因组测序计划。2007年2月,荷兰工业化学公司牵头,阿姆斯特丹大学等29个研究机构参与的一个研究团队,在《自然·生物技术》杂志上,公布了黑曲霉测序计划的结果。

研究人员说,黑曲霉的基因组,大约有3390万个碱基对,并且构成超过14000个独特的基因。其中大约6500个基因的功能将被确定。这项测序计划到目前为止,已经让荷兰工业化学公司获得多项专利,包括用于肌肉复原的产物、一种能防止啤酒混浊的酶和一种能防止一些油炸食品形成一种有毒化合物的酶。

黑曲霉是半知菌亚门,丝孢纲,丝孢目,丛梗孢科,曲霉属真菌中的一个常见种。它广泛分布于世界各地的粮食、植物性产品和土壤中,是重要的发酵工业菌种,可生产淀粉酶、酸性蛋白酶、纤维素酶、果胶酶、葡萄糖氧化酶、柠檬酸、葡糖酸和没食子酸等。有的菌株还可将羟基孕甾酮转化为雄烯。生长适温37℃,最低相对湿度为88%,能引致水分较高的粮食霉变和其他工业器材霉变。

(3)发现冻土青霉属真菌可合成数种药用生物碱。据2011年8月莫斯科媒体报道,俄罗斯科学院微生物生化物理研究所的研究小组,在不同地域的冻土样本中发现了一些青霉属真菌,它们所合成的数种生物碱,能使生物细胞的机理发生改变,具有一定的药用研发价值。

研究小组分析了取自北极、南极的永久冻土和俄远东堪察加的冰冻火山灰样本,从中分离出属于不同青霉属真菌的25个菌株,其中约一半菌株,能合成具生物活性的含氮低分子有机化合物，这些物质属于生物碱。而生物碱类物质中有很多是植物性药物的有效成分。

研究人员介绍说，他们所分析的一些菌株，能生成一种叫作"阿尔法环匹阿尼酸"的菌毒素。用这种物质制成的某些药物，能使血管平滑肌收缩反应增强。还有的真菌能合成环氧田麦角碱，它能作用于神经系统，有助减低血压。另外，此次研究还发现，在冻土样本中有一种橘青霉菌，它生成的一种生物碱类次生代谢物具有抗菌和抗癌活性。

研究人员指出，上述发现不仅引起了生物技术专家的关注，还为气候变化研究人员提供了科学数据。

2. 食用菌研究的新发现

（1）发现蘑菇中有益心脏的膳食纤维。2005年2月，有关媒体报道，伊利诺斯州大学的一个研究小组，运用最新的分析技术，在通常食用的蘑菇中，找到一种此前不了解的，对心脏健康有益的膳食纤维。

研究小组发现，接受测试的6种蘑菇富含膳食纤维，其中包括那些具有降低胆固醇的壳质和保护心脏的成分。他们指出，蘑菇富含高品质蛋白质、维生素、不饱和脂肪酸和纤维已被人熟知，但精确的碳水化合物细分仍然是个谜。

加州都柏林蘑菇委员会出资援助这次研究，并提供了样品。去年，也是这组研究人员做出李子和梅子的碳水化合物剖析，其中包括可消化碳水化合物、淀粉和发酵纤维。

（2）发现灵芝对治疗艾滋病有辅助作用。2007年7月，来自加拿大、中国、坦桑尼亚等国的科学家，在国际食用菌研究进展学术报告会上发表研究报告认为，从对灵芝的抗艾滋病实验结果显示，灵芝对于艾滋病治疗有辅助作用，可成为昂贵的抗逆转录病毒药物的另一个选择，或可用作配合抗逆转录病毒药物的一个辅助治疗，使更多的艾滋病患者负担得起。

艾滋病被称为"世纪杀手"，长期以来，尚无治疗的有效药物和疗法，艾滋病的防治已成为摆在各国政府面前的一大课题。

灵芝在中国已有2000多年的应用历史，已被广泛应用于治疗各种疾病，包括肿瘤、病毒感染、炎症、高血压、免疫异常导致的各种疾病等。随着灵芝研究的深入，灵芝的价值已逐渐得到国际的承认。近几年来，国际上越来越多的研究和发现表明，灵芝对于治疗艾滋病具有特殊功效。

本次学术报告会上，加拿大多伦多大学实验医学病理系杨柏华教授，作了"灵芝抗肿瘤的研究新进展"的学术报告，展示了详细、前沿的灵芝研究成果。国际知名的蕈菌专家张树庭教授报告说，他与坦桑尼亚科学家组成的研究团队，在非洲开展了试验性的关于灵芝制剂，对艾滋病患者的治疗作用的临床试验研究，初步结果显示：灵芝胶囊和抗逆转录病毒药物一起治疗，艾滋病患者的体重增长、CD4细胞数量、血红细胞水平等指标均明显上升，比只予抗逆转录病毒组的患者的效果提高一倍。

（3）发现某些食用菌重金属含量高。2009 年 11 月，有关媒体报道，西班牙卡斯蒂利亚·拉曼查大学的研究人员，通过对一些野生真菌采样分析后发现，鸡油菌等一些食用菌的重金属含量"比较可观"。他们建议，最好不要食用，在一些土壤被污染，或者有特殊矿物成分地区采摘的野生食用菌。

报道称，研究人员在西班牙雷阿尔城地区几处没有被污染过的野外林地，采摘了 12 种常见真菌，这些真菌有的可以食用，有的不能食用。他们对这些真菌样本中的重金属铅、钕、钍等含量进行分析。结果发现，鸡油菌等一些野生真菌的重金属含量偏高。鸡油菌是一种食用菌，在欧洲人的饭桌上很常见。

研究人员说，鸡油菌通常生活在橡树、栎树等树下，可与这些植物的根系形成共生体。这种真菌可直接吸收土壤中的矿物成分，然后向与其共生的植物提供营养物质，最终从植物的光合作用中获得所需的糖分。

四、真核藻类研究的新进展

1. 研究真核藻类生理机制的新发现

（1）发现外来影响可改变团藻繁殖方式。2004 年 6 月，加拿大新不伦瑞克大学生物学家奈德尔库教授领导，成员来自加拿大和美国的一个研究小组，在《皇家科学院学报》上发表论文称，他们旬发现，加热可以使藻类的性别基因呈显性。这是世界上首次证实，外来影响可使性别基因呈显性。

团藻是一种多细胞藻类植物，它通常生长在池塘里，雄性或雌性分别聚积在一起，进行无性繁殖。而当夏天来临天气变热后，池塘会变干涸，这时雄性和雌性团藻，就会分别产生精细胞和卵细胞进行有性繁殖。

（2）发现褐藻合成酚类化合物的机制。2013 年 9 月，法国巴黎六大海洋植物与生物分子实验室，与布雷斯特海洋环境科学实验室等机构组成的一个联合研究团队，在《植物细胞》的网站上发表研究成果称，他们通过对长囊水母的研究，发现利用酶合成特有化学物质——鼠尾藻多酚的新机制及其关键步骤。这项工作，大大简化了商业制备鼠尾藻多酚的生产过程。

鼠尾藻多酚，是海洋褐藻所特有的一种酚类化合物，这种芳香化合物具有天然抗氧化功能，可用于生产各类化妆品，并能够预防和治疗癌症、心血管疾病、神经退行性疾病及消除炎症。

一直以来，人们都未能探明鼠尾藻多酚的生物合成途径，从褐藻中提取这类天然化合物的工业过程也十分复杂。研究人员在罗斯科夫生物研究站，对褐藻进行基因组破译工作，并在长囊水母的研究过程中，识别出其与陆生植物合成酚类化合物同源的有关基因。在此基础上，研究人员又进一步确定了直接参与合成鼠尾藻多酚的褐藻基因。而后，通过把这些基因引入细菌，制得了大量可合成酚类化合物的蛋白质酶。他们转向后基因组学（侧重蛋白质的功能研究），对其中的 III

型聚酮合酶(PKS Ⅲ)进行观察,最终发现了其合成酚类化合物的机制。

这一研究,除了揭示合成机制外,还发现褐藻酚类化合物有适应盐胁迫,即植物由于生长在高盐度环境而受到高渗透势影响的生物学功能。这些对生物合成的新认识,也有助于人们探索植物调节新陈代谢的生物信号机制。

2. 利用海藻制造工业品及原材料

(1)利用海藻制成贺卡专用纸浆。2006年5月,有关媒体报道,智利一位名叫玛丽亚·奥尔蒂斯的女专家,掌握了以海藻为原材料制造贺卡的方法,并已开始批量生产。

智利北部地区的海滩每天都有大量海藻被海水冲上岸,并会散发难闻的气味。当地政府不得不支付上千美元的费用,派专人清除。奥尔蒂斯找到了一个变废为宝的方法:她把这些没用的海藻磨成粉末,加入循环再生纸浆和木质纤维,最终可制成贺卡专用纸浆。

据报道,以海藻为原料的纸张不但经久耐用,还可循环利用。奥尔蒂斯目前正在想办法出口这种海藻纸,同时争取提高质量,增加产量。

(2)发明一种用海藻制作的酒。2006年7月,德国媒体报道,德国北部港口城市基尔,一家名为"海洋健康"的海洋生物公司,发明了一种用海藻制作的酒,这种酒含有丰富的碘,呈透亮的棕色,并有类似雪梨酒的香味。

该公司海洋生物学家兼经理伊内茨·林克介绍,他们原来主要利用海藻生产化妆品,偶然的灵感使他们尝试用海藻制造酒。林克不想把其生产的海藻酒在全德国推广,而是作为当地的一种特有品牌招揽顾客,在基尔当地的"弗利茨海鲜酒店"已有海藻酒的供应。林克是4年前与其在基尔海洋生物研究所工作的丈夫,共同成立这家专门开发海洋生物的小公司。

在海洋里有约3万多种海藻,其中大约160种可以食用。海藻是地球上最古老的植物,也是未来有待开发的原料,科学家已发现海藻有许多奇特的功效,如海藻能过滤海水中获得有用的磷物质。以色列科学家,在养鱼场使用海藻生物过滤方法,已有10多年。海藻也可用于清理工业废水,使废水得到重复利用。海藻还可以制造化妆品和放在茶中饮用。

基尔大学附属医院的皮肤科,今年试验了海藻对治疗皮肤病的功效,研究人员把海藻制成药膏,涂在患者皮肤上,一个月来已有20名患者接受了试验,效果不错。公司另一位生物学家勒文特·皮克说:"人们至今对海藻潜在的应用,还了解太少,这种状况需要改变。农业已跟不上增长的人口对饮用水的需求,而海藻应用具有重要的意义,因为它是目前唯一的一种植物,可以将取之不尽的海水资源加以利用。"

基尔的这家位于军事禁区附近的小公司,目前只有约100平方米的海藻加工场,但其加工的质量非常好,因为这里的海藻生长的水域没有受到人为的污染。加工切碎后的海藻要放在大桶里,在室温下发酵,4个星期后就能制成含有14%

酒精含量的海藻酒。海藻酒喝起来微苦，但有利于健康，因为酒中含有丰富的维生素、矿物质和微量元素，以及大量的碘，半瓶海藻酒所含的碘相当于成年人 1 年的需要量。

（3）海藻将成万能型超级原材料。2013 年 4 月，国外媒体报道，通过最新技术，此前由被粉碎的植株提取而成的纳米纤维素，现在可由经"工厂"提供水、光照及时间培育出的海藻提取。这个方案不仅成本低廉，成长迅速，而且具备极高商业价值。

研究人员最近在研究，一种可广泛运用于生产从盔甲到智能手机屏幕等，各种产品的原料。据称，他们即将有能力从制作醋的醋酸杆菌中提取出这种材料。直至最近，该细菌才被用在合成纳米纤维素领域，不过因其成本过高，故并不具备足够的商业价值。不过，如今出现了新的进展：纳米纤维素"工厂"：养殖海藻。

纳米纤维素可由粉碎的海藻制作而成，它不仅价格低廉且成长迅速，而且仅需提供足够的水、光照，以及时间便可生长。这表明，纳米纤维素将能大量生产以满足日益增加的需求，故其具备了很高的商业价值。

德州大学的布朗·马尔康姆教授称："如果能将其彻底研发成功，那么我们就实现了史上最具潜力的农业转化。我们将种植海藻，以便能以低成本，大量生产各种产品原材料的纳米纤维素。同时，种植的海藻，还能吸收导致全球气候变暖的元凶——二氧化碳。"

3.利用海藻开发新能源产品

（1）培植成功可产生大量氢气的绿藻。2006 年 10 月，德国比勒费尔德大学，与澳大利亚昆士兰州大学的生物学家联合组成的一个研究小组，成功培植出一种能够产生大量氢气的转基因绿藻，为未来生产氢能源提供了一条生物途径。

生物学家很早就知道，绿藻具有很强的"氢"光合作用的功能，能在阳光照射下产生氢气。但绿藻产生氢气的效率比较低，通常每公升绿藻只能产生 100 毫升氢气。

该研究小组培植成的转基因绿藻，每公升可产生 750 毫升氢气。目前野生绿藻的光氢气转化值约为 0.1%，人造绿藻可以达到 2% ~2.4%，如果通过基因改造的绿藻，光氢气转化值能够达到 7% ~10%，将具有实际经济应用价值，科学家希望在 5~8 年内能实现这一目标。

该研究小组从 2 万多个藻类样品中，筛选出 20 个样品，从中培植出名为 Stm6 的转基因绿藻。德国鲁尔大学也研制出一种生物电池，即一种利用绿藻酶生产氢气的微型生物反应器，每秒可产生 5000 个氢分子。鲁尔大学的生物化学教授托马斯·哈伯称，利用生物酶生产氢气具有很大的潜力，这是一项很有意思的技术，但真正产生经济效益还需要时间。

（2）把水藻快速变成原油在实验室获得成功。2013 年 12 月，美国能源部西北太平洋国家实验室，道格拉斯·埃利奥特领导的一个研究小组，在《藻类研究》杂志上网络版上发表论文说,他们开发出一种可持续化学反应,在加入海藻后很快就能产出有用的原油。犹他州生物燃料公司已获该技术许可,正在用该技术建实验工厂。

埃利奥特说:"从某种意义上说,我们'复制'了自然界用百万年把水藻转化为原油的过程,而我们转化得更多、更快。"研究小组保持了水藻高效能优势,并结合多种方法来降低成本。他们把几个化学步骤合并到一个可持续反应中,简化了从水藻到原油的生产过程。用湿水藻代替干水藻参加反应,而当前大部分工艺都要求把水藻晒干。新工艺用的是含水量达80%~90%的藻浆。

在新工艺中,像泥浆似的湿水藻被泵入化学反应器的前端。系统开始运行后,不到一小时就能向外流出原油、水和含磷副产品。再通过传统工艺提纯,就可以把"原藻油"转变成航空燃料、汽油或柴油。在实验中,通常超过50%的水藻中的碳转化为原油能量,有时可高达70%;废水经过处理,能产出可燃气体和钾、氮气等物质。可燃气体可以燃烧发电,或净化后制造压缩天然气作汽车燃料;氮磷钾等可作养料种植更多水藻。埃利奥特说,这不仅大大降低成本,而且能从水中提取有用气体,用剩下的水来种藻,进一步降低成本。

他们还取消了溶剂处理步骤,把全部水藻加入高温高压的水中分离物质,结合一种水热液化与催化水热气化反应,把大部分生物质转化为液体和气体燃料。埃利奥特指出,要建造这种高压系统并非易事,造价较高,这是该技术的一个缺点,但后期节约的成本会超过前期投资。

其他团体也有研究用湿水藻的,但一次只能生产一批,而新反应系统能持续运行。在实验室,反应器每小时能处理约1.5升藻浆。这虽然不多,但这种持续系统更接近大规模商业化生产。犹他州生物燃料公司总裁詹姆斯·奥伊勒也表示:"造出成本能和石油燃料竞争的生物燃料,是一个很大挑战,我们朝着正确方向迈出了一大步。"

4.利用海藻开发生物医用产品

(1)利用海藻凝胶搭建支架帮助软骨修复。2014年5月,澳大利亚伍伦贡大学发布公报说,该校智能聚合体研究所主任戈登·华莱士教授负责的一个研究小组,成功利用海藻凝胶搭建支架,实现了人膝盖软骨再生。这一发现可望有助于开发新疗法,修复严重受损的骨组织、肌肉和神经。

研究人员不久前借助3D打印技术,用海藻凝胶制作支架,尔后在这种支架上注射干细胞并让两者顺利融合,最终使这些干细胞定向分化成人膝盖软骨。

华莱士表示,海藻没有血管组织,其细胞通过一种凝胶状物质聚合在一起,这种海藻凝胶刚好充当干细胞的结构支架,保持再生组织的稳定性和完整性。他说,尽管上述实验仍处于初级阶段,但研究小组相信,开展这项研究具有巨大潜力,将为治疗关节炎、神经系统疾病和修复严重受损的器官提供新思路。

(2)发现褐藻成分能抑制溃疡性结肠炎。2014年12月,日本东京工科大学佐藤拓已教授领导的研究小组,在《科学公共图书馆·综合卷》杂志上发表论文称,他们在利用溃疡性结肠炎模型鼠进行研究时发现,让实验鼠口服波状网翼藻所含的藻醇,实验鼠大肠中的溃疡明显得到抑制。此外,藻醇在试管内也明显抑制了炎症反应。

研究人员说,溃疡性结肠炎是形成溃疡的大肠炎症,病因不十分明确,治疗非常棘手。他们在研究中发现一种叫作波状网翼藻的褐藻,所含的藻醇能抑制溃疡性结肠炎。褐藻是一种褐色的海生多细胞藻类,包括海带和裙带菜。波状网翼藻多分布在日本和中国台湾等北太平洋地区。

研究小组进一步分析发现,藻醇能对一种转录因子 Nrf2 的活化发挥作用,缓解炎症反应,从而抑制大肠溃疡发生。溃疡性结肠炎,一般认为与压力及免疫异常有关,会反复出现持续的腹泻及便血,也可能因此引发全身性疾病。目前只能利用美沙拉嗪、类固醇等治疗,如果没有效果则只能切除大肠。

研究人员认为,新发现将扩大褐藻类的利用范围。他们准备与制药公司和食品公司合作,将藻醇应用于药品和健康食品,开发溃疡性结肠炎新疗法。

五、原生动物研究的新进展

1. 研究四膜虫的新发现

(1)发现四膜虫可大幅消除食物中胆固醇。2004 年 6 月,阿根廷布宜诺斯艾利斯大学医学院和生物医药学院,生物学家弗洛林·克里斯滕森博士主持的一个研究小组,通过实验发现,一种名为"四膜虫"的微生物,能够"吃掉"食物中的大部分胆固醇,并能把一部分剩余的胆固醇转化成维生素 D。

研究人员说,他们发现的这种四膜虫,是一种单细胞原生动物,类似于草履虫,有较强的繁殖能力。这种微生物不但能消化掉牛奶和鸡蛋中 90% 的胆固醇,而且会合成一种名为"DELTA - 7"的酶,把牛奶和鸡蛋中约一半的剩余胆固醇,转化成固醇类的衍生物——维生素 D。而维生素 D,能促进小肠吸收食物中的钙和磷,促进骨的钙化作用。

据专家介绍,这种四膜虫原本不能直接在牛奶中存活。后来,专家们通过实验发现,先用葡萄糖液"清洗"四膜虫,然后再将其放入牛奶或鸡蛋中,那么该微生物就可以存活,并较有效地消除胆固醇了。

克里斯滕森说,一些私人投资者,对这项尚处于实验阶段的研究很感兴趣,并希望对这一发现进行商业利用,以期生产出低胆固醇和促进钙吸收的食物。

(2)发现四膜虫在生物技术领域的新用途。2006 年 4 月,美国康乃尔大学克拉克实验室的弗朗西斯·波尔德林,与他的同事组成的一个研究小组,在《真核细胞》上发表了一篇论文。该文介绍了一种四膜虫金属硫基因(MTT2),通过添加铜可将该基因快速激活,也可以通过从生长介质中去除诱导剂的手段,将激活状态关闭。

四膜虫是一种单细胞真核生物,分布在全球的淡水水域中,属于原生生物门纤毛虫纲,与一般人所熟知的草履虫在形态生理上十分相似。四膜虫外观呈椭圆长梨状,体长约50微米,全身布满数百根长4~6微米长的纤毛,纤毛排列成数10条纵列,是不同种间纤毛虫分类的特征之一。四膜虫身体前端具有口器,有3组3列的口部纤毛,早期在光学显微镜下观察时,看似有四列膜状构造,因此据以命名。

该研究小组为了确定这一基因的区域,是否能驱动其他基因的表达,他们克隆了位于一个能编码NRK2激酶 - GFP融合基因前面的潜在性启动子,然后把这一整体结构,引入到四膜虫基因组的一个变异位点。在携带有这一结构的细胞中,研究人员把它暴露于含铜的环境后两小时,就能观察到荧光现象。

目前,研究人员鉴定出一种可对铜进行诱导的抑制型启动子,目的是为了能把多毛的四膜虫,作为一种异源蛋白表达系统,成功应用于生物技术领域。

虽然四膜虫作为一种模式生物系统,目前并不广为人知,但对它的研究已经导致了很多根本性的发现,具体包括动力蛋白的鉴定与纯化、端粒结构与端粒酶的发现、获得诺贝尔奖的有关核酶的发现、组蛋白乙酰基化功能的阐释以及其他方面的研究进展。四膜虫,虽然不是最为耀眼的真核生物,但它除了可作为功能强大的模式生物外,在真核生物蛋白的过度表达这一生物技术领域,它也具有应用前景。而这些蛋白表达,还无法在目前的大肠杆菌这类粗糙的模式系统中,得以实现。

康奈尔大学的西奥多·克拉克指出,四膜虫的最大优点在于,它是一种非常容易培养的微生物,在结构和行为方面具有很多复杂特征。因此,它比哺乳动物的组织培养更容易实现;它也更为便宜。然而,就过度表达而言,它同时可以管理大肠杆菌所无法管理的蛋白。例如,真核生物膜蛋白在大肠杆菌中无法进行合理的迁移,但四膜虫却具有一个巨大的膜系统,这对于蛋白表达来说可能是一种优势。研究小组为了获得这一表达系统,试图对四膜虫中活跃的诱导型启动子进行鉴定。

这项研究对于四膜虫系统来说非常重要,因为先前的研究人员使用的是相关性MTT1启动子,而它对镉是敏感的。镉是一种毒性重金属,在蛋白纯化中必须被除去。在这些初步研究中,研究人员发现MTT2的上游区域,能够驱动一种异源基因的表达。这正如波尔德林所说的:一旦我们发现了什么是它的调控成分,这一启动子的功能就能够得以提高。

无论是在实验室还是在他们的公司,研究小组都试图在一些研究项目中使用这一启动子,其中包括致力于SARS和禽流感,这两种人类病原的潜在性疫苗抗原的表达研究。这一启动子的应用,也应该对有关四膜虫生物系统的基础生物学问题具有重要意义。这正如克拉克所指出的那样,现在人们对蛋白替代表达系统具有一种强烈的需求,我们认为四膜虫将会成为其中的优秀一员。

2.研究阿米巴虫的新进展

(1)通过加强自来水氯消毒等措施来防治阿米巴虫污染。2013年9月15日，美国媒体报道，美国南部路易斯安那州一个县的自来水供应系统，被俗称"食脑虫"的福氏耐格里阿米巴虫污染，并已导致一名4岁男孩死亡。福氏耐格里阿米巴虫可通过鼻孔侵入人的大脑，并引发阿米巴脑膜脑炎，因此被称为"食脑虫"。阿米巴脑膜脑炎致死率高达95%以上，目前无特效药可治。

在美国，淡水湖泊、河流以及温泉是"食脑虫"的主要生存场所。上次美国发现类似事件是在2003年，亚利桑那州一个地热井被"食脑虫"污染，并导致两名儿童死亡。新发现的污染事故发生在路易斯安那州东部的圣伯纳德县。一名4岁男孩在该县一户人家的游泳池游泳后感染"食脑虫"，很快不治身亡。美国疾病控制和预防中心，随后对当地的自来水供应系统进行检查。

路易斯安那州卫生部门，在其官网上发表声明说，圣伯纳德县自来水供应系统中消毒用的氯含量偏低，导致"食脑虫"污染，目前已在4处地点检测发现了"食脑虫"。声明表示，当地已开始清洗供水系统，并用数周时间，加强氯消毒等措施。

路易斯安那州卫生官员在声明中说，目前，当地的自来水"可以安全饮用"，感染"食脑虫"的概率"非常小"。此外，当地居民可采取一些基本预防措施自保，包括给自家水池用氯消毒、避免鼻子进水等。

(2)证实阿米巴虫能吃掉活肠道细胞。2014年4月10日，美国弗吉尼亚大学的威廉·佩特里领导的研究小组，在《自然》杂志发表论文称，溶组织内阿米巴虫（痢疾变形虫），能通过咬食和吞掉细胞碎片攻击人类肠道，并在发展中国家引发致命腹泻。他们研究了阿米巴虫吞下肠道细胞的过程，或将对治疗溶组织内该虫感染提供新目标。

溶组织内阿米巴虫带来的感染，会导致严重组织损伤，出现肠道溃疡或脓肿，但人们之前并不清楚溶组织内阿米巴虫是如何杀死细胞的。曾有人认为，溶组织内阿米巴虫是先杀死细胞再将其吞下的，但佩特里研究小组得出了相反结论。他们使用实时显微镜成像，用镜头记录下了阿米巴虫一口口咬食活着的人体细胞的过程，并且证明了这一过程才是杀死细胞的关键。

他们还发现溶组织内阿米巴虫，会在活细胞上咬很多口，这意味着细胞的死亡很可能来自于由此带来的损伤累积：一旦细胞死亡，阿米巴虫就会和细胞分离，再有效地把死去的细胞吐出来。

科学家之前在免疫细胞之间，也发现过小口咬食的现象，名为胞啮。不过，这次发现的这种小口咬食现象，是第一次在宿主—寄生虫互作现象中发现的。研究人员同时展示了通过抑制溶组织内阿米巴虫的一些分子过程，可以阻止阿米巴虫吃掉肠道细胞，从而避免细胞死亡，这对治疗溶组织内阿米巴虫感染可能有所帮助。

3.研究其他原生动物的新成果

(1)研制预防杜氏利什曼原虫寄生虫病疫苗。2005年5月，有关媒体报道，法国国家发展研究院的科研人员,成功研制出内脏利什曼病疫苗,并在狗实验上获得了成功。

利什曼病是以英国热带病学专家威廉·利什曼的名字命名的,一种人体寄生虫疾病。它主要通过白蛉叮咬传播,共有三种类型:皮肤型、内脏型、黏膜皮肤型。该病主要影响身体内脏器官,如:脾脏、骨髓、肝。潜伏期约为数星期至数月之间,病发时表现为高烧不退、体重下降、腹部不适和贫血,若未及时进行适当治疗,死亡率几乎是百分之百,目前,世界上还没有针对该疾病的疫苗。据统计,全球每年约有 50 万宗新病例,主要出现在发展中国家。

研究人员表示,通常情况下,在该病暴发地区,狗类大都会感染,成为该病的病原体——杜氏利什曼原虫的宿主,进而通过白蛉叮咬传播到人类。从这个意义上说,此次科研人员研制出的内脏利什曼病疫苗,首先能够使与人类关系亲密的狗,不再成为该病病原体的一个主要宿主,同时也为进一步研制适用于人类的疫苗开辟了道路。

据介绍,新疫苗是由内脏利什曼病的病原体——杜氏利什曼原虫,排泄物中的蛋白质和辅助药物混合而成。通过对 18 条狗,进行为期两年的对比实验表明,该疫苗能激活免疫系统的某些特定细胞,如 Th1 型 T 淋巴细胞,生成细胞毒素氧化氮,使巨噬细胞能够清除入侵体内的病原体,从而产生长期有效的预防作用。

(2)揭示枯氏锥虫制剂的抗癌机理。2007 年 2 月,俄罗斯媒体报道,莫斯科大学的卡尔利尼科娃领导的一个研究小组,在数年前的一项研究中发现,人体寄生虫之一的枯氏锥虫,也能为抗癌立功。最近,该研究小组通过进一步研究,揭示了含有枯氏锥虫成分的制剂为何能抗癌。

原产于美洲的枯氏锥虫为单细胞生物,借助鞭毛移动,可通过昆虫锥蝽的叮咬进入人体,寄生在心、肝、肾、脑等处的细胞内,引发数种炎症。

卡尔利尼科娃研究小组通过深入研究发现,用某几种枯氏锥虫做成的制剂,能直接攻击癌细胞,使肿瘤不再生长,在这方面发挥主要作用的物质,是源自寄生虫细胞膜的某些蛋白质和脂类化合物。而含另外几种枯氏锥虫成分的制剂,能激发老鼠的免疫系统,生成对付癌细胞的抗体,在这方面起作用的物质,是来自枯氏锥虫的细胞质。这说明,此类枯氏锥虫与某些癌细胞的抗原特性相同。

第三节 非细胞型微生物研究的新成果

一、病毒种类研究的新发现

1. 发现具有医用价值的新病毒

(1)发现一种能杀死癌细胞的无害病毒。2005 年 6 月,有关媒体报道,美国研究人员发现,一种对人无害的普通病毒,能够杀死体内的癌细胞。研究人员说,这也许能成为治疗癌症的一种新手段。

这种病毒名为"2型腺病毒伴随病毒"(AAV-2),80%的人体内都携带这种病毒。该病毒不会致病,只有在其他病毒相助下,才能够进行自我复制,与此同时杀死细胞。

研究表明,感染了可导致宫颈癌的人类乳头瘤病毒(HPV)的妇女,如果同时感染 AAV-2 病毒,其宫颈癌发病率明显降低。研究人员还对乳腺癌和前列腺癌细胞等重复实验,并得出了同样的结果。研究人员指出,这些癌症都属于上皮细胞癌症。上皮细胞包括皮肤细胞和覆盖器官内外的其他表层细胞。

研究人员正在积极研究利用 AAV-2 病毒,作为载体向人体输入治病基因。他们说,这种基因疗法不会致病,也不会引起免疫系统反应。

(2)发现有望帮助治愈乙肝的转基因病毒。2006年10月13~15日,南非金山大学的塞尔吉奥·卡莫奈及其同事组成的一个研究小组,在日本千叶举办的国际细胞与基因治疗癌症学会2006年会上报告说,他们开发出一种新方法,有望带来一种有效治疗乙肝病毒的药物。

乙型肝炎对于发展中国家是一个主要的威胁,这些国家许多民众无力购买乙肝疫苗。世界卫生组织的数据表明,每年有100万慢性乙肝患者死于肝硬化或者肝癌。传统乙肝治疗手段主要是抗病毒药物,但是这种方法只能减少体内乙肝病毒数量,却不能清除它们。

南非研究小组开发出一种对付乙肝病毒的基因治疗手段。此前的研究,已经开发出一种名叫核糖核酸干扰(RNAi)的技术,这项技术利用一个或者一组分子,来阻断病毒或者肿瘤分子复制和传染。

卡莫奈研究小组,把一种名叫腺病毒的病毒进行了转基因处理,让它能携带一些 RNAi 分子。腺病毒自然存在于人体之中,通常对人体无害。经过改造的腺病毒,能够感染肝脏中乙肝病毒复制的特定部位,但是经过处理的腺病毒并不会复制。它们在感染肝脏细胞后,腺病毒身上的 RNAi 分子会阻断乙肝病毒的复制。

科学家们发现,在小鼠身上,这种方法最多能够防止高达90%的乙肝病毒复制。研究小组现在正在准备进行这种技术手段的人体临床试验。

卡莫奈说:"不论单独使用,还是与已经批准的药物共同使用,RNAi 技术都提供了一种令人激动的有希望的抑制乙肝病毒复制的手段。"

2. 发现新的巨型病毒

(1)发现比已有病毒大两倍以上的"类病毒"。2004年11月,英国媒体报道,英国科学家在该国布拉德福镇边沿的一个小型工业冷却塔内,发现了一种新型的、奇怪的生命形式。经过基因分析显示,这种生物体是科学家从未见到过的,可能是一种新的生命形式。这种巨大的未知生物,被人们称为"类病毒"或者"类微生物",因为开始时被误认为是一种寄生在变形虫身上的细菌。它比现在发现的任何病毒都大两倍以上。

该病毒包含许多基因,这些在以前仅仅被认为在较为复杂的生命形式中才会存在。例如,它含具有 DNA 修复酶和其他蛋白质的基因。所有的这些典型特点,都应该是细胞生物体的标志。科学家相信,这种迄今为止仅仅在布拉德福发现的"类病毒",显然代表一种新的细胞核 DNA 病毒。

(2)发现可帮宿主抵抗衰老的神奇"巨型病毒"。2005 年 8 月,英国媒体报道,英国普利茅斯海洋实验室一个研究小组,研究发现一种神奇的"巨型病毒",它所产生的一种物质,有着抗衰老的神奇作用。

这种病毒,被称为"贺胥黎 - 伊米莉亚病毒86号"。之所以称其为巨型病毒,是因为它拥有一个巨大的基因组,由 40.7 万个遗传密码组成,几乎同一个单细胞的支原菌相当。这种病毒入侵一种海藻,同时制造一种物质帮助它的宿主抵抗衰老的过程。

该研究小组与剑桥学者一起,已经成功破译了其遗传密码。他们发现一组基因,能够制造一种叫神经酰胺的物质,这种物质是抗皱和衰老产品的关键成分,同时能够控制细胞死亡机制的运作。以前只是在动物和植物细胞中发现过这种基因。

研究人员表示,对于一种入侵性病毒来说,这种当宿主将要死亡而控制其死亡,来保证自身发展的能力,让人难以置信。病毒"绑架"了细胞,并且延缓其衰老过程以确保自身的生存。

(3)在阿米巴变形虫体内发现新的巨型病毒。2009 年 12 月 9 日,有关媒体报道,法国艾克斯·马赛大学传染病和热带病研究小组,在单细胞生物阿米巴变形虫体内,发现了一种新的巨型病毒,并为其取名"马赛病毒"(Marseillevirus)。

项目负责人在介绍这种巨型病毒时说,"马赛病毒"直径约为 250 毫微米,其基因组包含 36.8 万个碱基对。它是一种全新的病毒,其基因组构成与其他种类的病毒差别很大。研究人员同时发现,它与其他寄居在阿米巴变形虫体内的细菌和别的巨型病毒等微生物,进行过基因交换。

(4)发现直径达 1 微米的巨型病毒。2013 年 7 月 19 日,英国《每日邮报》报道,法国埃克斯·马赛大学的克拉弗里博士领导的一个研究小组,发现一种新的巨型病毒。研究人员猜测,该病毒来源于远古时代或者甚至是源自其他星球,比如火星。该病毒生活于水下,目前尚未对人类造成重大威胁。

该病毒被命名为"潘多拉病毒",直径达 1 微米(约为 1000 纳米),而大多数传统病毒的直径为 10 ~ 500 纳米。该病毒只有 6% 的基因,与地球上其他生物的基因类似。

克拉弗里解释说,起初误把它当作小细菌,是因为该病毒实在太大,并且没有呈现出正常病毒那样的形态。

据了解,在确定海底存在巨型病毒的迹象之后,克拉弗里研究小组就一直在苦苦搜寻。他们从智利的海岸和澳大利亚的一个池塘,分别采集了沉积物样本,然后将它们带回实验室,放在含抗生素的溶液中,以杀死所有还活着的细菌。随后,他们让无菌的样本与阿米巴原虫进行接触,如果阿米巴原虫出现死亡,就证明样本中存在杀死原虫的其他东西。这个方法奏效了。

研究人员发现,潘多拉病毒的遗传密码的大小,是此前已知的最大病毒440纳米的 Megavirus 的两倍多。目前,还不清楚为何这种细胞形态会变成病毒,研究人员猜测,它可能是为生存而进行了进化。还有一种可能是,该病毒从寄主那里获取遗传信息,从而使它们不寻常的基因组得以生长。

3. 病毒种类研究的其他新发现

(1)发现非典病毒特异 RNA 片段。2004 年 12 月,美国加州大学圣克鲁斯分校的研究人员,在《科学公共图书馆·生物学》月刊上发表论文称,他们在非典病毒基因组中,发现一个特殊的 RNA(核糖核酸)片段。在不同的非典病毒株系中,这一片段并不变化。因此,科学家认为,这一 RNA 片段,可能成为未来抗非典药物的"标靶"。

非典病毒是一种 RNA 病毒,与动植物和细菌不同,它的遗传基因组是由 RNA 链构成的,这意味着它的变异速度非常快。同属于 RNA 病毒的艾滋病病毒,就可以在很短时间内变异出不同的抗药性株系。而在这次研究中发现,不同株系的非典病毒,其 RNA 链条上都有一个被称为 s2m 的片段不变。

研究人员用 X 射线晶体衍射技术分析这一片段,发现它的形状是扭曲折叠的。研究人员推测,非典病毒可能借助 s2m 片段操纵人体或动物细胞内某些关键蛋白质,来复制出新的病毒。

在动植物或细菌的细胞中,RNA 扮演着重要的角色,其中信使 RNA 负责把细胞基因组包含的遗传信息传送到核糖体上,合成新的蛋白质。而在对非典病毒的研究中,研究人员发现,非典病毒的 s2m 片段就像一个"小尾巴",黏附在宿主细胞的信使 RNA 一端。

研究人员还发现,s2m 片段上有一个整齐的直角形,与核糖体的形状高度相似,但在其他 RNA 上是非常罕见的。因此他们推测,s2m 片段可能"伪装"成核糖体,利用宿主细胞的蛋白质合成机制来复制新的病毒。

(2)发现可导致儿童疾病的新病毒。2005 年 1 月 18 日,美国耶鲁大学的研究人员杰弗里·康及其同事组成研究小组,在《传染病杂志》上发表研究报告称,他们发现一种新的冠状病毒,可以导致数种儿童疾病。目前,这种病毒,已被命名为"新港口"病毒。

研究人员说,"新港口"病毒,属于冠状病毒家族,这类病毒可引发普通感冒、动物疾病等。直到最近,研究人员才找到实验手段来诊断和甄别它们。

研究小组检查了 895 名 5 岁以下的患病儿童,结果发现其中有 79 人感染了"新港口"病毒。这些病童的症状,包括发烧、咳嗽、流鼻涕、呼吸急促、异常呼吸音和血液含氧量低。

研究人员从 1 名川崎病病童的呼吸道分泌物中，也发现了"新港口"病毒的基因。他们还分析了 11 名川崎病病童和 22 名未患川崎病病童的呼吸道分泌物。结果表明，"新港口"病毒可引发威胁儿童健康的川崎病。

（3）发现儿童呼吸道新病毒。2005 年 8 月 23 日，瑞典《每日新闻》报道，瑞典阿斯特丽德·林德格伦儿童医院的研究人员，玛格丽塔·埃里克松医生等人组成的研究小组，发现一种能引起儿童呼吸道感染的新型病毒。这一发现，有望带来对新的疫苗和治疗方法的研究。

研究小组在对 540 名儿童下呼吸道感染患者进行治疗时，发现了这种新病毒。在这批儿童患者中，17 名儿童体内存在这种新病毒，瑞典医生把它命名为"博卡尔病毒"。

玛格丽塔·埃里克松说："我在实验室工作了 30 年，这是我们第一次发现一种全新的病毒。"在无法解释病因的呼吸道感染病例中，可能至少有 1/3 是由新发现的"博卡尔病毒"引起的。这一发现，将会推动科学家研究针对新病毒的新疫苗和治疗方法。

据世界卫生组织统计，下呼吸道感染，是全世界范围内造成五岁以下儿童死亡的主要疾病，患儿常表现出一般气喘病的症状。

（4）发现新的人类冠状病毒。2006 年 3 月，法国病毒学家阿斯特丽德·飞布雷特领导的一个研究小组，在《临床传染病》杂志发表研究成果称，通过检测来自卡昂大学医院病例的鼻腔分泌物标本，鉴定出新型人类冠状病毒（HCoV - HKU1）。

飞布雷特指出，更好的理解人类冠状病毒在世界不同地方的流行，可能有助于应对将来会出现的或再次出现的病毒，例如严重急性呼吸窘迫综合征冠状病毒，可以进行更好的分子生物学和血清学诊断。

研究小组从 2005 年 2 月至 3 月间住院的 135 名病例中，获得鼻腔分泌物标本，其中 62% 的患者年龄小于 5 岁。他们将 135 份呼吸道样本及 6 份粪便样本，接种到 HUH7 细胞中。通过 HUH7 细胞裂解和逆转录聚合酶链反应测试，研究人员鉴定出在 6 名病例的呼吸道分泌物中携带有 HCoV - HKU1，其中 2 名病例的粪便标本也发现此种病毒。3 名病例（年龄在 9 个月至 5 岁）出现发热、呕吐和腹泻及上呼吸道症状。1 名病例出现高热惊厥和中耳炎（年龄为 18 个月）。另外 2 名病例没有出现急性症状，但是 1 名病例被认为处于恢复中，另外 1 名病例患有慢性骨髓性白血病。

研究小组得出结论，HCoV - HKU1 有可能与呼吸道和肠道疾病相关，它的发现可能与基础条件较差的患者持续性无症状感染有关。

（5）发现新型腮腺炎病毒。2007 年 7 月，有关媒体报道，巴西圣保罗阿道夫·鲁兹研究所，生物医学家特莱西娜·帕依瓦主持的一个研究小组，发现一种新型腮腺炎病毒在圣保罗州流行。这种新型病毒，与其他已知病毒相比，毒性类似，不需要采取新的公共卫生措施，三联疫苗对它有效。这一发现，有助于科学家了解这种病毒的地理分布，及对它进行跟踪调查。

这种新型病毒，是由帕依瓦从 2005—2006 年采集的 14 份患者血液样品中，分离出来的。这些患者居住在圣保罗州的阿蒂巴伊亚、儒蒂阿、坎皮纳斯和圣保罗等城市。他们之中，没有人进行过三联疫苗的重复注射，以预防腮腺炎。

这种已由英国独立的研究人员确认的新型病毒，是从一段致病 DNA 的片断中分离出来的，是一种不稳定基因。目前，人们还不知道这种基因在病毒生物学上的功能。它是世界上第 13 种已知的腮腺炎病毒。

二、埃博拉病毒研究的新进展

1. 埃博拉病毒致病机理研究的新成果

（1）探明埃博拉病毒感染细胞的机理。2005 年 4 月，美国哈佛大学医学院的詹姆斯·坎宁安主持的一个研究小组，在《科学》杂志上发表论文表示，他们的一项新研究，揭示了埃博拉病毒是如何侵入人体细胞的机制。这一发现，将有助于研制针对该病毒的特效药物。

自从 20 世纪末期以来，非洲一些国家出现的埃博拉出血热，引起全世界关注。这种致死率可高达 90% 的传染病病原体，就是埃博拉病毒。它属于丝状病毒家族，感染人体之后会引发严重的出血热症状。

迄今，医学界还没有治疗埃博拉出血热的特效药物，对埃博拉病毒感染细胞的分子机制了解也很少。坎宁安研究小组发现，细胞中的两种酶，在埃博拉病毒侵入过程中，扮演关键角色，一旦这两种酶被抑制，埃博拉病毒也就失去感染能力。

研究小组发现，埃博拉病毒在侵染细胞的过程中，必须借助组织蛋白酶 B 和组织蛋白酶 L。病毒黏附到细胞表面之后，依靠这两种酶来破开自己的蛋白质外壳，然后病毒将遗传物质注入细胞内部，开始大量复制。

研究人员说，病毒的蛋白质外壳可以保护其不被人体免疫系统消灭，但病毒要在细胞内繁殖，就必须将这层蛋白质外壳溶解。这一过程，有些类似于艾滋病病毒侵袭免疫细胞，艾滋病病毒必须借助细胞表面的 CD4 受体蛋白，才能解开自己的蛋白质外壳进入细胞内。

这两种组织蛋白酶，都是半胱氨酸蛋白水解酶，它们能破坏细胞外基质，不仅存在于正常的组织和体液中，在肿瘤发生过程中也扮演着重要角色。

研究人员进一步发现，用广谱的酶抑制剂处理哺乳动物细胞，就可以显著降低埃博拉病毒的感染力。特别是如果抑制组织蛋白酶 B，病毒感染力可以降低到接近零。因此他们判断，在埃博拉病毒侵染细胞的过程中，组织蛋白酶 B 可能发挥更主要的作用，而组织蛋白酶 L 相对起辅助作用。

目前,组织蛋白酶抑制剂,已作为一种抗癌药物处于研究阶段。研究人员说,实验已显示出这类药物,在抑制埃博拉病毒方面的功效,如果进一步探索其机理,将有助于开发治疗埃博拉出血热的药物。

资助这一研究的美国国立卫生研究院,对上述成果评论说,探明埃博拉病毒感染细胞的机理,具有非常重要的意义,它不仅有助于治疗埃博拉出血热这一危险的传染病,也会有助于防范使用生物武器的恐怖袭击。

(2)揭示埃博拉病毒让免疫系统"瘫痪"的机制。2014 年 8 月 13 日,美国华盛顿大学医学院病原学和免疫学助理教授加雅·阿玛拉欣、西奈山伊坎医学院微生物学教授克里斯托弗·巴斯勒负责,他们的同事,以及得克萨斯大学西南医学中心研究人员共同组成的研究小组,在《细胞宿主与微生物》杂志上发表的论文,描述了埃博拉病毒的一种独特机制,这一机制可以使干扰素无法阻止病毒在被感染细胞内繁殖。

研究人员指出,人体针对病毒感染的第一反应之一,就是制造并释放一种被称为干扰素的信号蛋白,产生增大免疫反应的效果。但随着时间推移,很多病毒已经进化出了破坏干扰素的免疫增强信号的能力。

该研究小组开展的这项研究,首次解释了埃博拉病毒制造的埃博拉病毒蛋白质 24(eVP24),是如何阻断基于干扰素的信号"升级"免疫防护能力的。身体第一反应的失效,让病毒能够肆意大量繁殖,并触发免疫系统过度反应,导致器官受损,从而成为埃博拉病毒病致命的部分原因。

巴斯勒说:"尽管本项目研究仍处于初级阶段,但新发现中关于埃博拉病毒生物学的这些细节,已经成为新药研发的基础。"

为了触发对病毒感染的有效的早期反应,干扰素必须把自己的信号传递给其他细胞,这是通过细胞内其他信使来实现的。当最后一个信使接通细胞核内的基因时,就会启动免疫应答。早在 2006 年,巴斯勒和他的同事就发现,埃博拉病毒可通过 eVP24 来抑制人体的免疫反应,但不明了其背后机制。

(3)用改良版实验小鼠帮助研究埃博拉病毒致病机理。2015 年 3 月 2 日,德国汉堡海因里希·佩特研究所的一个研究小组,在美国《病毒学杂志》上发表研究成果称,埃博拉出血热疫情在西非迅速蔓延,而科学界对埃博拉病毒的感染机制所知甚少。为了深入研究其病理,他们最近利用生物技术培育了改良版小鼠,在实验中它能模拟人类感染埃博拉病毒及发病的过程。

研究人员说,为详细了解感染埃博拉病毒的症状、病程发展并研发治疗手段,他们首先要有合适的实验动物。但目前常用的实验小鼠,对天然埃博拉病毒不敏感,只有人工改造后的埃博拉病毒才能让其感染,这不利于逼真地模拟病程。

研究小组成功把人体造血干细胞植入实验小鼠体内,由此培育出的小鼠能感染天然埃博拉病毒,并表现出类似人体感染埃博拉病毒后出现的病毒血症、细胞受损、大出血和高死亡率等特征。研究人员说,这种新型小鼠,将为埃博拉出血热研究和疫情防控,提供很大便利。

(4)发现埃博拉病毒感染的关键蛋白质。2015 年 5 月 26 日,美国耶希瓦大学副教授卡尔蒂克·钱德兰领导,美国陆军传染病医学研究所高级科学家安德鲁·赫伯特参与的研究小组,在《微生物学》杂志上发表报告说,他们发现埃博拉病毒必须与一种蛋白质相结合,才能感染宿主,这一发现将有助于预防埃博拉病毒传播并治疗其导致的埃博拉出血热。

研究人员指出,老鼠实验显示,埃博拉病毒必须通过一种代号为 NPC1 的蛋白质,才能进入体细胞,一旦阻止埃博拉病毒与该蛋白质结合,它就会失去感染机体的能力。

钱德兰说:"我们的研究显示,NPC1 蛋白质是埃博拉病毒感染的致命要害。缺乏 *NPC1* 基因两个拷贝的小鼠会因此缺乏 NPC1 蛋白质,能够完全抵御埃博拉病毒的感染。"

研究人员用埃博拉病毒感染 3 种小鼠:第一种是野生型正常小鼠,第二种是 *NPC1* 基因两个拷贝完全缺失的小鼠,第三种是 *NPC1* 基因的一种拷贝正常、另一个拷贝变异的小鼠。结果正常小鼠全部受感染并死亡,但 *NPC1* 基因完全缺失的小鼠完全不受影响,得到 100% 的保护。第三种小鼠一开始也被感染,但最终依靠自身免疫系统把病毒清除,这可能说明只要把病毒控制在特定数量下,机体免疫系统就能战胜埃博拉病毒。

NPC1 蛋白质的作用,是在细胞内参与胆固醇运输,由于基因突变而缺乏这种蛋白质的人,会患一种致命的神经退行性疾病"尼曼-匹克病"。

但新研究认为,以 NPC1 蛋白质为目标的治疗依然是可行的。赫伯特说:"我们认为,患者能够耐受遏制这种蛋白质的治疗,这只需很短的时间。"

目前,尚无被证实有效的埃博拉药物获准上市。所有研制中的药物都以攻击病毒为重点,以 NPC1 蛋白质为目标的上述疗法,是第一种针对宿主自身免疫能力的埃博拉治疗方法。

2. 开发检测埃博拉病毒的新方法

(1)发明快速检测埃博拉病毒的新技术。2006 年 3 月 16 日,合众国际社纽约报道,美国哥伦比亚大学梅尔曼公共卫生学院,格林传染性疾病实验室主任托马斯·布里教授领导的研究小组,发明了一个快速的全面诊断技术,可用于检测埃博拉病毒引起的出血热。

埃博拉病毒、马尔堡病毒和其他病毒导致的出血热,一直受到研究人员的重视。因为病毒导致的出血热,有着高致病率,特别是致死率高达 80%。

目前,还没有任何办法来阻止这类病毒的大规模爆发。流行病学与病原学伊恩·利普金教授说,最重要和最关键的第一步是诊断,快速确证导致疾病暴发的真正病原物质,进而采取措施控制其传播和最终保护公共健康环境,尤其是遇到地域性传播疾病的时候。

研究人员声称,他们发明的这个检测方法,在检测一些高频率出现的病毒时,会比已往方法都更快速和灵敏。研究人员整合了 MassTag 聚合酶链反应(PCR),因此可以同时检测多个病原物质,从而降低了鉴别诊断的时间。

(2)开发出高效检测埃博拉病毒的新方法。2014 年 11 月,日本长崎大学热带医学研究所安田二朗教授领导的研究小组宣布,他们开发出高效检测埃博拉病毒的方法。新方法无须特殊仪器,得出结果的时间,从以前的 2 小时缩短到 30 分钟,在缺乏医疗设备的发展中国家也能简便使用,并非常适合人员流动频繁的机场等场所防疫。

该研究小组采用的,是通过增加病毒固有基因,来进行检测的逆转录 - 环介导等温扩增法。这种方法,首先从疑似埃博拉患者体内采集血液,然后加入含有能分解蛋白质的酶的液体。即使血液样本中含有埃博拉病毒,在这一阶段也会被消毒。

然后,向液体中加入只与埃博拉病毒特定基因反应的引物,以及基因复制所需的原料,将液体维持在 63℃。如果血液样本中含有埃博拉病毒,那么引物与病毒的基因反应后,这些基因会在 20 分钟左右时间内增加,从而可以判断是否感染。

引物又名引子,是一小段单链 DNA 或 RNA,也是 DNA 复制的起始点。安田二朗对埃博拉病毒已经进行了 10 年以上的研究,研发出了适用于目前在西非流行的埃博拉病毒的引物。利用这种方法,无需特殊仪器就能快捷地判断是否感染了埃博拉病毒。

目前,在西非地区,主要采用聚合酶链反应法来检测埃博拉病毒。这种方法,也通过增加病毒的特定基因来检测,不过用聚合酶链反应法来复制基因需要多次变换温度,步骤复杂,还需要昂贵的专用仪器,得出结果需要 1~2 小时。

安田二朗说,与聚合酶链反应法相比,使用新方法检测速度可以翻倍,器材也很廉价,在没有电力供应的地区也可以使用,有望成为防止埃博拉蔓延的利器。今后,研究小组计划与世界卫生组织,以及埃博拉出血热流行地区的医疗机构和大学合作,推广新方法。

(3)发明基于 DNA 排序的检测埃博拉病毒新方法。2015 年 9 月 29 日,美国加州大学旧金山分校,检验医学副教授查尔斯·邱领导的研究小组,在《基因组医学》杂志网络版上发表的研究成果称,他们发明了一种可快速检测埃博拉病毒的新方法。它基于 DNA 排序的实时血液检测,可迅速对埃博拉出血热、基孔肯雅热等危重传染病进行诊断。研究人员表示,这种检测方法,未来有望用于实验场地和医疗设施缺乏的地区。

大多数商用或科研用基因诊断,是以特定的病原体为目标。但该研究小组开发出的新检测技术,则不要求预先识别出嫌疑病原体。这种分析手段,表现为在临床所有 DNA 样本中,不知道哪种是正在被拿来检测的 DNA,做到公正无预判,被称为元基因组分析法,已用于对埃博拉病毒的检测。

2014 年,运用这种方法,研究人员检测了,一名来自威斯康星州,患有严重脑炎的男孩脊髓液中的所有 DNA 样本,诊断出了一种罕见的病毒,在医学界引起了强烈反响。但当时诊断费时两天。此次,研究小组对两位来自非洲的埃博拉患者,储存血液样本中的遗传指纹,进行检测。整个诊断过程持续五小时,而 DNA 测序本身才花费了 10 分钟。在本次检测中,研究人员开发了,可在笔记本上使用的分析和可视化软件,并利用了新兴的 DNA 测序技术:纳米孔测序技术来辅助实验,大大提高了获取实验结果的速度。

纳米孔测序技术,是 DNA 第四代最先进的测序技术。该技术,通过测量对不同核酸通过纳米孔时,对电流产生的微弱扰动差异,来识别不同碱基。纳米孔测序装置不仅体积小,携带方便,还可以实时、直接生成实验数据,使基因测序过程变得迅速了许多。

研究小组还检测了,波多黎各正在暴发的基孔肯雅热的致病病毒。他们从一位并未表现出任何症状的,当地献血者的血液样本中,迅速检测到了基孔肯雅病毒。该献血者最终报告发烧,并伴有关节疼痛。

查尔斯·邱指出,将纳米孔测序技术,运用于实时元基因组检测病原体的方法,将为传染病诊断带来根本上的改变。

2. 治疗感染埃博拉病毒药物的新进展

(1)开发出针对埃博拉病毒等新药物。2010 年 8 月 22 日,美国陆军传染病医学研究所与 AVI 生物制药公司联合组成的研究小组,在《自然·医学》杂志网络版上发表研究成果称,他们开发的两种实验性药物,分别对感染埃博拉病毒和马尔堡病毒的猕猴,具有显著疗效。

这两种药物分别名为 AVI－6002 和 AVI－6003。AVI－6002 可以治愈 60% 以上感染埃博拉病毒的猕猴,AVI－6003 对感染马尔堡病毒的猕猴治愈率在 100%。

研究人员表示,这两种药物均属于一类名为磷酸二胺吗啉代寡核苷酸的药物,如果同时服用,可以有效治疗丝状病毒出血热。

研究人员说,已经向美国食品和药物管理局提出实验性新药申请,要求把这两种药物用于临床试验。此前,美国国防部已与 AVI 生物制药公司签署总额达 2.91 亿美元的合同,用于开发埃博拉病毒药物。

(2)认为埃博拉病毒变异可能会影响新药疗效。2015 年 1 月 20 日,美国陆军传染病医学研究所的杰弗里·库格尔曼,与哈佛大学和麻省理工学院微生物专家联合组成的研究小组,在《微生物学》杂志上发表论文说,他们已经发现,埃博拉病毒在过去 40 年中所发生的遗传变异,这些变异可能会影响正在研制中的埃博拉药物的疗效。

研究人员表示,目前有前景的埃博拉药物,大多以病毒基因序列为靶向,可分为3类:单克隆抗体、小分子干扰核糖核酸和磷酰二胺吗啉代寡核苷酸药物,它们均基于1976年和1995年在扎伊尔流行的埃博拉病毒研制,这两次病毒与目前流行的埃博拉病毒类型类似。但病毒也会进化,一旦出现较大变化,药物可能就不会那么有效。

为此,该研究小组,对当前在西非流行的埃博拉病毒以及上述两次流行的埃博拉病毒进行比较。研究表明,埃博拉病毒发生了600多个被称为单核苷酸多态性的遗传变异,这相当于约3%的病毒基因序列发生变化。

研究还表明,上述600多个变异中,有10个变异可能影响以病毒基因序列为靶向的药物的疗效。而且,其中有3个变异,就发生在这次西非埃博拉流行的约一年时间里。基于此,该研究呼吁药物研发者验证这些变异是否会影响其药物的疗效。

库格尔曼在一份声明中说:"这种病毒在有关药物被设计出后发生了变化,不仅如此,它还在继续变化。因此,埃博拉研究人员需及时评估药效,确保珍贵资源不被浪费在研发已不再有效果的疗法上面。"

目前,尚无有效的埃博拉药物和疫苗,但有关疗法的临床试验正在加速进行中,包括美英合作研发的疫苗和加拿大开发的疫苗。

根据世界卫生组织的最新数据,自2014年埃博拉疫情出现以来,全球已有超过2.1万人感染了埃博拉病毒,其中8400多人死亡,疫情最严重的是西非的利比里亚、塞拉利昂和几内亚等三国。

三、流感病毒研究的新进展

1. 研究流感病毒机理及结构的新成果

(1)发现甲型流感病毒细胞内复制机制。2006年1月26日,由日美等国科学家组成的一个国际研究小组,在《自然》杂志上报告说,他们发现了包括H5N1型高致病性禽流感病毒在内的甲型流感病毒,在细胞内复制的机制。

季节性流感病毒、1918年西班牙大流感病毒和H5N1型禽流感病毒,都属于甲型流感病毒"家族"。这种类型的病毒进入细胞后,将其遗传物质RNA(核糖核酸)转变为感染性物质,然后释放出去感染其他细胞。此前,科学家一直不了解该病毒进行细胞内复制的过程。

此次,研究人员先模拟甲型流感病毒的三维图像。然后他们观察发现,甲型流感病毒共有8个RNA片段,其中7个片段围绕另一个片段。在病毒传播过程中,这8个片段是作为整体在细胞内进行复制的。专家认为,发现甲型流感病毒的复制机制,可以有针对性地开发治疗甲型流感的药物。

(2)发现流感病毒的分子结构细节。2007年1月,有关媒体报道,美国马里兰州贝塞斯达的国家健康中心,与弗吉尼亚州立大学,共同组成的研究小组,运用空前细致的成像技术,成功地观察到流感病毒的内部细节。

这一研究小组,通过对季节性的 H3N2 流感 A 病毒株进行的研究,实现了对于同一类型五种不同的流感病毒粒子的区分,并且能采录到每种流感病毒的分子分布情况。这一突破性进展,对于今后发现高致病性的流感病菌,以及分析研究抗体是如何和病毒相互作用,使其失去活动能力的机制提供潜在的帮助。而且,这一发现,还能帮助科学家了解病毒是如何找到易得病的细胞,并进入其中发生感染的。

研究人员表示:"能够对这些流感病毒成像,就可以帮助我们,在发生大规模流感爆发之前做好准备。这项发现,能让我们对'敌人'有更好的了解。"

研究分析流感病毒的一个最主要的困难在于,没有两个病毒颗粒的结构是完全一样的,它们之间彼此不同。例如骨髓灰质炎病毒有一个各自不同的外壳。

研究小组利用电子 X 断层层析成像技术(ET)得到了以上的发现。ET 是一种新型的,三维的成像技术。它的基本原理,与我们比较熟悉的临床成像技术,计算机化轴向层面 X 射线分层造影一样,但是 ET 使用的是微尺度上电子显微镜。

(3)研制出甲型 H1N1 病毒三维模型。2009 年 5 月,新加坡生物信息研究所的研究小组,在美国《生物学指南》杂志上发表论文说,他们在获得首例人感染甲型 H1N1 流感病毒样本后,用两周时间研制出了与该病毒有关的一种关键蛋白质的三维结构模型。它有助于科学家准确判定受病毒感染的部位,并推进下一步抗病毒药物和抗病毒疫苗的研制工作。

甲型 H1N1 流感病毒表面密布两种蛋白质——血细胞凝集素(H)和神经氨酸酶(N)。新加坡研究人员通过分子三维结构计算等方法,研制出了该病毒表面的神经氨酸酶的三维结构模型。

研究人员依据病毒粒子外部蛋白质(病毒壳包核酸)的区别,对所有 H1N1 病毒进行分类。他们表示,H1N1 病毒粒子的外部蛋白质(H1N1 病毒名称中"H"所代表的部分),具有较强的穿透力,它的蛋白质可轻易侵入健康的细胞中。而其"N"所代表的部分,主要起到了病毒繁殖的作用,此外,在繁殖过程中,病毒自身还会依据所处环境的变化发生变异。

专家表示,所谓的"猪流感",即甲型 H1N1 主要由 H1N1 病毒引起,"禽流感"则主要由 H5N1 病毒引起,其他普通的季节性的流感,主要由 H3N2 病毒引起。甲型 H1N1 病毒粒子"N"部分的结构与禽流感病毒 H5N1 的相关部位十分相似。

通过三维模型分析,研究人员发现,与 H5N1 型禽流感病毒,以及 1918 年西班牙流感病毒相比,甲型 H1N1 流感病毒表面的神经氨酸酶的结构,已发生重大变化,而且它的"N"部分的结构与禽流感病毒 H5N1 的相关部位十分相似,更接近于禽流感病毒的神经氨酸酶结构。

但是,值得注意的是,以前针对神经氨酸酶开发的流感疫苗,对预防甲型 H1N1 流感病毒效果不大,而达菲和乐感清对甲型 H1N1 流感病毒有一定疗效。

研究者表示,甲型 H1N1 病毒的三维模型研制成功后,有利于科学家、医学家深入研究 H1N1 病毒的结构特性,并找到更加有效的治疗方案。

(4)开发流感病毒预测模型。2014 年 2 月,德国科隆大学和美国哥伦比亚大学组成的一个联合研究小组,在《自然》杂志上发表的研究成果表明,他们建立了一种新的预测模型,有望帮助人们预判未来流感病毒的特征。

研究小组认为,流感病毒每年都有新变化,如果能提前预测下一次流感病毒的进化方向,就能提前研制出更有针对性的疫苗。研究人员说,流感病毒的进化是个复杂的过程,其本质是不同毒株间的相互竞争,目的就是能更有效地感染人类,而如果能预判哪种毒株将在下次竞争中获胜,就能提前对可能流行的新病毒变种进行预防。

研究人员选取了甲型 H3N2 流感病毒作为实验对象,世界卫生组织等机构对这种季节性流感进行了长达 60 多年的跟踪记录,每一年的毒株情况都有详细信息。

研究人员发现,这种常见的流感病毒每年都会进化,而这一进化过程也遵循"适者生存"原则,一方面病毒要有"创新性",通过变异来避开人类的免疫,另一方面还要更好地保持病毒自身的特性,这样的毒株是最有"竞争力"的。

按照"创新性"和"竞争力"这两个标准,研究人员结合物理学和计算机科学,详细分析了历年甲型 H3N2 病毒的基因组特征,确认了一些有助于判断病毒进化方向的指标,从而建立了流感病毒预测模型,能够预测下一年可能流行的毒株种类。

不过,研究人员也承认,与其他生物进化一样,病毒的变异过程极为复杂,这一研究只是提供了新思路。

2. 研究流感病毒传播的新发现

(1)发现咳嗽往往包含大量流感病毒。2009 年 5 月,有关媒体报道,新加坡国立大学附属医院微生物学部门医师朱利安·唐说,普普通通一次咳嗽会产生 3000 个微小飞沫。根据以前研究总结的鼻腔分泌物的病毒数量,并假设咳嗽飞沫直径在 1 ~ 5 微米之间,这意味着一次咳嗽会包含大量流感病毒。1 微米相当于 1 米的一百万分之一,或 1 毫米的千分之一。

专家建议,你下次在咳嗽或打喷嚏的时候,千万别忘了捂住口鼻,因为你咳嗽一声会喷出多达两万个病毒,这足以传染很多人,尤其是那些没有接种疫苗的人。

朱利安·唐说:"根据这一研究的数据,并假设每次咳嗽会产生 3000 个飞沫,这样一来,每次咳嗽所包含的流感病毒数量可达 195 ~ 1.95 万个。这 3000 个飞沫指的是可在空气中长时间悬浮的飞沫,即所谓的'飞沫核'。咳嗽时可能也会产生较大的、携带流感病毒的飞沫,它们落到地面上的时间相对较快,一般对流感在空气中传播的作用不大。"

不过,专家在多少飞沫,可构成流感病毒的感染剂量问题上,尚存在异议。以前的研究发现,1 ~ 10 个有机病毒体,即可导致病毒性出血热,10 ~ 100 个可导致病毒性脑炎。不过根据朱利安·唐的解释,很多因素会影响流感病毒的感染剂量,如人群所吸入飞沫的数量,吸入人群是否接种过疫苗等。

专家称,空中传播的流感,多发生在距离病毒携带者一米范围之内,同时,如果不小心与被感染物体(如玩具)有过直接接触,病毒同样会传播给他们。朱利安·唐说,戴口罩可有效降低这些传染病的传播。咳嗽时,用手或纸巾紧紧捂住嘴,同样可以。因为这相当于给病毒传播设立了一道屏障,避免病毒喷出去。

(2)首次发现在海洋哺乳动物中感染甲流病毒。2013年5月15日,美国加州大学戴维斯分校的一个研究小组,在《科学公共图书馆·综合卷》上报告说,他们在海象身上发现了甲型H1N1流感病毒,这对海洋哺乳动物来说,还是首次发现。

研究人员说,2009—2011年,他们采集了生活在美国海岸边,10种不同海洋哺乳动物的鼻拭子标本。

经检测,研究人员在两头海象身上发现了甲流病毒,另在28头海象身上发现甲流病毒抗体,这说明或许有更多的海象接触到甲流病毒。两头被检测出甲流病毒的海象均没有表现出患病症状,这说明它们可能感染甲流病毒,但不会发病。

海象所染甲流病毒的来源还是个谜。研究人员表示,2010年2月两头海象从陆地进入大海前,它们的甲流病毒检测还呈阴性,但当它们5月从海里返回时,检测结果却呈阳性。这些海象身上有标记,并被卫星跟踪,在海中不太可能与人直接接触。研究人员因此推测,海象接触到甲流病毒或许在上岸前。

研究人员建议,可能与海洋哺乳动物接触的人员应佩戴防护装备,以免受病毒感染。

3. 流感病毒检测与防治的新成果

(1)发明禽流感病毒快速检测法。2007年1月,日本大阪府立公共卫生研究所的专家高桥和郎宣布,他们开发出能在10分钟内检测出禽流感病毒的新方法。

研究人员介绍说,他们利用禽流感病毒的核蛋白结构有别于人类流感病毒的特点,研制出只同禽流感病毒核蛋白结合的抗体,从而开发出新的检测方法。

在使用这种新方法之前,需从感染禽流感的鸟类或患者体内采样,并设法让试样中可能存在的病毒增殖,接着把这种试样与含有新型抗体的制剂结合在一起,只需10分钟,就能检测出试样中是否有禽流感病毒。

专家指出,以往的很多快速检测法,不能区分禽流感病毒和人类流感病毒;聚合酶链反应虽能区分这两种病毒,但需要特殊的检测设备,检测时间则为半天至一天。专家还表示,实验显示,新检测法所用抗体,对各种禽流感病毒毒株都有反应,也可以精确测出H5亚型高致病性禽流感病毒。研究人员将尽快开始下一阶段实验,以期最终能够不经病毒增殖过程,直接对试样进行检测。

(2)发现甲型H1N1流感病毒首次出现抗药性。2009年6月29日,瑞士罗氏制药公司证实,丹麦国内一名甲型H1N1流感患者,对这家公司生产的抗流感药物"达菲",已经产生抗药性。这是首次检测到甲型H1N1流感病毒,对"达菲"的抗药变异。

罗氏制药公司发言人说,这名患者在接受治疗过程中,体现出对"达菲"的抗药性,公司眼下正研究应对措施。他认为,针对"达菲"的临床实验显示,体现出对这种药物抗药性的病例比例,应在0.5%以内,虽然丹麦出现首例抗药变异,但公司对这种发展早有预期。当前状况并不意味着其他甲型H1N1流感病毒已经产生抗药性。

英国葛兰素史克公司生产的"乐感清"和罗氏制药公司的"达菲"胶囊,被认为是能有效抑制甲型H1N1流感病毒的抗流感药物。丹麦卫生部门介绍,发现这名患者有抗药性后,院方在治疗过程中用"乐感清"替代"达菲",没有再发现新抗药性。患者状况稳定,已没有流感症状。

四、古病毒研究的新进展

1.古病毒机理研究的新成果

大胆假设远古病毒参与了人类进化。2004年3月,俄罗斯媒体报道,该国科学院分子遗传学研究所副所长维亚切斯拉夫认为,远古时代生命力极强的各种病毒,直接参与了猿向人转变的过程。

维亚切斯拉夫指出,人和猿的基因很相似,它们都能编码蛋白质,但病毒却改变了人进化过程中基因之间的关系、分布和消耗时间。在人和猿体内都存在各种不同的被认为很古老的病毒基因,但在人体基因中这些病毒基因的数量比猿基因中的数量多一个数量级。由此可以假设,几百万年前,人类的祖先受各种病毒的袭击后,最具有生命力的病毒基因便留在了人的基因中,改变了基因调节机制。久而久之,这些极具生命力的病毒直接影响了猿转变成人的进程。

同时,维亚切斯拉夫表示,他并不反对美国学者提出的遗传变异假设。他认为,变异是人类进化中不可否认的事实,科学家迟早能揭开遗传变异之谜。

2.古病毒复活研究的新进展

(1)从3万年冻土中复活长达1.5微米的大病毒。2014年3月,法国马赛大学进化生物学家米歇尔·克拉弗里与成塔尔·阿贝热尔夫妻共同领导的一个研究小组,在美国《国家科学院学报》上发表研究成果称,他们复活了一种埋藏在西伯利亚冰层中达3万年之久的巨大病毒,它居然还具有传染性。还好,其目标仅仅是阿米巴虫,但是研究人员推测,一旦地球上的其他冰层融化,将造成远古病毒的大回归,这将对人类健康构成潜在威胁。

在各种病毒中,巨病毒的块头名列前茅,常寄生在水生阿米巴虫体内。这种新近解冻的病毒,有1.5微米长,堪比一个小型细菌的大小。该研究小组此前曾发现过其他一些巨病毒。并未参与该项研究的,加拿大温哥华市大不列颠哥伦比亚大学病毒学家柯蒂斯·萨特尔表示:"这个研究小组,又一次让我们对巨病毒的多样性大开眼界。"

两年前,该研究小组得知,科学家从埋藏于俄罗斯西伯利亚具有 3 万年历史的永久冻土中复活了一种古老植物。克拉弗里说:"如果能够复活一种植物,那么我想是否也能够复活一种病毒。"利用俄罗斯科学家从该国东北部冻原地下 30 米深处采集的永冻土样本,他们以阿米巴虫(这些病原体的典型目标)为诱饵寻找巨病毒。随着阿米巴虫的死亡,研究人员在其体内发现了一种巨病毒粒子。这说明该病毒仍具有复制及感染能力。不过研究人员表示,这种病毒对人和其他动物无害。

研究人员在显微镜下发现,它看起来是一个一端开口的厚壁椭圆形生物。阿贝热尔说,该病毒具有一种蜂窝状结构,会在宿主细胞质中完成自我复制,而不是像其他病毒那样"接管"细胞核。其蛋白质只有 1/3 与其他病毒类似。同时让研究人员感到惊讶的是,这种病毒尽管体形比其他巨病毒大,但基因数量很少,其基因组只含有 500 个基因。

(2)复活 700 年前粪便中的病毒。2014 年 10 月,美国一个研究小组,在美国《国家科学院学报》发表研究报告说,他们通过钻取包含数千年北美驯鹿粪便沉积物的冰芯,从 700 年前的冷冻粪便中,重新获得一种 DNA 病毒的完整基因和一种 RNA 病毒的部分基因。

半年以前,有消息报道,研究人员让一个古老的巨型细菌重获新生。现在,他们已经恢复了更多病毒的遗传物质。这次的复活物,来自冷冻的北美驯鹿排泄物。

5000 多年前,北美驯鹿掠过加拿大赛尔温山顶部流冰区的灌木丛和草地。在温暖的夏季,这些动物又会聚集在亚北极地区的冰原上,抵御高温和蚊虫叮咬,并在地上留下排泄物。

基因序列检测结果显示,该 RNA 基因组是昆虫传播的蟋蟀麻痹病毒属的成员之一,但该 DNA 病毒基因更神秘:它与目前现存的病毒基因序列不同,但却属于植物传染的双生病毒的"远房亲属"。

研究人员重建了 DNA 病毒,并将其引入本氏烟,即现在烟草的近亲,易受多种不同植物病毒的攻击。重新复活的病毒成功感染了注射了病毒的叶片和新叶。

研究人员表示,这种病毒可能源自北美驯鹿所吃的植物,或被它们的粪便吸引来的昆虫。该研究小组提醒说,由于气候变化,北极冰川融化速度更快,这将把古老病毒释放到环境中,其中一些可能仍具有传染性。

(3)将复活封存 3 万年的史前巨型病毒。2015 年 9 月,法国科研中心吉恩·米歇尔·克莱沃领导的一个研究小组,在美国《国家科学院学报》上发表研究成果称,他们将复活一种迄今为止已 3 万年的巨型病毒,它深埋在俄罗斯东北部西伯利亚地区冰天雪地里,并借此向全球发出警告:气候变化可能让极具危险的微观病原体苏醒。

法国研究人员称,他们找到了第四种史前病毒:西伯利亚莫里病毒。此前,科学家分别于2003年和2013年发现拟菌病毒和潘多拉病毒;2013年,法国科研中心吉恩·米歇尔·克莱沃领导的实验室,成功复活了在同一地点发现的,名为"西伯利亚阔口罐病毒"的巨型病毒。

符合"巨型"资格的病毒,一般要大于半微米(千分之一毫米),西伯利亚莫里病毒达到了0.6微米。这些可以追溯到上一个冰河时代的古代史前病毒,与今天的病毒差别很大,不仅个头巨大,基因组成也更为复杂。莫里病毒的基因超过了500个,潘多拉病毒则有高达2500个基因。相比之下,现在的甲型流感病毒只有8个基因。

在让巨型病毒"醒来"之前,研究人员将确保这种病毒,不会对动物或人类产生威胁。克莱沃说:"一小部分能够致病的病毒粒子出现在宿主中,就足够将其恢复成致病病毒。"在安全实验室条件下,研究小组准备尝试把新发现的病毒,放置在单细胞虫体中进行复活实验。

克莱沃表示,气候变化导致北极和亚北极区域的变暖速度,是全球平均速度的两倍,这意味着多年的冻土,也并没有想象中那样坚不可摧。现在,西伯利亚地区被作为能源储藏地备受关注,特别是石油资源储量丰富,冰层融化加速后,必然吸引越来越多的工业开发。他警告说:"如果在实施工业化过程中保障措施不到位,可能某一天,人类会'唤醒'被认为已经灭绝的可怕的天花病毒。"

五、其他病毒研究的新进展

1.腺病毒与天花病毒研究的新发现

(1)发现腺病毒的传播机理。2004年9月,美国能源部布克海文国家实验室,与爱因斯坦医学院联合组成的研究小组,在《分子和细胞蛋白组学》发表论文称,他们发现腺病毒DNA能和蛋白酶紧密结合,而这种结合是导致腺病毒传播疾病的重要原因。通过对腺病毒DNA与蛋白酶结合机理的进一步认识,科学家可以了解蛋白酶是怎样与DNA结合后被激活的,并帮助研究人员据此寻找到能阻止这种结合的各种新型抗病毒药物。

腺病毒是一群分布十分广泛的DNA病毒。它能引起人类呼吸道、胃肠道、泌尿系统及眼部等传染性疾病,一些腺病毒眼传染病还能导致失明。在军事基地,腺病毒经常会引发大面积的呼吸道传染病,而且,感染过艾滋病病毒的免疫系统缺损患者,一旦感染腺病毒就会很快死亡。

蛋白酶则是一种催化蛋白质水解的酶类。蛋白酶种类很多,较为重要的有胃蛋白酶、胰蛋白酶、组织蛋白酶、木瓜蛋白酶和枯草杆菌蛋白酶等。蛋白酶对所作用的反应物有严格的选择性,一种蛋白酶仅能作用于蛋白质分子中特定的肽键,例如,胰蛋白酶只能催化水解碱性氨基酸所形成的肽键。

以前,科学家并不了解病毒DNA会与蛋白酶结合。这是人类第一次认识到这两种物质之间的相互作用。研究者说:"我们惊奇地发现,DNA确实能激活蛋白酶的活性。而如果能阻断这种结合,就能阻止病毒的复制,进而阻止病毒性传染病的发生和传播。"

(2)揭开天花病毒的生化机制秘密。2005年6月,美国亚利桑那大学,滤过性病毒和生物设计研究所贝特拉姆·雅各布主持的一个研究小组,在有关媒体上宣布,他们能够利用痘病毒的生化机制,使它们尽快暴露在人体免疫系统面前,从而被后者迅速消灭,保护人类免受天花等灾难性疾病的袭击。

雅各布指出,研究人员完全可以根据这一成果,开发出一种天花疫苗,在疾病发作的早期对之加以控制。同时,也将成为对付包括HIV病毒在内的其他滤过性病毒的有力武器。

该研究小组早先是发现了痘病毒的一种特殊基因,它能够帮助病毒伪装自己,免受哺乳动物免疫系统的攻击,这种能力对于天花病毒来说尤其重要,因为它使得病毒能够在免疫系统发现之前,有时间成长和复制,直到引发灾难性疾病,并对免疫系统发动反击。研究人员是在对人们种牛痘的记录进行分析后,发现上述特性的。绝大多数接种牛痘的人,只会引起轻微的感染,此后免疫系统就会做出反应,消灭病毒,同时把天花等痘病毒控制在自己手中。

雅各布的想法是,利用一种全新疫苗,去除病毒体内的伪装基因,帮助免疫系统提前发现它们,发现得越早,消灭病毒的能力就会越强。

经过15年的努力,研究小组研制出多种缺少伪装基因的病毒变种,它们在动物实验中对小老鼠没有任何危害,现在他们正在对这些变种进行进一步研究,看看它们是否能够作为疫苗保护那些早就感染致命病毒的老鼠。尽管目前的研究还处于初级阶段,但是其中一些病毒变种已经带来了些许希望。试验发现,除了不会引发疾病以外,变种病毒还能够提高老鼠的抗病能力,一些先感染病毒,然后接种变种病毒的老鼠,在发病后最终康复。接种的变种病毒越多,发病时的症状越轻。

雅各布说,我们为此工作了15年,现在已经接近成功。想想人类即将因此受益,心中的激动是无法形容的。

2. 中东呼吸系统综合征冠状病毒研究的新成果

(1)估计中东呼吸系统综合征冠状病毒暂不会大范围流行。2013年7月5日,法国巴斯德研究所,流行病学专家阿诺·丰塔内领导的研究小组,在著名医学期刊《柳叶刀》网站上发表论文指出,中东呼吸系统综合征冠状病毒,现阶段传播能力尚不足以引发大范围流行病,但不排除病毒发生变异,或人群大量聚集的情况下,病毒传播能力增强的可能性。

研究小组,对新型冠状病毒可能引发大范围流行病的风险,进行了评估。他们对全球截至2013年6月21日,向世界卫生组织通报的64例确诊病例中的55例,进行研究分析,将新型冠状病毒的复制率与严重急性呼吸道综合征(SARS)病毒,在大范围流行前的复制率进行比较。

结果表明,虽然新型冠状病毒,与严重急性呼吸综合征病毒的复制率较为接近,但前者引发大范围流行病的风险低于后者。丰塔内解释说,这是因为虽然这两种病毒在临床、流行病学与病毒学层面拥有诸多相似之处,但他们的生物学特性截然不同,与其对应的人体细胞表面受体也不同。此外,新型冠状病毒的传播速度也慢于严重急性呼吸道综合征病毒,严重急性呼吸道综合征病毒数月内便可在人际间广泛传播,而新型冠状病毒从发现至今已超过一年,传播范围仍十分有限。

(2)找到新型冠状病毒从骆驼传染给人的直接证据。2014 年 6 月 4 日,沙特阿卜杜勒 - 阿齐兹国王大学等机构组成的一个研究小组,美国《新英格兰医学杂志》发表的一项研究成果说,沙特阿拉伯研究人员发现了,新型冠状病毒(中东呼吸系统综合征冠状病毒),从骆驼传染给人的第一个直接证据。

研究人员对 2013 年 11 月死于新型冠状病毒的一名 44 岁沙特男子,进行研究。结果发现,这名男子生前饲养着 9 头骆驼,其中 4 头曾患病并流鼻涕。该男子在自身发病前 7 天,曾给一头患病骆驼的鼻子抹药。

研究人员在被抹药的骆驼体内,发现了新型冠状病毒。全基因组测序表明,这头骆驼感染的病毒与病故男子体内的病毒"100% 一致"。他们在论文中写道:"这些数据表明,这例新型冠状病毒人类死亡病例,是与染病骆驼密切接触被传染所致。"

2014 年 2 月,美国和沙特研究人员曾报告说,新型冠状病毒广泛见于骆驼体内,而且已存在 20 多年。此前,科学家还在蝙蝠样本中找到新型冠状病毒,但他们认为蝙蝠不太可能是传播该病毒的直接源头。

3. 其他病毒致病机理研究的新成果

(1)获得呼吸道合胞病毒三维图像。2009 年 11 月 27 日,有关媒体报道,法国国家农艺研究所、法国国家科研中心和巴黎第十一大学合作,获得了呼吸道合胞病毒的三维图像。这种病毒,是引发毛细支气管炎的"罪魁祸首"。这一成果将有助于开发针对该病症的新疗法。

研究人员介绍说,呼吸道合胞病毒侵入肺部细胞时,病毒的核糖核酸分子会扰乱宿主的运行机制,并生成大量新病毒,后者具有很强的传染性。而呼吸道合胞病毒的核糖核酸分子被核蛋白包裹,核蛋白的主要作用是保护病毒通过人体内的免疫系统,并参与病毒的复制。

为进一步了解核蛋白,研究人员运用同步加速器获得了一幅高分辨率的三维图像,图像显示,核蛋白"手牵手"地簇拥在呼吸道合胞病毒周围,对其形成了有效的保护圈。研究人员发现,只有在病毒进行复制时,核蛋白才会短暂地让出一条"缝隙",让酶进入参与病毒的复制过程。

研究人员认为,这幅三维图像,对认识呼吸道合胞病毒至关重要,如果能用一种分子阻断酶的进入,就能让呼吸道合胞病毒无法复制,从而使毛细支气管炎患者恢复健康。

（2）发现病毒"抱团"侵袭肌体效率高。2009年12月,巴黎媒体报道,法国巴斯德研究所发布的一项研究报告显示,一些病毒能够"抱团"聚集在一起,形成类似细菌生物膜的复杂结构,这种结构可大大提高病毒在肌体内的传播效率。

专家发现,Ⅰ型T淋巴细胞白血病病毒侵入细胞后,部分留在细胞表面的这种病毒会与同类病毒组合,形成一种类似生物膜的结构。这是一种富含糖分的病毒聚合物,其合成由病毒基因控制,并利用细胞分泌的特殊物质实现。

Ⅰ型T淋巴细胞白血病病毒,是科研人员分离出的首个人类逆转录病毒,它于1980年被发现,是不少疾病的元凶。目前专家已知道,这种病毒在宿主体内只有通过细胞与细胞的接触,才能得以传播。

研究人员介绍说,在已发现的这种病毒生物膜上,有一种类似保护涂层的物质,由于有了这层保护物质,又处于"抱团"状态,Ⅰ型T淋巴细胞白血病病毒,在细胞之间的传播效率,远远高于自由状态的单个病毒。研究人员发现,消除受感染细胞表面的病毒生物膜后,这种病毒在肌体内的传播能力,降低了80%。这说明,组成生物膜形式,对这种病毒的传播具有重要作用。

研究人员正在研究其他病毒是否存在"抱团"结构。如果发现这种"抱团"结构,普遍有利于病毒传播,那么消灭此类结构,将可能成为未来重要的医学研究和治疗方向。

六、对抗病毒的疫苗与抗体研究进展

1. 研制出对抗病毒的新疫苗

（1）开发出预防西尼罗热的新疫苗。2006年5月,《日经产业新闻》报道,日本长崎大学教授森田公一领导的科研小组,开发出预防西尼罗热的新型疫苗,并通过动物试验证实其功效。这是一种减毒疫苗,即用毒性被削弱、不能致病的病毒制造的疫苗。与利用死亡病毒制造的灭活疫苗相比,减毒疫苗的生产成本更低。

据介绍,用于制造新疫苗的病毒,原本是生产预防日本脑炎的动物用疫苗的原料,研究人员采用基因工程手段,把这种病毒表面的一部分,置换为西尼罗病毒的表面蛋白,制造出新型疫苗。接种该疫苗后,机体就会产生针对西尼罗病毒表面蛋白的抗体,即使感染病毒也不会发病。

研究人员利用实验鼠验证这种减毒疫苗的功效。他们为5只实验鼠接种疫苗,然后又向其体内注射西尼罗病毒。结果显示,病毒没有对它们产生致命威胁,而未接种疫苗的对照组实验鼠全部死亡。

西尼罗病毒主要由鸟类携带,经蚊子叮咬传染给人,引发西尼罗热。这种病毒的人际传染途径还包括输血、器官移植和母乳喂养等。西尼罗热发病的患者大多症状较轻,但老年人患上此病后容易并发脑炎等,使病情加重。西尼罗热目前尚无根本性的治疗方法,因此世界许多国家都在致力于开发疫苗。

(2)开发出针对朊病毒引起的鹿类慢性消耗性疾病疫苗。2014 年 12 月 21 日,物理学家组织网报道,美国纽约大学朗格尼医学中心副教授费尔南多·戈尼领导,高级研究调查员、神经学家托马斯·维西涅夫斯基参与的一个研究小组,成功开发出首个针对鹿类慢性消耗性疾病(CWD)的疫苗。鹿类这种致命的海绵状脑病,是由朊病毒传染性蛋白质造成的。朊病毒也可能在人类和牛、羊等动物身上,引发类似的脑部疾病,因此,这项成果,对于预防由朊病毒引起的人类和牲畜疾病,具有借鉴意义。

朊病毒不仅是疯牛病、羊痒病的致病"元凶",人类的克雅氏病、库鲁病、家族性失眠症等,也被怀疑是朊病毒感染造成的。一些研究认为,阿尔茨海默病也与类似朊病毒的感染有关。

维西涅夫斯基说:"现在我们发现,预防动物感染朊病毒是有可能的,那么在人类身上或许也是可行的。"

慢性消耗性疾病已经感染了北美地区 100% 的圈养鹿,以及生活在北半球平原和森林中的大部分鹿科动物,包括野生鹿、麋鹿、驯鹿和驼鹿等。科学家们越来越担心,这种海绵状脑病可能传染给同一地区的其他牲畜,尤其是牛。该研究小组表示,如果进一步的接种实验能够成功,那么可以对少量动物(10%)注射疫苗,以诱导群体免疫,从而阻止这种疾病的大范围传播。

据报道,研究人员,使用了很容易进入肠道的沙门氏菌来制备疫苗,他们将类似朊病毒的蛋白质,插入经过减毒处理的沙门氏菌基因组中,以诱导肠道内的免疫应答,产生抗朊病毒抗体。

实验中,5 只鹿接受了疫苗注射,对照组的 6 只则使用安慰剂。所有的鹿都被暴露于朊病毒感染的脑组织,它们也生活在一起,像野生鹿一样群体活动,这样可以让它们不断地接触朊病毒。在 11 个月的时间里,实验组接受了 8 剂增强性疫苗注射,直至它们的血液、唾液和粪便中,可检测到关键的免疫抗体。研究小组每天监测这些鹿是否出现疾病症状,每三个月对它们的扁桃体和肠道组织进行活组织切片检查,以寻找感染迹象。

不到两年,使用安慰剂的 6 只鹿,全部感染了慢性消耗性疾病,而注射疫苗的 5 只鹿中,有 4 只虽然也被感染,但是患病时间要晚得多,而另外一只至今仍然健康。

戈尼说:"目前,我们虽然只成功地在老鼠和鹿身上,进行抗朊病毒疫苗实验,但我们预测,这种方法和概念可能会成为一项普及技术,不仅用于预防,也可能用于治疗许多朊病毒病。"

2. 研究阻止病毒感染抗体的新成果

(1)首次找到能阻断非典病毒的两种人源抗体。2007 年 7 月 2 日,由美国国家癌症研究所,迪米特尔·迪米特罗夫领导的一个国际研究小组,在美国《国家科学院学报》上报告说,他们在实验中,首次鉴别出两种能够阻断非典病毒的人源抗体。这两种来自人体的抗体,可抑制在人和动物中发作的不同株型非典病毒。

研究小组在 2002 年年底非典首度暴发之际,曾对非典病毒如何进入并损耗人体细胞进行了分析。此后在对非典病毒刺突蛋白的研究过程中,他们鉴别出了能抵抗非典病毒的两种人源抗体。其中一种抗体名为 S230.15,是在一名非典康复患者的血液中发现的。第二种抗体名为 m396,是从 10 名健康志愿者血液的抗体库中鉴别出来的。这两种抗体均可以附着到非典病毒刺突蛋白的"受体结合域"上,进而发挥效力。刺突蛋白是协助非典病毒进入人体细胞的关键"工具",在抗体作用下,非典病毒在人体细胞外面不能有效与病毒受体相结合,完全失去进攻力。

研究人员首先以实验室培养的细胞为对象,测试两种抗体的抗非典病毒效果。结果证明,在抗体作用下,2002 年年底和 2003 年下半年两次非典暴发的毒株都能被有效抑制。另外,抗体对于从果子狸身上提取的非典病毒也有效果,但要逊色于针对取自人体的病毒的效果。

接着,研究人员又以感染非典病毒的老鼠为模型进行测试,给老鼠注射其中一种抗体,并在 24 小时后,把老鼠暴露于来自人体或者果子狸的非典病毒环境下。结果发现,两种抗体都能保护老鼠不被来自人体的非典病毒感染,而抵抗果子狸非典病毒的效果要稍差一些。

此后,研究人员又分析了 m396 抗体的结构,并通过实验人为改变非典病毒"受体结合域"进行测试。他们认为,m396 抗体对于已知所有形式的非典病毒毒株都能发挥效力。

研究人员在论文中说,同时鉴别出两种颇具效果抗体的优势在于,一旦非典病毒出现新的变种卷土重来,一种抗体假如对付不了,另外一种很可能就管用,相当于上了"双保险"。新成果对于研发非典疫苗或者抑制剂,可能也会有所帮助。

(2)发现治疗亨德拉病毒的抗体。2011 年 10 月 19 日,美国国家卫生研究院公布的报告显示,一种叫作 m102.4 的人类单克隆抗体,可以有效治疗感染亨德拉病毒的猴子,这为战胜这种致命病毒提供带来希望。

亨德拉病毒是一种罕见病毒。它最初称作马麻疹病毒,能攻击患者的肺部和大脑,死亡率高达 60%,由于它具有较强的传染性而引起世人的关注。

美国国家卫生研究院等机构的研究人员,在蒙大拿州一个保护严密的实验室,为 14 只非洲绿猴注射了致命剂量的亨德拉病毒,其中 12 只绿猴随后两次注射 m102.4。实验结果显示,接受治疗的绿猴全部存活,另两只未接受治疗的绿猴,在感染病毒 8 天后死去。

据介绍,在完成这项实验后,应澳大利亚卫生官员的请求,研究人员用 m102.4,为一名妇女和她的 12 岁女儿进行紧急治疗。这对母女,曾因接触一匹病马而感染亨德拉病毒。她们接受 m102.4 治疗后,两人均获得痊愈,并且没有出现不良反应。

(3)发现人类母胎某些免疫细胞可阻止病毒感染胎儿。2013 年 4 月 4 日,法国图卢兹普尔潘病理生理研究中心一个研究小组,在《公共科学图书馆·病原体》杂志上发表论文称,他们研究发现,人类母胎中的某些免疫细胞,可以阻止病毒感染胎儿。

怀孕会诱导女性子宫,发生一系列对胎儿发育极为必要的变化。受精卵着床后,子宫内膜会大量渗入一种叫作蜕膜自然杀伤细胞(dNK)的特定免疫细胞。蜕膜自然杀伤细胞能够释放出可溶性因子,帮助受精卵植入母体组织,并直接与胎盘接触,提供有利于胎儿与母体接触和交流的微环境,在妊娠期间扮演着关键角色。

此前的研究认为,妊娠期间蜕膜自然杀伤细胞的功能受到了精细的调控——专门负责保护胚胎着床,而不再作为病菌"杀手"。然而,当胎儿受到病原攻击时,这些"武装"的免疫细胞会不会被唤起本能,从而奋然抵抗保护胎儿?法国的研究人员针对这一问题,开展了相关研究。

巨细胞病毒(CMV)是一种 DNA 病毒,属于疱疹病毒属,其对健康成人不会触发任何临床症状,但对胎儿十分有害。孕妇妊娠期间感染巨细胞病毒可能造成新生儿患先天性巨细胞病毒感染。先天性巨细胞病毒感染可能造成胎儿死亡,在不发达国家新生儿巨细胞病毒感染率为 0.9% ~1.3%,在中等度发达国家发病率为 0.3% ~0.5%,在法国的发病率为 0.2% ~0.5%,该病是全球重要公共卫生问题。孕妇感染巨细胞病毒后,该病毒会进入母亲血液,然后由胎盘感染胎儿,危害胎儿健康乃至生命。

研究人员观察发现,感染了巨细胞病毒的孕妇,其子宫内蜕膜自然杀伤细胞的表型和功能发生了变化,它能够迁移到胎盘感染的部位。通过进一步的研究,该团队证实了它在胎儿受到巨细胞病毒感染时可重新获得细胞毒性,借以杀死被感染的细胞并有效控制感染。

研究结果表明,这种免疫细胞能够保护胎儿免受母体巨细胞病毒感染,这为治疗先天性巨细胞病毒感染症,开辟了新的治疗途径。

(4)经设计的 T 细胞可同时对抗 5 种病毒。2014 年 6 月,美国科学家安·利恩领导,成员来自贝勒医学院和得克萨斯儿童医院的一个研究小组,在《科学·转化医学》杂志上发表论文说,骨髓移植可以挽救成千上万人的生命,但患者在随后的几个月中容易遭受严重的病毒感染,直到他们的新免疫系统开始生效。现在,他们找到了可为这段高风险期提供保护的方法:注射一种经过特别设计的 T 细胞,可以同时抵御多达 5 种病毒。

健康人的体内有一支 T 细胞军队在巡逻,随时预备着识别和对抗病毒,而免疫系统受到抑制的人,如接受骨髓移植以治疗白血病或其他疾病的患者,则缺少这种保护。来自健康捐赠者的骨髓干细胞需要 4 个月到一年多的时间,在受捐者体内扎根并促生新的免疫细胞。如果这段时间内患者扛不住,现有的抗病毒药物也并不总是能够见效,相反还会导致很多副作用。

有一种解决方案是:从骨髓捐献者体内提取某些特定的抗病毒 T 细胞,将其冷冻,留待受捐者需要时使用。多年的实验证明这种方法是可行的,但要让它变成一个易于操作的治疗手段却并不容易:剂量必须针对每个供体—受体对进行定制,而且只能对抗一两种病毒,耗费的时间则长达 3 个月。

现在,利恩研究小组,开发出一项制造这些病毒特异性 T 细胞的新技术,不仅速度快,对抗的目标病毒也增加到了 5 种。这些最容易给患者惹麻烦的病毒包括 EB 病毒(人类疱疹病毒 4 型)、腺病毒、巨细胞病毒、BK 病毒和人类疱疹病毒 6型。据报道,他们在实验室中刺激捐赠的 T 细胞,以便让它们更好地识别这些特定病毒,然后再对 T 细胞进行大批量培育。制造和冷冻经过设计的 T 细胞,前后耗时不过 10 天。

为了检验效果,研究小组对 11 位接受移植手术的患者进行了治疗。其中 8 人为活动性感染,并且大多是多病毒感染。研究人员说,这种细胞疗法,被证明有效性超过了 90%,所有患者血液中病毒几乎全都被清除了。其他 3 位患者手术后没有生病,但被视为高风险。利恩说,他们接受了早期剂量的 T 细胞作为保护,一直没有被病毒感染。

研究小组下一步将尝试利用不同健康捐赠者的细胞,创建一个"银行",让所有患者都可以使用这种设计过的 T 细胞,免去定制剂量的烦琐。

虽然还需要大量研究来证明这套系统确实有效,但美国国家卫生研究院的干细胞移植专家约翰·巴雷特认为,利恩的技术会让这些 T 细胞变得更实用。

(5)发现可中和登革热病毒的新抗体。2014 年 12 月,病理学家加文·思克廉屯等人组成的研究小组,在《自然·免疫学》网络版上发表研究报告,公布了一种新型的强效、应用广泛的抗体,该抗体能够中和登革热病毒。这是首次有研究揭示新抗体,能够中和所有的四种类型的病毒包括存在于蚊子体内的那种,该发现或将有助于开发出针对该疾病的有效疫苗。

登革热是一种病毒感染,通过蚊子迅速传播,每年约有 4 亿人感染。登革热的地域性传播一直在持续扩大,威胁到南美洲跟澳大利亚,据称有可能蔓延到欧洲南部。感染登革热病毒其中的一种,即使身体痊愈后,也只是对感染的这种病毒有终身免疫效果,对其他种类的登革热病毒没有免疫作用。此外,由于登革热病毒的外壳,在其生命周期内会产生巨大变化,所以抗体对病毒的识别也是很复杂的。因此,掌握了解人体在感染登革热病毒后的免疫反应和注射疫苗后的反应是急需的。

该研究小组,分析了一批从登革热患者体内获取的单克隆抗体。他们发现,一种新型的抗体能够高效中和该病毒。该抗体能够,与一种新发现存在于所有登革热病毒包膜内的抗原表位相结合。

在实验室检测中,研究人员发现该抗体能够识别该抗原表位,并可有效中和昆虫与人体细胞内的病毒。该项发现,让高效、具有广泛应用的抗体开发,转变为疫苗的现实目标成为可能,并为研制通用的登革热疫苗开辟了途径。

七、合理利用病毒取得的新进展

1.食品领域利用病毒的新成果

首次批准把病毒用作食品添加剂。2006年8月,据美联社报道,美国食品和药物管理局,批准一种由噬菌体病毒混合而成的产品,该产品主要用于杀灭肉制品中的李氏杆菌。这是美国首次批准将病毒用作食品添加剂。

该产品包含6种噬菌体病毒,可在熟肉片和香肠等包装前喷洒在这些肉制品上,有效杀灭多种李氏杆菌,预防由这些细菌引起的食物中毒。美国食品和药物管理局专家称,该产品在制备过程中可能留有残毒,但试验表明,这些微量的残毒不会引起任何健康问题,因此不存在安全隐患。

噬菌体是一类能侵入细菌体内,进而在其中大量繁殖,并使细菌裂解的病毒。一种噬菌体,一般只能对相应的细菌起作用。科学家们一直在探讨能否用噬菌体来取代抗生素,以对抗各种有害细菌。专家说,新批准的产品中所包含的噬菌体,只会攻击李氏杆菌,对人体和植物细胞都不会产生影响。

人们一般通过水和食品等接触到李氏杆菌,孕妇、新生儿和免疫系统弱的成年人,容易受到感染而患上李氏分枝杆菌病。美国疾病控制和预防中心的数据显示,美国每年平均有2500人患上较严重的李氏分枝杆菌病,其中大约500人死亡。

2.癌症治疗领域利用病毒的新成果

(1)把病毒改造成只杀死癌细胞的"安全卫士"。2009年5月,《每日科学》网站报道,英国牛津大学莱恩·西摩教授领导,他的同事,以及荷兰阿姆斯特丹自由大学研究人员参加的一个研究小组,发现一种"改造"病毒的新方式,可按需剔除病毒的关键毒性,并保持其复制能力,使其成为杀死癌细胞却不伤害健康细胞的"安全卫士"。这将为癌症治疗的改进提供新的平台,也将为新一代抗病毒疫苗的研制奠定良好基础。

目前,生物医学领域最热门的话题之一,就是能自我复制、专门灭杀肿瘤细胞的病毒研究。该研究小组的研究,表明细胞的微型RNA分子可控制信使RNA在不同细胞类型中的稳定性,这种新获知的机理为控制病毒复制以引发特定肿瘤细胞的失活提供了可能性。

新型"改造"方式,可用于控制腺病毒等病毒的增生与繁殖。腺病毒是一种在癌症治疗中广泛使用的DNA病毒,但其可引发小鼠体内的肝脏疾病。该研究小组发现,把微型RNA122许可的位点引入病毒基因组中,可导致重要病毒的信使RNA的功能退化,从而减弱该病毒侵害肝脏的能力,并保持病毒的复制功能和其杀死癌细胞的能力。

西摩表示,"改造"方式适用范围广且十分有效,其可控制病毒的活动,在特定的肿瘤细胞中对其进行按需复制,使病原体本身的毒性消失;而释放出来的子代病毒将继续感染周围的肿瘤细胞,从而周而复始地杀灭肿瘤,却不对健康细胞造成伤害。

事实上,被"改造"的天然生成的病毒,已在医药领域起到重要作用,基于此类病毒开发的疫苗对麻疹、腮腺炎、脊髓灰质炎、流感和水痘等都有显著的疗效。目前,它已被作为癌症的潜在治疗方式,并被命名为"病毒疗法"。

研究人员表示,目前的研究,仍局限于对控制病毒活动的新机理的探索和阐述,虽然"病毒疗法"对杀死小鼠体内的肿瘤很有帮助,但其应用于人体癌症治疗,仍需要长时间的摸索与尝试,真正的临床测试至少要在2年后才能开始。

(2)通过培育溶瘤细胞病毒来治疗癌症。2012年3月30日,俄罗斯新西伯利亚大学副校长谢尔盖·涅杰索夫向媒体宣布,俄罗斯新西伯利亚大学微生物与病毒学实验室,正在开启一项新实验——利用新技术培育溶瘤细胞病毒,并以此治疗癌症。

据涅杰索夫介绍,新西伯利亚大学已经花巨资,完成实验室的改造和实验设备的购置工作,并将其列入了俄罗斯政府的"百万资助"项目。参与该研究项目的,除新西伯利亚大学外,还包括俄罗斯莫斯科大学以及美国凯斯西储大学和美国勒纳研究所。

涅杰索夫称,为了培育出符合条件的溶瘤细胞病毒,科学家对初始非病原病毒基因进行改造,并将能够摧毁癌细胞的基因,嵌入其中形成融合基因,以确保能够杀死机体内不需要的病毒细胞。他说:"当机体内病毒突然活跃并开始大量扩散时,融合基因就会杀死这种异常病毒。当然,这种可能性很小,但20世纪90年代美国确曾发生一起这样的医学案例,全世界的遗传学家认为有必要考虑这种可能性。"

涅杰索夫透露,该科研团队已经发现了几种能够有效杀死癌细胞的病毒,试管实验很成功。此后,该团队将递交第一份专利申请,随后将在老鼠身上开始动物活体实验。

据报道,俄罗斯"矢量"病毒学与生物技术研究所,早在1998年就开始进行类似研究,该研究所的首批"抗癌制剂",已经开始在俄罗斯医学科学院肿瘤学研究中心,投入临床试验。而俄罗斯科学院新西伯利亚分院生物化学与基础医学研究所,在2010—2011年也展开了相关研究。

八、治疗病毒感染的新进展

1. 研究检测病毒的新技术

开发出可同时检测水中多种病毒的新技术。2014年12月,日本北海道大学与国立极地研究所的联合研究小组发表公报称,他们开发出一种能够同时检测水中多种病原体病毒的技术。据悉，这种新技术，最多可同时检测96种病毒。

研究人员说，以往水质检验员，在对上下水道的水质进行检测时，通常是通过调查容易检测的大肠杆菌，来推测病原体病毒的量。此次开发的新技术，能直接检测出多种主要病毒以及它们的含量。

这种新技术，可检验的病毒，包括会引发痢疾和呕吐的诺如病毒、轮状病毒，以及会导致感冒的腺病毒等。今后，如果能在自来水厂和污水处理厂普及这一技术，将有助于进一步提高上下水道的安全性。研究人员说，由于该技术，使用了微小的检测容器，所以只需要很少的样本，8小时内就能得出结果。

2. 研究防治病毒感染的新方法

（1）找到诱使病毒自动灭绝的新方法。2007年2月，耶鲁大学的一个研究小组，在《生态学通讯》发表的研究成果称，他们正在利用诱导病毒进入陷阱细胞的方法，使其自生自灭。生物种群为了避免灭绝，不但必须生存下来，而且必须进行繁殖。通过引诱病毒种群进入错误的人体细胞，可以阻止病毒进行复制并减轻病情。

研究人员说，这些生态陷阱可能是自然产生的，也可能通过在细胞上结合受体来阻止其繁殖。我们利用非人体病毒，以及多种细菌细胞证明了以上想法。

（2）开发出可追踪病毒迁移传播路线的数学模型。2011年7月，法国国家科研中心研究人员，在《新物理学杂志》上发表论文称，他们构建了一种数学模型，能根据任何一种生物迁移方式，来预测基因传播的可能性。该模型，不仅有助于研究物种在历史中的迁移行为，还能用于追踪癌症在体内的转移路线、病毒或细菌在种群中的传播等。

变异是基因自然发生的改变，大多数变异都是有害的，但也有少数是有益的，比如，有些变异能帮助生物抵抗环境压力，有些变异能帮助它们更快地繁殖。因此，在一个种群里，有益的变异会变得更多更普遍。70多年前，科学家就发现进化是一种概率游戏，并从理论上计算出有益突变在种群中传播的概率。但由于迁移方式本身太过复杂，人们很难评估各种迁移对基因传播的影响。

法国研究人员用一种简洁的数学模型，对主要的两种迁移方式进行描述，将进化动力学研究向前推进了一大步。研究人员解释说，第一种迁移方式认为，当某个生物死亡后，其他生物的后代将替代它，比如一棵树死掉后，腾出的空间会被其他植物占据。对这种行为，迁移会降低变异基因传播的机会，其传播概率有一个上限；第二种迁移方式认为，某个生物的后代会杀死其他竞争者并代替它们，比如病毒、细菌和癌症。对这种行为，迁移方式会极大地增加变异成功的机会，甚至导致必然变异。反过来，给出一个既定的变异基因传播的概率，研究人员也能追查其所代表的迁移方式。

研究人员还指出，当某种流行病传播时，病毒能在一次偶然接触中，从一个个体传播到另一个个体，这种迁移方式就是人类之间相互接触的交际网络。利用最新模型,研究人员可以找出限制个体接触的最佳方式,以控制流行病的传播。

(3)使用更容易发现艾滋病病毒的新方法。2015 年 9 月,澳大利亚新南威尔士大学克斯滕·凯尔奇参与的国际研究小组,在《科学公共图书馆·病原体》上发表论文称,他们使用一种新方法,可以让深藏不露的艾滋病病毒更容易现形。

艾滋病至今没有找到根治的办法,原因之一是艾滋病病毒在人体内隐藏得很深。艾滋病病毒能与人体 DNA 结合,长时间在 DNA 中以休眠状态潜伏,借此躲避人体免疫系统和治疗药物的攻击。一旦时机成熟,比如强化治疗暂停,隐藏的病毒就迅速活跃,并导致症状重新出现。

此前,科学家已发现,艾滋病病毒实现潜伏,得益于人体内名为"组蛋白去乙酰化酶(HDAC)"的蛋白酶。这种蛋白酶,对染色体的结构修饰和基因表达调控,起到重要作用。因此,从理论上可以推测,"HDAC 抑制剂"有可能干扰艾滋病病毒的潜伏,使其现形。

在此次研究中,研究小组使用一种抗肿瘤药"罗米地辛"进行测试。试验中,科学家们共选择了 6 名接受"抗逆转录病毒治疗"10 年左右的艾滋病病毒感染者,平均年龄 56 岁。测试过程中,这些感染者连续 3 周每周注射一次"罗米地辛"。然后,持续跟踪观察这些感染者的身体状况。结果发现,隐藏在这些患者 DNA 中的艾滋病病毒的确现形了。

凯尔奇说,下一步研究是用"罗米地辛"治疗与其他艾滋病干预治疗措施结合起来,观察传统方法对于艾滋病病毒的治疗效果。围绕此次成果仍有许多待解之谜,比如目前仍无法确定新方法发现隐藏病毒的效率,有多少现形了,有多少还没被发现。

凯尔奇说,此次研究,为进一步调查研究艾滋病治疗干预措施,奠定了关键基础。不过人类距离完全治愈艾滋病还十分遥远。现阶段,艾滋病病毒感染者仍须坚持传统疗法治疗。

3.研究对付病毒的新设备和新药物

(1)研制出可称量病毒质量的超灵敏仪器。2004 年 12 月,美国媒体报道,康奈尔大学的研究人员,研制出世界上最为灵敏的称重仪器,它可称出 6 个病毒个体的质量,如经进一步完善,甚至有可能称出单个病毒的质量。

研究人员介绍说,这部称重仪器的"托盘",由微小的压电晶体制成,长度仅有 6 微米,宽半微米,厚度更是薄到了 150 纳米。当"托盘"上被放上某一重物后,它固有的振动频率便会发生显著改变。随着所称重物质量的变化,"托盘"的振动频率,也会随着发生更为明显的改变,而这一变化均会被激光束准确记录下来。

在试验中,使用的病毒总质量仅有 1.5 毫微微克(10 的 -15 次方克)。尽管这一质量极其微小,但它仍然被测量仪器准确地记录了下来。科学家们认为,如果经过适当的改良,这部仪器完全有可能测量出单个病毒个体的质量,甚至是更小的物体,如蛋白质分子或 DNA 片断。

以前,该校曾研制出世界上首部可以称量细菌质量的仪器。当时测量的重量约为 700 毫微微克。目前,研究人员还在对这套仪器进行改进,以使其灵敏度进一步提高到 0.0004 毫微微克。

(2)研制成广谱抗病毒的新药物。2011 年 7 月 27 日,麻省理工学院林肯实验室研究小组,在《公共科学图书馆·综合》杂志发表的一项研究成果表明,他们成功地开发出一种能治疗几乎所有病毒性感染的新药物。

研究人员说,这种新药物,之所以能够在抗病毒方面具有广谱性质,是因为它针对的不是某个具体的病毒,而是被各类病毒感染的细胞所产生的一种独特 RNA(核糖核酸)。因此,从理论上讲,它应该对所有病毒都有效。

当病毒感染细胞时,病毒会通过其特殊的机制,创建大量的病毒副本。在这个过程中,病毒会产生一长串双链 RNA(dsRNA),这种 RNA 在人类和其他动物的健康细胞中并不存在。作为对病毒感染自然防御的一部分,细胞中的一种蛋白能够控制双链 RNA,防止病毒的自我复制。但不少病毒则更胜一筹,能够阻断这一防御过程。

研究小组的解决方法是,同时使用双链 RNA 结合蛋白和另外一种蛋白,启动"细胞自杀程序",诱导被病毒感染的细胞凋亡。其具体过程是,当新药物的一端捆绑在双链 RNA 上时,其另一端会发出信号启动细胞自杀。这种方法的一大优势还在于,新药物只会对被感染的细胞发起攻击,不包含双链 RNA 的细胞则毫发无损。

研究人员告知,他们对包括鼻病毒、H1N1 流感病毒、胃病毒、脊髓灰质炎病毒、登革热和出血热病毒在内的 15 种病毒,进行了测试,新药物均能奏效。研究中所使用的大部分细胞,都是在实验室中培育的人类和动物细胞。同时,他们也进行了小鼠实验,用新药物对感染 H1N1 流感病毒的小鼠进行治疗。实验结果显示,在新药物的作用下,小鼠成功摆脱了感染并逐渐痊愈。新药物对小鼠没有任何毒性,也未出现副作用。

第二章 植物领域研究的新进展

植物的早期含义,是解释为不移动的生物。但这个概念,仅仅描述了植物的表面现象,没有触及它的内在本质,难以精确划分植物与其他生物的边界。从植物的本质特征来说,它含有明显的细胞壁和细胞核。这个细胞壁是由葡萄糖聚合物纤维素构成,而细胞核则由核膜、核骨架和核仁等几部分组成。细胞核属于细胞的控制中心,它决定和影响细胞的代谢、生长和分化,是遗传物质的主要存在部位。同时,植物能够产生光合作用,这是其他生物不具备的特有能力。本章着重考察国外在植物领域研究取得的成果,概述国外植物领域出现的创新信息。21世纪以来,国外在植物生理与生态方面的研究,主要集中在植物基因、光合作用、植物生理、古代与现今植物体,以及热带雨林和植物生态等。在粮食作物方面的研究,主要集中在粮食产量、水稻品种与基因、麦类品种与基因、玉米品种及驯化历程、超级高粱,以及薯类与豆类作物。在经济作物方面的研究,主要集中在园艺作物的蔬菜、花卉和瓜果,纤维作物的棉花和蚕桑类产品,油料作物的亚麻籽、葵花籽,糖料作物的甘蔗,饮料作物的茶叶、咖啡和可可,嗜好作物的烟叶,药用作物的菊科植物、银杏叶、栀子花果实、红豆杉、延胡索、藏红花色水芹等,热带作物的香蕉、榴莲、剑麻、油棕榈和橡胶等。

第一节 植物生理与生态研究的新成果

一、植物基因研究的新进展

1. 发现控制植物茎干生长的基因

(1)研究发现决定植物何时何处抽新枝的基因。2004年10月,英国媒体报道,大树伸展出许多枝条在风中摇曳,这些树枝并不是随意生长出来的,而是受到基因的控制。英国约克大学和美国佛罗里达大学联合组成的一个国际研究小组,在《现代生物学》杂志上发表研究成果称,他们发现了一个基因,它决定植物什么时候在什么部位抽出新枝。

研究人员说,这个基因名叫*MAX3*,它决定着植物在特定条件下是否要长出一条旁枝,对决定植物的最终形状非常重要。调整这个基因,有可能培育出新品种植物,使园艺作物形状更美,或使农作物和树木生长更有效率,避免浪费养分。

科学家在研究一种称为拟南芥的植物时,发现了这个基因。该基因发生变异的拟南芥,会长出特别多的旁枝。这显示,MAX3 基因编码的蛋白质,可能在植物主干生长时,起到抑制旁枝生长的作用。

目前,还不清楚该基因起作用的具体机制,科学家猜测,MAX3 蛋白质可能与一种称为类胡萝卜素的分子结合,再把类胡萝卜素分子"切"成碎片,从而向生长中的细胞发出信号,告诉它们如何分裂。

以前人们已经发现,一些称为植物生长激素和细胞因子的激素类物质,能影响植物新枝的生长,但这些物质还会对植物发育起到许多其他作用。科学家认为,要精确地控制植物的形状而不影响其他特征,目前的最佳方法是从 MAX3 基因着手。

许多观赏花木的枝条越多越好看,而小麦等农作物和用作木材的树木,就要尽量少长旁枝,把养分集中在谷粒、果实或主干上。科学家说,发现 MAX3 基因,有助于培育更好的植物品种。

(2)发现一种能调节水稻茎中淀粉合成的基因。2015 年 2 月 26 日,日本神户大学研究生院深山浩助教负责的研究小组,在美国科学杂志《植物生理学》上发表论文称,他们在世界上首次发现了调节水稻茎中淀粉合成的基因。这一成果,将有助于通过改良品种,让作物产生更多淀粉,从而提高收获量。

大气中二氧化碳浓度不断升高已成为社会问题,而对植物来说,二氧化碳是光合作用合成淀粉的必要原料。此前研究显示,在二氧化碳浓度高的条件下培养的农作物,淀粉合成更多,农作物生长更旺盛,收获量也会增加。但是,植物如何在基因层面适应二氧化碳浓度的变化,淀粉的合成能力又是如何受到调节的,则一直不清楚。

研究小组在二氧化碳浓度很高的条件下培育植物,然后详细分析了植物体内的各种基因,发现有一种基因在二氧化碳浓度越高的情况下越活跃,他们将其命名为"二氧化碳响应 CCT 结构域基因(CRCT 基因)",并详细调查了其功能。

研究人员发现,通过基因操作降低水稻体内 CRCT 基因的功能,则水稻茎中积累的淀粉量降至正常水平 1/5 以下,而加强这种基因的功能,水稻茎中的淀粉量急剧增加,达到正常水平的 3~4 倍,几乎达到了马铃薯的水平。因此证实,CRCT 基因发挥了"主开关"功能,负责调节与合成淀粉有关的基因。

由于目前大气中二氧化碳浓度不断升高,这一成果,将有助于开发能更多吸收二氧化碳的作物。例如,水稻收获时秸秆本来是无用的部位,如能增强水稻茎中 CRCT 基因的功能,使水稻茎大量积累淀粉,就有可能成为制造生物乙醇的原料。

深山浩指出:"很多植物都拥有 CRCT 基因,这种基因应该能应用到其他作物的品种改良上。"研究人员计划今后通过对该基因的进一步研究,改善作物生产效率,并开发出新型农作物。

（3）发现决定植物茎部呈现笔直还是弯曲状态的基因。2015年3月，日本京都大学植物学家组成的一个研究小组，在《自然·植物》杂志网络版上报告说，很多植物都是笔直生长的，有时会由于重力或光照而弯曲，但只要有条件就会恢复原来的生长方向，不会一直弯下去。他们发现，植物茎部细胞里的一个基因，起到了给弯曲过程"刹车"的作用。

研究人员说，这个基因控制生产一种称为"肌动蛋白－肌球蛋白 XI 细胞骨架"的物质，作用于植物茎部特定的纤维细胞，影响茎部的弯曲特性。

研究人员使用常见的实验植物拟南芥，破坏其细胞中的上述基因，导致拟南芥的茎部无法笔直生长，非常容易弯曲，微小的环境变化也会导致它严重弯曲，并且会一直弯曲生长，不像普通拟南芥那样在倒伏后还能恢复向上生长。

植物在外界环境发生变化时，需要弯曲生长以进行适应，但这种反应必须适度，而且应当在环境正常时及时切换回原来的状态，否则不利于继续生长。上述研究显示，该基因起到了一种"弯曲拉力传感器"的作用，能适时地阻止植物的茎在不必要的情形下继续弯曲。研究人员认为，通过详细分析这一机制，将有助于开发出能够适应严酷环境的作物。

2. 发现决定和影响植物开花的基因

（1）首次从基因角度揭示植物开花的秘密。2005年，瑞典农业大学科研人员发现植物中有一种叫 FT 的基因，它活跃在叶子中，能够制出一种在叶子和根尖之间传递信息的"信使分子"，然后"信使分子"刺激植物的基因程序，产生花蕾。此外，温度和土壤条件是植物适时开花的重要原因，它们与 FT 基因一起影响植物开花。

科研人员认为，这一发现可以帮助人们更好地研究水稻。通过揭示植物开花的秘密，人们将来能让水稻的花期提前，通过控制它的花期时间来增加每年的收获次数，提高产量。

（2）发现植物开花的基因"按钮"。2012年5月，新加坡国立大学科学学院生物系，副教授俞皓领导一个8人研究小组，在《公共科学图书馆·生物学》杂志上发表论文称，他们发现植物开花的基因"按钮"。专家认为，这项成果，有望在未来用来"调控"植物的开花时间，加快作物在不同环境下开花结果的速度，以增加作物产量。

以往的研究显示，植物会通过叶子接受光信号，并传递一种叫"开花素"的信号至茎端，从而使植物开花。

自20世纪30年代开始，科学家就在研究"开花素"及"开花素"的输送机理。对于"开花素"，科学家如今已有所了解，至于是什么使得"开花素"能被输送至茎端，使植物开花，则始终不为人知。该研究小组，从2007年起，投入"寻找让植物开花结果"的研究中，经过五年的努力，终于找出了"开花素"的输送机理，为植物生殖发育的研究和应用，提供了一个重大突破。

俞皓说,我们在名为拟南芥的模式植物中,筛选与"开花素"蛋白出现相互作用的调控蛋白,发现一个所有植物都有的关键基因 *FTIP*1,可控制"开花素"蛋白从叶子到茎端的转移,从而决定植物的开花时间。他解释道,掌握了这一转移机理后,我们便能通过调控基因的表达量、激活量来决定该"运输"多少开花素,以控制这个植物是否应提早开花、推迟开花,或是不开花。他用蔬菜和水稻举例指出,如大家都爱吃蔬菜的叶子,不爱吃花,所以可以控制让蔬菜不开花。至于水稻,因为一般一年当中只长两个季节,所以如果能让它提早开花,那一年便可收成三次甚至是四次,产量将能明显提高。该研究团队,是全球首个研究这类基因的小组。

(3)通过遗传和基因技术破译植物开花时间的秘密。2013 年 5 月,英国约翰·英尼斯中心孙前文博士主持的一个研究小组,在《科学》杂志上发表研究报告称,植物之所以会在不同季节开花,是因为受到一种核糖核酸(RNA)的调控作用。

该研究小组发现的这种核糖核酸名为 COOLAIR,是一种反义长链非编码核糖核酸。长链非编码核糖核酸,曾被认为没有功用,现在科学家发现它能发挥很多重要的功能,比如影响基因的表达和染色质沉默等。不过,目前还不清楚其自身被调控的机理。

研究人员以模式植物拟南芥作为研究对象,通过遗传筛选和基因克隆等手段,发现 COOLAIR 受到一种叫作 R 环的特殊结构的影响。R 环是由一条脱氧核糖核酸(DNA)与核糖核酸杂合链,以及一条单链基因所形成的特殊基因组结构,一般在基因表达转录核糖核酸时,可以形成瞬时的 R 环,但很快会被去除。

孙前文解释说,COOLAIR 作为一种反义长链非编码核糖核酸,可以影响拟南芥的开花时间。而他们观察发现,R 环能够通过抑制 COOLAIR 发挥作用,从而让拟南芥提前开花。

孙前文说,虽然他们以拟南芥作为研究对象,但他们发现的调控机制存在普遍性,可为相应的研究领域提供借鉴,包括反义长链非编码核糖核酸功能、癌细胞基因组的不稳定性等研究。

(4)发现叶脉生物钟基因对花的生长有着重要作用。2014 年 11 月,日本京都大学研究生院远藤求助教领导的研究小组,在《自然》杂志网络版上报告说,人们知道植物体内也有生物钟,而他们的研究进一步发现,植物体内各组织的生物钟节律存在很大差异。这一发现,有助于开发控制植物花期的生长调节剂。

科学界认为,植物的生物钟与动物一样,都是以约 24 小时为一个周期,但是一直不清楚植物生物钟的机制。

该研究小组利用拟南芥的叶片,进行了实验。他们采集叶片上叶脉、叶肉、表皮等部位的细胞,详细分析了各部位的生物钟基因。他们发现,各部位生物钟基因发挥作用的节律有很大差异。

研究人员借助超声波和酶,大幅缩短了分离植物组织所需的时间,从而能够对各组织的生物钟基因进行定量分析。

他们发现,如果阻碍叶脉生物钟基因的功能,那么叶片内所有的生物钟都会停止,拟南芥的开花就会推迟,而阻碍叶肉和表皮的生物钟基因功能,则不会影响叶脉的生物钟。研究人员据此认为,叶脉的生物钟基因对花的生长发挥了重要作用。

叶脉是由运送水分和养分的管道,集中在一起形成的。研究小组进一步研究发现,叶脉的生物钟基因,负责调整决定植物何时开花的激素成花素的量,因此阻碍其作用后,植物开花时期就会大幅推迟。

远藤求指出:"这一发现,也许能促进开发出新的生长调节剂,不用重组基因就能自由控制植物开花的时机。"

3.植物基因研究的其他新成果

(1)创建植物基因组学研究平台。2004年10月,有关媒体报道,农业和食品加工业未来的竞争力,取决于植物基因组学、生物技术及其灵活应用。为此,欧盟提议,创建"未来的植物——利用植物技术潜能的平台"。

"未来的植物"将使研究人员、决策者、环境和消费者组织,产业和农民等所有利益相关者聚集到一起。这些合作伙伴,将以一种注重实效的、非教条的方式开展合作,对共同的优先领域达成共识,并且为推动这些领域制定行动计划。

平台的目标:确保面向欧洲消费者的高质量、安全和多样化的食品供应;为生产食品、饲料,以及其他可再生的基于生物的产品,打下可持续的农业基础。提升欧洲农业食品部门的竞争力,确保欧洲内部有可靠的食品供应和消费者选择。

平台将采取的手段:以利益相关者之间的互谅和交流为基础形成社会共识;为该部门的发展提出连贯的法律框架;增加公共和私人的研发投资,并提高地区、国家和欧洲层次上的研究的透明度;加强产业对平台的研究议程的支持;在确定该部门优先领域的基础上,制定一份贴切的战略研究议程,并采取涵盖基因组学、生理学、农学、生态学、生物信息学及其他新兴的多学科方法。

(2)揭示植物显性遗传的原因是只有优势基因才能表达。根据奥地利遗传学家孟德尔的遗传"显性定律",科学家证实,生物的颜色、大小等某种相对性状,受一对特定的等位基因控制,这些基因之间存在显性和隐性的关系。日本专家通过最新研究,揭示了植物显性遗传的性状通常是优势性状的原因。

日本奈良尖端科技大学和东北大学等机构组成的联合研究小组,2006年2月在《自然·遗传学》杂志网站上发表论文说,在植物从"双亲"处获得遗传性状的过程中,处于劣势的基因通过化学变化不再发挥作用、只有优势基因才表达的机制,是产生杂交优势的原因之一。

联合小组选择一种与芜菁同科的植物作为研究对象,这种植物采取异花授粉,就像人类避免近亲结婚一样。研究人员着眼于这种植物的一种基因,该基因能帮助区分来自自身的花粉,从而避免自花授粉。研究人员发现,在具有上述功能的一对等位基因中,如果有一个基因属于劣势基因,在植物获得遗传性状的过程中,一种碳氢化合物就会附着到这种劣势基因上,发生称为"甲基化"的化学变化,控制基因表达的部分,从而抑制劣势基因的表达。

(3)从南极草中发现一种抗冻基因。2006年4月10日,澳大利亚维多利亚州拉特比大学的戈尔曼·斯格伯克教授、维多利亚州技术创新部负责人约翰·博伦等人组成的一个研究小组宣布,他们发现一种能让南极草在零下30℃的环境中生存的抗冻基因。抗冻基因的应用,有望使农作物经受住严寒的冰霜,由此可避免每年几百万美元的农业经济损失。

抗冻基因又称冰结晶抑制基因。斯格伯克介绍说,他们是从一种移居南极洲半岛的叫南极草中,发现这种抗冻基因的。抗冻基因能够保证植物阻止冰水结晶生长,具有抗冻基因的植物,可以在冰封的环境中存活,并具有让冰融化的能力。同时,研究人员就这种抗冻基因,对农作物进行转基因移植试验,发现转入抗冻基因的作物,显示出较好的抗冻特性。斯格伯克说,转基因试验情况说明,抗冻基因可以广泛用于改进农作物和树木的抗冻性能。

维多利亚州技术创新部负责人约翰·博伦比表示,有关抗冻基因的发现与应用,将有助于避免农作物因冰霜而造成的经济损失。目前全球每年有5%~15%的农业产量损失,是由于冰霜引起的。随着对抗冻基因功能的深入研究,可以预计,人们在未来几年内,将会更多地看到,有关农作物抗冰霜技术的进一步开发与应用。

(4)用基因突变的诱变育种技术替代转基因农作物。2010年9月,法国媒体报道,欧洲民众对转基因食品的接受程度很低,对转基因食品的安全性和对环境的威胁心存担忧。而诱变育种过程相对单纯,不会像转基因生物技术那样,打破生物自然进化的常规。

法国采用植物诱变育种技术,培育农作物优良品种,已有近80年历史。诱变育种农作物与转基因农作物不同,主要利用物理或化学的因素来处理作物,使其发生基因突变。基因在某些外界环境条件如温度骤变、各种射线等作用下,或者作物内部因素如异常代谢物等发生变化,DNA在复制过程中会发生局部变化,从而改变遗传信息。基因突变,是作物变异进化的根本来源,为作物进化提供了最初的原材料。

诱变育种技术在提高农作物产量、保持土地肥力及保护环境方面,都有很大优势。比如,法国近年通过诱变技术选育的油葵,由于基因突变,对咪唑啉酮类和磺酰脲类除草剂,均产生了耐受性,因此有效抑制了杂草生长。在收割完油葵后,只需对农田翻耕除草即可,与之前农民播种时盲目撒药相比,每公顷农田除草剂用量可以减少2/3。目前,欧洲共有100多万公顷农田种植着诱变育种农作物,法国有数万公顷诱变农田。

二、植物光合作用研究的新进展

1. 植物光合作用研究的新发现

(1)发现植物合成能量过程能够促进光合反应。2004年6月3日,日本九州大学鹿内利治副教授,与奈良尖端科学技术研究生院大学田坂昌生教授领导的研究小组,在《自然》上发表研究成果称,他们发现了,在植物生长合成能量的反应路径中,对光合作用发挥重要影响的物质,有助于通过基因技术培养优良品种。

植物为了合成能量,在传递从水中提取电子的同时,促进光合反应。为此,存在传递电子和促进循环的路径,其中对于循环路径的功能人们不太清楚。

研究人员把目光集中于,与"PGR5"蛋白质和多种蛋白质复合而成的"NDH"相关的循环路径,通过基因技术合成这两条路径不起作用的荠菜,结果发现荠菜不能产生光合作用,因而无法正常生长。

在此之前进行的实验中,"PGR5"和"NDH"相关的循环路径,其中有一条不起作用,对植物光合作用没有太大的影响,因此,人们误认为两条路径均与光合作用无关。新的研究成果,不仅证明这两条路径均与光合作用有关,同时证明电子传递路径,也对光合作用有很大影响。

(2)发现植物体内光合作用"单位"的立体结构。2014年12月,日本冈山大学和日本理化研究所共同组成的研究小组,在《自然》杂志上报告说,他们明确了植物体内一种光合作用"单位"的立体结构。这一发现,将有助于模拟植物光合作用的技术研发,有望为解决能源问题提供新思路。

植物叶绿体内的光系统Ⅱ是一种光合作用"单位",它是蛋白质和催化剂的复合体,能够吸收太阳光的能量,将水分解为氧和氢离子。

该研究小组曾用大型同步辐射光源SPring8,研究过光系统Ⅱ内的催化剂结构,但由于长时间辐射导致该催化剂受损,未能明确其准确结构。

此次,研究小组用高性能X射线自由电子激光装置SACLA,详细分析了光系统Ⅱ,发现这种光合作用"单位",由19个蛋白质和含锰催化剂组成,并确定了其立体结构。

研究人员表示,光系统Ⅱ中的催化剂,外形犹如一把扭曲的椅子,能有效分解水。这一发现,将为开发用于人工光合作用的催化剂提供参考。比如,若能开发出把太阳能高效转变为化学能或电能的人工光合作用,就有望在环保汽车的燃料电池等领域得到应用。

(3)发现热带雨林中树木越高光合作用能力越强。2015年2月12日,日本森林综合研究所,主任研究员田中宪藏等人组成的研究小组,发表公报称,他们通过对热带雨林中植物的光合作用能力,进行大规模调查后,首次确认在雨量丰富的热带雨林中,越高的树木光合作用能力越强。

这一发现,不仅有助于提高推算热带雨林固碳能力的精确度,还有助于推测将来的气候变化会对热带雨林产生什么样的影响。

热带雨林拥有丰富多样的生物,从昏暗的地表到日照强烈的树冠,形成了复杂的系统。因此,详细调查热带雨林植物的光合能力非常困难。不过,由于日本科学技术振兴机构,在马来西亚兰卑尔山国家公园,设置了85米高的研究用塔吊,研究人员得以观测从地表一直到 60 米高的树木顶端。

2005—2007 年,田中宪藏等人乘坐悬挂于塔吊的吊舱,测定了森林从地表附近,到树木顶端部分的树叶,吸收二氧化碳的速度。在对高 1~50 米的 104 种树木的数据进行分析后,他们发现,越高的树木吸收二氧化碳的速度越快,光合作用的效率也越高。

这说明,热带雨林中越高的树木固碳能力越强。能接受充分光照的树冠层高效进行光合作用,是热带雨林具有强大固碳功能的原因之一。

此前的研究显示,在温带地区,越高的树木越难将水分输送到顶端叶片,因此,超过一定高度后,树木越高光合作用的效率反而越低。

研究人员认为,热带雨林中高大的树光合作用不降低,与这里全年湿润的气候有关。虽然白天叶片为了吸收二氧化碳而打开气孔,导致大量水分丧失,但是天亮前就能补充水分,因此即使是很高的树木,也不会出现光合作用变弱的情况。

(4)发现调控植物光合作用的新"开关"。2015 年 4 月,美国密歇根州立大学光合作用和生物能学特聘教授大卫·克莱默领导,该校研究员德塞拉·斯特兰德为主要成员的研究小组,在美国《国家科学院学报》上发表研究成果称,他们发现了一个调控植物光合作用的新"开关",这将有助于提高作物和生物燃料的产量。

植物通过光合作用来储存太阳能,这些能量以两种方式被储存,用于植物的新陈代谢。植物吸收的能量必须与新陈代谢所消耗的能量均衡,否则植物将开始产生毒素,如果种植者不及时处理这种情况,植物就会死亡。

研究小组重点研究了当光合作用生成的能量输出,与植物消耗的能量达不到均衡时发生的问题。他们研究发现,植物产生的毒素中有一种叫过氧化氢的物质,是激活一条光合路径的信号,这一路径被称为循环电子流(CEF)。

克莱默说,确认这个"开关"的功能,有助于提高植物产量、增强植物对环境的适应力,从而缓解在气候变化条件下全球对于食品和燃料的需求压力。他接着说:"未来 30 年,我们需要显著提高粮食产量,以满足不断增长的全球人口,以及可能影响作物产量环境变化的需求。"

斯特兰德说,虽然科学家对循环电子流进行了广泛研究,但仍然对这个植物中的电子传递路线知之甚少。为了满足植物细胞不断波动的需求,类似循环电子流这样的光合路径,必须能够迅速连通和断开。

斯特兰德表示,为满足全球对食品和燃料的需求,而对植物和藻类的新陈代谢进行修改,就必须了解光合作用的过程,以及根据需要如何进行调整。她说:"简单地增加植物吸收的太阳能,而不保持它与新陈代谢的均衡,可能会适得其反,甚至导致细胞死亡。必须精细调节这一能量,并确保均衡。"

克莱默说:"要提高植物的产量并不容易,部分原因在于光合作用涉及生物学中一些最具活性的化学物质,是一个极不稳定的过程。我们知道循环电子流,是光合作用中的一个重要过程,尤其是在植物处于干旱、寒冷或者炎热等环境下,但我们不知道它是如何调控的。不过,现在我们已经掌握了触发光合作用的一个要件。"

2. 开发人工光合作用技术的新进展

(1)用计算机模拟植物光合作用的新方法。2007 年 11 月,有关媒体报道,美国伊利诺伊大学的研究小组,在实验室成功地用计算机,模拟了植物的光合作用,并据此培育出品种更加优良的植物。这种新植物不需要额外增加养分,就可以长出更茂盛枝叶和果实。

光合作用是植物、藻类和某些细菌利用叶绿素,在可见光的照射下,将二氧化碳和水转化为葡萄糖,并释放出氧气的生化过程。植物之所以被称为食物链的生产者,是因为它们能够通过光合作用利用无机物生产有机物并且贮存能量。通过食用,食物链的消费者可以吸收到植物所贮存的能量,效率为 30% 左右。对于生物界的几乎所有生物来说,这个过程是它们赖以生存的关键。而地球上的碳氧循环,光合作用是必不可少的。

研究人员介绍说,他们首先建立了一个可靠的光合作用模型,以便精确模拟植物对环境变化的光合反应。接着,对模型进行编程,以随机改变光合作用过程中每种蛋白酶的含量水平。然后,模型运用"进化算法"搜寻各种酶,以提高植物的产量。

(2)用纳米材料开发出人工光合作用技术。2010 年 4 月 23 日,韩国科学技术院新材料工程学系教授朴赞范率领的研究小组,在德国著名纳米学术杂志《微小》(Small)的网络版发表论文称,他们利用纳米材料,成功地开发出人工光合作用技术。

研究人员仿效自然界的光合作用,利用纳米大小的光感应材料,将光能转换成电能,由此产生氧化还原酶反应。简而言之,这是一种利用光能生成精密化学物质的技术。这种人工光合作用技术,有望成为绿色生物工程研发的开端,凭借该技术,能够利用太阳能,生产具有高附加值的各种精密药品。

朴赞范说:"当前,全球面临着地球变暖、化石燃料日渐枯竭的问题。人工光合作用技术的优点,是以取之不尽的太阳能为材料,在不排出二氧化碳的情况下合成化学物质。因此,该技术有望被广泛利用。"此外,该技术还为氧化还原酶的产业化应用,提供了良好平台。

3. 从基因学角度研究植物光合作用的新成果

编制出植物光合作用的蛋白质目录。2011 年 6 月出版的《生物化学杂志》,发表美国卡内基学院、加州大学洛杉矶分校与美国能源部联合研究院共同完成的一项成果,他们利用先进的计算机工具,分析了 28 种植物中与光合作用相关的基因组,编制出与光合作用有关的 597 个编码基因蛋白的详细目录,从而可更好地从基因学角度,研究支撑植物生理与生态的各种生物过程。

这 597 个来自植物和绿藻基因组的编码蛋白,称为 GreenCut 蛋白质,是光合生物特有的蛋白。其中286个是当前已知的功能蛋白,剩下的311个尚无法与特定的生物过程联系起来。

叶绿体是进行光合作用的工作间,有52%的GreenCut蛋白质位于叶绿体上。目前人们普遍认为,叶绿体是从一种能进行光合作用的单细胞细菌——藻青菌进化而来。大约15亿年前,藻青菌被更加复杂的、不能进行光合作用的细胞所吞噬,两种生物之间形成了最早的共生关系。在进化过程中,藻青菌将它的大部分基因信息转移给了宿主生物的细胞核,丧失了独立生存能力。这种基因减退的藻青菌是叶绿体的基础,却保持了它的光合作用能力和某些基本的代谢功能,如合成氨基酸和脂肪。叶绿体中发生的这些过程,也必须和其他代谢过程紧密结合在一起。

最近发现的证据表明,并非所有的GreenCut蛋白质都在叶绿体上,许多参与光合作用的GreenCut蛋白对于植物其他功能作用也起着关键作用,可能涉及新陈代谢调控、DNA转录控制、线粒体产生能量、过氧物酶体(能净化室内空气)等细胞器正常功能的发挥。研究人员进一步扩展研究范围之后,还发现,在古老的藻青菌、红藻及硅藻等其他单细胞藻类中,也保留了多种GreenCut蛋白质。

三、植物生理研究的新进展

1. 研究植物生理现象的新发现

(1)发现植物能通过装病躲避虫害进攻。2009年6月,德国拜罗伊特大学植物学家组成的一个研究小组,在《进化生态学》杂志上发表论文称,他们在南美洲的厄瓜多尔发现了一种会假装生病的植物,这种植物以此来躲避一种名为矿蛾的虫害,因为矿蛾只吃健康的树叶。这是人类首次发现能够模仿生病的植物,同时也解释了为什么植物叶上会出现色斑的常见现象。

研究人员认为,色斑是园艺工人经常面对的问题,曾出现在许多种植物身上。杂斑植物的叶子表面,会出现不同颜色的斑块,成因则各不相同。其中最常见的一大原因,是由于叶细胞中缺乏叶绿素,同时丧失了光合作用的能力,叶子会变成白色。

从理论上讲,植物叶子一旦生有斑块就会处于不利的局面,因为这说明其光合作用能力削弱了。然而,德国研究人员却在偶然中发现事实不尽如此。与此相反,一些长有色斑块的植物,是在假装生病以避免被虫子吃掉,反而变劣势为优势了。

德国研究小组,在对厄瓜多尔南部丛林中的林下叶层植物,进行研究时注意到,一种名为"贝母"的植物身上,绿叶要比斑叶遭受虫子啃咬的多得多,矿蛾会将卵直接产在树叶上,新出生的毛虫会大肆吞噬树叶,并在身后留下一条长长的破坏过的白色痕迹。

对此,研究人员不禁怀疑它们是借此阻止矿蛾在其叶子上产卵。为了证实上述想法,研究人员在数百片健康树叶上,用白色修改液模仿斑叶的外观。三个月过去后,他们再次评估被矿蛾毛虫咬噬的绿叶情况,绿叶、斑叶和涂有白色修改液的绿叶三种情况下,后两者的情况相似,看上去长斑的树叶和斑叶一样,遭受矿蛾侵害的程度和频率要轻得多、少得多,其中出现在绿叶上的频率为8%,出现在斑叶上是1.6%,出现在用涂改液伪装的绿叶上为0.4%。

研究人员对这一结果表示相当惊讶,他们认为,正是植物本身出于需要假装生病,并长出斑叶以模仿那些真已被矿蛾毛虫咬过的样子。这一招,可以有效地阻止,矿蛾在叶子上产卵或继续产卵,因为害虫会认为之前的幼虫早已吞掉了这些叶子的大部分营养。在植物株上绿叶与斑叶共存的事实说明,两者在它的演化的长期过程中,都发挥了重要作用。斑叶上光合作用的缺失,可能正好与其不易被害虫攻击相抵消,研究人员相信,斑叶能在野生植物环境中生存下来,表明它具备一定的选择有利性。

(2)发现阻碍植物生长素合成的抑制剂。2010年3月,日本理化学研究所和农业食品产业技术研究机构,以及东京大学组成的联合研究小组,在《植物和细胞生理学》杂志上发表论文称,植物生长素是一种植物荷尔蒙,能够促进植物根系和果实生长,控制植物发育的所有阶段。近日,他们首次发现阻碍植物"生长素"生物合成的抑制剂。

联合研究小组,对模型植物拟南芥的遗传发现类型,进行大规模的破解,并对获得的数据进行分析,以寻找可控制植物荷尔蒙作用药剂,结果发现了妨碍生长素生物合成的候补化合物AVG和AOPP。研究小组,通过对这些化合物的功能,进行深入研究后,确认了阻碍生长素生物合成的物质。

研究人员表示,利用植物生长素生物合成抑制剂,可培育出以前无法实现的生长素缺乏状态的植物,这将为研究生长素的机能,及其复杂的生物合成路径,提供思路。目前,植物生长素的研究,尚限定于模型植物,未来可将研究范围扩展至农作物等高实用性作物。有朝一日,开发出控制植物生长的新药和技术,开拓出崭新的农业栽培技术,将对促进农业生产起到关键作用。

(3)发现植物能为授粉者提供食物奖励的授粉新方式。2014年7月,一个植物学家组成的研究小组,在《当代生物学》期刊网络版上发表研究成果称,厄瓜多尔和哥斯达黎加的山间隐藏着一种不同寻常的植物,它的花为了授粉,会为来访的鸟儿提供糖衣包裹的酬劳。

研究人员爬上陡峭的山坡,在这种花生长的树上安装了摄像机,把花儿向来访小鸟抛出糖衣包裹的过程记录了下来。

从录像中可以清楚地看到,这些提供给小鸟的糖衣包裹呈球形,是色彩明亮的植物附器,其中含有高浓度糖分和柠檬酸。它们主要附着在这种植物的雄蕊上。但是,一旦鸟嘴压下来,这种"弹簧"器官,会把其海绵状组织中的空气压入雄蕊内部的贮粉室。

于是，花粉会向外"爆炸"，喷到不知情的鸟的嘴部或前额上。当鸟儿掠过另一棵树时，它们会把花粉传授到其他花朵的雌蕊上。这是科学家首次发现，开花植物用生殖器官为授粉者提供食物奖励。

研究小组推测，这种植物在进化出"弹簧"功能之前，其球形器官看上去就十分像植物果实，从而愚弄鸟儿去吃它。

（4）发现植物体内也存在"信息通道"。2014年10月，日本名古屋大学松林嘉克教授领导的研究小组，在《科学》杂志上报告说，他们研究发现，看起来一动不动的植物，体内实际上也存在强有力的"信息通道"，能帮助它巧妙地适应环境。如果植物一部分根周围的养分不足，觉得"饥饿"了，就会通知其他部分的根抓紧吸收养分，从而使植物整体获得充足养分。

氮是植物从土壤中吸收的一种重要无机养分，植物通过根部从土壤中吸收硝酸离子等物质并分解出氮，从而制作出对生长来说不可或缺的蛋白质。但是，由于土壤中硝酸离子的分布并不均匀，植物有必要根据每条根所处的环境，调整吸收量，从而使整个植株吸收的硝酸离子量保持最佳水平。

通过分析植物拟南芥的基因，发现在拟南芥根部，有一种被称为CEP的肽类激素分子，而在拟南芥的叶片中，则存在着CEP的受体。

研究人员发现，如果拟南芥根部感觉到氮特别少，出现"饥饿感"，"CEP"激素的表达就会随之急剧上升，并通过植物体内的导管传递给地上部分的叶片，叶片中的CEP受体接收了CEP激素后，就会向整个植株发出"缺氮"的信号，这种信号传递到根部，促使周围环境中尚存留着氮的根更好发挥作用，加紧吸收硝酸离子中的氮，从而弥补因一部分根的"氮饥饿"导致的养分不足。

研究人员说，所有植物都应该具备这种适应氮环境变化的巧妙机制。氮对植物的生长和收获有很大的影响，一些农场经常施加过多的氮肥，不仅导致环境问题，还导致食物价格上涨，如果能够加强植物体内这种信号传递的功能，就能够更好地吸收氮，从而培育出以最小限度的氮肥，就能实现正常生长的农作物。

（5）发现蕨类植物的性别比例是通过合作决定的。2014年10月24日，植物学家军牧田中及其同事组成的研究小组，在《科学》杂志上发表研究成果称，他们发现，个体蕨类植物群落，通过一种复杂的化学信息联系系统，来维持最佳的雄性和雌性平衡。

在日本攀缘的蕨类植物中，植物荷尔蒙吉贝素会促进雄性器官的发育。早熟的蕨类植物会表达某些启动需要但完成不需要的产出吉贝素的基因，这使得它们处于雌性状态。但是，由那些蕨类植物表达的该吉贝素前体受到了修饰，并接着释放到了环境之中，在环境中，该激素被那些成熟较晚的蕨类植物吸收。这些晚熟的个体会表达"解码"这一前体所需的酶，并完成吉贝素的合成以产生雄性器官。

这项成果，如同太平孙在一篇相关文章中所讨论的，人们需要做进一步的研究,来查明这类个体之间的化学信号传导,是否会帮助确定其他类型植物种群中的性别比例。

(6)发现柳树是高性价比的土壤污染"清洁工"。2014年12月,芬兰媒体报道,东芬兰大学植物学家艾凯·菲尔拉主持,成员来自芬兰和俄罗斯的研究小组发现,使用柳树来修复土壤污染,是"高性价比"的方法。不同的柳树品种,具有不同的土壤修复能力。在修复过程中,木灰等其他"副产品"能被用来控制土壤酸化的程度。

研究小组对在芬兰和俄罗斯受污染的土地上生长的柳树,进行研究发现,使用诸如柳树这样的阔叶树木修复土壤污染是低成本、高效率的。

菲尔拉说:"这是一种高性价比的净化和修复土壤污染的解决方案。不需要移动土壤,有害的物质会在植物的帮助下,自然地从土壤中提取出来。此外,在这个过程中,生长的木质生物质,可以被用作能源生产和生物炼制的原材料。"

这项研究的实验,分别在芬兰和俄罗斯的矿区和实验室里进行。菲尔拉解释道:"我们的研究,需要耗费好几年的时间来监测土壤的修复能力。然而,基于现有的发现,我们可以预期,在有利的条件下,柳树能够清除土壤中沉淀了6年的锌、沉淀了10年镍以及15~50年积累的铬和铜。"

柳树能在受到铅、锌、镍、铬和铜污染的PH值介于3.7~4的酸性土壤中生存。受污染的土壤的酸度能够被控制,比如,富含氮和钙的木灰等其他副产品,能够被用来控制土壤的酸度。

值得注意的是,不同的柳树品种,具有不同的土壤修复能力。经过两年的生长期,在蒿柳样本上观察到了最好的生存状态。另一方面,蒿柳和细叶蒿柳的杂交而产生的植物是最佳的木质的生产者,每公顷生产2.9吨固体物质。高酸度土壤对作物的生长不利,但是在20厘米深的表层土壤,播撒木灰和生石灰的混合物,确实能提高作物的存活能力和加快其生长速度。

(7)发现一种可助植物耐高温的物质。2015年1月,有关媒体报道,日本神户大学山内靖雄教授领导的研究小组发现,叶片气味的主要成分"2-己烯醛",能提高一些蔬菜的耐高温性。这有助于在全球变暖条件下,培育耐热农作物。

很多植物有潜力耐受四五十摄氏度的高温,但在常温状态下,其忍受高温的机制处于关停状态。如果温度急剧上升,植物应对高温的调节机制就来不及做出反应,导致植株生长迟缓。

该研究小组指出,很多植物的叶片,在断裂后会大量生成一种名为2-己烯醛的挥发物,它是叶片气味的主要成分。这种物质在植物遇到高温环境时也会集中出现,此后它便如同导火索一般"引爆"植物机体的应对机制,修复因高温而受损的蛋白质,让植物逐渐耐受高温的考验。

在实验中,研究小组用含有2-己烯醛的制剂,喷洒十字花科植物拟南芥,然后把它放入室温45℃的房间两小时。结果,与没有喷洒2-己烯醛的拟南芥相比,前者的存活率高出60%。在其他类似实验中,喷洒了2－己烯醛的黄瓜、草莓、西红柿植株的收成,均高于未喷洒该制剂的蔬菜水果。

研究人员说,2－己烯醛来自植物本身,其制剂容易被商家和消费者接受。为使这种制剂早日达到实用化水平,该研究小组正与企业一起开发相关技术。

(8)发现叶绿素能帮助植物加强自我防御。2015年2月,北海道大学、京都大学等机构组成的一个研究小组,在美国《植物生理学》杂志网络版上报告说,他们发现,某些植物在遭受昆虫啃食,植物细胞在昆虫体内被破坏时,其叶绿素能变为一种对昆虫有害的物质,进而抑制以植物为食的昆虫繁殖。

科学家很早就知道,植物细胞中的叶绿素酶,能把叶绿素转化成叶绿素酸酯,但它对植物发挥着怎样的作用难以确认。

研究人员说,他们在研究拟南芥时发现,叶绿素酶存在于细胞内的液泡和内质网中。在植物被昆虫啃食,细胞被破坏时,叶绿素酶能立即将叶绿素转化成叶绿素酸酯。用含有叶绿素酸酯的饲料喂食蛾子幼虫后,幼虫的生长受到遏制,死亡率也会提高。

研究人员利用基因技术,提高拟南芥细胞内叶绿素酶的含量后,发现吃了这种叶片的斜纹夜蛾幼虫的死亡率提高了。他们认为,叶绿素酸酯比叶绿素更容易吸附在幼虫消化道内,因此有可能妨碍幼虫吸收营养。

拟南芥是农作物培育研究方面的一种模式植物,它的很多基因与农作物的基因具有同源性。因此上述研究成果显示,用于光合作用的叶绿素,能被某些植物用于防御,这将有助于弄清植物和农作物的部分防御体系。

(9)发现一种能防止植物吸收放射性铯的化合物。2015年3月,日本理化学研究所对当地媒体宣布,由其成员组成的一个研究小组,发现一种化合物,能有选择性地与铯结合,防止植物从根部吸收放射性铯。这一发现,将有助于开发出减少植物吸收放射性铯的新技术,也有助于减轻福岛核事故导致的污染。

自2011年以来,福岛第一核电站泄漏了大量放射性物质,特别是铯137污染了大片农田。由于铯137的半衰期约为30年,且能与土壤中的黏土和有机物强烈结合,即使事故已过去4年,很多污染严重的地区仍然无法种植农作物。此外,植物吸收放射性铯之后,还会出现叶片变白、根部生长受阻等现象。

研究人员调查了日本民间企业保存的约1万种化合物,寻找能够提高植物对铯的耐性的物质,最终发现一种称为"CsTolen A"的有机化合物具有这种功能。他们向混合了放射性铯的培养基中,加入这种化合物后,再用其培养拟南芥,发现CsTolen A能显著降低拟南芥内的铯蓄积量,而且拟南芥没有出现叶片变白、根部生长变差的现象。

研究人员向种植在土壤中的拟南芥添加这种化合物,也成功抑制了拟南芥对铯的吸收,并且避免了铯对拟南芥生长的不良影响。研究人员说,CsTolen A对生态系统无害,但是其能否长期保持稳定还不清楚,所以还不能立即将其撒到农田中。

2.研究植物生长机制的新发现

(1)揭开海洋植物生长机制的一些秘密。2006年9月,有关媒体报道,由美国宇航局资助的一项研究表明:利用一种新技术,研究人员可以确定,到底是什么因素,限制了海洋藻类或浮游植物的生长机制,以及这种生长机制如何影响地球气候。

浮游植物是海洋微生植物,是海洋食物链的重要组成部分。一旦掌握限制它们生长机制的因素,研究人员就可以更好地理解生态系统如何响应气候变化。而该项研究的焦点是太平洋热带区域的浮游植物,它们在调节大气中二氧化碳和世界气候中起到关键作用。该地区也是大气中二氧化碳的最大来源。

俄勒冈州立大学的植物生态学家迈克尔·柏仁菲尔德表示:我们发现氮是太平洋热带区域北部地区,海藻生长和进行光合作用主要缺乏的一种元素,而铁却是普遍都缺乏的一种元素。研究人员发现,当浮游植物由于缺乏铁元素而承受压力的时候,看起来更绿、更健康。一般地,越绿的植物生长得越快。然而,当缺乏铁元素时,绿色加重并不意味着浮游植物生长得更好。实际上它们承受着压力,而且并不健康。以上这些研究结果,解释了看起来很健康的浮游植物,实际上并不健康的原因。

对于太平洋热带区域来说,修正这种"铁影响",使得研究人员对于该地区的海洋植物进行光合作用时,所利用的碳量低估了大约20亿吨。这个数字表示,研究人员以前认为滞留在大气中的大量碳正在被除去。

关于浮游植物健康假象的研究结果,使得研究人员利用计算机模型,更精确地重建了世界上的碳循环过程。利用这个模型,资源管理者可以更好地了解碳汇和碳源的情况,以及利用和产生碳的娱乐业、工业和商业的影响。研究人员可以更好地将地球作为一个生态系统进行理解,并在未来的计算机模拟、分析和预测中将这些结果联系起来。

在该项研究中,美国宇航局的海洋观测全视场传感器卫星数据,起到关键的作用,而该研究的基础,还是船载荧光测量技术。当植物吸收阳光,并把一部分阳光以红光的形式反射出去时,就产生了荧光。在1994年到2006年,研究人员沿着36040英里的航线,进行大约14万次测量。结果发现,当浮游植物缺乏铁元素的时候,它们会发出更多的荧光。研究人员就利用这种方法,确定哪部分海洋缺乏铁元素、哪部分海洋缺乏氮元素。

(2)发现可刺激农作物增产的新机制。2014年1月,英国杜伦大学农作物改良技术中心副总监阿里博士牵头,他的同事,以及诺丁汉大学、洛桑研究所和华威大学有关人员参加的一个研究小组,在《发育细胞杂志》上发表研究成果称,他们发现,植物中存在一种即使在恶劣环境下仍能刺激其生长的自然机制,由此可以潜在增加作物产量。

在不利的自然条件下,例如缺水或土壤含盐量高,为了节省能源,植物会自动减缓其生长速度,甚至停止生长,它们通过抑制植物生长的蛋白质达到这种效果。与这个过程反向的是,植物产生一种激素即赤霉素,可打破这种抑制生长的机制。

研究人员通过对生长在欧洲和中亚的阿拉伯芥,进行植物建模研究发现,植物具有另外一种在环境压力下可调控其自然生长的能力,即植物能产生一种称为SUMO的蛋白质改性剂,与抑制生长的蛋白相互作用。他们认为,可通过植物育种和生物技术等方法,修改改性蛋白和阻遏蛋白之间的相互作用,移除让植物停止生长的机制,从而带来更高的产量,即使植物在遇到压力时也是如此。且这种机制也存在于大麦、玉米、水稻和小麦等作物之中。

阿里博士认为,这一发现,可能是一种重要的帮助作物提高产量的手段。他说:"我们所发现的是一种分子机制,即在不断变化的环境条件下,可以稳定限制植物增长的特定蛋白水平。这种机制独立于赤霉素激素发挥作用,意味着即便在一定压力下,我们也可以利用这种新方法促进植物生长。"

新研究对于农民无疑是个福音。特别是面临不利的条件,利用这种机制可以促进农作物保持较大产量,实现可持续集约化生产,带来更大收益。

(3)揭示猪笼草"捕虫袋"的形成机制。2015年3月,日本自然科学研究机构基础生物学研究所,与东京大学等机构组成一个研究小组,对当地媒体宣布,他们弄清楚了猪笼草"袋子"形成的机制,这一成果,将有助于改造作物和花卉。

猪笼草是著名的捕虫植物,它们长着管状或壶状的"袋子",用于捕食虫子和吸收营养。不过,这种独特的"袋子"是怎么形成的,却一直是个谜。研究人员说,猪笼草的"袋子"其实是袋状的叶子,其中储存有消化液。猪笼草把掉到消化液中的小虫子作为营养来源。

研究人员,利用扫描电子显微镜,观察一种猪笼草叶片的发育过程。他们发现,造成猪笼草叶片独特形状的主要原因,是叶片细胞分裂的方向,不同于植物通常拥有的扁平叶片。

扁平叶片的细胞分裂方向,相对于叶片表面来说是垂直的。而猪笼草叶片的尖端和常见的扁平叶片的细胞分裂方向相同,但是在叶片根部,中央部分的细胞却是以与叶表平行的方向发生细胞分裂。叶片尖端部分和根部不同的成长方式结合在一起,就形成了袋状叶子。

3. 发明观察植物生理现象的新技术

(1)发明观察植物细胞壁的新方法。2010年7月,美国能源部劳伦斯·利弗莫尔实验室、劳伦斯·伯克利国家实验室以及国家可再生能源实验室的研究人员联合组成的一个研究小组,在《植物生理学》杂志发表研究成果称,他们为了更好地把植物转换成生物燃料,采用不同的显微方法,深入到百日草叶片细胞的深处,在纳米尺度研究出这种常见花园植物的化学成分和植物细胞壁结构。

百日草是一年生草本植物,茎直立粗壮,上被短毛,表面粗糙。叶形为卵圆形至长椭圆形,叶全缘,上被短刚毛。头状花序单生枝端,梗甚长。其幼苗的叶片为深绿色,含有大量的叶绿体和丰富的单细胞,可在培养液中生长数天。在培养过程中,其细胞形状会发生改变,形成管状细胞,负责把水和矿物质从根部运输到叶片。其木质部含大量纤维素和木质素,是近年来生物燃料的研究重点。

纤维素是一种多糖,在酶的作用下可分解为醇类及其他化学成分,可替代燃料。要想使相关反应有效率,需在多个空间尺度上了解反应发生的进程。而要想获取糖,还必须想方设法,克服由细胞壁木质素纤维素结晶所提供的疏水保护。植物有两种重要的聚合物,统称为木质纤维素,难于溶解,耐化学试剂和机械破损,是植物的结构组织。细胞壁的木质素极难被打破,因此科学家需要对细胞壁组织有着透彻的了解,才能确定最佳的方法来打破它们。

过去,人们对植物细胞壁详细的三维分子结构知之甚少。此次,研究人员利用原子力显微镜、荧光显微镜及以傅氏转换红外线光谱分析仪等不同的显微方法,得以详细研究百日草的细胞、细胞亚结构以及细胞壁组织的精细结构,甚至可对单细胞进行化学成分分析。这对评估植物的各种化学反应和酶处理,具有十分重要的意义。

研究人员表示,拥有在纳米尺度观察植物细胞表面的能力,并结合化学成分分析,可以大大提高人们对细胞壁分子结构的理解。同时,高分辨率的结构模型,对于将生物质转化为液体燃料至关重要,可以加快人类利用木质纤维素生产生物燃料的进程。

(2)发明用来观察控制植物生长基因的计算机视觉技术。2012年2月,有关媒体报道说,现在,计算机视觉技术被赋予更广泛的科研职能,正在研究控制植物生长发育的基因性状方面,发挥着作用。在美国威斯康星大学麦迪逊分校植物生理学家埃德加·斯波尔丁的植物实验室里,一些摄像头正对着许多笼罩在红色光线下的培养皿。这些器皿中种植着玉米的种子,它们在最理想的红色光线下生长。这些东西只是过去5年中,斯波尔丁教授所拍摄的众多镜头之一。这组镜头拍摄的内容,是农作物如何在最理想状态下发育和茁壮成长的。

斯波尔丁利用受到特殊控制的照相机,对植物根部每30秒拍摄一张图片。此外,他还利用一个6英尺高的机器人摄像机,同时对多个植物根部进行拍摄。他说,如果对植物的特性不了解,就难以对它进行改良。他选择的方法,是通过观察植物生长发育的过程,来了解构成植物DNA的基因性状。他解释说,一种有效途径,是采集按基因的某些要求进行改变的植物图像,并通过检测这些植物不同的生长和发育情况,推断出那些导致这些变化的基因功能。

研究人员已经培育出许多具有不同遗传性状的玉米。他们针对不同植物,研制出许多拍摄方法。通过延时拍摄技术,得到的影像信息被输入计算机后,植物根部细胞生长率,以及根尖部的角度和弯曲度等,都可以根据一定的运算法则,得到精确计算和描述。

斯波尔丁认为,通过使用计算机视觉和机器视觉技术,跟踪植物生长和发育过程,可使人们清楚地观察到控制植物根部发育的基因。这些数据,对于进一步研究植物生长发育的规律和改良作物品种,具有非常重要的意义。

4.改造植物生理结构的新成果

设计含有木质素植物可崩解的细胞壁。2014年4月4日,一个由生物学家柯蒂斯·威尔克森领导的研究小组,在《科学》杂志发表研究成果称,他们为了使木质素易于分解,已在活体植物木质素内成功地添加了阿魏酸盐酶,这种酶可使植物木质素在使用过程产生可崩解的效果。

研究人员表示,因为极其渴望能够更容易地分解木质素,科学家们已经尝试了各种化学方法。而他们开发的这项新成果,正是关于这一领域展开研究的关键性进展。

木质素可保持植物处于直立状态,但它也会使得植物,在生物燃料生产过程中难以分解;在吃下苜蓿之后难以消化,而苜蓿是牛的一种重要的饲料作物。

提高木质素的可消化能力,将在诸多过程中降低所需的能量输入。在全球范围内,对改善该过程感兴趣的研究人员。一直对木质素感到困惑,他们尝试了无数的方法,来生产具有较弱、更容易被消化细胞壁(内含木质素)的植物。

先前的研究工作显示,木质素被组装的自然过程,即从一个被称作单体的单一分子池,装配成为一个较为复杂得多聚物链的过程,可通过设计从而并入那些新的并非木质素天然所有的单体。这种方法,激起了人们相当大的兴趣,即将木质素主干与可能增加其降解能力的单体浸在一起。研究人员发现,一种在木质素体外存在的,称作阿魏酸盐的酶,显得尤其有前途。

新研究成果显示,威尔克森研究小组,已经在体内用阿魏酸盐,第一次获得了真正的成功。为了获得在活体植物木质素内的阿魏酸盐复合物,他们必须先确定它已被添加到了木质素的生物合成池。首先,他们发现了编码阿魏酸盐酶的基因。接着,他们把它在白杨树的形成木质素的组织中进行表达。

应用木质素结构分析,研究人员观察到,以这种方式设计的白杨树样本,能够产生新的单体,把这些单体输出到细胞壁,并最终将它们吸收进木质素的主干内。在温室条件下,由此产生的白杨树没有在生长习性上显出任何的不同,但它们的木质素,却显示出改善了的可被消化的能力。设计出能在组装木质素时使用这种化合物的植物,可能是一条用以生产"专门进行解构"植物的新途径。

四、古今植物体研究的新进展

1.研究古代植物体的新成果

(1)成功培育出远古植物的植株。2012年3月,俄罗斯媒体报道,该国科学院生物物理和土壤生物学研究所,生物学家组成的一个研究小组,在远东科雷马河流域地下30米深的永冻层中,发现了细叶蝇子草植物的种子,并成功复活了这种3万年前的远古时代多细胞植物。

种子是被史前黄鼠,作为食物储备在类似于低温箱的地下洞穴中。洞穴的规格,如同西瓜的大小,洞内有植物残留物以及猛犸象、野牛等动物毛的垫层,中间是种子。由于3万多年来未受到周围环境,特别是水的作用,种子被完整保存下来。根据评估,在科雷马河流域,可以找到60万~80万颗这样保存下来的种子。

对于生物学家来说,冷冻保存下来的植物以及种子,是最具价值的远古植物信息源,其DNA片段承载的信息比化石多得多。研究所原打算直接采用找到的种子种植,但遭遇失败,后来使用这种植物种子中称为"胎盘组织"的物质,经过一年的努力成功培育出植株,培育出的植株具有繁殖能力,结出果实和新种子。

此前,以色列的生物学家,曾成功复活了2000年前的海枣树。俄罗斯的这项成果不仅震惊了全球生物界,而且打破了以色列科学家保持的这项纪录。

蝇子草植物为多年生小灌木,至今生长在科雷马河流域。生物物理和土壤生物学研究所将"复活"的植物,与现代植物进行比较,得出这种植物进化不大的结论。通过这类科研活动,该所将获得科雷马河流域植物进化特点的准确数据。

(2)从蕨类化石分析该类植物体的演化状况。2014年3月21日,生物学家本杰明·博姆夫联领导的一个研究小组,在《科学》杂志发表论文称,他们发现了一个1.8亿年前的蕨类化石,它的亚细胞结构得到了完整的保存,其中包括它的细胞核与染色体,这些非常类似于肉桂蕨类中的分株假紫萁。

这块古老的化石,是在瑞典南部发现的,它提示该蕨类植物体中基因组的大小,在数亿年中没有改变,它强化了王紫萁(属于分株假紫萁科)的"活化石"声誉。

该研究小组分析了这块蕨类化石,并解释了像这么纤细的细胞器,能够真的形成化石是多么罕见。他们提出该标本,可能是在其还活着的时候,通过热液卤在火山岩中得以保存的。

研究人员对该蕨类植物体形成化石的髓部,及皮层薄壁细胞的细胞核维度进行了测量,并发现它们与其仍然存活的亲族植物分株假紫萁的相应部分,十分相似。基于这些观察,研究小组提出,这种古老的瑞典蕨,在早期侏罗纪时期所含的染色体数及DNA含量,基本上与如今的紫萁科蕨相同,使得后者成为演化停滞的最重要例证。

(3)确认发现白垩纪植物化石。2015年1月,巴西科学院报告说,2012年在巴西北部发现的一块植物化石,最终被确认形成年代为1.2亿年前的白垩纪时期。

考古学家认为,这块化石对研究现今亚洲、非洲和美洲三大洲,约150个植物物种的起源,有重要意义。

这块植物化石,最早由巴西卡里里地方大学的研究人员,于2012年在巴西塞阿拉州内陆城市新奥林达市发现,但直到近日才被确定形成年代和价值。

据介绍,这一植物化石属于菝葜科,是迄今发现的最早的菝葜科植物记录。它存活于各大洲还联结在一起时的泛大陆,具体为白垩纪时期。

依据大陆漂移学说,泛大陆是约2亿年前全球大陆连成一体所形成的巨大板块,现今6大板块由泛大陆分裂而来,并漂移至当前位置。

2.研究现今植物体的新发现

(1)发现万年古树。2008年4月,有关媒体报道,瑞典于默奥大学的研究人员,在位于瑞典达拉那的浮露山上,发现一棵携带有9550年前遗传物质的云杉。由此推算,它是在约公元前7542年开始生根的。据考证这棵云杉是目前世界上现存最古老的树。此前,人们一直认为世界上最古老的树是在北美有4000多年树龄的松树。这棵树的发现,把活着的古树树龄延长了5000年。

(2)发现罕见的巨型食肉猪笼草植株。2009年8月,英国广播公司报道,英国自然历史探险者斯图尔特麦克·麦克弗森、原剑桥大学教授阿拉斯泰·罗宾逊,以及菲律宾布基农省沃尔克·亨利希三位植物学家组成的研究小组,在《生物学杂志》发表研究报告称,他们在菲律宾一处山峰,发现一种罕见的巨型"食肉"植物,形状体态宛如一个诱捕昆虫的陷阱,它的瓶状叶可以捕食昆虫等动物。这种植物是以前从未发现的猪笼草新品种,甚至可以把老鼠给"吃"掉。

早在2000年,两名基督教传教士,在对菲律宾最西部的巴拉望岛上的维多利亚山进行测量时,就曾经传出他们遇见过一种罕见的猪笼草植株。这激起了三位植物学家的极大兴趣,他们一直热衷于前往偏远地区寻找新物种。因此,在不久之前,他们在菲律宾进行了为期2个月的探险活动,其中包括试图在维多利亚山寻找传言中的巨型猪笼草。

在3名当地向导的陪同下,他们徒步走到山顶时,森林变得稀少,出现了灌木丛和大石头。就在此处,他们终于找到了这种罕见的猪笼草植株,以及他们无法鉴别的奇特粉红色蕨类和蓝色蘑菇。据麦克弗森回忆道:"在大约海拔1600米处,我们遇到了第一蔟巨型猪笼草,接着又发现了第二蔟,以及更多。显而易见,这是一种之前从未发现的新物种。"

在此次探险考察活动中,研究小组还发现了一种在野外"消失"了100年的猪笼草植株,此前仅有的这种物种标本,在1945年的一次火灾事件中,已经灰飞烟灭。

研究小组还把这种巨型猪笼草植株标本,添加到菲律宾巴拉望州立大学的植物标本集里,并把这种猪笼草以英国自然节目主持人、自然历史学家大卫·爱登堡名字命名。麦克弗森表示:"这种猪笼草是最大的食肉植物之一,它不仅能够诱捕昆虫,还能诱捕像老鼠之类的啮齿动物。"目前,这种植物尚没有大量生长,麦克弗森希望它所处的边远山区能够防止侵入者对它进行破坏。

五、热带雨林研究的新进展

1.探索热带雨林与全球气候关系的成果

研究表明热带雨林难以改变全球气候变暖的趋势。2014年12月16日,荷兰瓦赫宁根大学热带生态学家彼得·斯乐恩领导的一个研究小组,在《自然·地球科学》网络版上发表研究报告指出,热带雨林并不能够将人类从全球变暖中拯救出来。

科学家曾一直认为,随着大气中二氧化碳含量的升高,温室气体将促进光合作用,从而使热带以及其他地区的森林能够吸收并储存更多的碳。一些数据甚至表明,这种"碳肥"效应已经发生,同时许多气候模型假设这将有助于减缓全球二氧化碳水平的升高。然而,研究小组对来自玻利维亚、喀麦隆和泰国的树木年轮样本,进行新的分析指出,在过去的150年中,并没有出现树木生长突增的现象。

斯乐恩表示:"我们的研究说明,这些模型可能太乐观了。我们不能指望热带雨林在减轻气候变化方面帮助人类太多。"

在一片树叶的规模上,二氧化碳施肥的效应是有据可查的。在更高水平的二氧化碳浓度下,温室中的植物尽管长得更快,但同时对水的需求也减少了。更高的二氧化碳让植物减少了水损失,因为它们可以吸收足够的气体而不用再广泛地打开气孔。然而在生态系统规模上,事情就变得更复杂了,尤其在热带地区,这里有数千个物种相互影响,并且其他因素,例如营养物和降雨量,也会影响植物的生长。

为了搞清碳肥是否真的在自然界起作用,一些科学家在飞机、气球和观测塔上安装了传感器,旨在监视二氧化碳进出雨林树冠的任何净流动。有的人则在很多年里连续观测一小块林地,希望摸清树木的生长速度是否正在发生变化。而研究人员最雄心勃勃的计划是打算用额外的二氧化碳为一块林地"洗澡",进而测量树木的响应情况。

在二氧化碳稳步增加时,分析树木的年轮,为科学家提供了一种追踪数十年来树木生长趋势变化的方法。通过分析1100种树木中的碳同位素,研究人员发现的证据表明,随着时间的推移,这些树木实际上能够更有效地使用水,但却并没有发现树木额外生长的迹象。

这项研究的联合作者、瓦赫宁根大学热带生态学家彼得·醉特曼指出,或许碳肥现象确实发生了,但并没有生成额外的木材,而是在更多的新陈代谢中浪费了能量,或者将碳注入了短命的果实与花朵中。他说:"树木可以用额外的糖做各种各样的事情。"

但是,从事小块林地研究的科学家,似乎看到了树木生长增加的迹象,则对这项年轮研究表示不满。巴拿马城史密森热带研究所森林全球地表观测站站长斯图尔特·戴维斯表示:"依我之见,这是一篇令人不安的论文。"该观测站在全球24个国家拥有一个由61块林地构成的研究网络。戴维斯指出,在南美、中非和南亚的雨林季节性干旱外围采集的12种树木年轮,并不能代表整个热带雨林。

还有一个问题,就是选择性偏差。这项研究所涉及的最古老及最大的树木,其年轮横跨150年,可能在其年轻时获得了额外的优势,例如额外的阳光,从而使得这些树木生长得更加茂盛。而这很有可能遮蔽在其生命后期由于碳肥导致的生长突增。

即便碳肥能够影响森林生长,但其他一些因素,例如热量、干旱及养分有效性——都能够将其淹没。英国利兹大学热带生态学家西蒙·刘易斯表示:"我认为,关于未来碳沉降的规模,仍然有很大的不确定性。"

2. 研究亚马逊森林状态的新看法

(1)认为亚马逊森林正走向生物物理紊乱状态。2012年2月,巴西国家亚马逊研究所实施的"亚马逊生物圈—大气大规模实验"项目研究小组,在《自然》杂志刊登文章指出,巴西最近20年来在亚马逊森林科研方面,取得明显成果。他们最近的研究确认,亚马逊森林正在经历向生物物理紊乱状态过渡,其中包括水与能量周期在发生变化。

该科研项目始于20年前,其目的是加强对亚马逊森林生物、地理、化学等演变进程的了解。期间共发表了2000多篇有关科研文章和300多篇论文。

该科研项目揭示了影响高度复杂的森林系统的物理、化学和生物的过程,包括气候动力与森林生物固有的演变以及热量、能量、水蒸气和碳的相互作用。

参与此科研项目的巴西圣保罗大学教授保罗·阿尔达休称,亚马逊森林具有高度的回能能力,即恢复自身平衡的机制,可以使自身超越紊乱状态,回复到良好的自然状态,但同时,这一回能能力是有限度的。是否会超出限度,取决于人类对森林生态系统的影响。必须使这一脆弱的平衡得到保持,对亚马逊森林的利用不能影响生态系统的平衡。

有关研究显示,农业生产的扩大和气候变化,是造成亚马逊森林生态紊乱的主要原因。森林砍伐、秸秆焚烧、干旱、水蒸气蒸发、浮尘以及水循环等因素之间的相互作用关系,可以导致碳储存的流失,以及区域降雨和河流流量的改变。

(2)认为亚马逊森林一半树种可能会"灭绝"。2015年12月,英国东英吉利大学环境科学学院卡洛斯·佩雷斯教授等,来自21个国家158位科学家参与的一个研究团队,在《科学进展》期刊上发表研究成果警告说,亚马逊地区大约一半树木种类将濒临灭绝。他们最新研究显示,最高可达57%的亚马逊树种,可能已经达到了全球濒危水平。

如果这一研究结果得以确认,那么地球上濒危的植物种类,将增加1/4。几十年来,亚马逊地区的森林覆盖率一直在下降,但是对于个体树种所遭受的影响,人们所知甚少。

在这项研究成果中,科学家用将近1500份过去亚马逊地区的森林图,与现今的森林图进行对比后,预测了这一地区森林所遭受的损失,并估算了21世纪中叶有多少树种可能会消失。

研究发现,世界上树木种类最丰富的亚马逊森林,可能孕育着超过1.5万种树木。国际自然保护联盟的濒危物种红色名单,被认为是国际上评估植物和动物物种现状最全面、最客观的标准。按照这一标准,亚马逊地区 36% 到 57% 的树种,可能会被列为全球濒危物种。受到威胁的树木种类,包括标志性的巴西坚果树和可以用来生产巧克力的可可树等,还有一些连科学家都不认识的稀有树种。

佩雷斯表示,亚马逊地区的湖泊和水库,正面临大坝建设、矿物开采、火灾和洪水等多种威胁,只有这些湖泊和水库得到合理对待,才能防止这些濒危物种走向灭绝。佩雷斯说:"从某种意义上来说,这个研究结果,是在呼吁人类在亚马逊森林走向灭绝之前,投入更多力量,来抓住最后的机会,认识这一地区的树木多样性。"

3. 研究热带雨林多样性生态系统的新发现

(1)发现热带森林损失远超联合国预期。2015 年 2 月 25 日,美国马里兰大学帕克分校遥感科学家都亨·基姆主持的一个研究小组,在《地球物理学研究快报》上发表论文称,根据对卫星数据进行的一项最新分析,与 20 世纪 90 年代相比,在大部分的热带地区,21 世纪第一个 10 年的热带森林消失速度,比前者增加了 62%。

这项新研究,对包括巴西、印度尼西亚和刚果民主共和国等 34 个国家的情况,进行了调查。新的研究,否定了联合国粮食与农业组织于 2010 年得出的结论,即从 1990 年至 2010 年,全球森林损失下降了 25%。

研究人员把这种矛盾,归结于向联合国粮食与农业组织提交报告的各国在调查方式、定义以及方法论上存在的差异。

基姆说:"这是一个巨大的增长。但我们还有希望。"基姆研究小组分析了美国宇航局(NASA)的地球资源卫星项目,在 4 年(1990 年、2000 年、2005 年和 2010 年)中的数据,随后计算了在 20 年时间跨度中的森林损益情况。这些数据表明,净森林损失,即通常缘于为发展农业而清理土地,从 2000—2005 年急剧增加,随后在 2005—2010 年减少了约 7%。

并未参与该项研究的马里兰大学遥感科学家马修·汉森表示:"我对这项研究的全部内容表示赞同。"汉森曾领导了一次更为详尽的全球分析,内容涉及从 2000—2012 年的年度森林损益,相关结果于 2013 年发表在《科学》杂志上。

汉森指出,当前的研究依赖于稀疏数据,但他对自己的同事将研究回溯至 1990 年的做法表示赞许。汉森强调,研究又一次表明,联合国粮食与农业组织的评估,通常是基于来自林业工作者的报告,它不应被作为正试图了解森林覆盖率变化的决策者和气候科学家的参考基准。

汉森说:"我们正在着眼于那些存在或不存在的树木,而这并不是他们的研究所涉及的。"

最新的研究成果证实,巴西在保护亚马逊盆地的进程中所取得的进步。在过去的 10 年中,那里的森林采伐率下降了约 75%。

基姆说,巴西的成就,对从 2005—2010 年的大部分森林损失下降做出了解释,并且这一成就,也突出了当前跨热带地区的森林保护工作的潜力。

基姆表示:"政策制定者和保护专家正在朝着正确的方向前进,但我们还需要更多的努力。"

热带雨林,是地球上一种常见于约北纬10度、南纬10度之间,热带地区的生物群系,主要分布于东南亚、澳大利亚、南美洲亚马逊河流域、非洲刚果河流域、中美洲、墨西哥和众多太平洋岛屿。热带雨林地区长年气候炎热,雨水充足,正常年降雨量为1750~2000毫米,全年每月平均气温超过18℃,季节差异极不明显,生物群落演替速度极快,是地球上过半数动物、植物物种的栖息居所。由于现在有超过四分之一的现代药物,是由热带雨林植物所提炼,所以热带雨林也被称为"世界上最大的药房",也有"地球之肺"的美名。人类大量砍伐热带雨林很大原因,是为了创造经济收入。另一方面是干旱,亚马逊河流域的热带雨林干旱正在愈演愈烈。

(2)发现热带雨林多样性生态系统面临严重退化。2015年8月,有关媒体报道,英国伦敦大学学院西蒙·刘易斯领导的一个研究小组,发布一项研究成果称,人类活动正给全球热带雨林带来前所未有的威胁,到21世纪末,这类多样性生态系统或许会严重退化,仅剩一个"简化"版本。这一过程中,大量物种也会随之消亡。

研究称,过去数千年里,人类活动对热带雨林所造成的影响持续加大。目前,全球3/4以上的热带雨林,已因此而退化。研究人员说,如果情况不改变,热带雨林这一仅存的复杂生态系统,很可能会逐渐弱化,变成功能单一的系统。

六、植物生态研究的新进展

1. 研究植物生态现象的新发现

(1)研究表明空间联结良好的植物有利于抵抗疾病。2014年6月13日,生物生态学家居熙·乔西莫及其同事组成的研究小组,在《科学》杂志发表研究成果称,他们一项为期多年的实地研究结果显示,高度相连的植物种群,比孤立种群,更能抵抗真菌性病原体。

该研究小组的观点,似乎违反直觉。因为传统观念认为,紧密簇集的种群,会让病原体的定殖变得更为容易,而不是变得更困难。

然而,研究人员在对波罗的海奥兰群岛的茅尖状车前草,4000个不同野草种群对抗真菌性病原体白粉菌,进行了持续12年的观察之后,他们得出结论:高度联结的植物片块会进行更多的基因交互,并因此会比其孤立的对等植物更具抵抗力。

研究人员的研究显示,联结良好的植物一般较难感染白粉菌,且能更有效地杀死白粉菌。此前,在动植物中的大多数类似的研究,一直侧重于理解传染性疾病的爆发,但这种新的方法,展示了研究疾病在野外持久存在的价值。

研究人员说,研究植物抵抗疾病的能力,需要分析地理空间的宿主与寄生物感染的问题,以确定在这些零碎的种群中,即目前广泛存在的生境破碎情况下,是否会增加疾病暴发的概率。他们的工作,可作为一种自然疾病在野外持续存在的模型,并具有在生态学、疾病、生物学、环境保护及农业上的潜在用途。

(2)发现砍伐湿地森林会让世界变得更潮湿。2014年11月14日,生物生态学家克雷格·伍德沃德及其同事组成的研究小组,在《科学》杂志上发表文章称,他们的研究发现,把世界上的湿地如沼泽和湖泊中的树木清除掉,会让那些环境变得显著更潮湿。

研究人员说,这种现象未被人们所重视,在很大程度上的原因,是由于以往大多数有关人类对环境影响的研究,都没有把它列入考察对象。通常报道砍伐湿地森林所造成的影响,大多是关于养分载荷和流域侵蚀等内容。

该研究小组的成果表明,砍伐世界湿地森林的主要作用,是每年降雨量上扬15%。研究人员应用一个地球与大气间水交换的详细模型,一个对全世界24.5万个湿地的汇总分析,以及来自澳大利亚和新西兰的化石记录显示,砍伐森林一直在制造新的湿地,并增加了已经存在数千年之久的湿地的水含量。

他们的研究结果表明,由于砍伐湿地森林带来的影响,湿地保护及管理措施必须加以修订。另外,目前在世界许多地区计划实施的一个策略,即湿地森林再造,可能会获得意想不到的后果。

(3)发现把非洲草原转为耕地将会得不偿失。2015年4月,生态学家梯莫西·锡尔清儿等人组成的研究小组,在《自然·气候变化》杂志网络版上发表论文认为,为了迎合全球粮食和生物能源的需求,而在非洲湿草原进行的耕种,可能要以碳和生物多样性的高成本作为代价。这个观点,与此前有研究认为的将这些土地上转为耕地,会产生相对较小环境影响的假设,是相矛盾的。

此前的一些研究,其中包括由联合国粮农组织进行的研究,清楚地表明:非洲湿地草原和灌丛是耕地扩张的潜在区域,但是这种土地类型的转化,对碳排放和生物能源的影响却未被研究说明。

研究人员通过模型模拟了在适宜的非洲草原、灌丛和林地,进行大范围耕种所产生的碳和生物能源成本。他们发现,这一地区中只有很小比例的土地,能够转变为高产的耕地而无须付出高碳成本。这个高产耕地比例,如果种植玉米是2%~3%,种植大豆就是10%。特别是,能够生产符合欧洲温室气体减排相关标准生物燃料的土地,还不到1%。

研究人员还发现,他们所研究的这片区域,具有与潮湿热带雨林相似的鸟类和哺乳动物多样性。该研究认为,决策者想要保护生物多样性和遏制二氧化碳排放,就不应该把非洲湿草原,作为生物燃料和粮食生产大面积扩张的目标。

(4)发现月球引力或许能掌控地上植物的运动。2015年8月,英国媒体报道,该国布里斯托大学生物学家彼得·巴洛领导的研究小组,发现正如海洋潮汐一样,植物叶子的运动,可能在一定程度上,也受到月球引力的掌控。

一些植物的叶子会在昼夜周期中打开和闭合,这主要是对其环境中的光线做出响应。不过,在黑暗中生长的植物拥有相似的周期,这表明别的东西,即普遍认为的内部生物钟的一种形式,可能也在起作用。

为进行深入的研究,巴洛分析了自20世纪20年代起,记录的豆类和其他植物叶子运动的数据。他将其同对当时月球引力影响,以及这些试验所开展地点的计算机估测结果,进行比对。巴洛介绍说,两个数据集并未完全匹配,但总体而言,当月潮发生变化时,叶子的运动也会出现变化。

巴洛还研究了来自国际空间站上植物的数据,并且发现它们遵循着一个90分钟而不是24小时的周期。由于国际空间站每90分钟绕地球一次,因此其相对于月球的位置也以更快的周期发生改变。

目前,尚无法完全明确,月球如何影响这种改变。但巴洛认为,这与植物中水分的运动有关。海洋潮流是由太阳和月球引力与地球旋转相结合产生的,从而使地球相对两侧的水暴涨。巴洛表示,对于植物来说,叶和茎接合的"关节处"——叶枕中的水分运动,可能起到了作用。

2. 研究生物多样性与植物生态关系的发现

(1)发现生物多样性减少会导致植物分解速度放慢。2014年5月13日,法国国家科学研究中心的斯蒂芬·海施威勒领导的一个研究小组,在《自然》杂志上发表的一项生态学研究成果,评估了植物残体的多样性和分解植物残体的生物多样性,这两者对于植物残体分解速度的影响。调查发现,在所有生态系统中,植物残体和腐生生物多样性的减少,都会放慢植物残体中碳循环和氮循环以及分解速度。

未分解的死亡植物组织及其部分分解产物,就是植物残体。由于这些凋落物的分解归还到大气中的量,是全球预算中一个重要的组成成分,因此植物残体的分解速率,不但对生态系统生产力起作用,更对全球的碳预算产生影响。而理解生物多样性和分解速度之间的关系,以及其背后的机制,也成为生态学的一个重要的目标,尤其是考虑到全球范围内物种的迅速丧失。

海施威勒研究小组,在五个陆地和水生地点,进行了植物残体分解实验,地点从亚寒带到热带地区都有。在所有研究的生态系统中,他们都发现植物残体和腐生生物(分解植物残体的无脊椎动物和微生物)的多样性的减少,会带来植物残体中碳循环和氮循环,以及分解速度的放慢。而生物多样性减少带来的分解速度放慢,将对给初级生产者的氮供给产生限制。

该研究小组还提出了,一个可能推动这一效应的潜在机制。他们报告了从固氮植物的植物残体,向快速分解的植物的氮转移的证据,这突出了在混合的植物残体中的特异性相互作用,能在分解过程中控制碳循环和氮循环。

(2)发现生物多样性是生态系统稳定的关键。2015年4月,美国明尼苏达大学锡达河生态系统科学保护区副主任佛雷斯特·伊斯贝尔主持,他们同事及牛津大学专家参与的研究小组,在《科学》杂志上发表研究成果称,他们发现,人类活动会影响草原地块的生产力,其中降低的生物多样性,会削弱生态系统的稳定性,换言之,生物多样性是保持生态系统强劲的关键。

该研究小组,在英国东伯特利附近的锡达河生态系统科学保护区的实验草块中,通过观测收集了 28 年的植物生长数据,包括品种数量、生态系统稳定性和暴露于变化中的氮、二氧化碳、火灾、放牧和水的状况。

研究人员说:"我们发现,任何环境变化的动因,都会导致植物多样性的减少,进而随着时间降低植物生物量的稳定。生物多样性在某种程度上是一个特殊的情况,因为它不仅是生态系统变化的因素,还对其他系统的变化是个响应。"

据悉,该研究不仅观察了影响生态系统稳定性的几个因素,还设置在很长时间内保持其他潜在变量不变。之所以重要,是因为理解生态系统的因果级联变化,是对人类行动参与影响的关键,以及最小化减少对自然系统的损坏,以加强我们这个星球为继人类生命的能力。

研究人员说:"如果我们想继续从我们的生态系统所提供的服务中获得好处,就应该格外珍惜和保护生物多样性。"

伊斯贝尔强调,这个研究站点,在获得研究结果中发挥了重要作用。与锡达河生态系统科学保护区相比,世界范围内鲜少有这么彻底对自然生态系统的调查。而来自世界各地的生态学家,不断被吸引到锡达河,并激发出去做更多的新发现,刷新人们对自然界的理解。

基于研究结果,研究人员正在扩大其研究,探讨多样性下降是否会影响天然草原,同时提供多种生态效益的能力。这项工作将通过一个网络平台协调,实现在世界各地同步对多样的草原生态进行研究,在快速变化的世界中有助于保持生态系统的健康。

3. 研究植物生态与气候关系的新进展

(1)研究北极苔原与气候变暖的相互作用。2012 年 7 月,英国和瑞典科学家组成的一个研究小组,在《自然·气候变化》杂志上发表研究成果称,地球高纬度区域土壤的含碳量,大大高于大气中的含碳量,全球持续的温度上升,为绿色北极提供了一个"温床",严重影响着北极苔原的植物生长量。

研究人员表示,以地球二氧化碳循环系统的大视角,一方面,北极苔原绿色植物的生长和面积扩大,尤其是森林树木大型植物的外延扩张,大量捕获吸收和储存大气中的二氧化碳,促进全球气候变化向积极的方向发展;另一方面,绿色植物的扩展,降低北极苔原地下的碳储量和加速地下有机物的降解腐蚀,加快向大气中释放二氧化碳的速度,将对气候变化产生负面影响。

研究人员指出,北极苔原与气候变暖之间的相互作用关系复杂,不能简单地认为绿色北极对全球气候变化有益,其捕获或释放二氧化碳的"纯贡献",必须经过严格的科学研究才能确认。

研究小组利用创新型技术和先进的仪器装置,在瑞典北极圈内建立了一个监测分析实验室,对北极苔原和桦树林之间土壤和植物的碳储存进行测量。科学家发现,在气候变暖的影响下,桦树林植物生物质2倍以上的碳储存,被桦树林土壤释放的碳储量所抵消。研究还发现,桦树诱发和刺激土壤有机物分解腐蚀的机理,直接导致北极苔原地下碳储量的减少。

研究小组的研究显示,气候变暖,高生物质植物入侵北极苔原生物种群,并不总是意味着更大的二氧化碳捕获及储存。一定程度上,如果北极土壤大量的碳储量被分解释放,将进一步加剧全球的气候变暖。

(2)发现暖冬会损害原生植被。2013年11月,有关媒体报道,德国慕尼黑工业大学教授安妮特·门策尔参与的研究小组发现,充足的"冬眠"时间,是树木春季发芽生长所必需的,暖冬会导致一些原生树木生长缓慢,而使不易受气候变暖影响的灌木丛和外来树种占得先机。

研究人员说,冬季越冷,原生树木在春季到来时才会发芽越早,因为它们需要以"冬眠"来应对早春霜冻。他们对取自巴伐利亚州弗赖辛附近森林的36种原生树种、灌木丛的枝条进行大棚实验。这些枝条的长度约为30厘米,在为期6周的实验中,它们接受了不同气温和光照条件的考验。

实验表明,受气候变暖影响最大的是山毛榉、榆树和枫树。由于暖冬的影响,这些原生树木的发芽期明显滞后。相形之下,紫丁香、榛树和桦树等受暖冬的影响不大。

门策尔说,由于暖冬的影响,树种生长的次序发生了混乱,更多的阳光照射到森林的底部,让灌木丛和一些外来树种提前发芽长枝,遮蔽了幼小的原生树种,使得它们无法获得阳光。

研究人员还表示,由于没有经受漫长而寒冷的冬季考验,一些原生树种还会缺乏抗冻能力,无法适应早春的霜冻而被冻死。

(3)植物可能无法对抗全球变暖。2015年4月20日,美国科罗拉多州博尔德市,国家大气研究中心生物地球化学家威廉·魏德尔和同事组成的研究小组,在《自然·地球科学》杂志网络版上发表论文称,他们的研究发现,有限的营养物质或许让植物的生长速度,无法像科学家想象的那样迅速,从而导致到2100年,全球变暖会比一些气候模型所预测的更为严重。

植物是人类对抗气候变化的最后堡垒之一,它们会吸入二氧化碳气体从而生长得更快,并且随着人类不断制造温室气体,植物也会吸入更多的温室气体。植物的苗壮成长需要不同的营养物质,例如氮被用来合成吸收光线的色素叶绿素,而磷则用来合成蛋白质。农民在肥料中提供了这些营养物质,但是在自然界,植物必须自己找到它们的来源。

新的氮来自于空气。空气中有78%的体积是氮,但它们几乎全部以氮气的形式存在。植物并不能将氮气分解,因此它们只好依靠土壤中的细菌为其完成这项使命。一些植物,主要是豆科植物,在它们的根系中进化出了结节,用于储存它们的细菌。而新的磷则来自于风化的岩石,或者有时候从沙漠吹来的沙砾。

然而,这两种重要的营养物质,在全球气候模型中很难被作出充分的解释。在政府间气候变化专门委员会(IPCC),最近用来在大多数报告中预测未来全球变暖的 11 个模型中,只有两个模型考虑到有限的氮对植物生长造成的影响;而没有一个模型考虑过磷,尽管 2014 年发表的一篇论文随后指出了这一疏漏。

因此,该研究小组,着眼于分析在不同的模型中,对于新植物的生长所进行的预测,并且估算了满足这些预测将需要耗费多少氮和磷。研究人员还研究了在天然来源中有多少额外的氮和磷是实际可用的。结果他们发现,如果不相应地校正模型,将没有足够的氮和磷能够满足预测。

研究人员说,与政府间气候变化专门委员会的数据相比,考虑了氮和磷后的年度全球碳储存平均预测值减少了 25%。到 2100 年,这样一种戏剧性的减少将使土地从吸收碳变为泵出碳:随着土壤微生物的呼吸作用(它们会释放出二氧化碳气体),全球温度将变得更高。这意味着,随着土地开始放大人类活动导致的气候变暖而非减缓这种趋势,地球将变得更热。

然而,这里依然存在各种各样的未知数。例如,土壤中的细菌在分解死亡的植物后会释放出氮和磷,因此这些微生物能够增加可以获得的氮和磷的总量。

加利福尼亚州帕洛阿尔托市卡内基研究所生态学家克里斯·菲尔德表示,这篇论文是“扎实的、令人兴奋的研究”。他强调,不同的模型,可能着眼于能够对未来植物生长造成影响的不同因素。

佛洛斯特堡马里兰大学,环境科学中心生物地球化学家埃里克·戴维森认为,研究人员需要进行更多的野外研究,从而搞清营养物质状况如何影响森林的生长。戴维森说:“这是很难做的,同时也是很昂贵的,但这是我们能够为这些模型获得更好参数的唯一方法。”

(4)开发出预测植物响应干旱气候影响的模型。2015 年 2 月 10 日,美国地质调查科学家赛斯·姆森主持的一个研究小组,在《生态学杂志》上网络版上发表论文称,他们进行的一项美国地质调查研究表明,植物对干旱气候的承受力,随着所在地形不同表现得差异显著,植物结构和土壤类型,都会成为影响其耐旱性的因素。

未来气候模型项目显示,近期在包括美国西南部等世界缺水地区的高温和持续干旱,呈现加强趋势。这种温暖和干燥的情况,对植物会产生负面影响,也会引起野生动物栖息地和生态系统的退化。对于资源管理者和其他决策制定者而言,理解在哪些区域范围内的植被会受到影响至关重要,这样他们就能优先做出恢复和保护的努力,并对未来做出计划和打算。

为了更好地理解潜在气候变化的决定性影响,该研究小组开发了一个模型,用以评估植物种类,如何响应不断升高的气温和干旱。这一模型,集成了一系列知识,即植物的响应是如何被地形、土壤、植物属性等因素改变的。

研究人员对北美最缺水的生态系统莫哈维沙漠中,一种长寿草本植物,进行长达50年的反复测量。

姆森说:"干旱的影响远没有走远,理解缺水生态系统如何响应的可靠科学,对于管理者制定气候适应策略的计划至关重要。借助于科学家和管理者过去几十年间的检测结果,我们的研究有助于预测旱地的未来状态。"

结果显示,植物对气候的响应有所不同,主要源于其处于莫哈维沙漠不同位置这一物理属性。比如说,在深水流的土壤中生长的深根植物并不很耐旱,而浅水土壤中生长的浅根植物更加耐旱。此外,水的水平和垂直流动也会影响到根生需水性植物的数量。植物生长所需水量比降水量更多。因此,理解水在生态系统中的流动,对于已经种植了微量水需求植物的地区也很重要。

总之,预测地区性气候变化影响所需要考虑的,远比对气候本身的理解更多。

4. 恢复和维护多样性植物生态的措施

(1) 绘制出最全面的全球植物种分布图。2007年3月,《每日科学》网站报道,美国加州大学圣地亚哥分校和德国波恩大学的生物学家,绘制了一份最新的反映全球植物物种多样性的地图,涵盖数十万个物种,是迄今最全面的地球植物物种分布图。这份地图连同一份研究报告,已经刊登在美国《国家科学院学报》网络版上。

研究人员说,这份地图突出了那些特别值得保护的地区,还为测量气候变化,对植物和人类可能产生的影响,提供了非常必要的帮助。另外,它还可能有助于确定值得进一步关注的地区,以便发现人类未知的植物或药物。

研究报告的主要作者、加州大学圣地亚哥分校生物学助理教授耶茨说,植物为人类做出了重要贡献,与人们生活息息相关,但我们还远远没有了解世界上30多万个植物物种的单独分布情况。

波恩大学内斯植物多样性研究所的克雷夫特说,气候变化可能促使一些具有重要药用价值的植物,没等我们发现就灭绝了。这次关于全球范围内植物多样性与环境复杂关系的生态研究,可能有助于避免此类潜在的灾难性疏忽。

(2) 启动以恢复生态为目标的植物保护计划。2009年7月,英国启动了以拯救、修复和恢复植物为目标的"会呼吸的星球计划"。在该计划下,英国皇家植物园丘园,已经与世界知名的植物园以及研究人员开展合作,以降低气候变化的影响、拯救濒临毁灭的植物物种和栖息地。

位于伦敦附近的英国皇家植物园丘园,始建于1759年,它已经成为全球重要的植物研究中心,同时也是联合国教科文组织认定的世界遗产。几个世纪以来,科学家和研究人员已经收集了来自世界各个角落的植物样本。正像人们对它的形容那样,"这座植物园改变了世界",这里是"世界上最重要的植物知识汇集地"。

丘园的主任史蒂芬·霍珀教授解释说："植物从空气中吸收二氧化碳,它们为我们提供所需的食物和氧气,为其他生物提供支持并且可以缓和气候。然而我们为了满足短期需求,在森林和丛林中堆放垃圾,而这些垃圾排放出大量的二氧化碳气体。"其结果就是植被减少、沙漠扩张、冰川缩小。

霍珀说："这个计划,是要我们认真对待关于气候变化影响的《斯特恩报告》,它指出'现有的商业行为是不可取的'。我们对丘园将采取何种措施来产生改变拭目以待。"

"恢复生态"是该计划的七个重要特征之一。霍珀解释说："该计划要在世界碳储存区修复和恢复植物多样性,尤其是植被已经被清光的地区,现在那里的人们希望这些土地重新变为半野生状态。"

为当地人民种植当地的植物,利用植物多样性的全部优势,以保证人类福祉是该计划的一个重要方面。霍珀说,地球上大约一半的人,没有参与西方农业,但是却依赖当地作物,包括一些药用目的的植物。

霍珀说,我们不是要改变这个世界。我们要充分认识到"这个星球上有大约3万种可食用的植物,其中一些会成为未来主要的粮食作物。如果让它们从我们的手中溜走是很愚蠢的。我们希望鼓励各地的人们,甚至城市中的人们来种植他们自己的作物"。

该计划还包括利用世界种子银行来保护植物。丘园自己的千年种子银行位于韦克赫斯特,该组织的其他植物园位于英格兰南部的苏塞克斯。这个世界一流的设施,可以保存来自世界各地的种子样本,包括现在被认为在野外已经灭绝的植物。

保存这些及其他数千种植物的种子,被看作是在栖息地被持续毁坏的情况下的一种"保险"。安全的储存种子,意味着其能够被人类或动物在将来再次利用。全球大约有10%的野生植物的种子在该种子银行储存,它的目标是到2020年以前增加到25%。

(3)设立记录生物多样性的冷冻植物库。2015年7月8日,有关媒体报道,美国史密森学会曾通过保存大量冷冻蔬菜,尝试保护生物多样性。其下属华盛顿哥伦比亚特区美国国家自然历史博物馆,发起了一项倡议——采集并冷冻来自全世界一半植物科的植物组织。

该博物馆全球基因组计划主任乔纳森·科丁顿领导的研究小组表示,这些储藏室将为科学家研究基因组学和生物多样性提供有用的样本,并且在未来的两年中,随着该计划的发展,将包含全部的植物科及一半的植物属。

科丁顿说："它将会像一个21世纪的植物标本馆。"博物馆全球基因组计划的目标,旨在收集来自进化树的标本、组织和数据。

到2015年9月,该计划预期能够采集到约800个植物样本,它们代表了约250个植物科,而所有这些植物,都来自于位于华盛顿哥伦比亚特区的3个机构——美国植物园、美国国家植物园及史密森花园。

（4）为应对物种大灭绝开展冰冻物种 DNA 活动。2015 年 7 月 30 日，美国之音电台网站报道，有关研究表明，地球目前正处于第六次物种大灭绝过程中。最近一次的此类事件，是在 6600 万年前由一颗小行星引起，它灭绝了恐龙和几乎其他所有生物。因此，科学家们正在争分夺秒的分类整理据估计迄今尚存的 1100 万个物种。到目前为止只有 200 万个被科学家们整理出来。研究人员担心，很多物种可能会来不及获得名字就消失了。

位于华盛顿的美国国家植物园中有一个实地项目，目标非常宏伟。史密森学会资深研究科学家维基·芳克说："我们打算在两年内，整理出一半的植物样本，细分到'属'一级。"它是全球基因组倡议的一部分。它是一个浩大的工程，这里是一个很好的起点。她接着说："你环顾今天，17 个国家的 36 家合作机构，共同采用的一个处理过程，进行了试运行。植物片段包裹硅胶，放进液氮中压入标本册，放在博物馆的干燥标本集里。

芬克说："植物被放在瓦楞纸板之间，纸板有小孔，解除压力后我们把它放进烘干机吹热空气，一夜过后它就会变成一个美丽的标本。"所有的样品与一个庞大的数据库相链接。冰冻的标本会送往史密森学会的基因实验室进行遗传分析。

该项目的目标，是在 5 年内收集 1 万种动植物的"科"一级样本和其中一半的"属"一级样本。史密森基因实验室主管乔纳森·科丁顿说："仅仅在我们基因库中，我们要处理的就有超过 2000 个科和 1.2 万个属。"他所说的那个基因库，位于华盛顿的另一个地方，是全世界同类设施中最大的。

研究人员表示，他们将利用大量的采集样本来确定物种，解决生态问题，监测气候变化的影响，寻找治疗疾病的新方法。

第二节　粮食作物研究的新成果

一、粮食作物整体研究的新进展

1. 研究粮食产量的新成果

（1）认为全球 30% 粮食作物产量已达极限。2013 年 12 月，美国内布拉斯加大学林肯分校肯尼斯·卡斯曼教授领导的研究小组，在英国《自然·通讯》期刊发表论文称，目前全球约有 30% 的粮食作物，包括水稻和小麦等，产量潜力可能已经到达了极限。近期有数据显示，粮食作物的产量已趋于稳定，甚至有急剧下降的趋势。

预测未来的粮食产量，有助于确保全球粮食安全。但是，过往的分析，都是建立在产量只增不减这一基础上，而这一情况已被证明是不可能发生的。

长期以来,科学家若要预测未来粮食作物产量,以及满足全球食物需求的能力,采取的主流方法都是基于历史趋势而展开的。但是过往的产量提升,很多都依赖革新技术,而有些革新技术仅属一次性的,鉴于此,大部分的预测都过于乐观。

卡斯曼研究小组,在分析了全球最大谷物生产国的谷物、油、糖、纤维、豆类、块茎、块根、水稻、小麦和玉米产量后,发现了一个令人担忧的情况。他们的最新数据表明,世界上许多被过度种植地区,包括亚洲东部、欧洲西北部和美国等,其主要谷物产量近期不是减少了,就是达到饱和。

根据研究小组的推算,产量停滞将影响全球大约33%的大米生产国及27%的小麦生产国。更甚的是,这一减少在国家对农业科研、发展、教育和基础设施等做出了大量投资后仍然会发生,这表明许多种植地区的生产潜力可能已经到达了极限。《自然》论文显示,中国的小麦产量虽然保持不变,但玉米产量在过去10年已经下降了64%。

研究人员警告说,要进一步维持粮食产量,就必须微调生产农作物的不同因素,但这往往难以实现,尤其当农民需要考虑到相关成本、劳动力需求、风险和环境影响时。

(2)尝试利用卫星数据估测粮食产量。2015年11月,美国斯坦福大学官网报道,该校地球系统科学的一个研究小组,研发出一种利用卫星,来检测日光诱导叶绿素荧光,并估测粮食产量的方法。

植物吸收日光并通过光合作用来生长,它们会把用不完的热量散发出去。科学家很久以前就发现,植物会将所吸收日光的1%~2%以荧光的形式释放出来,这就是所谓的日光诱导叶绿素荧光。植物发出的这种光,似乎与它们的成长速度关系密切,它们长得越快,光合作用就越强,发出的荧光就越明亮。

这个研究小组,找到从大量反射到卫星上的日光中辨别出微弱荧光的方法,并发现了用这种方法来估测粮食产量的潜力,他们已经开始在位于美国中西部的玉米和黄豆主产区进行试验。

研究人员表示,被卫星探测到的植物发出的日光诱导叶绿素荧光,能使他们在更广的地域范围和更长的时间段内,对农作物的生长进行监测。如果有一天,某种农作物的日光诱导叶绿素荧光显著减少,通过卫星捕捉农作物对环境的短期反应,可以帮助科学家以天为单位,来理解是什么因素导致农作物发生这种变化。

不过,目前卫星设备对日光诱导叶绿素荧光进行检测的分辨率相对较低,而且由于每天只能收集一次数据,阴天又会对日光诱导叶绿素荧光信号发生干扰,所以研究人员需要用地面搜集的信息,来对数据进行补充。

研究人员表示,希望未来会出现覆盖范围更广、分辨率更高的,专门进行日光诱导叶绿素荧光检测的卫星。目前,该研究小组继续在美国中西部地区做试验的同时,也在尝试把这种方法推广到世界其他地区。

2. 研究加强粮食生产的新措施

(1)研究能利用盐碱地的粮食作物。2009年1月,荷兰阿姆斯特丹大学科学家耶特·罗茨马领导的研究小组,在《科学》杂志上发表了全球耕地盐碱化的研究报告,并呼吁研究能中和盐碱地的农作物。文章称,随着气候变暖和人们对耕地的过度利用,耕地的盐碱化趋势日趋严重,预计全球已有400万平方千米面积的耕地,因此失去了种植功能。

盐碱化的400万平方千米耕地,相当于半个欧洲的面积。专家担心,今后几年盐碱化耕地的面积还会不断扩大,这一方面是因为随着气候变暖,海平面上升,导致更多的沿海耕地被淹没和盐碱化;另一方面是干旱地区的人口急剧增加,对耕地的过度灌溉和耕作使耕地盐碱化,这一现象在印度和埃及尤其明显。

解决耕地的盐碱化问题,农业专家开始研究通过作物的基因转变,使其适应盐碱化的耕地。德国波茨坦马普分子植物生理学研究所专家艾伦·祖特,长期从事水稻适应盐碱化耕地的研究,她称,这项研究的困难在于,作物有多种基因受盐碱化环境的影响,单独改变某种基因产生的效果很小,最好是找到起关键作用的"调节基因",模拟这种"调节基因"在理论上是简单的,但实践上非常困难。

另一种方法,是寻找植物的生物标志,这种生物标志,记录着植物的整个遗传片断,或在适应盐碱化环境时物质转化过程的信息。为鉴别出这种生物标志,需要对植物从种子培育到大田种植,进行长期的观测和研究。

解决耕地盐碱化还有一种可能,就是种植具有较高有机矿物质含量的植物,例如耐盐碱地的小麦。德国植物基因和农作物研究所,对300种耐盐碱地植物进行过研究。此外,盐碱地还可以用来种植能源作物,例如一种"海蓬子属"的盐碱地植物,每公顷可生产18吨生物质和2吨含油种子,相比较每公顷向日葵平均只能提供1.7吨含油种子。

(2)通过合理利用水资源来缓解粮食危机。2009年5月,瑞典斯德哥尔摩大学,与德国波茨坦气候影响研究所等研究人员组成的一个研究小组,在美国《水资源研究》杂志上报告说,如果人类能够合理管理和科学利用各种水资源,将能缓解全球未来可能出现的粮食危机。

报告指出,目前人类对水资源的管理和利用,往往更多地考虑"蓝水",即来自河流和地下水的水资源,而忽视了"绿水",即源于降水、存储于土壤并通过植被蒸发而消耗掉的水资源。这使人类应对水资源匮乏的措施受到限制。

该研究小组对地球的"蓝水"和"绿水"资源进行了量化分析。计算机模拟结果显示,到2050年,全球36%的人口,将同时面临"蓝水"和"绿水"危机。这意味着,这些人口将因缺水而无法实现粮食自给。

报告说,为了应对因水资源匮乏而导致的粮食危机,人类在合理管理和科学利用"蓝水"资源的同时,也要对"绿水"资源进行科学管理和合理应用。全球变暖加剧和人类需求增加,将导致全球30多亿人面临严重缺水,如若科学利用"绿水"

资源,不仅能大大减少面临缺水的人口,而且在"蓝水"资源缺乏的国家,人们依然能生产出足够的粮食。

报告建议,为更有效应对水资源危机,人类应大力研发"绿水"资源利用技术,并在此基础上建立更能适应气候变化的农业系统,以应对未来可能出现的粮食危机。

此前研究发现,在全球的总降水中,有65%通过森林、草地、湿地等蒸发返回到大气中,成为"绿水",仅有35%的降水储存于河流、湖泊以及含水层中,成为"蓝水"。

（3）开发更安全健康的功能性粮食。2015年11月,韩国媒体报道,韩国农业技术院等机构组成的研究小组,正在大胆开发各种功能性粮食。所谓功能性粮食,是指一类经过生物技术培育后,比普通粮食多出一些营养成分的特殊粮食,类似于功能性饮料。这类粮食食用起来,口感更好,更安全健康,还能防癌抗癌。

现在韩国农作物秋收季节的一大亮点,正是一批功能性粮食走向市场。水原市拥有韩国国内最大的水稻研发基地,他们推出了功能性黑米。这种功能性黑米的外表,与一般黑米没有太大区别,但与人工重组DNA的转基因黑米有显著不同。

研究人员通过传统育种方式,把生产黑米的水稻与烟叶进行杂交,从而提高黑米的维生素E,以及抗氧化剂等成分的含量,具有抗癌抗炎及预防动脉硬化的功效。此前,在韩国农村的支持下,农业专家历尽三年研发出功能性黑米。之后,韩国农村实用化财团,又对黑米功效进行了长达三年的核实,最终认定这种功能性黑米价值较高,发展前景广阔。因此,韩国政府计划到2020年,将功能性黑米的普及率提高到15%。

二、水稻研究的新进展

1. 培育出水稻新品种

（1）开发出抗寒转基因水稻。2005年8月21日,日本北海道农业研究所研究员佐藤裕郎,在日本育种学会年会上宣布,他领导的研究小组,成功开发出在低温下,可以产生大量花粉并结出稻粒的抗寒转基因水稻。

水稻遇到寒冷气候容易出现生长迟缓,收成会受到严重影响,目前的抗低温水稻大多没有太强的抗寒能力。

该研究小组把目光集中于小麦为了抗寒而合成的一种果聚糖,从小麦中提取出合成这种果聚糖酶的基因,然后植入水稻的染色体,进而开发出新的水稻品种。研究人员把这种转基因水稻,与现有水稻品种在12℃低温环境下放置一段时间后,转基因水稻只减产30%,而一般水稻要减产70%。

研究人员认为,之所以出现这样的结果,是因为果聚糖在植物细胞内此同时,可以保护蛋白质等不受寒冷的侵害。

（2）利用基因工程培育出"抗洪水稻"。2006 年 8 月 10 日,国际水稻研究所、美国加州大学戴维斯分校与河边分校 3 个机构组成的一个国际研究小组,在《自然》杂志上发表研究成果称,他们发现了水稻中的"抗洪基因",并利用这一基因培育出了长时间被洪水淹没却能存活的"抗洪水稻"。科学家表示,这个水稻新品种,将给洪水多发地区的农户带来福音。

水稻是全球 30 亿人口的主要粮食作物,它离不开丰沛的水灌溉。但多数现有水稻品种不能在大水没顶时长期存活,一般在水下不超过两三天就会死亡,因此水稻抗洪水的能力不佳。据统计,每年洪水给全世界水稻种植带来的经济损失高达 10 亿美元。

该研究小组借助全基因组分析的方法,找到水稻的"抗洪基因"。研究人员说,一些籼稻品种的抗淹没能力远比粳稻强,被洪水完全淹没后一周还能生存,因此他们将籼稻和粳稻的基因组进行比较。结果表明,在水稻第 9 染色体着丝点附近的 3 个基因,可能与抗淹没性有关。

通过对这 3 个基因的进一步分析,研究人员发现其中一个名为 Sub1A 的基因,与水稻的抗淹没性关系最密切。这个基因在籼稻和粳稻中的"版本"是不一样的。研究人员把籼稻的 Sub1A 基因植入粳稻基因组后发现,粳稻的抗淹没能力显著提高了,这表明这个基因就是水稻的"抗洪基因"。

研究人员对印度的一个粳稻品种,进行"抗洪基因"改造,并增强"抗洪基因"的表达。试验种植表明,新培育的"抗洪水稻",能在大水完全淹没两星期后生存,同时还保持了原先品种的产量和其他优异特性。目前,他们已培育了适合老挝、孟加拉国、印度等洪水多发地区种植的"抗洪水稻"品种。研究人员还计划运用类似方法培育"抗洪玉米""抗洪大豆"等农作物。

（3）培育出节水型水稻新品种。2007 年 5 月 20 日,孟加拉国《每日星报》报道,孟加拉国农村发展学会和孟加拉国水稻研究所共同组成的研究小组,出多个节水型水稻新品种,可节约灌溉用水最高至 50%。

孟加拉国农村发展学会副会长扎卡里亚介绍说,目前在孟加拉国生产 1 千克稻谷需要 5 吨灌溉用水,如果按这样的用水量计算,未来几年孟加拉国将面临水荒。而培育出的 90 多个水稻新品种,能节约灌溉用水 33% ~50%。

扎卡里亚还说,有些水稻新品种成熟期也提前了,可以在 120 ~130 天之内成熟,而普通水稻成熟期通常需要 150 天。

（4）开发出茉莉花香发芽糙米新品种。2007 年 6 月 1 日,泰国中文报纸《世界日报》报道,泰国国家创新技术办事处差亚伊先生说,泰国农业大学附属食品研究发展院和日本国际农业技术研究所合作,研发出新品种茉莉花香发芽糙米,不需要另外加入白米,做出的饭就比一般的米软香甜。

研究人员介绍说,发芽糙米研发计划的一个重要步骤,是挑选发芽率高的种子,最少泡在水里 48 ~72 小时,因为如果种子没发芽,一些有益的物质和氨基酸就不会生成。除此之外,还要经过适度加热来控制糙米的成长过程,同时要控制生长湿度低于 14%。为此,研究人员确定了 4 项研究内容:一是寻找含伽马氨基丁酸(GA - BA)最高的泰国大米种子,最终找到 105 号茉莉香米;二是研究稻谷生长状态;三是解决储存问题;四是分析它对人体神经细胞系统有何营养价值等。

研究人员表示,发芽糙米市场定位在健康食品,价格每千克约 8.8 美元,今后将进一步开发出各种加工食品,以拓展产品销路。

(5)培育成功超级富含铁转基因水稻。2009 年 7 月,瑞士苏黎世联邦理工大学的研究小组,在《植物生物技术》杂志网络版上发表论文称,他们成功开发出超级转基因水稻,它比普通水稻含铁量多 6 倍,可以有效解除某些缺铁性疾病患者的痛苦。

据介绍,这项研究成果的重要意义,是克服长期食用稻米而产生的缺铁性贫血。专家预计,在亚洲和非洲以稻米为主食的发展中国家中,约有 200 万人患有缺铁性贫血,其中多数是妇女和儿童。缺铁性贫血会使人发育迟缓,常有厌食、胀气、恶心及便秘等胃肠道症状,少数严重者会出现吞咽困难、口角炎和舌炎。

专家称水稻本身并不缺铁,但其含铁成分都在稻谷的外壳中,去了壳的稻米颗粒基本上失去了铁元素。研究人员将两种植物基因转移到水稻种子上,设法增加稻米颗粒的含铁量,这两种植物基因的成分是尼古丁胺合成酶和铁酸盐蛋白质,能帮助水稻吸收土壤中的铁质,并使铁保存在稻米颗粒中。他们操纵这两种基因的活性,使尼古丁胺合成酶存在于整株水稻中,而铁酸盐仅保留在稻米颗粒中,这样使转基因后的水稻含铁量超过普通水稻 6 倍。

研究人员表示,下一步他们将把这一成果应用到大田试验中,看超级转基因水稻是否适应大田的种植环境,只有通过大田的种植试验,才能进入实质性推广。专家强调,目前还没有发现这种转基因水稻对环境的负面影响,比如是否会消耗掉土壤中的铁,不过土壤中通常都富含铁,因此应该不太可能。

2. 研究与水稻生长相关基因的新发现

(1)发现使水稻籽粒容易脱落的基因。2006 年 4 月,日本农业生物资源研究所的科研小组,在《科学》杂志上发表论文说,他们发现一个使水稻籽粒容易脱落的基因,以及调节这个基因功能的"开关"。

研究人员把籽粒容易脱落的水稻品种"因迪卡"(Indika),与籽粒难以脱落的水稻品种"日本晴"杂交,培育出 100 多种杂交品种,然后比较籽粒脱落的难易程度和基因差异之间的关系。他们发现,一个名为"qSH1"的基因,会使水稻生成一种分离膜,导致籽粒容易脱落。同时,一个转录因子,充当着调节这一基因功能的"开关"。研究人员把"因迪卡"的"qSH1"基因和这个转录因子植入"日本晴",培育出的品种籽粒也变得容易脱落。

"因迪卡"水稻,在印度和东南亚等地区被广泛种植,但这一品种的籽粒容易脱落,影响产量。研究人员认为,如果利用杂交或转基因技术,控制"因迪卡"水稻中的"qSH1"基因和转录因子,将有望使这个品种的水稻实现增产。

(2)发现稻瘟病病原菌的遗传基因。2007年3月,首尔大学农业生命工学科教授李龙焕领导的科研小组,在《自然·遗传学》杂志网络版上发表论文称,他们已成功确定水稻稻瘟病病原菌的数百种病原性遗传基因。

研究人员表示,今后将联合生物学、遗传学和计算机方面的专家,建立生物信息学研究体系,进一步分析稻瘟病病原菌遗传基因之间的相互关系。

据介绍,研究人员2005年开始,对稻瘟病病原菌进行深入研究。他们在对稻瘟病病原菌的2万多种变体进行生物学实验后,确定了病原菌的741种遗传基因,其中202种是病原性遗传基因。

稻瘟病是一种常见水稻疾病,由真菌病原体引起,多发于气候湿热的国家,其造成的水稻产量损失高达15%～30%。据测算,由于稻瘟病的危害,全球范围内每年减产的水稻,足以养活6000万以上人口。

(3)发现可使水稻增产五成的新基因。2010年5月,日本媒体报道,日本名古屋大学生物机能开发利用研究机构的研究人员,发现一种可将水稻的产量提高五成的新基因。这种基因可通过自然杂交的方式传递给下一代,不涉及有争议的转基因问题。

据介绍,这种被命名为WEP的基因,位于水稻染色体的第八染色体中。它的作用,是控制水稻从穗节上长出来的幼穗分支数量。一般来说,水稻幼穗分支越多,所结的稻粒也就越多。研究人员选择"ST-12"的水稻品种作为研究对象,它的幼穗分支数量比普通水稻多3倍。把它与普通的水稻品种"日本晴"杂交,并分析所获得的杂交水稻的基因,最终发现了这种新基因。进一步调查发现,在"ST-12"形成幼穗的阶段,其植株中WEP基因的发现量,要比普通的"日本晴"多出将近10倍,由此确认它对幼穗分支的形成有很大的促进作用。

名古屋大学的研究人员,在2005年曾发现过可增加水稻着粒数的基因"Gn1",他们把这种基因与本次发现的WEP基因,一同植入"日本晴"的植株,结果发现每株的幼穗分支数增加了两倍多,每株的着粒数也增加了51%。这项发现,将为人类解决未来的粮食危机,提供一条新的出路。

(4)发现抑制镉蓄积的水稻基因。2010年9月,日本冈山大学一个研究小组,在美国《国家科学院学报》上发表论文称,他们发现一种能抑制重金属镉在稻米中蓄积的水稻基因,该基因能把从土壤中吸收的镉封闭在水稻根部细胞内。这一发现,为培育难以蓄积镉的水稻品种开辟了道路。

研究人员分析了世界各地的约140个水稻品种,根据它们蓄积镉的难易程度将其分为两类。通过比较这些水稻的基因,研究者发现OsHMA3基因指导合成的蛋白质,对于防止镉在稻米中蓄积发挥了关键作用。

在难以蓄积镉的水稻细胞内,OsHMA3基因合成的蛋白质,主要在根部细胞内负责储存代谢废物的"液泡"中发挥作用。这样,水稻根部吸收的镉会转移到液泡中被隔离起来。而在容易蓄积镉的品种中,*OsHMA*3 基因及其合成的蛋白质却不具备上述功能。

研究小组认为,如果提高 *OsHMA*3 基因的性能,就有可能在镉含量很高的水田中种植水稻,也有望开发出难以蓄积镉的水稻新品种。

(5)发现能使水稻米粒变大的基因。2014 年 12 月,日本名古屋大学一个研究小组,在美国《国家科学院学报》网络版上发表论文说,他们发现了一种能使米粒变大的基因。这一发现,将有望促进水稻增产。

研究小组对米粒很短的日本米品种"日本晴"和米粒细长的印度米品种"Kasalath"的基因进行比较,发现 *GW6a* 基因能控制米粒大小,而且"Kasalath"体内这种基因的功能要比"日本晴"强大很多。

于是,研究小组把"Kasalath"的 *GW6a* 基因植入"日本晴"体内,结果"日本晴"米粒变大,体积和重量比以前增加了约15%。

此外,研究小组还发现,植入 *GW6a* 基因后,"日本晴"植株自身也增大。提高这种基因的功能,米粒还能变得更大,而遏制其功能,米粒则会变小。

除基因重组外,研究小组通过杂交进行品种改良,把这种基因植入其他水稻品种后,也得到了同样的结果。

研究小组指出,同样的技术还有可能应用到小麦和玉米上。研究人员认为,这项研究成果,将有助于大幅度提高谷物的产量,有望为减轻世界粮食危机做出贡献。

3. 研究和发展水稻的其他新成果

(1)通过抑制植物激素使水稻大幅度增产。2005 年 12 月,日本东京大学坂本知昭等人组成的一个研究小组,在《自然·生物技术》杂志网络版上报告说,常见的水稻叶子越往高处散得越开,长在下方的叶子不能充分吸收阳光,这会影响水稻产量。他们通过抑制水稻中的一种植物激素,让叶子笔直向上生长,从而使水稻产量大幅度增加。

研究人员说,通过破坏水稻的一部分基因,培育出了 34 个系列叶子笔直向上生长的水稻变异品种,并逐一加以分析。他们发现,水稻体内合成控制茎叶生长的植物激素的两种酶中有一种不起作用,叶子的生长角度就会发生改变。这类水稻品种的植株,虽然比普通水稻略矮,但没有籽粒变小等异常现象。

据介绍,由于叶子直立生长,上方的叶子不会遮挡阳光,下方的叶子也就能充分进行光合作用。而且叶子直立向上节省空间,水稻的种植密度也提高了。这种水稻的单位面积产量,能比普通水稻高出30%。

坂本知昭说,日本目前主要依靠多施肥实现水稻增产,新技术一旦进入实际应用,就可以摆脱对肥料的过分依赖,有助于保护环境。

(2)基因工程使盐碱地水稻高产。2006 年 10 月,日本《每日新闻》日前报道,日本东京大学教授西泽直子等研究人员,通过基因工程,在盐碱地上种出了高产稻。

水稻种植在碱性土壤中产量往往不高,原因是什么呢? 研究表明,铁元素是水稻等植物生成叶绿素必需的物质,铁元素不足将导致光合作用不充分。为了吸收铁元素,水稻、大麦等植物的根部可分泌麦根酸。麦根酸使铁元素转变成易溶于水的物质,再被植物吸收进体内。而在碱性土壤中,麦根酸被中和,这会影响植物吸收铁元素的能力。

日本研究人员分析了植物合成麦根酸的过程,并确定了植物参与合成麦根酸的基因。参与这项研究的专家发现,麦根酸由蛋氨酸经过 4 步化学反应生成。

(3)运用基因手段提高水稻耐盐性。2009 年 7 月,英国《每日电讯报》报道,澳大利亚阿得雷德大学和英国剑桥大学植物科学系的研究人员,通过对水稻进行基因"手术",提高水稻的耐盐性。专家表示,这将有助于缓解世界上最贫穷国家的饥荒。

研究人员对实验水稻中的某种基因进行修改,让它能更好地把钠离子锁定在植株的根部,而不是让其上移到芽部,从而提高植株的耐盐性。

研究人员说,在水稻植株上进行的初步测试表明,这种方式"非常具有前景"。如果能对小麦和大麦等谷类作物进行同样的"手术",可以大大化解目前的粮食危机。

三、麦类作物研究的新进展

1. 培育出麦类作物新品种

(1)着手培育抗盐分的小麦新品种。2005 年 4 月,澳大利亚媒体报道,该国阿德莱德地区,在培育抗盐分小麦方面起到了重要的作用,如果培育成功,将解决全球数百万人的粮食问题。根据统计数据,到 2050 年全球食品谷物产量必须增长 2 倍,才能满足不断增加的人口的需求。

澳大利亚研究联盟驻阿德莱德大学的教授马克·太斯特说:"即使条件非常理想,也很难将产量提高到现有水平之上。随着发展中国家城市人口的增长,这些城市的食品产量也需要增加。目前大部分种植条件都不理想,特别是面临作物种植面积减少、水资源匮乏和全球环境条件恶化如干旱和土壤贫瘠等挑战。"

受干旱、盐分和低温影响,全球谷物产量降低了近 1/3。太斯特说:"潜在产量和真实产量之间的差值,被称为'产量差距'。全球食品产量的实际增长,都要通过弥补这一差距才能实现,换句话说,我们需要培育具有忍受非生物压力能力的作物新品种,这些非生物压力是指干旱、盐分和低温。"

(2)培育出高蛋白质的紫小麦。2005 年 7 月,有关消息表明,美国伊利诺斯农业研究所培育出一种 WS3 紫小麦。

这种紫小麦含有丰富的赖氨酸和蛋白质,其赖氨酸含量比普通小麦高 35%,蛋白质含量比普通品种高 1 倍以上。另外,还含铁、钾等微量元素和矿物质成分,综合营养价值远远高于普通小麦。

由于产量和生产成本及管理技术与普通小麦相当,因此,这种新品种紫小麦将有很好的消费市场。

（3）培育出抗病高产的大麦新品种。2007 年 5 月,秘鲁国家农业研究所发表的一份报告说,该国科学家通过长期研究和试验,成功培育出一种抗病能力强、产量高的大麦新品种。

这种大麦的籽实大而饱满,且有光泽,被命名为"神奇大麦"。其主要优点是:能有效抵抗黑穗病、大麦叶斑病等,从而能显著提高单位面积产量,而且还适合在海拔 2500～3800 米的高原地区生长。

据悉,这种大麦新品种,已在秘鲁胡宁省部分地区种植推广,并取得了很好的效果。它的产量,每公顷达到 4.5 吨左右,而当地传统大麦品种的产量每公顷只有 3.5 吨。

（4）利用沙伦山羊草基因培育抗病小麦。2007 年 8 月,以色列特拉维夫大学和美国明尼苏达大学联合组成的一个研究小组,在美国植物病理学会期刊《植物病害》上发表论文称,他们正在研究沙伦山羊草对小麦常见病菌株的抗病性,探索把沙伦山羊草用于小麦育种的可能性。

生长在以色列沿海平原和黎巴嫩一些地区的沙伦山羊草,是栽培小麦的一个远方亲缘植物。研究人员发现,沙伦山羊草对于茎锈病、叶锈病、镰刀霉、白粉病等一些病害具有抵抗力。把沙伦山羊草基因用于小麦育种,将会增强小麦常见病菌株的抗病性。他们正在收集更多的沙伦山羊草,存放在特拉维夫大学的基因库中,进行深入研究。以色列是一个野生谷物种质资源很特殊的地方,近年来在这里发现的一些野生谷物品种及其优异特性,引起了科学家的重视。

2. 研究麦类作物基因的新成果

（1）分离出一个能控制小麦开花的基因。2003 年 6 月,美国加州大学戴维斯分校,杜布考夫斯基教授率领的研究小组,在美国《国家科学院学报》上发表论文称,他们首次分离并克隆出一个能控制小麦开花的基因。这一成果有望用于更有效地调节小麦花期和开发更高产的作物品种。

研究人员对数千株小麦、水稻和高粱进行研究,并绘制出作物相应染色体区域的详细遗传基因图谱。通过比较分析,他们最终确定名为"VRN1"的小麦基因的位置。

新分离出的"VRN1"基因,主要控制小麦的春化过程。小麦在种子发芽或幼苗期须经过一段低温期,才能抽穗开花和最终结出麦粒,这就是所谓的春化过程。据认为,春化很可能是作物进化过程中产生的一种保护机制,可以防止敏感的开花部位,在冬季提前发育而遭到低温损伤。

研究人员指出,将来也许可以通过控制"VRN1"基因,开发出更加适应某地气候的小麦新品种。

（2）发现控制大麦开花期的基因。2005 年 11 月 15 日,英国诺维奇科研机构约翰·英纳斯中心(JIC),戴维·劳丽博士领导一个研究小组,在《科学》杂志上发表论文称,他们对作物的开花期研究取得了重要突破,研究结果将有助于理解作物,是如何利用日照时间,来确保在一年中最佳时间开花。

研究人员详细描述了,一个与大麦开花相关的基因 *Ppd-H*1,该基因通过控制大麦光周期反应的遗传途径,进而控制开花期。

众所周知,许多植物总会在每年特定的时间开花,但对其原因却不够清楚。如今,研究人员发现,植物长久以来,一直利用周围的环境信息,来控制自身的开花期。包括大麦在内的很多作物,对日照时间的长短都有反应,并且它们会利用这些信息来决定自己的开花期。

事实上,大麦或其他作物的各个品种,对日照时间的反应均是以不同方式进行的,并且它们在一般情况下通过品种的多样性,来适应不同的耕作条件。这个研究结果,是令人惊喜的,劳丽研究小组首次发掘并定位了作物开花相关基因 *Ppd-H*1。该基因能控制一些重要的反应过程,也有助于了解植物,是如何利用日照时间来控制开花期的。在当前全球气候不断变化的情况下,*Ppd-H*1 基因,有助于育种学家,培育出能适应多种农业环境条件的作物新品种。

一些大麦品种,在春季对日照时间的反应极为敏感,因此在夏季很早就开花了。反之,另外一些反应较慢的品种开花就晚些。早开花在夏季干热的地中海等地区比较有利,这样植物可以在酷暑胁迫来临之前完成生活周期。而另一些地方如英格兰,夏季凉爽潮湿,由于生长周期长,晚开花则能获得高产。

对 *Ppd-H*1 基因的定位,将有助于发掘更多地在特定环境中生存的大麦基因,进而能对作物的历史有进一步的了解,并且有助于对作物,如何在世界的不同环境中繁衍生息的理解。

研究显示,同样的基因,可能在小麦和水稻中也起重要的作用。如果是这样,*Ppd-H*1 基因,可能在野生物种的驯化过程中,具有非常重要的作用。

植物与人类及其他许多生物一样,有一个内在的生物钟。大麦中的生物钟调节着生物钟基因的活性,生物钟基因的活性峰值,与植物暴露在足够长光照下的情况一致。当生物钟基因激活一个叫 *FT* 的基因后,就会刺激开花。

*Ppd-H*1 基因影响生物钟基因,在一天中表达的时间。在开花较晚的大麦中发现有不同的基因,这些基因致使生物钟表达的峰值推后。因此,只有白天的时间足够长时,*FT* 基因才能表达,否则就会延迟开花。

(3)发现小麦抗穗发芽基因。2013 年 9 月,美国媒体报道,小麦最怕遇到连续降雨,这将会导致小麦在收获前因麦穗发芽而造成严重损失。近日,美国农业部农业研究局和堪萨斯州立大学组成的一个研究小组,在小麦中发现并克隆出一个被命名为 *PHS* 的能防止植物提前发芽的基因,这一基因的发现将阻止麦穗提前发芽。

鉴定 *PHS* 基因的大部分工作,主要来自于研究人员对普通小麦的全基因组测序。由于小麦的基因组差不多有人类基因组的三倍大,分离 *PHS* 基因就是一个十分庞大的工作。通过来自于普通小麦基因组彻底排序的努力——基因蓝图,研究人员能够研究出普通小麦基因组中的测序片段,搜寻到自然产生的抗性基因,而若没有这些测序片段,这些 *PHS* 基因是很难被发现的。

据了解,白小麦是最受堪萨斯州消费者欢迎的品种,它没有红小麦的苦味,且通过研磨能够生产出更多的面粉,但白小麦对穗发芽病却非常敏感。因此,在小麦播种作物之前识别 *PHS* 基因,是创收的最好保证。因为一旦小麦生长了一年之后,这种基因就能够抵抗穗发芽病。

研究人员表示,将来,育种者可以携带一小部分小麦植物组织样本到实验室里测试它们是否具有抗穗发芽病基因,而不是在庄稼种好后才发现它们。

(4)加强转基因小麦田间试验监管。2015 年 12 月,美国农业部宣布,将从 2016 年开始,加强对转基因小麦田间试验的监管。过去两年,美国都在农田中发现未获授权种植的转基因小麦。

美国农业部下属动植物卫生检验局在一份声明中说,美国对多种转基因植物的种植实行"申请许可制",目前包括各种树木和多年生作物。从明年起,转基因的一年生禾本科作物小麦在田间试验前,也需向美国农业部申请许可,而不再像以前实行"通知制度"时那样简便。在通知制度下,开发者只需发通知给美国农业部,便可获得开展田间试验的授权。

声明说,对转基因小麦种植,实施更严格的申请许可制,将"进一步保证田间试验结束后,转基因小麦不会在种植环境中持续存在",同时也有助防止转基因小麦,与非转基因小麦意外混杂,避免对美国的小麦出口造成负面影响。

美国农业部曾于 2013 年 5 月通报说,俄勒冈州一处农田发现未获授权种植的转基因小麦,其品种是美国孟山都公司 9 年前停止试种的抗除草剂转基因小麦。去年 9 月美国农业部又发布消息说,位于美国西北部的蒙大拿州立大学某研究中心试验田内长有转基因小麦,其来源不明。

艾奥瓦州立大学教授杰夫·韦尔特评论说,美国动植物卫生检验局的网站数据库显示,今年有多个转基因小麦田间试验正在实施。因此,这一新规,对相关研究的影响"可能相当大"。

美国是转基因作物种植第一大国,转基因棉花、大豆和玉米的种植面积都很广。但由于担心国外市场不接受,加上一些民间组织反对,美国至今没有批准商业化种植转基因小麦。

3. 研究燕麦的新发现

(1)发现燕麦具有保健功效。2009 年 9 月,美国专家研究发现,燕麦中含有的抗氧化剂,可以通过抑制黏性分子,来有效减少血液中的胆固醇。当血细胞粘着在动脉壁时,引起炎症、物质沉积,导致血流通道狭窄。但是燕麦抗氧化剂可以抵御这种物质沉积,逐步减轻导致动脉硬化的脉管收缩现象。

这项研究由营养学家负责,由农业研究服务部出资,农业部部分援助。为了测试混合物在动脉壁内的抗退化活性,科学家净化了燕麦抗氧化剂,把他们放入人类的动脉壁细胞中 24 小时,他们对混合物进行观察,结果发现粘着在动脉壁细胞的血细胞大大减少。燕麦的水溶纤维,可以减少在血液中循环的低密度脂蛋白(LDL)胆固醇数量,一直受到公认。

为了利用纤维和抗氧化剂起到对心脏的保健作用,科学家建议将燕麦产品添加到健康饮食当中,削减高脂肪、高胆固醇食品的摄入量。

(2)发现人类食用燕麦可追溯至旧石器时代。2015年9月,意大利佛罗伦萨大学马尔塔·马里奥蒂·莉皮领导的一个研究小组,在美国《国家科学院学报》上发表研究报告称,狩猎采集者食用燕麦,最远可追溯至3.2万年前,早在农耕文明前就是一种生活方式。

莉皮说,这是已知最早的人类食用燕麦的行为。研究人员在分析了,来自意大利南部,一个古代石磨工具上的淀粉粒后,获得了此项发现。她介绍道,旧石器时代的人们,把野生燕麦碾碎形成粉末,然后可能煮一下或烘焙成简单的面包干。

他们还似乎在研磨谷粒前将其加热,或许是为了在当时较为寒冷的气候下把谷粒烘干。莉皮表示,这会使谷粒更容易研磨并且保存得更加长久。

这个多段工艺过程,很耗费时间但却有益。谷粒具有营养价值,而将其变成粉末是运输谷粒的一种极好方式。这对旧石器时代的游牧民来说是非常重要的。

莉皮研究小组希望继续研究古代磨石,以便更多地了解旧石器时代的植物性饮食。美国华盛顿大学的埃里克·特林考斯说,磨石有着悠久的历史。人们很可能在3.2万年前,便开始捣烂并且食用各种野生谷粒。

四、玉米与高粱研究的新进展

1. 培育出玉米新品种

(1)开发出能抵抗条纹病毒的玉米新品种。2007年7月8日,南非开普敦大学和南非种子公司科学家组成的一个研究小组,在美国芝加哥举行的美国植物生物学家学会年会上报告说,他们开发出一种玉米新品种,可以抵抗玉米条纹病毒。他们希望这一进展,将有助于改善粮食安全,并在非洲改善转基因食品的名声。

研究人员声称,新品种在多代种植和与其他品种杂交后,都表现出抗病毒的特性。这个全部由非洲科学家组成的研究小组,希望该技术将有助于解决其他影响非洲粮食作物的病毒疾病,例如小麦矮病毒、甘蔗线条病毒和其他影响大麦、燕麦和黍的病毒。

玉米条纹病毒,在撒哈拉以南非洲和印度洋岛屿上流行,它会妨碍被感染植株的生长,导致它们结出畸形的玉米穗轴,减少可收获的粮食数量。

该研究小组,不是采取把不同程度抗玉米条纹病毒的品种杂交的方法,而是让一种基因发生突变,然后把它插入到玉米植株中。这种基因负责编码玉米条纹病毒自身复制所需的一种蛋白质。当该病毒感染这种转基因玉米的时候,突变蛋白的存在,阻止了病毒复制和杀死玉米。这种作物的大田实验计划将很快开始。

肯尼亚农业研究所生物技术部门负责人西蒙·吉楚奇说,完全证明这一品种的抗病毒特性需要通过大田试验。他说,肯尼亚农业研究所已经用这种方法开发出了一系列作物,例如木瓜和甘薯,但是一些大田试验没有成功。吉楚奇说,温室环境和农场环境不同,大田试验还将评估这种新作物对环境的影响。

吉楚奇还说,让农民种植这种新的作物还需要时间,因为任何新的抗病害作物需要或者批准并进行国家级试验,从而确定它们的特异性、一致性和稳定性。

这个南非科学家组成的研究小组,还研究了389种乌干达玉米条纹病毒的样本,评估了该病毒的多样性以及遗传特征。他们发现,最流行的玉米条纹病毒毒株,是不同病毒基因型重组的产物。这一研究,有助于凸显该病毒的进化过程,以及它是如何导致玉米患病的。

(2)开发生物质含量高的玉米新品种。2009年3月,有关媒体报道,美国伊利诺斯大学,遗传学家斯蒂芬·穆斯利用转基因技术,开发出一种理论上有望大量生产生物质的玉米作物。新作物由于具有更繁茂的叶子和更粗壮的主茎,因而可能让人们收获到更多的玉米青贮,成为理想的能源作物。

玉米作物中存在着名为"光泽15"(Glossy15)的基因。过去,人们认为,它原本的作用是帮助玉米青苗在表面形成一种蜡状膜,像防晒霜那样保护青苗。没有"光泽15"基因,玉米青苗在阳光下则不会有光泽。然而,进一步的研究显示,"光泽15"基因的主要功能是减缓玉米作物发芽成熟。

认识到"光泽15"基因的主要功能,穆斯决定了解如果增强该基因的作用,会对作物有何种影响。他把该额外的'光泽15'基因,植入玉米作物,以加强该基因的活动,结果玉米作物生长速度减缓,到夏季末时玉米作物更粗壮。他推断,这其中的原因,可能是作物对夏季更长的白天更敏感。

同普通的玉米作物相比,经过转基因处理的新玉米作物的玉米收成要少,然而它对家畜而言却是更好的饲料。穆斯表示,这是因为新开发的玉米作物茎中含有更多的糖分,这样可能更受家畜的喜爱。他认为这种玉米作物可能满足食草肉牛的饲料标准。

穆斯提醒说,如果给玉米作物植入过多的"光泽15"基因,就会让作物生长过于缓慢,从而导致玉米在成熟前因霜冻而死。

新的玉米作物要实现商业化播种,需要得到美国政府管理机构的批准。对此,穆斯表示,"光泽15"是一种安全基因,它本身就源于玉米作物,他们所做的只不过是将额外的基因植入作物中以增强基因的作用而已。

(3)培育出维生素强化的玉米。2009年5月,美国学者保罗·克里斯托,在美国《国家科学院学报》发表论文称,他与自己的同事一起,培育出一种转基因玉米,它富含在传统玉米品种中通常缺乏的三种维生素。

克里斯托等人设计出一种生物强化的白玉米,它含有高浓度的贝塔胡萝卜素(维生素A的基本组成部分)、维生素C和叶酸(维生素B9)。他们向10天至14天的玉米胚胎,注入一系列用5种基因包裹的金属颗粒:两种基因用于合成贝塔胡萝卜素,一种用于合成叶酸,一种用于合成维生素C,还有一个标记基因。

这种改造的玉米与野生型白玉米相比,维生素含量增加5倍,叶酸含量增加1倍,而它的贝塔胡萝卜素的含量,更是比正常值高168倍。这个数值,是此前科学家培育出的强化转基因水稻"金米"的贝塔胡萝卜素含量的5倍。研究者提出,他们的技术可以用于为谷物补充维生素,并帮助解决影响全世界将近一半人口,特别是在发展中国家人口的多种维生素缺乏问题。

(4)培育出抗盐碱性的高产玉米新品种。2009年12月18日,德国吉森大学植物营养学研究所发表公报说,该所研究人员用传统育种方法杂交,培育出一种在盐碱地上也能高产的玉米新品种。

以往研究表明,不同品种的玉米耐盐碱能力各异,吉森大学研究人员选取了多个具有较强耐盐碱特性的玉米品种,并将这些品种的玉米进行杂交,最终培育出了这种博采众家之长的耐盐碱玉米新品种。据介绍,这种玉米的抗盐碱能力很强,且产量高。

在世界各地尤其是干旱地区,土地盐碱化降低了土壤的肥力,并影响经济作物的种植。研究人员说,这一成果有助推动在盐碱化土地上种植经济作物的研究。

2. 探索玉米驯化历程的新成果

(1)揭开玉米的身世之谜。2014年2月,一个由美国学者组成的研究小组,在《国际第四纪》上发表研究报告认为,玉米是一种驯化作物,它与小麦、水稻有明显的野生近缘种不同,人们很难找到果实颗粒分排密布在玉米轴上的野生品种。按照基因分析显示,玉米的祖先是一种生活在墨西哥的细长型野草大刍草(又称为类蜀黍)。事实上,大刍草与现代玉米可以杂交,自然繁殖为新的品种。

1492年,哥伦布在美洲发现印第安人以玉米为食物,于是将其带回欧洲,随后传播种植到世界各地。中国则在明代将玉米引进种植。

研究人员说,他们一直在思考,这种丑陋的野草,如何摇身一变,成为世界上最重要的农作物呢?对此,他们做出深入的研究。

为了模拟1.4万年前,人类刚开始种植大刍草时的环境,研究人员把现代大刍草,置于温室内培养,确保室内二氧化碳含量,比室外二氧化碳含量少40%~50%,并将温度控制在20.1℃~22.5℃。培育结果显示,大刍草生长得更矮,且所有的雌穗都生长在主干,而非枝干上。

此外,温室内大刍草的绝大部分种子,在同一时刻成熟,而现代大刍草的种子要经历数周时间才能全部成熟,研究者不得不一次又一次地收割。如果大刍草曾经很容易收割,人类祖先对它的驯化就变得更加合情合理。尽管大刍草并没有穗轴,但这必然是驯化的结果。

野生谷物为了更大范围传播其种子,以求较高存活性,其种子成熟时便自动脱落。但植物天生的求生本能,却导致农民不能充分收获种子,只有这些种子留在穗上,等到所有种子成熟方能充分收获。要成为粮食作物,这些野生谷物便要减弱其落粒性,人类祖先一直在驯化谷物的低落粒性。人们在采集的时候,倾向于采集那些不易于脱落的种子,这种无意识的选择驯化的长期结果,便是产生不落粒品种。

另外,与其他多数作物不同,玉米被人类驯化得失去了自然繁衍的能力,必须靠人为手段才能得以繁衍。研究还表明,作物驯化并非快速、本地化的过程,而可能是在不同区域进行很长时期的不断试错过程。

当然,到现在玉米育种早已不再是自然杂交产生的选育。作为高新农业育种技术,转基因玉米已经有抗虫、抗除草剂、抗旱、转植酸酶玉米等多个品种,而复合性状转基因玉米更是大受农民欢迎。

(2)敲定玉米驯化路线。2015年1月,丹麦哥本哈根大学,古基因组学研究专家托马斯·吉尔伯特领导的一个研究小组,在《自然·植物》杂志上发表研究成果称,他们的研究,追溯了玉米可能走过的路径,同时重建其在成为现代玉米的过程中所经历的遗传变化。

研究人员表示,美国可谓是一个玉米的国度。然而,距今4000年前,这种农作物作为一种外来的物种,从墨西哥传播开来,并在今天的美国西南部扎下了根。并未参与该项工作的、从事古代亚利桑那州早期农业研究的,阿尔伯克基市新墨西哥大学考古学家布鲁斯·赫克尔认为,这一发现"对于我们的遗传学以及玉米进化历史的认知和了解,是一次意义深远的进步"。

玉米的野生祖先是墨西哥类蜀黍,这是一种在墨西哥中部地区,温暖潮湿环境中生长的草本植物,它大约在距今1万年前至6000年前之间被人类首次驯化。

大约4000年前,玉米开始出现在今天的美国西南部地区。关于这种农作物是如何开展自己的旅行的,科学家主要持两种观点:它可能传播到墨西哥的太平洋海岸,或者可能首先来到更加寒冷、更加干燥的墨西哥中部高地,并最终被种植在美国西南部地区。

为了搞清玉米的旅行到底走了哪一条路径,吉尔伯特研究小组,比较了32种古代玉米棒的脱氧核糖核酸(DNA)。这些玉米棒,有的来自墨西哥,有的来自美国西南部。

研究人员发现,与沿着墨西哥太平洋沿岸生长的玉米品种相比,来自3000多年前美国西南部的最古老玉米样本,同来自墨西哥高地的玉米在基因方面更为类似。

然而,玉米样本越年轻,它与沿岸品种共享的基因就越多。吉尔伯特认为,这表明玉米"最初是沿着高地路线行进的"。但这种依然处于驯化早期阶段的农作物,很可能在墨西哥高地,或者干燥的美国西南部地区,并不"兴旺"。吉尔伯特推测,几个世纪后,当地种植者"经历了很长的时间,用其他品种来不断完善改良它"。

该研究小组,重新构建了现代玉米的定向进化过程。吉尔伯特表示,农民在人工繁殖玉米的过程中,消除的第一个特征便是脱落现象,这是野生植物向四面八方散播种子的一个过程,然而如果你想要为了下一个季节的栽种而收集种子,那么这将是一个"令人非常恼火的特征"。随后,在几百年的时间里,农民培育出抗旱的玉米,从而使得这种农作物能够在美国西南部干旱的环境中苗壮成长。最终,人类大概只用了1000年的时间,来改善玉米的口味、更好的营养成分,而核心是更简单的处理过程,简化了制备食物如玉米饼和玉米粉蒸肉的程序。吉尔伯特说:"真的,直到最近,玉米才变成了人们在杂货店里能够认出的这种玉米。"

并未参与该项工作的、从事墨西哥西南及北部早期农业研究的,圣安东尼奥市得克萨斯大学考古学家罗伯特·哈德表示:"这项工作表明,与之前的认知相比,我们对于玉米传播的了解是一个更为复杂的故事"。

然而,如果想要完成这幅图画,恐怕还需要更多的考古学数据。哈德强调:"我们几乎没有来自墨西哥北部广阔地区的任何数据,这片土地恰好位于玉米在墨西哥的起源地与美国西南部地区之间。这反映了,我们认知上的一个巨大缺口。"

(3)发现由于数千年来的基因修饰让玉米变得无壳且美味。2015年7月,有关媒体报道,科学家表示,今天的玉米之所以长成现在的样子,是因为该作物的基因发生了一种小变化。大约在距今9000年前,墨西哥人利用野生墨西哥类蜀黍培育出了玉米,那时的玉米粒被一层坚硬的外壳包裹着,使其不适宜人类食用。数十年来,科学家一直在研究野生苞谷如何生长成现在人们食用的玉米。

现在,一项遗传学领域的新研究,进一步对比了玉米和墨西哥类蜀黍的特征,研究发现在随后数千年内发生的一种DNA基础交换,即通过$tga1$基因的C—G序列的基础交换,产生了柔软的、裸露在外的玉米粒。

这项研究成果,表明了古代作物驯化者,如何通过人工选育对作物遗传基因做出小幅改变,从而让玉米进化成人们今天所熟悉的样子。

3. 研究开发玉米的其他新成果

(1)用玉米纤维制成衣服。2006年8月,墨西哥媒体报道,在加拿大多伦多举行的一次生物科技会议上,模特们身穿用玉米纤维制成的衣服,表演了一场时装秀。这种名叫"英吉尔"的新纤维布料,很可能代表着服装发展的一个方向。

据报道,传统的化纤或人造纤维,是用石油提炼而成,而"英吉尔"完全从玉米等可循环再生的农作物资源中提取。这种纤维制成的衣服吸湿排汗,容易清洗,穿着舒适,垂感好,现已被奥斯卡·德拉伦塔和娜泰拉·范思哲等时装设计大师采用,很可能引领未来时装潮流。

报道说,由于消费者越来越担忧尼龙和聚酯等化学纤维,对人体健康的影响,生物技术在时装产业得到了越来越多的应用。在时装界,一些服装生产商,正在利用转基因作物生产的天然纤维开发生物布料。

使用"英吉尔"生产服装的劳德米尔克时装公司负责人说:"我们相信生物布料前景广阔,因为消费者已经开始注意到它们与化纤布料和棉布的不同之处。"

(2)发现玉米和樱桃具有抗衰老作用。2007年2月4日,埃菲社报道,西班牙格拉纳达大学生物技术学院研究人员,最近进行的一项研究显示,玉米、樱桃、燕麦和红酒中都含有丰富的褪黑激素,经常食用它们可以延缓衰老。褪黑激素具有抗氧化和延缓神经衰弱的作用。

据报道,研究工作在正常老鼠和转基因老鼠身上进行,因为它们的细胞老化速度较快。老鼠在 5 个月大的时候(相当于人 30 岁)开始出现最初的组织老化现象。研究表明,在老鼠体内开始停止产生褪黑激素时,经常摄入含该物质的食品,有助于阻止所有与老化有关的过程。

因此,如果人们从 30 岁或 40 岁开始,每天摄入适量褪黑激素,即使不能阻止老化,也可以延缓因衰老或发炎引起的各种疾病的出现,例如很多神经衰弱性疾病、帕金森病和糖尿病等。专家建议,至少作为营养物质,人们可以多多食用上述食品。

五、薯类与豆类作物研究的新进展

1. 开发甘薯产品的新成果

开发出高功能甘薯淀粉。2006 年 6 月,日本淀粉工业公司开发生产的新品种甘薯淀粉,开始上市销售。新甘薯淀粉的特征是,糊化快速和难以老化。新产品,使用德、法农业生物系特定产业技术研究机构育种开发的甘薯新品种为原料。

该甘薯支链淀粉结构独特,口味良好,含较多 50℃ 左右的低温糊化淀粉,可以快速调理。日本淀粉工业公司着眼于这种低温糊化淀粉的优点,进行新淀粉产品的研究开发工作。

新甘薯淀粉可以替代加工淀粉(变性淀粉)。根据该公司的试验,其糊化特性与目前市场已有的甘薯淀粉、玉米淀粉、马铃薯淀粉和木薯淀粉等相比,可以在较低温度迅速糊化,于 50℃ ~60℃ 出现黏度。

与传统用渣粉和甘薯淀粉制作的食品容易老化相反,用新甘薯淀粉在冷藏库中存放 1 周左右也不会老化。在糊和凝胶的透明度试验中,经过 3 天左右老化后的白浊变化率与透明度高的木薯淀粉类似,与淀粉、市售甘薯和马铃薯淀粉比,白浊度较少。

甘薯淀粉一般离水率较高,经过 3 天左右的对比试验发现,新淀粉与马铃薯和木薯淀粉有相同的离水率。由于新甘薯淀粉难老化的特性,因此被使用在传统产品蕨菜饼中。此外,可用甘薯淀粉制成凝胶,而该产品比以往的甘薯淀粉容易糊化,而且可长时间保持胶凝的弹性,故适合添加在芝麻豆腐等食品中。

生淀粉用后和冷藏后,在热水中浸煮时与普通淀粉相比,色泽亮、透明性好,容易打开,食用有弹性。这些性质,决定了它适合于日式糕点和西式糕点生产中,并取代历来使用的淀粉,在面条为主和加工淀粉的代用等方面,有多种应用的可能。

2. 培育出马铃薯新品种

(1)培育成功可预防糖尿病的马铃薯。2004 年 5 月,有关媒体报道,加拿大科学家组成的一个研究小组,培育成功一种可用来预防糖尿病的马铃薯。这种特殊的马铃薯,已经在老鼠身上作过试验,证明可以预防 I 型糖尿病。

糖尿病是由于身体里产生胰岛细胞所引起的。科学家一直在设法找到一种能够阻止身体免疫系统,杀伤胰岛细胞的方法。通过服用大量的 GAD 蛋白,就可以避免胰岛细胞遭到免疫系统的攻击,然而人们无法获得大量的 GAD 蛋白。

研究人员在马铃薯的 DNA 里植入了一种能够制造 GAD 蛋白的基因,使转基因马铃薯里含有大量的 GAD 蛋白。由于老鼠的胰脏和免疫系统与人类相似,研究人员利用老鼠进行试验,并验证其研究成果认为,可以有效地预防 I 型糖尿病。

(2)培育出含乙肝疫苗的转基因马铃薯。2005 年 2 月,美国亚利桑那州立大学生物学家查尔斯·阿恩岑及其同事组成的一个研究小组,在美国《国家科学院学报》上发表研究成果称,他们培育出一种转基因马铃薯,能起到乙肝疫苗的作用。这一成果,可能对发展中国家的乙肝防治工作有所帮助。

乙肝病毒侵害肝脏,每年在全世界夺去约 50 万人的生命。但传统乙肝疫苗需要冷藏,这在发展中国家的边远地区很难做到。此外,医务人员也经常需要花精力去判断,价格不菲的乙肝疫苗,是否在运输过程中因意外受热而失效。阿恩岑研究小组培育出一种无须冷藏、可以食用的乙肝疫苗马铃薯,解决了这一问题。他们从乙肝病毒中取出一个基因,将其植入马铃薯植株,使马铃薯中产生病毒抗原。人吃下这种马铃薯后,抗原蛋白会触发人体的免疫反应,产生乙肝抗体抵抗乙肝病毒。

临床试验中,参与试验者,在过去 1 到 15 年间,都接受过乙肝疫苗初次接种。结果显示,33 人中有 19 人在吃马铃薯后,体内产生了更多的乙肝抗体,其中一人的抗体水平上升了 56 倍。

研究人员介绍说,马铃薯疫苗在近 60% 的试验对象身上发挥作用,效果相当理想。英国伦敦圣乔治医院医学院的免疫学家朱莉安·马说,这种转基因马铃薯,虽然还不能替代乙肝疫苗的初次接种,但它能取代后期用以维持免疫力的多次重复注射,有可能对全球健康产生重大影响。

(3)开发出风味独特且有益健康的彩色马铃薯。2007 年 1 月 3 日,共同社报道,北海道农业研究中心马铃薯育种小组,开发出红色、紫色和黄色三种颜色的新品种马铃薯。这种马铃薯不仅能丰富餐桌上的色彩,还具备独特风味,并且富含健康成分。预计这种既养眼又健康的马铃薯,将受到消费者青睐。

据报道,研究人员是把野生品种中的有色马铃薯,经多次杂交,使其颜色逐渐加深后培育而成的。

这些马铃薯各具特色。红色和紫色的马铃薯中,含有大量可降低胆固醇和预防眼睛疲劳的一种成分,而黄色马铃薯具有栗子般的风味。

(4)培育出优质高产的马铃薯。2007 年 5 月,国际马铃薯研究中心发表报告称,秘鲁科学家经过一年努力,成功培育出一种优质高产的马铃薯。

实验表明,种植这种马铃薯新品种,每公顷马铃薯产量可达 40 吨以上,而种植当地的传统马铃薯,每公顷产量只有 12 吨左右。

该马铃薯品种的培育方法,是把已培育出的优良马铃薯品种种植在框架上,让根系生长在框架下面,所结出的马铃薯就像葡萄一样一串串悬挂着。用此法培育马铃薯,不仅使其的产量提高,还由于方便采摘而节省了生产成本。

目前,秘鲁已成为全球从事马铃薯研究的重要国家之一,国际马铃薯研究中心就设在那儿。该机构汇集了一批来自世界各地的高级研究人员,并拥有大规模的马铃薯种子和基因资源库。

3. 培育出大豆新品种

(1)培育抗芽腐病大豆。2005年6月,有关媒体报道,美国密西西比农业研究服务中心研究人员,培育出抗芽腐病大豆,由于这种疾病,大豆种植者和生产者饱受产量下降之苦。

芽腐病是由土壤菌灰色茎枯病病原引起的,是美国中南部和全球其他大豆产区限制产量的主要疾病。它在炎热、干燥的种植区繁殖旺盛。

研究人员表示,目前芽腐病没有化学控制,很难确定抵抗力。因此他们的新突破将为美国农业注入新的活力。

(2)培育出转基因大豆新品种。2007年8月,巴西农牧业研究院宣布,经过10年研究和实验,该院与德国巴斯夫公司合作初步成功培育出转基因大豆新品种。这是巴西本国第一个转基因大豆品种,按计划将于五年后投入市场。

据介绍,这种转基因大豆含有植物拟南芥的 *ahas* 基因,可以抗目前广泛使用的咪唑啉酮类除草剂,而美国孟山都公司培育的转基因大豆,主要对草干灵类除草剂有抗性。有专家认为,这两种转基因大豆有可能成为直接的竞争对手。

为了让新转基因大豆适合在不同土壤和气候条件下种植,巴西农牧业研究院在全国10个地区进行了转基因大豆育种实验。研究人员还对新品种的生物安全性进行了系统研究,包括建设一个榨油厂、对新转基因大豆制成的豆油进行检验等。

目前,这一转基因大豆的食品和环境安全评估研究,已接近完成。巴西农牧业研究院计划,明年向巴西国家生物安全技术委员会提出申请,并着手进行投入市场的准备工作。

巴西农牧业研究院转基因项目负责人佩雷斯说:"我们培育的转基因大豆种子价格低廉,为农民提供了新选择。我希望这种大豆种子可以对进口产品形成有力挑战。"

据统计,目前转基因大豆已占巴西大豆播种总面积的1/3左右,但转基因大豆的种子均从美国孟山都公司进口。近年,巴西大豆产量位居世界第二,出口量位居世界第一。

第三节　经济作物研究的新成果

一、园艺作物蔬菜研究的新进展

1. 蔬菜栽培和发展研究的新成果

(1)开发防治蔬菜软腐病的基因技术。2000年,新加坡分子农业生物研究学院的一个研究小组,提取出一种抗软腐病基因,能够干扰病原菌的信号传递,可以有效地破坏其致病能力。

导致蔬菜腐烂的软腐病,是农作物的大敌之一。软腐病的病原菌欧文氏杆菌,靠一种特殊的信号传递方式来互相通信。研究人员发现,欧文氏杆菌,会排出一种称为"自动诱导器"的小分子物质,让它和其他同类细菌排出的诱导器互相结合,然后再吸收回细胞内。

病菌之间通过诱导器交换信号,当诱导器积累到一定数量时,病菌就会收到"力量足够"的信号,从而发动大举入侵,引发蔬菜软腐病。如果诱导器含量不足,病菌就会收到"兵力不够"的信号,并决定暂时潜伏,伺机再动。

针对这一特点,研究人员经过一年多的实验,从4000多种细菌中找到软腐病的克星,成功提取出有效的抗软腐病基因。把这种基因植入蔬菜中,能够生产特定的蛋白质,干扰欧文氏杆菌利用诱导器进行信号传递的过程,避免病菌队伍的壮大,从而使蔬菜对软腐病具有抵抗力。

(2)开发出新型蔬菜包装技术。2005年9月,新加坡成功研制出一种新型包装技术,它可使芥菜、菜心和其他叶状蔬菜保持新鲜达3个星期。经过测定,采用这种包装技术的蔬菜,在规定保鲜期限内,其新鲜度、芳香、味道、质地和所含的营养,几乎与原来一样,完好无损。

这种称为"改良空气包装法"的包装技术,是通过在包装内注入特别调配的混合气体,以使蔬菜的呼吸率降低,制止细菌滋生和延阻酶腐坏,从而保持蔬菜的新鲜度。该包装法常用的气体是氮气、二氧化碳和氨气。

(3)把废弃防空洞改成农场栽培出"地下生长"的蔬菜。2015年7月,英国《每日电讯报》报道,在伦敦一个废弃的防空洞内,一个名为"地下生长"的地下农场栽培的新一批作物即将收获。据"地下生长"将在数周内向英国著名蔬果花卉批发市场考文特花园供应产品,此后还将向餐馆、超市和批发商供货。

这是伦敦目前仅有的地下农场,坐落于伦敦地铁北线克拉珀姆北站的地下隧道内。这些防空设施最初建于二战期间的1940—1942年,配备有床铺、医疗室、厨房以及卫生设施,能够在伦敦遭遇空袭时容纳8000人避难。

克拉珀姆北站,拥有一幢安放通风竖井的地下楼,从地面沿着地下楼的螺旋状楼梯往下走129级,就到了"地下生长"的所在地。

地下防空洞占地2.5英亩,约在地面以下30米处,战后一直未被使用。其深度保证了地下农场可稳定保持16℃的温度,蔬菜可全年生长,无须担忧季节变换、干旱等问题。

地下农场是由来自英格兰西南地区的商人理查德·巴拉德和斯蒂芬·德林在米其林二星主厨小米歇尔·鲁的帮助下建立起来的,首期栽种从2014年1月开始。在地下农场里,水培的草本作物生长在桌子一般高的培养床上。"水培"意味着富含营养物质的流水每天都会淌过培养床,整个栽种过程不需要土壤。每张培养床都配备有 LED 灯提供光照,在地下恒温的条件下,本来就很节能的 LED 灯所消耗的能源就更少了。

在地下农场里,作物在封闭的无尘环境中生长,无尘室里还有特别设计的通风系统、技术领先的光照系统和设计精巧的灌溉系统,以保证整个种植过程非常节能。地下农场的目标是在对环境零影响的前提下生产农产品,而所用的能源都是绿色能源。巴拉德称,地下农场每月为能源支付的费用只有 3000 ~ 4000 英镑,约是地面温室栽种的一半。

对此,园艺师克里斯·尼尔森评论道:"温室栽种要求在冬天投入更多的光照和热量,地下农场的实践证明,种植技术已经进步了好多。"

地下农场的首期作物包括豌豆苗、萝卜、芥菜、香菜、红苋菜、芹菜、西芹和芸苔。巴拉德说:"第一批作物将在几周内上市。经过 18 个月的研发试验,并克服多项难题后,我们已经准备好向市场供货。"

小米歇尔·鲁则表示:"能够参与这个具有开创性的计划让我感到很荣幸,我期待着使用世界上第一个城市地下农场种出的蔬菜来烹饪。总之,在伦敦市中心就能获得如此新鲜的食材是件很棒的事。"

伦敦市长鲍里斯·约翰逊,也对地下农场项目表示欢迎。他说:"地下农场是个充满活力的良好开端。我希望有更多企业能够来协助开创这一前景辉煌的理念。这样能够创造出成千上万个就业岗位,并每年为伦敦的绿色经济增加约 300 亿英镑的产值。这对帮助伦敦,在绿色产业创新领域,走在世界前列也是大有裨益的。我希望成长中的地下农场,能够取得成功。"

(4)开发营养健康与环境保护双效益的超级蔬菜。2015 年 3 月,肯尼亚媒体报道,一个午餐时段,位于肯尼亚首都内罗毕的 K' Osewe 餐馆人满为患。服务员不停地从厨房跑进跑出,将冒着热气的盘子端上桌,其中有深绿色的非洲龙葵、看上去充满活力的苋菜汤,以及腌好的豇豆叶。

然而,就在几年前,这些盘子里,很多会盛着,一个多世纪以前,从欧洲引进到非洲的羽衣甘蓝等大宗蔬菜。在内罗毕,原生蔬菜,曾经几乎只在难以找到的专门市场上出售。与此同时,尽管这些植物,受到非洲一些农村人口的青睐,但它们大多被种子公司和研究人员忽视,因此在产量和质量上落后于商品作物。

如今,原生蔬菜正在兴起。它们填满了大型超市的货架,种子公司也开始繁育更多的传统品种。2011—2013 年,肯尼亚农民种植的这类绿叶蔬菜的面积增加了 25%。随着非洲东部的人们认识到这些蔬菜的益处,对这类作物的需求开始激增。

与此同时,来自非洲和其他地方的科学家,正紧锣密鼓地研究这些原生蔬菜,旨在开发它们对健康带来的好处,并且通过繁育试验对其进行改良。他们希望,这些努力能让传统品种,在农民和消费者中间更加流行。不过,风险也随之而来:随着原生蔬菜变得更加普遍,一些研究人员会寻找生长得更快的作物,而这可能在无意中消除了原生蔬菜的抗病能力,或一些其他有益的特征。

绿色蔬菜并不是吸引研究人员注意的唯一本地作物。20 世纪 90 年代,位于华盛顿的美国国家研究委员会召集专家组研究包括谷物、水果和蔬菜在内的一些非洲作物的潜力。由著名农业研究人员诺尔曼·博洛格领导的专家组认为,本地植物在改善非洲的食物安全和营养摄入方面,拥有巨大的潜力,并且应当成为研究人员更重要的关注点。目前,位于内罗毕的世界混农林业中心,正在研究非洲3000 多种本地水果品种,并且发现它们通常比外来"同伴"更有营养、更加耐旱,对害虫和疾病的抵抗力也更强。

研究人员说,目前的主要关注点都是一些基本问题,比如如何最好地储存种子的信息。原生蔬菜并未达到现代农业标准的特征,因此有很多差距需要弥补。

不过,在研究人员看来,改善原生蔬菜的努力也要付出代价。如果育种者只关注提高产量,他们会在无意中消除营养功效。如果农民试图通过种植单一作物促进生产,也会面临着失去一些使这些蔬菜具有如此吸引力的特质的风险。例如,种植单一作物的小块土地面,临着被昆虫或病害完全"消灭"的更高风险。

(5)试图在海底培育蔬菜水果。2015 年 7 月,国外媒体报道,意大利萨沃纳的诺丽海湾有个叫尼莫花园的农场,正尝试革新农业生产,试图在海底培育农作物。在他们的海底农场,有五个透明"农作物豆荚"被固定在海底,在里面可以培育豆子、罗勒、大蒜、生菜和草莓。

海底农场项目的科学家说:"'农作物豆荚'内壁的冷凝水,可以为植物提供水分。此外,'豆荚'的温度基本保持稳定,这都为植物创造了理想的生长条件。"

这些"农作物豆荚"大小不同,可以在水下 5.5 ~ 11 米浮动。科学家在"农作物豆荚"中,安装了远程摄像头,可以很容易监控里面的所有植物。他们还安装了传感器面板,它可以获取"农作物豆荚"内的实时数据。更有意思的是,任何人都可以通过互联网实时观看"农作物豆荚"。

该项目的一位发言人说:"项目的主要目标,是在很难进行传统农业种植的地区,创造一种新的农作物生产方法,即使这些地区缺乏淡水、土壤贫瘠、温度变化极端。"

2. 西红柿培育与利用研究的新成果

(1)用西红柿等制成新型口服疫苗。2004 年 8 月,有关媒体报道,墨西哥一个研究小组,通过培植转基因植物,研制出新型口服疫苗。这些疫苗将来有望用来预防胃病、乙肝、霍乱和疟疾等疾病,并可能对预防癌症也有一定的效果。

研究人员把不同疾病的致病基因植入西红柿或者香蕉的植物胚胎中,并让胚胎在试管里生长至 5 厘米,然后移植到肥沃的土壤中,以传统方法培育。成熟的果实含有抗原蛋白,将这种有效成分提取出来就可制成针对不同疾病的口服疫苗。

新型疫苗中的抗原蛋白进入人体后,能模拟病毒侵入人体的过程,激活免疫系统,使人体内产生对有关疾病的抗体,从而获得免疫功能。与传统疫苗相比,这种新型疫苗的优越性在于无须冷藏和注射,从而使药价降低50%左右。同时,这种由植物培育出的疫苗毒性较弱,不会对人体产生危害。

据悉,研究人员目前已在试验的基础上,开始较大规模培育已植入乙肝和霍乱致病基因的转基因西红柿。与香蕉相比,西红柿培植效果更好。西红柿培植期相对较短,仅需6个月左右,易于广泛培植,同时西红柿比香蕉更容易产生功效成分抗原蛋白。

(2)加强西红柿废料的综合利用。2005年1月,意大利媒体报道,大家知道,西红柿可加工成西红柿酱等罐头食品,但可能不知道,加工处理过程中,西红柿皮和西红柿籽等,将作为垃圾废料白白流失掉,这部分约占西红柿原料的40%。

意大利生物化学分子研究所的科研人员发现,西红柿加工后的废料,尤其是废弃的西红柿皮,可提取复合糖化物,经过提炼和净化,可转化成为一系列可降解的环保塑料制品,包括人们购物经常使用的塑料袋以及在农田使用的塑料薄膜等。该项目实现了经济和环境的可持续发展,既保证垃圾废物回收再利用,又能保护环境和节约资源,同时降低了垃圾回收和处理成本,可以创造更多就业机会,可谓一举多得。

目前,这一研究成果已经转化为产品,并得到了意大利政府的资金支持,正在南部城市那不勒斯市的一些企业中生产。西红柿废料的再利用,将成为一种潜力巨大的经济资源。另据报道,西红柿废料迄今已被成功地用于制造树脂、人造血浆产品及一些医疗用品等。

(3)培育出具有防癌功能的紫色西红柿。2005年3月,有关媒体报道,美国科学家培育出一种新型转基因西红柿,由于它含有一种名为花色素苷的物质而呈现奇异的紫色,具有预防癌症和心肌梗塞的功能。

花色素苷是黄酮类经合物的一种,广泛分布于诸如葡萄、血橙、紫叶苷蓝、茄子及樱桃等植物中,这一物质具有一定的预防心脏疾病的功效。研究人员说,西红柿虽含有多种有益人体健康的物质,诸如具有一定防癌功效的西红柿红素等,但却不含花色素苷。为使西红柿这种"健康的食品更健康",他们尝试向西红柿中植入一种可以控制生成花青素苷的基因,并获得了成功。

据悉,研究人员已经证实,这种经过转基因改造的西红柿中稳定地产生了花色素苷,达到了预期目的。研究人员同时期望,他们可以利用类似的方法,向西红柿中植入一些可产生其他健康物质的基因,使西红柿及其他健康食品越来越健康。

(4)培育出抗干旱转基因西红柿。2005年12月12日,美国康涅狄格大学,教授罗贝托·格拉克西奥亚等人组成的研究小组,在美国《国家科学院学报》上发表论文称,他们将拟南芥的一个基因插入西红柿内,培育出能高度抗旱的转基因西红柿植株。研究人员称,这一成果可能对世界农业有重要意义。

全球的干旱地区普遍农业低产,随时有发生大饥荒的危险。因此,运用基因工程的知识培育抗旱、高产的农作物,可以帮助缓解世界农业面临的危机。

在这一项目中,研究人员把拟南芥的一个名为 *AVP1* 的基因,植入普通西红柿植株内,并观察其效果。早先的研究已显示,*AVP1* 基因的过度表达,能使拟南芥细胞免受脱水之害,并能使其根部吸收和保持水分的能力更强,从而帮助植株忍耐缺水环境。

研究人员发现,插入 *AVP1* 基因的西红柿根部,比普通西红柿根部更强壮,在干旱期吸水能力更好。研究人员还在实验中模拟了 13 天的干旱环境,并对比两种西红柿的生长情况,结果转基因西红柿,不仅在干旱期的生长状况远好于普通植株,在干旱期结束后的恢复中,生长速度也比普通西红柿快两倍。此外,转基因植株结出的果实,在成分上与普通西红柿没有明显区别。

因此,研究小组认为,植入 *AVP1* 基因,能帮助西红柿更好地抵抗干旱,实现安全而高产的目标。研究人员指出,这一方法可能广泛适用于更多重要农作物,如将转基因技术应用在其他农作物的改造上,有望提高干旱地区的农业生产力。

(5)发现西红柿汁可有效预防吸烟引起的肺气肿。2006 年 2 月,日本研究人员通过动物实验证实,西红柿汁能有效预防吸烟引起的肺气肿。综合当地媒体报道,日本顺天堂大学医学系和可果美综合研究所组成的科研小组,让实验鼠每次吸入香烟的烟雾 30 分钟,每周 5 次共持续 8 周。这些实验鼠经过特殊培育,它们的各个系统老化的进程特别快,8 周后就患上了肺气肿,肺泡遭到破坏,经常气喘。

在对比实验中,研究人员在实验鼠饮用的水中掺入和水等量的西红柿汁,再进行同样的实验。对比组的实验鼠肺部细胞的死亡数减少,肺部血管的形成得到促进,肺气肿的发病完全得到了预防。

美国食品和药物管理局 2005 年同意部分西红柿食品在包装上注明,西红柿有降低男性患前列腺癌风险的功效。这次日本研究人员又发现西红柿汁可预防肺气肿。研究人员认为,这些功效都与西红柿中含有的西红柿红素具有抗氧化作用有关。

(6)培育出抗氧化西红柿。2006 年 2 月,有关媒体报道,美国俄勒冈州大学,蔬菜培育专家吉姆·迈尔斯教授领导的一个研究小组,培育出含有花青素的紫色西红柿。花青素是红葡萄酒里一种具有抗氧化性的色素,可以防治心脏疾病,但是普通水果蔬菜中都不含有这种花青素。

研究人员表示,通过传统的栽培技术,培育出来的这种西红柿果实,可以帮助他们开发富含其他营养的西红柿新品种,用于食品行业。迈尔斯说,西红柿是世界上消费量最大的蔬菜品种之一,仅次于马铃薯。如果我们能够提高西红柿的营养价值,人们将因此而获益。

(7)培育出抗艾滋病和乙肝的转基因西红柿。2006 年 7 月,西伯利亚植物生理学和生物化学研究所的科学家,培育出抗艾滋病和乙肝的转基因西红柿。他们利用土壤农杆菌,将艾滋病病毒和乙肝病毒 DNA 片段合成物送入西红柿植株。经过这种方法处理的西红柿植株,能制造这些病毒的蛋白质。

给实验鼠喂食含这种转基因西红柿粉末的溶液后发现,实验鼠血液中产生了艾滋病病毒和乙肝病毒的高含量抗体。更重要的是,科学家还在实验鼠器官黏膜表面发现了抗体。黏膜是艾滋病病毒等通过性接触进入人体内的"大门"。

科学家说,如果用这种西红柿制造的疫苗同样对人体有效的话,将能够以片剂形式供人们服用。其优点是无须冷藏和注射,感染风险低,易于生产。

(8)培育能杀死机体内癌细胞的西红柿。2006 年 8 月,有关媒体报道,保加利亚 3 家研究所的科学家们,正共同致力于培育一种能杀死机体内癌细胞的新品种西红柿。据称,在这种西红柿里,西红柿红素和 β 胡萝卜素含量极高,所以具有治癌功能。

参与该研究项目的医生认为,西红柿红素本身就具有很强的抗氧化和抗癌作用。报道说,虽然研究人员对该项目研究工作的细节严格保密,不过,他们信心十足,宣称已经拥有了培育该新品种的丰富经验。

研究人员说,几年前,他们曾培育出一种名为"β 胡萝卜"的新品种西红柿,它因为含有更丰富的 β 胡萝卜素而比普通西红柿更甜,现在,这种西红柿在保加利亚已广泛用于儿童食品的生产中。

3.辣椒研究与开发取得的新成果

(1)成功开发出抗炭疽病辣椒。2004 年 11 月,韩国生命环境科学研究所金永顺博士领导的研究小组,从红辣椒中发现可抵抗炭疽病的基因,这表明,基于该基因,开发出抗炭疽病新品种也指日可待。

据韩国业内人士分析,如果利用生物学方法成功开发出抗炭疽病辣椒,每年可为国内辣椒市场带来巨大的经济效益。金永顺博士也指出,如果该新品种成功开发出来,可减少对农药的使用,生产优质农产品,并能节省农民的生产费用,可谓一举两得。

(2)发现红辣椒富含可用于治疗前列腺癌的物质。2006 年 3 月 26 日,有关媒体报道,美国的菲利普·考弗莱及其同事的研究小组,发现红辣椒中的辛辣成分,能够杀死前列腺癌细胞,同时减缓这种肿瘤细胞的扩散。证实辣椒素能够使癌细胞无法作用,从而减少并阻止其异常扩散。

试验过程种,研究人员先是把前列腺癌细胞移植到老鼠体内。此后,为它们注射了辣椒素。结果显示,研究人员还发现,与没有使用辣椒素的小白鼠相比,使用过的小白鼠肿瘤减小为原来的 20%,辣椒素能够减缓前列腺肿瘤细胞的扩散。同时,研究人员表示这种成分在实验老鼠的身上还能够减慢肿瘤的发展速度。

研究人员介绍,如果以老鼠体重作为参考,试验中使用的辣椒素剂量,就相当于每星期分三次为一个成年人注射 400 毫克的辣椒素。根据辣椒的不同辛辣程度,要想摄入 400 毫克的辣椒素只需食用 3 ~ 8 根红辣椒。

（3）发现辣椒可成为减肥秘方。2015 年 8 月,澳大利亚广播公司报道,澳大利亚阿德莱德大学,营养与胃肠疾病研究中心斯蒂芬·肯蒂什博士领导的一个研究小组,近日发现,辣椒中的一种化学物质,可帮助人们减少食量,从而达到减肥的目的。

该研究小组,一直在探寻辣椒中的化学物质,是如何刺激胃部神经,并向大脑传递胃部已饱和信息的。他们还发现,高脂膳食,可能削弱胃部神经传递饱和信号的功能,导致人们暴饮暴食。

肯蒂什表示,之前的研究,已经证明辣椒里的辣椒素,能够帮助人减少食物摄入量。此次研究已经确定,如果去除被研究的老鼠胃部的这种化学感受器,让神经对辣椒素的刺激无法做出反应,它们会吃掉更多的食物。这也表明,这在控制食物摄入量上起关键作用。

肯蒂什表示,将要开发一种化学药品,使人们在吃含有大量辣椒的食物时,没有辛辣的感觉,以适应绝大多数人的食用需求,达到减肥和抑制增肥的目的。

4. 大蒜培育与研究取得的新成果

（1）破解大蒜有性繁殖的难题。2004 年 9 月,以色列耶路撒冷希伯来大学校长海姆·拉比诺维奇,以及该校农作物科学和遗传学研究所研究人员罗伯特·史密斯领导的研究小组,在《美国园艺学学会会刊》上发表论文称,他们成功地使目前无法进行有性繁殖的大蒜植株恢复了有性繁殖能力。这一成果,为更广泛的科学研究开辟了道路,由此可能显著提高大蒜的产量和质量。

大蒜是一种世界性的重要蔬菜和调味品,起源于中亚地区。其绝大多数品种丧失了有性生殖能力,虽然过去也发现了一些能够进行有性繁殖或半有性繁殖的品种,但目前栽培的商业性大蒜都不具备这种能力,只能通过鳞茎分瓣等无性方式进行繁殖。无性方式繁殖系数低,种苗生产用地多,容易引起病害累积,影响产量和质量。为什么大蒜会失去有性生殖能力以及如何重建这种能力,一直是困扰科学界的难题。

以色列研究小组,经过 7 年潜心研究大蒜的形态学和发育生理学,终于找到了化解大蒜无法有性生殖这一难题的简便方法。

仔细观察大蒜的生长过程,其植株在春天同时形成鳞茎和开花,因为这两个过程都是由温度和白昼长短决定的。在商业种植过程中,种植者都会选择那些鳞茎看起来大而早熟的植株。鳞茎的快速生长"攫取"了绝大多数营养和能量,使开花必需的养料所剩无几。这种养料短缺导致花芽在植株的早期发育阶段就凋落,最终植株失去了有性繁殖能力。即便某些植株的花茎"顽强"地萌生出来,它们在发育的稍后阶段也会被植株顶端的小鳞茎"扼杀",因为随着白昼的增长,这部分鳞茎生长得更为迅猛。

在了解了大蒜不育的原因之后,研究人员就着手试验将大蒜置于控制条件下生长,也就是调节温度和光照时间,延缓鳞茎生长而促进开花过程,由此成功地重建了大蒜的生殖能力,获得了成熟的种子。

拉比诺维奇说:"通过制造开花和结子,我们也得以'解冻'大蒜几千年来保存的遗传多样性。"。

国际上的专家,称赞以色列科学家完成了一项"里程碑式的研究",这一工作开启了对大蒜这一世界性重要蔬菜,进行全新生理学和遗传学研究的可能性。这一试验获得的种子,可以应用到各种培植方案中,通过使用一些传统的农业技术生产出具有各种优良性状的大蒜品种:如具有强的抗病虫害和气候条件耐受能力,高产优质,可在不同季节生长以及鳞茎适于长期保存等。研究者目前的工作,主要集中在大蒜开花过程的分子基础,他们力图确定调控开花的基因。

(2)成功开发大蒜保鲜剂新品种。2005年6月22日,日本三菱煤气化学公司的一个服务中心,对当地媒体公布,他们已成功开发出延迟大蒜发芽的保鲜剂。只要在大蒜出货时,提前把该产品放到网兜里,就可以非常简单地保证产品鲜度,抑制发芽。

大蒜在遇到植物荷尔蒙乙烯时就可推迟发芽,该公司通过实验来验证该成果。在2厘米左右角的小袋中,放上吸附有乙烯的沸石,放到装有大蒜的箱中,待2周后,未使用该产品的大蒜有35%出现发芽的现象,而使用的却没有发芽迹象,从而在很大程度上达到保鲜的目的。

(3)研究显示大蒜有助降血压。2008年8月,澳大利亚媒体报道,该国阿德莱德大学卡林·里德博士的一个研究小组发现,食用大蒜对人们降低血压有帮助,而且其效果不亚于一些降压药物。

据报道,在试验中,研究人员要求受试者在3~6个月中,每天服用含有"蒜素"的营养补充剂,而对照组人员则服用安慰剂。研究结果显示,服用"蒜素"营养补充剂的高血压患者家,高压平均降低了8.4毫米汞柱,低压平均降低了7.3毫米汞柱。而且血压越高的患者,在服用该营养补充剂后,其血压降低的幅度越大。

研究人员解释说,试验中每日摄入的营养补充剂的蒜素含量为3.6~5.4毫克,而一瓣新鲜大蒜中含有5~9毫克蒜素。

里德博士指出,从试验来看,大蒜的降压效果甚至不亚于一些常规降压药,如β受体阻滞剂和血管紧张素转化酶抑制剂等。但由此断言可用大蒜或蒜素补充剂替代降压药为时尚早,蒜素是否能长期起到良好降压效果还有待进一步研究。

5. 洋葱研究取得的新成果

(1)发现洋葱成分有助缓解骨质疏松症。2005年5月4日,瑞士伯尔尼大学一个研究小组,在美国化学学会的《农业与食品化学》杂志网站上发表研究成果称,洋葱除了当食物调味料外,它还可能对我们的骨骼有好处。最近,他们已经在洋葱中找到一种能够缓解骨骼损失的化合物。尽管还需要进一步的确证研究,但目前的研究,已经显示出吃洋葱可能有助于预防骨质的流失和骨质疏松症。

骨质疏松症主要影响老年人的健康。在美国,这种疾病每年消耗掉约170亿美元的医药费。

研究人员分析了白色洋葱的化学活性成分，并且发现最有可能降低骨质损失的，是一种叫作 GPCS 的多肽。接着，他们从新生大鼠中分离得到了一些骨细胞，并用甲状旁腺激素刺激骨质损失，然后让一些处理的细胞接触该多肽。与未接触这种多肽的细胞相比，用该多肽处理能显著抑制骨骼矿物质(包括钙)的流失。

目前，还需要进一步的研究，来确定是否该多肽对人也有同样的效果、多大量的洋葱或多肽，对骨骼健康有益，以及确定出多肽对骨骼细胞的作用机制。

(2)显示洋葱皮营养成分高。2011 年 7 月，西班牙马德里自治大学与英国克兰菲尔德大学的研究人员，在美国《植物类食品与人类营养》杂志上发表一篇共同完成的研究报告，认为洋葱皮富含人体需要的多种营养要素，可用来制成营养补充剂，而不应将其扔弃。他们研究发现，棕色洋葱皮富含纤维、酚类化合物、栎精、黄酮醇及硫黄化合物等有益健康的成分。

研究人员指出，常吃富含纤维的食物，可降低患心血管疾病、胃肠不适、结肠癌、Ⅱ型糖尿病和肥胖症的风险，而补充酚类化合物和黄铜醇则有助于预防冠心病和癌症。此外，硫黄化合物具有抗氧化和消炎的作用，可起到防止血小板积聚，改善血液流通，促进心血管健康的作用。

研究人员认为，洋葱皮的营养价值应该受到重视，可以用它来制造非水溶性的营养补充剂，或将洋葱皮提取物添加到其他食品中，以造福人类。

6. 其他保健蔬菜培育取得的新成果

(1)利用基因技术培育出"超级保健"水芹。2005 年 4 月，英国布里斯托尔大学一个研究小组，在《自然·生物技术》杂志上发表研究报告说，他们利用转基因技术，使水芹富含多不饱和脂肪酸，成为一种"超级保健"蔬菜。

ω－3 和 ω－6 多不饱和脂肪酸，能够调节血压和免疫反应并参与细胞信号活动。ω－3 还被认为能促进大脑发育、降低成人心脏病及风湿性关节炎的发病率。

海藻和蘑菇中富含天然多不饱和脂肪酸。英国研究小组报告说，他们从海藻和蘑菇中分离出负责制造多不饱和脂肪酸的 3 个基因，并把它们植入水芹，培育出富含多不饱和脂肪酸的转基因水芹。研究人员认为，这一成果，将有助于未来新一代健康蔬菜食品的开发与研究。

伦敦圣乔治医院营养学家凯瑟琳·科林斯说，这种转基因水芹可以直接食用，也可以通过喂养动物进入食物链后，再供人食用。这一成果，是功能性食品研究的又一进展。人体自身不能合成 ω－3 和 ω－6 多不饱和脂肪酸，只能从天然食物中摄取。大自然中，禽蛋类食品富含 ω－6，谷物、鲑鱼、大比目鱼和沙丁鱼等冷水鱼中富含 ω－3。但由于鱼类资源困乏及污染导致的鱼肉毒素超标，研究人员一直在寻找富含这两种营养成分、又容易获取的食物来源。但一些人一直对转基因食品心存疑虑，这种"超级保健"水芹，能否最终端上餐桌目前还不得而知。

(2)培育出更利于钙吸收的胡萝卜。2008 年 5 月，得克萨斯州贝勒医学院，肯德尔·赫尔斯奇教授等人组成的一个研究小组,在美国《国家科学院学报》发表论文表示,他们已经培育出一种转基因胡萝卜,可以利用它快速补钙。他们希望将这种蔬菜添加到饮食中,能帮助预防骨质疏松症等缺钙引起的疾病。

研究结果显示,吃了这种新胡萝卜的人,比食用普通胡萝卜者,吸收的钙多41%。目前,这种富含钙的蔬菜,仍需进行大量安全试验。赫尔斯奇说,这些胡萝卜在密切监控的可控环境中生长。但在这种胡萝卜上市之前,还需要进行更多的研究。

但科学家希望,他们的胡萝卜最终能为补充足量的矿物质,提供一种更健康的方式。乳制品是补充钙的首要饮食来源,但有些人对乳制品过敏,有些人则被告知不要喝太多的奶,因为奶里的脂肪含量较高。对此,科学家想出了妙招,即改变胡萝卜里的一种基因,这样做,可以让胡萝卜里面的钙,更易穿过表皮细胞膜被人体吸收。

(3)研究发现嫩竹尖也是保健佳品。2014年8月,日本媒体报道,竹笋是人们经常食用的美食,味香质脆,富含营养成分。而日本研究人员的新研究表明,在竹笋初具竹子的形态时,其顶端嫩尖中的营养成分γ-氨基丁酸更为丰富,是名副其实的保健佳品。

日本富山县食品研究所寺岛晃主任研究员领导的研究小组,对嫩竹尖中与味道有关的23种成分的含有率等,进行了分析。他们发现,虽然嫩竹尖中味道成分的总量,不到竹笋的一半,但是γ-氨基丁酸的含有率却比竹笋高,特别是尖端部分的含有率约为竹笋的两倍。

寺岛晃指出:"从味道和健康功能来说,嫩竹尖都是一种有用的食材。"富山县已准备将嫩竹尖作为新的特产加以推广。

γ-氨基丁酸是一种天然存在的非蛋白质氨基酸。它是哺乳动物中枢神经系统中重要的抑制性神经传递物质,具有降血压、稳定情绪、改善肾和肝功能、防止肥胖、促进酒精代谢等多种保健作用。

近年来,日本的巧克力、茶酒、点心等很多食品中,都会添加这种氨基酸,且销售额年年增加。

二、园艺作物花卉研究的新进展

1.研究和培育牵牛花的新成果

(1)利用转基因技术延长牵牛花开花时间。2000年1月15日,《日经产业新闻》报道,日本农业生物资源研究所的研究小组,应用转基因技术,把阻止开花的基因植入牵牛花中,结果培育出开花时间延长了3倍的新牵牛花植株,从而为研究延长花卉的开花时间找到了新途径。

雌花受粉之后,会产生乙烯气体,使花开始凋落。研究人员发现,名为"PETSPL1"的基因与花蕊的形成有关,抑制这种基因的作用,就可使雄蕊数量增加,雌蕊数量减少。于是他们应用转基因技术把这种基因植入牵牛花细胞中进行培育,结果发现,雌蕊大大减少了,胚珠从 300 个一下子减少到 20 个,并且雌蕊内部生成了与雄蕊相似的器官,雄蕊数量也从 5 个增加到 8 个,这使本应在两天后开始凋谢的牵牛花,开花时间延长了 6 天。

研究人员认为,应用这一技术,也有可能延长其他花卉的开花时间,这将为花卉生产者带来新的商机。

(2)破解矮牵牛花蓝色之谜。2014 年 1 月,有关媒体报道,大多数苗圃架子上摆放的鲜花,招展着自己五颜六色的花瓣:黄色、白色、粉色、紫色、红色和绿色。但是,有一种颜色在花的世界里很不常见。

现在,国外科学家发现了一些矮牵牛花,会开出蓝色花瓣的原因。这些花,与那些人们熟知的经典红色和紫色牵牛花不同。研究人员发现,蓝色矮牵牛花发生了基因突变,使这种植物细胞中的两个"泵"失灵。

正常情况下,这些泵能够确保花瓣细胞内的大隔层,保持与一杯咖啡相当的酸度。离开这些泵,花瓣隔室的酸性降低,花瓣化学成分的变化会改变光在花瓣上的反射路径,这就赋予花朵呈现迷人的蓝色。

这项发现,已在发表于《细胞报告》网络版上。这一新研究,可能引导出设计玫瑰和兰花等其他植物品种的新方法,使它们生出稀有的蓝色花瓣。

(3)用金鱼草基因培育出黄色牵牛花。2014 年 10 月,日本基础生物学研究所发表公报说,他们与鹿儿岛大学和三得利全球创新中心的同行合作,通过向牵牛花植入金鱼草基因,成功培育出了黄色的牵牛花。

日本江户时代的文献中,记载有"像菜花一样的黄色牵牛花"。但这一品种,却未能保留下来,现代人无缘得见,所以黄色牵牛花也被称为"梦幻牵牛花"。

牵牛花最初只开蓝花,经过多年的改良与培育,现已有红色、桃色、紫色、茶色、白色等多种颜色品种。一般来说,开黄色花需要植物体内有类胡萝卜素、橙酮等黄色色素,而牵牛花恰恰缺乏这些色素。

研究人员注意到,在开黄花的金鱼草体内,有两种基因能利用奶油色色素查耳酮合成黄色色素橙酮,于是向开奶油色花的牵牛花品种植入这两个基因,成功使其开出了黄色的花,并使花瓣更为舒展。

2. 培育和研究玫瑰花的新成果

(1)培育出世界上第一株蓝色玫瑰。玫瑰花没有产生蓝色色素的基因,无法生长蓝色花瓣。虽然玫瑰有 5000 多年的人工栽培历史,迄今已培育出 2500 多个品种,但始终没有蓝玫瑰的身影。玫瑰花基因没有生成蓝色翠雀花素所需的"黄酮类化合物 3′,5′-氢氧化酶",培育蓝玫瑰被认为是不可能的,因而英语 blue rose(蓝色玫瑰)有"不可能"之意。2006 年 5 月,日本三得利公司展出了世界上首次培育出的真正的蓝玫瑰。蓝玫瑰已成为可能。

蓝玫瑰因其色彩华贵而一直为人们所梦想。近年,在国内外热卖的"蓝色妖姬"便是满足人们愿望的替代品。其价格十分昂贵,一枝"蓝色妖姬"在国内可卖到 300 元。但它并不是真正的蓝玫瑰,而是白玫瑰用特殊染色剂溶液浸染而成,因而其色彩虽然漂亮,但人工染料导致鲜花表层细胞死亡,花期短,且花开不大。

人们梦想开发出蓝玫瑰,但都失败了。科研人员利用不同品种杂交,通过抑制红色素培养接近蓝色的玫瑰花,但其中并不含蓝色素,所以还不能称是真正的蓝玫瑰。传统杂交技术培育出的蓝玫瑰,颜色偏紫色或灰色,其颜色来自于红或橙色素,不是艳丽的蓝色。

此次面世的蓝玫瑰,是日本三得利公司耗资 30 亿日元培育而成,他们 1990 年就开始开发蓝玫瑰,从蓝三叶草中提取蓝色素基因,用基因重组技术改变玫瑰花遗传因子排列,成功地让翠雀花素单独显色,移植基因和紫罗兰色素合成,蓝花基因植入玫瑰花,培植出蓝玫瑰。这株玫瑰的花瓣中所含的色素为蓝色,纯度接近 100%。

2006 年 5 月 11 日,三年一次的世界玫瑰花大会在日本大阪开幕,这株蓝玫瑰也在玫瑰节上首次向世人展露芳容。与那些争奇斗艳的各色玫瑰不同,这株蓝玫瑰被别具匠心地放置在一个空旷场地上,经过长长的隔离带围成的通道,偌大的展厅内单独陈放着这株造型别致的蓝玫瑰,远离缤纷热闹的蓝玫瑰安静地立在透明玻璃罩中。这株世界首个转基因蓝玫瑰,并不如想象中的那样妖艳华丽,它的蓝色接近藕荷色,更显清纯娇媚。公司介绍说,以新开发的蓝玫瑰为杂交母体,有望使玫瑰花色更加绚丽多彩,这种蓝玫瑰的基因还可以传给下一代。

(2)发现对玫瑰花香形成至关重要的水解酶。2015 年 7 月,法国圣太田大学,植物分子生物学家让 – 路易斯·马格纳领导的研究小组,在《科学》杂志上发表论文称,他们发现了一个在玫瑰花香形成途径中,发挥关键作用的焦磷酸水解酶——RhNUDX1,这对揭示玫瑰花香的形成机理,并培育香气浓郁的玫瑰花品种具有重要意义。

玫瑰花的芳香程度,对于玫瑰油的提炼有重要意义。但是在长期育种过程中,许多玫瑰品种的芳香特征逐渐消失,而原因却不清楚。

法国研究小组说,通过对两种花香程度不同的玫瑰品种,进行转录组学分析发现,91 个基因在花香更浓的玫瑰品种中表达量更高,其中焦磷酸水解酶基因在两种玫瑰品种中表达量差异最大。该基因表达与形成花香的香叶醇和其他单萜分子(一类植物特有的化合物)的含量呈正相关。

研究小组通过对该基因表达模式分析发现,它主要在花瓣中表达,在花瓣发育后期其表达量会升高。当该基因表达受到抑制后,花瓣中单萜类物质的含量大幅降低。研究表明,它能够促进玫瑰花瓣中香叶醇的合成,从而提高花瓣芳香程度。玫瑰花的芳香程度很可能依赖于这种基因的表达量以及由它所催化合成的单萜物质含量。

美国弗吉尼亚理工大学的多罗西·索尔教授表示,这种酶的发现,揭示了玫瑰花瓣中香叶醇的一种特殊合成机制,同时也提出了新的科学问题。比如,植物为何进化出这种特殊机制？它何时产生？在其他植物中是否广泛存在？索尔认为，由该种酶介导的芳香醇合成途径很可能是在玫瑰进化晚期形成，并很可能在其他植物中广泛存在，但若想精确回答上述问题仍需进行大量后续研究。

3. 培育杜鹃花和大丽花的新成果

（1）培育出含青蛙基因的转基因杜鹃花。2004年7月，美国康涅狄格州的《哈特福德报》报道，康涅狄格州大学的科研人员马克·布兰德培育，培育成功一种含有青蛙基因的杜鹃花。表面看来，这种盆栽杜鹃花与普通植物相比没有什么异样，但是它的基因中却能控制合成青蛙体内的蛋白质。

据介绍，布兰德的专业是装饰园艺，这恰是基因工程大有用武之地的领域。他利用一家制药公司两年前发现的青蛙蛋白质，目的是帮助杜鹃花等植物更好地抵抗疾病。他希望有朝一日，能够培育出可以防止小鹿啃食的植物。不过，科学家现在很难说明转基因植物，如"青蛙"杜鹃，将如何与环境交互作用？它们是否会成为入侵性物种？会不会通过与其他物种的花粉交叉交配而导致危害？这些问题目前科学家还都不能回答。

（2）通过基因重组培育出蓝色大丽花。2012年6月5日，日本千叶大学研究生院，园艺学教授三位正洋率领的研究小组，对当地媒体宣布，他们通过基因重组，在世界上首次培育出蓝色的大丽花。

原产墨西哥的大丽花，颜色非常丰富，但没有开蓝花的自然品种。研究人员说，他们是在粉色的单瓣品种大丽花"大和姬"中，植入开蓝花的鸭跖草的蓝色基因，培育出开蓝紫色花朵的大丽花，然后再与重瓣的大丽花杂交，最终培育出重瓣的蓝色大丽花。

它们的种子培育出的下一代也非常稳定，能够继续开蓝色花朵，并且能够与其他颜色的大丽花杂交。三位正洋还准备把蓝花品种与其他品种杂交，培育出形态更优美、蓝色更深的新品种。

据悉，2012年2月，这一研究小组，同样把鸭跖草的蓝色基因植入蝴蝶兰细胞，成功培育出蓝色的蝴蝶兰。

4. 花卉研究的一些新发现

（1）发现观赏植物马齿苋能分解环境荷尔蒙双酚A。2005年11月，由平田副教授领导，成员来自日本大阪大学和关西电力一个研究小组，在东京召开的日本药学会年会上发表论文称，马齿苋常用于园艺栽培，作为观赏植物。近来，该研究小组发现，这种园艺植物，能够分解有可能造成内分泌紊乱的环境荷尔蒙双酚A。

虽然迄今为止还没有证据表明环境荷尔蒙双酚A对人体的影响，但研究人员已经证明双酚A能使鱼类产生雄性雌性化作用。研究小组选择20种园艺植物，使用含有高水平双酚A的水对这20种园艺植物进行培养，利用透明塑料容器，观察水和土壤的溶出情况。结果发现，实验的第4天，在培养马齿苋容器的水中双酚A的含量接近于零，且马齿苋植物本身也未检测出双酚A。研究小组认为，很可能是马齿苋根部的酶分解了双酚 A。

此外,研究小组利用马齿苋,在能够作用于鱼类的另外两种环境荷尔蒙化学物质的试验中,也取得了相同效果。

据悉,研究小组已对这项成果申请了专利。今后研究人员计划继续进行大规模的验证实验。在此之前,研究人员已经发现了微生物可以对环境荷尔蒙双酚 A 产生净化作用,但是利用微生物净化环境荷尔蒙设备过于庞大,在实用化方面管理和成本都存在很大困难。而利用园艺植物除去环境荷尔蒙,管理容易成本低廉,是与环境协调一致的净化方法。

（2）发现一种能让花开得更鲜艳的蛋白质。2014 年 3 月,日本自然科学研究机构基础生物学研究所的研究人员,在英国《植物杂志》上发表论文说,他们对牵牛花进行研究后发现,有一种蛋白质能够增加花青素含量。这一发现,有望促进开发出更加艳丽的花卉和水果品种。

花朵的缤纷色彩、果实的艳丽颜色,主要是由花青素决定的。花青素属于水溶性色素,是构成花瓣和果实颜色的主要色素之一,含量越高颜色越鲜艳。牵牛花中的花青素可使其呈现深紫色或者深蓝色。不过,牵牛花非常容易发生突然变异,导致花青素减少,所开花朵的颜色变淡。

研究人员把花色很淡的牵牛花基因,与花色很深的牵牛花基因进行比对,结果发现,一种蛋白质能够促进花青素的生产,使花色更深。这种蛋白质发挥作用时,花青素的产生效率提高了 2 倍,而花色很淡的牵牛花则缺乏这种蛋白质。

花青素是一种生物类黄酮,因此研究小组将这种蛋白质命名为"EFP"（类黄酮生产促进因子）蛋白质。他们发现,除了旋花科的牵牛花之外,茄科的矮牵牛和母草科的蝴蝶草中也存在 EFP 蛋白质,如果遏制其发挥作用,矮牵牛和蝴蝶草就只能开颜色很淡的花。

三、园艺作物瓜果研究的新进展

1. 开发瓜类作物的新成果

（1）从西瓜中提取高纯度西红柿红素。2008 年 4 月,韩联社报道,韩国食品研究所的研究人员宣布,他们已成功从西瓜中提取西红柿红素,西红柿红素有抗癌和抗衰老的功效。

研究人员介绍道,目前,世界上有些实验室和公司,也已从西瓜中成功地提取西红柿红素,但其纯度只有 1% 到 15%,而韩国食品研究所用新工艺提取的西红柿红素纯度高达 80%。

果蔬中所含的西红柿红素,是一种淡红色自然色素。研究结果显示,西红柿红素不仅可有效抵抗癌症和心血管病等,还可延缓衰老。

研究人员称,过去生产的西红柿红素制剂,只能用油溶解,而用新工艺生产的西红柿红素制剂可溶于水,这样,增强了制剂的实用性。预计,这项新发明将很快取代传统生产工艺。

（2）开发以南瓜为原料制成的新凝胶。2007年4月,俄罗斯媒体报道,现有的凝胶通过化学结构分析,大部分胶质是由柑橘皮和苹果渣制成的。俄罗斯研究人员却发现,从南瓜中提取的胶质也是凝胶原料,它们通过生化酶的调解作用,可以成为果酱和糖果工业的新凝胶成分。

研究表明,从南瓜中提取的胶质,使用曲霉菌进行水解后,这种胶质含有相当高的甲氧基,脂化作用高于50%,而食品工业规定凝胶的脂化程度要高于60%,或许这种使用曲酶制剂提取的胶质并不适合用在食品工业上。但是这种胶质可以和60%的蔗糖溶液混合使用,说明了它可以用在糖果,果冻蛋糕方面。这种脂化程度低于60%的胶质,可以吸附并带走体内的某些重金属,因此南瓜胶质可以成为一种健康胶质。

丹麦和英国的科学家也认为,这种来自南瓜胶质的凝胶,将来会大量生产。估计世界范围内,每年的产量达到35000吨,并将广泛使用于果酱、糖果、面包、酸乳酪和牛奶饮料等方面。

2. 水果保鲜和改良研究的新成果

（1）发明测试水果棒曲霉菌的方法。2005年4月,英国媒体报道,苏格兰思克莱德大学一个研究小组,为了消除水果中的污染风险,他们突破重重障碍,设计出一种迅速测试导致霉变的有害毒枝菌素棒曲霉菌的方法。

报道称,该研究小组与工业合作单位一起,开发出特别针对感染水果如苹果、梨和葡萄的棒曲霉菌单克隆抗体。棒曲霉菌是青霉菌、曲霉菌等生产出来的一种毒枝霉素,它可以在水果、粮食和奶酪等的食品中生长。

棒曲霉菌较常见的现象,是出现在苹果和苹果制品中。根据英国食品标准局的统计,它与一系列动物实验的负面影响有关,它是诱导机体突变的、抗生素和胎儿生长中起影响的物质。尽管没有证据证实摄取这种毒素对人体有负面影响,但专家仍然建议,食品中的棒曲霉菌含量越低越好。

（2）研制出水果和蔬菜的烃类混合物保鲜剂。2005年4月,有关媒体报道,英国塞姆培生物工艺公司,研制出一种"天然可食保鲜剂",它能使梨、葡萄等水果和西红柿、辣椒等蔬菜贮藏寿命延长1倍。

报道称,这种保鲜剂,采用一种复杂的烃类混合物制成。在使用时,将其溶于水中成溶液状态,然后将需保鲜的蔬果浸泡在溶液中,使蔬果表面很均匀地涂上一层液剂。这样就大大降低了氧的吸收量,使蔬果所产生的二氧化碳几乎全部排出。因此,保鲜剂的作用,酷似给蔬果施了"麻醉药",使其处于休眠状态。

（3）加紧酸性水果的基因测序和品种改良。2007年1月,巴西媒体报道,圣保罗酸性水果农业经济研究所研究人员,自6年前开始,对酸性水果基因组进行研究,目前已对酸性水果的约5.5万个基因进行测序。同时,研究人员使用基因测序成果,对酸性水果病虫害进行研究。这项研究,对改良酸性水果品种,以及提高其抵御病虫害的能力,具有重要意义。

酸性水果,主要是指柑橘类水果。它的病虫害问题,是长期以来困扰业内人士的一大难题。该研究所专家称,有关酸性水果基因组测序与品种改良项目,得到巴西科技部全国科技发展委员会的支持。该项目主要针对橙子、蜜橘及一些杂交的酸性水果品种,进行基因测序研究,通过比较各品种的基因资料,确定这些水果中与抗病虫害、抗干旱、提高水果与果汁的色质和营养成分等有关的基因,进而找到控制水果病虫害、改良品种质量的最有效的方法。此外,该项目还研究如何解决水果水分含量低的问题。

为了对已获得的资料和研究成果进行评价,该研究所还建立了一个测试网络,在经过挑选的种植园进行水果品种改良检测。在圣保罗和巴拉那州有超过800个新的水果杂交品种正在试种。

巴西实施的酸性水果基因测序研究项目,在国际上引起了巨大反响。圣保罗酸性水果农业经济研究所,现已成为国际酸性水果基因图谱学会的创始会员,也是这个学会的领导成员,参与该学会的还有美国、日本、西班牙、澳大利亚、中国、意大利和法国的代表。

酸性水果是巴西最重要的农业项目,每年出口收入达15亿美元,就业人口40万人。虽然巴西是世界最大的酸性水果生产国和最大的果汁出口国,但由于病虫害日益严重等问题,巴西与其主要竞争对手如美国佛罗里达州相比,酸性水果的生产效率和经济效益仍然不如人意。

3. 研究开发苹果取得的新成果

(1)发现蛇果比其他苹果有更多抗病物质。2005年7月,加拿大农业和农业食品部的一个研究小组,在《新科学家》发表研究报告称,他们测量了8种苹果皮中的抗氧化剂活性,结果发现蛇果的抗氧化剂活性最强。

英语国家有种说法,叫作"一天一苹果,不用去诊所"。于是,加拿大研究小组对苹果的抗病物质进行专门研究,结果发现蛇果比其他苹果含有更多的抗氧化剂。

研究表明,艾达红苹果和科特兰苹果落后于蛇果,位居第二和第三。虽然抗氧化剂活性最高的3种苹果都是红色,但研究人员指出,颜色并不是衡量抗氧化剂含量的可靠依据。

研究人员说,苹果尤其是苹果皮里含有大量抗氧化剂,它们能够中和一种叫自由基的活性分子,而自由基与癌症、阿尔茨海默病和心脏疾病有关。

(2)成功地从苹果汁中提取出天然黄色素。2006年2月,法国国家农艺研究所发布的公报说,法国一个研究小组从苹果汁中成功提取出了一种天然黄色素,它可用于食品添加剂和化妆品中。

黄色素是食品和化妆品工业普遍使用的一种色素。但寻找天然水溶性的黄色素一直是个难题,过去是用人工合成黄色素替代的。然而这种色素会引起人们患哮喘或风疹,因此已在挪威和奥地利被禁用。

法国研究小组开发的这种天然黄色素名为根皮苷氧化物,它是直接从苹果汁中提取的,具有抗氧化性。根皮苷是苹果中特有的一种酚成分。当苹果被榨成汁时,苹果中的根皮苷、某些酶元素以及氧气就被整合到了一起,形成这种新的氧化物。

根皮苷氧化物可以用作非常好的天然黄色素。研究人员通过对这种物质的结构以及产生的机制的研究,已经掌握了大规模提取这种成分的方法。专家指出,今后食品与化妆品工业在使用黄色素时,再也不用担心找不到天然原料了。

4. 研究开发葡萄取得的新成果

(1)发现葡萄多酚汁具有保健功效。2006年2月,有关媒体报道,红葡萄酒,一直被认为,是降低低密度脂蛋白氧化的有效产品。而由法国南部精选红葡萄提取的多酚汁,对减少动脉油脂堆积更具显著功效。法国蒙彼利埃营养大学进行的动物试验表明,葡萄多酚汁降低油脂堆积方面的效果,比安慰剂高57%,比红葡萄酒高20%。

专家认为,葡萄多酚汁可采取粉状物和干燥混合物的形式,同食品增补剂的其他成分进行混合,同时还适用于果汁和糖果工业,用来提高产品的保健功效。

(2)发现控制葡萄成熟的生化机理。2006年9月,有关媒体报道,澳大利亚联邦科学与工业研究组织科学家克里斯·戴维发现,通过在葡萄皮上喷洒油菜素内酯(一种植物类固醇激素),可以让葡萄更快地成熟。

在葡萄刚开始上色的时候,他们给一部分葡萄喷洒上油菜素内酯,对其他葡萄则喷洒抑止油菜素内酯合成的抑制剂作为对比,然后每隔两个星期记录一次他们的类固醇和糖度。一个月过去之后,喷洒有油菜素内酯的葡萄糖度为13.4,正常管理的葡萄糖度是12.7,而喷洒抑制剂的葡萄糖度是11.7。

克里斯·戴维说,油菜素内酯控制着很多其他基因的表现,比如:他们停止光合作用的基因,刺激促进细胞壁及香气和糖分的基因,这样葡萄就加快成熟了。

不过,如果通过喷洒的方式来作业,费用将过于昂贵,科学家们正在考虑通过育种技术来实现催熟。

(3)发明能从葡萄中分离白藜芦醇的新技术。2011年7月,美国哥伦比亚大学的一个研究小组,用一种可以触发某个特定化学反应的试剂,促使白藜芦醇二聚物能接收额外的单体,从而,开发出能从葡萄等植物中分离白藜芦醇的新技术。

研究表明,白藜芦醇在红葡萄皮、红葡萄酒和葡萄汁中含量很高,是一种天然抗氧化物,可以激活一种修复染色体健康的蛋白质去乙酰化酶,从而确保染色体的完整性免遭破坏,具有延缓衰老的作用。研究还表明,它还有助于预防癌症,降低冠心病发病率和死亡率。由于法国人经常饮用富含白藜芦醇的葡萄酒,所以冠心病发病率和死亡率的比例很低。

多年来,很多科学家,一直致力于找到,从葡萄或其他能产生白藜芦醇的植物中,分离出白藜芦醇的方法,并将其制成片剂让人们服用。然而,从自然来源中大规模分离出白藜芦醇,以及对其进行简单合成,一直是科学家面临的主要挑战。因为植物很顽固,它们坚持只制造出足以对抗真菌等攻击的白藜芦醇。

现在,美国研究人员找到了解决办法,他们可以有效地从基本单元制造出更多的白藜芦醇,从而可以制造出更多的片剂。到时候,服用白藜芦醇片剂,将让人们获得同喝红酒一样的好处,却不会有任何坏处,比如酒精带来的副作用、喝柠檬类饮料可能导致的牙珐琅质磨损等。

5. 研究柑橘类水果的新进展

(1)设计出改良柑橘类水果品种的基因芯片。2006 年 3 月,美国媒体报道,加州大学河畔分校,生物学和植物科学系的遗传学教授迈克·卢斯主持的项目组,与美国昂飞公司合作,开发出一种柑橘类基因组芯片,它将能帮助改良柑橘类植物的品种,并带来更好地管理柑橘类植物的方法。

该芯片通过确定与口味、酸度和病害等有关的基因,在柑橘类植物组织中的表达,可以向研究人员提供一些有用的信息,从而矫正目前存在的问题并对水果进行改良。这种柑橘类基因组芯片,将被用于研发新的诊断工具,改良柑橘类产业和收获后的水果处理,并将有助于理解柑橘类植物疾病的根本机制。研究人员还将研究与柑橘类产品有关的一些特征,如便于剥皮、无籽、美味成分、害虫和疾病控制、营养特征和繁殖生长。

卢斯说,这些柑橘类基因组芯片,将帮助他们快速检查柑橘类植物的特征,如果一个特征给消费者带来问题,例如不喜欢的口味,他们可以确认与这种特征相关的基因,并通过对基因的处理来改善口味。他还称,这种芯片还可帮助他们解决柑橘类植物的病害问题,当一棵柑橘树受到一种病毒的攻击,芯片可以帮他们发现柑橘树的细胞中发生了什么变化。另外,使用这种芯片,还能使研究人员更好地了解,当柑橘类水果成熟并被冷藏时,细胞水平的变化,这最终将帮助研究人员,找到更好办法来储藏这些已改良口味的水果。

柑橘类基因组芯片,是由昂飞公司制造的,它由一个玻璃晶片制成。在它上面,有近 100 万种不同的柑橘类 DNA 片段被存放在一个栅格或微阵列中,生产方法类似于计算机芯片。这种玻璃晶片被装在一个比一张信用卡小一点的塑料容器中。

当使用芯片时,研究人员要纯化来自植物组织的总 RNA(它反映在组织中表达的基因),再将 RNA 进行化学标记,接着用 RNA 样本"清洗"芯片。如果一种基因在组织中表达,它的相应 RNA 将与芯片中的相应 DNA 序列结合。由于被标记,结合的 RNA 将有一种明显的记号,就像一个计算机屏幕上的明亮和模糊像素。对芯片中发出信号的这段 DNA 的分析,就显示出哪种基因正在组织中表达。

这种芯片是第一个商业化的柑橘类基因组,它对 2 万多种不同基因的表达进行分析。这种基因组,还将被用于研究柑橘的详细基因图谱,它将帮助研究人员定位许多基因,而这些定位信息将使帮助开发优良的新品种。加州大学河畔分校的蒂莫西·克劳斯教授说,采用公开的柑橘类基因序列来开发一种全新的工具,不仅将有利于所有柑橘类植物研究人员,而且有助于推动当地和全世界的柑橘类水果产业的发展。

(2)发现柚子果汁可以提高肝解毒能力。2005年3月,自希伯来大学的研究人员发现,葡萄柚和柚子果汁,可以促进肝解毒酶的活动,可以显著的减少由化学作用引起的癌症的发生。

在对葡萄柚和柚子果汁进行的研究发现,这两种果汁,都可以显著的增加细胞色素 P450 CYP1A1 的活动和表达。人体的解毒系统是高度复杂的,并且个体之间差异很大,同所处的环境以及基因组成、生活方式有巨大关系。这些结果显示,这些水果果汁都可以调整增强肝的解毒作用。

(3)发现葡萄柚可能有助于治疗糖尿病。2009年7月,加拿大西安大略大学罗巴茨研究所默里·赫夫领导的研究小组,在美国《糖尿病》月刊网络版上发表文章称,他们研究发现,葡萄柚内一种成分能够平衡胰岛素和葡萄糖水平,有助治疗糖尿病。但目前只在老鼠身上进行过实验,运用到人体还有待进一步研究与临床试验。

研究人员把老鼠分成4组,一组喂食普通食物,剩下三组喂以相同的高脂肪食物,以催化它们罹患代谢综合征。不同的是,研究人员在其中两组老鼠的饮食中添加1%和3%的柚皮素。4周后,研究人员发现,只食用高脂肪食物的老鼠明显"发福",血液中胆固醇含量偏高,还出现胰岛素抵抗和葡萄糖不耐受症状,而食用添加了柚皮素的两组老鼠一切正常。

从实验结果看,柚皮素有助控制体重。研究人员分析指出,柚皮素能够"改写"肝脏"工作程序",令其燃烧脂肪而不是储存脂肪。因此,那些老鼠原本会发胖,结果被柚皮素完全阻止。

这项研究的独特之处,在于它与卡路里摄取无关。实验老鼠食用完全相同的食物和相同的脂肪。也就是说,实验没有采取抑制食欲或者减少食物摄取的办法,而这些通常是实现减重和正常代谢的基础。

研究人员说,柚皮素除了有助减肥外,还能帮助平衡胰岛素和葡萄糖水平,因此也有助于治疗糖尿病。柚皮素是柑橘类水果中的一种成分,使这类水果发出苦味,因此味苦的葡萄柚中柚皮素含量较高。不过,研究人员在试验中给老鼠喂食的柚皮素剂量,远远大于葡萄柚中天然含量,因此研究人员将致力于开发浓缩型柚皮素保健品。一旦实现,柚皮素将被运用于治疗 II 型糖尿病。

6.培育草莓研究的新成果

(1)培育出转基因草莓新品种。2006年3月,有关媒体报道,美国弗吉尼生物信息学研究所弗拉德米尔·舒勒夫教授和弗吉尼亚理工学院园艺系的研究人员,发明了一种新方法,利用农杆菌有效将特定的 DNA 序列,转移到林地或高山的野生草莓基因组中,培育出新的转基因草莓。

这一方法利用农杆菌的环形 DNA 分子(T－DNA),将外源 DNA 导入植物体中。它不但方便研究人员对大量的草莓基因功能进行研究,从长远来说,对于提高草莓的营养价值十分有用,而且对于草莓中富含对人体有益的抗氧化剂数量的提高也十分有益。

新的试验方法包括,把草莓的植物性组织,转移到培养基上自然生长和培育,保持草莓的三个叶片能正常生长。在种子发芽 6～7 周后,这些叶片就可以使用农杆菌来进行基因转化。由于转基因草莓,用绿色荧光蛋白(GFP)做标记物,转化后的草莓作物很容易通过视觉观察分辨出来。这也是此类研究中,第一次使用绿色荧光蛋白作为标记物。

舒勒夫说,我们在草莓试验方案中取得的进展,对研究人员通过基因组,改变草莓或其他水果作物性状研究来说,是一个重要的里程碑。我们现在能够生产出一系列的突变体,这些品种,不仅对于在蔷薇科家族中发现新基因意义重大,而且对于通过高通量筛选方法来确定这些基因的功能,也有着无法估量的价值。

(2)培育出表面有光泽的白色草莓。2012 年 2 月 24 日,日本东京媒体报道,提到草莓的颜色,人们会立刻想到红色,然而日本熊本县阿苏市一所高中的学生,近日成功培育出一种白色草莓,取名为"阿苏的小雪",并在本月获得专利许可。

据报道,这种草莓呈淡淡的乳白色,表面有光泽,糖度是 14～15,基本上没有酸味。县立阿苏清峰的高中生整整花了 4 年时间,经过反复杂交,终于去掉草莓原有的红色,培育成现在的新品种。

据该校生物科学老师福原伸介绍说,学生培育草莓新品种的动机,是因为草莓价格低迷,想培育出有科学附加值的品种。作为汗水的结晶获得专利许可,学生们特别高兴。福原伸希望,"阿苏的小雪"能成为当地的特产,并销往全国。

7. 发现木瓜与石榴的医学功用

(1)发现木瓜有助于治疗烧伤。2004 年 9 月,有关媒体报道,东南亚和非洲一些地区的居民,常用木瓜的果肉和叶汁处理体表烧伤处,据说这样有助于烧伤处愈合。

研究人员利用带有烧伤的老鼠,进行分组对照实验。观察结果显示,伤口涂抹了用木瓜果实提取物制成的凝胶的老鼠,其烧伤处发炎的概率较小,伤口愈合更快。实验开始后的第 12 天,这些老鼠烧伤处的伤口面积平均比对照组小大约 1/2。研究人员介绍说,老鼠的烧伤处都会滋生有害细菌,这些细菌会产生一种酶,抑制老鼠自身免疫系统的吞噬细胞对细菌的攻击。而木瓜果实中的有效成分,能保护吞噬细胞,提高其杀菌的功效。

(2)发现石榴汁可预防前列腺癌。2005 年 10 月,威斯康星大学医学院的皮肤学教授哈桑穆克塔领导的研究小组,在美国《国家科学院学报》发表文章说,深受人们欢迎的深红色石榴汁,在实验室里的试验器皿中,以及老鼠的身上进行试验研究时,发现能够抵制癌细胞。

研究人员指出,他们将人类前列腺癌的癌细胞注入老鼠体内,让老鼠患上前列腺瘤。然后再给它喝石榴汁。经过一段时间的"食疗"后,他们发现,肿瘤缩小了。石榴汁中含有丰富的抗氧化剂,这种化学物质让水果和蔬菜拥有深的颜色,而且也会抵制损害细胞继而发展成癌症或其他疾病的化学物质。

哈桑穆克塔说,我们的研究还处在初级阶段,但却增加了更多的证据证明,石榴中含有非常强大的化学剂抵制癌症,尤其是前列腺癌。如今,我们有更多的理由,在人类身上进行试验,看是否能够预防和治疗癌症。从治疗感染了人类癌症的老鼠到治疗人类这是一大步,但其他的研究也认为,石榴汁和其他富含抗氧化剂的食品有助于对付肿瘤。

四、纤维作物研究的新进展

1. 研究开发棉花取得的新成果

(1)开发"蛛丝"转基因棉花。2004 年 9 月,有关媒体报道,巴西农业部农技研究机构生物学家埃里比奥·雷什领导的,一个"蛛丝"转基因棉花研究小组,受到蜘蛛网结实而有韧劲的启发,开始研究把蜘蛛的"蛛丝"基因植入棉花,以求得纤维更加结实、柔韧性更好的转基因棉花新品种。

蜘蛛是自然界公认的"织网能手",蛛丝虽细但韧性十足。雷什介绍说,蜘蛛网之所以结实而且柔韧性好,是因为蜘蛛有一种特殊基因,因此这项研究的目的,是生产一种含这种基因的棉花。

雷什表示,他们希望这种新型转基因棉花可用于纺织业,尤其用来制作运动服和包括防弹衣在内的防护服。他说,纺织厂的设备现在更新发展非常快,因此需要一种更结实的原材料,天然蜘蛛丝,比目前制造防弹衣的人工合成纤维,强度还高出两倍。

(2)证实转基因棉具有多种优越性。2006 年 5 月 1 日,美国亚利桑那大学副教授凯利领导的研究小组,在美国《国家科学院学报》上发表的研究成果显示,转基因棉花与普通棉花相比,能在减少杀虫剂用量的前提下维持原产量,或者在相同杀虫剂用量的情况下达到更高的产量。此外,转基因棉花对生态系统也没有不良影响。

这一结论,是研究人员对商业种植的转基因棉花,进行两年实地研究后得出的。研究小组研究的转基因棉花,是投入商业化种植最早的苏云金杆菌(*Bt*)转基因棉。这种棉花植入了苏云金杆菌所拥有的毒蛋白基因,能抵抗世界上最主要的棉花害虫棉红铃虫。自 1996 年以来,美国亚利桑那州种植了 10 万公顷 *Bt* 转基因棉。

研究人员对比亚利桑那州 6600 平方千米棉田的种植情况,其中有 40 块普通棉田、21 块 *Bt* 转基因棉田和 20 块有抗除草剂能力的 *Bt* 转基因棉田。他们发现，在同量使用任何一种杀虫剂的条件下，*Bt* 转基因棉田的平均单产比普通棉田高9%，而且转基因棉田周围的生态系统也没有受到特别影响。

然而，在实际种植中，*Bt* 转基因棉田与普通棉田的产量往往差不多。研究人员对此解释说，*Bt* 转基因棉花的种植者普遍减少使用杀虫剂，而普通棉田的种植者倾向于加大杀虫剂用量，而广谱杀虫剂在防治棉红铃虫的同时还防治了其他害虫，*Bt* 转基因棉却只能防止棉红铃虫的侵害，结果是 *Bt* 转基因棉田所得单产和普通棉田几乎一样。

凯利表示，转基因农作物的最大好处，在于能减少现代农业过度使用化肥和农药的危害，但转基因作物能在实际中带来多少效益，还取决于种植者如何使用新技术改变传统生产方式。

（3）开发出可食用的转基因棉籽。2009 年 12 月，有关媒体报道，美国德州农工大学，分子生物学家科瑞提·罗素领导的研究小组，使用 RNA 干扰技术，降低了棉籽中有毒的棉花酚的含量，让棉籽可以为人所食用，以补充人体蛋白质。

棉籽富含蛋白质，但其中的有毒物质棉籽酚，会让人体血液中的钾含量下降到危险水平，从而破坏人的肝脏和心脏。一般来说，只有牛等家畜能够不受棉籽中高棉籽酚含量的危害，因为牛有四个胃，可以将其分解。

20 世纪 50 年代，科学家首次通过关闭产生棉籽酚的基因，得到不含棉籽酚的棉花，但是棉籽酚具有抵抗病虫害的功能。所以，去除了棉籽酚的棉花，饱受病虫害的袭击。

为此，罗素小组使用 RNA 干扰技术，成功开发出能降低棉籽酚含量，而不降低产量的棉花品种。田间试验表明，棉花的产量非常稳定。而且，新得到的棉籽中棉籽酚的含量，也在安全水平之内，能够被人和家畜食用，预计十年内，它将出现在面包、饼干和其他食物中，以增加这些食品的蛋白质含量。

罗素认为，新的转基因棉花品种，可作为人的食物来源，这一点对发展中国家非常有用。另外，棉农也可以从中受益。他说，人们不太可能拒绝这种转基因棉籽，因为，该技术是关闭了一个化学过程，而不是增加了一个化学过程。

美国农业部棉花基因和保护研究部的遗传学家朱迪·舍夫勒表示，对于这种转基因棉花，还需要很多安全方面的测试，也需要制定相应的监管守则，但是，他们对这项技术的前景持乐观态度。

2. 研究开发蚕桑类产品取得的新成果

（1）开发出可避免杀死蚕蛹的抽丝新技术。2006 年 12 月，印度媒体报道，该国安得拉邦蚕茧开发组织技术师库苏马·拉贾伊，推出一项新技术，抽出蚕丝而避免杀死蚕宝宝。

抽丝的传统方法，是把蚕茧放进开水中杀死蚕茧中的蚕蛹。与此不同，新技术是利用蚕蛾出茧之后的残留蚕茧生产新丝产品。100 千克蚕茧能生产 15 千克纱,残留蚕茧用像清洁剂一样的化学制品进行处理,将其溶解成团,然后纺成纱,织成用于生产纱丽的丝织面料。

这一新方法,可以避免杀死蚕蛹。据说,安得拉邦政府已保证为开发者提供财政支持,帮助其完善这项新发明。

(2)培育生产人胶原蛋白的转基因蚕。2006年10月,有关媒体报道,日本广岛县产业科学技术研究所与广岛大学合作,最近培育成功能分泌人胶原蛋白的转基因蚕。

据悉,研究人员是从3年前开始这项研究的。2006年初,他们开发了载体和基因植入方法,把生产人胶原蛋白的基因植入蚕的细胞里,这样培育出的转基因蚕,绢丝腺就能分泌人胶原蛋白。经过改良后,这种转基因蚕能同时分泌绢丝。

目前转基因蚕,分泌的人胶原蛋白长度,仅有真正的人胶原蛋白全长的1/5的。但研究人员说,一两年之后,即可培育出生产全长人胶原蛋白的转基因蚕,并建立大规模生产安全的人胶原蛋白的生产系统。

胶原蛋白是一种在医药和化妆品等领域用途极广的原料,到目前为止,大多是从牛皮中提取的。但疯牛病的发生,使胶原蛋白原料的供应面临紧缺。日本的这项研究成果,为寻找新的胶原蛋白来源开辟了途径。

(3)发明让蚕吐出蜘蛛丝的新技术。2007年12月7日,《读卖新闻》网站报道,日本长野县信州大学教授中垣雅雄与冈本制袜公司合作,通过转基因技术,让蚕吐出的蚕丝中含有蜘蛛丝的成分,比原来的蚕丝更韧、更软。

报道说,研究人员把横带人面蜘蛛的基因注入蚕卵中,生出的蚕吐出的蚕丝中,约含有10%的蜘蛛丝成分,这种生丝比原来的蚕丝更韧、更软,在纤维产业有广阔应用前景。

研究者说,含有适当比例蜘蛛丝成分的蚕丝,可用于开发强度和伸缩性更好的袜子等产品。此外,这种蚕丝还可用于生产手术缝合线等医疗产品。

(4)培育成能吐出蛛丝纤维的转基因蚕。2012年1月,美国怀俄明大学教授唐·贾维斯等人组成的研究小组,美国《国家科学院学报》上发表研究报告称,他们培育出一种能够吐出含有蜘蛛丝蛋白合成纤维的新型转基因蚕。据测试,就各项性能平均而言,这种合成纤维比普通蚕丝坚韧得多,其强度和韧性与天然蛛丝大体相当。

一直以来,蛛丝都以其极好的韧性和强度闻名遐迩,但蜘蛛的领地意识和同类相食的习性,却使这种优质纤维难以大量生产,无法在医疗等领域获得广泛应用。

为了制造出具有蛛丝蛋白的纤维,科学家们想出了许多办法,在转基因细菌、酵母、植物、昆虫甚至哺乳动物细胞上,都进行过尝试,希望能找到替代蜘蛛制造蛛丝的方法。但最终发现,能适应现有纺织技术,并可快速量产的,只有转基因蚕技术最为理想。

为了做到这一点,研究人员找到控制蛛丝蛋白性能的一项关键基因,并把它加入到转基因蚕中。这种基因的表达，大幅提高了丝的弹性和抗张强度，于是，这些蚕便吐出了含有蛛丝蛋白的合成纤维。由于蚕可以通过作茧的方法，产生数英里长的纤维，这也大幅提高新型纤维的产量。

这项研究，或许可为这些纤维的大规模生产，以及它们在医疗等领域的应用打开大门。这种纤维首先有望在人工韧带、肌腱、组织支架、伤口敷料、缝合线等医用材料的制造上，获得应用。此外，由于它们具有极好的强度，也将是制作防弹衣的理想材料。

此前也有不少类似的技术，但产量相对较低且嵌合蛋白与丝纤维的结合并不稳定。相比之下，贾维斯小组的报告称，他们的技术改善了这一点，能够让蚕成为制造蛛丝的工厂。

（5）用基因重组技术培育出绿光蚕宝宝。2014 年 12 月，日本广岛大学山本卓教授等人组成的研究小组，在《自然·通讯》网络版上发表论文说，白胖胖的蚕宝宝惹人喜爱，如今，他们利用一种基因重组新技术，能让蚕宝宝发出绿光。

该研究小组开发的这种基因重组新技术，名为"PITCh 法"，主要利用了能够切断基因组中特定基因的酶，以及生物机体修复受损 DNA（脱氧核糖核酸）的机制。

利用"PITCh 法"，把受特定波长光线照射时会发出绿光的绿色荧光蛋白基因，插入蚕以及蝌蚪的基因组，成功培育出了全身发绿光的蚕，以及鳃和鳍发绿光的蝌蚪。

据介绍，这种基因重组技术，能应用于从昆虫到哺乳动物的各种动物。它不仅比以前的方法更简便，而且能够准确地向目标位置插入基因，培育能够发光的生物，以及拥有特定致病基因的细胞和动物，用于研究新的药物和疗法。

（6）成功地从野蛾茧中抽出长丝。2011 年 5 月，英国牛津大学汤姆·盖桑领导的一个研究小组，在美国学术期刊《生物大分子》上发表研究报告说，他们找到，能从一些野生蛾类所结的茧中，较好地抽出长丝的方法。这样得到的丝，在质量上与家蚕丝接近。对于非洲和南美等一些不适合饲养家蚕的地区来说，这也许会为当地丝织业带来机会。

研究人员表示，一些野生蛾类所结的茧，之所以很难抽出丝来，是因为其表面覆有一层较硬的草酸钙。使用乙二胺四乙酸溶液就可以把这些茧软化，再从中抽出长丝。

盖桑说，实验显示这种方法，不仅可以帮助从野蛾茧中抽丝，还不影响这些丝的质量，从野蛾茧中获得的高质量丝可与家蚕丝媲美。

研究人员认为，对于那些不适合饲养家蚕但野生蛾类丰富的地区，如非洲和南美，本次研究成果具有带来一场"野生丝革命"的潜力。

五、油料作物研究的新进展

1. 培育出新的油料作物

培育出含脂肪酸的转基因亚麻籽。2004 年 9 月，德国汉堡大学植物学家恩斯特·海因茨领导的研究小组,在《植物细胞》杂志上发表论文说,鱼类富含对人体有益的多不饱和脂肪酸,但一些人却因鱼有腥味而不爱吃鱼。为此,他们利用转基因技术,首次培育出含多不饱和脂肪酸的亚麻籽,使人们不用吃鱼也能摄入这类脂肪酸。

研究表明,DHA 和 EPA 等多不饱和脂肪酸,能够降低人患心血管疾病的风险。鱼类中富含 DHA 和 EPA,植物中却一种也不含。不过,亚麻籽、菜籽油、大豆和胡桃中,却含有可以转化为多不饱和脂肪酸的物质,人体可以在酶的作用下,将摄入的这些物质合成为 DHA 或 EPA,只是合成效率不高。

由于各种原因,目前世界上大多数人多不饱和脂肪酸的摄入量,不能满足人体需求,同时鱼类资源却日渐匮乏,因此研究人员将目光转向了植物。他们试图通过转基因技术在植物中添加酶,以使植物能够合成这类脂肪酸。

研究人员说,他们在亚麻中引入了 3 种基因,结果成功培育出含多不饱和脂肪酸的亚麻籽。海因茨说,一汤勺这种转基因亚麻籽油,已差不多能够满足一天内人体对多不饱和脂肪酸的正常需求。

专家评价说,海因茨等人的新成果将该领域的研究向前推进了一大步。虽然现阶段转基因亚麻籽中的多不饱和脂肪酸含量并不高于鱼类,但通过改进技术可以进一步提高。

2. 研究油料作物的新发现

(1)发现油料作物渣滓可吸附重金属离子保生物健康。2004 年 8 月 1 日,俄罗斯媒体报道,俄罗斯国立化学技术大学,专家纳塔列耶夫等人组成的一个研究小组发现,油料作物被榨油后剩下的渣滓——油粕有能力吸附重金属离子,而且在用酶等催化物加工油粕后,吸附重金属离子的效果会显著提高。众所周知,水中的重金属离子被生物吸收后,会危害生物健康。

研究人员说,油粕中所含的天然聚合物、蛋白、纤维素平均约占油粕质量的54%,其中表面有孔隙的天然聚合物能够吸附水中的重金属离子,但在油粕中约占其质量 7%的残留油会妨碍这种吸附作用。

为了分解残留的油,研究人员在实验中用酯酶、果胶酶、纤维素、半纤维素等,对芥菜籽、大豆榨油后剩下的油粕进行加工,并将加工后制成的吸附剂放入含铜离子的水溶液。

实验结果显示,与未用酶等物质加工前相比,用加工后的芥菜籽油粕和大豆油粕制成的吸附剂,吸附铜离子的效果分别提高了 2 倍和 9 倍。在用常规方法使吸附剂与水分离后,便可清除水中的铜离子。

纳塔列耶夫介绍说,酶等催化物能促使油粕中的脂类化合物和碳水化合物水解,提高天然聚合物的孔隙率和亲水性,使其吸附铜离子的效果增强。根据铜离子的被吸附效果,研究人员可推测出新型吸附剂吸附其他重金属离子的能力。此外,专家还打算用上述方法,制作一种制剂,以促使生物排出其体内的重金属离子。

（2）发现葵花籽油能减少早产儿感染。2005 年 4 月,《柳叶刀》杂志报道,美国研究人员发现,用葵花籽油为体重偏轻的早产儿按摩能够减少感染的发生。

早产儿常常因皮肤发育不全引发感染而死亡。在发展中国家,出生时体重不足 1.5 千克的婴儿有一半以上夭折。有证据表明,皮肤作为防止感染的一道屏障,其重要性对于皮肤发育不完全的早产儿来说非常重要。

美国研究人员发现,采用葵花籽油按摩疗法的新生儿,感染率减少 41%。如果婴儿一出生马上用这种方法,效果最佳,可使这些婴儿的血液感染率降低 56%。

这种方法的具体操作,是用葵花籽油按摩婴儿全身皮肤,避开头皮和脸部,前两周一日 3 次。在新生儿出院后可继续按摩,但次数可减少。

六、糖料作物甘蔗研究的新进展

1. 培育甘蔗新品种

培育能长到 3 米高的超级甘蔗。2006 年 11 月,日本媒体报道,日本主要酿酒厂之一朝日公司,正在研究培育一种超级甘蔗,它能长到 3 米高,可以生长在贫瘠的土地上,而且无论干旱还是台风都不会对它产生伤害,产量是普通甘蔗品种的两倍。

这个甘蔗新品种,已在日本最南端冲绳地区的一个名为"爱"的小岛上,开始试验。当时台风光顾这里并摧毁了树木和房屋,但是甘蔗并没有受到影响。研究方希望用这种甘蔗制成的乙醇成本,每公升在 25 美分以内,从而拥有成为石油替代者的竞争力。

研究人员希望,将来所有冲绳的农民都会种植这种超级甘蔗,它不仅可被用来榨糖、喂牛,还可用作汽车燃料或者农田肥料。另外,希望这个新品种可以振兴当地的甘蔗种植业。

这种超级甘蔗的正式名称是"高生物质甘蔗",它是日本第一个设计用于制造乙醇并且不牺牲糖产量的品种。开发者除了朝日公司,还有日本农业研究中心和管理部门。

研究人员表示,这种新品种的乙醇产量,将是普通甘蔗的 3 倍,而且蔗糖产量也略高一些。此外它还会产出更多的甘蔗渣。甘蔗渣可以被燃烧用作乙醇工厂的能量来源。朝日公司估计,每公顷土地将出产 37.4 吨超级甘蔗,可以加工出 7.1 吨糖、4.3 千升乙醇和 24 吨甘蔗渣。而对于普通品种而言,这 4 个数字分别是 17.4、6.9、1.4 和 7.8。超级甘蔗的甘蔗渣产量,甚至超过了朝日工厂的需要,多余的甘蔗渣可以被用来喂牛以及在与动物粪便混合后还田。

乙醇现已成为巴西汽车燃料的主要来源,并且随着油价攀升,美国也开始流行使用乙醇,他们更多地使用由蔗糖、玉米、大豆等可再生资源制造的"绿色"燃料。

对于日本而言,由于缺乏土地,生产燃料乙醇并不经济。但是《京都议定书》要求发达国家削减二氧化碳等温室气体排放,这使得他们不得不更加严肃地考虑乙醇使用问题。

尽管燃烧乙醇会产生二氧化碳,但种植生成乙醇的植物能够吸收二氧化碳,所以它涉及的不是温室气体排放问题,而是种植多少作物用于生产乙醇、种植多少作物来供给食品、饲料之间的平衡问题。

也有批评家认为,如果种植和生产过程,需要投入大量化石燃料的话,乙醇依然不是解决全球变暖问题的好办法。为此,朝日公司开发出一套针对高生物质甘蔗的乙醇生产工艺。试验中,他们生产的酒精在与汽油混合后被用作当地政府汽车的燃料。日本允许生产和销售 E3 汽油,它含有 3% 的乙醇和 97% 的汽油。

由于进口糖的竞争以及国内食糖消费的萎缩,越来越多的日本农民不再种植甘蔗。在"爱"岛上,甘蔗产量也从 1979 年最高的 5.2 万吨一路下降,在 2005 年创下新低 1.5 万吨,该岛唯一的糖厂也在 2004 年关闭了。但是如果超级甘蔗取得成功,乙醇加工厂能够投入商业运营,这里的蔗糖种植将会重现往日辉煌。

2. 开发利用甘蔗取得的新成果

(1)发现使用钼可降低甘蔗种植成本。2007 年 2 月,巴西农牧业研究所一项得到巴西国家科技部支持的研究表明,使用一种通常合金中的物质钼元素,可以在甘蔗种植中减少 50% 的肥料,提高生产率,适应新的市场需求。

根据巴西农牧业研究所提供的资料,在巴西一些地区,使用钼可以提高甘蔗的单位面积产量,可以在甘蔗的 4 年生命期中不必使用肥料,同时,还可减少导致温室效应的气体排放。巴西是世界上使用甘蔗制造乙醇作燃料的主要国家,乙醇需求量的增加,促使农民提高甘蔗种植的生产率,该项研究将对巴西乙醇生产带来重要作用。

(2)用甘蔗渣发电潜力大。2007 年 11 月,有关媒体报道,目前,巴西的生物发电装机容量约为 168 万千瓦,所用原料的 94.5% 来自甘蔗渣。巴西蔗糖产业联盟提供的资料说,如果到 2020 年巴西用甘蔗渣发电的能力达到 2000 万千瓦,将能满足其国内能源消费的 20%。而巴西能源和矿业部正在考虑将生物发电作为一项长期发展战略。

巴西是世界上最大的甘蔗生产国,该国现有甘蔗种植面积约 650 万公顷,其东南部的圣保罗州是巴西最重要的甘蔗产地,甘蔗种植面积达 330 万公顷,其产量占巴西甘蔗总产量的 60% 左右。

(3)开发以甘蔗为主要原料的乙醇燃料。2007 年 12 月,巴西媒体报道,目前,乙醇燃料已成功确立,替代石油产品的新型可再生能源地位。巴西作为世界乙醇原料甘蔗的最大种植国,30 多年来,持续开发乙醇燃料,已取得显著成果。

长期以来,巴西石油消费大部分依赖进口。20 世纪 70 年代初开始的石油危机,对巴西经济造成了沉重打击。为减少对石油进口的依赖、实现能源多元化,巴西政府从 1975 年开始,实施以甘蔗为主要原料的全国乙醇能源计划。

巴西甘蔗业联盟新闻办主任阿德马尔·阿尔蒂埃利说,巴西开发乙醇燃料,是适合国情的选择。作为世界最大的甘蔗种植国,巴西因地制宜地利用甘蔗为原料生产乙醇。20 世纪 70 年代末,巴西政府开始扩大甘蔗种植面积,同时为建立乙醇加工厂提供贷款,鼓励汽车制造商生产和改装乙醇车,并颁布法令在全国推广混合乙醇汽油。目前,巴西汽油中的乙醇含量为 25%,该比例在世界各国混合汽油中居第一位。巴西是目前世界上唯一不使用纯汽油做汽车燃料的国家。

2003 年,大众、通用和菲亚特等设在巴西的公司,相继推出可用乙醇与汽油,以任何比例混合的"灵活燃料"汽车。这种汽车带有燃料自动探测程序,能根据感应器测定的燃料类型及混合燃料中各种成分的比例,自动调节发动机的喷射系统,从而使不同燃料,都可最大限度地发挥效能。

阿尔蒂埃利指出,经过 30 多年的不断改进,目前巴西乙醇车的整体生产技术,已相当成熟。巴西产的双燃料车在功率、动力和提速性能、行驶速度,以及装载量等方面,均可达到同类型传统汽油车的水平。

乙醇燃料作为一种清洁无污染燃料,已被众多专家学者认为,是未来能源使用的发展趋势之一。有关资料表明,乙醇车对环境的污染程度为汽油汽车的 1/3。

目前,巴西是世界上最大的燃料乙醇生产国和出口国。2006 年,巴西用于生产乙醇的甘蔗种植面积达 300 万公顷,乙醇产量达 170 亿升,出口 34 亿升。为了配合甘蔗产量的提高,巴西政府还计划投资新建 89 家乙醇加工厂。

随着世界传统能源储备资源的迅速消耗,特别是近几年石油价格持续攀升,巴西的替代能源产业,开始受到世界各国的重视,而乙醇燃料也逐渐成为能源开发领域的新星。

七、饮料作物研究的新进展

1. 茶叶防治癌症功能研究的新发现

(1)证实绿茶提取物能有效遏制癌症。2005 年 2 月,加州大学洛杉矶分校副教授饶建宇领导的一个研究小组,在《临床癌症研究》杂志上发表研究报告称,他们通过对膀胱癌的研究,证实绿茶提取物,能有效遏制癌肿瘤发展,同时不损害健康细胞。研究人员认为,绿茶提取物可能成为一种有效的抗癌药物。

饶建宇说,他们的成果增进了对绿茶提取物作用机理的理解。如果人们对绿茶提取物遏制肿瘤的机理有所了解,就能确定哪种类型的癌症患者,能从绿茶提取物中受益。

研究人员在论文中写道,癌肿瘤的发展与癌细胞的扩散运动密切相关,癌细胞要运动,就必须启动一个被称为"肌动蛋白重塑"的细胞进程。一旦这一进程被激活,癌细胞就能够侵入健康的组织,导致肿瘤扩散。而绿茶提取物能破坏"肌动蛋白重塑"进程,使得癌细胞黏附在一起,其运动受到阻碍,此外它还能使癌细胞加快老化。

饶建宇说，癌细胞具有"侵略性"，而绿茶提取物打破了它"侵略"的路径，能限制癌细胞，使其"局部化"，使癌症治疗和预后工作都变得相对简单。

此前，已经有一些研究成果，揭示了绿茶提取物，对包括膀胱癌在内的许多癌症具有效果，它能够引起癌细胞过早凋亡，并阻断肿瘤组织的血液供应。研究小组的一些成员，正在验证绿茶提取物对胃癌等其他癌症的效力。

饶建宇说，与以前类似的研究不同，他们使用的绿茶提取物，其成分和饮用的绿茶非常相似，这意味着常饮绿茶可能有某种抗癌效果，至少可以增强人体对癌症的防御能力。不过研究人员也认为，目前他们只实验了有限的几个膀胱癌细胞系，要揭示绿茶的抗癌机理还有待进一步的研究。

其他科学家评论说，这一研究成果，进一步证实绿茶在预防和治疗癌症方面所具有的潜力。尤其在膀胱癌治疗方面，新成果有助于发现膀胱癌的易感者，降低发病率。

（2）发现绿茶多酚有助于抗癌。2005 年 8 月，有关媒体报道，西班牙穆尔西亚大学一个研究小组，不久前，揭开了绿茶有助于预防癌症的秘密。研究人员发现，绿茶中一种叫作绿茶多酚（EGCG）物质，能防止癌细胞与二氢叶酸还原酶（DHFR）结合生长。

绿茶中的绿茶多酚含量是普通茶叶的 5 倍，绿茶能抗癌症，但是科学家过去不清楚什么物质在其中发生作用。研究小组通过研究发现，绿茶多酚能阻止二氢叶酸还原酶，这种酶是抗癌药物针对的目标。这是首次发现绿茶多酚有阻止二氢叶酸还原酶的作用。他们还发现，绿茶多酚分子结构跟抗癌药物甲氨蝶呤片结构相近。

同时，研究人员还发现，绿茶多酚可能只是绿茶中有抗癌作用的物质之一。二氢叶酸还原酶对健康细胞和癌细胞都至关重要，绿茶多酚对它的约束力很强，同时对健康细胞的副作用要比抗癌药小。

（3）发现喝茶能降低卵巢癌风险。2005 年 12 月，瑞典有关机构公布的一项研究成果表明，每天只要喝两杯茶，就能大大降低患卵巢癌的风险。

据悉，瑞典卡罗林斯卡医学院，在 1987 年至 2004 年间，对 6 万多名妇女的生活习惯，及对健康的长期影响，进行调查研究。这些人中有 2/3 每天都喝茶。研究发现，她们当中只有 301 人患了卵巢癌。研究人员在报告中称，与不喝茶的人比较，每天至少喝两杯茶的妇女患卵巢癌的风险降低了 46%；每天每多喝一杯茶还能将此风险继续降低 18%。

（4）发现绿茶提取物可治慢性淋巴白血病。2009 年 5 月，美国明尼苏达州梅奥诊所的研究人员，在《临床肿瘤学杂志》网络版上发表研究成果称，他们发现绿茶中的一种活性成分儿茶素酸酯（EGCG），可有效控制慢性淋巴细胞性白血病（CLL）病情，这为攻克该病带来了新希望。

在临床试验中,研究人员每天两次给 33 名慢性淋巴细胞性白血病患者,服用 8 种不同剂量的 olyphenonE 囊剂,该药的主要活性成分是 EGCG,剂量介于 400 毫克到 2000 毫克之间。结果发现,患者的淋巴细胞数量降低了 1/3。此外,研究人员还发现,患者对该囊剂具有很强的耐受性,即使是每次高达 2000 毫克,还是没有达到患者的最大耐受剂量。

研究人员发现,患者不仅能够忍受这种高剂量绿茶提取物,而且许多患者的慢性淋巴细胞白血病,呈现某种程度的好转,在患有淋巴结增大症状的患者中,大部分人的淋巴结,会缩小一半甚至更多。

这项临床研究,是梅奥诊所多年来就绿茶提取物对癌细胞作用研究项目的最新举措。此前已在实验室研究中,证明 EGCG 具有杀死白血病癌细胞的功能。目前,该研究已进入第二阶段,后续参与临床试验的患者,与第一阶段人数大致相同。所有人都将服用与原来试验中同样的最高剂量。

在美国,慢性淋巴细胞性白血病是一种常见的白血病。虽然在很多情况下,可以通过血液测试进行早期诊断,然而却没有有效的治疗方法。统计显示,大约一半的该病患者,会过早死亡。研究人员希望,EGCG 能够稳定早期慢性淋巴细胞性白血病患者的病情,或者与其他治疗手段结合,提高对该疾病的治疗效果。

(5)发现绿茶主要成分或许可用作抗癌蛋白载体。2014 年 10 月,学者朱恩颂等人组成的研究小组,在《自然·纳米技术》杂志网络版上发表文章称,绿茶中一种主要成分,能够作为抗癌蛋白载体,可用来合成一种稳定、有效的纳米复合药物。这项发现,或有助于建立更好的药物投递系统。

一些癌症治疗方法的效果,依赖于药剂中的治疗成分和将药物投递至肿瘤位置的载体。设计药物载体时,有几个因素必须考虑:一是必须具有特定性,这样才能针对肿瘤而不伤及其他组织;二是药物与载体的配比要合理,因为如果身体无法代谢载体的话,载体剂量过高可能导致中毒;三是载体有足够的停留时间,如果身体对药物的排斥、消耗过快,会让药物失效。

朱恩颂研究小组,利用表没食子儿茶素没食子酸酯(简称 EGCG)这一绿茶中含量丰富的成分,制成抗癌蛋白赫赛汀的载体。相比其他载体,它的优点在于其自身也具有抗癌作用。研究人员把这种绿茶成分,与赫赛汀的纳米合成物,注入小鼠体内后发现,与单独注射赫赛汀相比而言,这种合成物显示出了更好的肿瘤选择性和肿瘤生长减缓效果,其在血液内的留存时间也变长,同时也增强了其药效。

2. 茶叶防治其他疾病功能研究的新发现

(1)发现绿茶能促进脊髓神经元复活。2005 年 2 月,有关媒体报道,俄罗斯医学科学院脑研究所和俄库班国家大学联合组成的一个研究小组,通过实验发现,绿茶的酒精浸剂能促进脊髓神经元的复活,常饮绿茶可预防神经变性疾病。

据介绍,研究人员在老鼠的脊髓神经节组织中,加入了不同浓度的绿茶酒精浸剂。研究人员通过神经细胞突起的长度和状态,来分析研究脊髓神经元的复活情况。

实验发现,浓度在0.004%~0.006%之间的绿茶酒精浸剂,对老鼠的脊髓神经元最具有刺激效应。实验第2天,老鼠脊髓神经突起的数量开始增多,随后开始变长;实验第4天,这种效应达到最高点,但第5天后刺激效应消失。实验还发现,浓度比较低的绿茶酒精浸剂虽然也能改变脊髓神经的特征,但改变是微乎其微的。成倍增加绿茶酒精浸剂的浓度也无效应。当绿茶酒精浸剂浓度增加9倍后,85%的脊髓神经细胞死亡,没有发生突起。

研究人员认为,绿茶中含有聚酚、维生素和独特的氨基酸等抗氧化成分,是产生这种效应的重要原因。

(2)动物实验证实绿茶可以减肥。2005年3月,德国媒体报道,位于波茨坦的德国营养研究所专家,通过动物实验证实,绿茶中的多酚类化合物,可以减少老鼠体内脂肪含量,从而起到防止肥胖的作用。

为了排除茶叶中其他成分的影响,研究人员从绿茶中提炼出EGCG(一种多酚类化合物)含量超过94%的提取物。在4周多的时间里,研究人员给实验鼠喂脂肪含量一样,但EGCG提取物含量不同的食物,结果与食物中不含EGCG的对照组老鼠相比,摄入EGCG的实验鼠在29天后体重明显降低,体内脂肪含量减少。

研究人员认为,EGCG的这一减肥效果,很可能不是通过降低食欲,而是通过减少营养在肠内的吸收和加强脂肪氧化来达到的。专家说,以前的研究还证明,绿茶中的多酚类化合物有降低血压和抗癌的作用。

(3)发现绿茶具有预防自身免疫性疾病的作用。2005年7月,美国佐治亚州医科大学生物学家斯蒂芬·许博士,在亚特兰大举行的第五届免疫疾病研讨会上,宣布的一项研究结果认为,绿茶具有预防自身免疫性疾病的作用,常喝绿茶应该对Ⅰ型糖尿病、类风湿性关节炎、狼疮和干燥综合征等免疫系统疾病的防治有效果。

许博士一直关注中国人经常喝绿茶的生活习惯。这个习惯给中美两国人群在健康方面造成了许多差异,这成为他探究这一问题的新思路。经研究,他分析出绿茶当中一种被称为EGCG的多酚类物质,能够抑制人体的自身免疫反应,从而得出结论:绿茶对自身免疫性疾病具有良好的预防作用。

许博士收集了各方面有关绿茶的研究资料,包括从预防口腔癌到皮肤抗皱等各种保健功能。绿茶对人体的保护作用,来源于其中一种叫作茶多酚的化合物,这种成分可以抵抗自由基对人体的危害。此外,绿茶诱导人体产生一种特殊的蛋白质,它可以保护健康细胞,同时破坏癌细胞。

许博士极力推崇中国传统的茶多酚类产品。他表示,西方人应该让绿茶像口香糖一样进入他们的日常生活。他希望自己的研究成果能够帮助人们更多地了解绿茶的益处,同时也有利于研究人员们更好的认识自身免疫性疾病。

（4）发现喝绿茶也许可防阿尔茨海默病。2006 年 2 月,日本东北大学科研小组,在美国《临床营养学杂志》发表文章称,他们对 1003 位,70 岁以上的日本老人,进行问卷调查,问卷问题涉及这些老人前一个月的所有饮食、健康情况及生活习惯。老人们还接受了有关认知功能的测试,测试内容包括记忆力、注意力和语言的使用。

结果发现,每天习惯喝 2 杯以上绿茶的老年人,与每周习惯喝 3 杯以下绿茶的老年人相比,前者认知能力受到损害的概率大约是后者的一半。这表明,有规律地饮用绿茶,也许能在人变老时延缓大脑老化,降低人患阿尔茨海默病的风险。

研究人员推测,与欧洲及北美国家相比,日本阿尔茨海默病发病率较低,原因可能是日本人喜爱饮用绿茶。研究人员表示,他们将在今后的研究中,进一步确认绿茶对大脑的潜在保护作用。

此前曾有实验室研究显示,绿茶中的某种成分可以保护大脑细胞免受损伤,从而防止阿尔茨海默病和帕金森病等老年疾病的发生。但这些研究,都只是建立在动物或试管实验的基础上。日本研究人员的新结果,是首次在人身上发现绿茶有预防阿尔茨海默病的作用。

（5）揭示绿茶可解除与阿尔茨海默病有关蛋白质异常沉积的毒性。2010 年 4 月 14 日,德国马克斯·德尔布吕克分子医学中心,在一份研究报告中称,绿茶中的活性物质,可解除与阿尔茨海默病等疾病有关的蛋白质异常沉积带来的毒性。

研究人员说,β 淀粉样蛋白,是由蛋白质的错误折叠导致的。它的异常沉积,对神经细胞有致命毒性,可导致细胞死亡。β 淀粉样蛋白异常沉积,是阿尔茨海默病和帕金森病等疾病的重要病因。

研究人员在试管和细胞培养基实验中发现,植入这种有毒蛋白沉积,会导致神经细胞新陈代谢水平下降,细胞膜也会变得不稳定。而一旦有绿茶的活性物质介入,这些细胞受损的现象会消失。绿茶活性物质解毒作用的机理,是其首先与纤维状 β 淀粉样蛋白结合,将患者转变成对神经细胞无害、又会被细胞分解的球状蛋白聚集体。

绿茶活性物质不仅能解毒,还能防毒。研究人员此前的一项研究已经发现,它有防患于未然的作用:它能够与还没有折叠的蛋白质结合,阻止其错误折叠,从而阻止与阿尔茨海默病、帕金森病和亨廷顿病等相关的有毒蛋白沉积的形成。

（6）发现绿茶成分可降低艾滋病病毒传染性。2009 年 5 月 18 日,德国媒体报道,德国病毒学家最近证实,绿茶中的一种活性成分,在高浓度状态下能明显降低 I 型艾滋病病毒的传染性。研究人员对这种活性成分的防病毒机理提出了解释。

德国乌尔姆大学医院的研究人员曾于两年前,发现男性精液中大量存在一种被称为淀粉样纤维的细小纤维,这种纤维能够捕捉到艾滋病病毒,并帮助它进入人体细胞,从而大大加快正常细胞感染艾滋病病毒的速度。

德国海因里希·佩特实验病毒学和免疫学研究所病毒学家,最近测试了绿茶富含的一种活性成分 EGCG（表没食子儿茶素没食子酸酯）的作用。他们通过电子显微镜观察发现，这种成分不仅能阻止帮助艾滋病病毒传播的精液淀粉样纤维的形成，而且能在几小时内使这种小纤维分解，从而明显降低Ⅰ型艾滋病病毒感染人体正常细胞的风险。

不过，德国研究人员指出，这并不意味着大量喝茶就能预防艾滋病，因为上述研究显示，只有当 EGCG 浓度高并与精液接触才能产生抑制艾滋病病毒传播的效果。研究人员由此推断，能杀死微生物的阴道软膏中如果含有高浓度的 EGCG，则可能有助于预防因性行为导致的艾滋病病毒传染。

现在研究表明，艾滋病病毒有两种类型。Ⅰ型艾滋病病毒传染性较强，目前已传播至世界各地。Ⅱ型艾滋病病毒目前主要在西非地区传播，其传染性较弱，症状发展相对缓慢。

3. 茶叶研究取得的其他新成果

（1）发现绿茶有助加强身体耐力。2005 年 2 月，有关媒体报道，美国的一个研究小组研究结果表明，喝绿茶可以加强身体的耐力。研究人员对于老鼠进行了实验，结果发现，在摄入绿茶补充物质之后的老鼠，其可持续游泳的时间更长。同时，绿茶的提取物质，还可以促进脂肪的代谢。

另外，研究也发现，绿茶当中的化合物中，绿茶中的儿茶酚可以起到这种效果。研究人员建议，每天 4 茶杯的绿茶，对于 165 磅的人来说，基本可以达到最理想的效果。

（2）研制出不必泡茶用口嚼的便携式茶丸。2005 年 3 月 22 日，法新社报道，印度科学家姆果拉尔·哈扎果卡领导研究小组，共 4 位成员，不久前他们已研制出一种便于携带的茶丸，当人们想饮茶却不方便泡茶的时候，口嚼这种茶丸，就能起到和喝茶一样的提神醒脑的功效。

哈扎果卡说，口嚼这种茶丸和饮用热茶具有同样的提神功效。这种茶丸的主要成分，是从茶叶中提取的茶精，又添加了符合国际食品标准的香料。

报道说，这个研究小组研制出了六七种味道的茶丸，以适应不同口味人群的需要。哈扎果卡说："这种茶丸对人体是绝对安全的，它可以嚼，也可以含在口内，还可以用传统的方式泡在热水里面饮用。"他还说："研制茶丸的想法，是为了满足那些赶时间人的需要。有了茶丸，他们就不需要找热水和杯子了。"

研究小组已经将这种茶丸申报了专利，并决定将投入批量生产。哈扎果卡说，这种茶丸不会影响人们传统的饮茶习惯。

报道说，该研究小组的所在地，是在印度东北部阿萨姆邦乔哈特镇的托克赖实验站，该实验站创建于 1901 年，是现在世界上最大的茶研究机构；乔哈特镇就是印度著名的茶乡。

（3）认为气候变化会影响茶叶有益化学物质的含量。2015 年 6 月，有关媒体报道，美国蒙大拿州立大学波兹曼分校民族植物学家赛琳娜·艾哈迈德等人组成的一个研究小组,计划分析茶叶中的化学组分以及其他数据,寻找气候变化对中国西南地区云南省生产的驰名中外的茶叶的影响状况。

与艾哈迈德一起工作的,美国马萨诸塞州塔夫斯大学应用经济学家肖恩·坎虚说:"我们喝茶,是因为茶叶的品质,而不是因为它会产生抑制卡路里的能量。"代表茶叶味觉的植物素中的复杂化学物质,比其他经济作物更易受气候变化影响。研究茶叶与气候变化相关性的理想地方之一,是处于热带地区的中国云南省,这里因生产氧化和发酵的普洱茶而闻名,然而这种在中国最负盛名的茶叶已经遭受到气候变化的影响。

2015年年初,坎虚、艾哈迈德等人在美国国家科学基金会支持下,启动了一项为期4年的科学项目,研究气候变化、茶叶品质以及农民生境之间的相关性。他们的研究结果也可以为气候变化对咖啡、巧克力、樱桃等数十种其他作物的影响提供参数,这些作物的味道和价值同样会受到当地气候的影响。

波士顿哈佛大学医学院流行病学家塞缪尔·梅尔斯说:"农作物系统已经适应了各种特定的环境背景,然而现在这些环境因素正在变化。"他正在研究大气中二氧化碳浓度增加,对植物营养的影响。他指出:"了解气候变化对作物产量和质量的影响具有重要意义。"

与艾哈迈德等人一起在西双版纳进行合作研究的,塔夫斯大学生态化学家柯林·奥里恩斯说:"降雨量对于茶叶十分关键。当季风雨季来临时,在5天内,茶叶的品质就会下降,可以查看到叶片中化学物质的巨大变化。"

夏季季风时节会带来80%的年降雨量,茶叶生长速度约是通常干季的两倍。这对茶农来说预兆着不好的年景,中国农业科学院茶叶研究所、浙江省茶叶研究院研究员韩文炎说:"茶叶的品质和产量通常呈反相关。其中一个升高,另一个就会下降。"比如在西双版纳勐海县布朗山,春季的普洱茶在季风时节之前收获,口感更加丰富,而且价格更高。

艾哈迈德认为,不只是季风雨季会冲淡茶叶中的次生代谢物,高温、多云、更多害虫等也会对茶叶的品质产生影响。她的研究小组,2014年11月发表于《色谱A》杂志的文章,已经区分了59种因季节性差异呈现出独特化学特征的茶叶,其中绝大多数属于品质更高的春季茶。

现在,普洱茶中的化合物可能会发生改变。坎虚和同事发表于《气候变化》杂志评论栏目的文章称,在过去50年间,昆明市的温度已经升高了1.5℃。同时,季风雨季到来的时间正在变得更晚:2011年,季风雨季开始时间比1980年迟了约22天。

艾哈迈德强调说:"对于农民来说,气候变化带来的也不全都是坏消息。"如果像气候学家预测的那样,干季变得更加干旱、雨季变得更加湿润,干季的收获可能会更具价值,因为植物中含有的次生代谢物更高,普洱茶的味道会更佳。她接着说,但是旱季持续时间更长也会产生收益递减效应。"如果天气过于干旱,就会减少茶叶绿芽或是毁坏茶树。"

或许,爱茶的人只能希望,气候变化,不会影响普洱茶最精妙的苦涩味道及其红黑的色泽。

4.咖啡与可可研究取得的新成果

(1)找到决定咖啡品质的基因。2007年2月,有关媒体报道,法国农业发展研究中心,与巴西农科院稻豆研究中心的科学家组成一个国际研究小组,从6年前开始联合研究咖啡豆的成熟过程。他们发现了一种蔗糖代谢的决定性酶,在巴西坎皮纳斯大学支持下,研究人员用分子生物学和生物化学技术进行研究。结果显示,这种蔗糖合成酶,决定了咖啡豆中蔗糖的沉积。蔗糖合成酶有至少两种存在形式,分别由两种不同基因编译得到:SUS1 和 SUS2。

研究人员表示,为了获得更多收入,咖啡种植者一直在致力于生产更高质量的产品。但是要得到高质量的咖啡豆,就意味着需要更好地了解生物过程:开花、成熟等,这些决定了产品的最终品质。很多化合物(糖、脂肪、咖啡因等)决定了咖啡质量。它们在咖啡豆中的含量是决定性因素。其中蔗糖在咖啡的感官品质方面起着最重要作用,因为蔗糖在烘焙过程中的分解,会产生多种芳香及其他味觉。

研究人员分析了成长中咖啡豆的多种组织里这些基因的表达。结果显示,SUS2 决定了在成熟过程中的蔗糖沉积。而 SUS2 则和蔗糖分解以及能量产生相关。研究的另一部分则是基因的多样性,这能解释不同的咖啡种类之间为什么会存在差异。这有利于确认蔗糖的含量,最终影响咖啡的品质。

目前,以上研究结果已经得到应用。研究人员发现,生长在阴影中的咖啡的蔗糖合成酶及蔗糖磷酸盐合成酶活性更高。而这些咖啡的最终品质还可能和其他因素有关,例如脂类物质等。

(2)运用基因测试技术辨析可可豆优劣。2014年1月16日,一个可可豆专家组成的研究小组,在《农业与食品化学杂志》上发表研究报告称,为了防止巧克力制造商使用劣质原料,他们开发出一种基因测试技术,可以分辨骗子制造的溢价可可豆。

研究人员说,用于制作巧克力的可可油和可可粉都来自于可可豆,不同的可可豆外观存在很大差异,甚至来自相同豆荚的也不一样。因此,通过视觉识别优质品种和平庸品种的可可豆非常困难。这给负责把控质量的人们带来了难题,因为可可豆商人有足够的机会在优质产品中混入更便宜的可可豆。

通过分析从30毫克的可可豆种皮中提取的 DNA,人们可以验证该可可豆是否属于一个特定品种。研究人员使用这种可以识别48种不同遗传标记的测试,能够从5种生长在秘鲁和附近地区的可可豆,以及18种生长在地球其他地区的可可豆中,找出一种被称为 Fortunato 4号的高价可可品种。

研究人员称,虽然DNA分析可以相对迅速执行,但是从豆荚中剥出可可豆非常耗时。未来的研究将集中在简化测试,以及开发出一种可以用来分析可可粉的技术上。

八、嗜好作物烟叶研究的新进展

1. 研究烟叶防治疾病功能的新成果

（1）发现烟草植物所生产的抗病毒抗体。2004 年 6 月，日本媒体报道，日本一个医学研究小组，成功地利用基因改造技术，把烟草植物改造成可以生产治疗 B 型肝炎病毒的抗体。

现阶段临床医学界用来治疗 B 型肝炎病毒的方式，主要是纯化出收集自捐血者中的抗病毒抗体，提供给 B 肝炎患者使用，这个方法虽有抑制病毒的效果，但免除不了血液制品污染的疑虑。

该研究小组发表的论文指出，改造后的烟草植物，确实可以生成抗人类 B 型肝炎病毒的抗体，研究人员指出，再过不久，这种新的制剂，就可以完全符合药用的需求，而主要值得忧心的问题，还是社会大众能不能接受利用植物所生产抗病毒药剂的想法。

（2）从雪茄烟叶中提炼出治疗肾病的蛋白质。2006 年 6 月，古巴媒体报道，古巴雪茄研究所诺尔马·德尔卡斯蒂略领导的一个研究小组，从雪茄烟叶中提炼出一种高质量的蛋白质，可以用来治疗肾脏有问题的患者。

德尔卡斯蒂略介绍说，该研究所认为这种蛋白质，对于肾病患者有理想的治疗效果，目前哈瓦那大学生物系和古巴药物化学中心，正在对这种蛋白质进行临床试验和分析。

据悉，除了研究改良雪茄的质量和品质，雪茄研究所还同古巴其他科研院所合作，对如何使用雪茄烟叶促进人体健康进行探索。

德尔卡斯蒂略表示，该研究所对雪茄烟叶中存在的茄尼醇的研究，目前正处于初级阶段，茄尼醇可用作药物，市场价格达到每千克 500 美元，此外茄尼醇，还可以用来合成具有抗癌功效的辅酶 Q10。

（3）开发可制成抗艾滋病药物的转基因烟草。2009 年 9 月 22 日，有关媒体报道，德国研究人员，最近开发出一种新的生产工艺，利用转基因烟草生产抗艾滋病病毒药物，这项工艺可以大大降低生产抗艾滋病病毒药物的成本。

目前抗艾滋病病毒抗体，都是通过从动物细胞中提取，这不仅费时费力，而且成本很高。在欧盟资助的一个针对艾滋病的专项研究中，研究人员成功地从转基因烟草中获取了防艾滋病病毒抗体 2G12，这种抗体与病毒表面的蛋白质结合后，可以阻止病毒进一步侵入人体的免疫细胞。

从转基因烟草中提取抗体，可以极大地降低抗艾滋病药物的成本，这个专项研究由欧盟国家的 39 个研究机构和企业共同参与。

德国弗劳恩霍夫分子生物和生态应用研究所，在其中承担了开发生产工艺的重要任务。研究人员首先把收获后的转基因烟草洗净和切碎，用萃取的方法，并通过多级过滤和层析技术获得所要的药物成分。为此，研究人员还开发出有 4 道工序的生产试验装置。经过不断的工艺完善,该研究所的这一中试生产装置,在2009年8月,获得 GMP 药品生产质量资格证书,每周可生产 1000 千克植物型抗艾滋病药物。

2.吸烟损害身体健康研究的新发现

(1)研究表明吸烟减肥是损害身体的健康误区。2009 年 2 月 23 日,澳大利亚《信使邮报》报道,南威尔士大学和墨尔本大学一项联合研究成果显示,吸烟减肥说纯属自我安慰,而这种减轻体重的方式,会进一步加大吸烟对身体的损害。

研究人员用实验证实,认为吸烟有助于减轻体重和保持身材,是缺乏科学依据的。实际上,吸烟者减少的是肌肉,而非体内脂肪。

他们用 7 周时间,观察实验小鼠。一半小鼠每天被置于 4 根香烟产生的烟雾中,另一半小鼠处于无烟环境。实验结果发现,暴露于香烟烟雾中的小鼠平均进食量比另一组少 23%,但两组小鼠的体内脂肪水平相同。

研究负责人菲奥娜·沙尔基说,吸烟使肌肉减少,让吸烟者误以为达到"减肥"效果,但实际上,你仍在堆积脂肪,这显然不是什么好事,而肌肉的流失还会加大吸烟者的身体损害。

(2)研究显示吸烟会损害味觉功能。2009 年 8 月 20 日,希腊亚里士多德大学一个研究小组,在英国《BMC 耳鼻喉疾病》杂志上发表成果称,他们的研究显示,经常吸烟者舌头的味觉灵敏度会下降,并且舌头上味蕾的健康状况也不好。

据悉,该研究小组对 28 名吸烟者和 34 名不吸烟者进行试验。研究人员用微弱电流刺激受试者的舌头,这会使人产生一种类似金属味道的味觉。结果发现,吸烟者普遍需要更强的电流才会产生这种味觉。

3.戒烟研究的新进展

(1)研究出 7 小时戒烟疗法。2006 年 11 月,有关媒体报道,智利有 42% 的人口吸烟,政府和有关机构采取了一系列措施帮助人们戒烟,近日又推出一种 7 小时戒烟疗法。

这种戒烟疗法由智利斯奇克鲁特医学研究所推出,声称能在 7 个小时内让人戒烟。虽然烟民将信将疑,但斯奇克鲁特医学研究所承诺:每 10 人中至少有 7 人可用这种疗法成功戒烟,如果无效,原价退款。

这种戒烟疗法包括 6 个"单元",每个"单元"持续 50 分钟,中间有短暂休息,戒烟者甚至可在休息时抽烟。据研究所心理学家帕梅拉·艾德介绍,这种疗法的不同之处在于侧重促进吸烟者认知方式以及情感方面的改变,能让吸烟者丧失吸烟欲望,同时并不感到失落或痛苦。

艾德说:"关键是认知观念上的改变。"她指出,分析吸烟者上瘾的原因也很重要,很多人吸烟是因为焦虑、空虚,有的甚至是出于减肥的目的。

智利"反吸烟计划"的倡导者丹尼尔·塞哈斯认为,"7 小时"是这种戒烟疗法的最大卖点。他表示,现有的最有效的戒烟疗法是认知行为疗法,如在此基础上配合尼古丁替代法及其他药物的使用,效果会更好。

(2)发现烟瘾基因。2006年12月6日,《日本经济新闻》报道,日本大阪大学研究人员发现,人体内有一种基因与烟瘾密切相关。这一研究结果,有望帮助烟民戒烟。

报道说,研究人员发现,一种被称为 CYP2A6 的基因,能促使人体细胞产生一种酶,而这种酶,有助于分解香烟中的尼古丁。因此,这种基因的活跃程度与烟瘾大小有关。那些起床就开始吸烟的人,体内 CYP2A6 基因通常比别人活跃。

研究人员检测了 300 人的 CYP2A6 基因,受检测者目前吸烟或有过吸烟史。结果发现,在 CYP2A6 基因活跃人群中,70%的人烟瘾大;而在 CYP2A6 基因不活跃人群中,其所占比例不到40%。

专家说,如果医生能在希望戒烟的患者体内找到这种基因,就可根据基因活跃程度,调整患者的吸烟量,从而帮助患者戒烟。

九、药用作物研究的新进展

1.从菊科植物提取药物研究的新成果

(1)发现小白菊提取物可治白血病。2005年3月,纽约罗切斯特大学医学院的克雷格·乔丹及其同事组成的一个研究小组,在《血液》杂志上发表研究报告说,他们发现,菊科蒿属植物小白菊的一种提取物,能够摧毁急性骨髓性白血病细胞,对研制白血病新药大有帮助。

研究人员在实验中发现,这种称为"白菊精"的化学物质,在基本不损伤正常骨髓细胞的情况下,对消灭急性骨髓性白血病细胞,及慢性骨髓性白血病细胞,表现出很强的能力。

研究人员说,他们进一步的研究表明,小白菊的这种提取物,还能够有针对性地消灭引发急性和慢性骨髓性白血病的干细胞,从根本上遏制疾病的发生。

研究人员认为,他们的研究成果,对于开发直接作用于引发白血病的干细胞的新药,有重要意义。

(2)发现艾蒿能预防乳腺癌。2005年12月,美国华盛顿大学两位生物学家,在《癌症》杂志上发表研究结果称,他们在一项实验研究中,对服用致癌剂的实验鼠进行研究后发现,青蒿素可以明显抑制乳腺癌的发生。

在中国古代,艾蒿这种植物很早就被用来治疗疟疾。现在,美国研究人员发现,对疟疾治疗十分有效的青蒿素,在杀伤癌细胞方面,也显示出较强的作用。

研究人员指出,当青蒿素与铁离子接触时,就会诱发一系列的化学反应,使细胞内形成高活性的化学物质作用于细胞膜使其结构改变,从而杀伤细胞。疟原虫吞噬这种储存变性铁离子的血细胞后就会死亡。同样的作用在癌细胞中也存在。癌细胞的复制增殖速度很快,因此它们需要摄取大量的铁。癌细胞表面存在许多铁离子的转运受体,这就使青蒿素可以选择性地作用于高铁含量的癌细胞。

在这项研究中,研究人员给实验鼠口服致癌剂,然后将其分为两组:一组正常喂养作为对照组,一组同时给予一定剂量青蒿素作为实验组。40 周后,观察发现对照组 96% 的大鼠产生肿瘤,而实验组只有 57% 的大鼠产生肿瘤,并且产生肿瘤的数量和体积均明显小于对照组。

研究人员指出,青蒿素预防肿瘤发生的作用机制可能有两方面:一是青蒿素在肿瘤形成前,就可以杀伤需要消耗更多铁离子的癌症前期细胞;二是阻止癌细胞血管网的形成,抑制其进一步增长。

青蒿素作为一种抗疟疾药物,在亚洲和非洲已经使用相当长的时间,并没有发现明显的副作用。目前,研究证明,它也可以有效预防乳腺癌的发生。在以后的研究中,还需要进一步了解青蒿素,对于其他类型的癌症是否同样有效。

(3)利用菊科植物研制出抗疟疾新药。2006 年 4 月,南非媒体报道,南非医学研究委员会本土医药部负责人吉尔伯特·马察比萨主持的一个研究小组,利用从当地生长的一种菊科植物提取的有效成分,研制出治疗疟疾的新药。世界卫生组织公布的数字表明,全球每年死于疟疾的人有 100 多万,其中非洲占 80%。

马察比萨说,新药主要成分,是从一种生长在撒哈拉以南非洲地区的菊科植物中,提取出来的。这种植物,一直被当地人用来治疗胃病,但科学家意外发现它能治疗疟疾。马察比萨表示,南非希望在本国商业种植这种植物以生产廉价的抗疟疾药物。

马察比萨说,临床结果显示,这种药物治疗疟疾有效。他们已开始在全球范围内进行专利注册,并希望与他人合作在南非大规模生产这种药物。

(4)通过改变万寿菊基因组增强药用功效。2006 年 11 月,墨西哥媒体报道,墨西哥科学家奥克塔维奥·洛佩斯领导的一个研究小组,发现并成功改变了,万寿菊作为药用主要色素和类胡萝卜素方面的基因组,这将有助于墨西哥对万寿菊在药用领域的开发利用。

据报道,洛佩斯研究小组,找到了使万寿菊拥有其独特颜色的主要色素的基因组,它们正是万寿菊类胡萝卜素的主要来源。

洛佩斯介绍道,产生类胡萝卜素的色素,是人和动物用以合成维生素 A 的主要成分。万寿菊本身拥有丰富的叶黄素,但改善后的万寿菊叶黄素比例大大增加。叶黄素能够延缓老年人因黄斑退化而引起的视力退化和失明症,推迟因机体衰老引发的心血管硬化、冠心病和肿瘤的发生。此外,叶黄素还被用于饲料业,如用作鸡饲料的添加剂以提高鸡蛋的营养价值。

据英国广播公司市场调查,2006 年类胡萝卜素的国际市场需求规模达 10 亿美元,并将以每年 3% 的速度增长。

万寿菊原产于墨西哥,全球已知的 55 种万寿菊中墨西哥拥有 32 种。但在墨西哥,万寿菊以前主要用于装饰,商业方面的开发利用仅限于提取叶黄素制造鸡饲料添加剂。

（5）开发出青蒿素生产新方法。2012 年 1 月 17 日,德国马克斯·普朗克胶体与界面研究所、柏林自由大学等机构的专家组成的一个研究小组宣布,他们推出一种抗疟药物合成法,即利用青蒿素提取后剩余的废料化学合成青蒿素。这种方法既可节约制药成本,又可实现大量生产。

实际上,人类抵抗疟疾的战斗由来已久,中国早在 2000 多年前就开始使用中草药治疗疟疾。1972 年,屠呦呦等中国研究人员成功地从中草药青蒿中提取抗疟药物青蒿素,拯救了数以百万计患者的生命,并因此于 2011 年获得美国拉斯克临床医学研究奖。

现阶段,各国制药企业多采取直接从植物中提取青蒿素的方法,但这种方法成本较高,且产量有限。由于全球仅有中国、越南等少数国家种植青蒿,这种一年生草本植物产量又不固定,药品青蒿素的价格波动较为明显。

对此,德国研究小组发现,从植物中提取青蒿素时,通常会产生大量废料,而废料中含有的青蒿酸与青蒿素在分子结构上已较为接近。利用光照、加氧等手段,研究人员可以在实验室中利用青蒿酸快速合成青蒿素,其合成过程总共耗时不到 5 分钟。

这种利用实验室光反应器合成青蒿素的方法不仅节约成本,还简单便捷。据测算,从植物中提取 1 克青蒿素所剩的废料可用于合成 10 克青蒿素。

疟疾是一种由疟原虫引起的疾病,通过蚊子叮咬传播,其症状包括发热、头痛、呕吐等,如不及时治疗可危及生命。

2. 银杏药用价值研究的新成果

（1）发现银杏叶提取物有助于降低癌症罹患风险。2006 年 2 月,美国乔治敦大学医学中心的研究人员,在《抗癌研究》杂志上发表研究成果称,他们发现银杏叶提取物,可以降低动物罹患攻击性癌症的风险性。

研究人员在手术前后,都向试验老鼠中注入银杏叶提取物,主要移植入人类乳腺癌细胞或大脑神经胶质瘤,以降低连接侵略性癌的细胞受体表达。

结果显示,相比未处理的老鼠而言,80% 的银杏叶提取物,可减缓乳腺肿瘤的生长速度。银杏叶提取物还能使肿瘤减小,但这只是暂时的,并且还可能出现小范围的扩散。

银杏原产于日本、韩国和中国,目前在世界各国均有发现。很多研究发现它能增强记忆,并用于治疗阿尔兹海默症试验中。

银杏叶提取物能降低侵略性癌症发病率,将助于防止患者的侵略性癌症恶化和扩散。

银杏叶提取物很有价值,因为研究显示,它很可能与边缘型地西泮（PBR）受体相互作用。PBR 是一种 20 年前发现的分子,该蛋白质与将胆固醇带入细胞线粒体中有关。

在一些细胞中,线粒体利用胆固醇产生类固醇,类固醇能调节激素,以及帮助细胞生长。事实上，研究人员也发现在植物、昆虫和动物等很多生物体内，存在一些有助于调节生长的受体。类固醇有助于调节大脑功能，银杏叶提取物被古代中国人用来治疗痴呆症，至今还有广泛应用。

研究人员将超量表达 PBR 的乳腺癌细胞移植入老鼠体内，进而用标准量的银杏叶提取物治疗。30 天之后发现，肿瘤与没治疗过的老鼠相比减小了 35%。部分研究显示，银杏对于这类型的癌症细胞系中具有抗癌效应，虽然提取物对于侵略性的癌症没有起到特别的功效，但却明显地减缓了癌细胞的生长速度。

（2）发现银杏保护大脑的关键分子途径。2006 年 5 月，在北美补充和结合药物研究会议上，约翰·霍普金斯大学医学院，西尔万·多尔等人组成的一个研究小组，公布了一项研究成果。它揭示出重要中草药银杏，保护大脑细胞的一个关键细胞途径。如果这些结果在人体中得到证实，那么银杏将可能用于减小中风的伤害。在一些国家，传统的中医利用银杏叶提取物，治疗哮喘、支气管炎和大脑疾病。

虽然，中医讲的银杏许多神奇疗效尚未被完全证实，但是，目前美国的医生正在研究，这种草药缓解记忆力丧失和阿尔茨海默病患者的记忆力问题的效果。

多尔在研究如何战胜中风后损伤的过程中，发现一种机制。中风发作能快速杀死大脑的一小片区域，但是周围的大脑组织也会在接下来的几周内死亡。多尔研究小组发现缺少一种叫作血红素加氧酶的小鼠，中风恢复情况很差。这种酶，能够使血红素转化成毒性较小的化合物，其中一些还能中和氧自由基。研究小组推测银杏可能活化这种酶，从而保护大脑细胞。

为了证实这个猜测，他们首先培养了胚胎小鼠的大脑细胞，加入标准的银杏提取物，并检测实验室培养的神经元在氧化压力下的存活情况。结果发现，银杏提取物越多，神经元制造的酶也越多，这表明银杏确实能够活化这种保护性酶。而且，高剂量的银杏提取物几乎能完全保护培养神经元不受氧化损伤，而对照组中则有 60% 的细胞被杀死。

接着，研究人员还用银杏或空白溶液，饲喂小鼠一周后诱导中风的发生。结果，在正常小鼠中，银杏使小鼠中风后的大脑损伤面积减少了一半，但是它对缺少血红素加氧酶的突变小鼠却没有效果。这些受到银杏保护的小鼠，在中风后的行为很正常，而未受到保护的小鼠和缺少血红素加氧酶的小鼠，行动上出现异常。这两项实验，进一步揭示出银杏，是通过开启血红素加氧酶起到保护作用的。

3. 其他一些中药功能研究的新进展

（1）研究证实栀子花果实可有效治疗糖尿病。2006 年 6 月，哈佛医学院和贝思以色列女执事医疗中心共同组成的一个研究小组，在医学期刊《细胞代谢》上发表研究成果称，他们经过医学研究的验证，中药栀子花果实可用于治疗成人发病型糖尿病。

科学家发现栀子花果实的提取物，含有一种化学物质，可阻止那些能够抑制胰岛素生产的酶发挥作用,从而使胰岛素产生趋向正常,继而改善糖尿病病情。

研究小组经利用老鼠实验证实,栀子花果实的提取物,可阻止 UCP2 蛋白酶发挥作用,而 UCP2 可抑制胰岛素产生,导致血糖过高,形成糖尿病。研究人员相信栀子花果实含有的天然交联剂(genipin),是纾缓糖尿病的功臣。

有关研究目前仍处于基础阶段,但专家深信研究结果将能制成新的治疗糖尿病药物。现时医学界没有针对胰岛素制造细胞的疗法。不过专家提醒全球 180 万 Ⅱ 型糖尿病患者,就目前而言,健康饮食和做运动仍是面对糖尿病的最佳方法。

(2)发现中药射干根茎提取物或有助治疗前列腺癌。2009 年 6 月 17 日,德国癌症援助协会说,德国哥廷根大学医院一个研究小组,一项研究初步表明,从中药常用的射干根茎中提取的一种活性物质,可能有助于治疗前列腺癌。

研究小组经过实验室研究证实,从鸢尾科植物射干的根茎中,提取的活性物质鸢尾黄素,可抑制前列腺癌细胞的生长。在动物实验中,鸢尾黄素也能起到减缓前列腺癌细胞扩散的作用。

研究人员分析说,前列腺癌细胞生长,绝大多数情况下受性激素影响,特别是雄性激素对癌细胞生长起着刺激作用。而睾丸和脂肪组织中分泌的少量雌性激素,在前列腺中则能抑制癌细胞生长。当前列腺出现恶性肿瘤时,雌性激素这种抑制作用常常会受到干扰。在发生基因变异的情况下,雌性激素也会像雄性激素一样刺激癌细胞生长,而鸢尾黄素能附着在癌细胞表面,并能恢复雌性激素抑制肿瘤生长的信号通道。

研究人员同时强调,鸢尾黄素虽然在实验室和动物实验中,能起到抑制前列腺癌细胞生长或扩散的作用,但它是否能真正用于临床治疗,还需要进一步研究。

(3)发现蓝莓叶提取物可阻止丙肝病毒复制。2009 年 8 月,日本宫崎大学一个研究小组,在美国《生物化学杂志》上发表论文称,从蓝莓的叶子上发现一种化学物质,可以阻止丙肝病毒的复制,从而延缓或阻止疾病发作。这项研究,有助于科学家研发新的丙肝疗法。

研究人员说,潜伏在人体内的丙肝病毒,有些需要 20 年甚至以上的时间才会发病,他们因此设想,可能是某种食物补充剂延缓或阻止了疾病的发作。研究人员检查了近 300 种农产品,结果发现在蓝莓叶子中有一种名为原花青素的物质,可以阻止丙肝病毒的复制,从而达到延缓或阻止疾病发作的目的。

过量的原花青素对人体有害,但研究人员表示,使用它对抗丙肝病毒的剂量是安全的。类似原花青素的物质,在很多可食用植物中都能够找到,他们认为,原花青素可以作为一种对抗丙肝病毒的安全食物补充剂。

(4)开发出可大幅度降低成本的紫杉醇生产新方法。2010 年 10 月,英国爱丁堡大学生物科学学院加里·洛克教授领导,他的同事参与的一个研究小组,在《自然·生物技术》杂志上发表研究成果称,他们开发出一种廉价的、不破坏生态平衡的新技术,可利用植物干细胞来生产紫杉醇,从而大幅度降低紫杉醇等植物药用成分的提取成本。

据了解,紫杉醇是从红豆杉(又名紫杉)树皮中,分离的一种二萜类化合物,具有天然的抗癌功效,能有效治疗卵巢癌和乳腺癌,对肺癌、大肠癌、恶性黑色素瘤、头颈部癌、淋巴瘤、脑瘤以及类风湿性关节炎也有一定作用,于1992年被美国食品和药物管理局,正式批准为抗癌新药。

但是,由于紫杉醇在红豆杉树皮中的含量极低,每生产1千克紫杉醇,需红豆杉树皮30吨,而且必须以成年树木为原料,因此传统生产方法不但周期长、效率低,还会破坏大量的森林资源。随着国际市场对紫杉醇需求数量的日益增长,资源量本来就十分有限的红豆杉,远远不能满足市场需求,在利益的驱使下,不少红豆杉惨遭剥皮,野生紫杉醇资源濒临灭绝。

该研究小组,从红豆杉树皮中,提取了一种用于生产紫杉醇的植物干细胞。研究人员称,利用这种能够自我更新的植物干细胞,可以制成大量具有活性的化合物,这将为紫杉醇等药物的萃取,提供充足的原料,其成本比传统制造方法要低得多,而且不会产生有害副产品。此外,借助该方法,研究人员在其他具有药用价值的植物上的实验,也获得初步成功。这表明,植物干细胞法,同样也适用于紫杉醇之外的其他药物的生产。

洛克说,植物是人类的一个重要的医药宝库,我们今天所使用的药物中有1/4以上都来自植物。这项新发现,为植物类药物的提取,提供了一条低成本、清洁、安全的途径,这也将在一定程度上,对癌症及其他疾病的治疗,带来更多的希望。

(5)发现药用植物延胡索的镇痛成分。2014年1月,中国科学院大连化学物理研究所梁鑫淼研究员作为中方负责人,与美国加州大学欧文分校联合形成的一个研究小组,在美国《当代生物学》杂志上发表研究成果称,他们从传统中药材延胡索(又名元胡)中,找到并确认一个新的镇痛活性成分,以此为基础或许可研制出副作用小、无成瘾性的止痛药。

延胡索是主产于中国浙江和江苏等地的一味传统中药材,它在中药里就是一味比较优良的止痛药,传承至今已有一千多年历史,药用部分是其植物的干燥块茎。

研究人员新发现了延胡索中的镇痛活性成分去氢紫堇球碱(DHCB)。动物实验显示,它对慢性疼痛可能有很好疗效,并且没有耐药性。而吗啡等阿片类镇痛药,虽然开始药效很强,但很快就会产生耐受,需要不停加大剂量才能达到相同治疗效果,耐药性与作用持续时间不及去氢紫堇球碱。

梁鑫淼说,去氢紫堇球碱不光是对慢性疼痛有效,对急性疼痛也有一定效果,只是效果不如吗啡这种强效止痛药,所以用于急性疼痛的治疗没有优势。

据梁鑫淼介绍,疼痛治疗中,成瘾性和耐药性等副作用,很大程度上限制了吗啡等止痛药的临床使用。去氢紫堇球碱的镇痛方式与阿片类镇痛药物有很大不同,它不是通过刺激阿片受体来起作用,而是通过对多巴胺D2受体的拮抗起作用,因而为镇痛治疗提供了另一种可能。

梁鑫焱表示,下一步他们将对去氢紫堇球碱进行毒理学测试,因为这个天然成分在延胡索中虽已服用了上千年,但并不能排除其潜在毒性。以去氢紫堇球碱为基础开发止痛药目前为时尚早,"不过去氢紫堇球碱作为一个天然成分,通过中药的摄入实践其实已超过千年,相对于其他未经人体实践的活性化合物来说,成功的概率要大得多"。

4.药用作物研究的其他新成果

(1)从可食用植物中提取治愈心脏病的特效药。2006年1月,印度媒体报道,印度著名心脏外科专家巴鲁哈·德哈尼拉姆,这位世界顶尖级的心脏外科专家对外公开宣称,他已经发明了一种新特效药,可以在不开刀的情况下彻底治愈心脏病。由于他的新药提取自一种印度部落的食用植物,因此不仅疗效显著,而且没有任何副作用。

鉴于无论多么完美的手术都会给患者带来不同程度的创伤,德哈尼拉姆后来转而研究起治疗心脏病的药物。不久前,他公开宣称,已经找到了一种可以彻底治愈冠状动脉阻塞的心脏特效药。

德哈尼拉姆说,自从他在2002年首次发现这种新药后,到目前为止,已经有302位冠状动脉阻塞患者,在使用这种新药后被彻底治愈,其中有几人还是印度阿萨姆邦的知名新闻记者。

1996年,德哈尼拉姆曾在阿萨姆邦首府古瓦哈提附近的索纳普地区,建立了一个1000英亩的研究基地,基地内有一个很大的动物实验室,里面养了300多头大型动物,供其进行研究。为了在当地寻找几名心脏病患者进行研究,他跑遍了基地附近的几个部落,想不到在当地竟然没发现一个心脏病患者,他马上意识到这可能和该部落居民的饮食习惯有关系,于是他将目光转移到当地部落人通常吃的食物上,最后他在当地部落居民既当蔬菜又当药的一种植物中找到了答案。

据悉,这种新药,是从可食用植物中提取出来的有机化合物,虽然原料在当地部落中并不稀罕,但制药过程却费时费力,每50千克这种植物的叶子,只能提取出0.1毫克的有机化合物。目前,德哈尼拉姆已经把新发现的两种有机化合物冠以自己的姓氏命名,分别为"巴鲁哈·阿尔法DH"和"巴鲁哈·贝塔DH"。

在德哈尼拉姆的鼓励下,当地部落居民,如今开发种植了近3000英亩这种神奇植物。不过,对于究竟是何种植物具有如此奇妙的功效,德哈尼拉姆却显得讳莫如深。

他对记者说:"我不想透露这个秘密,否则我的发明很快就会被一些别有用心的人窃为己有。"同时他也不想申请什么专利权,因为"一旦申请专利,就必须向有关专家公开信息,这样他的新发明还是有被泄密的可能"。

(2)一种泰国隆胸草药发现具有可预防骨质疏松的功能。2007年5月,泰国朱拉隆功大学一个研究小组,在《欧洲更年期杂志》上发表研究成果称,他们发现一种当地用于女性隆胸的草药,能帮助预防骨质疏松症等疾病。

骨质疏松是一种使人痛苦的疾病,它使患者的骨质变得稀薄,导致骨折的概率大大增加。这一疾病,常发生在更年期后妇女以及 50 岁以上的男性身上。目前,它成了一个世界范围的、越来越引起人们重视的健康问题。

实验表明,这种草药含有一种高浓度的化学物质,它具有和雌激素类似的功能,雌激素通常被用于治疗骨质疏松症。该植物存在于泰国以及邻国缅甸,以往常被用于作激素替代物,进行抗衰老和隆乳等方面的治疗。

(3)有望把有毒的撒丁岛藏红花色水芹开发成抗皱妙方。2009 年 6 月,有关媒体报道,古籍记载,在数千年前,腓尼基人在地中海撒丁岛,遭遇过神秘而可怕的死亡。他们死亡时唯一的共同点,是面部都呈现强迫的笑容。实际上,这是中毒死亡留下的一种表征。目前,意大利莫利泽大学和卡利亚里大学联合组成的研究小组,已成功破解出这种毒药的具体成分,它是从一种天然植物提取的毒液制成的。

查阅史料发现,2800 年前,古代撒丁岛上失去自理能力的老年人和犯人,喝下一种神秘药物后,会变得失声大笑,最终从高山悬崖跌落致死,这可能是"死亡微笑"毒药的起源。但是,数千年来,它的配方一直是个谜团。

为了破解这个谜团,研究小组详细调查了有关这种毒药的蛛丝马迹。了解到在几十年前,撒丁岛一位牧羊人临终时面部呈现可怕的"死亡微笑",深究其死亡的原因,得知他死亡前喝下了"藏红花色水芹"的汁液。藏红花色水芹,是一种长着像芹菜一样叶茎的野草,主要分布在撒丁岛的池塘和河流旁,是唯一在撒丁岛上生长的植物。

研究人员通过提炼藏红花色水芹汁液,对它的有机结构进行分析,确定这种植物含有较高的毒素,人们饮用后,会出现可怕的面部笑容症状,同时伴随着面瘫现象。研究者推断,正是藏红花色水芹汁液会对人体产生神秘反应,最终导致饮用者面带笑容而死,它也是古代撒丁岛人使用的死亡微笑毒药的主要成分。藏红花色水芹与一般略带苦味的有毒植物不同,它具有芳香气味,根部嚼起来是甜甜的,所以容易让人误食。

研究人员认为,这项最新发现,不仅破解了数千年前留下的一个谜团,而且人们对这种植物有了更深刻的认识,更重要的是可以充分利用这种植物的汁液,让它派上大用场。当然,不再是利用它来制造毒药,而是用它来制造护肤液和抗皱美容品。因为它可以释放面部肌肉,通过科学配方可以移除人们脸上的皱纹。

(4)利用纳米技术提高棟树有效成分的防虫效果。2012 年 2 月,圣保罗媒体报道,巴西圣卡洛斯联邦大学一个研究小组,进行了一项生物控制土壤病虫害的项目研究。他们从印度棟树中提取棟素制成防虫剂。近日,该产品的毒性检测,已经获得巴西卫生监督局的批准,该研究小组就此进行了专利申请。

印度棟树,是一种生长在东南亚的棟科植物,被认为是未来生产有机杀虫剂的重要原料来源,它的种子提取物楝素,对大约 400 种昆虫有作用,是一种对人类无毒且能够控制农作物病虫害的有机杀虫剂。印度楝树成长快速、树冠茂密,高度可达 15 米,可以在炎热气候和排水良好的土壤种植。巴西自 1986 年正式从印度、尼加拉瓜、多米尼加共和国等引进该树种的种子,进行商业化种植。

据报道,刚开始时,在巴西,对印度楝树的楝油脂提取工序还存在一些问题,导致其有效成分丢失较多;此外,在阳光照射下,楝素出现降解,失去功效,造成农民使用起来代价昂贵。

为此,研究小组调整印度楝树中楝素的加工提取工序,使用甘蔗渣天然聚合物,从纳米级别上提取楝素的有效成分,并把楝素装进微型纳米胶囊中,最大限度、最长时间地保留其有效成分,降低了使用成本,加强了使用效果。

十、热带作物研究的新进展

1. 研究开发香蕉取得的新成果

(1)把香蕉纤维变成织布原料。2007 年 4 月,印度媒体报道,现在的服装面料除了棉、麻、丝绸、化纤等材料外,植物纤维也成了布的原料。在印度南部泰米尔纳德邦的加伯莱镇,就有人用香蕉纤维制成服装。

在加伯莱镇,手工纺织是这里的传统工艺。服装设计师谢卡尔一直在寻找质优廉价的纺织原材料,在试过了干草、椰子纤维等材料后,她发现了香蕉纤维。在加伯莱镇,每年采摘香蕉后都会产生大量的香蕉杆和茎,经过漂洗、提炼和脱胶等工序后,香蕉纤维被一根根提取出来,再经过染色后就可以用来织布了。

谢卡尔说,与棉花相比,香蕉纤维不仅光泽好,而且具有很高的吸水性,用它织成的纱丽穿着舒适、美观耐用。如今,她已经拥有了自己的香蕉纤维纺织工厂,产品在印度国内和国际上都很受欢迎。

(2)用香蕉植株废弃物生产纳米级纤维。2008 年 1 月,有关媒体报道,印度香蕉产量约占世界香蕉总量的 15% ,每年留下大量废弃物。最近,位于印度果塔延的巴塞柳斯学院化学系的一个科研小组,发明了一项新技术,用香蕉种植园的废弃物生产纳米级纤维素纤维。

该技术所得的产品具有广阔的市场前景,可用于医药、电子材料、复合材料和模塑材料等。在很多场合,它可作为纸和塑料的替代品。同时,经营香蕉种植园的农民,可通过出售作物废弃物而获得额外收入。

几乎所有热带国家都种植香蕉和芭蕉,每年产生的废弃物约有 3 亿吨,由此可制成 1200 万吨不同形式的纤维。

(3)发现香蕉皮能净化水中重金属污染。2011 年 8 月,巴西圣保罗州大学一个研究小组,在美国化学学会的刊物《工业和工程化学研究》上,发表论文称,他们发现,切碎的香蕉皮,可有效去除饮用水中有害的铜、铅等重金属。用香蕉皮制成的水净化设备,即使连续使用 11 次,其吸附重金属污染的特性依然显著。

研究人员表示，香蕉好吃且营养丰富，但大多数人可能不知道，看似"一无是处"的香蕉皮，还蕴藏一些神奇的功能，比如保养皮具、擦亮银器等。此外，香蕉皮还可以吸附水中的重金属污染物。

研究人员认为，香蕉皮能在水质净化领域发挥重要作用，因为同目前采用的净化方法相比，这一方法不但环保低廉，而且耐用性更好。

受矿冶产业和工农业污染影响，不少地区饮用水的重金属含量超标，严重危害人体健康。过去常用化学方法处理重金属污染，即在水中加入药剂与重金属反应，但这种方法不仅成本高，使用的药剂本身也可能有害。因此，开发廉价高效的水质净化方法是目前的一个研究难题。

研究人员说，除香蕉皮之外，此前还有研究表明，椰子壳纤维、花生壳等一些植物废料也可作为良好的水质净化材料。

2. 用热带作物提炼生物燃料的新成果

（1）把剑麻渣转化成可燃气体进行发电。2004 年 11 月 16 日，世界首家剑麻渣发电厂，在坦桑尼亚东北部的坦噶举行奠基仪式。包括中国在内的世界主要剑麻生产国，均派代表参加奠基仪式。该发电厂的设计发电能力为 3 万千瓦，建成投产后能够满足坦桑尼亚坦噶省全省的电力需求。

剑麻植株，仅有 2% 能够被梳理成可用纤维，其余 98% 被作为垃圾丢弃。剑麻渣发电，就是利用这些被称为生物物质的丢弃物，经过特殊的气化工艺，把剑麻渣转化成可燃气体，燃烧发电。

剑麻渣发电的气化工艺，还可以生产出副产品，即有机固体肥料和液体肥料。这种肥料可以保持土壤墒情、防止水土流失、固化土壤中的重金属。一个能够处理两台梳麻机所丢弃麻渣的剑麻渣发电厂，可日产 350 立方米液体肥料和 40 吨固体肥料。

（2）从油棕渣滓中提炼出生物燃料。2005 年 8 月，马来西亚云顶集团主席兼首席执行官林国泰，对外界透露，他们已经研制成功一种可取代石油的生物燃料，该生物燃料从油棕果实的渣滓中提炼而成。

林国泰在欢庆云顶集团成立 40 周年的晚会致辞时介绍说，云顶集团经过再生能源方面的反复研发，终于成功从该国富产的油棕渣滓中提炼出石油替代品生物燃料，且使之可投入商业化量产。他进一步表示，云顶集团生产的生物燃料制造工艺独特，它不像生化柴油或乙醇般需要从植物油或淀粉中提炼，而是从食用油渣滓中的生物质提炼而成。

据悉，马来西亚每年要面对 1300 万吨油棕渣滓处理问题。通过云顶集团这种新工艺，可使之持续性分解，将其转换成 350 万吨生物燃料，约等于 930 万桶原油，相当于大马国家石油公司 5% 的年度销售量，足以供应大马 1/3 的家庭用电，为大马每年带来超过 16 亿马币的出口收入。

林国泰补充说，云顶集团研制的生物燃料用途非常广泛，包括作为发电站的能源燃料,未来甚至有很大潜能取代汽油及工业用途的化学燃料。更重要的是,云顶集团生物燃料的属性为碳中和,将减低生态环境受污染的程度。预计生物燃料的生产,将给大马增加数千份就业机会和为棕油业者给予额外的商机,可减轻棕油业面对棕油价格大幅波动时所受的打击。

林国泰最后说,随着生物燃料逐渐普及,将进一步催化及提升生化工艺及农业的改革,促使大马成为本区域的再生能源的前驱。

(3)发现可制生物燃料的热带瓜类植物。2007 年 12 月,有关媒体报道,马来西亚普特拉大学的专家发现一种类似西瓜的热带植物,它的瓜子油可以制成新型生物燃料。这种植物的成活率高,成熟期较短,只需 3 个月,与棕榈油相比更加经济。

该植物瓜子油比较轻,具有脂肪酸低、易溶解和燃烧率高等优点,而且价格低廉。如果作为生物燃料添加到汽油和柴油中,可使汽油的费用节省 20%,使柴油的费用节省 10%。如果国际油价进一步攀升,它节约的费用比例还会更高。

专家同时指出,要把这种瓜子油加工成生物燃料,需要添加合适的催化剂,以促使其变得更加稳定。另外,使用这种生物燃料的机动车,化油器需作相应改进。目前,这项研究尚处于初级阶段,广泛推广使用还需进行一系列科学试验。

(4)用麻风树种子生产生物柴油。2012 年 7 月 22 日,古巴工程师何塞·索托隆戈领导的一个研究小组,在哈瓦那对媒体宣布,他们以麻风树种子为原料,生产出生物柴油,并在轻型汽车中试用成功。

索托隆戈表示,在首都哈瓦那以东 900 千米处的关塔那摩省,种植有麻风树,他们从这些麻风树种子中提炼出生物柴油。研究人员已将其在一辆轻型汽车中试用。目前,该车已行驶 1500 千米,"没有出现任何问题"。

索托隆戈说,以麻风树种子为原料生产的生物柴油,比传统柴油污染小,而且它将有助于古巴减少柴油进口。和用玉米、甘蔗等生产生物燃料不同,麻风树不是人类食用的作物,不会和人类"争粮",因此可以在适当地区大力发展麻风树种植。

3. 热带作物培育与研究的其他成果

(1)培育成功无异味榴梿。泰国媒体报道,该国农业部高级专家颂波·松斯里博士领导的一个研究小组,历经 30 年研究,成功培育出 90 多种榴梿,其中包括一种没有特殊气味的榴梿。这一成果,将有助于更好地把这种热带水果推向世界。

1998 年,颂波博士成功地把野生榴梿品种与研究中心内的榴梿嫁接。经过多年的观察和分析,最终将这种香蕉味榴梿命名为"尖竹汶 1 号"。尖竹汶府是泰国最大的榴梿产区。

颂波博已向泰国农业部提出申请,办理这一新品种榴梿的上市许可。无异味榴梿的问世,对不喜欢榴梿臭味的人而言是个福音,但很多喜欢榴梿特殊味道的人对此提出质疑,认为没有一种水果是完全没有气味的。

榴梿是一种热带水果,营养价值丰富,但散发出一种特殊的气味,许多人对此感到不适应。在一些国家的公共场所和航班上,榴梿被禁止携带。

(2)开发出可再利用的橡胶。2007年12月,巴西媒体报道,该国巴西坎皮纳斯大学一个研究小组,最近利用纳米技术研制出一种可再利用橡胶。

研究人员说,这种新橡胶实际上是一种纳米合成物,由天然橡胶与膨润土按比例混合而成。天然橡胶如果不经过硫化,会又软又粘,难以用来制造很多产品,但经过硫化成型后就不能再利用。

新研制的橡胶不需要经过硫化,所以能够再利用,但其硬度和强度与经过硫化的橡胶一样。第一批使用可再利用橡胶制造的产品,将是鞋底等日用品,但利用可再利用橡胶制造汽车轮胎还需要进行很多安全试验。如果试验成功,人们今后将有望解决废汽车轮胎污染环境的问题。

十一、其他经济作物研究的新进展

1.树木纤维素功能研究的新发现

发现树木纤维素可做超级储能装置。2015年9月,物理学家组织网报道,加拿大麦克马斯特大学化学工程助理教授艾米丽·克拉斯顿等人组成的一个研究小组,在《先进材料》杂志上发表研究成果称,他们正在把树木,变成能够更高效、更持久的存储电能的装置或电容器,以驱动从智能手表到混合动力汽车等电动设备。

研究人员正在使用植物、细菌、藻类和树木中的有机物纤维素,建立更高效、更持久的储能装置或电容器。这种发展为轻量级的、灵活的和大功率电子设备铺平了道路,如可穿戴设备、便携式电源、混合动力汽车和电动车。

克拉斯顿说:"这项研究的最终目标,是找到以可持续的方式为当前和未来的环保技术,提供有效电力。"

纤维素具有为许多应用提供高强度和灵活性的优势,对基于纳米纤维素的材料有很大的吸引力。据报道,克兰斯顿演示了一个改进过的三维能量存储装置,它是通过在纳米纤维素泡沫墙内,捕获功能性纳米粒子构筑而成的。

泡沫是在一个简化和快速一步法的生产工艺下完成。这种纳米纤维素外形看起来像长粒的大米,只不过都是纳米尺寸级。在新设备中,这些"大米"被粘在一起,在随机点形成一个有着大量开放空间的网状结构,因此此种材料具有极轻的特性。与充电能力相比,它可以用于生产带有较高功率密度和可飞速充电能力的更可持续电容器。

此外,轻量化和高功率密度电容器,对混合动力汽车和电动车的发展,有着相当大的吸引力。

2.草木培育方面取得的新成果

(1)大力发展燃烧值高而污染少的"能源草"。2006年2月,有关媒体报道,匈牙利政府把可再生能源,作为能源发展战略的重要组成部分。通过国家政策与投资,大力扶持和激励企业发展可再生能源技术。特别是,通过种植"能源草"等项目,积极推动可再生能源的利用。目前,匈牙利5个州的21个地区已经开始种植"能源草"。

"能源草"是匈牙利农业科技人员,经过多年辛勤耕耘获得的开发成果。它是匈牙利盐碱地里生长的野草,与中亚地区的一些草种杂交和改良后,培育出的一个新草种。

"能源草"对土质和气候要求不高,耐旱,抗冻,适合在盐碱地种植。这种草生长快,产量高,每公顷每年可产干草15~23吨,种植当年就可收获10~15吨,产草期长达10~15年。

"能源草"压缩成草饼后的燃烧值,接近甚至超过槐树、橡树、榉树和杨树等木材,而种植成本只有造林的1/5~1/4,燃烧后产生的污染物也很少,符合环保的要求。

此外,"能源草"可作为马牛等牲畜的饲料,它与木屑混合后制成的纤维板还可用来制造家具和建筑材料。

(2)培育出可以与主人进行交流的植物。2006年3月7日,路透社报道说,在日常生活中,有些人总是喜欢和自己养的植物聊上几句。新加坡理工学院的学生表示,他们已经培育出一种可以与主人进行交流的植物。当植物感觉"口渴"时,就会通过发光的方式将这一信息传达给主人。

据报道,参与研究工作的学生,已对一棵植物进行基因方面的改造。具体做法是,从水母体内提取一种可令物体发出绿色荧光的基因,把它转移到试验的植物体内。这样,植物在缺水"口渴"时会立即变得"闪闪发光"。不过,人们很难用肉眼直接看到这种光线。为此,这些学生与新加坡南洋理工大学的学生一起,共同研制出一种光学感应装置。用它观察,便可看到植物是否发光。报道说,这一技术,将有助于农民提高对庄稼的灌溉效率。

(3)发明阳光收集器解决柚木育种缓慢问题。2008年11月,巴西媒体报道,柚木是一种珍贵木材,可用于造船、家具、建筑等,被称为"万木之王",但长期以来,由于其生长速度缓慢,其种子嵌在有坚硬皮层的果实中,育种也相应缓慢,影响了柚木种植的发展。为解决这个问题,巴西农牧业研究院发明一种阳光收集器,进行柚木育种,收到较好效果。

该收集器,也可称作日晒器,可收集阳光能量,并将光能转换成热能,一般情况下,这种技术用于消除土地中的病害。为将这一技术用于柚木育种,研究人员首先对气候条件进行研究。实验表明,将柚木种子置于日光收集器内干热环境中时,出现种子发育速度加快和出齐的现象。这种日晒器成本低,制作方便,家庭农户可很容易掌握。

这种日晒器为1米×1.5米的木箱,制作日晒器的木料应当质地良好,用清漆漆成黑色,以利于吸收热量。内置由塑料或玻璃等透明物质包裹的6条金融管,以使阳光透入,其温度可达到80℃以上。对巴西北方地区来说,考虑到多雨气候,研究人员建议采用玻璃包裹金属管。同时,玻璃不应太厚。在木箱的底部应有5厘米厚的绝缘层,上置一块金属板,以保持热量。6根金属管为直径15厘米的电镀铁管,铁管内外漆成黑色。日晒器的制作成本约110美元,小农户可以接受。实验结果显示,育种速度在第二周即可达到80%的出芽率。其优势主要体现在出芽率高和出芽时间一致,有利于集中栽培。

(4)把树木直接"种"成家具。2015年5月24日,法新社报道,在英国中部乡间一座种植园,现年40岁的家具设计师加文·芒罗,试图把树木直接"种"成家具,经过近10年的栽培,大约250棵树,已经初具雏形,现出椅子、灯罩、镜框等家具的形状。

这座"家具种植园"位于德比郡威克斯沃思附近,占地大约1公顷。园中柳树、橡树、榛子树等多个品种的树木排列成行,树枝沿着蓝色塑料模具生长。其中大约150棵长成倒置的扶手椅的形状,另有100棵呈现柱状灯罩、六边形镜子边框等形状。

这些树木长成现在的样子,是芒罗多年精心栽培的结果,包括日复一日的修剪嫁接、松土施肥、防病驱虫等繁杂程序。

芒罗"种"家具的灵感闪现于十多年前。那时,他从英国利兹大学家具设计专业毕业,在美国加利福尼亚州以漂流木制作家具。

"我试图把大块木料拼接在一起时突然想道:如果能够直接把树木种成想要的形状,就不会有废料了。"带着这个想法,芒罗2005年回到英国,在威克斯沃思附近租下一块地,着手试"种"家具。

最初的尝试并不成功。芒罗说,他起初使用化学方法控制树木长势,后来发现自己在折磨它们,没能达成预期效果。因此,他现在所做的是自然节奏的延伸:采用有机的方法,基于树木自然的长势,对树枝做最轻微的扭曲。

都说"十年树木"。要"种"出家具,没个十年八年也不行。按照芒罗的说法,柳树长成椅子需要4~5年,橡树则最多需要9年。

芒罗"种"的第一批椅子预计2016年底"收获",加上打磨加工等工序所需时间,最终上市销售可能在2017年。首批产品已经在法国和美国预售。其中,椅子售价2500英镑(1英镑约合9元人民币),灯罩售价900英镑起,镜框450英镑。芒罗还收到来自英国、德国、西班牙等地的订单。

第三章　动物领域研究的新进展

　　动物的身体由细胞组成。动物细胞有细胞核、细胞质和细胞膜,这与植物细胞一样。但是,它没有植物那层厚实而坚硬的细胞壁。同时,它没有植物细胞中普遍存在的扁球状叶绿体,而且也不像植物细胞那样含有明显的囊状液泡。细胞的差别,决定了动物与植物有着完全不同的生存方式,它难以把无机物合成为有机物,只能把有机物作为食物,通过吃下有机物,并经由消化、吸收和排泄等环节,才能维持生命。自然界的动物形形色色,千姿百态。为了正确区分和认识各类不同的动物,科学家依据动物形态、细胞、遗传、生理、生态和地理分布等特征进行分类,将其依次划分为界、门、纲、目、科、属、种等 7 个主要等级。本章着重分析国外在动物领域研究取得的成果,概述国外动物领域出现的创新信息。21 世纪以来,国外在动物生理与生态方面的研究,主要集中在基因和细胞等基础要素、古生物、动物生态关联性、动物生态与动物资源保护。在哺乳动物方面的研究,主要集中在哺乳动物生理现象,马、牛、羊、猪、犬等家畜,以及灵长目动物、猫科、象科、鹿科、兔科、熊科、獴科、鼠科、蝙蝠类、鲸类动物。在鸟类动物方面的研究,主要集中在鸟类生理、家禽、乌鸦、杜鹃、鸵鸟、蜂鸟,以及环境对鸟类的影响、鸟类考古和进化。在爬行动物方面的研究,主要集中于蛇、海龟、蜥蜴和鳄鱼。在两栖动物方面的研究,主要集中于蛙类和蝾螈。在鱼类方面的研究,主要集中在鱼类生理特点、鱼类行为,以及开发与保护鱼类资源、鱼类考古和进化。在节肢动物方面的研究,主要集中在甲壳类、蛛形纲、昆虫纲的鞘翅目、双翅目、膜翅目、鳞翅目、半翅目、等翅目、蜻蜓目、蜚蠊目,以及内口纲、有爪纲、多足纲等节肢动物。在其他无脊椎动物方面的研究,主要集中在软体动物、扁形动物、环节动物、刺胞动物和线形动物。

第一节　动物生理与生态研究的新成果

一、动物生理研究的新进展

1.研究动物生命基础要素的新成果

(1)找到动物的"驯化基因"。2009 年 6 月,德国马普进化人类学研究所弗朗克·爱伯特领导的,成员来自德国、俄罗斯和瑞典的联合研究小组,在《遗传学》杂志上发表论文称,他们发现了决定动物驯服的遗传特性,动物学家和动物繁殖专家借助这一新发现,可以更好地认识和驯化动物。

研究人员表示,人类驯化动物的历史已有上千年,但一种动物能否被驯化并和人类很好相处,取决于这种动物的遗传特性。

他们这项研究,可以追溯到1972年,当时研究人员在俄罗斯的西伯利亚发现了一种田鼠,这些田鼠在被带入实验室后分为两组:那些最温顺的、不攻击人类的田鼠被划为"温顺型",而那些最具侵略性、不断尖叫甚至攻击撕咬研究人员的田鼠则被归为"攻击型"。

从那时起,这些田鼠被分组饲养。通过使两种类型田鼠交配,研究人员最后研究确定了导致田鼠更温顺或更具侵略性的"驯化基因"的位置。

研究人员在论文中,列出了这个老鼠对比试验的45个特征,如驯服和好斗性、害怕的特征、器官重量和血清等,最后在老鼠的两组基因区段中,识别出对老鼠行为差异起决定作用的遗传基因。

爱伯特表示:"希望这项研究,有助于更好地理解动物驯化细节。也许我们可以进行一些迄今还没有成功的野生动物的驯化,例如非洲的水牛。"

《遗传学》杂志主编马克·约翰斯顿指出,几千年来,人类一直在驯养动物,伴随这一过程,产生了许多民间故事和神话传说。而这一研究表明,遗传因素在动物驯养过程中起了很大作用,为动物的驯化提供了有力的科学解释。同时,这一研究结果也告诉我们,通过操控基因,或许有朝一日,人类可以驯养繁育那些曾被认为是不可驯服的动物。

(2)通过改变蛋白开发出能操控动物行为的新技术。2015年5月,美国北卡罗来纳大学医学院蛋白质治疗与转化蛋白质组学教授布莱恩·罗斯领导,该校博士生埃利奥特·罗宾逊为主要成员,国家卫生研究院科学家也参加的一个研究小组,在《神经元》杂志上发表论文称,他们通过改变小鼠体内蛋白,开发出一种新的"化学遗传学"技术,能抑制小鼠的某种行为,如贪吃,随后还能将这种行为再次激活。这一技术,带来新的前沿研究工具,能帮人们更好地理解大脑的工作机制。

据悉,这种新技术是对以往化学遗传学技术的改进,能连续瞄准同一神经元上两种不同受体。这些受体负责发出特殊化学信号,以控制脑功能和复杂行为。

罗斯说:"这种新的化学遗传学工具可能告诉我们,怎样更有效地瞄准脑回路来治疗人类疾病。医学上面临的问题是,虽然大部分已批准的药物也能瞄准这些脑部受体,但人们还不能选择性地调节特定类型的受体以更有效地治病。"罗斯研究小组早在2007年就开发了第一代化学遗传学技术,解决了这一问题。

从本质上说,罗斯研究小组在实验室,改变了G蛋白偶联受体的化学结构,让它能递送人工合成蛋白质,修改后受体只能由人工合成的特殊类化合物来激活或抑制,受体就像一把锁,合成药物是开锁的唯一钥匙。这样就能按照研究目标,锁住或打开特定的脑回路以及与该受体相关的行为。目前,世界上已有数百家实验室在使用第一代化学遗传学技术。

新技术只从一个方向(激活或抑制)来控制单一受体,这还是第一次。研究人员把受体装入一种病毒载体,注射到小鼠体内,这种人工受体就会被送到特定脑区、特定类型的神经元中,然后给小鼠注射人工化合药物,以此操纵神经信号,把同一神经元打开或关闭,控制小鼠的特定行为。在一类实验中,美国国家卫生研究院的迈克尔·卡什实验室能抑制小鼠的贪吃行为;在另一实验中,北卡罗来纳大学研究人员用可卡因和安非他明等药物诱导,也能激活类似行为。

神经元信号系统如出错,可能导致抑郁、阿尔茨海默病、帕金森病和癫痫等多种疾病。细胞表面受体在癌症、糖尿病等其他疾病中也起着重要作用。新技术经改进后,还能用于研究这些疾病。

罗宾逊说:"这些实验证明,对那些有兴趣控制特殊细胞群功能的研究人员来说,该新技术是一种新工具,同时在治疗方面也很有潜力。"

(3)发现在动物生物钟中发挥主时钟作用的细胞。2015年3月,日本筑波大学专家柳泽正史等人组成的研究小组,在《神经元》杂志上报告说,"生物钟"是指人和许多动物生命活动的内在节律,他们发现,一种特殊神经细胞发挥了号令生物钟的核心作用。

此前,研究人员已知生物钟由大脑中一个名为"视上核"的区域来调节。但视上核内有多种神经细胞,到底哪种细胞发挥核心调节作用,人们一直不甚明了。

该研究小组指出,在视上核内,有一种细胞会生成名为神经介素S的物质,它被称为NMS神经细胞。动物实验显示,如果把实验鼠体内NMS细胞的生物钟节律推迟,则实验鼠大脑视上核区域的节律和整个身体活动的节律都会推迟。假如设法阻碍NMS细胞与其他细胞间的信息传递,则实验鼠的视上核和身体活动的节律会全部消失。

研究小组因此认为,NMS细胞是控制其他细胞生物钟频率的主时钟,相当于生物钟的"司令部"。今后,研究人员准备进一步探索NMS细胞是如何发号施令的。如果能弄清它以什么样的机制管理整个身体的生物钟,将有助诊断和治疗睡眠障碍等病。

2. 研究鱼类生理现象的新发现

(1)鱼类研究首次证明生物荧光普遍存在于动物界。2014年1月,纽约市美国自然历史博物馆鱼类馆馆长约翰·斯帕克斯主持,研究人员与摄影师及摄像师等组成的一个研究小组,在《科学公共图书馆·综合卷》上报告说,他们通过鱼类研究首次找到证据,表明动物中存在普遍的生物荧光现象。研究人员指出,那些人眼所及"灰头土脸"的鱼类,可能彼此看来却装饰着靓丽的绿色、红色和橙色。

研究人员说,超过180种鱼类(至少50个门类)能够吸收光线,并以不同于原来光线的颜色将其再次发射出来。科学家在配有黄色滤光片照相机的帮助下,发现栖息在热带太平洋的一些鱼类(如扁头鱼)正在进行着这些令人拍手叫绝的表演。斯帕克斯表示:"它们就像正在进行着一场私人的灯光表演。"

为了开展自己的调查,研究小组在巴哈马群岛及所罗门群岛附近的海域进行了采样,这些海域是分类学最为富集的区域。研究人员同时还调查了来自马达加斯加岛、亚马孙河以及美国五大湖地区的淡水物种。

研究人员在软骨鱼类(如鲨鱼和鳐鱼)、硬骨鱼类(如鳗鱼和扁头鱼)中,发现了生物荧光现象。斯帕克斯指出,这种现象出现在4亿多年前分开并趋异进化的物种中,表明它是通过许多次独立进化而得到的。

生物荧光现象与生物体发光现象不同,后者是指生物体通过一种化学反应产生光的过程。生物荧光还会出现在一些珊瑚、刺丝胞动物、节肢动物和鹦鹉中。

研究人员说,鱼类中的生物荧光现象,似乎是海洋生物中最普遍的。他们推测,这是因为海洋是一个相对稳定的环境,遍布着鲜蓝色的光线。随着海水越来越深,除了高能量的蓝色波长,可见光光谱中的大部分都被吸收了。淡水和深水生物荧光鱼尽管存在,但并不多见。事实上,最常见、最壮观和各种"珠光宝气"的鱼类,往往是珊瑚礁中伪装的鱼类。

其中许多鱼类,在眼中生有黄色滤光器,后者能够识别作为一种物种间"隐藏信号"的生物荧光图案。例如,一些海洋鱼类会齐齐在满月下产卵,而月光下鲜艳的生物荧光有助于鱼类彼此识别。

对于生物学家而言,这项研究同时确定了潜在的荧光蛋白宝库。荧光蛋白,如最早于20世纪60年代在水母中发现的GFP(绿色荧光蛋白),曾改变了基因表达、包括艾滋病在内的疾病,以及脑解剖学的研究历程。

(2)研究古鱼类发现体内受精生殖方式起源早于以往认知。2014年10月,澳大利亚科学家约翰·朗,以及中国科学院古脊椎动物与古人类所研究员朱敏等多国科学家组成的一个研究小组,在《自然》发表论认为,绝大多数生物以有性生殖形式繁衍后代,而受精是动物有性生殖的核心。他们在研究中发现,3亿多年前泥盆纪,一种披盔戴甲鱼类,就存在着受精现象的"私密生活"。由此证明,体内受精的生殖方式,比过去所认为的起源更早,可以追溯到已发现的最原始的有颌脊椎动物类群之中。

研究小组对胴甲鱼类中仅有几厘米长的小肢鱼化石进行了大量研究。古怪的胴甲鱼类属于非常原始的有颌脊椎动物,与最早的有颌脊椎动物共同祖先相当接近,其身体前半部覆着笨重的骨甲,胸鳍也被有关节的外骨骼包覆。

该项研究发现,部分小肢鱼腹面甲壳末端有一对向侧面伸出的奇怪侧枝,而另一部分小肢鱼则在该位置长了一副骨板。专家推断,这种侧枝是雄性外生殖器的骨骼部分,而骨板应属于雌性。考虑到小肢鱼笨重的骨质外壳,科学家们推测:雄鱼会和雌鱼并排而行,用带关节的硬质胸鳍互相"拥抱",随后将外生殖器伸到雌鱼下方,由雌鱼用骨板夹住,完成体内受精过程。

基于化石提供的一系列证据可知,体内受精在原始的有颌脊椎动物中广泛存在,却在进化到硬骨鱼时逐渐消失,反而在包括人类在内的陆生脊椎动物中再次演化出来。

分子生物学和发育生物学证据表明,陆生脊椎动物的后肢与外生殖器,在胚胎发育阶段密切相关,与鱼类的腹鳍和腰带受相同的基因控制。因此,包括人类在内的许多动物的性生活,仍可以说是建立在亿万年前盾皮鱼(属胴甲鱼类)祖先演化出的身体蓝图之上。

3.研究哺乳动物生理现象的新发现

(1)发现哺乳动物血液中能够吸引食肉动物的气味分子。2014年11月,瑞典林雪平大学动物学家马蒂亚斯·拉斯卡主持的一个研究小组,在《科学公共图书馆·综合卷》上发表研究报告说,血液能够吸引食肉动物的气味,或许可以归结到一个单一分子身上。这种化合物,对老虎和鬣狗的吸引力与血液本身相仿。这一发现,揭示了动物如何通过嗅觉识别复杂的化合物。

与雪地中的脚印一样,血液的气味能够把食肉动物引向受伤的猎物。然而像很多具有强烈气味的物质一样,血液中包含了大量的分子成分,其中只有一些分子可能在吸引食肉动物方面发挥了作用。拉斯卡表示,一般而言,很难确定所有分子在一种物质中到底扮演了一个什么样的角色。他说:"你必须首先作一个最好的猜测。"

拉斯卡说:"对食肉动物来说,食物的气味特别有吸引力,而这很大程度上是因为血。我们想知道的是,究竟是哪种化学物质形成了血液的气味呢?"

研究人员从一种名为"反式 - 4,5 - 环氧(E)- 2 - 癸烯醛"的分子开始测试。他们利用气相色谱分析和质谱分析,并结合气味专家的分析,最终锁定的这种分子,的确是一种醛类化合物。它能够传递血液所散发出的恶臭,闻到它会令人联想到血液。研究人员发现,它存在于猪乃至所有哺乳动物的血液中。

为了搞清这种分子是否真的能够吸引食肉动物,研究小组测试了来自4个物种的40种食肉动物,对于这种气味的反应。研究人员与瑞典的科尔马尔登野生动物园合作,用西伯利亚虎、南美丛林犬、非洲鬣狗以及亚洲豺狗进行了研究。

研究人员选取了具有4种不同气味的物质——上述醛类化合物、马血、果味分子异戊基乙酸以及一种几乎无味的溶剂,并将一些木块浸透了其中的任意一种气味。把这些浸透了气味的木块扔给动物后,研究人员观测并记录这些食肉动物的反应,以及与木块的"互动"。

动物们发现带有血腥味的木块后,最常见的反应包括嗅、舔、咬、扒和玩,其中老虎对木块保持兴趣的时间最长,而南美丛林犬最快失去兴趣。

在对每种动物长达20天的试验过程中,研究小组记录了动物与木块之间的数千种反应。研究人员说,平均而言,所有4类食肉动物,与浸透了醛类化合物的木块"玩耍"的时间,同浸透了血液的木块相同。此外,与另外两种气味相比,动物与浸透了血液和醛类化合物的木块"玩耍"的时间,是前者的2~4倍。

不过,拉斯卡表示,新的发现可能并不适用于所有的食肉动物及它们的嗅觉系统。他说:"其他动物及其他嗅觉系统,可能进化出了另一种替代的方式。"他希望,通过对其他血液化合物及其他食肉动物(例如狼)进行类似的研究,从而回答这一问题。拉斯卡的一个学生甚至已经用小鼠代替食肉动物进行了类似研究。他说:"我们想要看看,血液是否会在被捕食的动物中引发逃避行为。"

(2)哺乳动物脑中发现神经3D罗盘。2014年12月,以色列魏茨曼科学研究所一个研究小组,在《自然》杂志上发表论文称,他们利用蝙蝠实验,首次证明哺乳动物脑中存在一个功能类似于3D罗盘的脑区,这些特定的神经元能感知动物的头正朝向哪个方向,以此为它在三维空间里导航。

飞行员要训练防止眩晕。因为眩晕会导致突然失去垂直方向感而不能辨别上下方位,这可能导致飞机失事。科学家认为,这种情况,是脑中一个功能类似于3D罗盘的脑区暂时出了故障。

辨别方向要靠空间记忆,这种记忆主要在脑深处的海马结构区形成。在哺乳动物中,有3种不同的细胞分布在海马结构区的不同位置,构成了导航系统的主体:"地方"与"网格"细胞就像GPS,让动物能跟踪自己的方位;"头部方向"细胞,就像罗盘,当动物的头指向一个特定方向时会做出反应。有关"地方"和"网格"细胞的研究已经很多,并获得了2014年诺贝尔生理或医学奖。但"头部方向"细胞,是直到最近才开始以二维形式在小鼠中研究的,对大脑如何编码三维方向就了解得更少了。

研究人员开发出一种跟踪装置,能以视频检测头部三个角度的转动,飞行术语中叫作偏航、俯仰和滚转。研究人员说,他们用这种装置,观察了自由飞行的埃及果蝠,通过植入微电极监测蝙蝠的神经活动。借助微电极记录显示,在海马结构的一个特殊亚区,神经元也会调整到与头部一致的特定三维角度:只有当动物的头指向该三维角度时,特定神经元才会被激活。

新研究首次揭示了大脑怎样结合水平线,来计算垂直方向感。在神经罗盘中,水平和垂直方向是分开处理的,复杂程度也不同:在反应水平面上的方向时,海马结构一个亚区的头部方向细胞被激活,帮它在二维平面定向;而对垂直运动起反应的细胞,即三维定向,位于另一个亚区。研究人员认为,二维朝向细胞是为水平运动服务的,如人们在开车时;而三维细胞对复杂的三维空间运动非常重要,如攀爬树枝,人类在多层建筑中移动,或驾驶飞行器。

他们还在倒挂蝙蝠身上进一步实验,研究蝙蝠的脑怎样计算出头部方向信号,发现它们脑中有一种极高效的圆环坐标系可执行这些计算,使蝙蝠能在空中给自己迅速定位,无论它们向上还是向下运动。

本研究支持海马结构中头朝向细胞具有三维神经罗盘功能的观点。虽然是对蝙蝠的研究,但科学家认为,这一发现也适用于不能飞行的哺乳动物,包括在树枝间跳跃的松鼠、猴子,以及人类。

4.研究实验动物生理现象的新发现

发现布洛芬可延长实验动物的寿命。2014年12月,美国得克萨斯农工大学生物化学家迈克尔·波利门斯领导的一个研究小组,在《科学公共图书馆·遗传学》上发表研究报告说,布洛芬可以消除头痛和缓解关节痛,但这种药物可能还有另一个好处。他们的研究发现,布洛芬能够增加小鼠和蠕虫等实验动物的寿命,从而提高它对人体产生同样作用的可能性。

研究人员往往习惯于嘲笑延长寿命的想法,但它却被证明是非常简单的,至少在像小鼠和蠕虫这样的动物中是这样。能够延长这些动物寿命的药物,有许多已经放在了人们的药品箱中,例如阿司匹林和抗糖尿病药物二甲双胍。

几项研究表明,布洛芬能够抑制炎症,具有抗炎、镇痛、解热作用,治疗风湿和类风湿关节炎的疗效,稍逊于阿司匹林和保泰松,适用于治疗风湿性关节炎、类风湿性关节炎、骨关节炎、强直性脊椎炎和神经炎等。不过,炎症恰恰是许多与年龄相关疾病的基础,并很可能是衰老的重要原因。此外,几项分析发现,长时间服用布洛芬的人,罹患两种与衰老有关的疾病,如阿尔茨海默病与帕金森病的风险相对较低。

为了对布洛芬的防衰老作用有进一步的了解,研究小组让酵母、线虫和果蝇摄取了与人体摄入的剂量比例相当的该种药物。研究人员说,在摄入了布洛芬后,所有3种生物的寿命都得到了延长。例如,对酵母而言,布洛芬使其寿命延长了17%,相当于减少细胞食物供给(另一种延长寿命的方式)效果的一半。而线虫和果蝇的寿命则延长了约10%。

但布洛芬为何能让这些生物受益,尚不是很清楚。这种药物在人体中通过抑制环氧酶起作用,环氧酶有助于合成促炎症分子。然而,酵母和线虫体内并不含有这些酶,并且它们也不会罹患炎症。

线索可能来自先前的一项研究,该研究显示这种药物能够使酵母中毒,从而不能合成一种叫作色氨酸的氨基酸,它是细胞用来制造蛋白质的一种化合物。研究小组发现,暴露于布洛芬的酵母细胞,出现了色氨酸水平下降的趋势。他们还注意到,这种药物同时刺激了对一种使细胞能够吸收色氨酸的蛋白质的破坏。

需要指出的是,迄今为止,科学家并没有发现有任何药物,能够延长人类的寿命。

二、包括史前人类在内的古生物研究成果

1. 史前人类与动物研究的新发现

(1)通过史前女孩遗骸揭秘美洲人起源。2014年5月15日,美国应用古科学机构詹姆斯·查特斯领导的一个国际研究小组,在美国《科学》杂志上报告说,他们2007年在墨西哥东尤卡坦半岛一个被水淹没的洞穴腔室内,找到一具近乎完整的人类骨骼,这具骨骼属于一名15岁或16岁的女孩。研究人员给女孩起名"纳亚",在希腊语中为"女精灵"的意思。

大约1.2万年前,一名十五六岁的女孩,可能在找水过程中,不慎跌入一个深

洞死亡。现在,她保存几乎完好的遗骸以及DNA(脱氧核糖核酸),帮助科学家解答了"谁是第一批美洲人"的难题。新研究表明,最早的美洲人起源于亚洲东北部,他们穿越当时的白令陆桥最终到达美洲。

查特斯说,从女孩断裂的骨盆骨骼看,她应该是从地面摔下去死亡的。当时她所掉落的洞穴腔室应该比较干燥,但大约1万年前,全球冰川开始融化,海平面上升,最终她所在的洞穴被水淹没,现在这一洞穴位于水下42米深处,只有潜水员才能进入。在同一腔室中,还发现了剑齿象、美洲狮和巨型树懒等至少26具大型动物的遗骸。

根据对牙釉质的放射性碳年代测定及对骨矿物质沉积的分析,研究人员推断,这名女孩生活在1.2万~1.3万年前,这使她成为迄今发现的最古老的6名美洲人之一,而且"是这些早期美洲人中保存得最为完整的"。

查特斯说,女孩拥有最早美洲人的独特颅面形态,包括脸型窄小、眼距宽大、前额凸出等,这些特征与现代美洲原住民完全不同。但对从小女孩肋骨与牙齿提取的、保存较好的DNA分析表明,她和现代美洲原住民具有同样的遗传基因,说明两者具有共同的祖先。2.6万年至1.8万年前,史前人类从亚洲东北部,迁徙至连接西伯利亚与美洲的白令陆桥(现已沉入水下),大约1.5万年前向南部扩散,最终成为女孩和现代美洲原住民的祖先。

此前,一些考古学家因现代美洲原住民与最早的美洲人面部特征差异较大,而提出现代美洲原住民的祖先可能来自欧洲、东南亚或澳大利亚等。查特斯说,面部特征的差异,可能是白令陆桥人与其西伯利亚祖先发生分化之后的进化所致,不能说明早期美洲人来自欧亚不同地区。

(2)发现史前奇特古生物怪诞虫的化石。2015年6月,英国剑桥大学的马丁·史密斯和让·伯纳德等人组成的一个研究小组,在《自然》杂志上的发表论文说,他们发现了著名史前古生物怪诞虫(Hallucigenia)的化石,并描述了关于它的头部的最新细节。怪诞虫是一种生活在5.08亿年前的一种谜一般的虫型生物,头部形态一直不为人所知。而今的新发现,不但让怪诞虫"露脸",使其身体各部分的作用进一步被确认,同时也给节肢动物的演化特征提供了新的线索。

节肢动物是动物界中最大类别,包括人们熟悉的甲壳纲(如虾和蟹)、蛛形纲(如蜘蛛和蝎)、昆虫纲(如蝶和蝇)等,而怪诞虫就属于节肢动物祖先所在的动物群。起初怪诞虫被发现时,古生物学家们甚至无法分辨这种奇怪动物身体的各部分。时至今日,怪诞虫的许多部分都已被记载。但是,长期以来仍没有关于它头部特征的相关发现,这使怪诞虫的外貌一直神秘不为人知。

此次研究中展示的新化石材料,是在加拿大的伯吉斯页岩挖掘出来的。研究人员重新描述了怪诞虫这个物种。已能确认怪诞虫拥有管状的身体,身体上有好几对腿,背上还有双排长刺。从化石来看,怪诞虫的脖子很细,头很小,是长条形的。研究人员还发现怪诞虫具有一对单眼(而不是复眼)及一个嘴,其前肠有板覆盖,也有环形齿。怪诞虫的嘴和其他动物群体,例如线虫和动吻动物一样。研究人员的分析也显示,怪诞虫的嘴和节肢动物的共同祖先极为相似。

分子生物学分析,已经把节肢动物、线虫和其他生物归到蜕皮动物总门中,但是在此之前,都没有形态学证据佐证这种分类。而今这项新的发现提供了基于化石的证据,描绘出蜕皮动物的最晚共同祖先拥有的一些结构,从而帮助把完全不同的动物群体"聚"在了一起。

2. 动物崛起与氧气关系研究的新成果

(1)发现最早期动物可能仅需少量氧气。2014年2月,南丹麦大学地球演化北欧中心丹尼尔·米尔斯博士主持,他的同事及美国加州技术研究所专家组成的一个国际研究小组,在美国《国家科学院学报》上发表论文称,他们通过对丹麦奥胡斯峡湾处捕获的一种常见多孔动物小海绵球研究发现,这个酷似最早期动物的物种,在生活甚至生长中并不需要高水平的氧气。这项研究成果,对生命的起源及进化,或将有全新认知。

研究人员说,科学最强大的定律之一,即在地球上当大气中氧气含量上升至接近现代水平时,复杂的生命才能得以进化。而他们的成果却对此提出了质疑。

复杂生命的起源是科学的最大谜团之一。第一个小的原始细胞,如何演变成今天地球上存在的多样性高级生命呢?在所有教科书中的解释都是因为氧气:复杂生命的进化,是由于6.30亿~6.35亿年前大气中的氧气水平开始升高。

但是,对丹麦奥胡斯峡湾一种常见的海绵属动物的新研究表明,这种解释需要重新考虑。研究表明,在非常有限的氧气供应下,动物可以生活,甚至生长。米尔斯说:"研究表明,当大气中氧的含量仅为目前大气的0.5%,动物仍可以生活和成长,氧气含量低并不能阻止动物的起源。"

数十亿年前,生命仅由简单的单细胞生命形式构成。动物的出现恰好是大气中氧气显著上升之时,因此,似乎显示出这两个事件存在关联,并得出结论是氧含量的增加导致了动物的进化。米尔斯说:"至少据我所知并非如此,因为并没有人测试过动物究竟需要多少氧气,因此我们决定对此进一步探究。"

多孔动物海绵,在地球动物中最酷似原始动物,这次研究采用的奥胡斯峡湾面包屑软海绵,距离南丹麦大学海洋生物研究中心不远,米尔斯说:"当我们把海绵放在实验装置中,即便氧气含量仅为现今大气中浓度的0.5%,它们仍继续呼吸和生长。这比我们以为的维系动物生存所需氧气的基本水平要低得多。"

现在最大的问题是:如果低水平的氧气没有阻止动物进化,那么是什么在起作用呢?为什么数十亿之前生命只包含原始的单细胞细菌和变形虫,而之后产生了复杂的生命体呢?

米尔斯说:"一定有其他的生态和进化机制在发挥作用。也许生命进化中保持微生物的形态如此之久,是由于它用了一段时间以形成构造一种动物所需的生物组织。也许古代的地球缺乏动物,仅仅因为复杂的、多细胞体很难进化。"

来自其地球演化北欧中心的同事已证明,实际上在复杂的生命进化之前,氧气水平至少已经急剧上升过一次。虽然大量的氧气可以得到利用,但这并没有导致复杂生命体的发展。

(2)认为动物因氧气原因崛起时间推迟十几亿年。2014年11月,美国耶鲁大学博士后王相力参与研究的研究小组,在《科学》杂志上发表论文称,在约24亿年前地球因"大氧化事件"出现了氧气,但直到约6亿年前动物才崛起于这个星球,他们对动物出现推迟这么久的原因进行了研究,结果显示,这是因为中间一段时期大气氧浓度又降到极低的水平,出现了所谓"沉闷的十几亿年"。

研究人员分析了采集自中国、美国、加拿大和澳大利亚浅海沉积的富铁沉积物和页岩,这些岩石的年代,从30亿年前持续到现在。在氧浓度较高的情况下,地球岩石中的部分铬同位素易被氧化并溶于水,流进海洋,造成岩石中的这部分铬同位素含量降低。因此,研究不同历史时期的岩石铬同位素水平,可反映相关年代的大气氧浓度。

此次研究表明,从"大氧化事件"到"生命大爆发"期间,大气氧浓度不到现代数值的0.1%,不足以支持动物出现。"生命大爆发"发生在5亿~6亿年前,几乎所有动物都在这一时期出现,但科学家至今不清楚其中的原因。

王相力说,过去科学界通常认为,地球大气氧浓度演化分为4个阶段:第一阶段是从约46亿年前地球形成到24亿年前,大气主要为无氧状态;第二阶段是24亿年前开始的"大氧化事件"时期,可能持续了2亿~3亿年,大气氧浓度激增至现代数值的1%;第三阶段是"大氧化"停歇到"生命大爆发"期间(约21亿~6亿年前),大气氧浓度维持在现代数值1%的状态;第四阶段是指"生命大爆发"至今,大气氧浓度上升至现代数值并维持至今。

3. 研究史上生物大灭绝原因的新见解

(1)提出西伯利亚火山爆发是史上最大物种灭绝的原因。2013年12月,美国纽约拉蒙特·多尔蒂地球观测站的古生物学家保罗·奥尔森领导的研究小组,在美国地球物理联合会秋季会议上发布报告称,他们经过20多年的研究后认为,史上最大物种灭绝的罪魁祸首,是西伯利亚的大规模火山爆发,这一场物种大灭绝摧毁了地球上90%的海洋物种。研究人员表示,其关键证据,来自于地质年代学家将最新技术应用于火山喷发的玄武岩,以及围绕约2.52亿年前灭绝的生物化石的岩石。

奥尔森说:"我对这个非常明确的年代测定证据感到很兴奋。这表示西伯利亚火山喷发导致了大灭绝。"现在的问题是火山活动引起物种灭绝的多种可能方式中,哪一种起到了实际作用的。

在20多年前,由于西伯利亚暗色岩的年代和巨大形状,研究人员把目光投向了它,这是一种大型的火山景观。在地球历史上一次最大的火山爆发中,喷发的岩浆流到欧洲西部,平铺在西伯利亚地区数百万立方千米的玄武岩上。

地质年代学家,通过小锆石晶体中缓慢却稳定的铀-238和铅-206放射性衰变测量时间,发现这次火山喷发持续了约200万年,发生的时间大概是大灭绝时期:二叠纪～三叠纪(P-T)边界期间,即二叠纪结束和三叠纪开始时。但是,没有方法可以确定火山喷发是否在大灭绝之前发生,并引起了大灭绝。

在过去10年里,地质年代学家继续改善其测量技术。他们开发了一种方式侵蚀溢出一些铀和铅的锆石晶体的一部分,重置其放射时钟。他们还改进了校准同位素测量的方法,并使用相同的技术,在一个实验室中对火山爆发和物种灭绝时期的岩石,进行年代确认。

麻省理工学院的地质年代学家·塞思·伯吉斯和塞缪尔·宝灵将这些改进应用于暗色岩,以及中国眉山的含有P-T边界的岩石上。伯吉斯说,结果是,"我们可以说,是的,岩浆流动发生在大灭绝之前。"研究团队认为火山最初爆发的时间是2.53亿年前,不确定的范围浮动约为3.1万～11万年。这证明火山爆发和灭绝事件以适当的先后顺序发生,且年代接近程度足以存在因果关系。

现在,研究人员可以专注于分析火山爆发导致大灭绝的可能机制了。在此次会议上,中国科学院南京地质古生物研究所古生物学家沈树忠称,有一种假设应该不成立:火山喷发中的二氧化碳所引起的气候骤然变暖。沈树忠在报告中表示,对大灭绝时期沉积物中热敏氧同位素的分析显示存在8～10℃的气候变暖情况。但是,中国南方广西壮族自治区的岩石却表明,这种变暖是在大灭绝之后不久发生的,于是排除了气候在引起大灭绝中的作用。

沈树忠表示,特别详细的中国南方化石记录表明,大灭绝持续的时间"很短,只有几千年",这种速度能够支持其他可能的机制,包括火山喷发过程中二氧化硫的排放导致的酸雨。麻省理工学院的大气建模科学家本杰明·布莱克和同事报告称,15亿吨的二氧化硫注入二叠纪气候的计算机模型中,会把北半球的降雨酸化至pH2,大约是柠檬汁的酸度。他表示,这对于暴露的植物和每种依赖于雨水的动物都是灾难性的。

火山喷发也许会引发毒性煤火灾。加拿大卡尔加里大学地质调查所的地质学家史蒂芬·格拉斯比和同事发现,在P-T边界时期之前沉积于加拿大北极地区的页岩中存在微小的碳质颗粒。这些颗粒与燃煤电厂产生的粉煤灰有着惊人的相似之处。格拉斯比和同事认为,其结果一定是巨大的地下燃煤式金属灰进入平流层,从而使有毒的碎片撒落在北半球。实际上,格拉斯比和同事发现,含有金属灰的每层岩石中汞含量都极高,远高于P-T边界时期岩石中的汞丰度。

既然地质年代学家已经改善了其工具,他们就希望在其他大灭绝事件中测试其对火山活动起作用的猜测。2.01亿年前大西洋形成时的巨大火山爆发与恐龙大灭绝的时间有重叠,不过其发生顺序尚不确定。其他几个可能的事件也在等待检测。

(2)研究显示海洋酸化可能造成史前生物大灭绝。2015年4月10日,英国爱丁堡大学主持的一个研究小组,在《科学》杂志发表的研究成果显示,海洋酸化可能是造成2.5亿年前地球上生物大灭绝的"元凶"。

这项研究发现,当时西伯利亚火山猛烈喷发,释放出大量二氧化碳,导致海洋变酸,结果地球上90%的海洋生物与2/3的陆地生物灭绝。这也是地球史上5次生物大灭绝中规模最大的一次。

研究人员分析,在阿联酋发掘的岩石后得出了上述结论。2.5亿年前这些岩石位于海底,记录了那个时期海水酸碱度的变化情况。

研究显示,位于二叠纪至三叠纪之交的这次灭绝事件,持续约6万年,共分为两个阶段。第一阶段,二氧化碳以缓慢速度释放了5万年,进入海洋的二氧化碳被强碱性的海水中和,对地球生命的影响相对缓和。第二阶段,仅有1万年,但二氧化碳释放速度快、规模大,海水酸碱度突变,海洋中绝大多数高度钙化的生物无法适应,并因此灭绝。在这一时期,陆地上的生态系统也应该发生了相应的变化。

这一发现,传递了两个意义截然不同的信息:一方面,今天人类向大气中排放二氧化碳的速度为每年100亿吨左右,大于2.5亿年前生物大灭绝时期的每年24亿吨;另一方面,地球上可利用的化石燃料中还储备着3万亿吨碳,即使全部排放到大气中,也远远比不上2.5亿年前的排放总量。

三、动物生态关联性研究的新进展

1. 研究生态系统中动物与植物关联性的新成果

(1)揭示食草动物数量与植物防御机制的关联性。2014年10月17日,生物生态学家亚当·福特和同事组成的研究小组,在《科学》杂志发表论文认为,植物可通过特别的防御机制来保护自己,或者会在猎取食草动物的食肉动物活动地盘上扎根,从而在到处都是饥饿食草动物的地面持续存在。这项研究成果证明了捕食和植物防御是如何相互作用来塑造植物群落的。

尽管大多数的生态系统中充满了食草动物,但植物仍然存留在地球之上。然而,当它们是如此多的食草动物的共同食物时,它们为什么仍然能兴盛存在激发了辩论;有人说,植物能持续存在是因为有大型掠食动物限制了食草动物的数目。其他一些人则指出植物演化出了结构性及化学性的特别防御机制。

为了更好地了解这两种因素的促成作用,该研究小组聚焦于一种非洲羚羊喜欢吃的植物:合欢树。这种树有的长满棘刺(A. etbaica),有的棘刺较少(A. brevispica)。羚羊更喜欢吃棘刺较少的。

福特研究小组在东非大草原,对带有GPS领圈的羚羊,以及捕食它们的主要动物豹子和野狗进行了监测。

在一项实验中,研究小组通过去掉可隐藏掠食动物的多林木地区,而让该热带大草原的一部分变得对羚羊不那么危险。羚羊在这些地区的进食有了急剧的增加。

在另外一项实验中,研究人员对羚羊是否真的更喜欢吃刺较少的合欢树作了测试。把长满棘刺的合欢树树枝上的刺去掉,并把它们连接到棘刺较少合欢树的树枝上,这大大增加了羚羊对原来长满棘刺合欢树的兴趣,羚羊把它变得与棘刺较少合欢树一样,吃得津津有味。这揭示了棘刺作为一种防御机制的重要性。

一项对两种合欢树种相对丰度的 GPS 分析显示,在那些羚羊没有危险,能够自由自在漫游的地区,合欢树往往长满用作自身防御的棘刺。相比之下,棘刺较少的合欢树,则大多生长在羚羊生存的高危险地区,即那些可隐藏掠食动物有较多林木覆盖的地区。

福特研究小组的工作揭示了食草动物的回避危险行为及植物的对抗食草动物的防御机制,是如何相互作用以塑造植物群落的。研究人员指出,影响大型食肉动物种群的人类活动,已在改变这些相互作用。

(2)发现自然界动植物关联性的一个重要证据。2015 年 1 月,美国塔拉哈西市佛罗里达州立大学生态学研究生约书亚·葛利纳斯和同事组成的研究小组,在《生态学快报》网络版上发表研究成果称,他在美国科罗拉多州的高山草甸中,无意中发现了自然界动植物之间令人惊异的关联性的又一个例证:通过吃掉蚂蚁,黑熊能够帮助草甸中的一种主要植物苗壮成长。

葛利纳斯强调说,黑熊的影响是间接性的,但却足以让草甸管理者,在对其辖区中的黑熊作决定时,从更宽阔的视角入手。

生态学家越来越意识到没有物种是活在真空中的,但摸清物种之间相互作用产生的影响绝对是一项挑战。例如,研究人员认为正是由于美国在 20 年前重新把狼群引入黄石国家公园,从而使得这里的柳树及山杨树大量生长,这是因为狼让麋鹿再也不敢肆无忌惮地啃食树苗。然而最近的数据显示,麋鹿并非真的被狼吓住了。因此森林的复苏依然是一个谜。

葛利纳斯是在研究蚂蚁与角蝉之间在一种常见植物金花矮灌木上的合作关系时,偶然发现这一个食肉动物与植物之间的关系的。

这些吸吮树液的小虫,会分泌一种含糖的液体供蚂蚁食用,作为报答,蚂蚁会对角蝉加以照顾。

一年夏天,一头黑熊来到了葛利纳斯的研究点,并开始挖掘地下的蚂蚁窝,最终将幼虫和成虫统统吃掉。于是葛利纳斯决定看看黑熊对他的研究对象到底会产生什么样的影响。

在 4 年的时间里,葛利纳斯和同事观察了这片亚高山草甸中,被黑熊毁掉的 35 个蚂蚁窝。在此期间,黑熊损毁或破坏了 26% ~86% 的蚁巢。研究人员迅速注意到,没有了蚂蚁的植物长得更好,并且产了更多的草籽。

如今,葛利纳斯搞清了其中的原因,蚂蚁并不会直接破坏植物,他与同事相继完成了一系列田间试验。相反,蚂蚁的存在吓跑了那些捕食性昆虫,使得角蝉和其他植食性昆虫得以大量繁殖,从而对植物的生长构成严重威胁。

葛利纳斯说:"蚂蚁为所有这些食草动物,开辟了一个没有敌人的空间。"而在那些蚂蚁被黑熊吃掉的地方,捕食性昆虫再度归来,并帮助保护了植物的生长。

2.研究动物生存与气候关联性的新成果

(1)发现动物变小与气候变暖存在关联性。2011年11月,新加坡国立大学生物学家大卫·比克福德等人组成的研究小组,在《自然气候变化》杂志上发表研究报告认为,动物体型与气候变化存在关联性,受全球变暖的影响,动物的体型普遍在变小。

无论是餐桌上的鲤鱼、小龙虾,还是为人们熟知的北极熊、松鼠、青蛙、果蝇等动物,它们的个头都在"缩水",变得越来越小了。这或许让人感到奇怪,可是事实就是如此。比克福德说,全球平均气温每上升1℃,植物体型可能缩小3%~17%,而动物体型缩小的比例可达6%~22%。

威尼斯水位上涨,台风莫拉克,南北极冰川逐渐融化,北极熊濒临灭绝……这些骇人听闻的事件,都是受到了全球变暖的影响。

令人意想不到的是,近期,有越来越多的研究显示,植物和动物也开始改变其活动范围和行为回应气候变化。例如,在苏格兰某个岛上的绵羊在过去的24年里,体型平均缩小了5%;再比如,庞大威猛的北极熊,在与近300个北极熊头骨标本对比后发现,如今的北极熊竟在过去百年里缩小了2%~9%。

人口的增长,工业废水废气的排放,森林资源的破坏等原因使得空气中二氧化碳含量仍在不断增加,导致全球"持续升温"。这可能首先对植物造成影响,从而依据食物链对一系列动物产生影响。

科学家称,生物进化可能将更青睐个头小的动物,因为在各种资源波动增大的情况下,它们更容易满足自己的能量需求。随着植物体型的缩小,食物链上端的食草动物、食肉动物必须摄取比以往更多数量的食物,来满足自己的能量需求。对于像人类这样的温血动物,可能不会存在这样的困扰。但是温血动物只是地球动物中的一小部分,一旦不同物种缩小的速率不尽相同,那么整个生态系统的平衡可能会被打破,从而加速某些物种数量减少甚至灭亡。

(2)证实海猴子等浮游动物迁移影响全球洋流。2014年10月,美国加州理工大学莫妮卡·威廉默斯和约翰·达毕里等人组成的研究小组,在《流体物理》期刊发表研究报告说,他们在实验中证实了浮游动物迁移模式所引起的海流,比种群里单个小型生物所引起的海流的总和要大得多。其结果表明,小型海洋微生物的群体运动,对全球洋流模式所产生的影响,可能和风力或者潮汐力一样显著。

一直以来,咸水虾海猴子因其显而易见的生命周期,吸引着人们的目光。不过,物理学家感兴趣的是它们生活里的一种短期运动模式:像其他的浮游动物一样,这些咸水虾根据光线变化,在水中成群地上下垂直迁移,它们在夜晚靠近海面,在白天又退回深海。

研究小组在一个大的蓄水箱中,利用激光聚集并诱导了一群海猴子的垂直迁移运动。研究人员在水箱周围用蓝色激光诱导咸水虾向水体表面移动,在水箱顶部用绿色激光使之聚集在水中央。为了再现咸水虾群体迁移后的海流模式,研究人员在水中混入了很多细小的镀银玻璃颗粒,并用高速相机拍下水流在海猴子群体迁移过程中所经历的分布变化。

如果是单个运动,所造成的水流扰动并不会强大到对洋流模式产生影响。但当两个或更多的微生物彼此相邻做集体运动时,单个微生物所造成的涡流,会彼此相互作用从而产生更强大的旋转流体力,在大面积范围内影响水体环流。

达毕里说:"这项研究,揭示了一种显著的、以前从未被观察过的生物学和海洋物理学的双向结合:海洋中的小型生物,能够通过集体游动影响它们的生活环境。"

(3)发现植食性昆虫会导致大气中二氧化碳浓度上升。2015 年 3 月,美国昆虫学家约翰·库土尔等人组成的一个研究小组,在《自然·植物》网络版上发表论文认为,北温带森林中植食性昆虫的存在,使得大气中二氧化碳浓度上升,从而导致更多生物质丧失。他们同时认为,植食性昆虫会限制这些森林在高浓度二氧化碳环境中的碳吸收作用。

大气中二氧化碳的高浓度,被认为会促进某些地区的森林生产力,从而可以从大气中吸纳更多的二氧化碳。但是,许多因素会阻碍森林碳吸收的能力,如大气对流层中的臭氧、森林养分的限制等。

库土尔等人研究了在高浓度二氧化碳和臭氧的环境中,白杨和白桦的树冠受损程度,实验环境为威斯康星州北部的白杨的空气中二氧化碳富集设备。在浓度升高的二氧化碳中,昆虫导致的树冠受损程度显著增加,但在浓度升高的臭氧中,该程度则有所下降。

(4)发现海洋生物食物链可能会随着海洋酸化和变暖而崩溃。2015 年 10 月,澳大利亚阿德莱德大学环境研究所副教授伊凡·纳杰克肯与海洋生态学教授肖恩·康奈尔领导的研究小组,在美国《国家科学院学报》上发表的论文,第一次对未来渔业和海洋生态系统勾勒出严峻的前景:海洋酸化和变暖,可能造成生物多样性下降和大量关键物种数量减少,甚至海洋食物链物种崩溃。

研究小组对已发表的 632 个实验数据进行了统合分析,这些实验覆盖了从热带到北极的多个水域,涵盖了从珊瑚礁、大型褐藻林到开放海洋多种生态系统。

迄今为止,已有的定量研究,通常只集中在单一压力因素、生态系统或物种。而新的分析则把所有这些实验结果结合起来,研究整个群体中多压力因素的联合效应,包括物种间的相互作用和它们对气候变化的不同反应。

研究人员发现,生物适应海水变暖和酸化的能力是有限的,很少物种能避开二氧化碳增加的负面影响,预计全球海洋的物种多样性和数量都将大大减少。但微生物是个例外,其种类和数量预计都会增加。纳杰克肯说,这种海洋"简单化"会给人类目前的生活方式,带来深远影响,尤其是对沿海居民和那些依赖海洋食物和贸易的人们。

从整个食物链来看，在更温暖的水中，最小浮游生物的初级生产会增加，但这通常不能转化为二级生产（浮游动物和较小鱼类），这表明在海洋酸化情况下，海洋食物产量会降低。而纳杰克肯则指出，在更温暖的水中，海洋动物的代谢率也更高，需要更多食物，而食肉动物可得到的食物却更少。因此，从食物链顶端向下很可能会发生物种崩溃。

分析还显示，在更温暖或更酸化或二者兼有情况下，会对原产地物种造成有害影响。另一个发现是，酸化会导致海洋浮游生物产生的二甲基硫醚气体下降，而二甲基硫醚有助于形成云，因此酸化也会影响地球的热量交换。

3. 研究杀虫剂对动物生态关联性的影响

发现新烟碱类杀虫剂可能对动物生态系统造成潜在连锁效应。2014 年 7 月，荷兰内梅亨大学卡斯帕·霍曼领导的一个研究小组，在《自然》杂志上发表论文称，他们发现农田鸟类种群下降，与使用新烟碱类杀虫剂之间有着密切关系。目前，新烟碱类杀虫剂是全球最大的一类植物源杀虫剂。研究人员的分析表明，使用杀虫剂会减少可供鸟类捕食的生物数量，两者存在紧密的相关性。这也说明，新烟碱类杀虫剂要比之前预期的对野生动物有更大的风险。

烟碱作为杀虫剂，使用的历史可追溯到 17 世纪，但直到 20 世纪 80 年代，拜耳公司才成功开发出第一个烟碱类农药吡虫啉。而今的新烟碱类杀虫剂，为防治一些世界性重大害虫做出了重要贡献，其作用机制主要是阻断昆虫中枢神经系统的正常传导。

对于新烟碱类杀虫剂的负面作用，最近已经出现一些研究，在这类杀虫剂的使用和非目标物种（如传粉昆虫的减少）之间建立了联系，但是一般仍认为，新烟碱类杀虫剂对于哺乳动物和鸟类的毒性很低，造成的危害也比对昆虫的要小。然而，该研究小组发现，荷兰捕食昆虫的农田鸟类数量减少的状况，与当地水体中的吡虫啉——目前最常用的新烟碱类化合物的高含量紧密相关。

由于昆虫构成了许多鸟类繁殖季节饮食的主要组成部分，这对于它们养育后代也很重要。此次研究中调查的 15 个鸟类物种中，有 9 个只吃昆虫，并且会把昆虫喂食给他们的后代。新的调查结果支持了研究人员的理论：通过枯竭鸟类的食物来源，这些农药的使用已对鸟类数量造成负面影响。

研究人员指出，此次结果显示的是相关关系，他们不能绝对肯定因果关系，他们无法排除吡虫啉直接影响鸟类数量的可能，例如摄入吡虫啉的非致命影响。他们提出，未来立法应该考虑到新烟碱类杀虫剂对于生态系统的潜在连锁效应。

四、动物生态与动物资源保护研究的新进展

1. 动物生态现象变化研究的新发现

(1) 发现大型陆生哺乳动物迁徙活动渐趋消失。2009 年 6 月，美国自然历史

博物馆生物多样性保护中心生物学家格兰特·哈里斯领导的研究小组,在《濒危物种研究》杂志上发表研究报告认为,横穿大陆的动物迁徙活动正在日益减少,甚至会有消失的危险。

这项首次对大型陆地哺乳动物迁徙进行调查和分析的研究,主要以 20 千克以上的蹄类哺乳动物为主。为了更好地了解动物的迁徙状况,研究人员对有迁徙习惯的 24 种濒危蹄类哺乳动物进行观察,其中有 14 种在非洲大陆,6 种在欧亚大陆,3 种在北美洲,还有 1 种驯鹿在欧亚大陆和北美均有发现。数据表明,有 1/4 的动物已经不再迁徙。它们包括跳羚、黑牛羚、大羚羊、西亚野驴、弯角羚和斑驴,其中斑驴已被证实灭绝。哈里斯指出,人类活动是造成这一现象的主要原因。

据介绍,牛羚或野牛这样的大型哺乳动物,需要大量的绿色植被才能生存。由于个体和种群都较为庞大,固定区域的食物将无法满足其全部需要,因此随着季节的变化,它们必须逐水草而生。但近年来,由于人类开发和利用土地的需求持续扩大,不少动物不仅丧失了迁徙地,甚至连传统的栖息地也危在旦夕。不得已,很多动物只有选择越过国界或是公园的边界进行迁徙,而那里的栅栏或道路又成了获取水源和食物的新障碍,并且各种围栏也为偷猎者提供了可乘之机。

研究小组发现,在不少地区,动物迁徙的数据已经降为零,其中某些种群或许已惨遭灭绝。位于食物链较高端的大型哺乳动物已开始消失,其他动物的状况也可想而知。

美国杜克大学生物学家斯图尔特·皮姆指出,目前人们的研究更多集中在对野生动物本身的保护,而忽略了对其迁徙的研究和保护。他说,如果大家没有想过这些问题,就不会去考虑如何解决。

(2)发现生物多样性发生全球性改变。2014 年 4 月 18 日,生物生态学家玛丽亚·多尔尼拿斯及其同事组成的研究小组,在《科学》杂志上发表论文称,尽管人类的活动加快了世界各地物种灭绝的速度,但在所有的海洋与陆地生境中,还没有出现生物多样性的持续丧失。相反,他们的研究显示,从一个生态系统至另外一个生态系统所发生的持续性的系统化改变,是其物种的组合方式。

研究人员说,这些发现表明,可能正在出现动植物新的群落。这要求保护措施的重点,应该从生物多样性的丧失,转移到生物多样性的改变。

研究小组分析了海洋与陆地生物群落的 100 个时间序列,以得出上述结论。这里包括了 600 万个物种丰度的记录,以及对在过去 150 年中 3.5 万个植物与动物物种的描述。研究人员把局部多样性,或称 α 多样性变化,与群落组成多样性或称 β 多样性改变,进行比较并发现,在所有类型的生态系统及气候体系中,物种周转率始终比那些模型所预测的要更高。

研究人员说,这一令人惊讶的发现,可能主要是因为外来入侵物种造成的结果。它们已在全球各地快速扩散,同时,这些物种由于应气候变化而改变其活动范围。多尔尼拿斯说,新发现没有否定世界上许多物种及生境正受到严重威胁的事实。但他们提出,科学家及决策者应该扩大保护科学及规划的关注点,以便同时涵盖生物多样性的变化及丧失。

据悉,由约翰·潘多尔菲和凯瑟琳·洛夫洛克撰写的一篇文章,更为详细地讨论了这些发现及其意义。

(3)认为地球可能正在进入新一轮动物物种大灭绝早期阶段。2014年7月,美国斯坦福大学生物学教授鲁道夫·迪尔佐主持,美国和英国等学者参加的一个研究小组,在《科学》杂志上发表研究报告说,尽管地球的生物多样性正处于其35亿年进化历程中的顶峰,但由于人为活动和破坏,地球可能正在进入新一轮动物物种大灭绝的早期阶段。

报告说,自1500年以来,320种陆地脊椎动物已经消亡,余下的脊椎动物在物种丰度上平均减少25%。无脊椎动物的情况也非常类似,过去35年间,甲虫、蝴蝶等无脊椎动物数量减少了45%。目前有16%~33%的脊椎动物处于濒临灭绝状态,其中以大象、犀牛、北极熊等大型动物的种群数量减少程度最甚,这一趋势与以前的物种大灭绝相符。

研究小组认为,与前5次物种大灭绝不同的是,可能的新一轮物种大灭绝与人类活动导致栖息地丧失和全球气候无常有关。迪尔佐说,在人类居住密度大的地方,生物灭绝率高。与此同时,物种灭绝及种群数量减少,反过来也可能对人类健康和日常生活造成危害。

例如,在肯尼亚进行的实验中,研究人员不让斑马、长颈鹿等大型动物进入一片封闭地区,观察那里的生态系统如何变化。结果发现草地和灌木增多,种子和藏身处更容易找到,被掠食的风险减少,这就导致啮齿类动物数量猛增,病原体水平也随之升高,很多疾病的传播风险增加。

至于无脊椎动物种群数量减少对人类的影响,报告分析说,全球75%的粮食作物靠昆虫授粉,昆虫还对营养物质循环和分解有机物起到关键作用,有助于保障生态系统的生产力。仅在美国,利用天敌防治害虫的经济价值,每年约为45亿美元。

研究小组说,减少对生物栖息地的破坏,控制对环境的过度开发,提高对正在发生的新一轮物种大灭绝及其对人类影响的意识,都有助于控制物种灭绝的趋势。

(4)调查表明欧洲大型食肉动物数量回升。2014年12月19日,动物学家纪尧姆·查普罗恩与同事组成的研究小组,在《科学》杂志上发表调查报告称,在整个欧洲的棕熊和其他欧洲大型食肉动物的数目,维持在稳定状态或数量有所增加,这表明大型食肉动物和人类,可能已经在一个拥挤的大陆上,找到了一种共存方式。

该研究小组所做的数据调查显示,至少有1/3的欧洲大陆,容有一种主要的食肉物种,如棕熊、欧亚猞猁、灰狼或狼獾。被发现的大多数食肉动物为中等体型,有数百种具体动物的群体数在增加,且它们生活在受到保护的保育区之外。

研究人员说,食肉动物可能正在经历数量回升,其原因有多种,其中包括人们对大型掠食动物态度的改变,政治稳定以及推动跨国界保护管理的保护性立法。查普罗恩写道:"我们的结果,并非首先披露了大型食肉动物可与人共存,但它们证明,大型食肉动物的土地共享模式(共存模式)可以在大陆尺度上获得成功。"

(5)发现冷血动物适应全球变暖能力差。2015 年 5 月 20 日,美国加州大学伯克利分校博士后亚历克斯·冈德森主持的一个研究小组,在英国《皇家学会生物学分会学报》上发表论文称,冷血动物缺乏忍耐高温的灵活性,可能难以适应全球气候变暖,不得不靠改变行为和进化生存下来。

研究人员说,他们发现,总体而言,大多数冷血动物耐受高温和低温的灵活性很低。鱼、虾、蟹、龙虾等水生冷血动物,在生理机能上适应气温升高的能力相对较好,是蜥蜴、昆虫等陆生冷血动物的两倍。

冈德森指出,随着地球持续变暖,冷血动物将生活在更加接近它们极限的气温中,这意味着,它们在每年气温的剧烈起伏中幸存下来的可能性较小,气温的剧烈起伏可能因气候变暖而更为极端。

(6)发现地盘大的动物物种抗灾能力并不强。2015 年 8 月,英国利兹大学和巴斯大学联合组成的一个研究小组,在《自然·通讯》期刊上发表研究成果称,通常人们会认为,如果一个动物物种的分布范围较广,那么在面临环境变化时就会有更多的生存优势。但他们的研究表明,对地球历史上的生物大灭绝事件进行分析显示,栖息地域广大的动物物种,在大灾难面前同样脆弱。

科学界一般认为,地球历史上,曾出现过五次全球性的生物大灭绝事件,可能的原因包括火山喷发引起的剧烈气候变化、地外星体撞击地球等。许多学者认为,地域分布较广的物种,在这种大灾难中存活下来的概率要比那些稀有物种高。

然而,该研究小组却并不认同这一看法。他们对生活在三叠纪和侏罗纪的陆上脊椎动物化石,进行了详细分析,结果显示,在约 2 亿年前三叠纪向侏罗纪过渡时期,曾经发生了一次生物大灭绝事件,地球上约 80% 的物种因此消失,其中包括那些曾经占有很大地域、分布有优势的物种,如多种与鳄鱼相近的爬行动物就灭绝了。

研究人员说,一个动物物种地域分布广泛,在平时可能会形成不小的优势,有助抵御一些相对较小的环境变化,但是在大灾难时,这并不会给动物物种提供太多生存保障。

2.考察生态最脆弱地区的新发现

(1)在喜马拉雅山脉东段发现众多新物种。2009 年 8 月 10 日,世界自然基金会在尼泊尔发布报告说,各国科学家 10 年来在喜马拉雅山脉东段,一共发现了 353 个新物种。

报告说,这些新物种包括 242 种植物、16 种两栖动物、16 种爬行动物、14 种鱼类、2 种鸟类、2 种哺乳动物和 61 种无脊椎动物。在这些新物种中，包括世界上最小的鹿、会飞的青蛙和有 100 万年历史的壁虎，但它们在全球气候变化的过程中正遭受生存威胁。

报告负责人塔里克·阿齐兹说："如果气候变化的趋势不能逆转，有些物种将会消失。喜马拉雅山脉东段，是世界上最具生物多样性的地区，但它也是在全球气候变化中最脆弱的地区。"

报告显示，这些新物种中的 94 个物种是在尼泊尔境内发现的，包括 40 种植物、36 种无脊椎动物、7 种鱼类、2 种两栖动物和 9 种爬行动物。

（2）发现南极冰山正在改变当地海域富饶的生态环境。2014 年 6 月，一个由多学科专家组成的研究小组，在《当代生物学》上发表论文称，他们的研究显示：10 年前，西南极半岛海岸的海床孕育着丰富的物种，但现在，冰山正在不断地洗刷该海域，深刻地改变了原本富饶的生态环境。

过去，每到冬季，西南极半岛海域的海面会冻结，形成一层"固定冰"，从而阻止冰山靠近浅海。但随着气候变化，西南极半岛海域变得越来越热，形成"固定冰"的时间，每年都会减少几天。这导致冰山能够更频繁地进入浅海海域，在海底切开巨大的裂缝，给无脊椎动物带来灭顶之灾。

3. 动物资源保护研究的新措施

（1）用化学方法对付生态入侵问题。2005 年 11 月，美国生物专学索伦森·赫烨领导的研究小组，在《自然·化学生物学》杂志上发表研究报告说，他们发现用化学方法，解决海洋七鳃鳗生态入侵问题的可能性。

海洋七鳃鳗是一种古老的寄生虫式鱼类，它通过依附在更大的鱼身上并吸吮其体液而生存。20 世纪初，这种寄生虫式的鱼入侵美国中部的五大湖，吞噬具有重要商业价值的鱼类，给当地渔业造成灾难性的损失。

研究人员说，他们鉴别出海洋七鳃鳗的一种信息素。这种信息素吸引成年海洋七鳃鳗到产卵地，因此，新发现可发展成为一种重要的、环境友好的新方式，以控制这种鱼类的劫掠性繁殖。研究人员寻找与海洋七鳃鳗的交配和繁殖习惯有关的小分子，目的是将这些分子作为控制这种寄生虫式鱼的潜在因子。

经过 15 年的搜寻，赫烨研究小组鉴别出由幼体七鳃鳗分泌，并吸引成体鱼到排卵区的化合物，这种化合物类似类固醇。通过收集几千升含幼体鱼的海水，研究小组把分泌物分解成不同的化合物，并测试它们指引成年鱼迁移方向的能力。他们发现，这种海洋七鳃鳗的信息素由三种分子组成，在适当条件下，它们是引导成年海洋七鳃鳗迁移至排卵区的信号。

新鉴别出的化合物揭示出以前从不知道的化学结构，展示有可能以化学方法，解决海洋七鳃鳗鱼入侵而导致的生态环境问题。

（2）绘制大象 DNA 地图。2004 年 9 月，华盛顿大学的研究人员在美国《国家科学院学报》上发表研究报告说，虽然早有国际协议禁止象牙贸易，但象牙走私活动却从未停止。他们公布的一项研究成果,可能将给遏制象牙走私带来新的希望。

研究人员指出,大象 DNA 分析可以追溯象牙来源,有助于确定大规模偷猎的区域。

飞机可以轻易跟踪开阔的非洲草原上大象的踪迹,但在很多大象生活的森林地区,确定是不是有偷猎情况,就要困难很多。

研究人员从采自非洲 16 个国家大象的粪便和皮肤标本中,收集大象的 DNA 信息,绘制出所谓的大象 DNA 地图。他们的方法是通过比较大象细胞染色体的差异,来大致确定象牙的来源和大象生活的地区,以便有关方面能够针对某些地区提高警戒,加强监控。

(3)绘制受气候变化影响的物种地图。2014 年 2 月 10 日,一个由来自澳大利亚、加拿大、英国、美国、德国、西班牙等国的 18 位科学家组成的国际研究小组,在《自然》杂志上发表研究成果称,他们绘制出了气候变化对物种影响的地图。

研究小组通过分析 1960—2009 年海面和陆地温度数据,并对未来气候变化进行评估,用地图方式显示出未来气候变化的速度、方向,以及气候变化对生态多样性的影响。研究结果显示,由于气候变化仍在持续,动、植物需要适应变化,甚或通过迁移以寻找适宜的气候。

澳大利亚联邦科学和工业研究组织科学家,埃尔薇拉·博罗赞斯卡认为,这一研究成果将为保护动、植物提供重要信息。

生态地理学家克里斯滕·威廉姆斯说,澳大利亚也在经历气候变暖。在陆地,已有很多生物开始向更高海拔或更高纬度地区迁移。但也有一些物种无法长距离移动或根本无法移动。

另外,海水的变暖和不断增强的东澳洋流,也在改变着海洋生物的生存环境。原本"足迹"最南只达新南威尔士南部海域的长刺海胆,如今也出现在塔斯马尼亚州附近海域,导致那里的海藻林大面积消失,对当地的岩龙虾养殖业造成严重影响。

昆士兰大学的安东尼·理查森指出,面对前所未有的气候变化、以及已经被过度索取的地球,人们需要迅速采取行动,尽可能地保护地球生物资源在气候变化中得以幸存。

(4)建成最完整的生命树。2015 年 9 月,美国密歇根大学进化生物学家史蒂芬·史密斯为协调人,杜克大学进化生物学家凯伦·克兰斯顿帮助协调,佛罗里达大学进化生物学家道格拉斯·索尔蒂斯参与论文写作,并有 11 个美国实验室 30 多位研究人员参与的研究团队,在美国《国家科学院学报》网络版上,发表了"开放生命之树"的草图树。

新发布的"开放生命之树",把 500 多类不同生物体的系谱图编织在一起,从而创造了一棵涵盖 230 万个物种的"超级树"。

研究人员已经开始用这些新的数据,更好地理解地球上的生命。并未参与该数据库建设的英国伦敦帝国学院计算生物学家杰姆斯·罗辛德尔指出:"我们在生物学中研究的任何事物,都能够在这棵生命之树上找到自己的位置。"他说:"这是非常重要的,科学家终于制造出了一棵完整的树。"

在过去的3年中,研究人员花费了约10万小时,对系谱图的科学文献进行提炼。他们不得不解决命名的问题。因为有时一个物种会有多个名称,而且一度一只针鼹与一条海鳗共享相同的名字,从而使计算机产生了混淆。索尔蒂斯表示:"如果没有被数据库接受的名称,研究人员将不得不想出一个新的名称。"

索尔蒂斯和他的同事,曾以为将这些不同的系谱图整合在一起,它们通常都是不一致的,这将是最困难的工作。然而,真正让研究人员感到头疼的却是缺乏数字化的数据。

在2000—2012年发表的7500棵家族树中,只有1/6是经过计算机处理的。克兰斯顿说,最终研究人员使用约500棵小树,构建了一棵大树。克兰斯顿表示,刚在网络版上发表的草图树具有相对较小的样本量,"并不能概括我们所知道的全部信息"。

但克兰斯顿强调,这一家族树的网站包含了能够检索到原始研究的链接,从而为研究人员提供了更多选择。此外,这个网站将能够接受用户的反馈并纳入新的数据,这些最终将被用于更新家族树。克兰斯顿说:"我们希望,这棵树在1年后看起来会非常不同。"

与此同时,罗辛德尔与牛津大学自然历史博物馆进化生物学家颜黄,已经改进了之前由他们研发的一个计算机工具,从而帮助人们"看清"这棵树。

这个工具就像谷歌地图一样,用户可以向下钻取一棵树的树干、树枝和尖端,从而看到更精细的细节。在一个视频中,该工具从对一棵树的概述出发,然后放大到越来越细致的分支,从而过渡到最早的动物,然后是有胎盘的哺乳动物,最后是人类。

对于这棵树,颜黄使用的不仅是"开放生命之树"的数据,而且还有别的他认定为重要研究中的数据。

史密斯表示:"这是一个很酷的可视化工具。"他希望有更多的数据能够得到修改。如果你能把它和其他数据结合起来,例如,"你可以建造自己的生命之树"。

(5)建立灭绝动物克隆实验室。2015年9月,俄罗斯媒体报道,俄罗斯猛犸象博物馆馆长谢苗·格利高里耶夫表示,俄罗斯第一家科伦灭绝动物实验室,在雅库茨克开始工作。

报道称,该实验室的主要任务,是找到用于此后克隆所需的活细胞。研究员们首要的任务是"使猛犸象能够再生"。

报道指出,该项目的实施汇集了来自多国学者的共同努力。为得到细胞,对于专家们而言,不仅要在永久冻土中的动物遗骸中找到保存完好的细胞,还要找到能够使其正常解冻的方法。

此前有消息表示，在涅涅茨自治区挖掘出了"红猛犸象"的长牙，这种象生活在距今几千年前。

专家确认，遗骸属于史前生物，且已经得到了官方命名。目前学者们面临着新一次考察的任务，以便进行"红猛犸象"的全方面发掘工作。

第二节　哺乳动物研究的新成果

一、哺乳动物研究的新进展

1. 哺乳动物生理现象研究的新成果

（1）基因分析表明哺乳动物曾与恐龙同行。2014 年 1 月，英国布里斯托尔大学的古生物学家菲尔·多诺霍与伦敦大学的进化遗传学家马里奥·赖斯和杨子恒在《生物学快报》上发表论文认为，胎盘类哺乳动物是生活在进化史晚期、生育后代的哺乳动物，包括鲸、老鼠和人类。该论文认为，在 6500 万年前恐龙还没来得及进化成鸟类的时候，这些哺乳动物就已经呈多元化地大批涌现。

地球上出现的第一种胎盘类哺乳动物是否与恐龙生活在同一时期，还是在巨型小行星使恐龙灭绝后才出现的呢？这是一个引起科学家激烈辩论的命题，一些科学家认为，化石是生命历程的终极记录者；而另一些研究人员则声称，基因能够提供更为可靠的时间信息。

自研究人员开始从蛋白质和 DNA 中收集进化细节时起，此类争议已经持续了几十年。为展开研究，美国纽约州立大学石溪分校的进化生物学家莫林·利里和她的研究小组，花费数年时间，对诸多现存和已经成为化石的哺乳动物成千上万个特征，进行详细描述和分析。他们得出的结论是：最早的胎盘类哺乳动物，是在导致恐龙灭绝的小行星撞击后出现的，它们的出现，标志着白垩纪的结束和早第三纪的开始。研究小组认为，在这之后，胎盘类哺乳动物迅速多元化，大批哺乳动物填满了原来恐龙的栖息地。

然而，多诺霍等人认为，利里研究小组犯了一个致命错误，就是在追溯物种的血统时，在该物种最古老的化石处就截止了，而没有进一步探究。多诺霍称，这些化石的年龄并不能代表一个物种的最早年代，因为动物可能在该追溯年代之前就存在，只是没有以化石的形式留下能被人类发现的痕迹而已。

（2）剖析雄性哺乳动物会杀死幼婴的现象。2014 年 11 月 14 日，动物学家叠特尔·卢卡斯和埃莉斯·壶川得等人组成的研究小组，在《科学》杂志上发表的论文认为，在哺乳动物的社会体系中，当某些动物雌性具有任何季节都可繁殖的特征时，雄性哺乳动物会杀害本物种非亲生的幼婴。

雄性杀婴行为是一种常见现象，它可能是某些哺乳动物种群中幼婴死亡的主要因素。然而,科学家对这种现象为什么会发生在某些选定的社会性哺乳动物中,而不存在于另外一些社会性哺乳动物中的原因,仍不清楚。有些人提出,像每窝产仔数等生活史特性,可能是其中的重要原因。另外一些人则认为,影响雄性与雄性间竞争的交配体系,是具有支配性的因素。

该研究小组,为了确定有利于或会阻止雄性杀婴行为演化的各种因素,他们对有着各种交配行为和社会结构的 260 个哺乳动物物种,进行了观察。发现这其中存在杀婴行为的有 119 个物种,没有杀婴行为的是 141 个物种。

研究人员说,雄性具有杀婴行为,唯一可解释并集中体现在生活史中的特征是雌性能在任何时候都有繁殖的可能性。在这样的体系中,有杀婴行为的雄性,会通过杀死与自己无关幼婴而获得优势。因为这样做,会加快该幼婴母亲返回其生殖状态,于是该雄性动物能与其交配,并将雌兽从养育无关后代再转向自己的后代。

研究人员发现,在这类体系中的繁殖,是由少数雄性垄断的,这些雄性中的每一个只会在某短时间内占支配地位。雌性动物唯一能成功对抗雄性杀婴的方法,似乎是杂乱性交,即与多个雄性交配,而使任何一个雄性难以了解某雌性的后代是否是该雄性的后代。同时,雌性不会制定任何其他的对策。

这些发现显示,雄性杀婴行为,是哺乳动物社会体系中差异存在的一种结果,而不是一种原因。

2. 培育和发展家畜研究的新成果

(1)用新技术培育无脂肪家畜。2004 年 11 月,有关媒体报道,英国一家研究所发明了一种新技术,可培育出无脂肪的家畜。他们制成了一种能破坏家畜体内脂肪的抗体血清,该血清是多种抗体的混合物,每种抗体会将特定的抗原附着于脂肪细胞上,并破坏相应的脂肪。

研究人员利用绵羊试验发现,抗体血清除了能破坏脂肪外,还有助于蛋白质的合成。从理论上说,这种方法可用于各种家畜,但要投入使用,还存在许多尚待解决的问题。

(2)建立旨在减少家畜甲烷气体排放的"甲烷室"。2005 年 2 月 2 日,美国"每日科学"网站报道,澳大利亚作为一个农业大国,在农业生产以及家畜饲养方面,具有得天独厚的优势。然而,牛羊成群给这个国家带来的也并非全都是好事。因为农业发展的需要,澳大利亚成为受家畜排放出的大量甲烷气体困扰最为严重的国家之一。该国科学家正致力于减少家畜排放甲烷气体的研究工作,近日他们在这一研究领域取得了最新进展。

为了解决家畜排放出大量甲烷气体的问题,一种新型的"甲烷室"在澳大利亚应运而生。它有望帮助澳大利亚本国从牛羊排放的大量甲烷气体中解脱出来,同时也可以减轻温室效应引起的全球变暖现象。

澳大利亚联邦科学和工业研究组织家畜产业部的科学家们,一直致力于减少家畜排放甲烷气体的研究。近日,他们建立了4个"甲烷室"。它们就像4间透明的小卧室,研究者可以通过它们,准确地测出家畜在24小时里连续排放出的甲烷量。目前,这些"甲烷室",已经在一项旨在减少甲烷气体排放的试验中,有效运转了4个多月。

这项研究的负责人丹尼斯·赖特博士表示,这种新型的"甲烷室",与以前在家畜身后附上一个大桶来测量甲烷排放量比较,无疑是一个明显的进步。他说:"在这里,家畜(羊)可以看到自己的同类和研究人员,这样它们的压力才会更小,行动才会更自然。家畜的进食也不会因此而受到影响。"

赖特博士还表示,这种"甲烷室"具备的户外系统,可以让研究者不受间断地随时记录下家畜排放的甲烷量,同时这种方法也更精确,效率也更高。报道说,这种新型的"甲烷室"还将被更广泛地用在其他研究项目中。

以前曾有研究显示,牛、羊等动物会排放出甲烷气体,而甲烷与其他物质燃烧后所产生的废气则会加重温室效应,对地球的大气环境构成威胁。目前世界上共有大约10.5亿头牛和13亿只羊,它们所排放的甲烷,占全世界甲烷排放量的1/5。

2002年的一份统计资料显示,在澳大利亚的温室气体中,甲烷占14%,而在新西兰,这一比例竟然高达50%。尽管其他国家的温室气体主要来自工业和汽车排放,但是这两国的温室效应,却应归咎于成千上万头牛羊排放的甲烷。澳大利亚有关部门说,该国每年由牛羊排放的甲烷有6000万吨。

对此,赖特博士也表示:"牛羊等家畜排放的甲烷气占澳大利亚人造温室气体的12%之多,所以致力于减少甲烷排放量的研究工作非常重要。"

(3)发明可检测畜产品毒素的生物传感技术。2005年3月,有关媒体报道,美国农业部农业研究服务中心的研究人员,开发出一种新的生物传感技术。依靠这项技术,可以检测畜产品(如火腿、牛奶)等的抗热毒素。

据悉,研究人员利用能产生导致肠胃炎毒素的葡萄球菌和表面胞质基因共振(SPR)检测毒素。SPR利用光反射金属薄膜,这些膜上会附上毒素和抗毒素抗体分子。当这些分子黏合在薄膜表面时,他们能改变光折射的路线,这些光强度的变化,可以通过光感检测器监控,由此确认畜产品样品中有多少毒素。

细菌能在压力条件下产生毒素。通常来说,常规的加热和加工无法破坏这些毒素。研究人员说,他们发明的生物传感技术,可以检测单一畜产品样品中的几种细菌毒素,还可通过屏幕显示、检测和确认畜产品中多种化学残留,如兽药等残留物。

二、马科动物研究的新进展

1.用克隆和基因技术研究马取得的成果

(1)培育出第一匹自体克隆马。2005年4月15日,英国媒体报道,意大利科学家日前宣布,他们成功培育出世界上第一匹"自体克隆马",这是通过不育动物制造出来的,它为挽救濒临灭绝的稀有马种带来了曙光。

自体克隆马项目的负责人,是意大利知名的动物克隆专家切萨雷·加利教授。这匹马的克隆技术与培育克隆羊多利的完全一样,但整个过程可谓"历尽艰辛",项目小组花费了三年时间,经过226次试验才获得成功。

报道称,这匹自体克隆小马,在2005年2月25日"足月怀孕"后,以"自然分娩"方式降生,出生时体重42千克,属正常范围。它的"爸爸"是一匹被阉割的阿拉伯赛马,名叫"皮埃拉斯",曾经分别在1994年和1996年两次获得耐力世界冠军,现在美国的一个农场"安享晚年"。

(2)发现马步形态各异源于基因突变。2014年3月,一个动物遗传学专家组成的研究小组运用基因技术研究马,在《动物遗传学》月刊上发表论文认为,虽然所有种类的马都能慢跑、飞奔、小跑以及踱步,但有一些马还能够走出别的"花样"。例如,竞速比赛中的赛马、牛仔胯下奔跑更加平稳的马,以及旅行者长途旅行中用来代步的马,就各有各的步伐特点。实际上,这些特点,都是来源于同一种受人类活动影响而发生的基因突变。

该论文以一份于2012年发表的研究报告为基础。研究发现,一些赛马在比赛中的步伐很奇特,它会保持同一方位的前后蹄同时抓地或同时离地。另一些"马步"奇特的马在慢跑或快步走时只需确保至少一只马蹄一直着地,而不需要三只马蹄着地一只马蹄迈步。与此同时,科学家正在对以奇特"马步"而著称的冰岛马进行研究,他们发现冰岛马与美国标准竞赛用马一样,都具有某种名为"DMRT3"基因的"压缩版本"。

该研究小组证明,这种基因的蛋白质,能够影响许多其他基因的活动,有助于老鼠保持四肢的协调性。此外,研究还揭示这种基因突变,能促使马儿的步伐节奏和规律更加灵活。现在,研究人员已经开始从4396匹来自141个品种的马身上,寻找这种突变基因。他们发现,在其中68种马身上,这种突变基因的出现概率很高,所有拥有奇异步态的马和赛马都在其中。

更进一步的研究表明,这种基因突变发生于整个马的演化史近期,并由养马者传播出去。但是,要想弄清楚这一问题,还需更广泛的基因研究,以精确找到这种突变最早是从哪里开始的。

2. 研究斑马条纹的新见解

(1)发现斑马条纹具有"晃晕"天敌的功能。2013年12月,英国伦敦大学皇家霍洛韦学院,与澳大利亚昆士兰大学联合组成的一个国际研究小组,在《动物学杂志》上发表研究报告称,他们发现,斑马身上的黑白条纹,尽管与周围环境十分不协调,但可帮助斑马在运动时,扰乱捕食者的视觉判断,从而成功避开天敌。

研究人员说,人类和许多动物,有着类似的"运动侦测机制",都是通过观察物体在运动时呈现出的轮廓,来判断其运动方向等要素。但运动中的条纹会使这种机制产生偏差,比如理发店门口常见的柱状螺旋条纹装饰,它在转动时人们会觉得整个立柱在向上移动。

为证实斑马身上条纹在运动时的用处,研究人员建立起一个计算机模型,分析这些条纹对视觉判断是否同样具有此类效果。结果发现,在运动时,斑马身体侧面较宽的斜纹和背部较窄的直纹能很好地扰乱观察者的视觉判断,尤其是一群斑马同时运动时。

(2)认为斑马条纹的最大意义在于赶走苍蝇。2014年4月,一个由生物生态学家组成的研究小组,在《自然·通讯》杂志上发表研究报告称,他们针对斑马条纹功能的各种假设逐个进行测试,包括条纹有助于降低斑马体温以及增强对异性的吸引力等,以确定究竟哪种假设最具有生态学意义。最终结果表明:斑马条纹的最大意义,在于赶走令人讨厌的、吸血的、携带病菌的苍蝇。

斑马身上黑白相间的条纹到底具有何种功能,已经困扰了科学家近150年的时间。研究人员为此提出了多种可能性,一些人认为当一群斑马飞奔时,身上的条纹能令捕食者眼花缭乱,分散其注意力;也有人认为条纹使斑马免受苍蝇叮咬之苦。利用计算机测试,第一种假设得到了证实,因为人们很难在计算机上捕捉移动中的有条纹的物体;而第二种假设也有依据,研究表明,用条纹状与单一颜色的表皮进行比较,苍蝇更愿意"光临"单一颜色者。

该小组在研究了草原斑马、山斑马和细纹斑马等3种条纹最密集的斑马后发现:斑马身上马蝇和舌蝇数量的多少与其条纹有密切的关系。他们发现,其他假设与生态学没有任何关联,包括躲避捕食者。相反,研究人员认为避免苍蝇叮咬是斑马条纹最大的用处,例如漫步在坦桑尼亚卡塔维国家公园中的斑马,它们身上独特的条纹就是长期进化的结果。

研究人员指出,马类全年都会饱受苍蝇叮咬之苦,许多家养马匹也深受其害。其他研究已经证明,斑马黑白相间的条纹能够干扰苍蝇视线。虽然研究人员仍未弄清为何苍蝇对马类如此"偏爱",但该研究表明,"皮不够糙"的斑马,在苍蝇的口器面前尤其脆弱,且苍蝇身上携带的细菌,也会给斑马带来致命伤害。

三、牛科动物研究的新进展

1. 克隆技术在牛身上取得的新成果

(1)用"连续细胞核转移"技术克隆出奶牛。2005年2月17日,澳大利亚媒体报道,该国科学家瓦妮莎·霍尔领导,成员来自莫那什医学院和澳大利亚基因公司一个研究小组,采用"连续细胞核转移"技术,克隆出一头名为"布兰迪"的奶牛。这是科学家首次采用这种技术克隆出奶牛。

克隆小牛于2004年圣诞节前出生,目前健康状况良好。据霍尔介绍,"连续细胞核转移"技术,以前曾用于克隆老鼠和猪,这是第一次用这一技术克隆牛。

传统的克隆方法是利用电脉冲把"供体细胞"细胞核和剔除细胞核的卵细胞

融合,经过培养后植入代孕母亲子宫内,传统方法克隆出的胚胎存活下来的机会很小。"连续细胞核转移"技术跟以往的方法不一样。除了传统克隆方法的步骤以外,在把克隆胚胎植入子宫前,科学家会先把一个新鲜受精卵的营养物质和克隆胚胎融合在一起。研究人员说,在克隆的胚胎里,加入更多营养物质可以促进DNA重组,提高胚胎的存活率。

霍尔说,有证据显示,传统克隆方法中胚胎成活率低的原因,可能是操作过程影响了胎盘发育,而"连续细胞核转移"技术虽然操作步骤较多,但有可能解决上述问题,提高胚胎的存活率。

(2)初步证实克隆牛所产奶和肉具有安全性。2005年4月,美国康涅狄格大学再生生物学中心主任杨向中教授领导,日本鹿儿岛良种牛育种研究所研究人员参加的一个国际研究小组,在美国《国家科学院学报》上发表论文称,经他们检测,克隆牛所产的奶和肉,与天然繁殖的牛所产奶和肉没有明显区别。研究人员称,这一初步成果,为管理机构最终批准克隆牛的肉奶制品走向市场,奠定了基础。

杨向中教授说,我们的检测表明,克隆牛所产奶和肉的各项指标,都在美国食品和药物管理局规定的正常范围内,消费者可以放心食用。

在这项研究中,杨向中等人采用体细胞克隆技术,分别用表皮纤维原细胞,克隆了良种的日本黑肉牛与欧洲荷斯坦奶牛,然后将克隆肉牛的肉与天然繁殖肉牛的肉进行比较。同时,将克隆奶牛所产的奶与天然繁殖奶牛所产的奶进行比较。

在对牛奶的研究中,杨向中等人对比了克隆奶牛和天然繁殖奶牛所产奶的脂肪、蛋白质、乳糖、固体物以及尿素含量,发现上述各项指标都没有明显区别。同时,克隆牛所产牛初乳与天然繁殖牛所产牛初乳,在抗体成分上也极其相似。

而在对牛肉的研究中,研究人员对比了克隆牛和天然繁殖牛的100多项指标,包括肉的湿润度,以及粗蛋白、粗脂肪、氨基酸和脂肪酸等含量。他们发现,其中有90多项基本一致,而不一样的地方在于,克隆牛的肥肉含量、肠系膜脂肪含量和脂肪酸含量都略高。不过,这些指标也在食品管理机构允许的范围内。

克隆牲畜的肉奶产品是否安全?克隆技术能否被畜牧业和养殖业用作繁殖良种的手段?1996年克隆羊"多利"在英国问世后,这些问题就引人注目。2001年,美食品和药物管理局曾委托美国全国科学基金会的一个专家委员会评估克隆牲畜的安全性问题。该委员会认为,克隆牲畜在食品安全上"问题不大",但必须更仔细地检查其肉、奶等产品的成分。目前,美食品和药物管理局仍建议,食品工业以"自愿约束"的方式,不让克隆牲畜的产品进入市场。

杨向中等人的研究是迄今第一个详细检测克隆牛的肉、奶产品成分的项目。他也强调说,他们只检测了2头克隆肉牛和4头克隆奶牛。因此,这只能称之为一个"前导性项目",要让消费者对克隆牲畜的产品有足够信心,还必须经过更大规模的深入研究。

(3)利用耳部组织和胚胎组织克隆出水牛。2009年6月7日,《印度教徒报》

报道,印度哈里亚纳邦格尔纳尔市的"国家乳制品研究所"一个研究小组,在2009年2月,利用一头母水牛的耳部组织,培育出全球首头克隆水牛,但它出生后不到一周便死于肺炎。

近日,该研究小组利用胚胎组织,再度克隆出一头水牛,水牛目前健康状况良好。这头名为"加里玛"的克隆母牛,体重43千克。

报道说,作为"手导引式克隆技术"的一部分,研究人员利用胚胎组织克隆出"加里玛"。相比培育世界首只克隆羊"多利"所用的传统克隆技术,手导引式克隆技术不仅对仪器设备、时间和研究人员技能水平的要求较低,研究人员还可选定克隆水牛的性别。

2.牛基因组测序工作的新成果

(1)完成牛的全基因组测序。2006年8月,澳大利亚联邦科学与工业研究组织、新西兰农业研究协会等机构科学家组成的一个国际研究团队,完成了牛基因组测序的大部分工作。这项成果,使科学家改善牛类健康和疾病控制、提高牛肉和奶制品营养价值的能力大幅提升。

据介绍,新的全基因组序列包含了29亿个碱基对,这比以前版本的牛基因序列多了1/3以上。除测序工作以外,科学家对这些碱基对的差异性,即单核苷酸多态性(SNPs)也进行研究。碱基对的差异可以影响一个基因的功能,决定牲畜产量的高低。作为一种基因标记,对200多万种的单核苷酸多态性进行研究,也是此项基因测序工作的一部分。

该项研究得到美国5300万美元的资助。澳大利亚联邦科学与工业研究组织罗斯·特拉姆博士是"牛基因组序列项目"的澳大利亚代表。他说,"我们可以用这些数据来对那些与牛哺乳、繁殖、肌肉生长、生长率和疾病抵御等重要功能相关的基因进行鉴别。新的牛基因图标志着基因测序阶段的工作已经接近尾声,现在主要任务就是对有用数据进行分析。这是一个非常重要的消息。在今后50年的时间里,我们将在牛畜饲养和生产方面取得长足进步,我们将结束持续了8000年的传统畜牧模式。"

牛遗传学家们将用牛基因组,作为一个模板进行同类牛群和不同类牛群之间及牛与其他类型哺乳动物之间遗传变异的研究。

澳大利亚家联邦畜业生物信息研究带头人布赖恩·达尔利姆普勒认为,新的牛基因数据非常有价值,因为它能为研究人员提供一个更加完善的牛基因图谱,帮助研究人员修改脱氧核糖核酸代码以获得想要的产品特性。达尔利姆普勒说:"我们可以使用这些数据来对那些与牛哺乳、繁殖、肌肉生长、生长率和抗病性等重要功能相关的基因进行鉴别。"

赫里福种食用牛被选定为此项基因排序工程的样品牛。此项工程起始于2003年12月份,科学家还对荷尔斯坦牛、安格斯牛、泽西种乳牛、利姆辛牛、挪威红牛和婆罗门牛的基因进行了排序,以鉴定这些不同种类牛之间的特殊遗传差异性。

达尔利姆普勒博士说："这只是我们制造动物和食物革命的开端。一旦我们拥有一套完整的基因,如能影响肉嫩度的基因,我们将来就能对一种特定类型的动物喂养特定类型的草料或者谷物,使它能始终长出特定标准的嫩肉和像大理石花纹一样肥瘦相间的肉。"他说,尽管几个世纪以来一直进行的同系繁殖创造出了不同的品种,但是这种繁殖保持了"巨大"的遗传差异性。

(2)完成"千头公牛基因组测序计划"第一阶段。2014年7月14日,澳大利亚维多利亚州环境和初级产业部生物学家本·海耶斯领导的一个研究小组,在《自然·遗传学》杂志网络版发表论文称,"高大上"的基因测序技术在实际生产生活中其实也可用于畜牧业,譬如说用来增加牛类的产肉和产奶效率。在论文中,他们汇报了234头牛的完整DNA序列。这些"调查对象"所具有的品种内部遗传多样性,可以帮助畜牧业更好、更直接地选择健康的牛。

对未知基因组序列的物种进行个体的基因组测序,是一种强有力的工具。科学家可以通过生物信息手段,来分析不同个体基因组间的结构差异,进而研究与疾病相关基因的突变过程、细胞损伤修复路径、基因调控网络等。此次,海耶斯研究小组,把这一技术应用到奶牛和牛肉产业。

调查中,研究人员对黑白花荷尔斯坦牛(即最常见的奶牛,荷兰黑白花奶牛)、弗莱维赫牛(一种德系肉奶两用牛)、娟珊牛(一种产奶乳脂含量较高的奶牛)这三个品种中,232头公牛和2头母牛的基因组进行了测序。被测序的这些动物,是这三个种群中的"关键祖先"。这意味着,它们身上,应该有着每个品种内部主要的遗传多样性。

经过分析,研究人员用这些DNA序列定位了一些关键基因,正是这些基因与胚胎死亡、骨骼畸形、产奶能力和毛发卷曲相关。其中,胚胎死亡一直是影响牛生育力的主要因素。此次的研究发现让今后更加直接地选择健康的牛成为可能,从而增加了产肉和产奶的效率。

目前,已出炉的234头牛的完整序列,属于一个更大计划,即"千头公牛基因组测序计划"的一部分。这个计划旨在提升牛的健康,以更好地帮助奶牛和肉牛产业。

3.基因工程技术在牛身上取得的新成果

(1)利用基因技术提高牛肉的柔嫩度。2005年2月,有关媒体报道,美国农业研究服务中心的一个研究小组,正设法用已应用于食品工业的方法,来提高肉排的嫩度,满足消费者的需要。研究人员认为,肉排超过14天就不可以销售,这样才能保证最大的嫩度。他们还发现,μ-calpaina酶,以及一种叫作"钙蛋白酶抑制蛋白"的蛋白质变种,对肉的嫩度有重要影响。

钙蛋白酶抑制蛋白能决定蛋白酶活性和肉的嫩度,由于蛋白酶需要钙来激活,研究小组向肉中注入钙来使其变得柔嫩。研究人员还研究并将生产蛋白酶的基因排序进行比对,并发明了迅速确定哪头牛的肉更柔嫩的 DNA 测试方法,使得生产者能养殖这些动物。

(2)利用转基因牛生产人体胰岛素。2007 年 3 月,阿根廷生物技术公司介绍,他们在位于布宜诺斯艾利斯省北部的奶牛场成功繁殖了 4 头转基因牛犊。此前,研究人员已将参与人体胰岛素分泌的基因植入了这些牛犊的基因组中,这样,研究人员就能在产出的牛奶中提取人体胰岛素,用于治疗糖尿病。

据有关数据推算,25 头这种转基因牛产出的奶,所含的胰岛素就能满足 150 万名糖尿病患者的治疗需要,另外,通过克隆技术制造胰岛素比人工合成胰岛素的成本至少低 30%。

这种牛从外形上看跟普通牛没有什么两样,研究人员所做的,就是在把克隆牛的胚胎放入母体前加入人类基因。这样,当牛犊长大,体内便携带着人类的激素。对其所产的牛奶进行灭菌处理后,就可以提炼出胰岛素,用于对糖尿病的治疗。

4.细胞工程技术在牛身上取得的新成果

(1)利用从牛羊身上提取的活细胞组织培育人造耳。2013 年 7 月 31 日,英国《独立报》报道,美国麻省总医院科学家组成的一个研究小组,利用从牛和羊身上提取出的活组织培育出了人造耳,这一器官有望用来替代患者受损或已经失去的部分耳朵。相关研究发表在近期《交界》杂志上。

报道称,研究人员用从牛身上提取出来的胶原结缔组织,来形成人的耳郭并用钛线将其固定在合适的地方,随后,他们将从羊身上提取出来的耳朵软骨细胞,"播种"在这些多孔的胶原结缔组织周围,软骨细胞在这些多孔的胶原纤维内发育成了耳朵。这是科学家们在 3D 生物工程器官领域取得的最新进展,这一领域的主要目的,是在实验室中培育出替代性的人类器官。

研究人员表示,目前制造出的这种人造耳只是一种"概念"模型,在将其移植到人体前,还需要进一步的研究。不过,他们认为,罹患先天性小耳畸形的儿童,可能很快可以进行人造耳的移植手术,这些替代耳有望与他们的大脑永久地结合在一起。

研究人员表示,这种人造耳的一个关键特性是内嵌有钛线的软骨支架,钛线有两方面的作用,一是保持软骨支架的形状,二是维持其柔韧性。他们表示:"我们正在对这一技术进行临床试验,我们已经按比例扩大了这一支架并对其形状进行了重新设计,以使得其大小和外形都同人耳毫无差别。"

研究人员把这些人造耳在缺乏免疫系统的实验鼠身上进行了实验,证明它可以同血管相连且不会发生排斥反应。不过,他们表示,在进行人体移植时,这种耳朵如果不是用患者自己的干细胞制成,仍然要同时服用抗排斥药物。

(2)用 35 年前的冷冻精子通过人工授精孕育出小牛犊。2015 年 8 月 20 日,加拿大多伦多媒体报道说,"谁是你们的爸爸,它们去哪儿吃草了?"这个问题,对于加拿大多伦多动物园最新诞下的两头小牛犊来说有些复杂。这两头美洲森林野牛,通过人工授精孕育后,分别于 2015 年 7 月 21 日和 7 月 28 日,在多伦多动物园呱呱坠地。

这两头雄性牛犊,各有特别的出身,开创了多伦多动物园的两项新纪录。其中之一,是多伦多动物园的第一头二代人工授精野牛,其母亲也是通过人工授精方式降生在该园的 6 头老野牛之一。另一头牛犊,则产自一个 1980 年在阿尔伯塔省麋鹿岛采集并冷冻保存的精子,这是该动物园用于人工授精并成功孕育、诞下幼崽的保存时间最长的精子。

多伦多动物园拥有北美地区仅有的几个生殖生理学实验室之一,并参与了野生动物物种库项目,该项目利用冷冻活细胞(如精子或胚胎)来保护未来的遗传多样性。该园生殖项目和研究馆馆长加布里埃拉·马斯特洛莫纳克称,这是遗传物质跨越时空转换的一个经典案例,说明科学家只要妥善地保存好一个物种的遗传物质,这个物种或永远不会消亡。

作为可持续研究项目的一部分,这是多伦多动物园连续 5 年通过人工授精方式产下野牛犊。在萨斯喀彻温大学的协作下,多伦多动物园一直在不断改进美洲森林野牛的人工授精技术。研究人员在最初两年仅使用冷却的精子,之后两年开始使用解冻的精子,在试验成功的基础上,才在第 5 年使用了保存时间达 35 年之久的冷冻精子。

多伦多动物园表示,这两头美洲森林野牛的降生,将有助于该物种的保护工作。野生美洲森林野牛的数量,目前仅存 3500 头左右。野外生存的森林野牛极易患病,其一旦生病就无法通过人工授精方式传递遗传物质。采用过去保存的精子样本产下的健康新牛犊,将在未来几十年里帮助该物种得以顺利延续。

5. 研究牛奶取得的新成果

(1)开发出牛奶长期保鲜的新方法。2005 年 3 月,有关媒体报道,法国国家农艺学研究所开发出使牛奶既能保留新鲜滋味又能长期保存的方法。这种新方法是先对新鲜牛奶进行脱脂,让脱脂奶经过孔径为 0.5 微米的特殊薄膜,过滤掉其中的微生物,最后再将脱脂后的奶在 96℃ 保持 6 秒钟。加热的目的不是杀菌消毒,而是为了使奶中的酶失去活性,避免在储存时变质。

通常超高温奶的加工是将新鲜牛奶在 120 ~ 140℃ 高温下加热 2 ~ 4 秒。消毒鲜奶的加工过程,是将奶加热到 60℃ ~ 90℃ 再迅速降温。新的保鲜方法,与上述两者都不同,采用新工艺加工的牛奶,可以在常温下保鲜 4 ~ 6 个月。欧洲一些国家消费者品尝后,认为其味道仍然鲜香。不过,这种新工艺目前只适用于脱脂奶,因为奶中油脂的灭菌处理还需要采取传统的超高温工艺。

(2)确认牛奶成分可防放射伤害。2007 年 1 月,日本《读卖新闻》报道说,日本放射医学综合研究所等机构的研究人员,经动物实验确认,牛奶和人类母乳中都含有的成分乳铁蛋白具有防止放射伤害的功效。

研究人员把50只实验鼠分成数量相同的两组,只给其中一组的饲料中混入0.1%的乳铁蛋白,并持续一个月。接着,用足以导致半数以上实验鼠死亡的高剂量X射线,照射全部50只实验鼠。受X射线照射30天后,未食用乳铁蛋白的实验鼠生存率为62%,而食用含乳铁蛋白饲料的实验鼠生存率达85%。

研究人员还进行了"紧急治疗实验",用相同剂量的X射线,照射另外一些未食用乳铁蛋白的实验鼠。照射之后,立即向实验鼠腹部,注射含4毫克乳铁蛋白的食盐水0.3毫升。接受紧急治疗的这些实验鼠30天后的生存率高达90%。

乳铁蛋白具有抗氧化作用,可除去癌症诱因之一的活性氧。研究人员认为,乳铁蛋白防止放射伤害,应该也是这种抗氧化性质在起作用。

(3)发现牛奶增加肌肉量明显优于豆类饮料。2007年4月,加拿大麦克马斯特大学运动机能学系,运动机能学研究生莎拉·威尔金森负责,运动机能学副教授斯图尔特·菲利普斯等人参与的一个研究小组,在《美国临床营养学》杂志上发表研究成果称,他们研究表明,牛奶蛋白对于增加肌肉的效果,要显著好于大豆类蛋白。

研究人员比较了在进行了强度很高的重劳动之后,分别摄入相同分量的脱脂牛奶蛋白及大豆饮料蛋白之后,人类能获得的肌肉蛋白的量。威尔金森表示:"我们的想法是牛奶的效果要比豆类好,产生这样想法的原因,最初是源于一些法国科学家的工作,但是牛奶蛋白对于肌肉的作用如此明显,确实是出乎我们意料的。"

研究结果显示,如果一位男性在每次劳动之后摄入大约两杯脱脂牛奶,那么在接下来的10周时间内他会增加的肌肉量,是服用同样量的豆类饮料的2倍。

菲利普斯说:"这是很有意思的发现,因为从营养学的角度来看,大豆和牛奶蛋白都是完全蛋白,它们基本是一致的。我们的研究却清晰地表明,牛奶蛋白对于增加肌肉质量而言是一种更优的选择。"

科学家还发现,牛奶和大豆蛋白的成分并无显著区别。现阶段,研究小组并不确定为什么牛奶的效果更好,或许牛奶中两种蛋白乳清和酪蛋白是其中的原因。菲利普斯表示:"下一阶段,我们将进行长期实验,以观察这些短期实验结果能否得到复制。"

(4)实验发现牛奶所含物质可预防肥胖。2012年6月5日,瑞士洛桑联邦理工学院发表公报说,该学院一个研究小组在《细胞·代谢》杂志上发表的报告表明,在小鼠实验中,他们发现牛奶所含的一种名为烟酰胺核苷的物质,有助于预防肥胖。

研究人员介绍道,他们从牛奶中提取出烟酰胺核苷,并给小鼠大剂量喂食这种物质此后让它们进食脂肪含量很高的食物。经过一段时间的观察后,研究人员发现,这种物质能帮助小鼠迅速消化分解摄入的脂肪,即便长时间进食高脂食物也不会肥胖。

研究人员表示,这种物质,可能会起到加速新陈代谢的作用,但它的实际效用还有待进一步临床试验来验证。

四、羊亚科动物研究的新进展

1.绵羊繁育研究取得的新成果

(1)培育出可防羊瘙痒病绵羊新品种。2006年3月21日,希腊兽医学家在萨洛尼卡举行的一次研讨会上披露,希腊有关方面培育出一种被称为"超级绵羊"的新品种,这种绵羊对致命的羊瘙痒病有极强的免疫力。

羊瘙痒病是一种危害羊中枢神经系统的亚急性海绵状脑病。病羊的中枢神经系统会出现变异,脑组织呈海绵状病变,主要症状为运动机能下降、步态不稳等,这种病最终会导致病羊死亡。羊瘙痒病和疯牛病类似,具有传染性,但至今尚未发现它会传染给人类。

据报道,希腊政府已向希腊北方牧民提供了一批可防羊瘙痒病绵羊。这是希腊政府改良羊类品种的项目之一,政府希望通过对绵羊和山羊的逐步改良,减少羊瘙痒病对全国畜牧业的影响。

(2)子宫移植实验绵羊怀孕。2007年4月5日,俄罗斯国际传媒新闻网报道,瑞典哥德堡大学妇产医学专家布伦斯特列姆教授领导的一个研究小组,在绵羊身上进行子宫移植手术实验的活动。近日传出喜讯,首批接受子宫移植手术实验的绵羊已经自然受孕。这项实验的成功,使研究人员相信,他们有望在未来几年内发展出人类子宫移植手术,这种手术可以帮助子宫受损或切除的女性自然怀孕并生出自己的宝宝。

布伦斯特列姆介绍说,医学专家们首先把母绵羊体内的子宫完整地取出来,然后让子宫在绵羊体外保存一段时间,最后再把子宫重新植入母绵羊体内,结果被植入的子宫恢复了先前的功能。他表示,这是瑞典医学界第一次在大型哺乳类动物身上,做子宫移植手术实验,近日,已经有4只接受上述手术的母绵羊,在农场中与公绵羊交配后怀孕。他认为,这项实验的成功,已经让医学工作者离实现人体子宫移植手术的目标跨进了一大步。

布伦斯特列姆说,在绵羊身上做子宫移植手术的关键,是把众多血管和子宫组织重新连接好,血压循环恢复后,子宫就能进行正常的生理活动。研究人员认为,子宫移植与代孕母亲比较起来有诸多好处,因为如果医生把胚胎植入另一个妇女体内,那么胚胎基因学上的母亲就失去了控制权,她不知道这位代孕母亲有没有不良嗜好从而损害婴儿的健康成长,另一个问题则是母亲与孩子间失去了怀孕与生产期间的互动。

研究人员还透露,如果这种手术最终能在人身上成功实现,那么它将帮助许多患有"罗基坦斯基综合征"的妇女摆脱不能生育的苦恼。这种罕见的先天性疾病能导致女性子宫发育畸形,虽然卵巢可以产出健康的卵子,却无法正常怀孕。

数据显示,每5000名妇女中就有一人患有这种病。对那些遭受子宫颈癌或纤维瘤折磨的妇女来说,子宫移植手术也能给她们提供自然怀孕的机会。

研究人员说,摆在医学工作者面前需要解决的问题还很多。他们希望进一步改进这种手术技术。在人类身上尝试子宫移植入手术前,医学专家们还要在其他哺乳类动物身上进行许多实验。

2. 开发羊绒和羊毛取得的新成果

(1)开发改性莱泽诺娃羊绒。2005年7月,日本媒体报道,日本大金工业公司化学事业部,运用特殊的氟化处理技术对羊绒进行处理后,使羊绒制品的某些物理性能改变,在普通条件下可进行水洗而不会收缩和发硬。这种经处理后的羊绒称为莱泽诺娃羊绒。

这种技术是作为提高皮革的柔软度而开发的,最近该公司把这项技术引申到处理羊绒方面,对羊绒纤维在含特殊氟化物溶液中浸透,使其与羊绒纤维结合,改变羊绒的某些不良性质而羊绒其他优良的性能不受影响。

据悉,经过这种技术处理后,羊绒有拒水和拒油特性,所以不易沾污。研究人员表示,该技术还可以进一步运用到所有动物蛋白质纤维,如毛、真丝等。

(2)研制出羊毛大豆纤维面料。2007年12月,意大利媒体报道,比埃拉地区的REDA公司是高级男装羊毛织品制造商,一直为世界顶级男装品牌提供羊毛面料。经过一年多的研发过程,这家公司在发布一项新成果:羊毛与大豆纤维融合的高端面料,它体现了这家企业在不断创新技术的同时对环境保护的注重。

大豆纤维原色为黄色,触感柔软而细密,自身性能好于棉和丝,而且易于上色,具有出色的光泽度。它有棉的手感、吸湿能力和更好的透气性,有丝绸的亮丽光泽,而且富含氨基酸,对皮肤有保护作用。因此,大豆纤维织品比棉织品更舒适,更有益于健康。

把大豆纤维与羊毛融为一体形成的新型面料,具有诸多优越的特性:富有弹性,经久耐穿,舒适透气,又保留了羊毛的热隔绝性能,既防严寒又耐高温。

研发者认为,越来越多消费者,寻求在整个生产过程中,产品及特质都具有自然特性的创新面料。这里研发的羊毛-大豆纤维这种新型面料,其目的正是为了满足消费者的这种需求。同时,研发者表示,这种新面料生产过程,严格控制所涉及的化学助剂,最大限度地保证成品的自然特性,确保穿着者的安全,以及在生产过程中最低程度地对环境造成影响。

五、猪科动物研究的新进展

1. 克隆技术在猪身上取得的新成果

(1)破解克隆猪早亡的原因。2005年5月,一个由韩国庆尚大学、汉阳大学和大邱天主教大学等联合组成的科研小组,在德国《蛋白质体学》杂志上发表论文称,他们通过解剖实验发现,克隆动物早亡的主要原因是血液循环障碍,而不是此前猜测的肺功能障碍。

据报道,迄今有 30% ~70% 的克隆动物在出生一周内就会死亡。曾有科学家推测,这些克隆动物的死亡原因,可能是肺功能障碍引起的呼吸困难,但其病理原因不详。

现在,韩国科研小组对体细胞克隆动物的早亡原因进行研究。他们对 28 头早亡的克隆猪进行解剖,寻找这些猪死亡的原因。从解剖结果看,患脑膜炎的猪 7头,因关节炎无法站立的猪 6 头,有肝和肺瘀血现象的猪各有 3 头,患面部畸形和无精子症的猪各有 1 头。但经病理分析,28 头克隆猪的直接死亡原因,大部分是由心脏功能性病变引起的血液循环障碍。

该科研小组还对死亡的克隆猪进行蛋白质抽取实验,发现这些克隆猪体内存在 16 种普通猪体内没有的蛋白质。据分析,这些异常蛋白质很可能会导致心脏功能障碍和供血不足,进而引发各种脏器病变,最终导致克隆猪早亡。

专家解释说,人类克隆具有抗免疫排异反应的动物目前已获成功。但是,如果把克隆动物的器官用于人体移植,不仅要解决免疫排异反应等问题,还要解决由异常蛋白质引起的器官安全问题。因此,要实现把克隆动物的器官真正移植到人体的目标,尚有一段较远的路要走。

该科研小组计划利用他们从克隆猪体内发现的异常蛋白质,研制异常蛋白质诊断仪,用于对刚出生的克隆动物进行异常蛋白质检测。

(2)培育出可生产抗癌辅助成分的克隆猪。2005 年 8 月,有关媒体报道,韩国忠南大学朴昌植负责的转基因克隆猪研究中心,与韩国一家生物技术企业合作培育出的克隆猪,能够产生一种可用作抗癌辅助治疗剂的蛋白质。

报道说,这种克隆猪在发育成熟后,其分泌的奶水中将包含名为"粒细胞 - 巨噬细胞集落刺激因子"(GM - CSF)的蛋白质。GM - CSF 属于人体少量分泌的蛋白质,具有促进白细胞生成的作用,在治疗白血病、贫血和癌症时,可缓解白细胞缺乏现象。据专家介绍,这种蛋白质目前每克售价高达 60 万美元。

研究人员首先在母猪体细胞中,植入人的 GM - CSF 基因,并利用克隆技术培育出约 1600 个猪胚胎,然后把这些胚胎植入代孕母猪子宫内,最终获得 4 头可产生 GM - CSF 蛋白质的克隆猪。

报道说,韩国研究人员已经就此项成果在韩国申请了专利,如果这项技术成功得以商业化,估计能创造年均 6 亿美元左右的收入。但专家指出,该技术实现商业化可能还需要很长一段时间。

(3)培育出能治糖尿病的克隆猪。2007 年 1 月 1 日,韩国《朝鲜日报》报道称,韩国京畿道利川 Mgen 研究所诞生了 10 头特殊的小猪。它们的妈妈是 2005年出生的、世界上第一头可治疗糖尿病的克隆猪。这些小猪能为糖尿病患者提供无免疫排斥反应的胰岛素分泌细胞,是给韩国生物产业带来希望的新年"福猪"。

Mgen 研究所是开发异种脏器技术的生命工程公司。2005 年 7 月 12 日,该所成功克隆了 5 头携带人类基因(HLA—G)的小猪,但仅有 1 只存活,即刚刚产下"福猪"的猪妈妈。

研究人员介绍,这种克隆猪的外表和普通猪差不多,但它们是一种迷你猪,成年后,体重也只有 60 千克。此外,猪的蛋白质结构及脏器大小与人类相似,因此能够用于人类器官移植。

Mgen 研究所所长朴光旭表示,计划马上着手提取出"福猪"的胰岛细胞,并以猴子为对象实施第一例移植手术。如果顺利,3 年内可研制出无免疫排斥反应的胰岛细胞,进入人体临床试验。

(4)培育出发橙色光的克隆猪。2007 年 4 月 3 日,《日经产业新闻》报道说,日本明治大学、筑波大学和理化研究所脑科学综合研究中心等机构人员组成的研究小组,借助"精巧石芝珊瑚虫"基因,培育出脏器和组织都能发出橙色光的克隆猪,这种克隆猪有望被用于再生医疗和异种移植领域的研究。

"精巧石芝珊瑚虫"生存在冲绳等海域,体内含有一种名为"huKO"的基因,这种基因在特定光的照射下,会发出橙色光。研究人员把"huKO"基因组合入病毒,再让病毒感染猪的胚胎,病毒会携带"huKO"基因进入胚胎细胞的细胞核。接着,研究人员取出已经被导入"huKO"基因的胚胎细胞的细胞核,并把细胞核植入事先去除卵核的卵子,并使这些经过改造的卵子发育成克隆胚胎。

研究人员总共培育了 429 个克隆胚胎,然后把这些克隆胚胎分别植入 4 头母猪的子宫。4 头母猪全部成功妊娠,最后有 18 头小猪降生。经检查,这些小猪的脑、心脏、肺、胰腺、肾脏、软骨及眼球等都能够发出橙色光,证明"huKO"基因已顺利进入小猪的细胞。

猪的器官和组织的形态及机能,与人类极其相似,因此猪有可能为人类移植提供器官和组织。使克隆猪发光将有助未来进行移植测试时,研究人员对被移植的猪器官和组织进行跟踪研究。

(5)用骨髓干细胞克隆猪获得成功。2007 年 12 月 27 日,韩国《东亚日报》网站报道,韩国庆尚大学、江原大学、忠北大学等院校联合组成的一个科研小组,利用骨髓干细胞成功克隆出一头猪。与以往动物克隆研究大多采用体细胞克隆比较,新成果采用的方法可使猪的克隆成功率大幅提升。

在解剖学和生理学方面,猪和人都有很多相似之处。所以,猪是研究人员进行医学研究的重要模型。这次,韩国研究人员进行骨髓干细胞克隆猪的研究。他们从重约 70 千克的母猪骨髓中提取出间质干细胞,并将其与去除了细胞核的猪的卵子结合,通过电击获得了克隆受精卵,随后把克隆受精卵放到了母猪的子宫内,经过一段时间的孕育,母猪成功产下了克隆小猪。

参与研究的科学家指出,此前克隆动物主要利用的是体细胞。但是采用体细胞进行克隆时,容易发生受精卵死亡或者畸形、流产、早产等问题,因此克隆成功率仅为 1% ~5% 。而使用骨髓干细胞后,克隆猪的成功率已经提高到 20% 。

（6）克隆出拥有人类免疫基因的迷你猪。2009年8月12日，《朝鲜日报》报道，韩国忠南大学教授陈东日和Mgen公司研究人员共同组成的研究小组，正在韩国农村振兴厅生物器官研究团，就"异种间器官移植时免疫排斥反应"进行研究。该研究小组表示，他们培育的一只名叫"Xeno"小猪，是拥有人类免疫基因的转基因克隆迷你猪，目前它已经健康成长90天。据称这项研究，对异种器官移植具有重大意义。

据报道，此次克隆的迷你猪，是将拥有"FasL基因"的迷你猪体细胞，移植到普通猪的卵子中，产生克隆卵，然后再移植到和体细胞种类相同的迷你猪身上，在115天之后通过自然分娩诞生的。

报道称，如果把拥有 FasL 基因的猪器官移植给人类，人体排斥反应会大大减少。一般来说，如果将异种器官移植给人类，人体会将外部器官视为病毒之类的侵入者，出现不同阶段的排斥反应。其中包括移植后短期内出现的"超急性排斥反应"和几天后出现的"急性排斥反应"，以及几个月后出现的"细胞性排斥反应"等。"Xeno"是将超急性排斥反应基因摘除的克隆迷你猪。此次诞生的克隆猪，是在猪身上表现出人体免疫细胞相关基因中的一种。因此，在将这种猪的器官移植给人类时，人体把它识别为人体器官，而不是猪器官，从而大幅减少细胞毒性反应。

生物器官研究团计划，今后通过可以抑制超急性免疫基因的"Xeno"，与拥有人体免疫基因的猪的交配，诞生出可以在异种器官移植时使排斥反应降到最低程度的猪。

（7）利用体细胞克隆技术培育出无免疫力猪。2012年6月13日，日本农业生物资源研究所一个研究小组，在美国《细胞·干细胞》杂志上发表发表研究成果称，他们成功培育出无免疫力猪。这是世界首次人工培育成功无免疫机能的大型动物。

研究小组提取猪胎儿体细胞，导入无免疫机能基因，利用体细胞克隆技术，克隆出40头遗传基因相同的猪仔，其中14头没有免疫机能所必需的胸腺。由于免疫机能丧失，易患感染症等，14头中只有5头顺利接受了正常猪的骨髓移植，其中3头目前已存活1年零2个月以上。

目前，有关白血病及新药开发等的研究多利用免疫机能不全的老鼠，移植入人体细胞和组织等，观察病理反应和药效。但老鼠脏器与人体相差较大，寿命仅有2～3年，不能满足对疾病和药效的长期观察、验证需要。寿命达10年以上无免疫机能大型动物的培育成功，为iPS细胞安全性确认、人体器官再生以及新药开发等提供了更加有利的科研手段。

2.基因工程技术在猪身上取得的新成果

（1）运用基因技术成功研制出"绿色"猪肉。2006年4月，美国媒体报道，哈佛医学院专家京艾克斯·康博士领导，他的同事参加的一个研究小组，研制出一

种含有高浓缩 ω-3 脂肪酸的猪肉。

研究专家,把提取自土壤线虫中的一种被称作 ω-3 的脂肪酸注入猪的基因中。通过这种方式,可以使猪肉体中产生更高含量的 ω-3 脂肪酸。

ω-3 是一种高浓缩脂肪酸,通常在一些特殊种类的鱼体中才能找到。另外,还可以从亚麻籽、大豆油中提取。它可以帮助人体更好地分解胆固醇,减少血栓的形成,阻止心脑血管炎症的发生。康博士曾发表过一份报告表示,研究小组已成功地把这种脂肪酸的基因,转移到猪的身体中,希望通过一段时间的观察和实验,就可以创造出一种含有更高水平 ω-3 脂肪酸的猪肉。

目前,研究人员还没有对此类型猪肉进行味道测验,康博士表示过不了多长时间,这种猪肉将有可能被应用,他的研究室工作人员已经开始研制针对牛肉和鸡肉使用的 ω-3 脂肪酸基因。

(2)开发转基因猪胚胎的冷冻和保存新技术。2006 年 5 月 3 日,密苏里-哥伦比亚大学,再生生物技术教授普拉瑟领导的一个研究小组,在《生殖生物学》杂志网络版上,公布了他们在冷冻和保存转基因猪胚胎的新成果。他们把这些经过遗传物质改造的猪胚胎,融化并移植给代孕母猪,一些胚胎发育成具有新遗传特征的活小猪。研究人员指出,他们这种新技术,可能使遗传改造的猪以胚胎形式在世界各国间运输。

由于许多胚胎是代孕雌猪成功受孕必需的。因此,这种新方法,将能使人们能够收集适量改造胚胎,并储存到需要移植给代孕母猪时。

猪胚胎由于胚胎细胞脂质水平较高而对冷很敏感,因此很难冷冻和保存。而且,离体产生的猪胚胎冷冻和保存被认为是更加困难的事。

研究小组在与经过遗传物质改造的雄猪肌肉细胞融合前,首先将未受精卵的脂质移除,从而克服了这个技术障碍。这种方法产生的胚胎在胚囊阶段被冷冻。

经过融化,胚胎被移植给了代孕的母猪。实验显示,被放置到两只代孕母猪的输卵管中的胚胎,使母猪怀孕并使母猪成功产崽。

分析结果表明,这些小猪携带了经过改造的遗传物质,并且新基因改变了小猪中脂肪酸的含量。接下来,研究人员还将对这种技术进行改良。研究小组希望冷冻和保存猪胚胎将能促进携带有经济价值的遗传特性的猪的生产及生物医药的研究。

(3)率先把基因技术用于种猪选育。2010 年 10 月 27 日,《日德兰邮报》报道,丹麦奥胡斯大学农业科学学院与丹麦农业行业组织共同组成的研究小组,跟养猪户一起,正在联合实施一项使用快速基因检测技术选育种猪的计划,这将使丹麦成为世界上首个把基因技术用于种猪选育的国家。

报道说,预计未来几年内,丹麦用新的基因技术选育出的种猪将超过种猪总数的 30%。这项技术将为丹麦带来数十亿丹麦克朗的利润,并使其在面对外国竞争者时具有显著优势。

研究人员说,他们经过数年研究,绘制出了猪基因组图谱,并研究了基因对猪的生长和发育的影响,因而能够利用基因技术识别出最好的种猪。

目前,用传统育种技术改良的种猪,可以为丹麦的养猪业增加每头猪 12 丹麦克朗的收益,而采用最新的基因检测技术之后,增加的收益将至少提高到每头猪 16 丹麦克朗。

(4)通过基因编辑技术把猪变成人类器官的捐献者。2015 年 10 月,美国哈佛医学院遗传学实验室的乔治·邱奇领导的研究小组,在《自然》杂志上发表研究报告称,他们攻克了让猪成为人体器官捐献者的一个最大难关:断绝猪内源性逆转录病毒(PERVs)在器官移植接受者体内重新激活的可能性。这一历史性突破,有望使猪成为完美的人类器官捐献者。

在自然界,猪与人类之间的紧密亲缘关系,让其具有了成为人类器官捐献者的潜力。几十年来,科学家也一直努力使其成为人类器官移植的稳定供应源,但人体免疫系统的排斥反应和猪基因中病毒造成的感染是研究的两大阻碍。此次,邱奇领导的研究解决了这些问题。他们通过 CRISPR/Cas9 基因编辑技术,成功地在猪胚胎中灭活了 62 种猪内源性逆转录病毒。这一数量,是科学家在其他动物身上所能灭活的内源性逆转录病毒数量的十倍。研究人员认为,这一成就使其能够制造出合适的人类器官捐献者。

据报道,研究小组还对猪胚胎中超过 20 个基因进行了修饰,以解决器官移植后的人体免疫系统的排斥反映问题。研究小组目前拒绝透露所修饰的具体基因包括哪些,但表示要使得猪成为人类器官移植的来源,对某些基因的修饰和灭活内源性逆转录病毒,二者缺一不可。

灵长类动物的基因组中,拥有一百多万个特定类型的重复元件副本(Alu),被认为是逆转录病毒衍生物。最新研究表明,猪基因组中大约有 11% 的重复元件(PRE-1),这一比例与灵长类动物的 Alu 几乎相同。研究人员称,这些猪重复元件的结构和功能,非常类似于灵长类动物的 Alu,暗示人类和猪之间存在比之前所认为的关系亲近得多。

研究人员希望,能尽快把经过基因编辑的猪胚胎植入母猪体内,并认为,猪是一种能同时作为食物、宠物和器官备份的动物,如果通过基因编辑也能给猪装上声带,它们也许就能够与人类谈判达成协议,以后面两种身份服务,而不仅仅只作为食物。

3.研究猪科动物驯化模式的新见解

提出野猪驯化的一个新观点。2015 年 9 月,动物学家劳伦特·弗朗茨等人组成的一个研究小组,在《自然·遗传学》网络版上,发表了他们对野猪是如何被驯化成家猪的新见解。该研究发现,动物驯化研究所使用的一个重要假设与现代野猪、家猪的遗传数据相矛盾。

在数千年前,人类就开始驯化野生动物用于农业生产。曾有人假设认为,这种驯化过程,可能从野生种群中永久地分离出相对较少的一批动物个体。

弗朗茨等人研究了欧洲和亚洲超过 600 多头家猪和野猪的遗传数据。这些数据显示,欧洲家猪不出意外地起源于亚洲家猪,但是它们与欧洲野猪却共有着很大一部分比例的 DNA。

研究人员测试了几种进化模型,发现只有家猪和野猪曾在历史上发生过混交才能最好地解释这些数据。因此,对于欧洲品种来说,家猪是众多野生种类中的一个镶嵌品种,包括了可能灭绝的一些种类。亚洲猪的数据则显示出一种相似,但尚不明确的驯化模式。

研究人员猜测,人类基于农业生产中重要性的考虑而做出的持续选择,抵消了这种混交带来的影响,从而使驯化能够得以继续。

六、犬科动物研究的新进展

1. 克隆技术在犬科动物上取得的成果

(1)成功培育出雌性克隆狼。据报道,首尔大学教授李柄千和申南植领导的研究小组,在 2005 年 10 月 18 日和 26 日,先后获得两条体重分别为 430 克和 530 克的雌性克隆狼。

研究人员从首尔大公园饲养的灰狼耳朵上采集了体细胞,将从中提取的细胞核植入剔除了细胞核的狗的卵子内,利用狗代孕产出了幼崽。试验总共从 41 条实验狗体内采集了 251 个卵子,经克隆处理的卵子被植入 12 只代理母亲的子宫中。最后,有两只代理母亲成功怀孕,通过剖腹产手术各产出一只克隆狼。这样,第一次克隆狼的克隆率就达到 16.7%,是一个相当不错的成绩。据统计,克隆狗研究,最初完成时克隆成功率只有 0.8%,其后克隆狗的成功率上升到 25%。

这次被克隆的灰狼,是韩国环境部指定的 1 级野生保护动物。到目前为止,韩国已有 20 年没发现野生灰狼。

(2)培育出紫外线下呈红色的转基因克隆狗。2009 年 4 月,英国《新科学家》杂志报道,韩国科学家成功克隆培育出荧光猎兔犬,它们也是世界上第一批转基因实验狗。其中包括被科学家命名"鲁比 - 珀皮"(Ruby Puppy)在内的 5 只猎兔犬,在紫外光线下都呈现出红色荧光。

韩国首尔国立大学李炳春领导的研究小组,通过克隆成纤维细胞,成功培育出几只兔犬,成纤维细胞可表达出海葵产生的红色荧光基因。

美国列克星敦市肯塔基州立大学的康车民是该研究小组成员之一,他说,本次培育的转基因实验狗,目的是用于纯理论的研究。下一步,他们将培育用于真实治疗人类疾病的转基因实验狗。据悉,其他科学家通过家犬研究分析人类疾病时,很少培育转基因实验狗。

狗已作为一些人类疾病的动物研究模型,比如:发作性睡眠、癌症和失明。科学家将通过胎动复生(quickening)模型寻找导致疾病的根源性基因,因此狗的基因序列改良对于该研究颇有帮助。但由于数以百计的宠物犬主人的反对,很大程度地限制了狗基因研究人员收集 DNA 基因。

(3)成功克隆"9·11"英雄搜救犬。2009 年 6 月,有关媒体报道,一只在"9·11"恐怖袭击事件中,寻找到幸存人员的英雄搜救犬,有了自己的克隆后代。成功克隆的 5 只小狗,已送给搜救犬原来的主人。

据报道,英雄搜救犬名叫特拉克,是一只德国牧羊犬。在"9·11"恐怖袭击发生后,它随同其主人、警察赛明顿和第一批救援人员赶到事发现场,连续工作 48 小时后,在纽约世贸中心双子楼的废墟中,发现了最后一名幸存者。特拉克成为英雄搜救犬,但不幸于 2009 年春季死亡。

为了让特拉克留下后代,赛明顿参加了一项寻找最有克隆价值的狗的竞赛活动,并且胜出。竞赛的组织者,美国 BioArt 国际生物技术公司,是世界上第一家提供商业克隆狗服务的企业,经与韩国一家生物技术研究基金会合作,该公司克隆出 5 只特拉克的后代。

公司首席执行官霍索恩说,他们之所以选择克隆特拉克,是被它的英雄事迹所打动。但克隆狗并非普通养狗人能够负担得起,一只克隆狗的要价高达 14.4 万美元。

据报道,赛明顿看到这 5 只小狗时,激动得热泪盈眶。他发现,其中一只小狗,不管是叫声,还是体态,都几乎和特拉克一模一样。赛明顿说,特拉克是一只具有特殊才能的狗,他希望这 5 只小狗能够继承特拉克的特质,有朝一日也能成为出色的搜救犬。

2. 狗生理特点研究的新见解

(1)发现狗类并非真正的色盲动物。2013 年 7 月,俄罗斯媒体报道,事实上,狗类与大多数哺乳动物一样,眼中只有两种视锥细胞,而人类眼中有三种。每一种视锥细胞都对一种不同的光波长度敏感。我们的三种视锥细胞,通过探测不同的波长并且进行组合,能够传递各种色调的信号。不过,一个俄罗斯研究小组的最新研究表明:尽管狗类的色彩视觉有限,但是它们通常能根据物体的色度进行区分。

但是由于狗类只有两种视锥细胞,它们观察色彩的能力与我们相比,事实上相当局限。因此,研究人员一直都认为,狗很少依靠色彩来区分物体,而是仅仅依靠物品的黑暗和明亮来进行区分。但是一些研究表明,这个观点也是一个误解。

该研究小组最近发现,狗类更可能是通过纸张的色彩而不是亮度来进行识别。研究人员分别用深黄色、淡黄色、深蓝色和淡蓝色打印了四张纸。在试验开始的训练阶段,研究人员取出色彩和亮度都不同的两张纸,分别放在一个存有一小块生肉盒子前。只有一个箱子是未上锁而且能轻易接近,每次同一张纸都放在那个箱子前面。每次试验时,狗都只被允许尝试打开一个盒子,并且马上就会被阻止。经过短短几次试验,每只狗都学会如何照常挑选出正确的盒子,这就表明,它将未上锁的肉盒子与特定的纸联系到一起。

随后,研究人员改变了测试方式,对一只学会"深黄色纸——等于肉"的狗,他们给出了两个新选择:深蓝色和浅黄色纸。如果它试图打开深蓝色纸后面的盒子,那就表明它根据亮度做出的选择。如果它选择浅黄色,那它就是根据色彩选择。经过10次测试之后,所有的狗超过70%的时间,都是根据色彩做出的选择。

这是一个小样本测试,而且所有的狗都是混种,因此有可能这一结论无法应用于所有狗类物种。但是如果这一发现适用更广泛,它就有可能在驯狗领域取得一些效果。这项最新研究让我们更好地了解狗眼所看到的世界,或许比我们之前认为的更加丰富多彩。

(2)研究发现养狗可预防过敏。2013年12月,美国加州大学旧金山分校微生物学家苏珊·林奇领导的一个研究小组,在美国《国家科学院学报》网络版上发表论文称,他们的研究表明,婴幼儿接触狗和家畜,可以减少将来患过敏和哮喘的概率。目前,研究人员发现,这样的影响来自于在肠道中生活的细菌。科学家以小鼠为研究对象,通过实验发现,即使不养狗,在婴儿饮食中添加适当的细菌,也可以达到预防过敏的效果。

未参与这项研究的荷兰马斯特里赫特大学医学中心分子流行病学专家约翰·潘得斯说:"该研究非常清楚地证明了,环境因素如何通过影响肠道菌群发挥对抗过敏的效应。"他指出,这项研究提供了新的启示,给人们通过调节肠道菌群预防或治疗过敏指明了道路。

10多年前,美国研究人员通过分析儿童健康报告发现,养狗和猫的孩子患过敏和哮喘的概率明显减少,尤其是宠物狗的效果最为理想。欧洲的流行病学研究也支持这一关联,并提出不仅是宠物,家畜也可以起到类似效果。2010年,林奇发现,间歇生活在户外的宠物狗,会将环境中的微生物带到家里,其中一些微生物还出现在人体肠道中。她希望弄清,宠物狗所提供的过敏保护是否跟肠道菌有关。

林奇和同事分别收集了养狗和不养狗家庭里的灰尘,然后把这些灰尘和水混合给幼鼠饮用。然后,他们利用蟑螂和鸡蛋蛋白挑战小鼠的免疫系统。因为这两种物质是引起人类和啮齿类动物过敏的常见物质。

研究显示,接触了养狗家庭灰尘的小鼠,体内几乎没有激起过敏反应,而其他小鼠的鼻子和呼吸道都受到了刺激。研究人员说,在受到保护的小鼠体内,与过敏相关的免疫细胞更少,会引发强免疫反应的分子也更少。

林奇研究小组,分析了在接触灰尘前后小鼠肠道菌群出现的差异。她发现,接触了养狗家庭灰尘的小鼠体内,拥有异常多的约氏乳酸杆菌。研究人员给没有接触灰尘的小鼠喂食这种乳酸菌。他们发现,喂食乳酸菌抑制了小鼠的过敏反应,且可以帮助小鼠抵御引起哮喘的病毒。林奇说:"这种细菌可以帮助呼吸道抵御不利的环境条件。"

(3)发现目光接触可确保狗在人心目中的地位。2015年4月17日,动物学家尾狐长泽雅美与同事组成的一个研究小组,在《科学》杂志上发表论文称,把狗看作家庭中的一员,其好处可能超出研究人员的想象。

研究人员说,他们的研究表明,几千年来,催产素这种荷尔蒙,可能在神经反馈回路中,起到加强人与其"最好朋友"间的纽带作用;在人与狗互动时,两者脑中的催产素都会剧增。

研究人员证明,人类母婴间通过相互注视而强化感情纽带,是催产素驱动的建立亲密关系的机制,而它也会帮助建立狗与其主人间的纽带关系。由于狼不会出现同样的反应(哪怕它们由人饲养长大),因此尾狐长泽雅美等人提出,这种特别的联谊结合机制是狗在驯化过程中在人和狗中共同演化出来的。

在第一个实验中,研究人员把狗与其主人及若干陌生人同处一室,并对人与狗间的任何互动(如谈话、触摸和对视等)进行了30分的记录。研究人员接着检测了人和狗尿液中的催产素浓度并发现,狗与其主人目光接触增加,可在人与狗的脑中促使催产素水平提高。

在第二个实验中,研究人员直接在某些狗的鼻腔中喷洒催产素,并把这些狗与其主人和某些陌生人同置一室。30分钟后,研究人员发现,接受催产素喷洒的狗的主人体内的催产素水平会增加,而雌狗对该催产素喷洒所作出的反应,是它们注视其主人的时间会增加。总之,这些结果表明,人与狗可能发展出了某种本能的结合机制,而这种机制的演化起初是为了加强父母与其孩子间的那种最强的生物学纽带关系。

(4)认为狗等动物跨种杂交问题多。2015年6月,有关媒体报道,只有纯种狗才有资格参加在英国威斯敏斯特养犬俱乐部举办的年度犬类秀。该俱乐部网站上宣称:"犬类秀的基本目的,是为了促进对良种犬的评估,以培育下一代犬。"。

裁判会根据狗狗对于一项标准的接近程度选择优胜者或"理想的配种犬",相关标准以性格特征和身体特征,从眼睛颜色到耳朵形状,甚至是尾巴的位置等为基础。而杂种狗则没有参赛资格。

正是这种比赛让人们产生了一种认知,即杂种动物是"不合格"的动物,美国佐治亚大学遗传学教授迈克尔·阿诺德说:"因为我们已经拓展了基因组学的方法,我们发现,生物体会和其他物种交换的基因。"千年以来,动物一直在跨物种交配。即便是现代人类,也是约6万年前与尼安德特人基因交换的产物。

但是,研究人员表示,由于气候变化,跨物种交配正在加速发生。随着动物栖息地和活动范围发生变化并"渗透进"另一个物种,跨物种繁衍从未达到今天的热潮。

温度升高已经导致灰熊和北极熊探索它们通常不会选择的栖息地,并发生跨种交配形成杂交物种:灰北极熊或北极灰熊。研究人员还观察到,类似趋势在金翅萤森莺和蓝翅萤森莺之间同样存在。

考虑到人类活动造成的地球变暖对物种杂交造成的影响,像阿诺德一样,很多科学家担忧人类是否应该在阻止类似的跨物种繁殖过程中发挥关键角色。美国杜克大学生态保护学家斯图尔特·皮姆说:"这是物种灭绝的主要原因之一,现在很多物种消失,就是因为它们在基因上与其他物种相互融合。"

在一些情况下,跨物种杂交会导致动物物种基因多样性的减少,阿拉斯加大学生物学副教授戴维·塔尔蒙说:"跨物种繁殖不是在(基因)树上长出新枝干,而是让两个枝干融合在一起。"

3. 狗遗传或驯化研究的新发现

(1)在狗身上发现遗传性癫痫基因。2005年1月,成员来自加拿大、美国、法国和英国的一个国际研究小组,在《科学》杂志上发表研究报告宣布,他们在狗身上发现一个可导致遗传性癫痫的基因。这项发现,也许可为寻找治疗人类癫痫的新方法提供帮助。

研究人员发现,1%的人和5%的狗患有癫痫。英国境内的一种德国纯种小猎狗中,约有5%患有一种特定癫痫。这种癫痫的人类表现形式又被称为"拉福拉病",它是十几岁人群中发作得最严重的一种癫痫。但在狗身上,这种癫痫的症状要比人类患者轻得多。

研究人员说,他们在研究中发现,患"拉福拉病"的病犬体内,$EPM2B$基因发生了变异,结果导致该基因不能正常工作。研究还发现,病犬遗传自父体和母体的两个$EPM2B$基因副本,分别都发生变异而产生缺陷,才会患上癫痫。这个研究小组,最早是2003年,发现$EPM2B$基因与人类"拉福拉病"发病相关。该小组还发现,和$EPM2B$关系密切、名为$EPM2A$的基因也能导致癫痫。

科学家们指出,他们的新发现表明,狗可以作为研究癫痫等人类疾病的有用模型。由于某些癫痫在特定品种的狗中发病相对人类来说更为普遍,因此研究起来将更容易。科学家们说,通过进一步研究狗身上的基因变异,也许有助于寻找更有效的"拉福拉病"防治手段。

(2)古老头骨帮科学家揭秘狗的驯化时间。2015年3月,美国纽约州斯基德莫尔学院艾比·德雷克主持的研究小组,在《科学报告》上发表论文说,他们对被认为来自于最早驯化的狗的头骨的再次分析表明,它们实际上是狼而不是狗,同时,给确定狗的驯化时间提供了更多的证据。

狗到底是在旧石器时期人类过着狩猎采集生活时,还是在新石器时期人类开始定居并且进行农业耕作时被驯化的,是一个不断争论的话题。两个来自旧石器时代的头骨样本,一个来自比利时格耶特距今已经有31680年,另一个来自俄罗斯爱里塞维奇,距今约14000年,以前都被认为是狗,也就意味着新石器之前就有狗被驯化了。

但该研究小组提出,用于判定这些头骨属于狼还是狗的测量方法,没有足够高的分辨率来区分狼和狗。他们对两个头骨样本重新进行了详细的3D头骨分析测量,并且把测量结果和现代的狗和狼作了比较,得出的结论是这两个来自旧石器时代的头骨,肯定是狼而不是狗。

这些研究结果支持了最近的基因研究。该基因研究也对狗在旧石器时代就被驯化的理论提出了挑战。研究者表示结合基因数据和三维头骨分析将有助于重新分类犬科家族的其他化石,并且给解决狗的驯化起源问题提供更多的证据。

(3)测序研究发现狗起源于东南亚。2015年12月,中国科学院昆明动物所张亚平、瑞典皇家理工学院皮特·赛维雷恩共同领导的一个研究小组,在《细胞研究》杂志上发表论文称,狗被称为"人类最忠实的朋友",他们的研究发现,这种最常见的人类宠物最初起源于东南亚,而后才逐步扩散到全世界。这项研究,描述了狗在被驯化后漫长的迁徙历史,进一步加深了人们对狗的认识。

该研究小组对犬科家族的58个成员进行了测序。这些成员有灰狼、东南亚与东北亚的土狗、尼日利亚村庄里的狗,以及包括阿富汗猎犬和西伯利亚哈士奇在内的来自世界其他地方的狗类品种。

通过对这些狗的遗传学分析,研究人员发现来自东南亚的狗比其他区域的狗具有更高的遗传多样性,和灰狼的亲缘关系也最近。据此他们推断,驯化的狗应该起源于东南亚,时间大约在3.3万年前。

研究人员称,大约在1.5万年以前,现代狗的祖先中的一部分,开始向中东和非洲迁徙,大约在1万年前到达欧洲。虽然研究者相信这轮狗的扩散和人类活动相关,但是第一波从东南亚向外迁徙的驯化狗的行动可能是自发的。这有可能与1.9万年前开始的冰川后退,或其他环境因素有关。

而从东南亚迁徙出去的狗当中,有一群后来又迁徙到中国北方,然后与从东南亚直接迁徙到中国北方并一直留在该地区的狗群相遇了,这两群混合繁殖后,又迁徙到了美洲。

4. 营救犬设备研制的新成果

研制出营救犬独立完成搜寻营救任务的远程遥控装置。2013年9月,美国奥本大学机械工程系研究人员杰夫·米勒和大卫·贝维利等人组成的一个研究小组,在《模块识别和控制国际杂志》上发表研究成果称,他们研制出一种营救犬的遥控装置,可使负责搜索和营救工作的犬类动物,在工作人员的遥控指令下抵达危险地点,并在遥控指挥下搜寻营救灾民。

研究人员表示,未来懒惰的宠物狗主人也可以通过遥控,命令他们的宠物狗自己散步,或者完全各种任务。据悉,研究人员为犬类动物定制了一种特殊的遥控装置,它由微处理器、无线电设备和GPS接收器组成。

这套遥控装置是一种通过内置振动和音调指令模块,提供对犬类动物的自发式引导的装置。研究人员指出,实验结果表明,工作人员对犬类的遥控操控率接近98%。

但是,研究人员的设计初衷并不是让宠物狗的主人变得更懒,生活更简单,尤其是那些懒得陪宠物狗儿散步的主人。

这套遥控装置适用于多样性生命营救环境,工作人员可通过指令,遥控探测狗进行搜寻和营救工作。

犬类最适合于探测爆炸物、毒品,以及搜寻地震等灾难事件掩埋在废墟中的灾民。但是指挥人员不能总是安全地到达探测狗所在的地点,同时,这样的环境通常嘈杂,探测狗很难接受指挥人员发出的指令。

目前,米勒和贝维利演示了工作犬和搜索营救狗如果听从于人们的遥控指令,这套装置可发出遥控音调和振动,他们指出,这些犬类的表现就如同接受指挥人员的语音和手势指令一样,它们能够完成相应的任务。

这套装置其他潜在的应用包括:紧急响应者在危险状况下实现远程遥控引导;建立一个触觉反馈 GPS 系统,帮助实现视觉损伤者导航。

七、灵长目动物研究的新进展

1. 灵长目动物繁殖研究的新成果

(1)培育出世界首批转基因狨猴。2009 年 5 月 28 日,日本庆应大学实验动物中央研究中心的佐佐木惠里研究小组,在《自然》杂志上宣布了一项引起争议的研究成果:他们在猴子的受精卵中,人工植入外源遗传基因,成功培育出世界首批能够遗传转入基因的猴。

研究小组在多只狨猴体内植入一种"发光"基因,结果,这些转基因猴的皮肤,在紫外线的照射下会发光,其后代也遗传了这一特性。

研究人员认为,由于猴与人类同为灵长类,与转基因鼠相比,这项成果把动物转基因技术的实际应用又向人类推进了一步。科学家计划创建猴子家庭来研究人类也会出现的神经退化疾病。但在灵长类动物体内引入有害基因也引发了伦理争议;有人担心,该技术可能让非法的"转基因人"成为可能。

研究小组把一种原产于巴西的小型狨猴作为实验对象。他们先使用病毒开发了一种可以把外源遗传基因,高效植入受精卵的方法。利用这种方法,再把一种来自于水母的基因绿荧光蛋白(GFP)种入病毒。GFP 现已普遍用作生物标记,若该基因暴露在紫外线下,拥有 GFP 标记的动物将呈现绿色。接着,把含有 GFP 的病毒,植入浸在特殊培养液里的受精卵中,使胚胎在紫外线的照射下发出绿光。然后,把受精卵移植入 7 只正常的狨猴代孕母亲子宫内,最终生下了 5 只幼狨猴。

通过检查发现,这 5 只幼狨猴的体内都携有绿色荧光蛋白质。研究人员又从这 5 只狨猴中,提取了一只雄狨猴的精子,与另一只普通母狨猴的卵子进行体外受精,结果诞生的第二代狨猴体内依然有绿色荧光蛋白质。据此,灵长类动物的转基因实验取得了成功。所有这些狨猴都很健康,在正常光线下并不发光。

(2)发现近亲繁殖竟有利于山地大猩猩繁衍。2015 年 4 月,英国桑格研究所高级研究员薛雅丽主持的一个研究小组,在《科学》杂志上发表论文称,人们普遍认为近亲繁殖不利于物种健康繁衍,但他们对山地大猩猩的基因组测序结果显示,近亲繁殖能降低这种濒危动物有害基因突变的风险,对它们的繁衍有利而非有害。这个观点,颠覆了人们对近亲繁殖的通常认识。

薛雅丽说,大猩猩分为4个亚种,分别是山地大猩猩、东部低地大猩猩、西部低地大猩猩和克罗斯河大猩猩。山地大猩猩现仅存800只左右,生活在非洲中部地区,是仅剩的没有进行全基因组测序的大猩猩亚种。

薛雅丽等人利用科学家多年野外研究采集的血液,首次完成了对中部非洲维龙加地区7只山地大猩猩的基因组测序,并与其他3个大猩猩亚种的基因组进行了比较。

薛雅丽说:"我们发现了广泛的近亲繁殖的证据,从遗传角度看,山地大猩猩不同于其他大猩猩,过去数百万年它们的种群数量持续萎缩,导致基因多样性非常低。"

通常情况下,近亲繁殖会降低物种的适应能力,使得来自疾病与环境变化的威胁变大。但薛雅丽等人惊讶地发现,山地大猩猩的近亲繁殖其实是有好处的,许多有害的基因突变通过近亲繁殖被清除。这种现象说明,随着种群数量持续萎缩,山地大猩猩为生存而做出了适应性改变。

研究人员还通过分析基因组发现,数千年来,山地大猩猩的种群数量其实一直很小,平均保持几百只的水平。这也使得研究人员对山地大猩猩的未来持乐观态度。

2. 猩猩科动物生理研究的新成果

(1)解释猩猩为何不能说话的原因。2014年8月,有关媒体报道,现代的猩猩、大猩猩、黑猩猩和一些古猿类动物同属猩猩科,是最接近人类的动物,拥有一定智商。这些灵长目动物在"学习手语"方面的极高天赋也早已得到证实。出生在美国加利福尼亚州的著名雌性大猩猩"科科",就掌握了超过1000个美国手语单词。

尽管某些灵长目动物本身拥有复杂的有声交流方式,如非洲热带雨林里的坎贝尔猴子和南美洲巴西热带雨林中的绒毛蛛猴,为何科学家们至今未能训练猩猩使用人类语言发声讲话呢?

科学家说,猩猩身体结构造成的缺陷是阻碍它们说话的根本原因。法国《科学与生活》杂志,援引格尔诺布勒司汤达大学语言学家迪迪埃·德莫兰的话说,猩猩的发声器官与人类的构造不同,它们没有同人类一样的肌肉构造和神经连接,因此控制发声的方式十分不同。与人类相比,猩猩的喉部生长在较高的位置,喉腔较小,而长脸形造成口腔形状更长且更平,使它们难以发出大部分元音和辅音。

另外,灵长目动物的声带更僵硬,也无法像人类一样在发声时控制呼吸,导致它们发出的声音很不稳定,往往只是一些本能的吼叫声或"咕哝"声。

法国国家科学研究中心的灵长目动物学家阿德里安·梅盖尔蒂奇昂说,尽管灵长目动物的身体结构妨碍其调整发出的声音,但如果它们拥有了认知和思维能力,还是有可能做到。

（2）发现大猩猩会精心准备早餐。2014年10月,美国加州大学戴维斯分校人类学助理研究员波兰斯基等人主持的研究小组,在美国《国家科学院学报》上发表研究报告称,他们的研究表明,大猩猩为了吃到最好的早餐,会提前做好计划,并不惜冒险去完成任务。

研究人员在科特迪瓦塔伊国家公园跟踪了5只雌性猩猩,观察它们在哪里过夜,在哪里觅食。时间总计275天,并横跨了三个缺少果实的地段。他们发现,大猩猩可能晚上会睡在通往早餐地的路上,并且会摸黑采摘它们很想吃却并不太多的水果,例如无花果。

波兰斯基说:"作为人类,我们长期与鸟类争樱桃,与松鼠抢核桃。对此,我们习以为常。但要知道,这一争抢,其实是在全世界所有物种间展开的。"

该研究还表明,大猩猩会综合各种不同的信息,灵活安排早餐的时间、地点和种类。

波兰斯基说:"能够了解在塑造以认知为基础的行为中,环境复杂性所发挥的作用,这的确令人激动。在复杂的环境中,大猩猩能综合来自周围持久性、细节性的信息,利用高度的认知和灵活的行为,以获取重要的食物资源,这是很有价值的。"

（3）研究发现黑猩猩或具烹饪基本智力。2015年6月,哈佛大学进化生物学家理查德·兰厄姆、心理学家菲利克斯·沃内肯,以及耶鲁大学进化生物学家亚历山大·罗萨蒂等人组成的一个研究小组,在《英国皇家学会学报B》上发表研究成果称,他们研究发现,黑猩猩虽然还没有找到钻木取火的秘诀,也不会烹饪,但是已经拥有了大部分和烹饪有关的智力。

为了对此进行研究,研究人员在非洲刚果的一个黑猩猩保护区内进行了一系列实验。他们测验了黑猩猩在生食和熟食之间更偏爱哪个,以及是否愿意为熟食付出等待。研究发现,黑猩猩更喜欢烹饪过的食物,他们懂得延迟自己的满足感来获得熟食,甚至会在自己做饭之前提前储存一些食材。

在实验中,研究人员准备了一个特制的饭盒,摇动这个饭盒就可以把黑猩猩放入其中的生土豆片变成熟土豆片。他们发现,面对两种选择,90%的黑猩猩会选择熟土豆,即使吃熟土豆需要等待1分钟。如果它们为吃到熟土豆不得不将土豆携带一段距离,以放入研究人员准备的饭盒,60%以上的黑猩猩依然会做出同样选择。研究还发现,一半以上的黑猩猩在了解到随后就能吃上熟土豆时,会把生土豆存起来供研究人员把它们做熟,一只黑猩猩甚至储藏了28片生土豆。

沃内肯推断:"一般而言,如果我们在黑猩猩身上发现了某种行为,人类的祖先可能也具备这种技能。"人类祖先对烹饪食物的喜欢,可能早于之前的预测,这很有可能把人类历史的重大转折点往前推移。

吃熟食被普遍视为人类进化史上的重大里程碑,因为它允许原始人类扩展自已的食谱并汲取更多能量,同时节约寻找食物和咀嚼的时间。这让原始人类有了更多精力发展其他技能,并让人类的数量壮大起来。

罗萨蒂说:"这一研究表明,在学会控制火之前,早期人类已经懂得了火的好处,而且能够推断出把食物放在火上的结果。"兰厄姆认为,这一研究结果表明,智力有所开发的更新纪灵长动物(200万年前的早期人类)很有可能找到了用火烹饪食物的方法。

但也有一些人类进化学专家对此研究结果不以为然。伦敦自然历史博物馆的克里斯·斯特林格和伦敦大学的弗雷德·斯普尔都表示,喜爱熟食与使用火烹饪熟食不是一回事,现有证据表明,人类学会烹饪的时间更可能在40万到50万年前。

3. 灵长目动物疾病防治研究的新成果

(1)从猴子身上成功复制抗艾滋病病毒基因。2009年9月8日,瑞士日内瓦大学研究人员在《临床调查杂志》网络版上撰文称,他们成功地复制了一种南美猴子体内具有抗艾滋病病毒功能的基因,这将可能开发出一种新型的艾滋病疗法。

研究人员成功复制了猫头鹰猴(owl monkey)体内抗艾滋病病毒基因后,将其植入与人类免疫学特征相同的转基因老鼠体内,发现该基因仍具有与原基因相同的抗艾滋病毒的能力。

该项目负责人表示,这种基因的成功复制,表明它将有可能作为现有抗艾滋病病毒药物的替代手段,用作艾滋病基因治疗。

生活在南美洲的猫头鹰猴体内这种有抗艾滋病功能的基因,是瑞士日内瓦大学与美国哥伦比亚大学联合组成的一个研究团队,在2004年发现的。

(2)放射性物质可致灵长类动物血液改变。2014年8月,日本东京兽医生命科学大学羽山伸一领导的一个研究小组,在《科学报告》期刊上发表的环境学研究显示,居住在日本福岛市周围森林的野生日本猕猴和日本北部的日本猕猴相比,血细胞的计数更低。这项研究表明,接触到福岛第一核电站事故泄漏出来的放射性物质,可能造成了这些灵长类动物的血液改变,尽管导致这些改变的准确原因目前还需证实。

2011年3月,发生在日本福岛第一核电站的事故,导致大量放射性物质被释放到环境中。在此次研究中,该研究小组对距离福岛第一核电站70千米的61只猴子,以及距离核电站400千米的下北半岛的31只猴子进行了比较。结果显示,福岛猴子的红细胞和白细胞计数、血红蛋白和红细胞压积,都比下北半岛猴子显著性更低。

肌肉中放射性铯的含量是衡量放射暴露量的一个指标。在福岛猴子体内检测到的水平和它们栖息地的土壤核污染水平相关。而下北半岛所有猴子体内都没有检测到放射性铯的含量。白细胞计数在幼年猴子(0岁到4岁)体内和肌肉放射性铯水平呈现负相关,但是在成年猴子(5岁以上)中没有发现这种相关性,研究人员认为,其意味着年幼的猴子更容易受到放射性物质的影响。

研究人员指出,血细胞计数低或是减弱的免疫系统的表现,这可能让猴子更容易感染流行性传染疾病。他们的研究,排除了是疾病感染和营养不良导致了福岛猕猴血细胞计数低的可能性。不过,研究人员也承认,需要进一步研究来确认这种血细胞计数低是放射损伤导致的。

今年稍早时间,日本学者已报告称,吃下了该核电站附近含有相对低含量人工铯的放射性植物后,蝴蝶幼虫可能更容易出现畸形和过早死亡,但当时的调查结果,尚不能套用到包括人类在内的其他灵长类物种上。

(3)研究发现猴子也会得早老症。2014 年 11 月,一个由动物学家组成的日本研究小组,在《科学公共图书馆·综合卷》上报告说,早老症又名早衰症,是一种罕见的人类遗传性疾病。而现在,他们又发现了一只患有早老症的日本猴,这是世界上首次发现患早老症的日本猴,有望被作为灵长类动物模型,来研究人类的早老症。

人类早老症被认为是基因修复能力降低等导致的,患者身体衰老的过程较正常人快 5～10 倍,样貌像老人,器官亦很快衰退,其病因尚未完全明了,也没有根治方法。

日本猴通常 3 岁半迎来青春期,25 岁左右进入老龄,平均寿命在 40 岁左右。4 年前在京都大学灵长类研究所出生的一只雌猴,出生不久就出现皱纹,不到 1 岁就出现了白内障,两岁出现脑萎缩,并显示出糖尿病的初期症状。这只日本猴,最终被确认患上了早老症。

研究小组经过调查,发现这只猴子的细胞老化不断加剧,细胞内的 DNA 损伤比健康猴子明显增多,显示出了与人类早老症相同的特征。

研究人员说,日本猴等猕猴类动物与小鼠等实验动物相比,拥有更加接近人类的发育和衰老模式,更适合作为研究早老症和正常衰老机制的样本动物。研究人员准备利用这只猴子的细胞,制作出与胚胎干细胞功能极为相似的 iPS 细胞(诱导多能干细胞),培育出各种细胞,再现早老症的病状,弄清人类早老症和衰老的机制。

(4)证实两类艾滋病病毒源自大猩猩。2015 年 3 月 2 日,成员来自法国、美国和英国的一个国际研究小组,在美国《国家科学院学报》上发表研究报告说,在 4 类已知的 Ⅰ 型艾滋病病毒中,除了两类此前已知源自黑猩猩外,另两类病毒的"源头"是喀麦隆的大猩猩。

艾滋病病毒分为 Ⅰ 型和 Ⅱ 型,Ⅰ 型又分为 M、N、O 和 P 四个亚型,目前全球流行的是亚型 M,感染者超过 4000 万人。亚型 N 和 P 只在喀麦隆有个别病例,亚型 O 主要在中非和西非流行,感染者约 10 万人。此前的研究已显示,亚型 M 和 N 源自喀麦隆不同地区的黑猩猩群体,但亚型 O 和 P 的源头一直未能确定。Ⅱ 型艾滋病只局限于西非地区。

研究小组说,他们分析了来自喀麦隆、加蓬、刚果(金)及乌干达的低地大猩猩和山地大猩猩的排泄物样本,在喀麦隆的 4 个西部低地大猩猩群体中检测到了猿免疫缺陷病毒,这种病毒被认为可转变成 I 型艾滋病病毒。

研究人员对这些猿免疫缺陷病毒进行基因组测序,结果显示它们存在"高度的遗传多样性",其中两群大猩猩的猿免疫缺陷病毒与人类艾滋病病毒亚型 O 和 P"惊人地相似",表明这两个病毒亚型源自喀麦隆大猩猩。

八、猫科动物研究的新进展

1. 研究老虎的新成果

(1)对老虎种类的划分及争议。2015 年 6 月,德国柏林莱布尼茨动物园与野兽动物研究所安德烈斯·韦挺参与的研究小组,在《科学进展》杂志上发表论文称,全世界的老虎仅有两个亚种:由苏门答腊虎与已经灭绝的爪哇虎及巴里虎形成的巽他虎,以及包含其他老虎的大陆虎。

传统意义上把老虎划分为 9 个亚种。全球现存的约 4000 只老虎,含有 6 个亚种:西伯利亚虎、孟加拉虎、华南虎、苏门答腊虎、印支虎和马来虎。另外 3 个亚种已被列为灭绝物种:巴厘虎、里海虎和爪哇虎。

德国研究人员通过比较头骨测量值、皮毛图案、生态学及遗传学特征,对这些亚种之间的差别进行分析。他们使用了已经发表的数据,以及从几个博物馆收集的灭绝亚种标本的新数据。然而,结合不同的特征,他们并没有发现有什么证据能够可靠地区分这 9 个亚种。所以提出只有两个亚种的观点。

韦挺认为,如果把老虎所有的特征放在一起加以考虑,就只能可靠地分辨出两个亚种。

瑞士伯尔尼大学动物学家布莱特莫瑟没有参与这项研究,但他认为,这篇论文肯定会引起轰动。他说:"我觉得这项研究很令人信服,并且与近年来的其他研究结果相一致。"例如,一篇论文认为,里海虎和西伯利亚虎是相同的亚种。

布莱特莫瑟是国际自然保护联盟(负责起草濒危物种红色名单)猫科动物专家组联合主席,他表示,两年前,猫科动物专家组便安排一个特别小组更新所有野生猫科动物的分类,相关结果预计将在近期公布。他说:"他们也正在关注这项新的研究成果。"

不过,批评仍扑面而来。为该项研究提供基因数据的俄罗斯圣彼得堡费奥多西·多布然斯基基因组生物信息学中心,遗传学家史蒂芬·奥布赖恩表示,把 3 个巽他亚种合成一个亚种可能是合理的,但大陆虎在基因上表现出了足够多的差异,因而可以被分为 6 个不同的亚种。

其中一个问题是,老虎几乎没有时间进化为不同的亚种。化石记录表明,这种动物在 200 万年前生活在亚洲的大部分地区,随后灾难性的事情突然发生。遗传分析显示,大约 7 万年前,大部分的老虎死亡,这或许是苏门答腊岛托巴火山的超级爆发所导致的。大概只有一小部分老虎幸存下来,而今天看到的所有变异,都是在过去的 7 万年间进化而来的。

从事濒危物种研究的中国北京大学遗传学家罗述金认为,这一时间足够在基因上区分不同的亚种,但在形态学上却不行。她指出,基因数据比形态学更可靠更客观。这 9 个老虎亚种,能够在基因上进行区分就足够了。这也是她对这项同时依靠形态学和生态学的新研究表示质疑的原因。

如果新的老虎分类方法被采纳,将意味着一些拯救老虎的努力会发生重大变化。德国世界自然基金会保护专家沃尔克·何米斯表示:"它的好处是将使保护老虎变得更加容易。"他说,例如,数量超过 2000 只的印度虎,可以被用来支撑华南虎种群,而后者很可能已经在野外灭绝了。同时,数千只在动物园出生的父母为不同亚种的老虎,会突然有资格参与繁殖和野化项目。

但何米斯警告说,这里也存在消极后果。许多国家曾为拥有一个独特的老虎亚种而感到骄傲,然而,把几个亚种划归为一个亚种,将会减少各国保护这些濒危动物的热情。他说:"这是很危险的,因为一些国家,将觉得不再有责任保护老虎了——如果这并非是它们独有的老虎。"

(2)利用声音分析软件帮助研究人员听声辨虎。2015 年 8 月,有关媒体报道,美国密苏里州布兰森市国家级老虎保护区,动物学家考特尼·邓恩主持的一个研究小组,正在着手利用声音,追踪野外老虎的行踪,来实施相关的保护行动。

邓恩认为,没有两只老虎的叫声听上去是一样的。他在美国密苏里州布兰森市国家级老虎保护区,与获救动物待在一起时,萌生了这个科研项目。他说:"我们开始注意到,当从这些老虎旁边走过时,我们能用耳朵辨别出它们的声音在彼此间有何不同。如果仅用人类的耳朵便能听出来,利用软件程序又能发现什么呢?"

邓恩收集了由圈养孟加拉虎产生的远距离叫声的录音。通过康奈尔大学鸟类学实验室研发的声音分析软件,按照最低和最高频率、持续时间以及其他特征,详细分解每只老虎的叫声。

最终证实,这些老虎的叫声,彼此间大不相同:每只老虎,都拥有一种能被用于将其从一群老虎中辨认出来的独特声音标记。此外,由于雌性老虎往往以独特的频率咆哮,邓恩能有 93% 的准确性判断老虎的叫声属于雄性还是雌性。

2. 猎豹和美洲狮研究的新成果

研究表明猎豹和美洲狮捕猎时须维持能量平衡。2014 年 10 月 3 日,两个猫科动物研究小组分别在《科学》杂志上发表文章认为,作为一种食肉动物,跟踪、追逐并捕杀猎物是艰苦的工作,但他们的研究也显示,猎豹和美洲狮的捕猎活动则做得十分完美。

这些研究表明,中型掠食动物可能没有像研究人员过去所想象的那样,因为资源及竞争而在能量上受到限制。然而,他们的研究还表明,人类活动会抵消这些中型掠食动物在数千年演化中所取得的微妙平衡。

由戴维·斯堪特尔勃雷及其同事组成的研究小组,在非洲对19只猎豹进行每次数周的研究,他们记录了猎豹的行为,并分析了这些猫科动物的尿液,来对它们日常的能量支出作出估计。研究人员发现,猎豹一般会在它们一天中有大约12%的时间处于运动之中,而且在某一天中,一只猎豹所穿行的距离与其猎物的重量之间有直接的关联。

由泰利·威廉姆斯及其同事组成的研究小组进行的研究聚焦于美洲狮,他们采取了一种更耐心的猎取方式。研究人员研发了一种新的智能项圈,并将其在3只俘获的美洲狮中进行了校正。他们接着将其智能项圈固定在美国加利福尼亚州的4只野美洲狮身上,并在这些猫科动物在圣克鲁斯山中捕猎时,收集了有关这些美洲狮能量支出的数据。他们的结果提示,美洲狮比研究人员预计的多花费了大约2.3倍的能量,来确定其猎物的位置。

九、象科、鹿科与兔科动物研究的新进展

1. 象科动物基因研究的新成果

(1)研究发现大象嗅觉基因最多。2014年7月22日,日本东京大学研究人员新村芳人等人组成的研究小组,在美国《基因组研究》杂志发表论文显示,大象的鼻子不仅长而灵活,还含有数量相当于人类5倍的嗅觉基因。

研究人员说,大象是迄今发现的拥有最多嗅觉基因的动物,这或许有助于解释为什么这种大型动物嗅觉范围超群。对许多哺乳动物的生存而言,嗅觉能力至关重要,它可以帮助发现食物、寻找配偶、躲避天敌。

为了解不同哺乳动物的嗅觉能力,该研究小组分析了13种哺乳动物的基因组,其中包括非洲象、人、黑猩猩、马、牛、狗、兔子和老鼠等,结果找到总共1万多个嗅觉基因。

令人惊讶的是非洲象约有2000个嗅觉基因,占此次发现嗅觉基因总数的约1/5。狗的嗅觉很灵敏,但其嗅觉基因数量只有大象的一半,而人的嗅觉基因只及大象的1/5。在此前的研究中,嗅觉基因数量最多的"纪录保持者"是老鼠,但也只有1200个左右。

新村芳人说,通常而言,人和其他灵长类动物的嗅觉基因相对较少,这很可能是因为他们的视觉能力在进化过程中得到改善,因而对嗅觉的依赖减少。

研究人员强调,嗅觉基因数量与嗅觉灵敏度之间并不存在十分清楚的联系,或许只能认为,嗅觉基因越多,所能闻到的气味种类也越多。以狗为例,狗嗅到的气味种类可能比不上大象,但它的鼻子比大象更灵敏,可以在极低的气味浓度条件下嗅到特定物质的气味。由此看来,警犬不必担心被大象取代。

此外,研究还显示,每种动物的嗅觉基因库可能都高度独立,因为只有3个嗅觉基因被所研究的13种哺乳动物共享。

此前有研究发现,亚洲象能够区分极其相似的气味分子。在非洲肯尼亚,当

地大象能靠嗅觉辨别人类对它们的威胁程度。例如当喜好打猎的一个游牧部族的气味出现,它们会飞奔而逃。但如果出现的是另一个以农耕为主的部族的气味,它们就不会表现出害怕。

(2)长毛象基因组实现高质量测序。2015 年 5 月,美国芝加哥大学进化遗传学家文森特·林奇负责的一个研究小组,在生物学网站上发表研究成果称,长毛象不像它们的大象表亲,它是寒冷条件下的产物。它披着长长的毛"外套",拥有很厚的脂肪层及小小的耳朵,以便使热量损失减少到最低。近日,他们首次全面记录了产生这些差异的上百个基因突变。

研究揭示长毛象是如何从与亚洲象共有的祖先演化到后来的样子的。它甚至可为能在西伯利亚生存的转基因象提供配方。就像听上去的那么富有幻想,类似工作正在美国波士顿的一个实验室中处于早期的研究阶段。

首个长毛象基因组发表于 2008 年,但它包含太多错误,以至于无法可靠地区分长毛象基因组同大象有何不同。其他研究则挑出单个长毛象基因进行仔细研究,以确认那些赋予长毛象光亮的"外套"及能在寒冷条件下发挥作用的输氧血红蛋白的突变。

在最新研究中,该研究小组描述了他们是如何对 3 只亚洲象与两只分别死于 2 万年前和 6 万年前长毛象的基因组进行高质量测序。他们发现,在长毛象和大象之间存在差异的约 140 万个 DNA 序列,其改变了 1600 多个蛋白编码基因的序列。

梳理关于这些蛋白在其他生物体中所起作用的文献,会发现有几十个基因参与了皮肤和毛发生长、脂肪储存和代谢、温度感知以及生物学上可能同生活在北极相关的其他方面。长毛象基因组还包含一个基因的额外拷贝,而该基因能控制脂肪细胞产生和同胰岛素信号有关联的基因变异。同时,一些在长毛象和大象之间存在差异的基因,还参与了热量感知,并将其信息传递到大脑。

(3)揭示猛犸象的"抗寒基因"。2015 年 7 月,英国《每日邮报》网站报道,美国芝加哥大学遗传学家文森特·林奇、宾夕法尼亚州立大学生物学家韦伯·米勒等人组成的一个研究小组,在《细胞报告》杂志上发表论文称,他们把两头在俄罗斯西伯利亚永久冻土带发现的猛犸象的基因与当代的 3 头亚洲象及一头非洲象的基因进行对比,这两头猛犸象分别生活在距今 1.85 万年及 6 万年前。

在猛犸象生存的年代,它们必须忍受北极地区极端寒冷的天气、干燥的环境及不断循环的漫长极昼和极夜。研究结果显示,相比现代大象,猛犸象产生了与皮肤、毛发发育、脂肪、胰岛素以及身体温度耐受性等方面有关的基因变化。这些变化,让它们更能适应寒冷地区的气候环境。

研究小组对这些史前巨兽和它们的当代近亲亚洲象及非洲象进行的这项详细的基因分析,揭示了猛犸象在基因层面上发生的一系列适应性变化,这些变化让它们能够长期在严酷的环境下繁衍生存。同时,研究人员也指出,这项成果的取得,让最终实现对猛犸象的克隆又更近了一步,并且认为对这种史前巨兽的克隆将是"不可避免"的。

在研究中,科学家们还"复活"了猛犸象的一个编号为 TRPV3 的基因。将猛犸象的这一基因与当代大象的对应基因分别植入人体细胞并进行观察,发现猛犸象的基因会导致细胞产生对热量敏感度更弱的蛋白质,这种性质让猛犸象更能适应寒冷的气候环境。这种体型比现代大象更加庞大的象类曾经生活在亚洲北部、欧洲以及北美地区的广袤草原之上。最后一只猛犸象在大约 4000 年前从地球上消失。但这种生物的最终灭绝究竟是全球气候变暖的结果还是与古代人类的狩猎行为有关仍然存在较大的争议。

研究人员承认,他们的基因组测序工作将让通过克隆手段复活猛犸象的做法,变得更加容易实现。

米勒表示:"如果你想复活一头猛犸象,那么我们正在展示一些最初的步骤。但这和我们为何一开始开展这项研究工作完全无关,我不明白为什么人们对于克隆一头猛犸象会那么感兴趣。"他开玩笑说:"我觉得克隆一个富兰克林·罗斯福或许会更容易得多也有用得多。"

林奇则指出,她认为迟早有一天某些人会去做克隆猛犸象这样的事。她说:"我认为光从技术角度上来看,在不久的将来我们就将有可能实现对猛犸象的克隆,但我们不应该那样做。现代人类并非导致猛犸象灭绝的元凶,因此我们并不亏欠大自然。"

2. 猛犸象研究的新进展

(1)再次向前推进猛犸象克隆计划。2013 年 5 月 28 日,俄罗斯媒体报道,俄罗斯东北联邦大学,科学家谢苗·格里戈里耶夫领导的一个研究小组,在一具猛犸象的残骸中找到了血液。这一罕见发现,将大大增加复活这种史前生物的机会。

这具保存完好的雌性猛犸象残骸是由俄罗斯科学家率领的探险队,在北冰洋一个孤岛上发现的。探险队队长格里戈里耶夫称,这头 60 岁上下的猛犸象大约死于 1 万~1.5 万年前。这也是首次发现老年雌性猛犸象。

最令人惊讶的是,这具残骸保存得相当完好,仍具有血液和肌肉组织。当探险队员打破猛犸象胃部下面的冰块时,竟然流出了暗黑色的血液;而其肌肉组织的颜色像鲜肉一样红。格里戈里耶夫惊叹道,这是他一生中最为惊奇的一刻。

研究人员称,该猛犸象残骸的中下部保存得非常完好,因为它最终死于一个水塘中,池中的水后来冻结了;而残骸的上部,包括背部和头部可能已被大鳄吞噬掉;前肢和胃部则保存完好,但后肢部分只剩下了一个骨架。

去年,一个来自俄罗斯北部游牧家庭的少年,偶然发现了一具庞大的保存完好的年轻雄性猛犸象遗骸。科学家认为,这是自 1901 年以来最好的发现。然而,格里戈里耶夫表示,它并不像此次发现的残骸,保存有如此完好的组织。

显然，该发现给研究人员带来了新的希望——让猛犸象这个物种起死回生。这具残骸为他们提供了一个非常好的机会找到活细胞，以执行猛犸象克隆计划。

（2）近亲繁殖或加速猛犸象灭绝。2014 年 12 月，荷兰鹿特丹自然历史博物馆馆长、古生物学家杰乐·热乌曼领导的研究小组，在《PeerJ》期刊上发表研究成果称，他们分析从北海挖掘出的猛犸象化石上，一些不寻常的特征表明，1 万年前，近亲繁殖可能加速了猛犸象的灭绝。

研究人员对猛犸象颈椎上一块平坦的圆形区域感到惊奇。这意味着其颈骨处曾连着一块小肋骨，这种罕见的异常情况表明，猛犸象有其他骨骼问题。如果人出现颈肋骨畸形的情况，90% 的发病者活不到成年——死因并不是颈肋骨本身，而是由此导致的其他发育问题。这种情况通常和染色体异常及癌症有关。

颈肋骨异常现象在北海猛犸象种群中有多普遍呢？带着对这个问题的疑问，研究小组梳理了博物馆收藏的从北海挖掘出的猛犸象标本。在 9 个标本中，他们发现其中 3 个有肋骨异常现象。热乌曼说："这种现象似乎非常普遍。"另一项针对当代大象骨骼的类似研究却显示，21 只大象中，仅有 1 只出现颈肋骨异常现象。

热乌曼认为，气候变化使得猛犸象的栖息地变得分散，其生活状态由聚集在一起变成相互分离。种群数量减少后，近亲繁殖随即发生，遗传变异的缺失使得猛犸象无法抵御来自寄生虫、疾病和人类的攻击。荷兰莱顿市自然生物多样性中心古生物学家费莱特逊·伽里斯将近亲繁殖的恶性循环及其脆弱性描述为"灭绝漩涡"。

3. 鹿科动物开发利用取得的新成果

（1）以红鹿皮毛为原料纺成超细天然纤维。2005 年 3 月，新西兰媒体报道，该国北岛陶郎加的"道格拉斯溪"公司经过五年的努力，研制成功一种超细天然纤维。该产品以新西兰冬季的红鹿皮毛为原料，其细度和光滑度均超过羊绒，可用来织成高级服装的面料。该纤维的直径只有 13 微米，而羊绒的直径是 15.5 微米。它还可以染色。

目前，"道格拉斯溪"公司在陶郎加某地的一个山区建立了"秘密"的加工厂。按每头鹿能产 40 克超细天然纤维计算，该公司每年从新西兰 200 万只红鹿中最多也只能采集到几十吨这种纤维。据悉，开始时的年产量仅为 1.5 吨，按照一件毛线衫用料 250 克，一条头巾用料 100 克计算，可制成 6000 件毛线衫或 2 万条头巾。

"道格拉斯溪"公司是唯一一家可提供此种新型纺织原料的公司。它计划举办一个国际展览会，推出其新产品，如毛线衫、头巾、袜子、手套以及马甲等。用这种材料制作的服装每件价值约 5 万美元。皇室成员和好莱坞明星对这种服饰非常感兴趣。

（2）研究表明驯鹿骨头提取物可治疗骨折。2009 年 8 月 31 日，芬兰媒体报道，芬兰生物活性骨替代产品研发公司是一家生物技术公司。不久前，该公司研究人员从驯鹿骨头中，提取出一种可促进骨质生长的生长因子，可用于骨折康复治疗。

据悉,研究人员用驯鹿骨头提取物制成移植物,植入骨折处后可促进受伤骨头特别是胫骨和髋骨的生长复原,并逐渐分解最终被排出体外。研究人员称,这种提取物,还可广泛应用于骨质疏松症导致的骨折和脱臼的康复治疗。

该公司负责人佩卡·亚洛瓦拉介绍说,目前动物实验已证实了这种驯鹿骨提取物的疗效很快将进行临床试验。

4. 兔科动物研究的新成果

培育出体型跟狗一样大的超级兔子。2007年1月,德国媒体报道,来自柏林附近埃贝施瓦尔德东部的卡尔·斯兹莫林斯基,是位67岁的退休人员,他培育出一种体形跟狗一样大的兔子,现在,来自世界各地的新闻记者和兔肉美食家,都蜂拥到他的家门口,有些国家甚至想请他帮助建立大型养兔场,解决食物短缺问题。

这个"超级兔子热"是在一年前掀起来的,当时斯兹莫林斯基由于喂养出德国最大的兔子而获奖,这是一只名叫罗伯特的"德国灰色巨型兔",它的容貌和善、体重达10.5千克。

斯兹莫林斯基回忆说,有一个亚洲国家的大使来到他的养殖场,询问是否愿意出售一些兔子,帮助建立一个养殖场。他表示,每只兔子都可生产几千克肉。他非常渴望能帮助贫穷国家减轻饥饿问题,并为这个国家开出低价,每只兔子单价只有平常市场价格的1/3。

斯兹莫林斯基说:"它们将被用来为人们提供肉食。到目前为止,我已经给他们提供了12只兔子,现在这些兔子都被养在一所宠物园中。再过几个月,我将前往这个国家,告诉他们如何建养殖场。一个代表团来过这里,我已经向他们传授了养殖诀窍。"

斯兹莫林斯基已经有47年的养兔经验。他提供的12只兔子每年能生60只小兔,当然这必须在为它们提供充足的食物的前提下。他说:"我给它们吃的东西有谷物、萝卜、大量蔬菜。此刻它们正在吃甘蓝。一只兔子能为8个人提供足量的肉。"

十、熊科与獴科动物研究的新进展

1. 北极熊研究的新进展

(1)首次从北极熊雪地足迹中提取出DNA。2014年9月,世界自然基金会宣布,法国基因研究公司著名熊类分子生态学家伊娃·贝乐曼领导的一个研究小组,首次从北极熊留在雪地上的足迹中提取出DNA。研究人员说,这是目前科学界找到的最简单易行的提取北极熊DNA方法。

贝乐曼说,研究人员通常利用无线电项圈对北极熊进行研究,这种方法需要先固定北极熊,并给它们戴上项圈,这样也可以获取北极熊的组织样本。但这些方法都是侵入性的。除此之外,还可以通过收集北极熊的粪便样本来提取DNA,但粪便比积雪中的足迹更难发现。

贝乐曼介绍,北极熊足迹中会遗留一些脱落的细胞,可以从这些细胞中分离出DNA。除了北极熊的DNA,研究人员还在足迹样本中发现了一只海豹和一只海鸥的DNA。她说:"对此,我们只能做出一些推测,例如北极熊很可能杀死了一只海豹。"

贝乐曼还说:"截至目前,我们可以确认样本中出现的DNA属于哪些物种,下一步我们将从同样的DNA中分析出该物种的基因型,以对北极熊进行个体确认。在此基础上,通过对大量样本进行基因型确认,我们可以获知北极熊种群的信息,例如种群数量、个体之间的血缘关系、种群结构等。"

她表示,这种方法,有可能被用于其他野生动物DNA的提取,将它推广到其他物种和其他环境也是其前景之一。

(2)发现极地变暖让北极熊以海豚为食。2015年7月,英国《卫报》报道,一项新研究首次记录了一些北极熊正在依赖海豚作为食物。此前,海豚从来都不是北极熊捕食的对象,北极熊主要以大量海豹为食。

在不久前发表于《极地研究》期刊的一项研究中,科学家描述了他们的研究小组在2014年4月,发现一头瘦骨嶙峋的雄性北极熊正在啃食一只白吻斑纹海豚的尸体,而且这只北极熊似乎还在雪地里藏了另外一只海豚,作为随后的食物。

研究人员表示,极地变暖导致的冰雪融化,很可能让海豚比过去在冬春季向北游得更远,从而让它们和北极熊之间发生了接触。

(3)研究表明新陈代谢无法让北极熊应对海冰消融。2015年7月,美国怀俄明大学野生动物生态学家本－大卫等人组成的研究小组,在《科学》杂志上发表研究报告显示,北极熊的新陈代谢,在海冰融化且食物变得稀少的夏季,并没有变缓很多。随着北极以超过全球平均水平的速度变暖,此项发现对于将海冰用作狩猎场的北极熊来说,并不是好兆头。

每年夏天,北极海冰都融化得越来越早,并在每个冬天结冰越来越晚。这限制了北极熊捕捉海豹的机会。本－大卫介绍说,由于没有节省能量的方法,北极熊不太可能在温度日益上升所导致的持续海冰消融中生存下来。

研究显示,北极熊并未像一些人猜想的那样,采用被称为步行冬眠的策略:一种活动量降低且新陈代谢减缓的状态,在夏季的"斋戒"中求得生存。相反,同任何饮食受限的哺乳动物类似,它们的新陈代谢速率只表现出较小幅度的减少。

本－大卫及其同事通过把跟踪项圈和活动监视器安装到来自阿拉斯加以北波弗特海的一个种群的20多头北极熊身上,获得了这项发现。他们还将探针植入17头北极熊体内,以测量同新陈代谢速率密切相关的体温。

2008—2009年,研究人员追踪了北极熊的活动和温度,并且发现测量结果和从海冰上移到岸边,以及那些追随"撤退"的海冰进一步北上的北极熊,基本相同。生活在海冰上的北极熊体温出现了略微下降(约0.7℃),但变化幅度实在太小,并不符合步行冬眠的特征。

2. 猴科动物研究的新发现

发现雌缟獴为了避免"杀婴"而选择同一天生育。2013年12月,英国埃克塞特大学等机构组成的一个研究小组,在美国《国家科学院学报》上刊登论文称,一些社会性动物中存在"杀婴"行为,也就是成年动物杀死同类的幼仔,为自身或自身的幼仔赢得更多繁衍生存的机会。他们的研究发现,缟獴通过同时生育后代,避免了这一同类相残的情况。

研究人员说,有些社会性动物从一开始就面临残酷的"生存竞争","杀婴"行为在蜜蜂、老鼠、鸟类等动物中均有发生。缟獴是生活在非洲的一种体形较小的群居哺乳动物,研究人员在乌干达对 11 个缟獴群进行了长期跟踪研究,考察这一物种是如何解决"杀婴"问题的。

缟獴群体中通常有多个雌性,按年龄长幼有地位之分,但它们均负责生育。研究人员发现,同一群体中的雌性缟獴,往往会通过协调而在同一天生育,尤其是较年轻的缟獴会与较老的缟獴同时生育。同时生育可保证雌性缟獴为避免误杀自己后代而放弃"杀婴"。

研究人员给部分缟獴服用短期避孕药后,发现这些未生育的雌缟獴,尤其是年长的雌缟獴,会杀死其他缟獴的幼仔。

研究人员说,这项研究表明,雌性缟獴在进化中选择了相互"妥协",通过同时生育的方式避免潜在的"杀婴"风险,从而保住自己的后代。

十一、鼠科及鼹形鼠科动物研究的新进展

1. 鼠科动物生理现象研究的新发现

(1)发现老鼠新器官:颈部胸腺。2006 年 3 月,德国乌尔姆大学的罗德瓦尔德在《自然》杂志发表研究成果称,他在解剖胸部胸腺存在疾患的实验鼠时发现了另一处胸腺,即颈部胸腺。于是,发现了天天接触的实验鼠,拥有一个不为人知的新器官。

胸腺是一种免疫器官,能够产生 T 细胞应对感染。以往知道的老鼠胸腺位于心脏上部,呈灰色,大小如一颗豌豆。至今,颈部胸腺尚属于第一次发现。

罗德瓦尔德说,几乎所有健康老鼠的颈部,都存在胸腺这个器官,因为其外观特别像一个淋巴结,所以长期未被人发现。但他发现,这个器官内部含有只在胸腺中存在的细胞,当它被移植到没有胸腺的动物体内时,该器官就能产生 T 细胞进行免疫应答,这些事实说明这是胸腺。

英国爱丁堡大学胸腺学家布莱克本说,此次研究,是首次在老鼠体内发现能发挥正常免疫器官功能的另一处胸腺。这一发现,将帮助研究人员更深入地了解动物的免疫系统。

(2)研究发现失痛小鼠活得更长。2014 年 4 月 10 日,美国加州大学伯克利分校分子生物学家安得烈·迪林领导的一个研究小组,在《细胞》杂志上发表论文称,他们发现,没有特殊痛觉感受器的老鼠,存活时间更长,并且在晚年得糖尿病的概率降低。同时,科学家发现,在红辣椒和其他辛辣食物中发现的一种分子,也

能起到与丧失痛觉感受器相同的功效。

当触摸到滚烫的物体或锋利的裁纸刀时，人体的痛觉感受器就被激活，触发神经向大脑传递信息："哎哟！"尽管疼痛能保护人体免受伤害，但它也能引起损伤。例如，患有慢性疼痛病的人生命可能更短，但其背后机理一直不明了。

为了进行深入调查，研究小组饲养了没有痛觉感受器 TRPV1 的老鼠。TRPV1 存在于皮肤、神经和关节中，已知会被红辣椒中的辣椒素激活。例如，咬一口墨西哥辣椒，你会觉得嘴巴在燃烧，那就是 TRPV1 在工作。

研究结果令人惊讶，没有 TRPV1 的老鼠比普通老鼠平均寿命长 14%。当缺乏 TRPV1 的老鼠变老时，它们的新陈代谢也显示出快速和年轻迹象。它们的身体能继续快速清除血液中的糖分：葡萄糖耐量通常会随着年龄的上升而下降，而且在运动中能消耗更多的能量。

迪林表示，老鼠寿命增长的原因，可能暗藏于 TRPV1 胰岛素调节作用的背后，胰岛素能清理血液中的糖分。在胰腺中，TRPV1 神经细胞能刺激 CGRP 的释放，CGRP 能阻止胰岛素进入血流，而胰岛素越少，就越难以控制血糖。没有 TRPV1 基的老鼠 CGRP 的水平较低，这意味着它们有更多的胰岛素，这也解释了为何其控制葡萄糖水平的能力得以提高。

TRPV1 已经是药厂试图治疗疼痛的普遍目标，而且阻断 CGRP 被开发用于治疗偏头痛。但迪林建议："这些药物或许也能治疗糖尿病和肥胖。"另外，科学家注意到，饮食中富含辣椒素与糖尿病和新陈代谢疾病低发生率有关。辛辣食物会延长寿命吗？迪林表示，或许可以，但你要长期大量食用这种食物。

（3）发现小鼠杏仁体中一类细胞可抑制摄食量。2014 年 8 月，神经生物学家戴维·安德森等人组成的一个研究小组，在《自然·神经科学》杂志网络版上发表论文称，他们发现，在小鼠大脑管理情感和摄食行为的杏仁体区域中，有一组神经细胞会抑制其摄食量。这项发现，或能帮助研究进食障碍的相关治疗。

研究人员说，动物对能量的需求是旺盛的，各种代谢信号汇集于大脑，并引发饥饿感。大脑的下丘脑区域中，有一些神经细胞面对饥饿信号而产生的反应格外活跃，这可触发一系列增加摄食量的行为。但是，科学家一直未能弄清有关抑制食物摄取行为和防止过度进食的机制。

该研究小组发现，小鼠杏仁体中有一子群神经细胞，在小鼠进食或服食奎宁后变得更活跃。奎宁是一种用来抑制胃口的苦味物质。研究人员说，这群神经细胞可通过 PKCdelta 这种蛋白来表达。

接着，研究人员经过实验观察发现，人工增加这群细胞的活跃度，能够抑制进食，而降低其活跃程度则能够促进进食。而且，他们还发现，这些神经细胞，与其他几个跟抑制胃口和进食行为相关的大脑区域有着联系。这表明，这些神经细胞，代表了整个饮食控制系统中的一个中央节点。

（4）研究显示大鼠孕期压力或可代代相传。2014 年 9 月，加拿大莱斯布里奇大学一个研究小组,在《英国医学委员会·医学》上发表一项研究成果建议:想要更好地了解今天的怀孕问题,人们应该着眼于了解祖先的经历。在对四代大鼠的怀孕情况进行调查后,研究人员得出结论,压力继承效应对后代怀孕的影响或会延续数代。

研究小组对压力导致的早产问题进行了跟踪调查。早产是新生儿死亡的主要原因之一,也会导致孩子在未来生活中出现健康问题。研究人员的参考指标是大鼠孕期,因为大鼠的孕期差异通常来说非常小。

研究小组在第一代大鼠的怀孕后期施以压力,然后把下面两代分成压力刺激组和正常组。接受压力刺激的大鼠的第二代,与未受压力刺激的大鼠第二代相比,孕期更短。值得注意的是,即便第二代不再被施以压力,第三代仍会出现更短的孕期。出现更短孕期的同时,其祖母或母亲经历过压力刺激的大鼠,要比对照组表现出更高的血糖水平,更轻的体重。

研究人员表示,大鼠跨代压力变得越来越强,导致孕期更短,并诱导出人类早产的标志性特征。最惊人的发现则是,妊娠期的轻度至中度压力,具有跨代叠加效应,亦即压力效应在每一代会越来越大。

研究人员认为,这些变化的原因基于表观遗传学——基因的排列和表达。在大多数情况下,这是指核苷酸碱基对的 DNA 甲基化。在该项研究中,表观遗传变化则是基于微核糖核酸。微核糖核酸是一种调节基因表达的非编码核糖核酸分子。

此前的表观遗传学研究主要集中在 DNA 甲基化特征的继承。新研究表明,作为人类疾病重要生物标记的小分子核糖核酸,亦可通过经验生成并世代继承。产妇压力可在数代后代形成微核糖核酸的修改效应。

研究人员称,早产或由多种因素造成,新研究展现了母亲、祖母乃至更早祖先的压力对妊娠及分娩并发症的风险影响。此项研究,还具有预防早产等妊娠问题之外的意义,即许多复杂疾病的原因,可能植根于祖辈的经历。更好地理解表观特征的继承机制,将有助于预测疾病风险,并降低疾病的未来风险。

(5)揭示催产素会影响雌鼠行为。2015 年 4 月 16 日,美国纽约大学罗伯特·霍姆克与同事组成的研究小组,在《自然》杂志上发表论文称,他们一项针对小鼠的研究发现,催产素会通过调节大脑对显著听觉信号的反应影响雌鼠行为。其他形式的社会行为被认为背后也存在同样的现象。

研究人员说,幼鼠被从窝里拿出来和老鼠母亲分开时,会发出超声求救信号,有经验的老鼠母亲会用这种信号定位和找到幼鼠。

研究人员发现,老鼠母亲对哭声的反应,与左侧听觉皮层中兴奋和抑制的神经活动的受控模式有关。这个反应在没有怀孕过的雌鼠大脑中很罕见,它们对幼鼠的求救漠不关心。然而,如果在幼鼠求救的同时给予左侧听觉皮层催产素,没有怀孕的雌鼠的大脑活动和反应会开始像有经验的老鼠母亲。

研究人员同时指出,左侧听觉皮层有丰富的催产素受体,这表明该块区域可能专门用于识别与社会关系相关的信号。这与人类大脑语言处理部分的非对称性,惊人相似。

2. 老鼠心理行为研究的新发现

(1)发现老鼠和人一样具有同情心。2006年7月,加拿大媒体报道,动物是否具有同情心? 蒙特利尔一所大学的研究小组发现,老鼠与人类一样,也能感受到同伴的痛苦,但前提是要与同伴至少相识两周以上。否则,它对同伴的痛苦也会无动于衷。

通常情况下,只有人才具有同情心,对同伴的痛苦有反应。近年来,研究人员对动物情感、行为和智力的研究越来越关注。研究人员利用老鼠做三组不同的实验,发现老鼠在同伴受伤、尖叫或抽搐时,自己也会出现痛苦和痉挛反应。

在第一组实验中,研究人员把多只老鼠关在一个容器里,给其中的一只注射醋酸。结果发现,如果另一只老鼠看到同伴遭受痛苦并尖叫,自己也会出现痉挛等反应。但这种情况只在两只老鼠相互认识且时间超过两周以上才会发生。如果相互不相识,它对同伴的痛苦也毫无反应。

为了进一步研究老鼠是通过哪种器官来获得同伴痛苦信息的,研究人员对耳聋的老鼠采用不透明的容器进行类似实验,结果发现,耳聋老鼠同样可以感受到同伴的痛苦,只有在将它们关在不透明的容器里后,这种现象才不会发生。也就是说,在同时失去触觉和视觉的条件下,老鼠失去了通过声音和气味直接交换的可能,就丧失了同情心。这意味着,老鼠主要是通过视觉信息感受同伴的痛苦。

在第二组实验中,研究人员给两只老鼠注射了剂量不同的福尔马林。实验发现,注射了少量福尔马林的老鼠反应,比注射多的反应要强烈一些。同样,不相识的老鼠之间也没有同情心可言。

第三组实验是用热光束照射老鼠的爪子。研究人员企图通过该实验解释老鼠的反应是否是效仿的结果。结果发现,如果一只老鼠在注射醋酸而发生抽搐现象时,其同伴在受热辐射情况下爪子痉挛的频率更快,这说明老鼠的同情心不是效仿的。

研究人员认为,人类许多独特行为,具有很深的生理根源,人与动物的生理差别可能只表现在数量而不表现在质量上。

(2)发现老鼠也有"后悔"情绪。2014年6月,美国明尼苏达大学戴维·雷迪什教授领导的研究小组,在《自然·神经学》杂志发表研究报告说,后悔并不是人类独有的情绪,他们发现,老鼠在做出错误决定以致错过美食后,也会表现出后悔情绪,且会影响它随后的决定。

研究人员说,为探明老鼠的后悔情绪,他们设计了一个名叫"餐饮街"的实验。整个实验内容模拟人类生活中的场景,比如一条街上有多家餐馆,人们可以根据喜好和排队长度等选择在哪家用餐。

实验中,老鼠需在数个喂食器当中挑选一个并等待食物投下,但如果等待时间过长,有的老鼠就会失去耐心,转而去别的喂食器旁等候。当发现等来的食物并不理想时,这些老鼠会有明显的反应,比如行动停顿、看看自己刚才错过的美食等。

进一步研究发现,因失去耐心、放弃等待并遇上不好吃的食物后,这些老鼠会在重复同一实验时改变之前的做法,为自己喜欢的味道"坚守",不再轻易转向其他选择。此前没有做出"错误选择"的老鼠则不会有这些表现。

雷迪什教授说,后悔与失望不同,不是单纯对结果感到不满,还会对导致这一结果的错误决定感到不满。人出现后悔情绪时,大脑中的"眼窝前额皮质"会比较活跃,而此次实验发现老鼠大脑中的相应位置也会有类似表现。这一发现,有助于研究动物行为和后悔情绪对人类行为的影响。

3. 运用基因技术研究鼠科动物取得的成果

(1)在实验鼠脑内找到"腹钟"基因位置。2006年8月,日本东京医科齿科大学和美国得克萨斯大学联合组成的研究小组,在美国《国家科学院学报》网络版上发表文章说,他们在实验鼠脑内找到"腹钟"的具体位置。这项研究成果显示了进食和肌体节律的关系,将有望用于预防和治疗与饮食活动相关的代谢综合征等。

生物体内拥有调节睡眠、血压等生活节律的生物钟。其中,位于视交叉上核的生物钟,根据光线变化在调节节律中起主要作用,称为"主生物钟";位置不详,但能记忆进食时间,并决定生活节奏的生物钟,称为"腹钟"。

该研究小组在此前的研究中发现,如果改变实验鼠的进食时间,"主生物钟"区分昼夜的功能可被"腹钟"取而代之,但"腹钟"的具体位置一直未能确定。

在本次研究中,研究人员改变实验鼠白天睡觉、夜间觅食的生活规律,而只在白天固定的时间段给实验鼠喂食。经过一段时间,这些实验鼠昼夜生活完全颠倒,开始在白天活跃地四处觅食。

研究人员随后详细分析实验鼠脑内各部分的活动情况,发现在下丘脑背内侧核部位,与进食周期合拍的生物钟基因非常活跃。即使不给实验鼠喂食,这一部位的基因一到进食时间也活跃起来,表明下丘脑背内侧核承担着"腹钟"功能。

但研究人员尚不明白为何"腹钟"能够取代"主生物钟"在肌体内的主导地位。他们认为,一旦弄清两种生物钟之间的竞争机制,或许就能找到肥胖等疾病的预防和治疗方法。

(2)在实验鼠体内发现"饥饿基因"。2006年10月31日,瑞士弗里堡大学发布公报称,该校乌尔斯·阿尔布雷希特和法国路易·巴斯德大学的艾蒂安·沙莱等人组成的一个研究小组,在实验鼠体内找到一个发出饥饿信号的基因,修改这个"饥饿基因"会使实验鼠丧失饥饿感。

研究人员经过两年实验发现,老鼠体内一种名为"Per 2"的基因负责发出饥饿信号。通过修改这个基因,他们成功地使实验鼠找不到饥饿的感觉。

实验中发现,在预定的进食时间到来前几分钟,普通实验鼠就开始寻找食物,为进食做准备。而"Per 2"基因经过修改的实验鼠则反应消极,没有显示出饥饿感,只有在见到食物之后才开始准备进食。

研究人员认为,上述发现有可能为治疗身体肥胖、睡眠紊乱、抑郁和酗酒等开辟新途径。

(3) 首次绘出小鼠大脑皮层基因活性完整图谱。2011 年 8 月,英国牛津大学、美国国家人类基因组研究院人员组成的一个国际研究小组,在《神经细胞》杂志上发表论文称,他们使用一种最新测序技术,首次成功描绘出小鼠大脑基因活性的完整图谱。该图谱覆盖整个基因组的所有基因,十分详细地显示小鼠大脑皮层各层次的基因活性情况。研究人员指出,这项研究成果,不仅有助于科学家进一步理解哺乳动物大脑的组织结构情况,也为相关疾病研究指明新的方向。

大脑是人体最神秘的器官,如果想了解它的工作方式,就必须了解其复杂的结构。大脑皮层则是所有哺乳动物大脑的最大组成部分,对记忆、感觉、语言和高级认知功能都至关重要。早在 19 世纪,科学家就意识到大脑皮层是一个分层结构,六个层次中每一层的神经细胞类型和连接方式都不尽相同。而一旦了解了整个大脑皮层的基因活性,科学家就有可能更精确地将大脑解剖学、遗传学和相关疾病联系起来研究,意义十分重大。2003 年,有科学家寻求利用微阵列技术测定小鼠大脑基因活性,但他们至今仍没有完成所有已知基因活性的确定工作。

此次,该国际研究小组使用了一种称为 RNAseq 的新测序技术。与其他 DNA(脱氧核糖核酸)测序技术不同,这种技术不是对基因进行测序以了解静态的遗传密码,而是对组织样本里的所有 RNA(核糖核酸)分子进行测定,来检测基因活性,确定哪些基因是活跃的。运用这种技术,研究小组成功描绘出老鼠大脑皮层基因活性情况的完整图谱。图谱显示,老鼠大脑中,有超过一半的基因,在不同层次的活跃程度是不一样的。

研究人员称,这项研究成果,将使科学家能够更好地观察那些与疾病相关的基因。如图谱显示,与帕金森病相关的基因在大脑皮层的第五层尤为活跃,虽然这仅仅是一种关联,并不意味着一定会引发疾病,但却为该疾病的研究开辟了新的途径。

(4) 发现人类语言基因能让小鼠变"聪明"。2014 年 9 月,美国麻省理工学院和欧洲几所大学联合组成的一个研究小组,在美国《国家科学院学报》上发表论文称,他们的一项研究表明,如果给小鼠引入人类版本的语言基因 Foxp2,那么小鼠的学习能力将得到提高。这一成果,有助于研究人类语言的出现和进化。

Foxp2 语言基因是十多年前,在英国一个存在严重语言障碍的家族中首先发现的,缺乏这种基因的人,普遍存在学习障碍和语言组织障碍。

这种基因并非人类所特有,人类近亲黑猩猩也有这种基因,但自 600 万年前人类支系与黑猩猩分离后,人类版本的 Foxp2 基因有两处发生了黑猩猩所没有的关键突变。

研究人员说,他们首先培育出具有人类版本 *Foxp2* 的小鼠,然后让它们走 T 字迷宫寻找巧克力奶。一开始,培训小鼠进行有意识地学习,如平滑地面左转,粗糙地面右转等,小鼠做对了能得到奖赏,这种学习被称为叙述学习;经过长时间培训后,小鼠把这些记忆形成了无意识的习惯,这被称为程序学习。

研究人员利用交叉迷宫对小鼠进行测试,结果发现,如果仅一种学习方式参与,两种小鼠的表现没有明显差异。但当叙述学习和程序学习都参与时,拥有人类版本 *Foxp2* 基因的小鼠能比正常小鼠更迅速地找到奖赏。这说明,这种基因能把小鼠的有意识叙述学习更快地转化成无意识程序学习。

Foxp2 基因编码蛋白是一种转录因子,会关闭或打开一些其他基因。新研究发现,这种基因使大脑变得更适应于语言学习。

(5)发现老鼠的性别发育基因可激活。2015 年 3 月,澳大利亚昆士兰大学分子生物学研究员彼得·库普曼领导,赵亮博士等人参与的一个研究小组,在《发育》杂志上发表论文称,把一个"退休"的哺乳动物的性别决定基因 *Dmrt1* 引入生物体内,发现它仍可以管控老鼠的雄性发育。

库普曼认为,新发现有助于理解那些决定人类和动物性别的基因演化。他说:"*Dmrt1* 是一种古老的遗传基因,被认为在哺乳动物性别决定方面失去了作用。现代哺乳动物的性别,是由被称作 Y 染色体性别基因(*Sry*)决定的。当 *Dmrt1* 被 *Sry* 替代时,通常人体会停止维护它。但这类'退休'基因,可能在失效的同时获得新的功能。"

赵亮说,他们能通过对 *Dmrt1* 基因进行超常表达,去完成老鼠性别的完全逆转。

研究小组希望这项新发现,能够有助于开发出在农业、虫害管理、濒危物种的保护工作中管理性别比例的更好方法。

4.运用基因技术研究鼹形鼠科动物取得的成果

揭示"不患癌症"的盲鼹形鼠相关基因。2014 年 6 月 3 日,以色列海法大学生物学家伊维塔·尼沃领导的一个研究小组,在《自然·通讯》杂志上发表的遗传学论文表明,他们测序并分析了盲鼹形鼠的基因组与转录组,揭示出盲鼹形鼠适应地下生活的基因变化。此研究,给该物种适应地下生活相关的环境压力提供了见解,同时指出了那些可能与其不得癌症能力相关的基因。

盲鼹形鼠是一种为了躲避捕食者和恶劣气候,而在地下洞穴中独居的哺乳动物。它们的整个一生都在地下度过,而随着时间推移,这个物种眼睛已基本退化,并演化出了独特的生活方式:适应黑暗、缺氧,并能应付地下生活带来的大量接触病原体。由于这个原因,它们是研究哺乳动物如何适应地下生活,以及相关医疗应用的一个很好模型。更奇特的是,盲鼹形鼠与同为啮齿动物的小鼠非常不同,人们几乎还没有发现此物种患过癌症。曾有科学家认为,某些基因应在盲鼹形鼠身上扮演了防癌的关键角色。

研究人员说,他们分析盲鼹形鼠针对的转录组,指的是整个基因组表达出的完整的 RNA 组。此次研究显示,高水平的 RNA/DNA 编辑,减少了染色体重排,短散核重复序列(SINEs)的过分表达,可能导致了该物种的缺氧耐力。研究人员同时指明了,那些他们认为反映了盲鼹形鼠能力的重复遗传因子与基因,包括在低氧环境下生活、拥有高度发达的挖掘活动和没有视力等。

研究小组还称,他们发现一些基因遭受了正向选择,可能演化出了一套强化细胞凋亡和免疫炎症反应的机制,很可能正是这些基因,构成了盲鼹形鼠的某些基础,譬如已发现的其不得癌症及抗衰老的特征。

研究人员表示,此次的新成果,给研究哺乳动物的适应性演化提供了基础。同时,盲鼹形鼠身上的显著特征,连同其基因组和转录组信息,提高了我们对适应极端环境的理解,并将提高该模型在生物医学研究中的利用率,从而能在人类对抗癌症、中风和心血管疾病等方面做出贡献。

5. 运用干细胞或细胞技术研究鼠科动物取得的成果

(1)用干细胞使实验鼠获得人类免疫系统。2006 年 4 月,《朝日新闻》报道,日本九州大学医学院的科研小组,成功地为一只老鼠进行移植手术,使其获得一个人类免疫系统。使用这种实验鼠获得的研究成果将更适用于人类,将为诸如开发更安全的药物,了解疾病的病理机制等方面,提供更准确有效的模型。

研究人员为了培育这种特殊的实验鼠,首先挑选出大量出生不足 48 个小时的小老鼠,然后通过基因操作使这些实验鼠的免疫系统停止工作,接着向实验鼠头部的静脉中注射人类造血干细胞。研究人员发现,这些人类的造血干细胞顺利地在实验鼠骨髓中"扎根",并分化成各种人类免疫细胞。虽然实验鼠原有的免疫细胞仍有少部分残留,但是绝大部分已经被人类免疫细胞替代。

实验鼠被广泛应用于医学研究和药剂开发实验。但老鼠体内有多种不同的免疫细胞,由于某些免疫细胞与人类的免疫细胞不尽相同,科学家们利用老鼠所获取的实验结果,往往不能直接应用于人类。这也许是某些新药,包括抗癌药物等,被应用于临床治疗时会出现相反效果的原因。而在拥有人类免疫系统的老鼠身上进行测试将有助于解决这一难题。

(2)用干细胞技术形成的人造精子培育出老鼠。2006 年 7 月 10 日,英国纽卡斯尔达勒姆生物干细胞研究所,克利姆·尼尔亚教授领导的研究小组,在《细胞发育》杂志上发表研究成果称,他们在世界上首次利用人造精子培育出老鼠,这一实验为彻底结束男性不育症带来希望。

试验中,在老鼠晶胚发育数天成为胚泡后,研究人员从中分离出精原干细胞进行培养,然后挑选出形成的精子,注射到老鼠卵中,最后移入母鼠的子宫中,结果生出 7 只小老鼠。

目前,这种授精方式的效率还很低,数百粒利用这种方式受精的卵细胞中,只有 50 个能发育到胚胎双细胞阶段,最后仅有 7 只老鼠出生。其中的一只小老鼠,在刚出生后不久即死去,其余的小老鼠的寿命都没有超过 5 个月,而正常老鼠的寿命大约为两年。

尼尔亚表示,这个问题需要在进行人类实验前解决。虽然实验只获得部分成功,但他认为,从生物学的观点来看,这个实验结果仍然相当重要,它为科学家研究生命如何开始提供了动物模型。

此前,英国谢菲尔大学的研究人员证明,可利用胚胎干细胞制造精子,但没有进行人工授精实验。美国和日本的科学家也曾证明,可利用干细胞制造出老鼠卵,并可对其进行人工授精,但一直没有生出小老鼠。

科学家认为,从发展的眼光来看,今后还可能从女性干细胞中培养出精子,从男性干细胞中培养出卵子。这样同性恋的家庭也将拥有自己遗传物质的后代。理论上说,也可以利用同一个人的胚胎干细胞,培养出精子和卵子,进而产生胚胎。不过制造“男卵”和“女精”需要克服巨大的技术障碍。因为正常情况下,要使胚胎发育正常,通常需要获得双亲的遗传物质。

不过,该实验证明了,科学家可在实验室中制造出有活力的精子。这使利用干细胞技术治疗男性不育症成为可能。同样,女性不孕症也有望获得治疗。利用这项技术,患不育症的夫妇,今后有可能通过使用人造精子或人造卵子,生出带有自己遗传特征的后代。

虽然该研究仅获得部分成功,但研究人员表示,这对于他们深入理解成熟精子的形成过程,进而改善不育症的治疗手段具有重大意义。同时,也可大大缓解精子和卵子捐献不足的难题。研究人员认为,最有希望的设想是,从不育症患者的睾丸提取一些组织,在实验室中将其培养成为成熟的精子,再将其转移回患者的体内。

(3)用人类干细胞在实验鼠中培育出人体肾脏。2006 年 12 月 10 日,日本《每日新闻》报道,日本东京慈惠会医科大学和自治医科大学的研究人员,在世界上,首次通过把人类干细胞植入大白鼠胚胎而培育出人体肾脏组织。这一成果,可望帮助解决肾脏移植供体不足的问题。

研究人员从人体骨髓液中提取干细胞,将其植入 11 天半大的大白鼠胚胎内可能长出肾脏的部位。此时,大白鼠胚胎内脏器尚未形成,免疫机能也未启动,对外来组织的排异反应很弱,便于人体干细胞迅速分裂和生长。被植入大白鼠胚胎两天后,人体干细胞就分化为承担肾脏主要功能的丝球体和尿细管。研究人员确认,这些肾脏组织,已经具备从血液中过滤出尿液的能力。

研究人员认为,这项技术成熟后,可以把重症肾功能衰竭患者的骨髓干细胞植入猪等体格较大的动物的胚胎内,在干细胞分化成肾脏组织后,再植回患者体内。等大网膜内的血管延伸到移植组织后,这些组织就能过滤尿液。这样,患者既不需要人工透析,也不必等待肾脏捐献者。

（4）用冷冻睾丸细胞组织培育出小鼠后代。2014年7月1日，日本横滨市立大学医学部小川毅彦领导的一个研究小组，在《自然·通讯》杂志上发表论文称，他们首次使用超低温保存的睾丸细胞组织，培育出活的小鼠后代。这项成果表明，超低温保存睾丸细胞组织可能是一种现实的、保存生育能力的重要措施。

据该论文描述，不孕不育可以是某些癌症治疗的不良反应之一。而随着儿童癌症治愈率的增加，保存生育能力已经成为患者及其家属很关心的一个问题。由于精液冷冻保存仅适用于青春期发育后的患者，更加年轻的患者需要其他的替代措施。

多年前，医学界就在讨论一种可能性，即按照冷冻保存程序来留取未成熟睾丸组织，并使冷冻后组织能恢复生精过程。以往的实验观察中，新生小鼠睾丸组织在冷冻保存一段时间后再移植，其表现与新鲜睾丸组织移植相同，未成熟的生精细胞可以在受体中继续生长发育，并完成整个生精过程进而发育为精子。但科学家们还不曾培育出活的实验小鼠后代。

该研究小组，以前曾经开发出一个器官培养系统，它可以诱导小鼠从睾丸产生精子的完整过程。在最新这项研究中，他们通过缓慢冷冻或者玻璃化，超低温保存了新生小鼠的睾丸组织。这里的玻璃化，是指冷冻生物学中一项简单、快速、有效保存有生命的细胞、组织和器官的方法，此过程中细胞结构不会受到破坏从而细胞得以存活。解冻后，再对这些组织进行了培养。研究显示，这些组织分化成精子的能力和对照组中没有经过冷冻的组织一样有效。

研究人员随后对未成熟的卵细胞进行了微授精，直接放入了精子。这些精子来自于超低温保存了4个月的睾丸组织，总共获得8个后代。这些后代们可以健康地成长并能够繁殖。

此项研究结果，提供了一种保存生育能力的潜在办法，在包括保存雄性生殖细胞、帮助癌症患者保存生殖能力，以及保存濒危物种等方面，提供了一个切实可靠的实验依据。但是研究人员同时坦承，还需要更多的研究才可以把成果转化到人类中去。

（5）用细胞技术在小鼠体内培育出功能完备的人类肠道。2015年1月，美国洛杉矶儿童医院特蕾西·格里克施特主持的一个研究小组，在《美国生理学杂志》上发表研究成果称，在过去的几年里，他们一直在研究如何生长出部分小肠，现在终于用细胞技术成功地在小鼠体内培育出功能完备的人类肠道。

研究人员表示，人们可能很快就会有能力生长出自己的肠道。从人体肠道内取一小块样本，将其研碎并浸泡在一种消化酶溶液中，再用移液器吸取该混合物并将其放在聚合物支架上，然后把它移植进小鼠的腹腔。几周后，需要者就可以获得一小部分功能完备的人体肠道。

格里克施特研究小组，最新工作为上述研究目标的实现，提供了迄今最有前途的迹象。在将装有人类肠道组织的支架植入小鼠体内4周后，研究人员发现，移植组织生长出人类小肠具有的很多特征。它们包括充满黏液的杯状细胞以及释放肠胃激素的专门细胞。更重要的是,移植组织表现得像实际肠道一样:它们能够把复合糖分解成简单的葡萄糖。

如果这项研究获得成功,将为肠道衰竭的治疗提供一种新的方式。在被新生儿重症监护室收治的患者中,有2%的婴儿会受到肠道衰竭的影响。该病症患者,5年内约有1/3因此死亡。

格里克施特表示,在小鼠身上开展的研究成为最终治疗婴儿患者的关键一步。"我们将不得不获取全部支撑数据。不过,坦率地说,我们已经开展了尽可能多的研究。"

下一步则将生长出工程化组织的更大样本。格里克施特说:"每次你将事情的规模扩大,比如从小鼠扩展至人类婴儿大小,会需要考虑很多不同的情况。目前,我们正致力于此事。"

6. 老鼠生理实验研究的新成果

(1)成功控制老鼠冬眠。2005年4月,西雅图弗雷德·哈钦森癌症研究中心马克·罗特等人领导的一个研究小组,在《科学》杂志上发表研究报告说,他们成功让老鼠进入了冬眠状态。这一成果,有望为那些病入膏肓的患者或是严重受伤者的康复带来福音。

目前,科学界认为,硫化氢是一种人体和动物体内产生的,用来调节体温和机体代谢活动的化学物质。

研究人员说,他们把实验鼠置于高浓度的硫化氢环境中,实验鼠的呼吸频率和体温迅速下降,进入了没有知觉的休眠状态。当实验鼠苏醒后,它们的各项生理指标和特征都正常,并没有出现不良反应。

罗特介绍说,该研究的实质,实际上是把属于温血动物的老鼠转变成冷血动物。这一过程,普遍存在于那些冬眠的哺乳动物中,即细胞活动处于完全停滞状态,机体的需氧量大幅下降。实验结果说明,所有的哺乳动物,包括人在内,都有进入冬眠状态的能力。

如果这种技术能够应用于人类,将可能为那些病入膏肓和身受重伤的人,如战场上的士兵、等待器官移植的患者等,赢得更多的宝贵治疗时间。这种方法,还有可能帮助癌症患者,让他们的正常细胞在放疗和化疗过程中处于休眠状态,免受治疗副作用的侵害。

(2)创造出肢体切除还可以再生的神奇老鼠。2005年8月,美国威斯塔研究所的免疫学教授艾伦·卡兹领导的一个研究小组,在剑桥大学举行的一次国际科学会议上发表研究报告称,他们创造出一种能重新长出被切除肢体或受损严重器官的"神奇老鼠",让人们看到人体四肢再生的希望。

这种老鼠具备从伤势中再次复原的能力,而这些伤势对其他正常动物来说,是致命的或会使它们永远致残。这种实验动物在哺乳类动物中非常独特,因为它可重新长出心脏、脚趾、关节以及尾巴。研究人员还发现,把实验老鼠身上提取的细胞注射到普通老鼠体内,它们也获得了再生能力。

这一发现,让人看到了四肢再生的希望,未来人类也有可能被赋予重新长出失去或受损器官的能力,这将开创一个新的医学时代。卡兹称,她的实验室中这种老鼠具备的再生能力,可能受大约 12 种基因的控制。

她仍在对这些基因的确切功能进行研究,但几乎可以肯定的是,人类也有类似的基因。她说,我们已经对数种被切除或损伤的器官像心脏、脚趾、尾巴以及耳朵等进行实验,看到它们重新长出来了。这太神奇了。唯一没能重新长出的器官是大脑。当我们把从那些动物上提取的胎儿肝脏细胞注射到普通老鼠体内时,这些普通老鼠也获得了再生能力。我们发现,这种能力在注射 6 个月后仍然维持着。

在此之前,卡兹注意到,研究人员在实验老鼠耳朵上打识别孔,可是,这些孔不久就全部弥合,没有留下任何伤疤。卡兹因此发现了这种老鼠的再生能力。这种具有自我愈合能力的老鼠是一种被简称为 MRL 的鼠种。

研究人员先对这种老鼠进行了一系列的外科手术,在其中一项手术中,他们切除了老鼠的脚趾,但这些足趾又重新长出,而且有关节。在另一项实验中,他们切除了老鼠的尾巴,但它们仍然再次长出。然后,他们又使用一冷冻器,把这些动物的心脏进行部分冷冻,但还是发现被冷冻的部分又再次长了出来。当它们的视神经受到严重损伤或部分肝脏被破坏时,同样也会发生相似的现象。

卡兹说,我们发现这种 MRL 老鼠细胞分裂的速度特别快,它们的细胞生存和死亡的速度更快,所以也就加快了细胞的更新速度。这似乎与再生能力有某种联系。研究人员怀疑同样是某些基因,可能让这些老鼠的寿命比一般老鼠更长。

研究人员很早就已知道,一些较为低等的动物具有很强的再生能力。很多鱼类和两栖动物,可以重新长出内脏器官甚至是整个肢体。人类如果至少有四分之一的肝脏是完好无损的话,那么整个肝脏也可以重新长出,此外人类的血液和表皮也具有再生能力,但其他器官不能再生。

这很有可能是因为绝大多数哺乳动物的细胞,虽然刚开始时具有可以形成任何类型细胞的潜力,但它们很快便具体化,从而使哺乳动物发育成更复杂的大脑和身体,可是也剥夺了它们的再生能力。相比之下,如果蝾螈失去了部分肢体,那么它伤处周围的细胞会重新变为所谓的干细胞。这些细胞可以发育为任何所需类型的细胞,包括骨骼、皮肤或神经。

(3)用显微镜植入老鼠大脑来"观察"其思维运行。2013 年 2 月,美国斯坦福大学生物和应用物理学副教授马克·施尼,与他的同事组成的一个研究小组,在《自然·神经科学》杂志上发表研究成果称,他们把迷你显微镜植入基因改良老鼠的大脑之中,有助于研究人员洞悉老鼠的思维运行。

该研究小组研制出一种迷你显微镜,可植入老鼠大脑之中,洞悉老鼠的思维变化,未来该装置有望用于治疗阿尔茨海默病。

施尼策说,他们成立了一家公司,专门生产销售迷你显微镜,用于研究阿尔茨海默病和其他大脑紊乱等神经变性疾病。

施尼策解释说,我们把老鼠颅骨打开,把这种迷你显微镜植入一个小型圆圈之中,这个显微镜就像是给老鼠戴一个帽子。老鼠海马体的神经组织关联着空间记忆,通过基因改良可将这些神经呈现为绿色荧光蛋白质,特别是在钙质存在的时候。当神经细胞被激活,它们将自然地释放大量的钙离子,从而荧光效应就变得更加强烈。

迷你显微镜与一个相机芯片建立连接,能够将拍摄到的神经细胞的荧光闪烁状况传输至计算机屏幕,从而获得接近实时的老鼠大脑活跃性视频。

对于未经训练的眼睛,激活神经细胞变得随机无序,但是研究人员能够识别。特殊的神经细胞对应于圆圈中的特殊区域。施尼策解释称,个别神经细胞可能对老鼠大脑位置具有一定的选择性。该装置有能力实时绘制数百个神经细胞的活动状况,并长时间观测大脑组织的发展变化,未来它将用于监控研究阿尔茨海默病。

十二、蝙蝠类动物研究的新进展

1. 研究蝙蝠回声定位系统的新发现

(1)发现蝙蝠回声定位系统会因为人类噪声而改变。2014年10月,美国一个动物学家组成的研究小组,在《全球生态和保护》期刊网络版上发表研究成果称,他们首次发现,野生蝙蝠会因为人类噪声而改变自己的行为。

研究人员说,他们研究过机器声音对蝙蝠能力的伤害,例如机器声音会干扰蝙蝠通过倾听昆虫移动来捕捉猎物,本次研究是这些研究的延续。

蝙蝠利用声音"看"它们的世界。因此,当身处人类噪声污染的迷雾中时,这种动物需要怎样做?一些蝙蝠似乎选择寻找更安静的地点和改变它们的叫声。

研究人员正试着解密蝙蝠如何应对现代社会的喧嚣,他们来到美国新墨西哥州北部的天然气油田。这里,一些油井装备有压缩机,这种设备会持续产生噪声,同时,另一些油井则比较安静。

研究人员花费了2个月时间,倾听蝙蝠用于定位猎物的叫声。结果发现,巴西犬吻蝠处于压缩机附近的时间少40%。当在这些机器附近时,这些蝙蝠还会改变它们的叫声到更窄的声学测距。而那些声调更高并与压缩机存在显著区别的蝙蝠,则没有出现任何变化。

这些研究结果表明,噪声污染正通过剥夺蝙蝠的栖息地或削弱其捕食能力,威胁这种动物的生存。

(2)发现蝙蝠回声定位系统会受到附近竞争者的干扰。2014年11月7日,动物学家亚伦·科克兰等人组成的一个研究小组,在《科学》杂志发表文章称,他们发现,跟踪美味昆虫的蝙蝠,会在附近的竞争蝙蝠发出一种特别的干扰呼叫时,艰难地捕捉它们的猎物。

研究人员说,为了定位并确定其环境中的食物,蝙蝠会发出叫声并谛听其折返的回音。这被称作回声定位,它使得蝙蝠成为一种夜间首要的掠食者。但是,正如这一新的研究所显示的,它也会让蝙蝠变得脆弱。

研究人员说,他们以墨西哥犬吻蝠为研究对象,这种蝙蝠会发出至少 15 种不同类型的交流或"社交"叫声。通过一系列实地及音频回放实验,发现该蝙蝠会发出一种能"卡住"相同种类其他蝙蝠回声定位的特别声音。

研究人员对墨西哥犬吻蝠在亚利桑那和新墨西哥的两个觅食地点争夺食物时,对它们进行了录像与录音。他们捕捉到的一种被称作"进食鸣叫"的声音,这实际上是一种蝙蝠会在专注于它们的昆虫猎物时,鸣叫得更快的快速鸣叫。它能让蝙蝠在追踪昆虫的最终时刻,确定猎物的位置。

研究人员还捕捉到另外的声音,其中包括一种以前没有研究过的,似乎只是在附近另外的蝙蝠在发出进食鸣叫时才发出的叫声。将后一种叫声回放给进食中的蝙蝠,会使它们捕捉猎物时的成功率下降 73.5%。研究人员说,这是因为所谓的卡阻叫声破坏了进食鸣叫的回声定位,干扰了猎食蝙蝠确定猎物位置的能力。

2. 研究蝙蝠导航系统的新发现

(1)发现蝙蝠是唯一用偏振光导航的哺乳动物。2014 年 7 月 23 日,德国马克斯·普朗克学会鸟类学院,斯蒂凡·格瑞夫领导的研究小组,在英国《自然·通讯》上发表的一篇动物学研究文章显示,雌性大鼠耳蝠能够使用偏振光来进行定向。这让蝙蝠成为至今为止我们知道的,唯一一个可以使用天空中光线的偏振模式来导航的哺乳动物。

动物在定位和导航时,会使用各种感官信息,例如太阳和星星的位置、地球磁场的强度和倾角,或者天空中光线偏振的模式。为了达到最准确的定位和导航,动物需要用不同的系统进行校准。我们已知无脊椎动物和鸟类都会利用偏振光进行定向,但是以前从没有在哺乳动物中找到例子。

格瑞夫研究小组使用易位实验显示,雌性大鼠耳蝠在日落时,会用偏振光作为校准它们的磁场导航的线索。大鼠耳蝠为蝙蝠科鼠耳蝠属动物,该物种的模式产地即在德国。此次在研究人员的实验中,70 只成年雌性蝙蝠于日落时在不同的位置上,从有着不同过滤器来操纵阳光偏振模式的实验箱中"感知"天空,而后研究者们观察它们使用偏振光作为指引,最终回到自己的洞穴。

蝙蝠是已知唯一一类可以真正飞行的哺乳动物,它们中的多数具有敏锐的听觉定向(回声定位)系统,可以通过喉咙发出超声波,然后再依据超声波回应来辨别障碍物。但长期以来,蝙蝠在飞行过程中的导航策略令人迷惑不解。而今,这项成果对于研究哺乳动物视力的感官生物学,有着重要意义,但目前,科学家仍然不清楚,蝙蝠们究竟是如何"感知"并使用天空中光线的偏振模式,进行导向的。

(2)揭示蝙蝠大脑中的神经罗盘。2015年1月8日,动物学家阿塞尼·芬克尔斯坦等人组成的研究小组,在《自然》杂志上发表论文称,自由运动的埃及果蝠要么在飞、要么在爬,以寻找食物。研究人员把这些埃及果蝠作为研究对象,对其大脑怎样编码自己的神经罗盘提出了新见解。

研究人员说,很多哺乳动物,能够在复杂环境中把握方向,这是由于它们能够对三维空间进行准确的神经表征,其中涉及那些编码空间、距离、边界和头部方向的细胞的协调。通过头部方向细胞把握方向是这一导航系统的一个关键组成部分,但人们对这一罗盘的性质却知之甚少。

研究人员表示,在研究埃及果蝠的过程中,他们利用了来自大脑(具体说是来自名为"前下托"的区域)的神经记录。芬克尔斯坦等人识别出了编码头部三个欧拉转动角度(方位角、俯仰角和横摇角)的神经元。来自这些头部方向细胞的记录显示了关于空间取向的一个环形模型,它由根据两个环形变量(方位角和俯仰角)变化的细胞标绘出来。

十三、鲸类动物研究的新进展

1.鲸类动物生理研究的新发现

(1)在鲸口腔中发现有弹性的神经。2015年5月4日,加拿大和美国科学家共同组成的一个研究小组,在《当代生物学》杂志上发表研究报告说,鲸是大海中的"大吃货",其中鳁鲸的进食秘诀就是嘴能张得足够大。他们的研究发现,鳁鲸的嘴之所以能张得那么大,一个重要原因是其口腔神经能像弹力绳一样伸缩。这是科学家首次发现可拉伸的动物神经。

研究人员说,动物尤其是脊椎动物的神经通常不具有弹性,正因如此,神经拉伤成为人类很常见的一类神经损伤。他们在研究鲸的尸体时,无意间发现鳁鲸的口腔神经可轻松拉伸到其原有长度的两倍以上,而不会造成任何损伤。

世界上体型最大的动物蓝鲸及鳍鲸与座头鲸都属于鳁鲸,其成年体重平均达40~80吨。它们常常采用冲刺式方式捕食,即先在水下张开大嘴,冲刺前进,把大量水连同食物一起吞入口中,再把嘴巴合上收缩,通过鲸须板把水挤压出去。

在冲刺式捕食中,口腔会产生巨大的形态变化,因此要求颌关节、舌头结构等进化出适应性特征。最新研究表明,有弹性的口腔神经便是鳁鲸的捕食适应性特征之一。

研究人员解释说,其他动物的神经表面通常覆盖着一层薄薄的胶原蛋白,一拉就会出现损伤。但在鳁鲸口腔中,神经纤维平常被"折叠"起来,外面覆盖着厚厚一层弹性蛋白纤维。因此当鳁鲸嘴巴张大时,其口腔神经便可拉伸。接下来,他们将研究鳁鲸口腔神经在进食过程中的"折叠"情况。

(2)发现饮食和演化历史塑造出鲸鱼肠道菌群。2015年9月,美国哈佛大学乔恩·桑德斯领导的一个研究小组,在《自然·通讯》发表论文指出,须鲸的肠道菌群与陆地上食草动物较为相似。这项发现支持了饮食和演化历史都有助于塑造哺乳动物肠道菌群的观点。

饮食是决定哺乳动物肠道菌群构成的主要因素。但有些动物,肠道菌群的整体构成与近亲相似,即便它们的饮食完全不同。例如,食竹的大熊猫和它们的近亲熊相似。研究小组想探究须鲸是否也有类似情况。须鲸是一种海洋肉食动物,从与牛、河马相近的陆地食植祖先演化而来。

研究人员分析了来自 3 个不同种的 12 头须鲸的粪便样本中的微生物基因。然后,把这一信息与从其他有不同饮食的海洋或者陆地哺乳动物获得的类似信息进行比对。结果发现,须鲸的整体微生物组成和功能范围与它们的陆地食草亲戚相似。但特定微生物代谢通路,更类似于陆地食肉动物。

这项研究有助于厘清饮食和演化决定肠道菌群组成的复杂相互作用。作者指出,对于须鲸,演化关系和肠道菌群组成的相关性,可能表明了胃肠道结构引起的限制,鲸和它们的陆地亲属都有多节前肠作为发酵室。

2. 鲸类动物社会性行为研究的新发现

发现抹香鲸不同群体拥有不同的方言。2015 年 9 月 8 日,加拿大哈利法克斯的戴尔豪斯大学,科学家马里西奥·康托领导的一个研究小组,在《自然·通讯》杂志上发表论文称,他们完成的一则动物学新研究显示,通过文化学习,抹香鲸的不同群体会发展出不同的方言。这项研究显示,人类可以形成不同文化,这在复杂的动物社会中也会出现。

与人类社会一样,抹香鲸生活在多层结构的群体当中。它们喜欢群居,以家庭为单位的个体,聚集在一起形成大家族,并以长期稳定的雌鲸群构成社会的核心单位。每个大家族都可以通过它们声音中的"咔嗒"声模式的相似程度区分出来。但是对人类来说,一直都没有弄清楚在海洋当中,不同的抹香鲸群体之间并没有物理隔离,何以会出现不同的家族。

研究人员说,此次他们调查了加拉帕戈斯群岛附近生活的抹香鲸,并使用了这个鲸类群体,在 18 年中的社会互动和发声情况的数据记录,用以研究不同的发声群体是如何形成的。通过使用个体为本模型,研究人员模拟不同抹香鲸个体之间的互动。他们的结果显示,这些不同群体最有可能的出现方式,是因为抹香鲸会"学习"那些和它们行为类似同伴的发声方式。

在调查中,研究小组还发现了一些矛盾的现象:鲸类发声结构的基因遗传,或者是群体中随机固定下来的呼叫类型,无法解释研究人员在野外观察到的一些模式。这表示,不同群体中的信息流——以交流信号为例,可能是导致鲸类不同家族出现的原因,这也有助于保持这一种群家族内的凝聚力。

3. 鲸类动物研究的新方法

用"鲸机"分析鲸鱼口气。2015 年 8 月,美国媒体报道,鲸鱼易感染呼吸道疾病,从而威胁已濒危的种群数量。可是,给鲸鱼作健康评估却不容易。为了测量一头鲸鱼的"口气",即喷水孔中喷出的潮湿空气,所含的细菌和真菌,就必须足够靠近它以取得口气样本。

"鲸机"由此应运而生。这是一架由马萨诸塞州伍兹霍尔海洋研究所与美国国家海洋与大气管理局共同研制的小型遥控无人机。作为一架六桨直升机,它不仅能收集鲸鱼的口气样品,还能进行空中高清成像,对鲸鱼的整体健康情况和脂肪水平、皮肤伤口等具体情况进行评估。

近日,在斯特尔维根海岸国家海洋保护区进行的一次测试飞行中,"鲸机"先是在36头鲸鱼头顶上方约40米处给它们拍摄全身相,然后低飞到距海平面仅数米处,掠过其喷出的水柱并收集口气样本。

最终共收集到16支样本。下一步,研究人员打算开始分析这些样本的微生物成分。他们还计划今年冬天从南极半岛收集同种的、但在较纯净环境下生活的鲸鱼的口气样品,并开展对比研究。

第三节 鸟类研究的新成果

一、鸟类生理及行为研究的新进展

1.研究鸟类生理现象的新发现

(1)发现鸟类独特的受精机制。2015年1月,日本静冈大学、早稻田大学等机构组成的一个研究小组,在《科学报告》杂志上发表论文说,他们弄清了鸟类独特的受精机制,这一发现,将有望用于人工繁殖濒危鸟类。

鸟类交尾时,雄鸟的精子与精浆等精液进入雌鸟体内,不过精子不会立即游向卵子,而是进入输卵管内名为贮精囊的特殊结构中,在受精前暂时储存在这里。此后,精子从贮精囊中逐渐释放出来,实现受精。

不过,鸟类的精子进入贮精囊的机制一直不清楚。该研究小组发现,鹌鹑的精浆中含有前列腺素 F2α,具有打开贮精囊入口、帮助精子进入贮精囊的作用。

研究发现,如果去除掉精浆只留下精子进行人工授精,那么即使将精子注入雌鹌鹑的生殖道内,精子也无法进入贮精囊,几乎无法受精。但是,如事先向雌鹌鹑的生殖道内注入前列腺素 F2α,去除精浆只留精子也能进入贮精囊,并实现受精。

研究小组指出,与哺乳动物不同,鸟类的人工授精技术仍处于开发阶段,由于冷冻保存的鸟类精子的受精能力会大幅下降,因此在人工授精时添加前列腺素F2α,就有可能提高冷冻保存精子的受精率,有助于人工繁殖濒危鸟类。

(2)发现长期感染疟疾严重缩短大苇莺生命。2015年2月,瑞典隆德大学生物学教授丹尼斯·哈塞尔奎斯特和斯塔凡·本施等人组成的研究小组，根据对瑞典南部大苇莺 30 年来的研究资料，在《科学》杂志上报告称，长期感染疟疾，会严重缩短这种鸟儿的生命。该分析还揭示了一种可能的解释：被感染鸟类的血红细胞拥有较短的 DNA 端粒延伸，这些端粒覆盖在染色体末端，并在细胞分化时保护它们。在很多物种中，较短的染色体端粒与衰老和短寿存在相关性。

疟疾是人类的灾祸之一，但许多鸟儿对它似乎不屑一顾。尽管会长期感染疟原虫，但它们的行为似乎并未受到影响，绝大多数还会像没有感染的鸟一样繁育后代。这不仅对鸟类学家，而且对进化生物学家来说都是个谜，后者一直认为疟原虫不可避免地会对健康产生负面影响。然而，瑞典学者的成果表明，鸟感染疟疾仍保持健康的观点，被证明只是不真实的一种表面现象。

美国明尼苏达州立大学进化生物学家马琳·祖克表示，这项研究对以往所认为的"良性寄生虫"做出了盖棺定论。尽管目前尚不明确疟疾感染如何影响端粒的长度，该研究已引起研究人员对其他具有类似负面作用的温和慢性感染病，对其他动物，甚至是人类产生的潜在影响的重视。

一个多世纪以来，进化生物学家一直在争论无症状疾病对健康以及生殖的长期负面效应。然而，要从影响一种野生动物繁殖能力的众多变量因素中，找出一种疾病的影响，问题非常棘手。英国牛津大学进化生态学家本·谢尔登说，这个问题又受到多数野生动物研究取样范围过小的限制，从而变得更加复杂。

1983 年，哈塞尔奎斯特和本施还是瑞典隆德大学两名生物专业的学生，他们彼此开始收集栖息在瑞典南部一个湖畔的大苇莺资料。上百只棕白相间、声音嘹亮的大苇莺，每到夏天就会来到那里的湖畔繁殖生育，很多鸟会回到它们出生时的筑巢区。现在，已经在隆德大学担任教授的本施和哈塞尔奎斯特，仍然会在湖边度过夏天，与同事一起追踪有哪些大苇莺返回、哪只与哪只交配及每只鸟繁育了多少后代等。研究人员还采集了幼鸟和成鸟的血液样本。

大约有 40% 回归筑巢的鸟，在它们的过冬地点撒哈拉以南的非洲，感染了一种或是多种疟原虫。在最初的敏感期阶段，它们会感到乏力、反应迟钝、缺乏食欲，幸存下来的鸟会恢复正常，但依然处于感染状态，血液中携带着少量疟原虫，但很多鸟似乎并未受到这种状态的影响。比如，在一项持续了 17 年的研究中，研究小组发现感的鸟和未感染的鸟在随后一年的繁殖和生活中没有明显区别。

然而，研究人员发现了端粒的线索。本施研究小组的博士穆罕默德·阿斯近期利用 PCR 技术，测量了大苇莺血液样本中的端粒长度。本施说："一些让人兴奋的模式开始出现。"研究人员发现，感染疟原虫的鸟拥有的端粒更短，而严重感染的鸟表现出明显的端粒缺失。

这可能是因为端粒较短的鸟更容易受疟疾影响。在此前一项研究中，该研究小组有意让一些捕获的大苇莺感染疟疾。通过检查这些鸟的血液，研究人员发现感染会直接导致端粒缩短。

华盛顿特区史密森学会美国国家动物园进化遗传学家罗伯特·弗莱舍说："把比较和实验结果综合在一起,可以得出非常具有说服力的结果。"

湖畔的跟踪研究表明,感染会缩短大苇莺血液细胞中的端粒,并让它们的寿命减少1年左右。同时,还会不知不觉地影响它们的繁殖。总体来看,未受感染的鸟平均寿命为2.5年,繁殖的幼鸟超过8只。而感染的鸟平均寿命为1.6年,繁育的后代平均只有4只。哈塞尔奎斯特表示,这是超出研究人员预料之外的"另一种代价"。

2. 研究鸟类繁殖与筑巢行为的新发现

(1)揭开大山雀繁殖时藏蛋的秘密。2014年3月,一个从事鸟类行为研究的项目小组,在《BMC进化生物学》杂志网络版上发表论文认为,大山雀繁殖时把自己产下的蛋藏起来,其根本原因是为了找到并牢牢占领理想的栖息地。

研究人员说,大山雀繁殖时很擅长把产下的蛋藏起来:它们用动物毛发、苔藓、青草覆盖在蛋上。但是,没有人知道大山雀藏蛋的原因是什么。他们推测山雀试图遮掩自己的巢,是为了防止被"竞争对手"色彩斑驳的斑姬鹟"窥探"。斑姬鹟会暗中监视山雀产下多少个蛋,对于它们来说,蛋的数量多意味着这是一个不错的栖息地。

研究人员为了证实这种假设,把大山雀巢上的"伪装"卸下,并在其附近设置人工制作的山雀的"假想敌"斑姬鹟或蜡翅鸟,同时还会播放相应的鸟鸣声。一天后,研究人员开始检查大山雀巢的"伪装"情况。他们发现:斑姬鹟的鸣叫会促使大山雀更加"卖力"地藏蛋——大山雀巢的覆盖物总量增加了41%;而蜡翅鸟的鸣叫也使大山雀巢的覆盖物总量增加了24%。

斑姬鹟就像是大山雀的"信息寄生虫",大山雀可以通过隐藏自己产下的蛋来"蒙蔽"它们,使其认为这里不是一块理想的栖息地,促使斑姬鹟远离自己的巢并另觅他处。

(2)发现鸟类选择筑巢材料不单靠本能。2014年4月,英国圣安德鲁斯大学和爱丁堡大学联合组成的一个研究小组,在《皇家学会生物学分会学报》上发表研究成果说,人们通常认为,鸟类选择筑巢材料的能力是天生的,但他们的研究发现,这其实是一种更为复杂的认知活动,后天的学习和体验有重要影响。

研究人员说,为验证鸟类是否能通过学习来辨别筑巢材料的好坏,他们用斑胸草雀进行分组比较实验:一组只能获得柔韧、松软的筑巢材料,另一组则只能获得更坚硬、结实的材料。

一段时间后,研究人员让两组斑胸草雀,在这两种材料之间任意选择,结果发现,使用过较软材料的斑胸草雀这次都会选择更硬的材料,而此前就使用硬材料的一组斑胸草雀并未对两种材料表现出好恶。

但在完成一次筑巢后,所有斑胸草雀都对硬材料"增加了好感"。研究人员认为,这说明,后天学习和体验,对斑胸草雀选择筑巢材料有着很重要的影响,它们会根据筑巢要求选择更合适的材料。

3. 研究鸟类飞行行为的新成果

(1)用线性分散模型描述八哥飞行线路的变更。2014 年 8 月,学者艾思佳·乔礼克等人组成的一个研究小组,在《自然·物理学》杂志上发表论文称,八哥鸟群飞行线路的改变,可用一种线性分散模型描述,其中头鸟变换线路的信息,通过鸟—鸟传递的方式传达给其他鸟类。这些发现,揭示了鸟群集体运动,与散装系统中量子现象之间的基本数学相似性。

在日落时,八哥会大规模的紧凑飞行,数量从数百只到数百万只不等。它们是如何保持行动一致、不发生冲撞和队形散乱的原因,在科学界中一直存在着争议。有一种获得支持的模型认为,鸟类飞行是一种没有特殊领队的集体运动,信息在鸟之间是扩散性传播。

乔礼克研究小组使用三架摄像机,对野外一支有着 400 只八哥的队伍进行拍摄,从三维角度追踪每一只鸟的运动轨迹。他们的发现与上述有关集体运动的模型观点相冲突。他们发现,有一少部分"头鸟"首先改变飞行方向,它们在队形中处于相邻位置。飞行方向发生更改的信息随后在不到半秒钟的时间内,传递到所有队伍成员。因而,这种快速的信息传递并非扩散性的,而且这种集体行为可用量子物质的相变和对称分解特征的专业术语来描述。

(2)发现鸽子或许靠依靠重力感应找到飞回家中的路线。2014 年 11 月,由生物学家汉斯皮特·利普领导,成员来自瑞士苏黎世大学和南非夸祖鲁大学的一个研究小组,在《实验生物学》杂志上发表研究成果称,他们正在破解鸽子飞回家中之谜。他们发现,鸽子飞行的导航能力会受到重力异常的影响,并推测鸽子脑内有能感测和维持方向的陀螺仪,它们实际上用"重力地图"指引自己返家。

鸽子怎么找到回家的路?目前一个普遍观点是,信鸽和候鸟在地球磁场和太阳位置的帮助下确定并保持飞行方向。至于鸽子如何确定自己所在位置,则依然没有清晰的解释。

该研究小组对现有理论——鸽子靠香味或地磁图定位都不大认同。在研究人员与鸽子直接接触观察了几十年后,利普遇上来自乌克兰高新技术研究所的瓦列里·卡耐夫斯基。卡耐夫斯基提出了一个简单但惊人的理论:鸽子用对其鸽房附近重力场的记忆来给自己指路。"我发现他用一个简单的假设解决了这个问题:鸟类大脑中一定有陀螺仪。"

为了证明这一推论,首先,研究小组需要证明是重力异常而不是地磁因素会使鸽子走错路。幸运的是,研究人员知道这么一处重力异常的地点:乌克兰的一个巨大圆形陨石坑,那里的重力比常规重力要弱。研究小组推测,飞越陨石坑可能会破坏鸽子体内的陀螺仪导航系统,使其方向错误。他们在陨坑中央分批放出了 26 只经过训练的鸽子,每只身上都装载了轻型的 GPS 追踪器。

有 18 只鸽子成功飞回来了,其中的 7 只往正确的方向放飞,它们基本没有偏离航线太多,顺利归巢。但是,其他往任意方向放飞的鸽子在大坑边缘似乎迷失了方向。当这些鸟飞越第二次重力异常地带时,它们同样弄不清楚自己的位置。研究人员对受到重力干扰与没有遭遇阻碍归巢的鸽子的飞行路线进行了比对,发现受干扰鸽子的飞行路线要分散得多,而且当它们飞到陨石坑边缘时偏离航向最为严重。

研究小组推断,鸽子通过比较鸽房的陀螺仪设置,与其所在地的陀螺仪数值,设定了一个初始的返航方向。不过,一些鸽子一开始就设置了错误的方向,这使得它们要花上好几天来纠正错误。

这一实验似乎意味着,对重力的感知在鸽子的飞行导航上扮演了重要角色,利普希望进行进一步研究,来弄清鸟类飞行的重力感应机制。

(3)发现斑头雁用"过山车"策略飞越喜马拉雅山。2015年1月16日,鸟类学家查尔斯·毕晓普及其同事组成的研究小组,在《科学》杂志上发表论文称,他们通过远程监控喜马拉雅山脉区域内的斑头雁,发现这些斑头雁会挨着地面飞行,就像乘过山车经过山冈及低陷一样地飞过山峰与低谷。

研究人员说,过去一直认为,斑头雁会持续在8000多米的极端海拔飞行,翻越喜马拉雅山。现在,他们意外地发现,实际上斑头雁是采取贴近地面的飞行模式,这与持续在极端海拔飞行比较,可以保存更多能量。

在研究人员的这一巧妙的试验中,他们在7只迁徙飞行的斑头雁中植入了能监控其心率、腹部温度和压力(用于确定海拔高度)及身体运动的装置,以获取其翅振频率。当斑头雁努力通过空气较稀薄的较高海拔地区时,其翅振频率会增加。

毕晓普研究小组发现,斑头雁的心率及估计的代谢力会随翅振频率增加而呈指数性增加,表明它会让斑头雁在维持高海拔水平飞行时消耗过多能量。相反,斑头雁在近地低空飞行,需要重新获得飞行高度时,在某些情况下,可以得到山脉产生的向上气流的帮助,其飞行就会更有效率。

3. 研究鸟群社会性行为的新发现

(1)发现是利他主义造就了V形鸟群。2015年2月2日,由鸟类学家组成的研究小组,在美国《国家科学院学报》网络版上发表研究成果称,担任一个V形鸟群的领队,要对抗强大的气流,而其他鸟儿通过在领队之后飞行可以节省能量,这是利他主义精神的体现。研究表明,对于迁徙的鸟群来说,相互合作和互惠利他的行为是一种不可缺少的自然现象。

为何一只鸟儿会自愿飞在最前面呢?从进化的角度来看,如果迁徙队列中的成员都是亲属,那么帮助其他成员是说得通的。但对于迁徙的鸟群来说,它们并非都具有这种关系。

该研究小组为了找到鸟类是如何应对这种困境的,他们给一群14只年幼的隐鹮安装了GPS数据记录器,并在一次秋季的迁徙中,乘坐一架简易动力版超小型飞机,引导它们从人工饲养长大的地点奥地利飞往意大利。

记录器记录了每只鸟儿的地理位置、速度和在鸟群中的位置。有8只鸟彼此没有关系,还有3对是兄弟姐妹。在它们的旅程中,这些隐鹮以两只带头、12只尾随的队形飞行,并频繁变换位置。研究人员的分析表明,这些鸟儿一起合作,有规则地轮流带头和尾随。

的确,研究人员发现,无论它们是否有亲属关系,这些隐鹮都能精确地对在带头和尾随位置上的飞行时间进行匹配。

研究人员表示,鸟儿这种相互合作的旅程,为动物的互惠利他主义提供了一个少有的、"令人信服的例子"。所有的鸟儿都有机会在其他鸟儿之后飞行,并且在前面领队时都把时间花在努力"工作"上。同时,它们是如此经常地变换位置,而且如此迅速(移动位置用不了1秒),以至于合作带来的好处立竿见影。这些发现或许有助于解释像"如果你帮助我,我也会帮助你"的这种行为为何能得以演化。

(2)发现母代蓝鸲通过子代影响社群。2015年2月20日,美国鸟类学家壬尼·达克沃斯和同事组成的一个研究小组,在《科学》杂志发表论文称,他们通过对蓝鸲为期10年的实地研究发现,一只母鸟对其雄性子代的影响,可起到一种塑造生态社群的作用。

研究小组表示,他们在研究中发现,与其他西部蓝鸲争夺巢穴的雌性西部蓝鸲,会比那些非竞争性雌性蓝鸲,在它们的蛋上安置更多的雄激素。反过来,这些额外的激素,会使得其雄性后代变得更具侵略性并有向外散布的倾向,它们会离开其鸟巢去拓殖新的栖息地,并在该过程中取代山地蓝鸲的种群。

研究人员发现,在一次森林火灾后,两种蓝鸲都在美国的西北地区拓殖了新的栖息地;山地蓝鸲首先到达并填补了巢穴,而西部蓝鸲较后到达并取代了山地蓝鸲。

研究小组在实验中,改变了可供西部蓝鸲使用的巢穴数目,并发现与其他蓝鸲物种争夺空间而非在某特定区域内的蓝鸲密度,也就是研究人员认为这是一个可能触发母体对后代影响的条件,使得该蓝鸲会在其蛋上安置更多的雄激素。

研究人员说,实验中,西部蓝鸲通过取得山地蓝鸲的地盘,并制造了一种引起有竞争性的母鸟及侵略性子代鸟的环境。这些侵略性的子代鸟,随后会离开家园并在一个新的火灾后栖息地重新开始该循环。他们的结果证明了,母体在子代中诱发的变化,如何能对整个社群的组织产生间接的影响。

二、家禽研究的新进展

1.运用基因或细胞工程技术研究家禽的新成果

(1)成功培育出转基因荧光鸡。2004年7月12日,韩国大邱基督教大学医学院金泰完教授领导的科研小组,宣布成功培育出转基因荧光鸡,它使转基因鸡蛋在食品、制药等领域的大规模应用更近了一步。

转基因荧光鸡的体内植入了水母的绿色荧光蛋白(GFP),在普通光线下与其他鸡无异,在紫外线照射下,嘴和羽毛发出明亮的绿色荧光。金教授表示,GFP在鸡的孵化过程中表现出某种毒性影响胚胎的发育,此次培育成功的转基因荧光鸡属于全球首例。

GFP基因是一种标志基因,带有该基因的物种会发生荧光反应。GFP往往与其他物种的功能基因一起植入试验物种的细胞,转基因得到的新物种如果出现荧光反应,则与GFP同时植入的其他物种的基因也应该存在于转基因物种的细胞内。

作为整个试验的关键部分,研究人员完成了逆转录酶病毒载体的开发,从而实现了GFP基因的植入。此外还开发出一种技术,在鸡的受精卵处于单细胞阶段的时候,将转基因物质注入细胞内。受到禽类动物卵细胞结构的限制,目前这项技术成功率很低。

研究人员表示,鸡的孵化期为21天,生殖周期为6个月,价格低廉,适合作为转基因实验对象。而且,由于组成鸡蛋蛋清的蛋白质只有8种,转基因蛋白质容易从鸡蛋的成分中分离,人们期待,可以用鸡蛋大量生产医药工业所需的蛋白质。

韩国忠南大学转基因克隆猪研究中心、建国大学李勋泽教授研究组、畜产技术研究所张源敬博士研究小组共同进行了此次研究。

(2)运用基因工程培育产抗癌药物鸡蛋的新型母鸡。2005年6月3日,路透社报道,英美两国科研人员,运用基因工程培育成功一种新型母鸡。在这种母鸡所产的蛋里,含有大量的抗癌物质,可以用来治疗恶性黑色素瘤。

据报道,从事基因疗法研究的英国牛津生物医疗公司宣布,该项成果向人们演示了,如何通过将家禽用做"药品制造上的生物反应器",来获取其他多种药物。

该公司宣称,这一"突破"性成果,来源于与其他两家机构的合作,它们分别是:因推出克隆羊多莉而闻名于世的苏格兰罗斯林研究院,以及致力于鸟类研究的美国维拉根有限公司。

该公司认为,"通过这次合作,人们首次在鸡蛋白中,有选择性地制造出一种具备潜在治疗作用的蛋白质。该项技术预计可以为很多种蛋白质类药物的生产,提供一种可供选择的低成本制造法,同时它还可以使产品在品质上具有潜在的优势。"

(3)通过基因技术用鸡生产全功能人单克隆抗体。2005年9月,美国奥利基因治疗公司的研究小组,在《自然·生物技术》杂志上发表研究成果称,他们首次用鸡蛋生产出全功能人单克隆抗体。这种抗体仅在鸡输卵管中表达,并以每枚鸡蛋产出1~3毫克的抗体沉淀在蛋白里,与以传统细胞培养方法产生的治疗用抗体相比,它的杀灭癌细胞能力要大10~100倍。

为了培育生产抗体的鸡,研究人员首先在鸡胚胎干细胞中插入为抗体编码的基因,然后该干细胞被导入鸡胚胎内。在发育阶段,胚胎干细胞对正在成长的鸡起着极大的作用。所产生的混种鸡下的蛋包含毫克数量的抗体,将这些抗体同鸡蛋白的蛋白质分离,即产生被提纯的单克隆抗体。

该公司副总裁埃特乔斯说,用这种方法生产出的抗体,与用细胞培养法生产的抗体,有极类似的物理和生物学特性。此外,鸡体内产生的抗体没有糖残余物"岩藻糖",因此,具有增强杀灭癌细胞的活力。目前,美政府已批准 25 种以上的单克隆抗体用于临床治疗。我们预期,对抗癌单克隆抗体会有更多需求,用现有的细胞培育法不仅远远不能满足需求,也不利于降低成本,采用以鸡为基础的生产技术,将会实现工业化大量生产治疗用抗体。

该公司总裁罗伯特·凯说,他相信,同植物系统或其他转基因动物生产单克隆抗体系统相比,用鸡生产单克隆抗体是最有效的方法。用鸡蛋生产抗体所需鉴别时间可短至 8 个月,而用山羊或牛来生产单克隆抗体的鉴别时间则需 18 个月至3 年。此外,鸡蛋是无菌和稳定的,对分离和提纯蛋白质来说,它提供了良好的起始材料。

(4)通过基因技术培育产低致敏性蛋的母鸡。2009 年 4 月 2 日,日本《读卖新闻》网站报道,日本广岛大学的堀内浩幸等研究人员,正在通过对鸡的胚胎干细胞进行转基因操作,培育能产低致敏性蛋的母鸡。这种母鸡的受精卵,将能帮助生产更加安全的流感疫苗。

生产流感疫苗通常要借助母鸡的受精卵,由于微量鸡蛋成分会残留在疫苗中,对鸡蛋有严重过敏反应的人,无法正常接种疫苗。

报道指出,残留在疫苗中的鸡蛋成分,是具有强致敏性的卵类黏蛋白。不久前,研究人员开发出阻止卵类黏蛋白基因表达的转基因技术,把经过转基因操作的胚胎干细胞,移植回鸡的受精卵,就能培育出一种新型雌性小鸡,它将会产不含卵类黏蛋白的蛋。

低致敏性鸡蛋可用于生产包括新型流感疫苗在内的多种疫苗,给那些因对鸡蛋过敏而不能接种疫苗的人群带来希望。

(5)通过显微授精的细胞工程技术孵化出鹌鹑雏鸟。2014 年 9 月,日本静冈大学宣布,该校笹浪知宏副教授领导的一个研究小组,利用显微授精方式孵化出了鹌鹑,这将有助于培育品质更优良的家禽。

在治疗人类不孕时,显微授精已是比较常用的方法,即在显微镜下将单个精子直接注射到卵细胞胞质内从而达到授精的目的。不过,对于卵很大且受精方式与人类不同的鸟类,则迄今还没有成功的先例。

人类的受精是只有一个精子进入一个卵细胞的"单精受精",但是鸟类的受精则是有数十个精子进入卵细胞的"多精受精",不过能与卵核结合的仅是其中一个精核,其余未与卵核结合的精核将退化消失。由于鸟类的卵本身很大,在体外再现鸟类的受精过程非常困难。

研究人员在将鹌鹑的精子注入卵子时,先向一个精子中注入相当于 100 个精子的蛋白质等提取物,再现了有很多精子进入卵子的状态,从而成功通过显微授精方式孵化出了鹌鹑的雏鸟,并确认雏鸟长大后拥有正常的繁殖能力。

研究小组指出,利用这项成果,有望培育出能大量产卵或肉质更好的鸡等具有优良遗传性质的家禽,甚至能利用克隆技术,使保存有冷冻体组织的日本产朱鹮等已经灭绝的野生鸟类复活。

2. 研究小鸡行为的新发现

发现小鸡识数方式与人类相似。2015 年 1 月 28 日,意大利帕多瓦大学一个研究小组,在《科学》杂志网络版上发表研究成果称,他们的研究表明,刚出生的毛茸茸小鸡与人类有一些共同之处:两者都倾向于把数字想象成具有从左到右依次增加的性质。尽管小鸡无法像人类那样进行计算活动,但它们能在物体数量多寡之间做出区分。

研究人员通过记录小鸡如何在上面印有方块的两张卡片中做出选择证实,小鸡喜欢左边的较小数字和右边的较大数字。为训练这些小鸡,科学家让小鸡熟悉一张有 5 个方块的卡片,并以藏在它后面的美味黄粉虫诱惑它们。

随后,这些小鸡面前放着两张相同的卡片,但每张有两个方块,这比它们之前被训练时的数字小。在这种情况下,小鸡们经常在左边卡片后面寻找食物。当测试被重复但两张卡片上有 8 个方块时,它们喜欢右边的卡片。

小鸡和人类之间表现出的相似性表明,人类的"心理数字线"同样是天生的,但仍受到文化因素的影响,从左到右的倾向可能基于语言而发生变化。例如,母语为从右往左写字的阿拉伯语的人,可能拥有相反的倾向。

研究人员建议,对数字线的特定倾向,可能源自对鸟儿和人类来说都很普遍的大脑非对称性。因此,你的心理数字地图,可能是拥有一个"鸟类般大脑"的结果。

3. 研究禽蛋的新发现

(1)认为鸡蛋是最环保的蛋白质食品。2009 年 4 月 11 日,瑞典《每日新闻》报道,瑞典食品与生物技术研究所专家索内松主持的项目研究小组,发现在富含蛋白质的食品中,鸡蛋是生产过程能耗最少、最环保的食品。

研究人员对鸡蛋、猪肉和牛肉等富含蛋白质的食品,进行从饲料生产到喂养完成整个食物链的全方位跟踪研究。结果发现,生产 1 千克鸡蛋,排放的温室气体为 1600 克,能源消耗为 8.2 兆焦;生产 1 千克猪肉排放的温室气体为 4300 克,能源消耗为 22.6 兆焦;生产 1 千克牛肉排放的温室气体为 13400 克,能源消耗高达 37.2 兆焦。

索内松说,一只质量不足 1.5 千克的蛋鸡,在其 1 年半的短暂生命中,能够产下大约 350 枚鸡蛋,质量是 20 千克左右,喂养时间短和产量高,使鸡蛋成为能耗最少和最环保的食品。然而,肉牛的生长周期却要长得多,这也是生产等量牛肉温室气体排放和能耗高的原因。

索内松指出,虽然鸡蛋的蛋白质含量为12.6%,牛肉的蛋白质含量为21%,但如今全球气候变化严重,环境日益恶化,鸡蛋应是人们补充蛋白质的首选食品,因为与其他富含蛋白质的食品相比,每单位鸡蛋的生产能耗最少,也最环保。

另据瑞典食品局近日发布的一项研究结果,鸡蛋比以前人们想象的更有益健康。每天食用1~2个鸡蛋,不但不会导致胆固醇升高,反而有益营养平衡。

(2)试验培育新概念的蛋品。2012年2月,有关媒体报道,波兰130名科学家,自2009年开始,进行一项旨在通过培育新概念蛋品,达到增进人类机体功能的科学计划,目前各项动物试验正在进入最终结题阶段。

蛋品富有延续人类生命的必需成分,也可以在用适当的方法改良后,从中提取预防人类生活方式病的基本物质。

波兰弗罗茨瓦夫环境与生命大学的研究人员,选用日本的鹌鹑和波兰本地的土鸡做实验,将它们置于可持续的环境中,用含有维生素和ω-3脂肪酸特殊的饲料喂养,认真观察、详细记录、严格管理。

科学家们所期待的并不是蛋品本身,而是把蛋品制成富有磷脂和卵磷脂的生物原料和医学产品。一些对人体有益的物质可以从植物和草药中提取,从动物源的物质中提取则需要高技术手段,蜂王浆和蜂蜜的提取物可以通过一般的技术获得,但是到目前为止蛋类中生物活性物质还不易获得。

科学家们指出,分离出来的物质可以有效预防一些疾病,如糖尿病、阿耳茨海默病、心血管和心脏病,可以强健人体、改善循环系统和大脑的功能。

三、乌鸦与杜鹃研究的新进展

1. 不同乌鸦物种比较研究的成果

开展两种乌鸦基因组的比较。2014年6月20日,鸟类学家乔曼尔·波尔斯塔及其同事组成的研究小组,在《科学》杂志发表论文称,全黑食腐乌鸦与灰色带顶饰羽乌鸦的活动范围有所重叠,在欧洲的两个不同区域中它们的基因进行着频繁的交换,但各自仍然维持着非常不同的羽毛,这种差别的关键是它们具有不同的基因表达模式。

研究人员说,研究发现,让这两个物种保持分开的基因差异,局限于这它们不到1%的基因组内。

对于食腐乌鸦与顶饰羽乌鸦,尽管某些科学家声称是完全不同的物种,但人们常把它们看作是代表着食腐乌鸦的两个亚种。研究人员说,他们研究了60个乌鸦的基因组,它们有些是小嘴乌鸦,还有些是冠小嘴乌鸦,它们来自欧洲的混杂或范围重叠的区域。经过比较发现,只要有若干基因的表达差异,其数量实际上不到整个基因组的0.28%,就足以保持乌鸦物种外观上的不同。

据研究人员披露,这一特别的1.95兆碱基对长的基因组块,位于该禽类的第

18 条染色体上,该染色体含有与色素颜色、视觉感知及荷尔蒙平衡有关的基因。他们说,那些基因,连同某些其他位于类似但甚至更小的所谓"物种形成岛"上的基因,在顶羽饰乌鸦中一直表达不足。该发现显示,这些乌鸦的不同基因表达模式,足以驱动它们之间的物种形成,即使当物种间会发生交配时,也不会改变不同特种的外观。

2. 杜鹃与乌鸦、燕雀等寄生关系研究的新成果

(1)研究杜鹃与乌鸦的寄生关系及其裨益。2014 年 3 月 21 日,鸟类学家达妮埃拉·斯特瑞领导的研究小组,在《科学》杂志发表论文称,他们对大凤头鹃和食腐乌鸦的研究已经持续了 16 年,发现这些寄生性杜鹃也可通过击退掠食动物而帮助它们的宿主乌鸦。

研究人员说,大凤头鹃对食腐乌鸦来说,是一种巢寄生鸟类,它会把自己生的蛋偷偷地放入食腐乌鸦的巢内。但是,他们的研究发现,在寄生性、共生性和互惠性之间的界限,并非如研究人员过去所认为的那样黑白分明。他们的研究,凸显了物种间的互动是如何依赖于环境因素的。

斯特瑞研究小组对西班牙北部的食腐乌鸦巢进行研究,发现这些乌鸦巢中的某些被杜鹃蛋寄生,而另外一些则没有寄生的杜鹃蛋。但是,从总体上来看,这些被外鸟寄生的乌鸦巢,要比没有杜鹃蛋的对等乌鸦巢实际上更为成功。

据研究人员披露,尽管这些寄生鸟确实限制了乌鸦在生殖方面的成功,因为寄生幼鸟会与其宿主自己生的幼鸟竞争食物,但是杜鹃幼鸟同时也会保护这些乌鸦,使其不受哺乳性掠食动物及其他鸟类的影响。

研究人员说,这些杜鹃鸟会分泌某种有毒物质,对有毒物质进行分析显示,它们是一种主要为酸、吲哚、酚类及数种含硫化合物,也是一种腐蚀性与排斥性相混合的化合物。这种有毒物质,可有效地驱赶半野生的猫及猛禽。当来自这类掠食动物的压力高涨时,这些鹃鸟可帮助该类乌鸦增加种群数量。

(2)揭秘杜鹃与燕雀等"鸟蛋战争"及其制胜之道。2014 年 7 月,一个鸟类学家组成的研究小组,在《自然·通讯》杂志上发表论文称,寄生鸟类与宿主鸟类之间展开的"鸟蛋战争",并不是像以往科学家所设想的那般来进行,实际上取得制胜之道,应该是鸟蛋标识适度可辨。

人们把杜鹃称作巢内寄生体,它们会将蛋产在其他鸟类的巢中,让别的鸟在不知情的情况下替自己养育下一代。通常情况下杜鹃的伎俩能够得逞,因为它们的蛋已经进化到与宿主鸟类的蛋极为相似的程度。杜鹃幼鸟孵化后会立刻开始控制整个鸟巢,并将其他的鸟蛋都推下去。

当然,被寄生的宿主鸟类一直没有停止过反击,受害者如燕雀、红背伯劳等,与杜鹃展开了一场旷日持久的进化战争。宿主鸟类经过进化后创造出独特的鸟蛋"识别技术",帮助它们区分哪些是自己的后代,哪些是"假货"。科学家一直自认为对这种"军备竞赛"有所了解,但近日该研究小组的研究表明,"鸟蛋战争"与

科学家的原来设想存在很大差别。

传统观点认为,宿主鸟类要想区别出自己的后代,必须具备如下三大可视特征:自己产下的鸟蛋之间必须高度相似;必须与其他同类产下的鸟蛋有所区别;必须具有复杂密集的标识使得鸟蛋很难被"假冒"。

但研究人员分析了数百颗来自8种不同种类宿主鸟类的蛋后发现,鸟蛋并不需要同时满足以上3个条件才能具有可辨识性。例如,对于燕雀来说,即使自己产下的蛋之间区别很大,且与其他鸟类产下的蛋区别很小,它们一样能分辨出哪些是自己产下的蛋。研究人员还发现,鸟蛋纹路过于复杂和密集,将为鸟妈妈自己带来辨识的困难。研究表明,掌握适度原则是赢得"鸟蛋战争"的制胜之道:鸟蛋上的记号必须能传达一定的信息,但又不能太复杂,否则,过度追求复杂反而会让鸟蛋更加难以辨识。

四、鸵鸟与蜂鸟研究的新进展

1. 开发利用鸵鸟取得的新成果

(1)利用鸵鸟高效制造癌症抗体。2006年2月,《日经产业新闻》报道,大阪府立大学生命环境科学研究科副教授塚本康浩等人,开发出利用鸵鸟大量制造抗体的新技术,效率是以往的400倍,并成功制造了此前难以获得的某些癌症抗体。

报道称,研究人员把受感染细胞中出现的抗原注射入鸵鸟体内,两个月内连续注射5次,鸵鸟体内就会生成针对这些抗原的抗体。他们从鸵鸟的血液和蛋中提取抗体。迄今,塚本康浩等人已完成向鸵鸟体内注射约10次癌症抗原和导致食物中毒的病原菌等,并确认分别生成了相应的抗体。

由于鸵鸟体积庞大,从一只鸵鸟的血液和蛋中平均可提取抗体约200克,而以往用于制造抗体的兔子,平均每只只能提供0.5克抗体。以往每只动物个体可供提取的抗体量少,造成抗体品质参差不齐,而利用鸵鸟制造抗体则使这些问题迎刃而解。此外,鸵鸟可利用废弃的豆芽、豆腐渣为食,制造抗体的成本较低。

塚本康浩等人还使鸵鸟体内产生了几种哺乳动物体内不可能生成的癌症抗体,并证实利用提取的抗体和患者血液样本中的抗原反应,能用于疾病的早期诊断。

研究人员计划将来利用基因植入技术,使鸵鸟体内产生人类抗体,以开发能作用于人体的抗体药物。

(2)利用鸵鸟蛋中抗体研发抗过敏产品。

2012年2月,日本京都府立大学的一个研究小组对当地媒体宣布,他们从鸵鸟蛋中提取出能遏制杉树和丝柏花粉过敏的抗体。研究小组准备与厂家合作,生产能抗上述过敏的口罩和空调过滤器,并将很快开始销售。

研究小组在对神户市内饲养的鸵鸟研究时发现,鸵鸟也会患上花粉症,其中27只鸵鸟体内杉树和丝柏花粉的抗体水平很高。研究人员从这些鸵鸟的蛋中提取出抗体，与引起花粉症的过敏源一起涂在患者的皮肤上，结果过敏症状得到缓解。

2.研究蜂鸟的新发现

（1）揭开蜂鸟喜好甜味的秘密。2014年8月22日，鸟类学家莫德·鲍德温等人组成的研究小组，在《科学》杂志上发表论文称，蜂鸟用其他鸟儿不具备的一种转变的味觉受体来发现糖。蜂鸟的这一变化，可帮助它检测到花蜜，也可让其能探索一种独特的生存环境。

研究人员说，在脊椎动物中，对糖和氨基酸的反应分别需要独特的味觉受体分子。T1R2 - T1R3味觉受体可发现甜味（如基于植物碳水化合物的糖），而T1R1 - T1R3的变体则可发现美味的或氨基酸味道（如肉中的那些味道）。

在演化的一路上，鸟类（包括蜂鸟）的祖先失去了编码 T1R2，它是甜味受体的一部分基因。因此，鸟类似乎应该无法识别甜味，但科学家们在看到蜂鸟涌向花蜜时，知道情况并非如此。

为了解释蜂鸟这一行为的基础，该研究小组选择了包括蜂鸟在内的10种鸟，对它们的全部基因组序列进行审查，他们在寻找分别编码不甜的受体与甜味受体成分的基因。正如预期的结果，他们只发现了不甜受体成分的基因。

为了确认在蜂鸟中不甜味道受体成分是否已经改变以接管对糖的敏感性，鲍德温等人在体外表达了鸡和蜂鸟的非甜味受体成分（T1R1 - T1R3），并观察它们对氨基酸和糖的反应。虽然鸡的受体仅对氨基酸起反应，但蜂鸟的变异受体则对糖也起反应。

研究人员提出，蜂鸟的T1R1 - T1R3经过适应后，重新获得了在其他鸟类中丧失的对甜味的感知能力。论文的作者说，这让蜂鸟能食用一种其他鸟类无法享用的食物来源，并得以兴旺发展。

（2）揭示蜂鸟飞行的秘密。2014年11月，美国范德比尔特大学机械工程学副教授罗浩祥与北卡罗来纳大学教堂山分校生物学副教授泰森·赫德里克等人组成的一个研究小组，在英国皇家学会《界面》杂志上发表论文称，他们针对蜂鸟的、迄今最精确的三维空气动力学模拟实验发现，蜂鸟具备如此敏捷的飞行能力是因为借助了一种与昆虫更为接近的空气动力学模式。

研究人员表示，一簇簇花朵前，小小的蜂鸟时而悬停、时而快速转向，超炫的飞行技术让人惊讶不已。曾经有一段时间，有些研究人员意识到蜂鸟和昆虫的飞行之间存在相似性，但另外一些专家却认为，蜂鸟的翅膀具有和直升机螺旋桨类似的空气动力学特性。

蜂鸟是世界上最小的鸟类，也是唯一可以向后飞行的鸟，不但能够在空中悬停，还能进行快速移动。为了破解蜂鸟这种独特的能力，赫德里克在一只雌性红玉喉蜂鸟的翅膀上，用一种无毒油漆做了9个标记点。而后，用四台每秒1000帧的高速摄像机，对其在一株人造花朵前飞行的状况进行了拍摄。

接着,罗浩祥从视频中提取这些点的位置数据,在三维空间中对蜂鸟飞行的整个过程进行重建。通过使用美国国家科学基金会和范德比尔特大学高级计算中心的超级计算机,对数以千计的流体动力学模型进行分析后,终于把蜂鸟的飞行模式,精确地展示在了人们的面前。

新的模型显示,蜂鸟通过振动翅膀产生看不见的空气漩涡,实现悬停和快速移动。你可能会认为,只要蜂鸟拍动翅膀的速度足够快、力量足够大,就能产生足够的浮力,帮助它们保持飞行状态。但是,根据模拟,整个过程要复杂得多。例如,当蜂鸟向前、向下扇动翅膀的时候,会在前缘和后缘形成微小的漩涡,之后这两个漩涡会合并成为一个单个较大的涡流,形成一个低压区,从而提供升力。蜂鸟翅膀向下和向上的冲程,都能产生一定的升力;而大型鸟类绝大多数的升力,都是来自于翅膀向下冲程产生的升力。

研究人员称,虽然蜂鸟比飞行昆虫要大得多,飞行时周围空气搅动得也更为猛烈,但相比其他鸟类,它们的飞行方式与昆虫更为相似。像蜻蜓、苍蝇、蚊子这样的昆虫,也可以悬停和前后左右摆动飞行。虽然它们的翅膀的外形和结构有很大的不同,但是它们都是通过翅膀产生不稳定的气流,来获得飞行所需要的升力的。

五、研究环境对鸟类影响的新进展

1. 研究环境污染对鸟类影响的新发现和新措施

(1)发现电子污染会"迷惑"知更鸟。2014年5月,德国奥尔登堡大学感觉神经生物学家亨利克·牟里岑领导的一个研究小组,在《自然》杂志上网络版上发表研究成果指出,调频广播的交通流量报告可能有助于司机驾驶车辆,但由此产生的电磁波却对鸟类造成了负面影响。一项历时7年的调查发现,无线电波会干扰迁移中的欧洲知更鸟的飞行。专家表示,该研究提供了有力的证据,证明这种电子传输会改变动物行为。

数十年来,科学家一直担心,移动电话、输电线、其他来源的电磁辐射可能影响人类和大自然的健康。欧洲知更鸟和很多候鸟一样,可以利用地球磁场飞行。30年前,科学家就发现知更鸟的磁感有时会失效。例如,当它们处于一个地球磁场强度发生急剧变化的地点。低强度的无线电波就是一个重要的干扰因素。

2004年,德国奥尔登堡大学生物学家在测试欧洲知更鸟行为的基本特性时,偶然关注到该现象。在春季和夏季,知更鸟的迁徙愿望是如此强烈,以至于被捕获的知更鸟,会反射性地向迁徙方向跳跃,甚至在被囚禁的笼子底部留下抓痕。但当知更鸟被关在大学的木制小屋中时,它们突然变得毫无头绪,不知道自己该往哪个方向飞。

因此,研究人员想通过实验弄清,鸟类身体中的生物罗盘为何关闭了。是食物的改变吗?还是室内人工照明改变了其睡眠周期?都不是。最终,他们发现校园里电子设备产生的磁场可能是罪魁祸首。

研究人员在知更鸟的小木屋内装上了铝制壁板。这个金属壁板上连接着很多电线，另一端通向埋在外面泥土中的金属棒。当电磁噪声接触到铝板时会被后者吸收，并将噪声转移到地面上。这一过程被称作"接地"——使电磁噪声无法穿过铝板，只有地球磁场仍在起作用。在这种情况下，知更鸟能准确地对准方位。但当关闭铝板的机能时，它们再次无法分辨方向。

考虑到先前的研究存在很多质疑(针对电磁噪声和动物习性)，该研究小组采用了双盲实验法。本科生和研究生都参与到该实验中。一些参与者被分在铝板开启的小木屋中；另一些人在铝板关闭的房间中——为了消除误差，这些学生并不清楚铝板是处于开启还是关闭的状态。

牟里岑说："我们做了大量补充实验，确保得出的结论并不是天方夜谭。不同年级的学生都重复操作了该实验，且参与者都不知情。"

(2)发现光污染可以催鸟清晨早啼。2014年6月，一个鸟类学家组成的研究小组在《行为生态学》期刊上发表研究报告称，他们通过观察鸟的行为发现，噪声对其影响很小，但光污染会改变它们唱歌的时间。在夜间灯火明亮的地方，鸟儿会出现比平时早一个多小时的晨啼时间。

研究人员表示，清早起床听到啁啾鸟的歌声通常是一件高兴事儿，但如果它们起得太早就不一样了。但是不要责备这种有羽毛的朋友，他们的研究显示，鸟儿只是对现在几点钟有点迷茫。

研究小组观察了6种常见的鸟，以分析人造灯光和交通噪声，是如何影响它们每天的歌喉的。通过记录这些鸟在不同环境的清晨和黄昏的情况，研究人员发现噪声对鸟儿啼叫的影响不大，但光污染会明显改变鸟儿开始啼叫的时间。

例如，在夜间灯火更明亮的地区，知更鸟和画眉开始卖力歌唱的时间，比太阳出来的时间早1.5小时，而且大山雀练歌时间也比通常早1小时。但在黄昏时分的效果并不强，一些鸟的啼叫时间，只比平时晚10分钟。

研究人员指出，人造光线会扰乱鸟类对日长的感应，但是对这种自然模式的破坏，可能并不完全是坏事。研究人员表示，因为鸟儿唱歌会吸引伴侣，清晨起得更早能增加其交配成功的概率。

(3)开发对海鸟身上油污进行快速清理的系统。2008年5月，有关媒体报道，海上石油泄漏事故往往使大批海鸟身上沾满油污。芬兰研究人员研制出一套能对沾满油污的海鸟进行快速清理的系统，可大大提高遭石油污染海鸟的存活率。

该系统由检查室、清洗室和干燥室三部分组成。首先，操作员在检查室里对遭污染的海鸟进行分类，根据被污染的程度排列处理次序。然后，操作员对沾满油污的海鸟逐一进行清洗和干燥。这套系统便于运输和组装，能在石油泄漏事故现场对海鸟进行及时快速处理，每天能清理150只被污染的海鸟。

2.研究环境生态对鸟类影响的新观点和新对策

(1)认为鸟类之死无关高温而有关降水量。2014年7月，美国鸟类学者组成的研究小组在《全球变化生物学》网络版发表研究性文章说，气候变化会导致大量鸟类灭绝，但在一些情况下，气温升高并非鸟类杀手，而降雨量减少反而极有可能造成最重要的影响。

研究人员分析了从美国加利福尼亚到加拿大不列颠哥伦比亚省，32 年里 132 种鸟类的分布情况和物种丰富程度。研究显示，降雨量是预测鸟类数量变化趋势最准确的参考系，研究中高达近 60% 的鸟类都受到其影响，在最湿润的 12 月份其作用最大。这可能是因为冬天的降雪对春夏季具有重要的持续效应，来自冰雪融化的径流会影响溪流的流量、植物的生长以及昆虫的可获得性。

由于北美西部地区降水量预计会更少，而强度更大，这可能会对那些一贯需要潮湿环境进行繁育的鸟类进一步产生负面影响。棕煌蜂鸟就是对愈加干旱的西北太平洋气候条件适应性尤为脆弱的一种鸟，这种鸟正在以每年 3% 的数量递减。

（2）启动研究受环境生态威胁榛鸡的应急项目。2015 年 7 月，美国媒体报道，堪萨斯州立大学生物学家、美国地质调查局堪萨斯鱼类和野生动物合作研究中心主任戴维·孝科斯负责协调，堪萨斯州立大学禽类生态学家瑞德·普拉姆、俄亥俄州博林格林州立大学空间生态学研究生汤姆·利普、堪萨斯州立大学鸟类生态学研究生萨曼莎·鲁滨孙等人参与的一个研究小组，正在承担恢复草原榛鸡的数量的应急研究项目。

该项目涉及美国 5 个州，有 100 多名研究人员参与，目的是进一步了解这种相对神秘的鸟类——其栖息地与美国农业核心区域以及能源热潮的中心地带相重合——并防止其灭绝。普拉姆说："以前，从未针对草原榛鸡开展过如此大规模的研究和保护行动。"

生物学家推测，一度曾有 200 万只草原榛鸡给美国中西部和西南部地区的浅褐色土地，增添了一抹深红色。然而，现在只剩下约 2.2 万只草原榛鸡，数量是其历史繁盛时期的 16%。这种鸟类存在于 5 个州：得克萨斯、新墨西哥、俄克拉荷马、科罗拉多和堪萨斯，其中堪萨斯州拥有 60%~70% 的草原榛鸡。

研究人员说："草原榛鸡正面临大量威胁。"在 20 世纪 50 年代，现代时针式喷灌农业是草原榛鸡的主要威胁，它们减少了草原榛鸡喜欢的植物，如沙蒿和矮栎植被。油井、天然气井、公路、电线、风力发电场以及住宅开发等，进一步破坏了草原榛鸡的栖息地。

然而，气候变化几乎给草原榛鸡带来了灭顶之灾。2012—2013 年，一场前所未有的大旱袭击了草原榛鸡的生活区域。生物学家推测，其数量锐减了一半，降低至 1.8 万只左右，直到 2014 年才恢复至现在的水平。

此次的数量锐减是 2014 年 3 月渔业与野生动物署决定把草原榛鸡列为受威胁动物名单的一个主要原因。

孝科斯说："这是一项覆盖面广、影响深远的研究课题。这些鸟生活的范围非常广。"他接着说,因此相关问题也很多。比如草原榛鸡究竟需要多大的栖息地才能茁壮成长? 为什么这种鸟会回避一些非常宜居的草原? 它们对新油泵、风轮机和公路发出的噪声忍耐程度有多高?

六、鸟类考古和进化研究的新成果

1. 鸟类考古研究的新发现

(1)发现4000多万年前鸟类传播花粉的化石证据。2014 年 6 月,德国法兰克福森肯贝格研究所一个研究小组,在英国《生物学通讯》上发表报告说,研究显示至少在4700 万年前,就有鸟类为植物传授花粉。20 世纪末,考古学家在德国西部的梅塞尔化石坑,发现一种始新世中期的小型鹤形目鸟类,其生活年代距今约有4700 万年。该鸟的身体加上喙部的总长度仅有 8 厘米。

在此次研究中,研究人员在这种鸟的胃部化石中,发现了很多大小不同的花粉化石颗粒,这些花粉应来自不同植物。研究人员推断,这种鸟可能用它 1.5 厘米长的喙部吸食花蜜,鸟儿嘴上附着的花粉有可能落到花朵雌蕊的顶端,从而为它们授粉。植物的自然授粉可分为风媒、虫媒、水媒、鸟媒等,特别是在热带和亚热带地区,鸟类是除昆虫以外的重要授粉媒介。

昆虫授粉的化石证据,可追溯到距今 6000 多万年的白垩纪,但脊椎动物特别是鸟类从何时起为植物授粉迄今尚不明了。先前最早的证据,是一块形成于前渐新世早期,即约 3000 万年前的蜂鸟化石。

(2)发现完好的冈瓦纳大陆鸟类化石。2015 年 6 月,巴西里约热内卢联邦大学科学家伊斯玛·盖卡瓦略主持的一个研究小组,在《自然·通讯》杂志网络版上发表论文称,他们在巴西东北部,发现了一块三维立体的鸟类化石。这块化石,极有可能是迄今为止,人们发现的最完整的,来自早白垩纪冈瓦纳大陆的鸟类化石样本。同时,这也是科学家第一次在南美洲发现此类化石。新发现对古代鸟类及其分布范围的研究具有重要的价值。

研究小组在论文中描述了一件来自巴西的有着带状尾羽的三维立体保存的鸟类化石。这些羽毛有一根椭圆形的羽干和一排斑点,他们认为,这是一种装饰性彩色图案的残留部分。此项研究提供了对于带状尾羽前所未有的结构和功能的信息。

此前,大多数白垩纪时期有羽毛的鸟类化石都来自中国的东北部。科学家们通过对这些化石的研究,推测出鸟类羽毛早期演化的历史。目前,我们所能见到的鸟类已经不再有这种带状羽毛。虽然它们此前在平面石板中也曾被发现过,但科学家们对其立体形态从未有过如此详细的了解。

研究人员表示,该鸟化石和蜂鸟差不多大,根据其发育状况判断,可能是一只亚成体。这些尾羽可能和求偶炫耀、物种识别和视觉沟通有关,而不是为了平衡或者飞行,因为三维立体保存的化石显示,这些尾羽特征并不符合空气动力学。

此次,在南美的鸟类祖先中发现的带状尾羽,扩展了拥有此类羽毛的古代鸟类的分布范围,在此之前只在中国发现过此类羽毛。

据了解,冈瓦纳大陆又称"南方大陆"或"冈瓦纳古陆",是大陆漂移说所设想的南半球超级大陆,包括今南美洲、非洲、澳大利亚、南极洲以及印度半岛和阿拉伯半岛,最新研究表明还包括中南欧和中国的喜马拉雅山脉等地区。上述各大陆被认为在古生代及以前时期曾经连接在一起。一般认为,冈瓦纳大陆在中生代开始解体,各部分在新生代期间逐渐漂移到现今位置。

2. 鸟类进化研究的新成果

(1)认为是进化本能让鸟儿撞上飞机。美国媒体报道,2014 年圣诞前夕,一架美国西南航空公司载客近 150 人的飞机,在与一只飞鸟发生碰撞后被迫紧急降落。那么,当一个巨大的金属物撞向这些鸟类的时候,这些长着羽毛的人类的朋友为何没有躲避开呢?

由于很难在不导致伤亡的情况下进行现场试验,所以野生动物研究人员选择了虚拟现实的方法。他们在一个密闭的空间中,对着一群棕头燕八哥播放卡车以每小时 60 ~ 360 千米的速度接近它们的画面,以研究这种鸟的反应。科学家发现燕八哥的注意力集中在自己与卡车之间的距离上,而非卡车的速度。2015 年 1 月,研究人员在《皇家学会学报 B》网络版发表文章表示,燕八哥总是在卡车距离 30 米远时飞离。

研究人员认为,这种策略,或许可以帮助它们逃离自然界的捕猎者(如鹰隼),但高速公路上的汽车和其他运行时速达到 120 千米以上的交通工具,对于它们则是致命的。同时,研究人员也认为,尚需更多研究来确认其他的鸟儿和动物是否也具有类似的行为习惯,但是他们表示,可以给飞机安装特殊的灯,从而警示鸟儿在距离较远时就躲开。

(2)通过制造"恐龙鸡"胚胎揭示鸟嘴进化过程。2015 年 5 月 12 日,美国芝加哥大学古生物学家安然·伯赫勒、哈佛大学进化生物学家阿汉特·艾伯扎诺夫领衔的研究小组,在《进化》期刊上发表研究成果称,他们通过改造构建鸡喙的分子,制造了具有恐龙样脸庞的鸡胚胎。

这项研究的目标,并非设计出一群混血的"恐龙–鸡"或复活恐龙。伯赫勒提到:"我们从未想过复活真正的恐龙鸡或此类动物。"该研究小组只是希望确定在 1.5 亿年前,恐龙进化成鸟类时,口部是如何变成鸟嘴的。

从恐龙到鸟类的过渡是散乱的,鸟类与其食肉恐龙祖先之间,没有明显的解剖学上的区别特征。但在鸟类进化的早期阶段,形成恐龙和爬行动物口部的孪生骨骼:前颌骨,长得更长,并连接在一起,形成了现在的鸟喙。伯赫勒说:"与其他爬行动物口部的两个小骨头不同,它融合成了一个单一结构。"

为了更好地理解这些骨头是如何开始融合的,研究小组分析了鸡和鸸鹋喙部以及短吻鳄、乌龟和蜥蜴口部的胚胎发育,他们推断爬行动物和恐龙的口部也是以相同的方式从前颌骨发育而来的,而相关发育途径在鸟类进化过程中发生了变化。

该研究小组还发现,协调面部发育的两种蛋白质 FGF 和 Wnt,在鸟类与爬行动物胚胎中的表达并不相同。在爬行动物中,这些蛋白质在两个会变成面部的小区域十分活跃。相比之下,这些蛋白质表达在胚胎相同区域的大面积环状带上。伯赫勒将 FGF 和 Wnt 活性变化,假设为鸟喙进化的关键因素。

研究小组为了验证该想法添加了生化药剂,阻断了鸡蛋中两类蛋白质的活性。他们没有孵化鸡蛋,而是识别了待孵化小鸡的面部特征。这些小鸡要长出喙部的部分覆盖着一层皮肤,因此区别并不明显。伯赫勒表示:"只看面部,你会以为它是喙,但看骨骼,你就会很困惑。"

在一些胚胎中,前颌骨部分融合,也有一些两块骨头完全分离且更短。该研究小组制作了小鸡颅骨的数据模型,并发现与未处理的小鸡相比,这些骨头更类似早期鸟类,例如始祖鸟和迅猛龙等。

第四节　爬行动物与两栖动物研究的新成果

一、爬行动物研究的新进展

1. 研究蛇取得的新成果

(1)发现蟒蛇独特的归巢机制。2014 年 3 月,美国北卡罗来纳州戴维森大学生物学家香农·皮特曼牵头的一个研究小组,在《生物学快报》网络版上发表论文称,他们研究发现,蛇类能够轻而易举找到回家的道路。

研究人员以美国佛罗里达州大沼泽地国家公园的缅甸蟒蛇为研究对象,他们把抓到的蛇放在离其被捕处 35 千米的地方。经过约一个月的时间,其中 5 条蛇回到了离最初位置仅几千米内的地方。

通过蛇身上配备的 GPS 追踪装置,研究人员发现离家距离远的蛇的滑行速度是已经在家门口附近的蛇的 3 倍,且前者的滑行路线多是长直线。类似的长距离滑行,以前仅在体形较小的蛇中发现过。

德国法兰克福大学迁徙学家沃尔夫冈·威尔奇可说:"以前确实有证据表明蛇类有'找到回家的路'的能力,但这么远的距离还是头一次。"

皮特曼说:"这完全超出了我们的预期。我们以为它们将漫无目的地流浪,然而这些蟒蛇却快速地回到了其被捕获的地方。这种移动比我们看过的其他种类的蛇都要复杂。缅甸蟒蛇的这项技能有点像航行图和指南针。"

研究人员希望,新发现有助于更清晰完整地了解蟒蛇如何占领新领地,如何在大沼泽地国家公园和其他已占领的区域活动。

（2）发现蛇能模仿灭绝"亲戚"避免被捕食。2014年6月，美国北卡罗来纳大学教堂山分校进化生物学家克里斯·阿卡利与同事戴维·芬尼等人组成的研究小组，在《生物学快报》网络版上发表论文认为，猩红王蛇是生物进化的佼佼者。在美国北卡罗来纳州的沙山森林中，这种无毒的蛇在有毒的珊瑚蛇消失50多年后，进化得与珊瑚蛇更加相似。

猩红王蛇近乎完美地模仿了含有致命毒素的珊瑚蛇的条纹，当地人必须使用辅助记忆的谚语将两者区别开来："红黄相间，性命堪忧；红黑相间，平安无事。"猩红王蛇广泛分布在北美洲东南部，这种生物使用"模仿术"欺骗捕食者（如红尾鹰），因为红尾鹰有避免攻击有毒爬行动物的天性。

阿卡利说，沙山森林曾是猩红王蛇和珊瑚蛇共同的家园，但20世纪60年代，珊瑚蛇在该地区灭绝了。阿卡利与芬尼热衷于研究生物的模仿进化，他们想弄清在珊瑚蛇灭绝后，猩红王蛇的进化进程是否受到影响。

他们同时从沙山森林和佛罗里达长廊中收集猩红王蛇，并将它们进行对比。有毒的珊瑚蛇在前一地区已经灭绝，在后一地区仍然生龙活虎。两位专家在实验前预测，沙山森林里的猩红王蛇的进化进程可能因为珊瑚蛇的灭绝而变慢，变得越来越不像后者。

阿卡利说："对比结果令我大吃一惊，我惊呼这不可能。"沙山森林里的猩红王蛇进化得与珊瑚蛇更加相似，它们红黑相间的条纹在宽度上变得更细小，比20世纪70年代时更接近珊瑚蛇条纹的宽度。他与芬尼并没有在佛罗里达走廊中的猩红王蛇身上发现这一特征。

不过，阿卡利认为，沙山森林的猩红王蛇最终会停止模仿珊瑚蛇，因为从某种程度上说，捕食者会开始以该地区没有珊瑚蛇为前提进行捕猎行动，因此它们不会再对长得像珊瑚蛇的生物"退避三舍"了。阿卡利说："假设你是捕食者，如果你生活在珊瑚蛇遍地都是的地区，那么你会尽力避免攻击任何与其相似的生物。但如果你生活在珊瑚蛇极为稀有的地区，有时你攻击与其相似的生物很可能获益。"

但是，加拿大渥太华市卡尔顿大学进化生物学家汤姆·谢拉特，并不认为猩红王蛇会停止模仿珊瑚蛇的行为。谢拉特说："许多捕食者，尤其是飞禽，它们的活动范围非常广泛。尽管珊瑚蛇在某一地区灭绝，但这些飞禽仍会在其他地区遇到它们，这也是沙山森林里的猩红王蛇，在珊瑚蛇灭后仍没有停止模仿行为的原因。"

（3）已知最早蛇化石被辨认出来。2015年1月27日，一个蛇类研究小组在《自然·通讯》网络版上报道说，他们从化石碎片的最新分析中，辨认出目前已知的最早蛇类，共有四个新种。这些蛇类包括一种当今仍然生活在英格兰南部的古老蛇种。它们把已知蛇类的最早时间，向前推进了几乎7000万年。

报道称，刚刚发现的四个蛇类新物种，一个来自美国、两个来自英国、还有一个来自葡萄牙。研究人员在对一些几十年前收集到，但随后被扔到博物馆抽屉里的化石碎片进行分析时被辨认出来的。这些化石要追溯到1.43亿～1.63亿年前。此前,已知最古老的蛇类化石大约有1亿年的历史。

研究人员表示,由于掩埋上述化石的沉积物,分布在截然不同的环境中,很有可能这些蛇类居住在不同的栖息地。研究人员说,这些化石展示出了蛇类的所有特征,尤其是蛇的头部,它们包括了来自所有四个物种的牙齿、头骨或颌碎片以及其中两个物种的脊椎。

研究人员同时表示,这些化石非常零碎,以至于无法弄清这些蛇有多长或者它们的形态是怎样的。事实上,来自其中一个新种的某些椎骨显示,该蛇类拥有后肢。四个新物种的广泛分布,以及由此推测出的生态多样性表明:最早的蛇类可能进化而成的时间还要更早。

(4)发现响尾蛇毒素可用于治疗斜视。2015年8月,巴西媒体报道,响尾蛇有剧毒,但其毒素也可用于医疗。巴西科学家发现从响尾蛇中提取的毒素可用于治疗斜视,其原理与目前用肉毒杆菌毒素治疗斜视相似,未来或许可成为新的治疗方案。

据报道,巴西研究人员发现,响尾蛇毒素可让肌肉暂时麻痹,使其局部放松。这可用于治疗肌肉异常问题,比如帮助负责控制眼球运动的肌肉恢复平衡。

斜视的重要原因之一,就是负责控制眼球运动的肌肉出现平衡和同步方面的问题。目前,一种常见治疗手段是注射肉毒杆菌毒素,使相关肌肉放松并恢复平衡。由于响尾蛇毒素的效果比肉毒杆菌毒素更为持久,用它来治疗还可以减少患者接受注射的次数。

2. 研究海龟的新发现

南太平洋发现荧光海龟。2015年10月,英国《每日邮报》报道,美国纽约城市大学海洋生物学家大卫·格鲁伯在夜潜的时候,发现了一只能够发出生物荧光的玳瑁。据悉,这是在南太平洋发现的世界上第一种"荧光"爬行动物。

格鲁伯表示,这是一只出现在所罗门群岛附近海域的玳瑁,它展现出生物荧光的能力。他说,当时他正试图拍摄生物荧光鲨鱼和珊瑚礁的影像。他形容这只濒危海龟看起来像"一艘很大的太空船滑行进入了视野"。

在《国家地理》拍摄的视频片段中,这只玳瑁发出绿色和红色的荧光,其中红色可能源自玳瑁背壳上的藻类。科学家正在研究这只玳瑁为何具有如此非同寻常的能力。东太平洋玳瑁组织的主管亚历山大·高斯说:"(生物荧光)通常用于寻找和吸引猎物,或者进行防御,也可能是某种交流的方式。"

他补充道,由于玳瑁数量非常稀少,因而很难对它们这一现象进行研究。在全世界范围内,玳瑁的数量在近几十年里下降了将近90%。生物荧光是生物体吸收光线,然后转变为其他颜色的光线散发出来的现象。这种现象并不等同于"生物发光",

"生物发光"常见于藻类和水母,动物体本身就是光源。在生物荧光中,动物皮肤中的特殊荧光分子会受到高能光(如蓝光)的刺激,在失去一部分能量之后,光线以较低能量的波长发出,如绿光。这种奇特的荧光只有在外来光源的照射下,才能被人类的肉眼看到。

3. 研究蜥蜴的新发现

(1)发现巨蜥存在独特的呼吸方式。2013 年 12 月 23 日,英国《每日邮报》报道,美国健康科学西部大学生物学家马修·威德尔、美国犹他大学的生物学副教授科林·法默等人的一个研究小组认为,蜥蜴怪异的呼吸方式,可能有助于帮助它在横扫其他物种的自然灾害里存活下来。他们的研究发现,大草原巨蜥呼吸就像一只鸟通过单程的环。这项发现出人意料,因为鸟类单向气流被认为是为飞行高需氧量进化而成的。

研究人员认为,蜥蜴的这种特征,可能是对古代地球低氧含量的适应。例如在 2.5 亿年前的三叠纪早期,氧气只组成了大气含量的 12%,而现在氧气占据了 21%。威德尔说:"这可能解释了为什么巨蜥生存能力这么强。谁知道下一次小行星撞击是什么时候,说不定到时巨蜥将统治地球。"

这项发现表明单项呼吸可能起源于 2.7 亿年前,比之前预测的还要早 2000 万年。除了美洲短吻鳄,大草原巨蜥可能是目前为止发现的能够这样呼吸的唯一已知爬行动物。这与人类及其他需要双向或者称潮式呼吸模式的哺乳动物形成强烈的对比。潮式呼吸意味着空气会通过气道进入肺,然后再通过相同的渠道呼出去。

与人类的肺包含陈旧的空气不同,鸟类肺里包含的空气具有较高的氧气含量,有助于辅助它们飞行。法默说:"据称这对于辅助鸟类支持重体力活动,例如飞行,非常重要。"同时,法默也指出,由于蜥蜴的肺具有和鸟类以及短吻鳄的肺完全不同的结构,因此它们的单向气流结构可能是独立进化的。

这种进化可能发生在 2.5 亿年前的古蜥身上,该物种产生了短吻鳄、恐龙和鸟类。研究人员对蜥蜴的肺进行了 CT 扫描,并产生了 3D 图片,以可视化它们的肺的解剖学。科学家们在五条巨蜥的细支气管里植入了流量计以检测气流方向。利用从 10 条死亡蜥蜴里移除的肺,研究人员测量了他们从肺里抽入和抽出空气的气流。它们还向蜥蜴的肺里抽送充满花粉和塑料微球的水,花粉和小球的运动也显示了单向的气流。

研究显示空气会进入蜥蜴的气管,然后流入两个主要的气道,后者会进入肺。随后,并不会以相同的渠道潮式流回,空气会以从一个侧面气道经一个小气孔流入下一个气道。法默说:"这表明,我们对这些单向气流样式的功能的概念是不准确的,它们不仅仅存在于快速新陈代谢的动物身上,还存在于其他生物。"

(2)揭开变色龙的变色机制。2015 年 3 月,有关媒体报道,瑞士日内瓦大学米歇尔·米林柯维基领导的一个研究小组,针对豹纹变色龙皮肤展开一系列研究和试验,终于揭开了它们的变色机制。

豹纹变色龙从庄重的绿色,变成光鲜的嫩黄或亮红色,只需要两分钟,它们是如何做到这一点的呢? 科学家一直推断,变色龙通过使不同颜色在它们的皮肤中流动来改变其外表,但这种爬行动物实际上拥有一种更聪明的方法。

研究小组发现,实际上,豹纹变色龙是通过迅速地重新排列皮肤中的微小晶体,使其能够能反射不同波长的光线,从而形成不同的颜色。米林柯维基说:"从本质上讲,这些晶体相当于分色镜。"

为了伪装,豹纹变色龙通常是一袭绿装。不过,当有竞争对手或心仪的配偶靠近时,成年雄性变色龙会迅速变成黄色或红色。"它们或者是在躲藏,或者是在炫耀。"米林柯维基表示。

研究小组在显微镜下研究了变色龙的皮肤,发现细胞中含有呈网格状且排列十分规整的鸟嘌呤晶体,而鸟嘌呤是 4 种脱氧核糖核酸碱基之一。随后,研究人员利用计算机模型显示,理论上,通过简单地改变晶体间距离,它们的排列能反射任何可见光的颜色。相互靠近时,它们反射拥有短波长的绿色。相反,当晶体间的距离增加时,黄色然后是红色的波长会被反射。

为确定这是否为变色龙皮肤中颜色改变背后的机制,研究小组获取了小块皮肤样品,并将其浸入盐溶液中。通过改变浓度,他们能让皮肤细胞膨胀或收缩,这反过来会增加或减小鸟嘌呤晶体之间的距离。研究发现,被反射的光线波长发生变化的方式同模拟预测的完全一样。

(3)首次在野外环境发现野生蜥蜴发生性别逆转。2015 年 7 月 2 日,澳大利亚堪培拉大学克莱尔·荷乐莱伊领导的一个研究小组,在《自然》杂志上发表论文称,他们的研究显示,澳洲鬃狮蜥的野生种群容易受到气候变化的影响,出现性别反转。从前,在蜥蜴中发现过从由染色体决定性别,转变成由孵化时的温度决定性别的现象。但是,这是第一次在野外环境中发现这样的现象。

研究小组把 131 只成年蜥蜴在田野调查中获得的数据,与受控的育种实验中的数据相结合。分子生物学分析表明,生活在该物种的适应温度范围偏高环境中的 11 只蜥蜴,虽然性染色体是雄性,实际表现出来的性别是雌性,而且这些个体可以迅速从基因控制性别的系统,转变到温度控制性别的系统。

当这些性反转了的雌性蜥蜴,与正常的雌性蜥蜴交配后,它们的后代没有一个有性染色体,性别完全由蛋孵化时的温度决定。性反转的母亲生下的后代,也更容易性别反转,强化了这种性别转变的趋势,而且其下的蛋的数量,几乎是正常母亲的两倍,带来了更加雌性化的种群。

这项研究还强调了极端气候在改变对于气候敏感的爬行动物的生物学和基因组方面的作用。在性别决定方式上有更大的灵活性,可能是应对不可预知的气候的对抗手段,但还须进一步研究了解这种机制的真实成本和优势。

3.研究鳄鱼取得的新成果

(1)研究鳄鱼的捕猎行为。2014 年 3 月,美国一个鱼类学家组成的研究小组,在《公共科学图书馆·综合卷》上发表论文说,如果有人想弄清鳄鱼或短吻鳄是如何捕猎的,那么他就不得不与这种危险的爬行动物贴得很近。由于技术的进步,现在终于可以在安全的距离观察它们了。该论文把这一研究过程作了如下描述:

研究人员在佛罗里达海岸附近的一座小岛上捕获了 15 只短吻鳄,他们用绳子将鞋盒大小的包裹,拴在每一只鳄鱼背上,里面含有一架防水摄像机及数据传感器。

摄像机将详细地记录鳄鱼的捕猎行为,并在持续工作 1 到 2 天后自行脱落。短吻鳄是夜行性动物,但在研究人员的假设中,鳄鱼捕猎最活跃的时间段是在早上。该研究表明,虽然早上捕猎的成功率最高,但鳄鱼在夜晚会更加"卖力"。

此外,鳄鱼成功捕猎大多是在水中完成的,这一事实是观测研究无法掌握到的。尽管鳄鱼位于栖息环境中的食物链顶端,直到目前为止研究人员仍然不清楚它们的食量和捕猎时间。

这项研究丰富了研究人员对鳄鱼习性的认知,从而有助于人们更好地保护这种动物。例如,研究人员在夜晚计算水中的鳄鱼数量时,会向水面照射光线,通过观察反射回来的红光来计算其数量;实际上,以这种方法计算出来的鳄鱼数量,只占其总数量的一半,另一半鳄鱼则完全沉在水中,无法观测到。

(2)研究表明远古南美洲鳄鱼咬合力胜过霸王龙。2015 年 3 月,巴西里约联邦大学古生物学家阿莉内主持的一个研究小组,在《公共科学图书馆·综合卷》杂志上发表论文称,他们研究了一种南美洲远古鳄鱼的化石后发现,这种已经灭绝的巨型掠食动物咬合力惊人,超过了著名的凶恶恐龙霸王龙。

这种鳄鱼名叫普鲁斯鳄,生活在 800 万年前的晚中新世时期,是地球上曾经生存的最大型鳄类动物之一。普鲁斯鳄体长可达 12.5 米,比一辆公交车还要长,体重达到 8.4 吨,平均每天需要消耗约 40 千克食物。

研究人员说,普鲁斯鳄撕咬住猎物时,咬合力可达 7 吨,仅次于已灭绝的超级鲨鱼,比霸王龙、狮子和老虎都要强。

阿莉内介绍说,根据头骨化石可以断定,普鲁斯鳄属于典型的巨型肉食性动物,特殊的结构和形状使其头骨可以承受咬合带来的巨大压力。

根据化石发现位置推断,普鲁斯鳄主要生活在如今南美洲巴西阿克里州和亚马孙州的普鲁斯河、茹鲁阿河和阿克里河流域附近。

该地区在中新世时期还是一片巨大的沼泽,生活着各种巨型龟、大型水禽和其他大型哺乳类动物,甚至还有一种重达 700 千克的啮齿类生物,为普鲁斯鳄提供了充足的食物来源。随着亚马孙地区地壳运动的变化,安第斯山脉的崛起,摧毁了普鲁斯鳄的生存环境,最终导致其灭绝。

(3)鳄鱼血中发现杀菌分子。2015 年 3 月,美国媒体报道,美国弗吉尼亚州乔治梅森大学,巴尼·毕晓普等人组成的研究小组研究发现,厚厚的甲片和布满牙齿的颚,并不是短吻鳄和其他鳄鱼拥有的唯一防御体系。它们还拥有强大的免疫系统。如今,使其具备这种能力的一些保护性分子已被确认出来。它们在美洲短吻鳄血液中的出现,甚至可能为新一代抗生素的研制铺平道路。

毕晓普介绍道,鳄鱼类动物已在地球上生存至少 3700 万年。在其进化过程中,它们形成异常强大的对抗感染的防御体系。他说:"它们彼此间会造成伤口,但经常在恢复时并未出现感染导致的并发症,而其生存的环境绝不是无菌的。"

美洲短吻鳄拥有令人羡慕的先天免疫系统。这也是所有脊椎动物都具备的防御系统中的第一道原始防线。2008 年,来自路易斯安那州的化学家发现,从爬行动物体内提取的血清能摧毁 23 种细菌菌株,并且使艾滋病病毒的数量大为减少。这些杀菌分子被确认为是可破坏一类脂质的酶。

尽管他们的研究结果还未带来任何新的抗生素,但酶并不是短吻鳄拥有的破坏病原体的唯一看家本领。如今,毕晓普研究小组已经确认并分离出被称为正电性抗菌肽的多肽。这些分子带有正电荷,因此研究人员开发出一种纳米粒子,并利用静电,这些分子从短吻鳄血清复杂的混合蛋白中,挑选出来。

该研究小组共找到了 45 种多肽。其中,他们化学合成了 8 种,并且评估了它们的抗菌特性。有 5 种多肽杀死了一些大肠杆菌,其他 3 种则破坏了大部分大肠杆菌,并表现出一些对抗诸如绿脓杆菌和金黄色葡萄球菌等细菌的活性。

二、两栖动物研究的新进展

1. 蛙类动物研究的新成果

(1)发现青蛙体内一种核糖核酸酶可用来治疗脑癌。2007 年 6 月,英国巴斯大学和美国 Alfacell 生物制药公司联合组成的一个研究小组,在《分子生物学杂志》上发表论文称,他们在一种青蛙的卵细胞内发现一种核糖核酸酶,它或许能提供第一种治疗脑癌的药物。该论文还描述了对这种核糖核酸酶结构和化学性质首次进行的分析结果。

研究人员说,它能识别肿瘤细胞表面的多糖,然后结合到其上,并且入侵到肿瘤细胞内部使 RNA 失去活性,最终导致肿瘤死亡。

研究人员表示,尽管它可能被用于多种形式的肿瘤,但是它最有希望治疗的是脑癌,目前针对脑癌只能进行复杂的手术以及化疗。他们从北部豹蛙的卵细胞中分离出了这种核糖核酸酶。核糖核酸酶在生物体内普遍存在,它们负责整理那些自由飘浮的 RNA 链,通过结合到分子上从而将其切割成小的片断。

在细胞中 RNA 起着关键作用的部位,核糖核酸酶被抑制分子所阻碍。但是由于它是一种两栖动物的核糖核酸酶,因此它们可以躲开哺乳动物的抑制分子,然后进攻癌症细胞。

在治疗中,它将可能被注射到需要的区域。由于只和肿瘤细胞表面的多糖进行结合,因此它对其他细胞不会产生副作用。这已经是该公司从这种青蛙体内分离出的第二种抗癌核糖核酸酶了。另一种目前处于恶性间皮瘤临床试验的最后阶段,这是一种罕见且致命的肺癌,而针对其他实体癌症的临床试验处于第二、三阶段之间。

(2)揭开凹耳胡蛙用超声波互相交流的生理秘密。2009年5月,有关媒体报道,加州大学洛杉矶分校生理学教授彼德·纳伦斯与生态和进化生物学研究生维多利亚·亚奇,在婆罗洲岛发现了一种名为凹耳胡蛙的奇特青蛙,它们可以通过超声波来互相交流。研究人员通过调查和实验,终于揭开了这种青蛙用超声波互相交流的生理秘密。

超频率音响的频率一般都超过20千赫。这种频率已超出了人类所能够听到的声音频率上限,而且也远远高于大多数两栖动物、爬行动物和鸟类等动物,所能够听到或发出的5~8千赫声音频率。然而,这种青蛙能够听到的声音频率最高达38千赫。

全球5000多个青蛙种属中,大多数青蛙位于头部的耳膜都是平整的。然而,凹耳胡蛙的耳膜却是凹陷于头骨之中,这一点类似于哺乳动物。

研究人员认为,凹耳胡蛙可能进化了这种高频超声系统,成为在嘈杂的栖息地进行明确通信的一种方法。它们的耳膜之所以凹进去,是为了更好地保护耳膜不受小枝条或者其他物体的撕裂。同时也让连接耳膜和耳朵处理声音的部分更短更轻,从而更容易将超声波振动传到内耳中。这种结构有点像立体声音响的高音扩音器,有利于更好地收听超高频声音。

纳伦斯与亚奇在凹耳胡蛙的栖息地,对其进行深入的研究。他们发现,凹耳胡蛙不仅仅可以发出一些可以听得见的声音,而且还可以发出超声波。

亚奇介绍说,可以根据它们发声袋的跳动,来判断它们在发声。但是,却听不到任何声音。当再检查录音设备时,就可以看到灯光闪烁,提示有声音存在。青蛙利用超声波发音,这在以前是从未发现过的。

因此,科学家认为,在嘈杂的溪流中,这种青蛙正是利用超声波进行相互交流的。当然它们也会发出人类能够听到的声音进行交流。当一只凹耳胡蛙要想引起另一只凹耳胡蛙的注意时,就必须让自己的叫声盖过其他的竞争者和背景噪声,所以迫使它发出更高频率的声音,这不仅保证自己的声音能被对方听到,而且还比发出更大的声音更节省能量。

亚奇介绍说:"我们的假设是,这些青蛙使用高频率的声音进行交流,是为了避免急速水流发出的声音打断它们。但是,高频率的声音不能远距离传播。因此,它们还必须同时用低频和高频声音,与较远处的其他青蛙进行交流。青蛙们正是通过这种发声方式来吸引异性、相互交流以及建立领地。"研究人员得出结论说,这种青蛙的超声波听力,可以用特殊进化来解释。

研究人员为了检测凹耳胡蛙的听力,随身携带着一种特别的设备,能够回放人类听得见的声音和听不见的超声波范围的各种声音。他们把录制的雌性蛙的声音放给8只雄性蛙听,结果发现,当播放录音时,无论是听得见的声音还是听不见的声音,其中的 5 只雄性凹耳胡蛙比不放声音时发出更多的回应。其中还有一只雄蛙发出 18 声连珠炮一样的叫声,来回应一种特别的超声波录音重放。研究人员说,雄性蛙不仅对超声波做出回应,而且还靠近播放录音的扩音器,好像面对着一个发出声音的青蛙。

在第二个实验中,研究人员对青蛙的听力进行测试。他们主要测试一只雄性青蛙在播放录音时的大脑活动,当播放超声波录音时,它显示出强烈的反应,但当它的耳朵被黏土塞住时,它对录音就没有什么反应了,显然是听不到声音。

(3)发现树蛙靠糖抗严寒。2014 年 1 月,美国一个研究阿拉斯加动物的小组,在综合与比较生物学协会年会上报告说,对于生活在美国阿拉斯加州的树蛙而言,北极的天气可不是临时的、吸引眼球的现象。在这里,寒冷的气温能持续数月。他们发现,这些微小的两栖动物能够很好地处理这一问题,它们是耐冻有机体中的极端代表。

在两个季节里,研究人员跟踪树蛙到其挖掘的过冬地点,并将温度传感器放置于青蛙皮肤和周围的落叶层中,结果发现 18 只树蛙全部很好地度过了冬天,尽管它们被冷冻了 7 个月,而温度有时能降到零下 18℃,这比树蛙在实验室低温环境中的存活时间长很多。

实验证明,这种非凡的存活率,源自其细胞中逐渐增加的葡萄糖。在实验室中,研究人员会逐渐冷冻树蛙,他们认为慢慢冷却会给这种动物增加制造葡萄糖的时间,这将帮助细胞保持水分,否则会渗漏和冻结。但是在自然界中,大约在 10 月间,树蛙就要经历超过 12 个冰冻的夜晚和解冻的白昼。

每次循环都会数倍增加葡萄糖,与没有经历这种循环的树蛙相比,前者冬季体内的葡萄糖浓度是后者的 5 倍,这让它们在寒冷的冬天更具优势。这 7 个月代表了冷冻脊椎动物的记录,虽然西伯利亚火蜥蜴能在零下 30℃的低温中短时间存活,但是火蜥蜴的存活率却比树蛙低。

(4)解释青蛙"合唱"的秘密。2014 年 1 月 27 日,日本京都大学等机构组成的研究小组,在英国《科学报告》杂志网络版上发表论文认为,"稻花香里说丰年,听取蛙声一片",就像著名诗句和人们感受的那样,青蛙似乎总是毫无章法地呱呱"合唱",但是他们发现,青蛙"合唱"有玄机,单只青蛙实际上是和邻近的其他青蛙稍微错开时间鸣叫的,以使自己的声音不被完全淹没,从而能主张自己的地盘。

蛙叫通常是雄蛙求偶或主张领地的一种表现,为了弄清青蛙"合唱"的节奏秘密,研究人员以日本雨蛙为对象进行了一项研究。他们设计了一种特殊装置,能够感应到近处的青蛙叫声并相应发光。2011 年 6 月,研究人员在岛根县的一处水田中放置 40 个这样的设备,互相间隔 40 厘米,这样就能监测到青蛙鸣叫的位置和时机。

持续 5 天的监测研究发现,一只青蛙和距离它只有 1～3 米的同类是错开时机鸣叫的,而距离 3 米以外的同类则可能会同时鸣叫。由于一只青蛙能在短短 1 秒钟内发声 3 次,鸣叫声此起彼伏,所以听起来它们似乎在"合唱"。

在室内实验中,研究人员让 3 只青蛙近距离共处,结果发现 3 只青蛙也会错开时机鸣叫,但间隔时间非常短。

研究人员推测,这是由于雄蛙通过鸣叫主张各自的领地,邻近的青蛙交错鸣叫,可以让周围的同类听得更清楚。

2.蝾螈研究取得的新成果

(1)揭开蝾螈肢体再生之谜。2009 年 7 月,一个由德国和美国科学家组成的国际研究小组,在《自然》杂志上发表论文称,他们发现,蝾螈的各种细胞具有记忆所属机体组织的能力,可良好地"专业分工",帮助断肢再生,从而保证断腿的地方只长出新腿来,而不会长出一条尾巴。

研究人员利用基因技术,向一种名为墨西哥钝口螈的蝾螈体内植入绿色荧光蛋白,再将相关细胞移植到有断肢的墨西哥钝口螈体内,这样就可以通过追踪荧光蛋白观察断肢再生的过程。

观察中发现,蝾螈断肢创口周围的皮肤、肌肉、骨骼等各种细胞会聚集到一起,从成体细胞反向变为"幼年"细胞,形成具有再生能力的芽基细胞群。尽管这些芽基细胞看起来都差不多,但它们都记住了各自的来源,从肌肉细胞而来的仍再生为肌肉细胞,从神经鞘细胞而来的仍再生为神经鞘细胞。

更令人惊奇的是,从蝾螈肢体末端取下的软骨细胞在移植到上臂部位后,居然慢慢移到了与其原有位置相对应的地方,证明这种细胞具有记忆位置的功能。

医学界一直在研究蝾螈、壁虎等动物的断肢再生能力,以发现帮助人类断肢再生的途径。研究人员认为,本次发现对于再生类药物的研发具有重要意义。

(2)首次发现蝾螈细胞也能与植物一样进行光合作用。2010 年 7 月 28 日,第九届国际脊椎动物形态学大会在乌拉圭埃斯特角城召开。会上,加拿大达尔豪斯大学的瑞恩·柯内教授说,在脊椎动物蝾螈的细胞内,观察到一种能进行光合作用的藻类。这是首次发现脊椎动物细胞也能进行光合作用,它有助于更深刻地了解脊椎动物细胞的自体识别能力。

这个发现是柯内在研究斑点蝾螈的胚胎时获得的一项意外收获。蝾螈的胚胎卵翠绿透明,就像一粒小小的翡翠珠子。它身上特有的颜色,来自于胚胎本身以及包裹着胚胎的胶状胞囊,这是由一种单细胞藻类产生的。

长期以来,人们认为,这种藻类与斑点蝾螈存在着外部的共生关系:藻类附着在蝾螈胚胎外部,蝾螈在水中产卵,胚胎产生的富氮废弃物被藻类利用,而胚胎呼吸时,藻类便在水中产生它所需要的氧气。然而,柯内对这种传统观点提出了质疑。他指出,这些藻类遍布于蝾螈体细胞及胚胎细胞内部,直接在细胞内进行光合作用,生成氧气和碳水化合物。如此密切的内部共生关系,以前只在珊瑚等无脊椎动物中见到过,而脊椎动物中却从未发现。

柯内的发现经过是,对一个还没孵化的蝾螈胚胎进行长时间的荧光照射后,观察到胚胎细胞内含有叶绿素。接着,他用透射电子显微镜进一步进行仔细观察,结果发现蝾螈细胞内的藻类周围都环绕着一些线粒体,而线粒体正是氧气和葡萄糖结合产生能量的场所。线粒体聚集在藻类细胞周围,可能是为了更快捷地利用这些光合作用细胞产生的氧气和碳水化合物。

一般来说,脊椎动物的细胞含有调节适应性的免疫系统,它会杀死无法识别的异己生物。因此,藻类想要固定地共生在蝾螈细胞内部,几乎是不可能的。而研究人员对这一新发现的解释是,要么蝾螈的细胞关闭了自体免疫系统,要么藻类有效避开了这一免疫机制。

柯内还发现,成年雌性斑点蝾螈的输卵管内也有绿藻存在,那里也是胶状胞囊形成的地方。这个发现表明,共生藻可能是由母亲通过胶状胞囊传递给下一代的。有关专家指出,如果藻类真的能进入生殖细胞,脊椎动物细胞会杀死体内异己生物的观点将受到严重挑战,并有助于研究脊椎动物细胞的自体识别能力是怎样形成的。蝾螈已经分化的具有专门功能的细胞还能继续分裂转变成其他细胞,因此具有特有的超强再生能力,从而在进化中形成和其他脊椎动物不同的自体识别能力。

(3)发现火蝾螈的跳跃特点。2014年1月,美国北亚利桑那大学一个研究小组在综合和比较生物学协会年会上报告说,火蝾螈并非以其强健的大腿而闻名。但是,这种动物能让最优秀的篮球运动员感到羞愧:仅仅轻弹自己的身体,它们就能跳过约为其身体长度6~8倍的距离,至少看似如此。他们的研究发现,这一运动实际上更加复杂,跳跃的蜥蜴和扣篮的篮球运动员都需要先向下,以便获得起跳的推力,但是火蝾螈的腿肌十分微小,并且腿部能向周围伸展,因此这种动物不需要起跳。

研究人员通过分析高速视频发现,这种两栖动物使用后腿作为支点推动它们向前进。然后,它的身体向支撑脚弯曲,这样能积累跳跃所需能量。但是,与随意的简单"轻弹"不同,火蝾螈能迅速改变弯曲情况,以每秒17倍身体长度的速度远离支撑脚。这种运动,将该动物的身体向前拉动,并将火蝾螈向前抛到空中。

在弯曲过程中,火蝾螈能够改变脚的质量中心,以便更好支配。这种动物能使用这种运动逃离危险。研究人员表示,火蝾螈的跳跃证明,即使物体平躺在地面上,并缺少重要的推动力,也能跳向空中,这有助于推动"平弓弩"的设计。

(4)发现壶菌威胁全球火蝾螈等动物。2014年10月31日,动物学家安·玛特尔与同事组成的研究小组,在《科学》杂志上发表研究成果称,他们发现,一种叫作壶菌的真菌造成欧洲火蝾螈和水蜥数目快速衰减。

研究人员首先对35个两栖类动物物种进行了研究并分析。他们发现,只有火蝾螈和水蜥容易受到壶菌的侵害。

研究人员说,他们接着对4个不同大陆的5000多种两栖动物进行筛检并确认,这种叫作壶菌的真菌,可能在数百万年前源于亚洲的火蝾螈,并在最近才进入欧洲,最有可能是通过动物贸易和贩运等途径传入的。

研究人员指出,这种真菌对某些被其感染的火蝾螈和水蜥是致命的,它意味着,该真菌很快会对世界各地的某些两栖物种构成灭绝威胁。

第五节　鱼类研究的新成果

一、鱼类生理特点研究的新进展

1. 研究鱼类特有基因与蛋白的新成果

(1)发现海洋生长与淡水环境的鲑鱼基因存在明显差异。2005 年 7 月,哈佛大学、波士顿麻州大学,以及美国地质调查所,三个单位研究人员联合组成的一个项目小组,在英国皇家学会《皇家学会学报 B》网络版上发表论文称,他们通过对鲑鱼的研究发现,同一种类鲑鱼的生理要求和大脑基因表达,根据不同的生活史会有很大的不同。这一研究表明,在淡水区域出生,在海洋生长的大西洋雄性鲑鱼,与出生后没离开过淡水环境的相比,基因中有大约 15% 表达有明显差异。

鲑鱼一直是在深海中成长,但当他们成长到繁殖期准备交配时,就会开始从深海游向陆地的淡水河流,一旦进入陆地的淡水河后,会一路溯河而上,游到河流的上游高冷地区去交配并产卵。等产下卵后,成鱼达成繁殖后代的目的,就会纷纷死亡,留下成群的卵等待孵化。当卵孵出幼鱼时,这些幼鱼开始一路顺河而下,游到河流的下游,出海回到他父母成长的深海中生活。等他们成长到繁殖期时,又开始回游到陆地的淡水河。这样周而复始,形成深海鲑鱼回游的生活周期循环生态。

该项目小组对完成了回游生活史的雄性和雌性鲑鱼与"偷偷摸摸"留下来没有离开过淡水、长大后尺寸小很多的雄鱼进行了比较。结果令人惊讶的发现,这两种雄鱼大脑中将近 3000 个基因有不同的表达。

研究人员说,因为这些雄鱼属于同一种类,并且是在相同的野生环境,只是它们的生活史不同,所以我们没有预料到会有如此多的基因表达差异。而且,在 17 个种类区别基因里,有一些在这两种鱼中,也表现出不同的活性水平。

研究人员发现"偷偷摸摸"留下来的鲑鱼,生长基因受到抑制,而与繁殖有关的基因表达量会增加,这一有趣的现象是十分有意义的,因为鲑鱼的大小尺寸与繁殖成熟速度与鲑鱼贸易相关。除此之外,研究人员也发现与学习和记忆相关的基因,在没有完成回游的鲑鱼中会高量表达,目前还不清楚为什么会出现这些差异。

(2)分析丽鱼科鱼类基因组适应性辐射的标志。2014 年 9 月 18 日,一个由多国科学家组成的国际合作研究团队,在《自然》杂志上发表研究成果称,他们发现,在非洲大裂谷的湖泊和河流中发现的 2000 种左右丽鱼科的鱼类是适应性辐射的经典例子。

这个规模庞大的国际合作团队,对来自5个截然不同世系的非洲丽鱼科的鱼类进行基因组和转录组的测序和分析。

所获数据显示,与其他鱼种相比,它们的基因复制过多。存在大量非编码要素分化、加速的编码序列演变、直系同源基因对中与可转座要素插入相关的表达分化以及由新颖miRNA进行的调控。

(3)揭开南极鱼类抗冻糖蛋白的作用机制。2010年8月23日,德国波鸿大学发表公报说,该校研究人员与美国同行合作,以南极鳕鱼血液中的抗冻糖蛋白为研究对象,揭开了南极鱼类蛋白的抗冻机制。这一成果,已发表在最新一期的《美国化学学会期刊》上。

研究人员发现,这种蛋白可对水分子产生一种水合作用,能够阻止液体冰晶化,而且其作用在低温时比在室温时更加显著。这就是南极鱼类能够在0℃以下的冰洋中自在游动的原因。

研究人员观察了抗冻糖蛋白与水分子的运动现象。一般情况下,水分子会不规律地"跳动"且不稳定,但有抗冻糖蛋白存在时,水分子会较规律地"跳动"且稳定,就像由迪斯科变成了小步舞曲。

一般鱼类血液的凝点在零下0.9℃左右。而由于盐降低了海水的冰点,南极海水可低至零下4℃。正是依靠抗冻糖蛋白的特殊作用,南极鱼类能在低温环境下照常游动。

2. 研究鱼类体貌特征的新成果

(1)科学家探明鱼类牙釉质来源。2015年9月,瑞典乌普萨拉大学生物学家埃里克·阿尔伯格领导的一个研究小组,在《自然》上发表研究成果称,鱼类牙釉质起源于其鳞片中的硬鳞质。

牙釉质是一种脊椎动物特有的组织,鱼类和四足动物皆有该组织。而一种类似于牙釉质组织的硬鳞质,存在于很多鱼类化石和今天的一些原始鱼类的鳞片中。然而迄今为止,科学家一直不确定牙釉质是否起源于牙齿,然后扩散到鳞片;还是与此相反。

研究小组结合遗传和化学数据,提供了一种牙釉质起源的假说。从遗传学角度看,其研究结果显示,现存的如斑点雀鳝等硬壳鱼类身上的硬鳞质,相当于牙釉质。研究还发现,大约4亿年前,早泥盆世的一种鱼类斑鳞鱼的化石,与其他鱼类化石的外壳上有牙釉质,而牙齿上却没有牙釉质,说明牙釉质最初存在于身体表面,而牙齿上则没有。为此,研究者认为,牙釉质起源于鳞片,然后延伸到膜骨,最后到达牙齿。

然而,研究人员表示,仍须对原始鱼类作进一步系统发育分析,来确定牙釉质是何时以何种方式"占领"牙齿的。

(2)斑马鱼条纹源自细胞追逐游戏。2014年1月,一个由发育生物学家组成的研究小组,在美国《国家科学院学报》网络版上发表研究报告说,细胞的追赶游戏可以帮助形成斑马鱼身上的标志性条纹。黑色素细胞和黄色素细胞等两种皮肤细胞之间的联系,促使黑色素细胞移动,而黄色素细胞则对其穷追不舍。这样,最终形成了斑马鱼身上的条纹。

研究人员的模型表明,这种相互作用导致色素细胞分离,形成斑马鱼不同颜色的条纹。为了了解细胞间的互动,如何引起了条纹或者斑点皮肤,研究人员找到了一种方法可以把来自于斑马鱼尾翼的色素细胞在培养皿中进行培养。相同类型的色素细胞似乎并不会相互作用。不过,当黄色素细胞与黑色素细胞相互靠近时,黄色素细胞会移动去接触黑色素细胞。而黑色素细胞会因此后退,跑得更远。黄色素细胞则并不"气馁",继续追随。

来自于斑马鱼突变体的细胞有着更宽、更模糊的条纹,它的细胞行为表现也不同。其黑色素细胞并不会远离黄色素细胞,黄色素细胞也不会热烈地追赶它们。研究人员称,该情况可以解释其条纹模糊的边界处,黄色素细胞与黑色素细胞的混合种群。

研究小组尚未观测发育中的斑马鱼的细胞运动,但是新研究也许能解释,为何可生成细胞膜蛋白质的基因突变,会导致产生不同的皮肤类型。它还能帮助解释其他动物(如斑马、猎豹、美洲豹或者斑点狗)的皮肤类型,是如何形成的。

3. 研究鱼类思维与感觉的新成果

(1)首次获得鱼类捕食时的大脑思维活动影像。2013年2月,美国媒体报道,哈佛大学的分子与细胞生物学家佛罗莱恩·恩格特领导的研究小组,使用一种感光的荧光标识物,来追踪一条斑马鱼幼鱼的大脑信号,实现实时观察鱼类神经思维信号的目的。这项成果可以让研究人员深入地了解大脑如何感知外部世界。

恩格特介绍道:"这是突破性进展,还没有人能够如此清晰地用荧光显微法,观察一条自由游动的斑马鱼幼鱼的神经活动。"

斑马鱼被广泛应用于脊椎动物的基因和发育研究,它们的幼鱼对于神经影像学研究来说是完美的,因为它们的透明头部可以让研究人员完全看到它们的大脑。研究人员开发出一种名为 GCaMP7a 的基因改良蛋白质,当神经元或者大脑细胞活动时,它能够在荧光显微镜下发出亮光。斑马鱼在大脑的视顶盖区域表现出了这种蛋白质,当斑马鱼观察在它环境中的某种移动物体时,这一大脑区域控制着眼睛的运动。

试验中,当转基因斑马鱼观看屏幕上的一个点闪烁或者前后移动时,研究人员拍摄了它的大脑影像。在显微镜下,信号闪过斑马鱼的大脑,映射出屏幕上那个点的移动。随后一只活的草履虫被放置在一条被固定住的斑马鱼视野中,神经思维信号再一次能够被观察到在鱼的大脑中穿梭。然而当草履虫静止不动的时候就探测不到信号。最后,一只草履虫和一条自由游动的斑马鱼被放置在一起,当它盯住草履虫并且向它游动时,研究人员绘制了斑马鱼的大脑活动图。

这种新方案将改善研究人员对于涉及捕食行为的大脑循环的理解。这个系统也能够被用于拍摄其他的大脑区域,这就能够使科学家们观察涉及行为和移动的神经细胞。以前研究人员已经能够拍摄斑马鱼单一脑细胞活动的影像,但是这项研究是第一次在一条自由游动的鱼感知一种自然物体时,拍摄脑细胞活动的影像。

(2)发现鱼也有逻辑思维能力。2015年8月3日,日本大阪市立大学教授幸田正典等人组成的一个研究小组,在瑞士期刊《生态学与演化学前沿》网络版上发表研究报告说,很多研究者认为鱼类脑内与记忆和思维有关的部位不发达,没有复杂思维能力。然而,他们利用生活在非洲坦噶尼喀湖的一种鱼进行实验时,发现这种鱼在为地盘争斗时,也具有逻辑思维能力。

研究小组的实验对象是坦噶尼喀湖中的云斑尖嘴丽鱼。这种丽鱼科淡水鱼具有个体识别能力,其雄鱼会为争夺地盘而打斗,但如果较弱的个体看到强大个体时,会采取"逃走""倾斜晃动身体"等示弱行动,显示出社会等级关系。

研究小组为每组实验准备了3条体长6厘米左右的雄性云斑尖嘴丽鱼。他们先将两条雄鱼放入水槽,让其互相争斗,并把获胜的个体标注为B,将败北的个体标为C。然后,将另一条雄鱼A放入水槽与B争斗,并让C在相邻水槽中隔着玻璃观看。

研究人员发现,在A鱼获胜后,如果让C鱼与A鱼隔着水槽玻璃相遇,12条C鱼中有11条采取示弱行为,C鱼在做云斑尖嘴丽鱼常做的示威动作,用嘴啄水槽玻璃时,平均只会坚持3秒钟就赶快躲到一边。但如果C没有看到A与B打斗的情景,则会凑近A、啄水槽玻璃且平均持续13秒以示威吓。

研究小组分析了C鱼示弱的其他所有可能性,并全部予以排除,进而认为在A鱼获胜后,虽然C未与A直接争斗,但由于目睹A战胜了比C强大的B,所以采取了示弱行动。这说明云斑尖嘴丽鱼有逻辑思维能力,而生活在同一地点、拥有社会性的鱼类有可能拥有同样能力。

研究小组指出,此次实验显示,即使是鱼类也具有不亚于哺乳动物的逻辑思维能力。这一发现有可能改变专业教科书中的某些内容。

(3)揭开鱼探测水流的"第六感"之谜。2015年1月,美国纽约大学库兰特数学科学学院副教授雷弗·里斯托夫、佛罗里达大学惠特尼海洋生物科学实验室副教授詹姆斯·廖等人组成一个研究小组,在《物理评论快报》上发表论文认为,鱼有一种能探测水流的"第六感"。最近,他们通过模拟实验揭示了这种第六感是怎样发挥作用的。这一发现,有助于揭开一个长久以来的谜:水生生物是怎样对它们的环境做出反应的。这篇论文解释了传感系统是如何进化到与物理法则相符,还提供了一个如何构造传感网络的框架。

鱼能根据其周围水流环境的变化做出反应,避开障碍物,利用漩涡或涡流之间的回旋减少游泳耗力,在看不到目标猎物的情况下,跟踪猎物游过所造成的水流变化等。

据报道,为了探索鱼是怎样利用水流信息的,研究小组把重点集中在鱼的"侧线"上,侧线是一个由感觉器官组成的系统,能探测其周围水流的运动和振动,侧线的感觉管道经由一系列小孔与环境相通。他们特别研究了这些管道沿身体分布的位置,它们的位置有助于解释鱼的第六感是怎样发挥作用的。比如,从盲眼洞穴鱼头部的管道密度来看,非常适于探测障碍物。

为了检验这一理论,研究人员制作了一个虹鳟鱼的塑料模型,并复制了鱼的管道位置,还装置了照明标记,用来探测周围水流的速度。他们把模型鱼放在人工仿造的真实水生环境中,进行了一系列测试,包括水流变化造成的水压改变,或模仿"猎物"的出现,以检查管道放在哪里对水压变化的相关性最强。结果表明,正像他们预测的那样,管道系统在身体上集中的部位正是压力变化强烈的地方。正像电视或无线电天线在设计上要适于捕捉电磁信号,鱼的侧线管道系统就像安装在身体表面的天线,其配置能灵敏的反应压力变化。

里斯托夫解释说:"我们在一种很普遍的鱼身上,发现了这种独特的水流传感设计。这些传感器网络就像一种'水力天线',让鱼能获取水流信号,并在各种行为中利用这些信息。"

研究小组所用的精细模型是在专业动物标本制作师的帮助下开发出来的,使他们能首次记录这些数据。

詹姆斯·廖说:"你不能把压力传感器放在一条活鱼上,还指望它能行为正常。这是一种创造性方法,用工程和物理学,回答了其他方法无法回答的生物学问题。"

4.研究鱼类生理极限的新成果

揭示鱼儿能够到达的水深极限。2014年3月,有关媒体报道,一个由生物学家组成的研究小组,近日公布了一项研究成果,它表明,远洋鱼类不能生活在8200米以下的深海区域。

所有的鱼都有它们的极限,例如在4000米以下的水域看不到鲨鱼。但是,为何8000米以下的水域没有任何鱼类依然是一个谜。现在,该研究小组表示,这一阈值是由氧化三甲胺(TMAO)的两个相互矛盾的影响决定的。氧化三甲胺是鱼细胞中的一种化学物质,以防止蛋白质在高压下被压扁。一般而言,鱼类游弋的水域越深,需要的氧化三甲胺可能越多,但是这种化学物的浓度越高,细胞也会通过渗透作用吸进越来越多的海水,也就是,细胞通过这一过程调节其含水量。

在水深极限处,高水平氧化三甲胺会逆转渗透压力,使鱼类的脑细胞膨胀到停止工作的程度,并且基本上红细胞也会发生破裂。该研究小组表示,他们还在研究海葵和细菌等其他海洋生物在极限深度是如何避开这种可怕命运的,研究人员猜想这些生物体能比鱼类产生更高效的蛋白质增效剂。

为了对相关理论进行检验,该研究小组考察了新西兰北部克马德克海沟7000米以下的水域。在那里,他们捕获了5条克马德克岛隆背狮子鱼。这些狮子鱼的氧化三甲胺水平记录和渗透压力,与研究人员基于浅海鱼类研究得出的推测结果相匹配。

但推算出的新研究结果只进步了一点,研究人员发现,渗透作用在8200米的深度可能会出现自我逆转。这一深度也是鱼类不会游过的"门槛"。

二、鱼类行为研究的新进展

1. 研究鱼类行为的新发现

(1)发现酸泡能指引鲶鱼的觅食行为。2014年6月,日本生物学家组成的一个研究小组,在《科学》杂志网络版上发表论文称,他们已经识别出日本鳗鲶的一种特有传感器官:其胡须可以检测海水的酸度,这种传感功能会帮助鳗鲶在黑暗中捕食。

研究人员说,日本鲶鱼通常生活在暗处,它们的皮肤上布满味蕾,这使其能够在追踪猎物一段时间后再吃掉它们。鲶鱼的头部及像鳗鱼一样的鳍上,有着条纹状的传感器官,可以检测出食物和敌人发出的脉冲。现在,他们又发现了鲶鱼一个新传感器官及其功能。

研究人员的红外摄像机显示,生活在漆黑环境中的鲶鱼,可以利用酸性,它能找到自己最喜欢的一种零食多毛纲的小虫。为了躲避天敌,这些小虫会钻进泥泞的海底或者珊瑚中的小洞穴中。不过当它们呼出二氧化碳时,这些气体与水反应形成碳酸酸泡。小虫释放出的二氧化碳微乎其微,因此鲶鱼必须在其巢穴周围5毫米的范围内检测蠕虫。

为了确认酸度是重要的指示物,研究人员使用一个塑料管代替了虫洞,并向其中注入pH值略低于正常水平的海水。鲶鱼会挤在管周围,偶尔咬一下,仿佛这种毫无生气的东西是它的猎物。

研究人员称,该结果会推动对其他鱼感知pH值的研究,不过他们担心温室气体造成的迫在眉睫的海洋酸化,最终可能扼杀鱼类的这种能力,因为鲶鱼对酸度的感知在平均pH值为8.1的海水中最为准确。

(2)发现鱼类用来对抗噪声的行为。2014年9月,美国一个鱼类学家组成的研究小组,在《行为生态学》发表论文称,他们以黑尾鲦鱼为研究对象,通过实验发现,鱼类之间也会出现伦巴(Lombard)效应,这表明鱼类也是人类噪声的受害者。

研究人员表示,人类"擅长"制造噪声,喷气式发动机和风钻等噪声对其他物种也造成了困扰。为了应对这些噪声,包括猿类和鲸在内的许多物种,都不得不提高音量以确保对方能够听到,科学家把这种现象称为伦巴效应。现在,他们的一项最新研究显示,鱼类也会对噪声做出反应。

研究人员选取黑尾鲦鱼作为观察对象。黑尾鲦鱼是美国东南部地区很常见的淡水鱼类。其声波传输距离很短,并且经常受到船只和道路噪声的影响。只有雄性的黑尾鲦鱼会发出敲门一样的声音,通常用于恐吓其他雄性同类。另一种类似嗥叫的声音则用来求偶。

研究人员把黑尾鲦鱼带回实验室,并用水下扩音器制造白噪声,他们发现雄性黑尾鲦鱼会降低发出声音的频率和波动,但会提高每次发声的音量以确保其他同类能够听到。研究人员认为,这是科学家首次在鱼类身上发现伦巴效应,它表明鱼类为对抗人类噪声而产生了新的行为。

(3)发现电鳗可对猎物进行遥控的捕食行为。2014年12月5日,鱼类学家肯尼斯·卡塔尼亚组成的研究小组,在《科学》杂志发表研究报告称,一条电鳗可产生电压600伏的电击,它本身听上去就足以令人印象深刻,但它是如何使用该力量则更令人惊诧。研究人员发现,电鳗能够用放电来遥控它们猎物的肌肉。

该研究小组表示,他们所做的实验证明,电鳗会产生不同类型的放电,其中包括会发出的作为环境感测器的低压放电,以及用来攻击猎物的高压放电。有一种放电可引起鱼类不自主的肌肉抽动,从而将其位置暴露于捕食的电鳗。

研究人员说,高压放电会使作为猎物的鱼出现不自主的肌肉收缩,从而阻止它们的逃跑活动。卡塔尼亚的实验显示,这种高压放电可通过模仿鱼自身神经元发出的刺激肌肉运动的电脉冲,来影响控制鱼肌的运动神经元,从而有效且远程控制鱼的神经通路。

(4)鱼类聪明智力和社会行为的新发现。2015年6月,有关媒体报道,德国行为生态学家热窦安·伯沙利回想起一段观察鱼类的经历。当时,他在埃及红海浮潜,观察岩礁鱼类的行为。当时,他正在观察一条脾气暴躁的石斑鱼接近一条巨型海鳗时的情景。

作为该水域的两种顶级捕食者之一,人们预计,石斑鱼和海鳗可能会为食物竞争并避开彼此,但伯沙利看到它们合作捕猎。这种意料之外的合作让他十分惊讶,如果不是嘴里含着氧气管,他可能会惊呼。

这次水下观察是伯沙利一系列有关鱼类社会行为惊人发现的第一步。他发现,鱼类不仅可以彼此发出信号且进行跨物种合作,它们也会欺骗、安慰或惩罚彼此,甚至展示对自身名望的担忧。伯沙利说:"我一直十分尊重鱼类。然而,这些相继被发现的行为,还让我感到十分意外。"

伯沙利这些观察成果,也打破了鱼类是哑巴生物,只能进行最简单行为的陈旧观念,并且在不同领域挑战了行为生态学。灵长类动物研究专家宣称,合作等类似人类的行为,是猴子和猩猩等动物的特有行为,这有助于推动灵长类动物大脑的进化。而伯沙利给了这些科学家反思的理由。

瑞士苏黎世大学猩猩文化专家卡雷尔·范斯海克说:"伯沙利给我们灵长类动物学家下了战书。他让我们意识到,一些我们对灵长类动物智力的解释根本站不住脚。"

伯沙利的童年在德国施塔恩贝格度过,他喜欢在花园旁边的溪水中嬉戏和捕鱼。由于对动物行为十分感兴趣,他选择在慕尼黑大学学习进化生态学,并在马普学会行为生理学研究所获得博士学位。他曾到访科特迪瓦,追踪生活在树上的猴子,并发现不同种群之间也存在合作关系,以减低被捕食风险。

2. 开发出研究鱼类行为的新方法

通过大马哈鱼耳石描绘精确的行踪地图。2015 年 5 月,美国媒体报道,美国阿拉斯加大学费尔班克斯分校,肖恩·布伦南及其同事组成的研究小组认为,在靠近马哈鱼眼睛的内耳道里,有一些被称为耳石的小块碳酸钙,它含有很多关于大马哈鱼及其生活环境的信息。于是,他们决定利用耳石中锶元素的痕迹,精确追踪大马哈鱼的行踪轨迹,并由此绘制成大马哈鱼的活动地图。

据报道,研究人员通过仔细研究这些像骨头一样的结构如何储存来自大马哈鱼所生活水域的稀有元素,从而以前所未有的细节绘制出上百条大鳞大马哈鱼的行程。这或许是帮助全球大马哈鱼经受住气候变化和商业捕捞所带来的压力的关键。

就像树桩中的年轮可以被用来推测其年龄,耳石会随着鱼的生长呈同心圆状扩大,因此可被用来判断一条鱼的年龄。每层耳石的化学成分取决于碳酸钙沉积时鱼类周围水域中的物质组成。

"这是一个令人惊奇的结构。"并未参与该项研究的美国加州大学伯克利分校海洋生物学家安娜·斯吐洛克表示,它就是鱼类脑袋中的数据记录器。

流水将锶从河道里的岩石中分解出来,并且随着耳石的生长被囊括进来。由于锶的不同同位素或者"版本"会在不同区域以不同数量呈现,因此这意味着某一特定地方的水域应当拥有不一样的同位素比。将其和耳石层匹配,人们或许能知道一条鱼曾在一定年龄生活在某个水域。

为此,该研究小组沿着阿拉斯加的努沙加克河采集样本。他们收集了水域、被称为黏糊糊的杜父鱼的定栖鱼类,以及来自尚未"离家"大马哈幼鱼的耳石样本,随后,测定了所有样本中的锶含量,并利用它们,确认出努沙加克河干流和支流中拥有不同锶含量的 7 个区域。

三、开发与保护鱼类资源的新进展

1. 发现和培育鱼类新品种

(1)发现第一种能够保持整个身体温暖的温血鱼。2015 年 5 月,美国加利福尼亚州圣地亚哥国家海洋与大气管理局鱼类生理学家尼古拉斯·韦格纳与其同事渔业生物学家玫·斯诺葛拉斯等人组成的研究小组,在《科学》杂志上发表研究成果称,他们发现了第一种能够保持整个身体温暖的鱼,就像哺乳动物和鸟类一样。月鱼(又名翻车鱼)栖息于海洋深处的冷水中,但它却能够从自身巨大的胸鳍中产生热量。并且由于体脂和鳃中血管的特殊构造,它能够保持自己的体温,这种适应能力使其在深海中拥有了生存优势。

研究人员推测,拥有一颗温暖的心脏和大脑可能让这种鲜为人知的鱼类,成为一种凶猛的捕食者。

水会带走大多数生物体内的热量。所以鱼类通常要保持其游弋的水体的温度。反过来，这也限制了它们在冷水中的生物学功能，特别是心血管的耐力。这里也有部分例外：金枪鱼、旗鱼和一些鲨鱼，可以在捕猎时暂时提高身体肌肉的温度，但它们必须回到温暖的海域使体内温度回归正常。

月鱼看起来并不像一个凶猛的捕食者。这种大约1米长的桶状鱼类通过拍动胸鳍游动。月鱼在全球各大海洋均有分布，但科学家对于其生物学特征的了解非常有限。这种鱼类通常以乌贼和小型鱼类为食，成年体形有汽车轮胎那么大，一般在海面下50～200米光线暗淡的冷水中活动，这里的海水温度大约为10℃，甚至更低。

2012年，作为一项定期考察的一部分，斯诺葛拉斯在加利福尼亚海岸附近捕获了一些月鱼。他把月鱼鳃拿给了自己的同事韦格纳。

在韦格纳对这些鳃进行研究之前，它们在一个装有防腐剂的20升塑料桶中，被存放了几个月。他回忆说："我注意到有一些特别的东西。"

鱼类通常只有几根大血管用于在鳃中输送血液，而小血管则被用来在水中获得氧气。但月鱼却拥有一套复杂的微血管网络，在这一网络中，动脉与静脉紧密地排列在一起。

这种成对排列的动脉和静脉被称为细脉网，它们在其他物种中经常充当逆流换热器的角色。根据韦格纳等人的研究，月鱼采用类似汽车散热器的逆流热交换方式保持温血。它们胸鳍内的动脉血管（心脏流向全身）和静脉血管（全身流向心脏）堆叠在一起，因而可以交换热量，因划动胸鳍而获得热量的静脉血，会给在体表循环获得氧后变冷的动脉血加热。

月鱼是第一种在鳃的周围发现细脉网的鱼类。其鳃部的热交换器被包裹在一层1厘米厚的脂肪层中，这种情况在鱼类中是非常罕见的。据推测，这层脂肪起到了保温的作用。

韦格纳、斯诺葛拉斯和同事决定测试月鱼在海中的体温。在把鱼放到甲板上后，研究人员发现其平均体温要比捕获它的水域大约高了5℃。

韦格纳说，生活在深海的鱼类通常行动迟缓，为保存热量采取伏击而非追捕的方式捕食，但月鱼是温血鱼，其代谢、移动和反应速度都很快，视力也更好，因而是非常高效的捕食者。

韦格纳在一份声明中说："我以前的印象是，这是一种行动迟缓的鱼，就像生活在冷水中的其他鱼类一样。但它能给身体加热，结果成为非常活跃的捕食者，可捕食很敏捷的猎物如鱿鱼，还能迁徙很远的距离。"

（2）培育抗寒性很强的罗非鱼新品种。2007年4月，菲律宾媒体报道，该国渔业部正在实施一项开发计划，准备培育一种抗寒性很强的罗非鱼新品种，以便加快地区性养殖业的发展。

这项实验工作,将在基里诺等地的丘陵山区中进行,那里的气温比卡加延和伊莎贝拉等河谷平原地区的气温要低很多。通常罗非鱼适宜在 25～30℃养殖,而这种新的罗非鱼种类可以在 19℃ 的温度下继续生长。

它以多种罗非鱼的杂交品种为种鱼,再与精选的淡水罗非鱼进行杂交而成。目前,在布尔戈斯等地的养殖试验表明,这种鱼捕捉自然食物的时间比其他罗非鱼长,通常可以缩短 75 天的饲料喂养时间,还可以用浮萍饲料作为更经济的饲料替代品。如果这种抗寒罗非鱼养殖试验成功,获得普遍推广,每公顷可节省饲料总费用的 37%。

2. 运用干细胞和基因技术开发鱼类取得的成果

(1)利用虹鳟鱼精原干细胞培育出卵子。日本东京海洋大学副教授吉崎悟朗率领的研究小组,成功地将雄性虹鳟鱼的精原干细胞移植到雌性幼虹鳟鱼体内,并最终使其发育成为卵子。这一技术将来可能在保护濒危物种方面发挥积极作用。

据日本《朝日新闻》2006 年 2 月 7 日报道,吉崎悟朗等人首先从虹鳟鱼精巢中取出精原干细胞,并将约 1 万个干细胞移植入雌性幼虹鳟鱼腹部。约 40% 的雌鱼生殖腺吸纳了数个精原干细胞,这些干细胞移动到卵巢处,并分化成将来可以发育为卵子的细胞。研究人员然后将这些幼虹鳟鱼饲养 2～3 年待其成熟排卵。结果发现,由精原干细胞发育成的卵子与正常卵子一样,都具有与精子结合受精的能力。

此前研究人员已经掌握"借腹生子"的技术,也就是将日后发育成为精子和卵子的原始生殖细胞从虹鳟鱼体内取出,移植到另外一种近缘鳟鱼的体内,再借这种鳟鱼之腹产出虹鳟鱼的精子和卵子。研究人员表示,将来即使有些鱼类雌性灭绝了仅剩下雄性,利用他们的新成果,再结合"借腹生子"技术,也许能够使某些濒临灭绝的鱼类继续繁衍下去。

(2)运用基因技术使虹鳟鱼能够生产人类蛋白质。2006 年 5 月,《日经产业新闻》报道,日本东京海洋大学吉崎悟朗主持的科研小组通过向虹鳟鱼受精卵中植入人类基因,成功获得了人类蛋白质。这项技术有望使虹鳟鱼成为高效生产药用人类蛋白质的"动物工厂"。

据介绍,这项技术的基本流程是:将人体内指导合成目标蛋白质的基因植入虹鳟鱼的受精卵,受精卵经过 4 天培养,发生 6 次卵裂后,就形成囊胚。进入囊胚期后,受精卵中植入的基因就开始活跃,合成出目标蛋白质。

在实验中,研究人员把用于治疗遗传性肺病的"阿尔法 1－抗胰蛋白酶"的基因植入虹鳟鱼的受精卵,并成功在受精卵中合成了这种蛋白质。

从一个虹鳟鱼受精卵中可提取目标蛋白质 0.025 微克。一个直径 9 厘米的培养皿一次可培养 200 个这样的受精卵。同时,虹鳟鱼的受精卵可在 4℃ 的条件下培养,可望用于生产一些体温较高的哺乳动物无法制造的蛋白质。

目前,生产人类蛋白质的"动物工厂"只限于山羊、绵羊和牛等动物。人们改变这些动物的基因,然后从它们的乳汁中提取所需蛋白质。如能借助虹鳟鱼的受精卵生产蛋白质,就可降低动物饲养方面的成本。另外,山羊等"动物工厂"的产品可能带有动物的病原体从而感染人类,但人们迄今未发现能同时感染人类和虹鳟鱼的病原体,从这点来说,虹鳟鱼比传统的"动物工厂"更为安全。

(3)开发出海水鱼产品的新型基因标签。2012 年 6 月,欧盟联合研究中心牵头,欧盟多个成员国科技人员参与一个研究小组,在《自然》杂志网络版上发表研究成果称,他们利用基于分子生物技术的新知识,研究开发出单核苷酸多态性这一特殊的海水鱼产品新型基因标签,可以简便准确地鉴别海上鱼产品的种类及原产地。例如,该项技术能准确地区分出大西洋东北部渔场或北海渔场捕获的鲱鱼,以及来自爱尔兰海或比利时沿海的鳕鱼等。

随着生活水平的日益提升,欧洲消费者对海水鱼产品的"放心"程度也随之日趋降低。既然面临"放心不下但又必须消费"的两难境地,鱼产品的"原产地"理所当然地愈来愈得到消费者的重视。为此,欧盟海水鱼产品的可追溯标签机制应运而生。

但自欧盟海水鱼产品标签制度实施以来,欧洲市场上销售的海水鱼产品至少有30%仍然来自非法捕捞,而这些产品往往有意错贴标签。其他错贴标签的舞弊行为还包括:假冒标签,非法销售来路不明的鱼产品;故意把鱼产品错贴标签为得到认证的可持续渔场的捕捞产品,以获取额外收益;过度捕捞渔场的产品错贴标签为其他渔场的产品,以躲避行政处罚;部分合法捕捞的鱼产品种类错贴标签为更高销售价格的鱼产品种类,获取"冒名顶替"的不当收益;等等。而且,欧洲海上鱼产品市场的混乱状况还有继续恶化的趋势,其治理整顿已提上议事日程。

于是,在欧盟第七研发框架计划(FP7)资助支持下,该研究小组开发出海水鱼产品新型基因标签技术。据悉,该技术在随后的司法鉴定认可中,获得了93% ~ 100%的高准确率。

3.鱼类养殖研究的新成果

(1)研制成功鱼苗营养饲料。2003 年 1 月,有关媒体报道,新加坡研究人员发明一种更加节约成本的鱼苗营养饲料,可望从小小的鱼苗身上获得巨大的收益。来自新加坡热带海洋科学研究所的沃尔福德说,这种新型饲料每年可为全世界的鱼苗饲养节省大约 1.68 亿美元。

目前,鱼苗主要以浮游生物为饲料,这些浮游生物并非来自海洋环境,一般都缺乏营养。所以,工作人员投放浮游生物前,还必须向蓄水池中加入一定量的维生素来"营养"池水。新型饲料的发明可以节约喂养过程中的劳动量、工作设备,因为工作人员现在可以把浮游生物和溶解之后的新型饲料一起投放到鱼池中。新型饲料还可以使鱼苗的成活率提高一倍,这一饲料主要是针对那些还不能进食一般性食物的幼小鱼苗的。

沃尔福德说,目前新加坡国立大学正在进行这种新型饲料的市场研究,已经有几家公司表示对此感兴趣。

(2)研制防治鱼类虹彩病毒的疫苗。2005年5月,韩国国立水产科学院开发出一种用于预防养殖鱼类虹彩病毒(Iridovirus)疾病的再组合蛋白质疫苗。

虹彩病毒不能传染给人类,但夏季在22℃以上的高水温时,极易使真鲷、鲈鱼等感染该病毒,造成大面积死亡,直至目前还未发现治疗方法,因此被称为"海洋口蹄疫"。

据透露,这次开发的疫苗是利用破解基因组因子密码,在大肠菌中大量增殖具有免疫能力的蛋白质方法产生的,比起现在使用的疫苗,具有价格低、性能好、实用性强等优点。

(3)发明在物质循环系统中养鱼的新方法。2007年1月,日本媒体报道,日本东京海洋大学竹内俊郎教授主持的研究小组,开发出一种全新的养鱼方式。它将鱼置于封闭环境中,让鱼在一套物质循环系统中生长。这是与鱼塘人工养鱼完全不同的概念,它属于工厂化养鱼。它不仅可以补充日趋减少的野生鱼类,同时也为将来在空间站养鱼,改善航天员的饮食结构开辟了一条有效途径。

所谓工厂化养鱼,其物质内容与工艺流程包括:鱼苗、鱼虫和藻类以及由它们组成的循环系统。首先,利用光照培育藻类,然后把它作为鱼的饵料。仅靠藻类已能满足鱼的生长需要,但是,吞食藻类的鱼虫也是鱼的饵料,于是又形成另一套旁路系统作为饵料的补充。空气的循环是利用藻类光合作用产生的氧供给鱼和鱼虫,而它们排出的二氧化碳再回送给藻类用于光合作用,富余的氧还可以为人的生存空间所利用。

实验所选的品种为原产埃及的尼罗河罗非鱼,这种鱼不惧炎热天气,适应在浑水环境中生长,成长期短易于饲养,半年即可食用,尤其适于加工成日本人喜食的生鱼片。罗非鱼的排泄物是藻类的养分,但对排泄物的分解方式仍在研究中,而藻类所需的磷、氮目前还要靠外界提供。

生长在失重环境下的鱼,很难控制自己的游动方向,捕食就成了一大难题。2006年9月,研究小组把罗非鱼搭载到飞机上,观察分析它们捕食鱼虫的过程。飞机做抛物线飞行制造出20秒的人工失重环境,其间,通过一套可以抛出鱼虫的装置为罗非鱼喂食。专家们利用鱼的背光反射习性,从固定方向对鱼照射就可以帮助它控制姿势,以利于捕食动作。

实验结果表明,采取适当方法遴选对光的检测能力较强的品种重点培育,这个问题并不难解决。因此,专家认为,工厂化的养鱼方式将可以帮助宇航员实现在太空中养鱼,以供食用。但是,荷载和能量消耗的增加,是能否进入宇宙空间站的一大瓶颈,在这方面的研究还需要时间。

不过,这一系统成功的意义并不仅限于航天。在蔬菜的流水线等工厂化生产方式不断涌现的今天,鱼的养殖从池塘转向操作简便、环境封闭的全新方式,也并非遥不可及。研究人员正在考虑,建立每条鱼一个"单间"的"养鱼流水线",以求在最佳条件下,实现更高的产出比。工厂化养鱼既能满足人们对美味鱼类的追求,又不会产生排泄物,维持良好生态系统,它将为人类餐桌展现出一幅美好前景。

4.食品领域开发鱼类的新发现和新技术

(1)发现部分海鱼产品可能损伤人体神经系统。2005 年 3 月,澳大利亚一个研究小组发现,虽然鱼类食品有利于人的大脑发育,但是一些海产品中含有的天然毒素会对人类神经系统产生潜在危害。

研究人员称,珊瑚鱼类中毒是全球范围内最常见的海产品中毒实例,这些毒素都来自藻类并在食物链中层层积累,很难通过冷冻或烹调等方法去除。经常在珊瑚周围生活的鲶鱼、笛鲷、海鳗、梭鱼和鲭鱼等都是引发中毒事件的罪魁祸首。此类中毒不会致命,但足以诱发神经系统病变,例如口腔和手脚麻痹、关节肌肉疼痛、肌肉协调困难和冷感觉超敏等,肚子疼、痢疾、恶心和呕吐等是中毒的症状。

不过,珊瑚鱼类中毒属偶发病,人们大可不必因噎废食,对海产品望而却步。除了这种病之外,一些贝类和河豚科鱼类也会引起中毒,全美国海产品中毒病例中有 1% 都属此类。藻类毒素积累、细菌和环境污染等都是造成这一现象的原因。

贝类食物中毒更为常见,会在食用后两个小时内引发患者面部和四肢等部位麻痹、头疼、头晕和肌肉协调困难等,也有少数病例会导致患者瘫痪、呼吸衰竭和死亡。河豚中毒在日本更为普遍,症状类似,河豚毒素在蟾鱼等其他某些鱼类的体内也能积累,蟾鱼在澳大利亚食用较多。

(2)发现多吃鱼可预防抑郁症。2015 年 3 月,英国《每日邮报》报道称,澳大利亚南澳大学娜塔莉博士领导的一个研究小组发现,鱼类中含有的 ω - 3 脂肪酸对维持和改善心理健康及稳定起到至关重要的作用。所以,他们认为,鱼是来自大自然的抗抑郁药,地中海式饮食有望帮助抑郁症患者走出阴霾。

研究人员招募了年龄为 18 ~ 65 岁的 82 位成年抑郁症患者,通过使用两种官方尺度:抑郁焦虑压力量表(DASS)和正与负性情绪量表(PANAS)来评估他们的心理健康水平,并通过 14 项问卷调查,来评估他们是否遵循地中海式饮食。

娜塔莉表示,地中海式饮食与较低分数的精神疾病患者之间有很强的联系。她说:"我们发现,不良的饮食习惯能够导致抑郁、紧张和焦虑。当人体处于紧张和焦虑的状态时,便会释放应激激素,使得人体进入到'战斗或逃跑'的模式中,心率也随之会提高,从而关闭消化系统。"她接着说,"这也意味着,并不是人们越来越郁闷,从而吃不好饭,而是因为吃不好饭所以导致抑郁。"

她还表示,地中海饮食含有高营养物质,如 ω - 3、维生素 B、维生素 D、健康的脂肪和抗氧化剂等,这些都是保持大脑运作良好,并避开精神疾病的关键。而人体若缺乏这些营养物质,则会影响到大脑功能,并导致抑郁。

娜塔莉又补充道:"生活中许多因素都能够导致抑郁,比如压力等,但如果能够为大脑提供关键营养素,强大其功能的话,我们仍然能够更好地去应对生活中的挑战。"

因此,研究结果表明,饮食干预可以改善心理健康状况。如今,研究人员正在寻求更多的志愿者,将进一步针对合理饮食加上补充鱼油能否提高心理健康能力等问题进行研究。

(3)发明鱼肉新鲜度测定技术。2006年2月,韩国食品开发研究院透露,食品有机研究本部的金南洙博士开发出一种水产品新鲜度测定技术。该技术的最大特点是利用尖端生物感应器,有效地测出鱼肉的新鲜程度。

该新鲜度测定技术是在新鲜度测定仪上,把氧电极转换成变换器,ATP分解酶转换成生物因子。

用新鲜度测定仪检测无须增加其他设施,可直接在水产品加工厂和大规模销售商店质量管理,以及进口产品质量检查中使用。

(4)发明鱼肉安全检测新方法。2011年11月2日,有关媒体报道,德国弗劳恩霍夫分子生物学和应用生态学研究所的研究人员发明了一种新方法,可检测鱼肉中是否存在农药残留。

如今,鱼肉越来越受到人们的青睐,市场对鱼肉需求的不断增加,促进了水产养殖业的大规模发展。越来越多的饲养者选择用大豆、玉米、油菜籽等植物原料生产鱼饲料。植物原料中是否残留有农药?会不会污染鱼肉?这些问题长期困扰着广大消费者,而对鱼肉农药残留的检测长期以来一直是空白。

据介绍,最新发明的方法是通过检测鱼肉及鱼的代谢物,来确定鱼肉中是否存在农药残留。检测的主要标准是:检测物脂溶性越强,农药在鱼类体内残留的可能性越大。研究人员表示,这种检测方法的出现,或许可以推动人们对饲料的研究,以促进出台对饲料中农药残留上限的规定。

5. 药品领域开发鱼类的新进展

(1)加强蟾鱼身上药用物质的研究。2004年11月,有关媒体报道,对于生物界来说,有许多海洋生物还有待发现和研究,而对于医学界来说,海洋生物就是一个医药宝库,许多新疫苗、新药物都有可能源于它们身上的化学物质。近年来,美国迈阿密大学的科研人员把研究目标锁定在一种酷似蟾蜍的海洋生物蟾鱼身上。

蟾鱼其貌不扬,它们的叫声酷似蟾蜍。在美国迈阿密的比斯坎湾,尽管蟾鱼数量众多,但却很不容易发现,这是因为这些蟾鱼经常一动不动地把自己埋在浅水域的水底,而它们的外表颜色和海底的细沙很相似。即使是在实验室的水箱里,蟾鱼也是把自己封闭在一个狭小的区域内,待着不动。

蟾鱼有非常强健的颚、短而粗硬的牙齿,这意味着它能够咬碎软体动物,以及甲壳类等动物的外壳。它身上长着鳍凹,也就是腋窝孔,这是很小的毛孔,但却都向外面张开着,里面分布着黏液细胞。而最独特的地方,还是它超强的耐氨性。通常,在体内氨含量很高的情况下,许多动物包括人在内都必死无疑,但蟾鱼却能够存活下来。对于人来说,体内氨含量升高通常和疾病相关,比如肝病。

迈阿密大学海洋生物和鱼类学教授帕特里克·沃尔什一直在研究蟾鱼。他说,当我们体内的肝脏因故受到损害时,比如环境遗传、酒精中毒等,肝脏就不能像以前一样把体内漂浮的代谢物氨过滤出去。而对于氨最敏感的组织是中枢神经系统是大脑。这也正是医生常说的"肝一坏,头就痛"。如果弄清楚蟾鱼如何能在高氨环境中存活,那么就能够解释这个医学现象。其中一个研究方向就是围绕谷酰胺展开。他继续说,当我们的大脑遇到氨时,大脑会将它转变成谷酰胺(一种氨基酸),这种累积起来的谷酰胺正是导致大脑内细胞增大的元凶。

研究人员认为,蟾鱼不怕氨的原因是因为它能释放某种物质,这种物质能将谷酰胺分解使其化为乌有。他们希望能够提取这种物质做成一种药物,帮助清除人体内的多余的谷酰胺。这只是研究的一个方向。迈阿密大学医学院的研究人员认为,研究蟾鱼有着深远的医学意义。

该校医学院米盖尔·佩雷兹教授指出,弄清楚蟾鱼如何能够抵抗住毒素(高氨含量),能够帮助我们研究许多新的疗法,比如中风、肝病、心脏病、脑外伤,所有这些疾病治疗都能够从这项研究中受益。

(2)发现鲑鱼鼻软骨对炎症性肠病有疗效。据共同社报道,日本弘前大学医学系副教授吉原秀一的研究小组发现,鲑鱼鼻软骨中所含的蛋白多糖,对溃疡性结肠炎等炎症性肠病有疗效。

研究人员用废弃的鲑鱼头采用醋酸浸泡法,从鼻软骨中低成本开发出大量蛋白多糖,并依靠动物试验证实它对炎症性肠病的疗效。

研究人员使实验鼠处于肠病发作状态,然后连续 5 天,每天让实验鼠摄入蛋白多糖 30 毫克。与未摄入蛋白多糖的实验鼠相比,这些实验鼠肠道的溃疡面积 5 天后减少了约 40%,腹泻等症状也得到了控制。

蛋白多糖与胶原蛋白同是软骨的重要组成部分。科学家认为蛋白多糖具有调节免疫机能等多种功能。迄今,蛋白多糖主要从鲨鱼和牛的软骨中提取,由于提炼困难,成本很高。

(3)用鱼黏液和虾壳制成超级防晒霜。2015 年 8 月,有关媒体报道,瑞典斯德哥尔摩阿尔巴诺瓦大学,生化学家文森特·泊洛尼及其同事组成的研究小组,用鱼类黏液、虾壳和海藻中的化学物质制成新材料,或许很快将成为那些寻找纯天然防晒霜人们的选择。

一些花大量时间待在太阳底下的海藻、细菌和鱼类进化出来的化学物质,能吸收阳光中损害 DNA 的紫外线。这些化学物质被称为类菌胞素氨基酸,目前已被变成像防晒霜一样,可用到皮肤上,以及诸如户外家具等面临紫外线损伤危险的物体上的材料。除了可能成为比传统防晒霜更加有效的紫外线吸收者,这种天然替代品还是可生物降解的,并且其中一些成分能从食物残渣中回收。

该研究小组把这些氨基酸同一种在虾和其他甲壳类动物的壳中发现的、被称为壳聚糖的化学物质发生反应。不同于氨基酸,壳聚糖是一种可溶解的聚合物,很容易被应用到皮肤上,并且已被开发成一种治疗痤疮的药物。

在进一步的测试中,研究人员发现,在高达 80℃ 的温度下,它能在 12 个小时后,依旧保持紫外线吸收能力。在老鼠皮肤细胞上开展的初步研究显示,这种防晒霜是无毒的,但在进行人体试验前还需要更多的研究。

6. 研究环境污染对鱼类影响的新发现

(1)发现酸性海洋会破坏鱼儿视力。2014 年 2 月,一个由海洋生物科学家组成的研究小组,在《实验生物学》杂志上发表研究成果称,他们的研究显示:随着越来越多由人类排放的二氧化碳溶解在海洋之中,正在加剧的海水酸化,使得一些鱼类难以用肉眼捕捉到快速移动的物体。

科学家早已发现海洋酸化会损害鱼类的嗅觉和听觉,至于对鱼类视觉的影响,科学家则知之甚少。因此,研究人员把目光投向带刺的小热带鱼多刺棘光鳃鲷,它是一种常见的海洋鱼类,而且由于很容易饲养,所以非常适合实验室研究。

就像人类的眼睛能够接收到电视屏幕的闪烁一样,这种热带鱼类也能用它们的双眼捕捉快速闪烁的光。究竟多高的二氧化碳浓度才能影响它们的视觉呢?研究人员把这种小鱼分别置于不同二氧化碳浓度的水容器中,并以不同的速率照射灯光。为了鉴别出它们是否捕捉到了每一次的闪烁,该研究小组利用电极测量小热带鱼眼球内的神经细胞活动。如果电极探测到神经细胞的活动与光的闪烁保持同步,则证明它们看到了这些闪烁。

研究结果表明:在二氧化碳浓度上升到 2100 年的预期水平时,若光每秒的闪烁次数高于 79 次时,小热带鱼眼部的神经活动将完全停止。这一数据,比它们在当前二氧化碳浓度下的视觉能力下降 10% 多;在现阶段,若每秒闪烁次数不超过 89 次,它们还是能够看见的。

研究小组认为,视觉受损的鱼,更易成为捕食者的盘中餐,海水中过高的二氧化碳浓度将对神经细胞蛋白的各类氨基丁酸造成干扰,而后者对视觉能力和行为能力有重要作用。此外,大量其他具有相同蛋白的物种也一样在劫难逃。

(2)发现原油泄漏会对金枪鱼心脏造成伤害。2014 年 2 月 14 日,生物学家法边·布雷特及其同事组成的一个研究小组,在《科学》杂志上发表研究成果称,他们研究发现,脊椎动物心脏对当今广泛存在于石油中的有毒化合物存在易感性,这是石油外泄产生的有毒化合物引起鱼类心脏损害的直接原因。

研究人员说,当原油泄漏时,其组分化合物,其中包括多环芳烃(PAHs),会被释放出来。人们已知多环芳烃对鱼胚胎及发育中的鱼的心脏有害,它会造成鱼心力衰竭及心律失常,但一直不知道其原因。此外,迄今为止大部分的研究,都是在模型鱼类中进行的,而不是在那些接触了大规模环境原油泄漏的鱼中进行的,更不要说在那些环境附近孵化的鱼中进行研究了。

现在,布雷特研究小组证明,多环芳烃造成的问题是会延长幼鱼心肌的动作电位。为了进行研究,研究人员对两种金枪鱼进行了评估,这些鱼已知是在 2010 年发生深水地平线石油泄漏时在墨西哥湾中孵化的。在一个固定该种幼鱼的先进设备中,研究人员对 4 种原油样本对它们的体外心肌细胞的生理效应的特征进行了描述。

研究人员发现,原油可通过两种机制延长分离的心肌细胞的动作电位。一是它会与钾离子通道上的在心肌动作电位复极化中起关键作用的位点结合。二是它会干扰对心脏收缩至关重要的瞬态钙离子释放。总之,这些机制会影响细胞兴奋性的调节,并有可能导致威胁生命的不规则心律。

研究人员表示,他们所描述的生理机制也可影响其他脊椎动物的心脏,这些结果不仅提出了近日深水地平线原油泄漏对墨西哥湾内金枪鱼的负面影响,还提出所有的脊椎动物都可能在接触了原油或多环芳烃之后面临更广泛的影响心脏的风险。

7. 开发有利于保护鱼类资源的新装置

(1)研制出不伤害鲨鱼的防御新装置。2005 年 7 月,有关媒体报道,在世界各地鲨鱼袭人事件屡有发生时,如何做到既能保护人类,又不伤害鲨鱼,这是困扰人们的一道难题。

巴哈马的鲨鱼保护者经过潜心研究,终于给出了一个可行的答案:他们研制成一种新型鲨鱼防御装置,它能够喷射出一种无毒无害的化学物质,鲨鱼一闻到这种化学物质就会自动逃得远远的。

据报道,研究人员从鲨鱼的腐尸中提取了 100 多种物质,经过多次实验,配成一种化学物质,用它制成类似于鲨鱼腐尸气味的液体,可以驱逐鲨鱼。

研究人员希望,这种让鲨鱼产生自然排斥反应的化学物质,能够保护更多人的生命,也有利于保护鲨鱼资源,从而实现人和鲨鱼在大海中的和平共处。

(2)利用水下传声装置保护鱼类。2009 年 8 月,法国《费加罗报》报道,20 世纪以来,一些迁徙鱼类开始告别大海,逆流而上,转而选择在淡水环境中生活。在法国,从东南的塞纳河口到西北的鲁昂港,人们都有机会发现产于马尾藻海的鳗鱼、鲽鱼,以及鲻鱼。这些被渔业专家认为是强壮种群的鱼类,每当塞纳河的水质一变好,就会迅速"占领"其河底部分,繁衍生息。特别是近年来,污水处理质量的大幅度改善,加上无磷洗衣粉的全面推广,都为吸引这些远道来客创造了良好条件。

为了更好地研究迁徙鱼类重新回归塞纳河这一现象,法国农业和环境工程研究所的科研人员,开展了一项远距离观测迁徙鱼类活动的项目。他们找来 70 余尾鳗鱼、鲽鱼和鲻鱼,每条鱼都被装上一个小型超声波发射器,随即被放归河流。

这些鱼会持续不断地发送各自的声波信号,这样就可以分辨它们,并跟踪其迁徙的路线。另外,通过 50 余个水下声波接收器对鱼进行定位。它们都安装在塞纳河的浮标上。这些"大耳朵"收集到的声波信息,会被储存在光盘中。科研人员会有规律地下载这些声波信息,进行分析。另外,还有一艘装备了水下声波接收器的船只,可以同步记录鱼的活动情况,进行准确定位。这些信息,为研究人员提供了一个鱼类活动的基本情况,并推测出可以需要帮助内容,例如,如果检测到鱼类移动频繁,说明它们有可能在寻找更适宜的生存环境,或者说明原生存地食物出现了短缺。据此,科研人员会提出保护鱼类的合适办法。

四、鱼类考古和进化研究的新发现

1. 鱼类考古研究的新发现

(1)研究化石发现古鲨是从海水到淡水进行迁徙。2014年1月7日,美国一个古脊椎动物学研究小组,在《古脊椎动物学期刊》发表论文称,他们在美国伊利诺伊州鉴定出一个具有3.1亿年历史的鲨鱼"托儿所"的化石,经过研究发现,原先认为分别存在于浅海和淡水沼泽的两个物种,实际上是一个物种在不同成长时期留下的痕迹。

古鲨作为现代鲨鱼最古老的近亲之一,它具有敏感的宽而平的嘴部,是底栖息生物,类似于现在的锯鳐。这种鲨鱼生活在一个古老的三角洲里,研究人员推测它主要通过吸食进食,直接将猎物吸入口中。在发现鲨鱼"托儿所"的化石之前,学术界认为有两个独立的物种:一个生活在浅海中,另一个生活在淡水沼泽里。

通过再评估24块化石样本,研究人员认为,古鲨实际上是一个物种,在它们不同的生命阶段生活于不同的环境中。科学家指出,表面上的"两个物种"间的变种,实际上代表了淡水和海水条件下不同的保存状况:分别有更好的软组织化石和骨骼/软骨化石。

海洋标本全部是古鲨的少年时期,0.4~0.6英尺长,并在它们旁边发现了蛋壳,这些结合在一起形成了第一个已知的鲨鱼托儿所的例子。相比之下,成年古鲨的化石能够达到10英尺长,并且只发现于淡水环境中。

研究人员相信,这是有关鲨鱼迁徙到或来自出生地的已知例证的最早证据。现在,一些鲨鱼也保留着这种行为,但它们完全采用一种相反的方向:从海水到淡水。

(2)研究化石发现反拱盾皮鱼交配和体内受精的证据。2014年11月,鱼类学家约翰·隆格等人组成的一个研究小组,在《自然》杂志网络版上发表论文称,他们发现了,反拱盾皮鱼这种最原始有颌鱼类交配和体内受精的证据。这项研究认为,体内受精行为的起源出现在脊椎动物进化的开始阶段,并表明史前鱼类的体外受精,比如自由排卵,可能在这之后才进化的。

有颌鱼类的繁殖包括体外受精和体内受精。在体内受精过程中,雄性交配器官,如某些鲨鱼身上的盆腔器官等,会附着在雌性身上。研究人员在盾皮鱼这种已灭绝成为化石的有颌鱼类身上找到这类器官。这意味着,体内受精或曾是史前有颚鱼类最初的繁殖方式。但是,研究人员还需要更多证据证明,这并不是特定盾皮鱼子群才有的特点。

反拱盾皮鱼被普遍认为是有颚鱼类中最古老的一种。研究小组研究了一定数量的反拱盾皮鱼化石后,他们发现雄性的反拱盾皮鱼拥有交配器官,而雌性则生有成对的真皮平板类结构,研究人员认为这有助于交配。

这项发现,意味着交配行为在反拱盾皮鱼中很普遍,并且有颚脊椎动物交配行为的起源发生在其进化的最初阶段。此外,该研究也表明,体外受精这种大多数现存硬骨鱼所采用的繁殖方式可能是从体内受精进化而来。

(3)研究化石发现3亿年前鱼就能辨色。2014年12月24日,一个由日本和英国科学家组成的个国际研究小组,在《自然·通讯》杂志网络版上发表研究成果称,他们对约3亿年前的棘鱼化石研究发现,其眼睛拥有识别颜色和明暗的细胞。这意味着在远古时代,这种鱼就能看到一个彩色的世界。

研究人员说,这个棘鱼化石是在美国堪萨斯州约3亿年前的地层中被发现的。他们分析了这个棘鱼化石的眼睛部分,发现了识别颜色和明暗的细胞。此外还发现了真黑素,这种物质能帮助调整白昼和黑夜的视觉光线,避免白天太亮夜晚太暗。此前发现真黑素的最古老化石有2亿年历史。而此次发现则将这一记录向前推了1亿年。

研究小组认为,棘鱼体长最多可达30厘米,生活在浅水中。它们约在2.5亿年前恐龙出现前灭绝。此前有研究认为,这种史前鱼类是包括人类在内的、地球上所有有颌脊椎动物共同的祖先。

研究小组认为,这种远古鱼类夜伏昼出,它们眼中的世界应该是彩色的。这一发现,也将有助于研究恐龙等远古动物是如何看世界的。

(4)通过分析古化石发现可能要重塑鱼类家谱。2015年1月12日,英国伦敦帝国理工学院古生物学家山姆·吉尔斯、马丁·布拉佐,以及牛津大学的马特·弗里德曼等人组成的一个研究小组,在《自然》杂志网络版上发表论文称,他们对一条小鱼化石进行研究时发现,尽管这具化石之前基于外部形态,例如颅顶甲的形状和鳞片的色彩,被分类为硬骨鱼,但经过CT扫描,却揭示出一个软骨鱼和硬骨鱼都具有的,令人惊讶的镶嵌特征。这项研究表明,在绘制生命之树时,可能要对鱼类家谱做出新的修改。

当提到绘制生命之树时,人类与鲨鱼之间最重要的区别不是四肢和鳍甚至肺和鳃,所有的区别都可以归结到两者的骨骼。鲨鱼的骨骼是由软骨构成的,它们被称为软骨鱼类。然而同硬骨鱼一样,人类及其他大多数现存的脊椎动物则都属于另一类别,也就是这些生物的骨骼是由硬骨构成的。

科学家已经知道,这两种类别是在距今约4.2亿年前分道扬镳的,但两者最后的一个共同祖先到底是谁,却依然是一个未解之谜。

如今,从俄罗斯一条小鱼化石的脑中发现的秘密可能会提供一些线索。研究小组作为考察样本的化石材料,是在西伯利亚发现的具有一个头骨和鳞片的早泥盆世鱼类,距今约4.15亿年。

早在1992年,一篇较短的科学论文便提到了这具化石,并基于它的鳞片和头骨与来自新西伯利亚群岛的硬骨鱼具有相似性,于是将它划归于硬骨鱼的门下。然而,同时期的硬骨鱼非常罕见,因此,布拉佐在网络上找到这具西伯利亚化石鱼的更多详细图像后,他和同事吉尔斯,以及弗里德曼认为,对这种鱼的起源进行更加详细的研究,是非常值得的。

为了搞清这种鱼能够在哪里融入早期颌类脊椎动物的进化,研究人员使用了一种微CT扫描技术,它类似于在医院中检查患者身体用的常规CT成像技术,从而在不破坏化石的前提下,观察其1厘米长的头骨中的骨骼结构。

研究人员发现,这种鱼的头骨由大型的、类似于今天硬骨鱼的骨板构成,但其头部周围的血管和神经痕迹更接近于软骨鱼的形态。这一发现,表明有颌脊椎动物的两个分支的共同祖先具有硬骨鱼的特征,但随后在软骨鱼的世系中消失了,例如头骨的骨板。

论文第一作者吉尔斯指出,这些发现作为一个整体,可以纠正软骨鱼比硬骨鱼更为原始的错误观念。他解释说,与一个类别比另一个类别更古老不同,这两类生物进化出了不同的适应性,它们同时也保留了源自其祖先的不同的原始特征。每一类生物都找到了一种不同的方式,用于解决它们在所生存的海洋中遇到的问题。

软骨鱼纲包括鲨、鳐、𫚉和银鲛等。就在盾皮鱼于泥盆纪逐渐灭绝前,硬骨鱼和软骨鱼兴起了。虽然软骨鱼成功结合为一类,其种数(约550种)还是比现代硬骨鱼(约2万种)少得多。软骨鱼和硬骨鱼在许多方面不同,最明显的是软骨鱼的骨架是由软骨组成,脊椎虽部分骨化,却缺乏真正的骨骼。其他特点包括5~7对鳃裂;皮上覆有齿样结构的盾状鳞;口中排列数目众多的牙齿。大部分的软骨鱼在海水中生活,但也有一些淡水鲨。

2. 研究鱼类进化取得的新成果

(1)姥鲨基因有助于理解早期脊椎动物的进化。2014年1月,有关媒体报道,新加坡科学、技术和研究机构的比较基因组学专家比拉帕·文卡塔斯主持的一个研究小组,发表研究成果称,在过去的4.2亿年里,姥鲨几乎没有什么变化,这就使其DNA序列在与其他脊椎动物物种进行比较时,更有价值。

这种有着大吻状突起、外形古怪的鱼类,是最原始的颌类脊椎动物。研究人员已经对其基因组进行测序。姥鲨的DNA序列,有助于解释为什么鲨鱼具有一副软骨骨架,以及人类和其他脊椎动物是如何进化获得免疫力的。

姥鲨是软骨鱼类早期进化分支的一部分,该分支与鲨鱼、鳐都有关系。姥鲨通常出现在澳大利亚南部和新西兰的深海海域,它们使用自己独特的吻状突起寻找埋在沙子里的贝类。姥鲨并不攻击人类,它们会摆动背鳍上长达7厘米的骨状突出物,抵御掠食者的骚扰。

6 年前,科学家指出,姥鲨作为第一个被测序的软骨鱼类,其基因组的规模仅为人类的约 1/3。文卡塔斯说:"我们已经有鸟类、哺乳动物等许多动物的基因组,但是还没有鲨鱼的基因组。"

虽然科学家知道基因参与骨骼形成,但却不清楚鲨鱼是否失去了形成骨骼的能力,还是本来就没有这种能力。毕竟,鲨鱼在它们的牙齿和鳍刺中也都用到了骨骼。

基因组序列显示,一种缺失的基因组参与了调节软骨变成骨骼的过程。这种基因复制事件,引发了动物向有骨骼脊椎动物的转型。实际上,当研究人员淘汰了斑马鱼身上的这些基因后,发现它的骨骼形成能力显著降低了。

姥鲨基因组也有助于回答,它在获取免疫力的进化过程中的一些重要问题,这是疫苗接种的基础,也将为人类和其他脊椎动物在抵抗新的病原体方面创造可能。姥鲨能够杀死 T 细胞,该细胞直接破坏被病毒感染的身体细胞,然而它们又缺乏 T 细胞的助手,该助手有利于调节整个免疫系统对感染的反应。新的基因序列数据表明,后天免疫的进化是由两个步骤完成的,而不是之前人们所认为的一个步骤。

(2)由研究鳃骨架证明鲨鱼是不断进化的生物。2014 年 5 月 29 日,一个由海洋生物学家组成的研究小组,在《自然》杂志上发表论文称,越来越多的证据证明,鲨鱼不断演化创新形成的生物,而不是活化石。

人们通常把鲨鱼、魔鬼鱼和鳐鱼等叫作软骨鱼。之所以这么叫,是因为它们的骨架主要由软骨组成,而不是由硬度大得多的骨头组成。现存的很多鲨鱼看起来一般都像化石鲨鱼,该事实造成这样一个印象:它们是"活化石",在其解剖结构中,的确发现保留了一些非常原始的状态。

然而,该研究小组却说,事实远不是这样的。他们这项研究为鲨鱼不是活化石提供了新的证据。研究人员描述了一个非常早的化石鲨鱼的鳃骨架,它与硬骨鱼的鳃骨架有明显相似之处,这说明现代鲨鱼(鳃骨架)的排列反映了演化创新而不是形态停滞。

(3)研究揭示鲨鱼生殖器进化过程。2015 年 5 月,一个鱼类学家组成的研究小组在《自然·通讯》期刊上发表论文说,像鲨鱼和鳐鱼这样的动物,是如何进化出鳍足的? 鳍足是长在鲨鱼和鳐鱼雄性腹鳍上的一对阴茎样的器官。多年来,它们的起源一直是一个进化之谜。现在,该小组的研究表明,性激素能控制名为音猬因子通路的遗传回路,这或许就是答案。

研究人员先在实验室孵养了猬白鳐的受精卵。在对比了雄性和雌性胚胎后,他们观察到鳍足在腹鳍发育的后期开始在雄性身上形成。他们将研究聚焦在音猬因子网络上,它与其他功能因子一起,带动脊椎动物附属器官的发育。

研究小组发现,在雄性鳐鱼腹鳍的鳍足形成区中,音猬因子的活性要比在雌性鳐鱼身上多一个月。研究人员认为,抑制雄性鳐鱼腹鳍的音猬因子活性能显著阻碍鳍足的发育,而在雌性鳐鱼体内激活音猬因子活性则让它们长出了本没有的鳍足。

此后,研究人员研究了是什么让雄性鳐鱼的音猬因子持续活跃,并发现这归因于雄性激素。鲨鱼、鳐鱼、鳐形目鱼和软骨鱼等软骨鱼类,在其进化史的某个时刻,进化出了一种通过延长自身性激素活性时间,以控制那些负责附属器官发育的机制,从而刺激雄性性器官的发育。

(4)用3D模型分析活腔棘鱼的进化特点。2015年9月15日,巴西里约热内卢大学普鲁裸·布里托领导的研究小组,在英国《自然·通讯》杂志上发表论文称,在全球"活化石"物种的榜单上,腔棘鱼一直位列榜首,这种深海鱼甚至一度被认为已经灭绝。现在,他们在论文中确认了活着的腔棘鱼有肺的存在,并证实肺已经不再具有任何实际功能。但是,它能帮助人们了解到这种著名的"活化石"鱼类,4.1亿年前的古老祖先们是如何生存的。

腔棘鱼是一种大型的肉鳍鱼,是现今还存活的最古老鱼类,但很长一段时间,它都被认为在约6000万年前即已灭绝,直到1938年,人们才在南非的海边发现了还存活的一个物种——西印度洋矛尾鱼,从此它们获得了"活化石"的称号。与已经变成化石的物种相比,矛尾鱼缺少一个典型的"钙化肺",钙化肺被认为是一种对于浅水的适应特征,而且科学家一直不清楚的一点是:那些已经变成化石的物种,在当下腔棘鱼的身体结构中是否还有少许残余。

此次,研究小组使用X射线断层扫描成像方法,成功完成了活腔棘鱼种西印度洋矛尾鱼五个发育阶段的肺的3D模型重建。研究人员证实,虽然这个物种在早期胚胎中具有一个发育良好的、有可能发挥功能的肺,但这个肺在后来的胚胎阶段、亚成体阶段和成体阶段的生长很大程度地减缓了,最终变得没有功能,从而退化了。

研究小组还报告称,在成年矛尾鱼退化的肺周围,散布着小而柔软的"盘"装结构,并且表示它们与腔棘鱼化石的"钙化肺"比较类似。虽然,这些结构在如今用鳃呼吸的腔棘鱼当中已经不再使用,但对已经变成化石的那些物种来说,研究人员认为这些"盘"在调控肺活量中曾经起过一定作用,而当后来的物种适应了深水环境后,这些"盘"的作用便最终消失了。

第六节　节肢动物研究的新成果

一、甲壳类动物研究的新进展

1.虾蛄研究的新发现

(1)发现虾蛄眼部结构远远超过人造光学结构。2009年11月,英国布里斯托尔大学尼古拉斯·罗伯茨博士领导的一个研究小组,在《自然·光学》杂志上发表论文称,虾蛄这种海生甲壳纲动物有着非同寻常的视力,具有现今人们已知动物中最复杂的视觉系统。它能够分辨出 12 种颜色和多种形式的偏振光。相比之下,人类只能分辨出其中 3 种。他们认为,虾蛄的视觉系统可能成为下一代 DVD 和 CD 播放器的仿生研究对象,为新设计带来启发。

研究人员称,虾蛄眼睛中具有特殊的光感细胞,其作用类似于光学试验中的 1/4 波片,当光波通过该细胞时就会发生偏振现象。光学中的波片是指能使互相垂直的两光振动间产生附加光程差的光学器件,通常由具有精确厚度的石英、方解石或云母制成。虾蛄眼睛的这一功能使其能把线偏振光和圆偏振光相互转换。人造 1/4 波片在 DVD 和 CD 等播放器及数码相机和摄像机中所起的作用也是如此。两者不同之处在于,这些人造设备只对一种波长的光敏感,而虾蛄的眼睛则几乎完美支持从近紫外到红外之间的整个可见光光谱。

罗伯茨说,该研究第一次从 1/4 波片结构的角度,对虾蛄的眼睛进行描述,并称这种自然结构的性能超越了人类至今所创造的一切光学结构。

至于虾蛄的眼睛为何对圆偏振光如此敏感,科学家们表示尚不清楚。据了解,偏振光视觉在动物中一般用于秘密沟通或收发性信号,以避免引起其他动物尤其是天敌的注意。在黑暗之中或者浑浊的水下,这种能力还有助于寻找和捕捉猎物。

罗伯茨说:"最让人兴奋的是它的结构竟然如此简单。这种由细胞膜构成的自然结构,远非人类合成结构所能媲美。在未来,或许我们就能通过液体结晶和化学工程学方法,模仿虾蛄的眼睛,制造出更强大易用的光学设备。"

在光学结构设计制造中,虾蛄并不是第一个仿生对象。就在不久前,有科学家受到龙虾复眼结构的启发,为天文望远镜设计了一种新型 X 射线探测器。

(2)发现虾蛄具有特殊的视觉系统。2014 年 1 月 24 日,有关媒体报道,为什么虾蛄的眼睛有 12 种不同类型的光感受器,而只需要 4～7 种光感受器就能够编码阳光下的每一种颜色?针对这个问题,生物学家汉氖·寿恩及其同事组成的一个研究小组,在《科学》杂志发表文章说,他们所进行的一项新的研究可通过揭示一个虾蛄依赖于某种独特的先前还没有被记录过的颜色视觉系统,而帮助解开这一谜团。

该研究小组把食物奖励与各种颜色进行相关搭配并发现,尽管虾蛄有着数目令人费解的光感受器,但该生物不能轻易地区分某些较相似的颜色。为了说明这种情况,研究人员提出,虾蛄通过用它们的 12 种光感受器,每一种光感受器设定有一种不同的敏感度来扫描物体,可避免复杂的神经处理需要。

研究人员说,人的眼睛有可向脑部发送信号以进行比较的 3 种类型的光感受器。虾蛄与此不同,它的眼睛可产生一种几乎立刻识别作为一种颜色的模式。因此,虾蛄会失去某些在颜色间进行区分的能力。例如,这些甲壳动物可能无法区分浅橙色和暗黄色。但虾蛄无须在它们的脑中比较可见光谱的波长,而能快速地识别基本的颜色。

据研究人员披露,这种妙招可能会节省虾蛄一些精力,并赋予它在其栖息的一个极端富有争斗性及色彩丰富的珊瑚礁世界中占有优势。由迈克尔·兰德和丹尼尔·奥索里奥撰写的一篇文章更为详细地解释了这一先前未知的色彩视觉系统。

2. 甲壳类动物研究的其他新成果

(1)用虾壳制造农产品防腐剂。2005年9月,越南渔业大学生物学和环境学研究中心前不久成功利用虾外壳制成农产品防腐剂。

这种防腐剂主要形态为粉末和溶液,能使农产品特别是秧苗和水果保持新鲜的时间延长 3~4 倍。除此之外,这种防腐剂没有任何害处,因为它是利用自然成分制造的。该中心计划在不久的将来,大量生产这种防腐剂投入市场。这种防腐剂同时也可以用来处理废水、生产油漆布料或丝线。

这种新产品将帮助人们有效利用虾壳。虾壳在越南的数量很大,仅岘港市一年就有大约 2000 吨虾壳可以利用。

(2)在海底熔岩管里发现新的无眼甲壳纲动物。2009年8月,美国生活科学网报道,德国汉诺威大学兽医学院斯蒂芬·科诺曼等人组成的研究小组,在海底一个熔岩管里,发现了潜伏在这里的一种之前未知的无眼甲壳纲动物。

这种生物生活在北非西海岸加纳利群岛兰扎罗特岛世界上最长的海底熔岩管里。这一发现,对古甲壳纲的进化有着重要意义。

该甲壳纲动物生活的这个 1500 米长的海底熔岩管是 2 万年前形成的,当时,兰扎罗特岛上科罗纳火山爆发。喷涌而出的熔岩漫过陆地,流入海洋。科诺曼说:"熔岩管形成,是因为表面的熔岩比熔岩流中心的熔岩冷却和凝固得快。现在,兰扎罗特岛上不再有活火山。上次爆发是在 18 世纪。"

在熔岩管新发现的甲壳纲动物长不足 1 英寸,属浆足类,浆足类的甲壳纲成员只生活在洞穴系统中。与新发现的甲壳纲一样,大多数其他浆足类动物都没有眼睛,都是雌雄双体:既有雌性器官又有雄性器官。它适合在黑暗阴冷的洞穴中生活。这种动物借助头顶伸出的长触角和身上的很多感应绒毛,能在黑暗的熔岩管中轻松找到自己的路。

科诺曼表示,这类生物一定是猎食高手,因为洞穴中的食物资源有限。他说:"它们有着强大的头部肢体,可用来捕猎和抓住体长是自己两倍的其他洞穴生物,除此之外,浆足类动物还是'过滤器',或者说是微粒食客和食腐动物。换句话说,它们可以使用和消化大量各种各样的食物。"

(3)像治病一样治疗焦虑的淡水螯虾。2014年6月25日,生物学家帕斯卡·佛萨特及其同事组成的研究小组在《科学》杂志上发表论文你,他们对淡水螯虾所做的新的研究揭示了这些甲壳类动物会产生一种原始形式的焦虑,这种焦虑可能与更成熟发展的人类情感共有某些进化上的起源。

研究人员说,最重要的是,一种叫做利眠宁的药物可让这种甲壳动物平静下来而后退;利眠宁可用于治疗人类的焦虑症。

研究人员用温和但重复的电刺激,来让某些淡水螯虾承受最大的压力,并接着与其他没有受到刺激的淡水螯虾相比,研究它们会有怎样的行为。由于淡水螯虾通常更喜欢黑暗的水域,他们设计了一种加号形状的水族箱,其中有 2 个从中央延伸出的光照良好的"支臂",以及另外 2 个仍然处于黑暗中的"支臂"。

当研究人员把淡水螯虾放入这一新的环境中时,他们观察到,尽管未受刺激的淡水螯虾会在水族箱的黑暗支臂中待更多的时间,但它们也会探索光亮的支臂。但是,在该加号形状的水族箱内,受到刺激的淡水螯虾则有非常不同的行为,它们很少进入光照良好的水族箱支臂中。

佛萨特研究小组确定,这些受到刺激淡水螯虾回避光亮的行为,是由其脑内五羟色胺浓度升高引起的。且他们发现,他们可以通过给其注射这种神经递质,而让任何淡水螯虾变得焦虑。然而,当研究人员给他们的受刺激的淡水螯虾一些利眠宁,这些淡水螯虾会开始探索水族箱中的较亮区域,并不会有如此紧张的表现。

二、蛛形纲动物研究的新进展

1. 研究蜘蛛取得的新成果

(1)研究发现气候变暖使北极蜘蛛体型增大。2009 年 5 月,丹麦和德国生物学家联合组成的研究小组,在英国皇家学会《生物学通讯》杂志上发表研究成果称,他们发现,受气候变暖的影响,北极"冰川豹蛛"的体型近年明显增大了。

研究人员说,他们在 1996—2005 年对 5000 只北极"冰川豹蛛"进行测量后发现,这种蜘蛛的体型平均增大了 8% ~ 10%。在这期间,由于受气候变暖影响,格陵兰岛最北端每年的解冻期平均提前了 20 ~ 25 天。

研究人员指出,雄性和雌性"冰川豹蛛"的体型都出现了增大的现象。其中,雄蜘蛛因为长得更快而更早性成熟,雌蜘蛛则提高了繁殖能力。这表明,由于气候变暖引起的"剧烈季节变化",对"冰川豹蛛"的生育能力产生了影响。

(2)利用蜘蛛毒液研制不伤蜜蜂的杀虫剂。2014 年 6 月 3 日,一个新型农药专家组成的研究小组,在《皇家学会学报 B》网络版上发表研究报告称,他们研制的一种新农药可能不会使蜜蜂受伤害。

蜜蜂对美国 90% 的开花作物进行授粉,但近年来它们的数量已大幅减少。积累的证据表明,一些常用的杀虫剂与蜜蜂死亡有关,这就引发了对不伤害蜜蜂的农药的需求。

研究人员说,他们结合澳大利亚漏斗网蜘蛛毒液与雪花莲蛋白质,发明了一种对蜜蜂友好的杀虫剂。据介绍,其毒素会选择性攻击常见农业害虫(如甲虫和蚜虫)的中枢神经系统,而不伤害蜜蜂。在让蜜蜂接触新农药 7 天后,研究人员发现并没有对蜜蜂造成不利影响。即使研究人员把该农药直接注入蜜蜂体内,也只有17%的蜜蜂在48小时内死亡。

接下来,该研究小组计划测试这种农药对其他有益的传粉者的影响,如大黄蜂和寄生黄蜂等。

(3)发现长腿蜘蛛利用强力"胶水"诱捕猎物。2014年10月,德国生物学家组成的研究小组,在《实验生物学期刊》网络版上发表研究报告称,普通蜘蛛以利用蛛网粘住猎物而闻名,但他们发现,它们的近亲长腿蜘蛛能利用自己的腿制造黏性陷阱。

这种动物面部长有短的腿样肢体,这些须肢被微小的毛发掩盖,并且顶端携带着黏性液滴。利用高速摄影机,德国生物学家观察到,仅仅利用其带有黏性的腿,长腿蜘蛛就能捕获快速移动的跳虫。跳虫甚至比蜘蛛自身还大。

为了验证这种蜘蛛黏合剂的强度,研究小组使用尖端带有微小玻璃珠的玻璃吸管,拉动单根黏性须肢。他们以不同的速度向后拉动须肢,并用影像记录了吸管端的偏移程度。研究人员说,仅仅是一根须肢,就足以承受一只跳虫的平均重量。

更让研究人员惊讶的是,他们拉动须肢的速度越快,滴液的黏性就变得越大,这表明这种胶水是所谓的非牛顿流体,与大部分流体不同的是,当承受突然的外力时,它会变得更有黏性。这就意味着,跳虫越挣扎,黏胶就会越紧地缚住它。

(4)蜘蛛借助"密封性"身体可以漂洋过海。2015年7月,英国伦敦自然历史博物馆蜘蛛研究专家莫日托·海约斯领导,他的同事参加的一个研究小组,在《BMC进化生物学》上发表论文称,他们在英国诺丁汉大学进行的实验室研究表明,蜘蛛利用自己"密封性"的身体,会在海上漂流中生存下来,而且还可以利用风"航行"在水体表面。

飘荡蜘蛛是一种借用风力吹动其吐出的软丝带动起自身升至高空并飘向新栖息地的蜘蛛。一直以来,人们都以为,它们着陆在有水的地方时,对其来说是致命的。

海约斯说:"因为地球70%的表面被水覆盖,如果飘荡蜘蛛随风飘荡,就会不可避免地在水上着陆。如果他们懂得航行—— 一种高效省力的方式,它们可以比我们认为的更容易到达陆地。"

研究人员表示,多种蛛形纲的蜘蛛都可以适应水。它们防水的腿部让它们在实验室淡水和咸水测试中,均生存下来,并且可以让它们应对0.5毫米高的浪。当研究人员模拟出风时,许多蜘蛛还可以抬起它们的腿或是腹部用来划行,推动它们在水面上前进。

在漂流过程中,蜘蛛会吐丝并用其作为"锚索",将自身固定在一个地方。但这些动物在固体表面时,却并未表现出这种行为,这表明它们的确对水产生了适应性。

目前，海约斯正在研究，当水面波浪起伏到什么程度时，蜘蛛会丧生。他强调，蜘蛛的身体"密封性"很好，所以它们可以在水面上度过合理的生存期。他说："我们需要改变对于随风漂流的危险定义了。"

（5）发现蜘蛛也有"蓝颜"知己。2015年8月，有关媒体报道，澳大利亚农业部小昆虫生物学家琚尔根·奥托在澳大利亚西部奥尔巴尼附近沿海湿地发现了一种小生物，它拥有一张吸引雌性蜘蛛的"绝色"蓝面孔，这张面孔为这种蜘蛛赢得了一个昵称——"蓝颜"。

蓝颜跳蛛的学名是 *Maratus personatus*，它们属于孔雀蜘蛛家族：一种体长仅3～5毫米的漂亮大洋洲本土小蜘蛛。

但是，与其他孔雀蜘蛛不同，雄性蓝颜跳蛛在吸引雌性时，没有像扇子一样，可以伸展开来的腹部。与此相反，它要依赖蓝色的面孔与其周围标志性的白色绒毛，吸引一位"淑女"跳蛛。

奥托从2008年起，就开始进行一项记录澳大利亚孔雀蜘蛛的课题。那时，他曾从蜘蛛专家戴维·诺尔斯处得知，蓝颜跳蛛可能是一个新物种。

2013年，两人一起启程寻找这种蜘蛛，但诺尔斯因故未能继续旅行。奥托一个人找了很长时间，终于在快要放弃的时候发现了蓝颜跳蛛。

他不仅记录了野外的蓝颜跳蛛，而且还把几只蓝颜跳蛛喂养到成年。因为其中一只采集到的跳蛛产了卵，让他得以观察这种微小生物生长的全过程。

奥托希望，这些美丽甚至是有些可爱的孔雀属蜘蛛，可以有助于改善蜘蛛在人们心里留下的坏印象。

2. 开发利用蜘蛛丝取得的新成果

（1）认为蜘蛛丝可能成为明天的绿色环保材料。2004年12月，慕尼黑理工大学生物化学家托马斯·赛贝尔领导的研究小组，在《微生物细胞制造厂》杂志上发表研究成果认为，蜘蛛丝有可能会成为未来的一种明智的材料物质。蜘蛛丝的特性在从医药到弹道学的广泛的领域中，都可能有着重要的应用价值。

文章说，蜘蛛丝出众的韧性能够使制造商提高伤口缝合系统和石膏的质量，并且能够为外科移植手术生产耐用的人工韧带和腱。蜘蛛丝还能被织成坚韧的纺织品用于降落伞、盔甲、绳索和渔网的制造。

赛贝尔解释说，目前自然界有超过3.4万种蜘蛛，每种都有自己独特的丝，并且具有不同的特性和应用价值。生物技术专家目前正在分析丝蛋白的特性，以及不同的装配过程产生出怎样的质地特征。这些信息将会促进具有某种特征的人造蜘蛛丝的生产。

由于蜘蛛无法人工饲养，因此制造大量蜘蛛丝的唯一方法，是进行基因操作并将丝基因插入到其他细胞或有机体中。但是这项工作，因基因的本质而变得相当复杂。最近的一些研究中，研究人员成功地把这种基因插入到大肠杆菌、哺乳动物及离体细胞中，并因此制造出了丝蛋白。

对新蛋白的改造,还将促进人们设计出全新类型的丝纤维,这种纤维可能装配成新型的网。这些生态环保材料将能够执行酶学反应、化学分析或电信号传递。但是,要想实现这些梦想,人们首先要解决将蛋白装配成丝纤维的问题。

(2)利用转基因细菌制造蜘蛛丝。2005年3月,德新社报道,慕尼黑理工大学生物化学家托马斯·赛贝尔领导的研究小组宣布,已利用转基因细菌成功制造出优质蜘蛛丝,将来甚至能利用这种蜘蛛丝纺织出精美布料,或者制成十分结实而又异常轻巧的绳索。

赛贝尔介绍说,他们在研究过程中,利用基因改良过的大肠杆菌刺激昆虫细胞,产生分泌蜘蛛丝所需的特定蛋白质,最终得到质量极佳的蜘蛛丝。

赛贝尔认为,由于不易破损,通过培育转基因细菌得到的这种蜘蛛丝,是制造钞票的理想材料。蜘蛛丝还可用于汽车车身镶板,即使撞击产生凹痕之后仍可自行恢复原状。但这种方法目前尚不能实现大规模生产。他说:"我们正在与各行业联系,以检测这种丝的品质,并进一步研发工业规模的生产技术"。

蜘蛛丝这样的优质弹性材料,如果能实现大规模人工生产,将可以取代塑胶材料,用于眼部或神经外科手术的极端精细缝合,也可用来制造胶布等伤口包扎材料,或者人造韧带及肌腱等,应用前景极其广阔。

但与家蚕不同,蜘蛛本身不能家养,因为它们会互相吞食,所以不可能建立人工饲养蜘蛛的农场进行规模生产,因此成为目前这一领域发展的阻碍。

蜘蛛丝是自然界最奇特的物质之一,它具有极强的张力,其韧度是同直径钢材的好几倍。30多年来,研究人员一直试图寻求利用其他生物体来制造蜘蛛丝。

(3)成功合成可用于航空航天等领域的蜘蛛丝蛋白。2005年3月,俄罗斯媒体报道,该国生物学家组成的一个研究小组,运用生物技术,成功地合成蜘蛛丝蛋白。

蜘蛛丝作为功能性结构材料,其独特的纤维成型方法与优良的结构和性能,早已引起科学家的关注。在所有已知纤维品种中,蜘蛛丝是具有特异功能的天然纤维材料,它的断裂能是最高的。蜘蛛丝是由多种蛋白质构成的,但科学上最关注的是蜘蛛的骨架丝蛋白质。因为由这样的蛋白质构成的纤维的强度比钢的强度高好几倍,同时又具有良好的弹性。

蜘蛛的骨架丝蛋白质由蜘蛛丝蛋白Ⅰ和蜘蛛丝蛋白Ⅱ构成。但蜘蛛丝蛋白Ⅰ和蜘蛛丝蛋白Ⅱ在性能上又有很大差别:蜘蛛丝蛋白Ⅰ的强度更高,蜘蛛丝蛋白Ⅱ的弹性更好,两者结合起来构成的纤维具有独特性能,可用在军事、航空航天和医学等领域,也可作为人工筋健、人工韧带、人工器官、组织修复、伤口处理、用于眼外科和神经外科和手术的特细和超特细生物可降解外科手术缝合线等。但因蜘蛛丝结构太复杂,目前实验中还无法用化学的方法合成,过去人们只能在相应的基因基础上合成出蜘蛛丝蛋白。

研究人员人工合成蜘蛛丝蛋白经历了两个阶段。第一阶段,主要合成蜘蛛丝蛋白 I。因为至今对蜘蛛丝蛋白 I 的结构还没有全部破解,只能用已知的蛋白质片段来合成。实验中,研究人员使用了独特的清洗和分离方法,用酿酒酵母作酵母,但是这样获得的纤维既不具备很高的强度,也没有弹性。第二阶段是合成蜘蛛丝蛋白 II。尽管蜘蛛蛋白 II 的结构已经知道,但却非常复杂,研究人员分析了分子中氨基酸的连续性后发现,可以先合成蛋白质单元体,最终再合成类似的蜘蛛丝蛋白 II 基因。

研究人员在合成蜘蛛丝蛋白 II 的过程中,利用已合成的一些蛋白质片段,获得了既具有一定强度,又有弹性的类蜘蛛纤维。它的大小只有几个微米,却可以承重 50~100 毫克的质量。有关专家指出,虽然上述合成的类蜘蛛丝纤维的强度只有真正蜘蛛丝强度的 1/4,但已经是取得了非常好的结果。

(4)造出强度比钢高两倍的超级蜘蛛丝。2009 年 4 月,德国马克斯·普朗克微结构物理学研究所研究员李升莫领导,他的同事参与的研究小组,在《科学》杂志上发表研究成果称,他们受昆虫身体成分启发,通过添加金属物质使蜘蛛丝强度大大增加,可达到比钢高两倍的程度。

李升莫说,向一段蜘蛛丝里添加锌、钛或者铝能让丝变得更加坚韧。研究小组利用原子层沉积技术,让金属离子与蜘蛛丝中的蛋白质起反应,将金属与蜘蛛丝混合起来。

李升莫在接受路透社电话采访时说,利用这种技术,可能制造出非常坚韧的线用于外科手术。这项发明的灵感来自昆虫。他们研究发现,一些昆虫身上最坚硬的部位含有金属成分。切叶蚁和蝗虫的颚里锌的比例很高,因此特别坚硬。

李升莫说,下一步,研究人员打算往蜘蛛丝里添加更多种物质,例如特氟龙这样的人造聚合物。

(5)发现蜘蛛丝中的化学物质能驱除蚂蚁。2011 年 11 月,新加坡国立大学和澳大利亚墨尔本大学联合组成的一个研究小组,在英国《皇家学会学报 B 辑》上发表论文说,他们发现,金圆网蛛的丝中,含有一种能驱除蚂蚁的化学物质,为人们开发天然驱蚁武器带来了希望。

金圆网蛛是澳大利亚、亚洲、非洲和美洲森林里一种常见的蜘蛛。尽管其生活环境中有很多蚂蚁,但在它们的网上却很少发现蚂蚁。

领导这项研究的新加坡国立大学生物科学系副教授李代芹说,我们发现大型金圆网蛛在它们的蜘蛛丝中添加了一种防御性的化学物质,当蚂蚁来碰触蛛网时,这种物质会阻止它们爬上去。

研究人员让金圆网蛛在实验室里织网,分析蜘蛛丝中所含化学物质后,发现其中含有一种有防御功效的生物碱,并用它测试了蚂蚁的行为。墨尔本大学动物系教授马克·埃尔加说,这种化合物,名为吡咯烷生物碱,是一种掠食动物,用于警告其他动物的示警剂,驱除蚂蚁的功效很强,还能防止多种动物如蛾子、毛虫等入侵。

研究小组还发现,只有大型金圆网蛛会产生这种具有防御性能的生物碱,更年轻或更小的蜘蛛是靠更细的丝,用物理防御的方法来防止蚂蚁爬上网。埃尔加解释说,当金圆网蛛坐在自己网中等待猎物到来时,对潜在的蚁群攻击比较敏感,而蜘蛛丝中的化学防御剂不仅能保护它们,还帮它们节省了时间和精力,否则,它们需要花更多时间驱逐入侵的蚂蚁。

三、昆虫纲鞘翅目动物研究的新进展

1.研究鞘翅目昆虫的新发现

(1)揭示潜水甲虫身上粘贴结构的秘密。2014年6月,一个多学科专家组成的研究小组,在《交界》杂志网络版上发表研究成果称,他们发现,潜水甲虫身上的粘贴结构具有比原始匙突结构高得多的水平抵御力,而且其粘贴力能在水下保持更长时间。

研究人员说,潜水甲虫需要高超的"腿功"来获得异性的芳心。当遇到追求者时,水生鞘翅目的雌性甲虫会剧烈摆动,雄性甲虫必须用腿部类似毛发的部位挂住雌性甲虫才能交配。

研究人员相信,这种混乱的交配会引发进化过程的"军备竞赛",一些雄性潜水甲虫的腿部进化出了更易于挂住雌性甲虫的毛发,而其他类型甲虫的腿部则大多是匙突结构。

为了弄清这些毛发是否能给甲虫带来吸力,该研究小组把一只潜水甲虫腿部的毛除去,并对将粘贴结构从光滑平面上分离所需的力量进行测量。

研究发现,潜水甲虫身上的粘贴结构能够抵御的水平力是原始匙突结构的7倍多,且能够在水下提供更加持久的粘贴力。据此,研究人员认为,粘贴结构和匙突结构都有助于促进水下连接结构新设计的出现,令潜水员和海上搜救人员受益。

(2)发现隐翅虫折叠翅膀的巧妙机制。2014年11月,日本昆虫学家齐藤一哉领导,成员来自东京大学和九州大学的一个研究小组,在美国《国家科学院学报》上发表论文称,他们首次弄清了隐翅虫"隐翅"的机制,有望在此基础上,开发出新型人造卫星上的折叠太阳能电池板以及雨伞等产品。

隐翅虫是一种在全球广泛分布的小型昆虫,因见不到它的翅膀而得名。隐翅虫最大的种类也只有几厘米大,大多数种类鞘翅短而厚,后翅发达,起飞时能迅速从鞘翅下展开又薄又大的后翅,飞行结束后,将后翅叠好重新藏在外侧坚硬的鞘翅下。不过其折叠后翅的方法与其他昆虫相比要复杂得多。

该研究小组用每秒能拍摄500张照片的高速摄像机,拍摄下了一种6毫米长的隐翅虫起飞和收起后翅时的图像。隐翅虫后翅折叠后的面积只相当于展开时的1/5,展开只需要0.1秒,折叠也仅需要1秒。

研究人员发现,折叠后翅时,隐翅虫先将两个后翅合拢到一起,然后用细长的腹部上下移动,如同把被子叠成三折那样把翅膀折叠起来。而左右后翅的折叠方法不完全相同,也不是同时折叠的,有时是先左后右,有时是先右后左,相当复杂。

齐藤一哉指出,隐翅虫一瞬间张开和收缩后翅的方法,以及身体的结构都是非常独特的。后翅折叠后不仅面积小,而且能够在一瞬间展开,折叠后也不会失去韧性和强度。这一机制可以帮助人类改善目前设计,如设计新型折叠雨伞和人造卫星上的折叠太阳能电池板等。

(3)发现能以塑料为食的黄粉虫。2015年10月,美国斯坦福大学与北京航空航天大学联合组成的一个研究小组,在美国《环境科学与技术》杂志上发表论文说,黄粉虫可以吞食和完全降解塑料,他们已在黄粉虫体内,分离出靠聚苯乙烯生存的细菌,并将其保存。这项研究,首次提供了微生物有效降解聚苯乙烯的科学证据,为用生物降解方法治理"白色污染"提供了新思路。

黄粉虫又名面包虫,被人工大量养殖用作动物饲料。以前,有研究人员宣称,分离出降解聚苯乙烯的细菌,但缺乏有力的物理化学分析证据支持聚苯乙烯被微生物降解,而且有关微生物也没有被国际上承认的微生物中心收藏,因此这类研究成果并不被学术界认可。

研究小组在实验室观察到,100条黄粉虫每天可以吞食34~39毫克的聚苯乙烯塑料,相当于一小片药片的重量。这些塑料在黄粉虫肠道内停留不到24小时,其中约48%被降解成二氧化碳,小部分被吸收。研究显示,以聚苯乙烯为食物来源的黄粉虫,与正常取食的黄粉虫一样健康,其排泄物还能用于农作物土壤育肥。黄粉虫肠道微生物,在塑料分解过程中起到决定性作用。研究人员首次从黄粉虫肠道中,分离出一株可以利用聚苯乙烯,作为唯一生长营养物的细菌,并将这种细菌保存在中国微生物菌种保藏管理委员会普通微生物中心。

研究小组的最新研究成果,不仅首次为微生物降解塑料提供了有力的科学证据,也为开发生物降解聚苯乙烯塑料制品的技术,提供了全新思路。研究小组还将进一步研究黄粉虫及其他昆虫,对不同塑料的降解,为开发治理塑料污染的酶制剂和其他生物,降解技术提供基础。

2. 开发灭杀鞘翅目害虫的新方法

开发出灭杀森林粉蠹虫的新型高效昆虫信息素。2012年2月,波兰通讯社报道,波兰科学院物理化学研究所应德国一家公司的要求,开发出新型高效昆虫信息素,试验结果证明,灭杀森林粉蠹虫的效果远远超过原有的期望值。

报道说,业内人士众所周知,昆虫的信息素是生物体为了沟通信息而分泌的一种易挥发的物质。其功能多种多样,有的是雌性生物体通知雄性生物体其存在,有的是告知附近有大量食物可获取,有的甚至是警告同类有危险赶紧避难。利用信息素灭杀害虫在森林保护中有很长的历史。

波兰科学家开发的新型昆虫信息素属于环境友好型,使用费用低廉,在德国德累斯顿和莱比锡等种植大量山毛榉、橡树、白桦、松树、枫树的地区所做的试验结果,令人大喜过望。新型昆虫信息素与捕捉器一起使用,不但能够诱惑常见的侵扰欧洲多年的粉蠹虫,甚至还对同类的一些害虫有显著的作用。

四、昆虫纲双翅目动物研究的新进展

1. 研究蚊科昆虫取得的新成果

(1)发现能杀灭传播登革热蚊虫的天然物质。2005年10月,有关媒体报道,墨西哥韦拉克鲁斯大学生物系分子生物学专家贝罗尼卡·多米格斯等人组成的研究小组,发现热带水果刺果番荔枝籽粒中的一种天然成分,能有效杀灭传播登革热的蚊虫,甚至还可以杀死蚊子的幼虫。

研究人员说,他们经研究发现当地的刺果番荔枝(又名红毛榴槿)的籽粒,是一种比传统化学杀虫剂更加有效的强效生物杀虫剂,同时具有抗强光、对环境污染少等特点。

多米格斯说,他们在对比实验中发现,刺果番荔枝籽粒中含有一种能导致传播登革热蚊虫死亡的天然物质,该物质还能有效遏制蚊虫幼虫发育成成虫,为控制登革热的传播提供了可能。他表示,这种天然物质,可能将在全球登革热防治工作中发挥重要作用。

据世界卫生组织统计,全世界40%的人口受到登革热的威胁,100多个国家和地区常发生登革热和出血性登革热疫情。每年约有5000万人成为登革热患者,其中约有2万人死亡。

(2)推出耐洗涤布料制成的驱蚊衬衫。2007年3月,国外媒体报道,巴拉圭时装大厦推出驱蚊衬衫,这种驱蚊衬衫以棉布制成,传统款式,它用当地一种大量生长的草本植物加油剂浸渍之后制成,驱蚊衬衫能散发出使人舒适的特殊气味。

据报道,这种气味有驱逐昆虫的作用,不仅驱蚊,也可驱苍蝇、跳蚤等。驱蚊衬衫可经受40次洗涤,这样,够人们穿一个夏天了。

(3)发明具有驱蚊功能的新型材料。2008年5月,《新科学家》网站报道,德国巴斯夫公司,发明了一种特殊的聚合物丝网材料,用它制造的蚊帐可以阻止蚊子接近,从而可以让人舒心地睡觉。目前,这种蚊帐正在印度和坦桑尼亚大规模试产。

普通的蚊帐只能将蚊子隔离,但如果不小心,人的皮肤贴近蚊帐,仍然会遭到蚊子叮咬,从而有可能感染疟疾。在蚊帐上喷涂一些杀虫剂,可以起到驱蚊效果,但这些化学品在普通纱线上的黏附力有限,很容易被洗掉,因而其保护效果仅能持续一两个月。

巴斯夫公司新发明的材料,在其交连结构中含有杀虫剂拟除虫菊酯,即使经过25次洗涤,它依然能够扩散足量的杀虫剂到丝网表面,从而使得任何想"登陆"其上的蚊子望而却步。这种材料中使用的杀虫剂量不会对人构成危害,该公司称,即使儿童整夜吸吮这种材料,也不会有问题。

（4）利用蚊子为人类获得抗疟疾的免疫力。2009年7月，荷兰奈梅亨大学的研究小组在美国《新英格兰医学杂志》上发表论文称，他们利用感染疟疾的蚊子叮咬人类，成功使人获得对疟疾的免疫力。这将为疟疾疫苗的研制提供一种新思路。

人们知道，感染疟疾的蚊子在叮咬人类时，会把还没有成熟的疟原虫送进人的皮肤内。这些疟原虫通过血流侵入肝细胞，摄取肝细胞内营养进行发育并裂体增殖。随后它们会侵入人体血液系统中的红细胞，使人们发病。人类在多次感染疟原虫后，会对其产生免疫力。而疟疾特效药氯喹，可在疟原虫侵入红细胞时将其杀死，这样感染疟原虫的人在还未发病时，就可以摆脱体内疟原虫，同时还获得了对疟疾的免疫力。

在研究中，研究小组首先让15名志愿者服用了3个月的氯喹，并把他们分为疫苗组和对照组2组。在这期间，疫苗组的10人被感染疟疾的蚊子叮咬了3次，对照组的5人则被没有感染疟疾的蚊子叮咬。随后，所有志愿者都停止服用氯喹。

2个月后，研究人员让感染疟疾的蚊子叮咬这15人，以测试他们的免疫力。结果显示，疫苗组10人的血液中都没有检测出疟原虫，而对照组的5人则感染了疟疾。这表明，疫苗组的10人通过这个方法，全部获得了对疟疾的免疫力。

（5）发现"避蚊胺"对中枢神经系统有害。2009年8月5日，法国研究人员领导的一个国际研究小组，在英国《BMC生物学》杂志上发表研究成果表明，驱蚊剂"避蚊胺"对中枢神经系统中一种关键酶的活性有抑制作用，研究人员认为有必要重新深入研究这种驱蚊剂的安全性。

"避蚊胺"出现于20世纪中期，它的化学名叫做"二乙基甲苯酰胺"，由于能够有效驱赶蚊、蠓、蚋、蝇和跳蚤等昆虫，因此在全世界一直得到广泛使用。

研究人员认为，"避蚊胺"常与其他杀虫剂混用，但它与氨基甲酸盐类杀虫剂混用时，毒性会增强。出于对公众健康安全的考虑，应该重新对"避蚊胺"的安全性进行深入研究。

（6）研究冈比亚按蚊种群行为习性的新发现。2010年1月，英国萨塞克斯大学等机构有关人员组成的一个研究小组，在《当代生物学》杂志上发表研究报告说，蚊子的嗡嗡声让人厌烦，但这却是它们彼此间辨别身份的标志和吸引"另一半"的"情歌"。他们的研究显示，非洲的冈比亚按蚊可以靠声音的差别，来区分不同种群的行为习性。

研究人员说，冈比亚按蚊分为多个亚种，这些亚种在外表上几乎完全一致，但却很少杂交，这使得冈比亚按蚊保持了较高的基因多样性，因此适应性更强，从而成为不易对付的疟疾传播载体。

研究人员此前曾发现，蚊子扇动翅膀发出的嗡嗡声，可成为它们之间的交流手段。对冈比亚按蚊的最新研究又发现，不同亚种的蚊子在声音频率上有差别。

当同一亚种的两只异性冈比亚按蚊互相接近的时候,它们会调整各自的声音频率,达到一个较好的"和声",然后交配。而不同亚种的蚊子相互间难以完成这场"对歌",从而避免杂交。

研究人员说,这是首次发现冈比亚按蚊利用声音频率选择配偶的特点,它将有助于通过开发干扰其交配的手段,提高防控疟疾的水平。

(7)用培育转基因不育雄蚊控制登革热。2014年8月4日,巴西媒体4日报道,英国一家生物技术公司在巴西圣保罗州坎皮纳斯市成立了其第一个转基因雄蚊培育实验室。经过基因改造的雄蚊,与野生雌蚊交配后产生的幼虫不具有生育能力,且在成年之前便会死亡,因此会减少整个蚊子种群的数量。

蚊子是许多疾病的传播者,如登革热主要就是由埃及伊蚊传播的,目前尚无有效疫苗可以预防。巴西首次批准大规模培育并放飞转基因蚊子,希望从源头上阻止登革热暴发。报道称,在巴西东北部巴伊亚州进行的实地放飞数据表明,实验地区的蚊子数量下降了93%。

据介绍,这家实验室目前每星期可以生产200万只经过基因改造的雄蚊。该公司已获得巴西国家生物安全技术委员会颁发的进行野外实地试验的许可。

2. 研究果蝇科昆虫取得的新成果

(1)利用果蝇幼虫研究动物伤口愈合的新机理。2004年7月,美国斯坦福大学生化学家科拉斯诺和加尔科等人组成的研究小组,在《生物科学公共图书馆》杂志上发表论文称,果蝇幼虫是研究动物伤口愈合很有效的新方法。他们发现,动物伤口愈合单个的细胞反应有单独的基因控制,并由伤口处发出的多种信号来协调,这就可能受到治疗性干预的影响。

研究人员说,尽管果蝇的表皮比人类简单许多,但在伤口愈合反应的每一方面都有着惊人的相似性,虽然表皮看起来不同,但伤口愈合却相似。研究人员猜测,伤口愈合实际上是一个很古老的过程,远在果蝇和哺乳动物的进化出现分叉以前。

在果蝇幼虫接受了非致命性刺伤后,在伤口缝隙处形成了一个栓子,其外层黑化以形成痂痕。伤口边缘的表皮细胞开始向伤口方向延伸,然后融合在一起形成合胞体,这个过程后就是表皮扩散和上皮再形成。在哺乳动物体内,细胞还要再分化以恢复表皮的形态学。Jun N - 端(JNK)激酶通路被激活,促进了上皮再形成。研究者发现,使用经基因设计失活了JNK激酶通路的果蝇,伤口愈合受到明显影响,上皮再形成被阻断或有缺陷,但痂形成、细胞定向和细胞融合没受影响。从另一方面说,痂形成的遗传阻滞导致了出血和生存后果差。要保持伤口结构的稳定性就需要结痂,其中就有上皮再形成。没有结痂时,JNK通路被诱导过多,伤口边缘的表皮细胞与上面的表皮分开,跟着就是伤口长期不愈合。

(2)首次成功培育出克隆果蝇。2004年11月1日,加拿大达尔豪西大学一个研究小组,在《遗传学》杂志网站上报告说,他们在世界上首次成功克隆出果蝇。

也许有人会奇怪,为什么要克隆果蝇呢?研究人员说,他们进行此项研究的主要目的,是提高克隆动物以及人类治疗性克隆的成功率。

在克隆动物的过程中,需要把成熟细胞中带有遗传物质的细胞核注入剔除了细胞核的卵细胞中。克隆实验的成功率很低,大部分胚胎未发育成熟就死亡了。科学家认为,这是因为成熟细胞的遗传物质在进入无核卵细胞后未能得到准确"改编",难以控制胚胎生长。

该报告称,克隆果蝇有助于发现控制这种"改编"程序的关键基因。如果其他动物也具有功能类似的基因,从理论上讲,科学家就可以通过基因控制,来提高克隆的成功率。

此前,也有科学家曾尝试克隆果蝇,但未成功。达尔豪西大学研究小组对传统的克隆方法进行一点调整,在实验中把果蝇胚胎细胞的遗传物质,而不是成熟细胞的遗传物质,注入果蝇的卵细胞中。

(3)培育出一种可用激光照射遥控的转基因果蝇。2005 年 4 月,美国耶鲁大学医学院的神经生物学专家组成的研究小组,在《细胞》杂志上发表论文称,他们把一个来自大鼠的基因植入果蝇体内,这个基因编码一种离子通道蛋白质。在环境中存在生物能量分子 ATP 的情况下,该离子通道允许带电粒子通过细胞膜,从而传递电脉冲。

随后,研究人员给果蝇注射因为被另一种分子包裹而处于不活动状态的 ATP 分子。用紫外线激光照射果蝇,能使 ATP 分子从束缚中解放出来,启动离子通道,使果蝇的神经受到电信号刺激。

实验显示,如果该离子通道蛋白质,在控制果蝇爬行的多巴胺能神经元中表达,本来懒散的果蝇在激光照射下会变得过度活跃。如果离子通道表达在控制果蝇逃跑反应的大神经中,则激光可使果蝇跳来跳去、抖动翅膀并飞走。

以前,科学家在研究动物行为的神经基础时,一般用电极刺激神经等方法。但这些方法是侵入性的,可能妨碍动物的行动甚至使其瘫痪,而且电极也不可能接触到整个神经系统里的每个神经元。

研究人员表示,遥控不再是电子产品的专利,这种新培育的转基因果蝇也可以做到。虽然遥控它还不能像开遥控汽车那样方便,但有关方法对研究动物的神经和行为有着重要意义。研究人员说,这一技术可用于研究生物的许多其他行为,例如求偶、交配和进食等。

(4)发现控制果蝇睡眠长短的基因。2005 年 4 月 28 日,美国威斯康星大学的一个研究小组,在《自然》杂志上报告说,他们发现,如果果蝇的某个基因发生变异,就会导致其睡眠减少。由于果蝇基因构成和睡眠特征与人相似,该发现将有助于研究和解决人类睡眠问题。

研究小组对果蝇的 1.4 万多个基因进行了研究。结果发现,如果果蝇的"沙克尔"基因发生变异,其睡眠时间至少比正常果蝇少 1/3。通常果蝇每天睡眠10 ~

12 小时,而基因变异的果蝇每天只需要 3~4 小时的休息。实验证明,睡眠减少并不会立即对基因变异果蝇造成任何影响,在 24 小时无休息的情况下,它们在遇到袭击时的躲避反应与平常相当,而正常果蝇的反应明显放慢。不过,变异果蝇的寿命比普通果蝇短 1/3。

研究小组进一步发现,"沙克尔"基因控制果蝇体内产生一种蛋白质,这种蛋白质能够促使钾离子进入神经细胞。"沙克尔"基因发生变异,果蝇体内的钾离子就无法进入神经细胞,这可能是导致睡眠减少的原因。

果蝇的基因构成与人类相似,一直被当作研究人体的生物模型。它的睡眠特征,如睡眠不足导致反应迟钝等,都与人类相似。而人体内也存在"沙克尔"基因,它的作用也与果蝇的类似。因此,研究人员认为,该研究结果有助于更好地理解和解决人类睡眠问题。

(5)开发出能有效对付地中海果蝇的无毒杀虫剂。2009 年 10 月 22 日,美国科学促进会网站报道,西班牙格拉纳达大学生物技术研究所的研究人员,开发出一种新型生物杀虫剂,可以有效对付地中海果蝇。这种杀虫剂无毒、环保、易生产,并能通过传统方式施用。

研究人员从杆菌属中分离并鉴别出对果蝇幼虫致毒性特强的菌根,然后对菌根进行特殊处理,最终开发出能有效杀灭果蝇的新型生物杀虫剂。他们认为,与传统化学杀虫剂相比,这种新型生物杀虫剂由于无毒对环境、人员等不会造成危害,而且容易生产和施用。这种产品一旦商业化,将对农业领域的发展起到重要作用。

果蝇危害大、繁殖快,几乎能侵害所有水果蔬菜,严重影响水果蔬菜的产量和品质。地中海果蝇是其重要成员之一。

(6)通过基因技术抑制果蝇性欲来防治害虫。2013 年 9 月,美国《国家地理》网站报道,美国堪萨斯州立大学尹成·帕克教授领导,成员来自美国、斯洛伐克和韩国的一个国际研究小组,发现了一种使用基因技术抑制果蝇性欲的方法。他们希望这一研究成果可以帮助人们采用环保的方式进行害虫防治。

据悉,这个国际研究小组在研究果蝇和红色面粉甲虫的基因组时,发现了一种特殊的神经肽,他们将它称为"出生肽"。

神经肽是在神经元之间进行信息传递的化学分子。每种动物的大脑中都含有几十个神经肽,其中每一个神经肽都有独特的功能,如进食和代谢、学习、记忆和繁殖等。研究人员发现,当他们关闭这些昆虫体内出生肽的基因表达时,它们的性欲明显下降。

这个研究小组利用 RNA 干扰技术,来关闭果蝇和红色面粉甲虫体内出生肽的基因表达。出生肽基因被抑制的红色面粉甲虫像往常一样交配,但其产卵数量比出生肽基因未关闭的红色面粉甲虫减少了 50%~75%。只要雌性或雄性红色面粉甲虫中任意一方的出生肽基因被关闭,它们的产卵数量均低于平均水平。

果蝇的反应更为强烈。研究人员发现,出生肽基因被关闭的雄性果蝇求爱活动显著减少,性欲明显下降。出生肽基因被关闭的雌性果蝇单独活动增多,这可能阻止了企图交配的雄性果蝇的接近。换句话说,没有出生肽,雌性果蝇的性欲也下降了。总而言之,在出生肽基因被关闭的果蝇中,只有约 10 % 像往常一样频繁交配。

人们可能会问为什么科学家要干扰昆虫的性生活。对此,帕克表示,他希望这项研究结果可以帮助人们以环保的方式进行害虫防治。

帕克说:"出生肽是昆虫和其他节肢动物特有的,并已经与它们一同进化。"这意味着,关闭出生肽基因可以保护农作物,而不会影响植物或其他动物。

美国农业部农业研究服务部昆虫学家韦恩·亨特说,应用基因技术防治害虫是一个很有前途的研究领域。对某种昆虫来说,可被有效利用的基因或化学物质可以是高度特异性的。

与目前使用的大多数农药不同,抑制神经肽可以有针对性地防治某种害虫,而不伤害其他昆虫或益虫,就像食肉动物有针对性地扑食昆虫。

马萨诸塞大学微生物学家约翰·卜兰特对亨特的看法表示同意。卜兰特表示,对这种方法的有效性和特异性来说,确定像出生肽这样的目标都是至关重要的。

研究小组表示,接下来他们将继续深入的工作,包括研究神经肽究竟是如何工作的,它在其他昆虫体内有什么作用,以及如何最好地将这项研究运用到实际的害虫防治中去。

(7)实验显示激活一关键基因可延缓果蝇衰老进程。2014 年 9 月,物理学家组织网报道,美国加州大学洛杉矶分校综合生物学和生理学系副教授大卫·沃克主持,沃克实验室博士生马修·阿尔赫瑞特等人为成员的一个研究小组发现,当利用遥控手段把关键器官系统中一种名为 AMPK 的基因激活时,可以延缓整个机体的衰老进程。果蝇实验显示,如果提高其肠道中 AMPK 基因的水平,可使果蝇的寿命延长 30 %,存活期从通常的 6 周增加到大约 8 周,而且它们的健康状态也保持得更久。

AMPK 基因是细胞中一个关键的能量传感器,当细胞处于低能量水平时,它就会被激活。沃克说:"人类也有 AMPK 基因,这项研究对于延缓人类衰老和疾病具有重要意义。我们已经表明,当激活肠道或者神经系统中的这种基因时,我们能看到在这些器官系统之外的老化进程都减慢了。"

沃克表示,针对大脑或其他关键器官,实施抗衰老治疗面临着诸多技术挑战,但这项研究展示了另一种可能:在一个像肠道,这样更便于操作的器官中激活 AMPK 基因,最终或可延缓整个机体的衰老进程,包括大脑。

阿尔赫瑞特重点研究了细胞自噬过程,在这一过程中,细胞通过降解并丢弃老化、破损的细胞成分,避免细胞受到损害,从而防止老化,而 AMPK 基因已被证明可启动这一进程。他选择果蝇来了解激活 *AMPK* 基因能否加速细胞自噬过程。果蝇是研究人类老化的理想模型,因为科学家们已经确定了果蝇的所有基因,并知道如何打开和关闭单个基因。

(8)发现染色体能帮果蝇对付酒精。2014 年 11 月,美国罗彻斯特大学生物学家杰姆斯·弗莱领导的研究小组,在《实验生物学杂志》网络版上发表论文称,跟人类一样,苍蝇也会被酒精吸引。果蝇喜欢在腐烂食物上产卵,这些食物的酒精浓度约为 7% 。而跟人类一样,这些昆虫的酒量也有不同,果蝇的染色体能够帮助其分解酒精。

生物学家知道,当暴露于高浓度酒精蒸气中时,与非洲热带地区的苍蝇相比,那些来自欧洲等温带地区的苍蝇存活时间更长。而且,研究人员之前表示,这与果蝇体内第二染色体中的酶有关,这种酶能够分解酒精,并且在欧洲果蝇体内更为活跃。

但现在,弗莱研究小组发现了整个故事缺失的一环:起作用的实际是果蝇的第三染色体。在分析了收集自奥地利维也纳和喀麦隆的果蝇后,研究人员发现跟预期的一样,维也纳果蝇分解酒精的速度比喀麦隆果蝇快。但当研究人员利用维也纳果蝇的第三染色体替换喀麦隆果蝇的染色体后,这种非洲苍蝇的酒量也获得提升。

但对于一种无法分解酒精的特殊苍蝇而言,基因改良不会起到任何作用。研究人员认为,原因可能是欧洲果蝇体内的第三染色体帮助它们耐受醋酸,这是内部酒精分解产生的一种副产品,同时也赋予醋酸味。弗莱表示,目前尚不清楚醋酸会对果蝇产生何种作用,但之前的老鼠研究显示,这种物质可能会导致宿醉头痛。

3. 开发麻蝇科昆虫取得的新成果

利用肉蝇幼虫体内生成物制成抗病毒新药。2005 年 4 月,有关媒体报道,俄罗斯研制出一种与众不同的抗病毒新药,它的有效成分取自肉蝇幼虫免疫系统的生成物。参与这项研究的专家指出,昆虫免疫系统与人类有很大差别。部分昆虫免疫系统能凭借某些受体细胞,更快地觉察到微生物侵入肌体,并合成抵御入侵微生物的肽。根据这一原理,研究人员从某种肉蝇幼虫的免疫系统生成物中,提取出一种与氨基酸类似的寡肽。这种物质是由 10 ~ 15 个缩氨酸通过长链结合成的尺寸较短的蛋白质分子。

俄专家用这种寡肽制成了两种药剂。经动物实验显示,这两种药剂分别能够攻击疱疹病毒、丙型肝炎病毒,减缓肿瘤细胞的增殖速度。此外,据研究人员透露,这些药剂还有助于增强动物免疫系统的抗病毒能力。

五、昆虫纲膜翅目动物研究的新进展

1. 研究蜜蜂取得的新成果

(1)致力于开发蜂蜜疗伤新方法。2005 年 4 月 13 日,新西兰媒体报道,新西兰怀卡托大学彼得·莫兰教授领导的一个研究小组,对蜂蜜的医药用途进行了 15

年研究,他们发现一种来自新西兰小型灌木的花蜜将会为医院的疗伤方式以及外科手术带来一场革命。

莫兰认为,在现代抗生素问世前的几百年时间中,许多国家的人都是用蜂蜜来治疗伤口的。他说:"随着病菌对抗生素的抗药性问题日益严重,研究人员将目光再次集中到蜂蜜的特性上。通过选择药用效果最好的蜂蜜开发新型包扎材料,蜂蜜药用产品疗伤的效果已经有了很大的提高。"

莫兰研究小组一直与新西兰"康维他"医药公司一起,致力于开发一种用于包扎伤口的产品:新西兰的麦卢卡蜜。麦卢卡是生长在新西兰当地的一种灌木,每年夏季大量开花,麦卢卡蜜取自专采麦卢卡花蜜的蜜蜂蜂房。据报道,新西兰"康维他"医药公司说,将活性麦卢卡蜜敷涂在高吸收性海藻纤维上,可以制成包扎用品,帮助治愈多种伤口。

(2)研究蜜蜂视觉器官的新发现。2005年11月,英国媒体报道,伦敦大学学院眼科学院的一个研究小组,在研究蜜蜂视觉器官时发现,蜜蜂的视觉器官及其构成系统,比我们之前认为的要复杂得多,实际上,蜜蜂可以在不同颜色的光线之下辨别出不同的物体。有关专家认为,这个研究成果,将会帮助制造未来机器人的视觉系统。

研究人员用食物奖励的方法来训练大黄蜂在不同颜色的人造花中,找到一种特定颜色的花。然后,他们测试这些蜜蜂,同时在紫外线黄色、蓝色、黄色和绿色四种不同颜色的光照明场景中,找到同一颜色花的能力。为了解决这样的难题,蜜蜂需会快速地把这些场景根据不同的照明分割成几个不同的区域,然后在每个区域中找出正确的花来。

研究表明,蜜蜂的小小的大脑不仅能解决目前最精密的电子计算机都不能解决的难题,而且还告诉我们,它们是通过使用同一场景中不同物体的色彩联系,这些联系在统计学意义上讲,是它们的经验中最有用的。

研究人员称,他们的长期目标就是进一步深入这方面的研究,然后制造出视觉机器人,就像蜜蜂用它们仅有的一百万个视觉神经可以在杂乱草丛中找到一朵简单的花一样,目前还没有任何机器人可以做得到。

(3)研制出使蜂蜜增产的新型蜂箱。2006年6月,欧洲科技新闻门户网站"阿尔法伽利略"网报道,西班牙一家公司,发明一种利用聚亚氨酯制作蜂箱以提高蜂蜜产量的新方法。

据报道,聚亚氨酯是一种绝缘材料,用它制作蜂箱可以使蜂箱保持恒温,这样蜜蜂就不用在炎热的夏天拼命扇动翅膀,来降低蜂箱内的温度,从而可以利用更多的时间采蜜和繁殖。通常情况下,蜜蜂在给蜂箱降温的时候是不产蜜的。

实验证明,这种用聚亚氨酯制作的蜂箱效果相当好,它能使蜂蜜增产达50%,蜂群也因蜜蜂繁殖增多而大幅扩大。与目前使用的木制蜂箱相比,新型蜂箱更为耐用,不需要经常修理,而且自重轻,运送更便利。

（4）揭开蜜蜂幼虫变身蜂王的秘密。2011年4月，日本富山县立大学讲师镰仓昌树在《自然》杂志网络版上撰文称，他们发现蜂王浆中的一种蛋白质是蜜蜂幼虫变身蜂王的秘密所在。

蜂群中的工蜂和蜂王都是雌性且基因相同，但蜂王的体长约是工蜂的1.5倍，而寿命更是工蜂的约20倍。此前的研究表明，能成长为蜂王的蜜蜂幼虫的食物是蜂王浆，而其他幼虫的食物只是花粉和蜂蜜。但是，蜂王浆中的何种成分促使幼虫变身蜂王，一直是个谜。

为了揭开这个谜，研究人员分别用新鲜的蜂王浆与已存放了30天的蜂王浆喂养蜜蜂幼虫，结果只有食用新鲜蜂王浆的幼虫成长为蜂王。进一步研究发现，新鲜蜂王浆中一种叫作"royalactin"的蛋白质，能提高生长激素的分泌量，使幼虫出现体格变大、卵巢发达等蜂王的特征。

镰仓昌树用这种蛋白质喂养果蝇，果蝇也同样出现体长、产卵数和寿命等方面的增长。这说明，该蛋白质对生物特征的影响是跨物种的。

（5）开发出可提高蜜蜂授粉率的蜂群感应技术。2014年1月15日，澳大利亚联邦科学与工业研究组织宣布，生物学家保罗·德索萨领导的一个研究小组，开发出蜂群感应技术。通过安置在蜜蜂身上的微小传感器监测蜂群及其周围环境，以提高蜜蜂授粉率，进一步提高农业生产力。

研究人员表示，这是第一次如此大规模地使用昆虫开展环境监测。在放归野外之前，他们将多达5000个传感器，放置在位于塔斯马尼亚首府霍巴特附近的蜜蜂身上。这些微型无线电识别传感器可以像车辆的电子标签那样，记录蜜蜂通过特定检查点时的情况。这些信息随后将被发送到一个中央处理装置上，研究人员通过这5000个传感器的信息来构建一个全面的三维模型，并显示出这些蜜蜂如何在环境中运动。

蜜蜂会以一种可以预测的状态活动。蜜蜂的任何行为变化都意味着它们周围的环境出现了变化。如果研究人员可以描绘出它们的活动模型，就可以非常快速地通过它们的活动来找出这种变化的原因。这将帮助研究人员找出如何提高蜂群生产力的途径，并监测任何可能出现的生物安全风险。

德索萨指出，近1/3人类食物生产依赖于授粉。"蜂群在野外扮演着至关重要的角色，它们的授粉行为提高了各种作物的产量。"

（6）小蜜蜂印证大气候。2014年4月，有关媒体报道，位于美国加利福尼亚州洛杉矶市的拉布雷亚沥青坑，因科学家从其潮湿环境中挖掘出无数剑齿虎、猛犸象和其他特大号生物骨骼而闻名于世。不过，有时小个头的东西才更有说服力。

近日，在线发表于《科学公共图书馆·综合卷》期刊的一篇论文提到，在该地区工作的研究人员，目前已经鉴别出两个保存完好的切叶蜂蜂巢。这种蜜蜂之所以被命名为切叶蜂，是因为雌蜂会用唾液和叶汁黏合在一起的碎叶建造蜂巢。

而且，当研究人员使用微型CT扫描并窥视巢内情况时，同样发现了保存完好的切叶蜂蛹。跟现存切叶蜂蛹相比,研究人员证实了分类鉴定结果,并且他们也得到了有关4万年至3.5万年前该沥青坑气候和环境的重要信息。

那时,蜜蜂在该地区四处飞舞。尽管研究小组无法判断用于筑巢的叶片的确切种类,但他们能够将范围缩小到木本树木、灌木或藤类,而非草本植物,这也反映了当地当时的植被情况。而且,当时的气候可能比较温和,因为现代切叶蜂几乎不会生活在零摄氏度以下的环境中。

(7)发现食用天然花粉的蜜蜂耐药性更强。2014年10月,美国宾夕法尼亚州立大学传粉研究中心主任、昆虫学教授克莉丝汀·葛罗秦格主持,佛罗里达大学的博士后丹尼尔·施梅尔等人参与的一个研究小组,在《昆虫生理学》杂志网络版上发表论文称,他们发现食用天然花粉的蜜蜂具有更强的耐农药性,并发现接触农药将导致对饮食和营养敏感的蜜蜂基因性状产生变异。

葛罗秦格说:"在蜜蜂觅食花朵,以及养蜂人使用化学物质杀虫的过程中,蜜蜂会接触到大量的农药。"他们的研究表明,在至少两种非致命剂量的农药作用下,参与解毒、免疫和营养传感的基因表达将产生较大变化。这一结论也与之前的研究结论吻合,即蜜蜂的免疫系统在接触农药之后,开始产生耐药性。他们还发现,在分子水平上,营养、饮食与接触农药之间关联紧密。

进一步的研究发现,在致命剂量的农药作用下,饮食将显著影响蜜蜂的存活时间。

施梅尔说:"营养与接触农药之间的相互关系,正如研究中发现的那样:与食用简单的、人造食物的蜜蜂相比,食用复杂的、天然花粉的蜜蜂具有更强的耐农药性。"

为了确定接触农药对于蜜蜂基因表达的作用模式,研究人员开始使用在蜂房中最常见、常用的两种杀螨剂蝇毒磷、氟胺氰菊酯之一来喂养蜜蜂,这个研究进行了7天。研究人员在蜜蜂的RNA上附加荧光标记,在第7天,他们提取了蜜蜂的RNA,通过对比实验组和对照组的蜜蜂的RNA,发现了基因表达模式的变化。

施梅尔的研究发现,对照组和实验组之间的RNA片段有1118处重大改变,这些基因片段影响解毒、免疫和营养等功能。

基于上述结论,研究团队进行了后续研究,旨在了解农药对于蜜蜂生理的影响。其中的一个研究,是检测蜜蜂在不同情况下对农药的敏感性:食用天然花粉或者人造食物如大豆蛋白和无蛋白食物。

研究人员给蜜蜂喂食上述食物的同时,也喂食了致命剂量的蝇毒磷。这项研究持续16天,每天记录实验组蜜蜂的死亡率。

研究人员还发现,食用天然花粉的蜜蜂耐农药性更强,且接触农药将导致对饮食和营养敏感的蜜蜂基因性状产生变异。这是第一次在分子水平上,发现饮食和接触农药之间的紧密关联,以及人造食物和天然食物对于抗药性的影响。

葛罗秦格说,饮食和营养能够极大地影响蜜蜂的抗药性及其他性状。然而,随着农业现代化和城市化的发展,植物的种类和多样性受到影响,这使得提高蜜蜂的抗药性或其他性状变得更困难。如果能找出哪些饮食和开花植物能为蜜蜂提供最好的营养,我们就可以帮助蜜蜂。

(8)发现新烟碱杀虫剂对蜜蜂没有影响。关于新烟碱杀虫剂对蜂种群有不利影响的研究报告仍然有争议。一些研究曾被批评采用的杀虫剂剂量之高达到了不现实的程度,或采用的实验条件与田间的真实条件相去甚远;同时也曾有人提出,蜂也许能够检测到杀虫剂,并避开用杀虫剂处理过的作物。

2015年5月7日,《自然》杂志上发表的两篇论文,可能有利于填补我们一些知识空白的研究结果。

在实验室实验中,塞巴斯蒂安·凯斯勒等人组成的研究小组,以噻虫胺、吡虫啉和噻虫嗪三种常用新烟碱杀虫剂为例,通过使用田间剂量发现,蜜蜂和大黄蜂都能够检测到它们的存在。然而,这些蜂不会避开用新烟碱处理过的食物,甚至可能更愿意吃它们。

马杰·若得鲁夫等人组成的研究小组,在相匹配的和复制的农业景观中来种油菜,其种子一种采用噻虫胺种子包衣,另一种不采用。他们发现,种子包衣的采用与野生蜂的密度减小及独居蜂的筑巢减少和大黄蜂的蜂群增长降低有关,但他们没有发现对蜜蜂有什么影响。

(9)分析透露蜜蜂社会的演化。2015年5月15日,昆虫学家凯伦·卡夫埃姆与同事组成的研究小组,在《科学》杂志上发表论文称,他们进行的一个详细的基因组分析表明,像蜜蜂等以群落生活为特征的动物,其独特社会结构的演化方式不止一种。

研究人员说,蜜蜂是真社会性动物,这意味着它们中某些工蜂会放弃自己的生育来照顾它们的兄弟姐妹。在某些情况下,这会产生一种有数千个体的精致且复杂的"超级生物体"。

卡夫埃姆研究小组对10个蜂种的基因组,进行了仔细观察,以决定真社会性的演化是否总是遵循相同的基因路线图。研究人员说,其答案是否定的:每次涉及的都是不同的基因和不同的基因网络,而蜜蜂中的真社会性是独立演化的。但是,这些蜂种共有某些与这一社会演化独特类型相关的一般趋势,其中包括基因调控和表达能力的增加,以及某种基因网络的更高的复杂性。

研究人员还发现,有证据显示,在某个物种形成了最复杂的真社会性形式后,某些关键性基因的自然选择有所松懈,就如在蜜蜂中的情况一样。

(10)开发用蜜蜂检测空气污染的新技术。2015年7月13日,英国《每日电讯报》报道,近日,英国自然博物馆一个研究小组开发出环境检测新技术,利用附着在蜜蜂身上的颗粒物来检测空气质量,其原理是根据蜜蜂身上附着的污染颗粒物寻找这些粒子的源头。这样一来,便大大缩小了污染源存在的可能范围。

英国研究人员这项新研究发现,蜜蜂的身体和翅膀上有较强的静电,因此它们能吸附各种微小的环境污染颗粒物。利用这一发现,研究人员开始利用蜜蜂检测空气污染状况。

传统的空气质量观测站只能固定地观测附近空气中微粒的数量。与此相反,一只蜜蜂每天能绕着蜂巢在四周飞行大约 2500 米。也就是说,空气质量观测者能通过观察附着在蜜蜂身上的颗粒物,获得方圆 2500 米内污染颗粒物种类的数据。确定了空气中污染物的种类,科学家就能从污染物出发,再进一步缩小污染源可能存在的范围。

2. 研究蜂类昆虫取得的其他新成果

(1)研制世界上首个抗蜂毒血清。2005 年 11 月,哥斯达黎加《民族报》报道,哥斯达黎加大学克洛多米罗蛇毒抗体研究所生物学家洛蒙特领导的一个研究小组,新制成的抗蜂毒血清样本正在准备投入临床测试。这一产品有望成为世界上首个抗蜂毒血清。

据报道,使用与生产抗蛇毒血清同样的方法,研究人员研制出抗蜂毒血清样本。具体步骤是向免疫采血的马匹体内注入蜂毒,然后对检验合格的马匹进行采血,将其提纯并提取出蜂毒抗原。

洛蒙特说,他们用这种方法提取的抗蜂毒血清,已经在动物实验中取得成功,目前正在小白鼠身上进行进一步实验,以观察该血清的效力,随后将在临床测试中使用这种血清。据他介绍,世界上不少科研机构都曾试图研制抗蜂毒血清,但一直没有获得成功。

克洛多米罗蛇毒抗体研究所成立于 1970 年,一直致力于抗蛇毒血清的研制,每年为哥斯达黎加和其他中美洲国家提供大约 10 万份抗蛇毒血清。

(2)把黄蜂训练成嗅探能手。2005 年 12 月 5 日,美联社报道,美国研究人员训练一种黄蜂用来嗅探走私的毒品、暗藏的炸弹和被掩埋的尸体。目前,这些工作大多由经过训练的狗来承担。

这项研究是由美国农业部的昆虫专家乔·路易斯、乔治亚大学农业工程师格林·雷斯从 20 世纪 60 年代开始的,旨在找到利用昆虫为国家安全防御工作的途径。研究范围内的昆虫,甚至包括爬行类昆虫和甲壳类昆虫。此前,他们已经成功地改进了利用蜜蜂探测地雷的方法。

据介绍,这种能与警犬相媲美的"超级黄蜂",并不是我们在花园里常见的那种可怕昆虫,而是一种学名为"红足侧沟茧蜂"的寄生蜂,它们原产于美国南部,全身黑色,体长有 1/4 英寸,是一种对于人体无害的稀有昆虫,它们依赖超强的嗅觉能力来寻觅花蜜,以满足食物和寻找产卵宿主的需要,其生存周期只有两至三周。尽管这种黄蜂并不会刺伤人,但是雌性黄蜂用刺把卵产在其宿主,蛾和蝴蝶的幼虫体内,黄蜂的幼虫最终会将这些毛虫杀死。更为神奇的是,它们除了拥有难以置信的嗅觉搜查能力之外,还同时拥有惊人的形色差异辨别。

研究人员发现植物在受到毛虫的攻击时,就会散发出求救气味来吸引这种黄蜂。于是研究人员对其进行训练后发现它们能很好地分辨食物和猎物的气味。路易斯表示,这种黄蜂无疑会成为出色的探测器,因为它们就是依赖超强的嗅觉才在自然界存活的。研究人员称,只要把训练过的黄蜂装入一个手持的装置内,就能满足正常的工作需要。在实验中,黄蜂能准确地嗅探出生长在玉米和花生中的毒素,以及一些爆炸物中的化学成分。

研究人员表示,只需很短的训练时间,这种黄蜂就能具备对某种气味的嗅探能力。在训练中,研究人员先把饥饿的黄蜂放置在某种特定气味中,然后再给它们喂10秒的糖水,再给它们1分钟的休息时间,如此重复进行3次的嗅探和喂糖水,黄蜂就能准确地把这种气味与喂食的食物关联起来。整个训练过程不需要对黄蜂进行太多的约束,只需要把黄蜂放置在一个容器里,以观察它们对各种气味的反应就行。这种黄蜂只需要5分钟的训练,就能具备与训练有素的狗一样敏感的嗅觉。

研究人员使用的是一根10英寸长的PVC塑料管,在塑料管的一端留有一个口,而另一端安装一个小风扇。塑料管的内部还装有一台网络摄像机,并将其与外部的计算机相连,以观察黄蜂在这个塑料管中的活动情况。在黄蜂嗅探到特定气味时,它们就会聚集在通风的那一端,并在计算机监测屏上形成一大团黑点,否则它们只是停靠在塑料管的内壁上。每个塑料管内,可以放入5只黄蜂,并能工作48小时。

与之相比,一只嗅探狗需要花费6个月的时间来训练。训练一只狗所需的费用需要15000美元,并需要一个专职的驯养员,利用黄蜂嗅探则相当经济,它们甚至可以在现场进行训练来完成任务。

研究人员相信,这种黄蜂探测器能够用于机场检查爆炸物、寻找被掩埋的尸体、监测农作物中的毒素,甚至能够进行疾病的检查,如对患者呼出的气味进行嗅探以确定是否患上癌症。研究人员表示,目前对于灵活轻便化学探测器的需求量很大,但是已投入使用的设备大都很笨重,而且价格昂贵、易于损坏,但黄蜂探测是一种不需要任何科技的方法,而且是方便易行、高度灵活机动的办法。目前,研究人员正在试验饲养更多黄蜂的方法,并希望能同时训练数百只黄蜂。路易斯表示,自然界还有其他无脊椎动物和其他的寄生昆虫经过训练后,也能从事嗅探工作,如蜜蜂和蟑螂,无脊椎动物会成为生物学感测器的新资源。

(3)发现让蜂王和蚁后保持主导地位的古老信息素。2014年1月17日,比利时鲁汶大学安妮特·奥斯塔等人,在美国《科学》杂志上发表了一篇题目为《保守的蜂王信息素停止社会性昆虫工蜂繁殖》的研究报告,这篇研究报告认为,蜂王信息素是从单一的祖先演化而来的保守的信息素。

研究人员表示,蜂类等群居性昆虫,它们中的蜂王会通过散发出能让其忠实的工蜂不育的化学信号,而维持其对生殖的垄断地位。他们发现一类特别的在结构上类似的且具有蜂王特异性的碳氢化合物,这种化合物可抑制工蜂的生殖。

研究人员提出,这些信息素已经存在了近1.5亿年,它们会在群居性昆虫中发出生育信号。他们研究了沙漠蚂蚁、常见的黄蜂及黄尾熊蜂外骨骼或角质层的化学特性，并发现了数种特别是在蜂王和蚁后中产生的过量的化合物。他们接着在工虫中测试了那些化学物质并发现，即使当它们的蜂王蚁后不在时，饱和碳氢化合物的存在也会使工虫保持不育。然而，与此同时，这些昆虫的对照组却会在它们的蜂王和蚁后不在时快速地出现卵巢发育。

奥斯塔及她的同事将其发现的其他研究进行比较，并对在所有 64 种不同的物种中，一直由蜂王产生的过量化学物质进行了调查。他们的发现揭示，饱和性碳氢化合物到目前为止是最常见的由群居性昆虫中的蜂王和蚁后产生的过量化学物质。

实际上，他们的研究表明，类似的碳氢化合物曾经由蚂蚁、黄蜂及熊蜂的单生祖先在数百万年前用来表明它们的生殖状态。综上所述，研究人员的发现意味着，蜂王和蚁后的信息素是它们生育能力的真实标志，而工虫会服从这些信号。

（4）发现寄生蜂姬蜂科新物种。2015 年 6 月，有关媒体报道，加拿大阿尔伯塔大学一个研究小组确定了北美寄生蜂姬蜂科 6 个新物种，同时界定了一个新的种群。这一发现终结了一个世纪以来分类学界对寄生蜂的忽视。

姬蜂属夜间活动的独居黄蜂种属，全球均有发现，温带地区较为常见，种类变化较多。因属夜间活动，不像其他寄生蜂类那样体色鲜艳、眼大、触角长。

上次发现姬蜂新属种是在 1912 年，那次发现使得当时北美姬蜂物种数目达到了 11 个。科学家断言，此物种多样性远不止这个数目，但想不到竟然用了 102 年才发现了新属种。造成这种局面的原因是姬蜂种间差异太小，难于区别。

此次发现得益于分类学新工具的应用。研究人员采用分子生物学分析和形态测定分析相结合的方法，包括分析 3 个不同的基因标记，以及观察蜂翅翅脉的分布情况，加上对蜂体不同部位的传统测量，得出结论认为新属种区别于已有属种。分类学家预测，在北美应该有超过 100 个姬蜂属种。

3. 研究蚁科昆虫取得的新成果

（1）研究用蚂蚁控制虫害。2010 年 12 月 15 日，丹麦媒体报道，丹麦奥胡斯大学一个由生物学家组成的研究小组，正在研究利用蚂蚁来帮助非洲果农控制虫害。

目前，丹麦国际发展机构已向奥胡斯大学的这个研究小组提供了 180 万美元的研发资金，用于研究如何利用蚂蚁，来控制热带地区的农林虫害。作为项目的一部分，丹麦研究小组将在非洲建立蚂蚁养殖场。

据介绍，利用织叶蚁控制农林害虫的方法比使用农药环保，而且成本低廉，生产出的水果的经济价值也更高。而且，这种蚂蚁也可以食用或药用，在食物缺乏的一些非洲地区，其本身也具有可观的经济价值。

（2）发现切叶蚁社会行为与特殊基因有关。2011 年 7 月 1 日，丹麦哥本哈根大学、深圳华大基因研究院共同组成的国际研究小组，在《基因研究》上网络版发表论文称，通过与其他蚂蚁基因序列比较及分析发现，一些特定基因与切叶蚁社会行为及共生方式具有重要的关系。这项成果为社会行为学等研究奠定了重要的遗传学基础，并使人们对切叶蚁这种特殊的生物有了更进一步的认识与了解。

农业在人类文化进化过程中具有非常重要的意义，但是人类并不是唯一采用这种生活方式的生物，有一种切叶蚁同样能够进行农业生产。它们从植物上切下叶子，将叶片用来种植真菌，并且用长出的真菌为整个蚁群提供食物。

通过对切叶蚁全基因组测序及分析，研究人员发现，在其基因组中有两个基因家族发生了显著扩张。哥本哈根社会进化中心的尼加德博士说："根据这些基因在其他物种中的功能，我们认为，这些基因与该物种的生殖方式，以及它与真菌所形成的特殊共生关系，具有密切关联。发现与该切叶蚁生殖方式和共生方式进化相关的特定基因组特征是本项工作的一个重要突破。"

神经肽在很多生物中起着重要作用。研究人员在比较切叶蚁和其他已知序列蚂蚁的编码神经肽的基因时，发现了令人惊讶的结果。本以为在栖息地、食性和行为等方面差别很大的蚂蚁，其各自编码神经肽的基因会大不相同，但结果却相反。它们的基因组中都存在着相同的神经肽基因，所有蚂蚁的神经内分泌系统可能都含有一个非常类似的构造，可能在所有蚂蚁的祖先时就已进化形成。

华大基因张国捷博士表示，他们将与国际联盟共同发起"百种社会性昆虫基因组计划"，构建出社会性昆虫基因组进化图谱，并从基因组综合比较的角度，对社会行为的遗传机制开展深入研究，了解人类自身行为方式的内在遗传本质。

(3)研究蚂蚁蜜蜂社会性行为的新发现。2013年1月，英国媒体报道，牛津大学动物学系安迪·加德纳主持的研究小组，在一项研究报告中说，他们在研究昆虫的社会性行为时发现，像蚂蚁、蜜蜂这样的昆虫，都有自己独特的"小社会"。而且，这些昆虫有一种重要的社会性行为，就是会判断哪种性别对群体更"有用"，以此决定"生男"或"生女"。

研究人员说，他们通过研究蚂蚁等昆虫群体内部的分工和生殖方式发现，这些昆虫会根据不同性别在群体中的实际作用，来控制雌雄比例。例如，普通蚂蚁往往由雌性蚂蚁负责群体中的主要工作，雄性的作用相对较小，因此会主动多繁衍雌性后代。而白蚁群体中雌雄性别的"工作量"相当，所以雌雄数量也基本接近。

加德纳说，蚂蚁、蜜蜂等昆虫在生育时，可以主动控制是否让卵子受精来控制后代的性别比例，受精卵将发育成雌性，未受精卵将发育成雄性。

研究人员说，这一发现有助于更好地了解一些昆虫"小社会"的形成原因和结构。

(4)揭示红火蚁被黄疯蚁击败的秘密。2014年2月14日，美国田纳西州立大学生态学家爱德华·勒布伦及其同事组成的研究小组，在《科学》杂志发表文章称，黄疯蚁打败红火蚁的秘密在于，它们在争夺资源的激烈搏斗中，演化出了强有力的防御系统。

研究人员表示，美国墨西哥湾沿岸的居民正在习惯于被黄褐色的黄疯蚁叮螫,并开始忘却自 20 世纪 30 年代以来,就已经占据该地区的红火蚁了。

研究人员在一项新的研究中发现,这些入侵的黄褐色的黄疯蚁,正在快速地取代美国南部许多州的红火蚁。这其中的原因是它们会使用一种独特的化学防御方式,从而让其在与红火蚁的较量中取胜。

勒布伦研究小组观察到,黄疯蚁会在其体表覆盖上自己腹部腺体的分泌物,而后可在它们被红火蚁叮螫后有效地给自己伤口解毒。据研究人员披露,在被叮螫后,黄疯蚁会用其后腿与中腿站立,将它们改进的腹部卷曲到其身体的下方,并开始用分泌的蚁酸清洁自己。

研究人员说,这些解毒行为可让 98% 被红火蚁叮螫的黄褐色黄疯蚁存活下来,而与其相比较的那些没有解毒行为的蚂蚁,只有 48% 能够存活下来。

同时,由于黄疯蚁与红火蚁在阿根廷北部、巴拉圭及巴西南部的原生地带有重叠,因此,研究小组认为,这些黄疯蚁的强有力的防御系统,是在与红火蚁和原生南美蚂蚁物种激烈争夺资源时演化出来的。研究人员的发现还凸显了了解入侵物种在其原来生态系统中的行为以改进在异乡消灭它们的重要性。

(5)发现在蚂蚁交换信息时发挥重要作用的蛋白质。2014 年 3 月,日本农业生物资源研究所、富山县立大学等组成一个研究小组,美国《国家科学院学报》上报告说,蚂蚁是一种社会性昆虫,相互间能交流信息,比如一只蚂蚁找到食物后,能找来许多同伴帮忙搬运。他们发现了一种在蚂蚁交换信息时发挥重要作用的蛋白质,该成果可用于蚁患的防治研究。

蚂蚁是利用信息素等化学物质来交换信息的,其触角上的纤毛会吸收"信息传递物质",然后通过转运蛋白输送到掌管味觉和嗅觉的神经细胞,并与细胞膜上的受体相结合。

人们迄今已发现约 30 种与运输"信息传递物质"有关的蛋白质,但是与已知的 500 多种"信息传递物质"相比,前者的数目显然不全,所以应存在很多未知的转运蛋白。

该研究小组说,他们收集了多只日本弓背蚁的触角,将其磨碎后分析其中的 DNA 序列。他们发现,在弓背蚁当中,需要大量交换日常信息的工蚁的触角内,有一种特有的基因"蚁 NPC2"。

研究这种基因编码生成的蛋白质之后,研究人员发现该蛋白质能与油酸、脂肪酸、乙醇等 10 种物质结合,从而确定它是一种此前不为人知的转运蛋白。研究员山崎俊正指出:"油酸在蚂蚁的信息交换过程中承担了特别重要的作用。"

弓背蚁喜欢咬噬木材,常在洗手台、门窗等家具木料中打洞。研究人员准备用能够妨碍上述转运蛋白质发挥作用的物质,调查其对弓背蚁行为的影响,探寻防治某些蚁患的新方法。

(6)利用蚂蚁验证大智慧者有大脑袋。2015 年 1 月,一个昆虫学家组成的研究小组在英国《皇家学会学报 B》网络版上发表研究成果称,他们以蚂蚁做研究对象,发现生活在更大群体中的动物更倾向于拥有更大的大脑。

研究人员利用野生相思蚂蚁群落进行研究。这种蚂蚁在巴拿马金合欢树的中空树干中建筑巢穴。当工蚁同伴在树叶上觅食时,另外一些工蚁会在树下部防范入侵者的袭击。在树叶上觅食的蚂蚁不具备攻击性,但能更迅速地管理蚁群。

这种劳动分工在更大的蚁群中最明显。更大规模蚁群通常栖息在更大的金合欢树上。而在规模较小的蚁群中,工蚁通常兼顾这两种工作。研究人员研究了17群蚂蚁,并测量了29只树叶蚂蚁和34只树干蚂蚁的脑容量。

结果发现,随着蚁群规模的增加,树叶蚂蚁的大脑中与学习和记忆有关的区域明显增大。但在树干蚂蚁大脑中,相同的神经区域会出现萎缩。因此,更大的蚁群需要有专门能力的工蚁,一些能严格执行防御工作,一些负责觅食和抚养后代,而非充当蚁群主人。而这似乎是大脑变大的关键原因,至少对于蚂蚁是如此。

(7)揭示蚂蚁进入蚁群时不会拥堵的秘密。2015年6月,一个由生态学家组成部分的研究小组,在在《自然》杂志上发表论文说,上下班高峰期之路,往往意味着一个停停走走的噩梦。但对于蚂蚁而言,更多的交通流量并不总是导致爬行缓慢。近日,该研究小组的新研究发现,当有更多蚂蚁上路时,一些蚂蚁其实走得更快。为了揭开这个奇怪的规则,研究人员在一条由黑背蚂蚁建造的小路上,设置了一个交通摄像头。

研究人员在离小路很远的镜头外,放了一些金枪鱼引诱蚂蚁出来。然后,他们利用软件跟踪了视频中这些小昆虫。研究团队清点了蚂蚁的数量,计算出大约500只蚂蚁的速度。出乎意料的是,他们发现,当蚂蚁进入蚁群时,它们会"踩油门"而不是"踩刹车",当蚁群密度加倍时,它们的速度也提高了25%。

在保持与蚁群同速的同时,蚂蚁也互相碰撞得更加频繁。新研究报告称,这种冲撞可能起到了重要作用,得以让加入队伍的蚁兵提供新站点的情报。研究人员表示,研究蚂蚁的交通模式可能有助于缓解人类的道路拥堵,如果人们能避免汽车相撞事故的话。

(8)切叶蚁养殖的真菌作物显示出培育驯化的迹象。2015年9月,丹麦哥本哈根大学生物学家佩皮约·科艾领导的一个中心研究小组,在《进化生物学杂志》发表论文称,南美雨林中的切叶蚁养殖的真菌作物,似乎经历了和人类农作物相同的基因变化。

随着人们有选择性地繁育新的作物植物,后者的基因组通常在不经意间发生了改变。小麦、香蕉、烟草和草莓都是多倍体植物。这意味着,它们的每条染色体,都拥有三个或四个拷贝,而不是通常的两个。

如今,该研究小组把切叶蚁养殖的真菌与它们的近亲养殖的真菌进行了比较。后一种蚂蚁的作物,每条染色体始终拥有两个拷贝,而切叶蚁养殖的真菌是多倍体的,每条染色体拥有5~7个不同的拷贝。

美国纽约大学生物学瑞秋·迈耶说:"多倍体化是培育驯化作物的最快捷方

式。"这会使作物变大并且更强壮,因为它增加了每个基因的拷贝数量,从而产生更多的基因产物,比如生长激素和免疫蛋白。

科艾说:"约5000万年前,以真菌为食的蚂蚁,放弃了作为狩猎采集者的生活,转而成为养殖真菌的'农民'。"在他看来,切叶蚁通过选择更加高产的多倍体真菌,并且鼓励它们生长,实现了这一点。

六、昆虫纲鳞翅目动物研究的新进展

1. 研究蝶类昆虫的新发现

(1)研究蝴蝶个体行为习性的新发现。2005年5月,英国媒体报道,生物学家惯常在动物身上装上观测仪器,以了解动物的生活习性。但是对于像蝴蝶一样"娇小"的昆虫类来说,在它们身上安装观测仪器就不是件容易的事情了。所以,自从20世纪40年代以来,研究人员就动起用雷达观测蝴蝶习性的念头。不久前,英国一个由生物学家组成的研究小组,研制出一种微型雷达,可以直接粘在蝴蝶背上,直接准确地观察单只蝴蝶的所有行为习性。

报道称,这种微型雷达长约1.5厘米,质量为12毫克。安到蝴蝶身上后,肉眼看上去就蝴蝶像多长了一根触须。这种微型雷达的作用是一个射线接收器。原有的雷达观测点向四周转动发射信号,蝴蝶身上的雷达对信号进行接收并进行自动反射,再由计算机记录整理有关数据。这种微型雷达,由生物学家的巧手把它粘到蝴蝶的背上,然后放飞。

研究人员发现,看似漫无目的的蝴蝶,其实飞行起来相当有规律。它们的飞行速度约为每小时17千米,飞行路线是一环一环相连的不规则圆圈。它们用这种"转圈"的方式,不停地为自己定位。而飞行的目标,绝大多数都是可以采蜜的花朵,只有交配期的蝴蝶例外。在发现心仪的对象之后,它们可能会变成直线飞行,直奔目标。这种飞行方式,被研究人员戏称为"有系统的搜寻战略"。

经过多次对比观察后,研究人员发现,装上微型雷达的蝴蝶不会改变行为习性,至少在飞行、觅食、求偶等方面。研究人员幽默地说,虽然不能确定带着微型雷达的蝴蝶是否更有吸引力,但至少它们"找对象"一点都不受影响。

(2)发现帝王蝶存在迁徙基因。2014年10月16日,昆虫学家马库斯·克朗福斯特及同事组成的研究小组,在《自然》杂志上发表文章称,他们在帝王蝶飞行肌肉功能中所涉及的位点内,发现了与迁徙相关的、导致更高飞行效率的选择特征。

帝王蝶以其每年穿过北美的壮观迁徙最为人们所知。该研究小组通过对来自世界各地101个帝王蝶基因组进行测序,终于找到了与帝王蝶迁徙相关的基因。

研究人员还发现,帝王蝶警告色的变化是由一个肌球蛋白基因控制的,该基因以前并没有被发现与昆虫的色素沉积有关,但其同源基因"肌球蛋白5a",会在小鼠身上造成一个非常相似的颜色"稀释"表现型。最后,这些结果说明,帝王蝶的祖先就是迁徙性的,它们走出北美在全球广泛分布。

(3)破解蝴蝶艳丽颜色的秘密。2015年3月,美国媒体报道,华盛顿特区美国国家自然历史博物馆史密森学会,蝴蝶花园志愿者安吉·麦克弗森向《国家地理》提出了一个问题:"为何风筝蝴蝶产的蝶蛹是金色的?"风筝蝴蝶来自于亚洲,颜色为白色或黄色,身上有着精致的俯冲式黑色线条和斑点构成的纹路。但是它在毛虫成长为蝴蝶之前的蝶蛹,保护其硬壳却呈现出闪亮的金色。

俄勒冈州立大学生物学家凯蒂·普狄克表示,科学家并不知道蝶蛹为何是金色的,但是它的闪光,却可以为成长中的蝴蝶提供伪装色。这种光泽对于它们潜在的捕食者尤其具有"扰乱性"。普狄克说,它让蝶蛹在复杂的背景环境中很难被发现。比如,接近的小鸟,甚至可能把它们当作一滴水。

普狄克补充说,伪装对于蝶蛹非常重要。因为成长中的蝴蝶,在被捕食或寄生时不能逃避或反抗,它们只能在原地呆若木鸡。

专家表示,成蝶也会利用自身的颜色优势,不仅用它来躲避,而且还用来警告。比如成年的帝王蝶变成明亮的橘黄色和特殊的花纹,以此向捕食者亮出红牌:我不美味,我有毒。

但蝴蝶的颜色也有其他一些特殊的用处,中美洲和南美洲热带雨林中的蓝闪蝶就是个例外。普狄克介绍说,这种昆虫明亮的颜色被用来与其他蝴蝶交流,它们在求偶或交配时会展示自己的翅膀。

(4)发现蝴蝶幼虫能利用自己分泌物役使蚂蚁。2015年8月,日本神户大学、琉球大学研究人员与美国哈佛大学联合组成的一个国际研究小组,在美国《当代生物学》杂志网络版上发表论文说,他们在实验中发现,一种蝴蝶幼虫能够利用自己的分泌物役使蚂蚁,让蚂蚁成为它们的"护卫"。

研究人员说,紫小灰蝶幼虫会分泌带甜味的体液,食用了这种"蜜汁"的蚂蚁会长期停留在幼虫周围,并攻击紫小灰蝶幼虫的天敌,从而使幼虫避免遭到捕食。

研究人员发现,双针蚁吸食紫小灰蝶的"蜜汁"后,活动量减少了,长期停留在幼虫附近,似乎丧失了回到蚁穴的能力,而且变得更有攻击性。

进一步研究发现,吸食"蜜汁"后,双针蚁大脑中,与欲望和快感等有关的神经递质多巴胺的量明显减少。向没有吸食"蜜汁"的双针蚁投放遏制多巴胺功能的物质后,它们也会变得不再四处爬行。

2. 研究蝶类昆虫提出的新观点

(1)认为基因变异导致玉带凤蝶善于伪装。2015年3月10日,日本东京大学一个研究小组在《自然·遗传学》杂志网络版上发表论文认为,玉带凤蝶是一种无毒的蝴蝶,但是有一部分雌蝶却有伪装的本事,能够让自己的花纹长成红色,看起来像是有毒的。他们的研究揭开了部分玉带凤蝶"唬人"的秘密。

玉带凤蝶通常是黑色的翅膀上面有白色的花纹,但是一部分雌玉带凤蝶长着红色的花纹,看起来非常像有毒的红珠凤蝶,从而通过伪装躲避天敌捕食。不过人们一直不清楚它这种拟态变异的机制。

该研究小组通过解读玉带凤蝶的染色体组,发现了与部分玉带凤蝶拟态有关的 3 个基因出现变异。如果使拟态的雌玉带凤蝶一个基因不再发挥作用,则其翅膀花纹的颜色会变得很浅。这一成果,不仅有助于加深对蝴蝶的基础研究,还有助于研究防治植食性昆虫,以及控制其生育的方法。

(2)认为英国或许在 2050 年发生蝴蝶大灭绝。2015 年 8 月 10 日,英国国家环境研究委员会生态学与水文学中心生态建模研究人员汤姆·奥利弗、卡米尔·帕尔玛姗等人组成的一个研究小组,在《自然·气候变化》上发表研究报告称,1995 年,英国经历了 200 多年以来最严重的一次干旱,这导致一些蝴蝶的数量直线下降。随着气候变化,预期将带来更为频繁的严重干旱,特别是在英国南部,人们正越来越担心该地区对干旱极为敏感的蝴蝶。如今,他们发现,这些昆虫,最早将在 2050 年发生广泛的地区性灭绝。

奥利弗表示:"前景相当暗淡。"之前的研究已经表明,随着全球变暖改变了以前荒凉的栖息地,气候变化可能会使英国成为许多蝴蝶的避难所。但这些研究很少考虑到一些极端事件,如发生在 1995 年的旱灾。

在这项新研究中,研究人员第一次聚焦于来自英国南部 129 个地点的长期蝴蝶监测数据,进而确定了 6 种对干旱敏感,在 1995 年之后经历了广泛物种崩溃的蝴蝶种群。其中有 3 种蝴蝶特别喜欢潮湿的林地环境。

为了搞清这些敏感的蝴蝶将对未来的干旱期有何反应,科学家利用二氧化碳排放的不同场景,预测了直至 2100 年的干旱频率。随后,他们加入了不同的土地利用场景,以便确定目标蝴蝶将受到何种影响。

研究人员发现,在正常排放场景中,这一区域预计每年都会发生类似于 1995 年那样的干旱事件。这些年度干旱将阻碍敏感蝴蝶种群在下一次袭击来临之前恢复数量,从而随着时间的流逝导致总量的下降。

研究人员得出结论认为,在这种气候变化的前提下,由于栖息地无法得到有效的恢复,这些对干旱敏感的蝴蝶将在 2100 年于当地灭绝。在因人类活动(如开发和农业)而高度分散的景观中,其灭绝最早可能发生在 2050 年。

研究人员表示,他们估计,这些昆虫只有在全球变暖不超过 2℃ 的情况下,才能继续在该地区存活。如果再与栖息地恢复工作相结合,特别是将那些已经被人类活动分散的栖息地连接起来,其平均种群数量还有可能恢复得更高,达到约 50% 的生产率。

奥利弗指出,如果人们想给这些蝴蝶一个机会,那么把被人类活动分裂的栖息地连接起来,而不是只关注于将整个栖息地面积最大化,这将是其中的关键。该研究惊奇地发现,与起初只是简单地扩大栖息地相比,在 1995 年干旱之后,减少栖息地碎片化,能够比前者更快地恢复蝴蝶种群数量。

奥利弗说:"我们并不一定非得大量恢复栖息地,事实上,我们还有一种更聪明的办法,那就是减少土地碎片化,即便只是一些很小块。"

帕尔玛姗表示,这是一个"非常重要的"保护策略。她说:"这是一个可以立即应用于英国的办法,同时在其他地区,它可以帮助人们思考如何对待类似的物种、进行土地管理和应对气候变化。"她同时警告称,这项研究表明,蝴蝶正面临一个暗淡的未来。

3. 研究蛾类昆虫取得的新成果

(1)用蜡蛾做原料开发新药物。2006年2月,俄罗斯媒体报道,在自然环境中,蜡蛾与蜜蜂一起生活在蜂窝里。因此,蜡蛾的幼虫散发着蜂蜜的味道。在民间,早就以蜡蛾幼虫制成的酒精提取物来治疗各种疾病。

不久前,俄罗斯科学院理论与实验生物物理研究的研究人员,在蜡蛾幼虫的酒精提取物中发现,这种提取物具有很高的抗氧化能力,可促进免疫系统的发展,调节体内能量的交换,能治疗肺病和心血管疾病。对这种提取物的临床研究发现,它可大大降低肺结核患者丧失劳动能力的程度和成为残废的危险系数。为了进行大量的研究,科研人员开发出了人工培育蜡蛾的技术。

由于孕妇和儿童不能使用含有酒精的药物,因此,针对这类患者研究人员开发出了干燥的蜡蛾幼虫药物。这种形式的药物也可提高人体的免疫力,治疗与预防各种传染病。目前,研究人员正在拓宽这种天然药物的用途。

(2)发现汽车尾气会影响飞蛾的嗅觉。2014年6月,西雅图市华盛顿大学生物学家杰夫瑞·里夫尔领导的一个研究小组,在《科学》杂志上发表论文称,汽车尾气的辛辣味道与植物的芳香似乎相差很大,但是它们能引发飞蛾大脑的相似反应,从而影响其嗅觉,让它们不再去寻找花蜜。

研究人员把烟草天蛾放置在一个风洞内,并将它们暴露在其喜爱的花香(美国曼陀罗花)里。另外,科学家还泵入了这种美国昆虫在飞行中可能遇到的其他气味。有时,这种混杂气味来自石炭酸灌木,曼陀罗花常常生长在这种灌木里面。其他时候,这些气味来自燃料燃烧排放的化合物。在这两种情况下,飞蛾都很难根据花香找到目标。

这些不同气味能对飞蛾产生干扰的原因可能在于苯环。苯环位于若干组成自然和人造气味的化合物的中心。飞蛾可能并不是在寻找食物过程中受到此类干扰的唯一受害者。里夫尔指出,能够传授花粉的蜜蜂也会受到车辆排放物的迷惑。

研究人员表示,这一发现令人惊讶,因为飞蛾像狗一样拥有强大的嗅觉系统,比人类灵敏数千倍。这也会为昆虫带来麻烦,因为寻找食物所浪费的每分钟都会消耗这些授粉者的能量。

(3)发现气味频率及背景会影响飞蛾寻找花朵。2014年6月27日,美国西雅图市华盛顿大学生物学家杰弗里·里佛尔领导的一个研究小组,在《科学》杂志上发表研究成果称,飞蛾等昆虫虽然会循着花的气味去寻找下一个采蜜的地方,但是一旦标靶花朵的气味频率及背景改变,将会改变其脑中对靶气味的气味感知,从而使寻找花朵变得非常困难。

在此之前,科学家们一直对昆虫是如何在空气中的各种自然及人造气味中,辨别出某些花的气味所知不多。为此,该研究小组对烟草天蛾的飞蛾进行了行为学及神经生物学测试。

这些飞蛾所采食的是怀特曼陀罗花的花蜜,而这些花常常相隔几百米,它们大多生长在杂酚油灌木中,而这类灌木会发出闻上去像是曼陀罗发出的气味,这对飞蛾寻找曼陀罗花蜜的嗅觉导航来说是一种挑战。

研究人员为了确定曼陀罗花气味混合物不断变化的频率是如何影响该飞蛾找到这种植物的能力,他们把飞蛾放入风洞内,并测试它们在 1～20 赫兹的频率范围内,对曼陀罗花气味混合物的反应。研究人员发现,飞蛾会对频率为 1～2 赫兹的花气味脉动做出最强的反应。在更高的频率时,它们会毫无反应。

研究人员还以不同气味背景,其中包括那些组成杂酚油灌木气味,以及来自人造污染物气味的气味背景下,飞蛾对花气味混合物的反应。他们发现,改变背景气味,可阻止飞蛾对曼陀罗的探究。研究人员说,这是因为不同的气味背景会影响飞蛾脑中处理气味的神经元。

这些不同气味能对飞蛾产生干扰的原因可能在于苯环。苯环位于若干组成自然和人造气味的化合物的中心。飞蛾可能并不是在寻找食物过程中受到此类干扰的唯一受害者。里佛尔指出,能够传授花粉的蜜蜂,也会受到污染排放物的迷惑。

里佛尔研究小组的研究表明,靶气味频率及气味背景内容,都会支配某个昆虫探究某靶气味的能力。自然气味背景改变,包括可能通过人造气味而改变,会让传粉昆虫更难找到标靶花朵。

七、昆虫纲半翅目与等翅目动物研究的新进展

1. 研究半翅目昆虫取得的新成果

证实蚜虫与细菌形成紧密的相互共生关系。2014 年 8 月,有关媒体报道,日本丰桥技术科学大学中钵淳副教授领导的研究小组发现,蚜虫还能利用内共生菌"转让"的基因合成蛋白质,并运送给内共生菌,从而形成高度的共生关系。这一成果,有望促进将亲缘关系很远的生物融合在一起,并开发出环保的防治害虫方法。

在院子里精心种植的花草不知什么时候就会爬满蚜虫。作为恶名昭著的害虫,蚜虫只吸食营养很贫乏的植物汁液,就能实现暴发性繁殖。研究人员说,这是因为,蚜虫体内有为其制造营养成分的内共生菌。没有内共生菌蚜虫就无法繁殖,而在含菌细胞之外,内共生菌已无法生存,这种共生关系已经世代相传了约 2 亿年。

此前曾发现,蚜虫会将内共生菌的基因组合到自身的染色体组内。此次,该研究小组利用基因重组技术,研究了其中的"$RIpA4$"基因,是否会合成蛋白质及蛋白质如何在蚜虫体内分布。

结果发现,"$RIpA4$"基因能够令蚜虫制造出蛋白质,而制造出的蛋白质则分布在含菌细胞内的内共生菌细胞内。研究小组认为,这显示蚜虫进化出了向内共生

菌运送蛋白质的运输系统。

中钵淳说："这是不同的生物融合在一起的终极进化方式。如果科学界能够开发出将有用的细菌与生物人为融合在一起的技术，除开发药物外，还有可能制造出拥有特殊能力的动植物。"

2.研究等翅目昆虫取得的新成果

（1）完成首个白蚁基因组的测序与分析。2014年5月，中国、美国、德国等国科学家共同组成的一个研究团队，在《自然·通讯》网络版发表文章宣布，完成了首个白蚁（内华达古白蚁）基因组测序和分析，在揭示白蚁复杂社会性的分子基础方面获新发现。

白蚁的蚁王具有长久的生殖能力，与蚁后拥有同等的特殊地位，其他社会性昆虫却没有王。因此，白蚁是研究社会性进化重要的昆虫。

白蚁与蚂蚁和蜜蜂一样是社会性昆虫。科学家发现在白蚁社会中，仅有少数的个体（称作蚁后和蚁王）拥有生殖能力，其他个体（工蚁和兵蚁）则从事觅食、保育或防御等非生殖类的工作。

中国国家基因库李彩指出："发现之一，是在白蚁基因组中，发现四个与精子形成相关的基因家族，发生了显著扩增。这些基因在可育的雄性生殖蚁中是上调表达的。在白蚁群体中，蚁后和蚁王会在相当长的时间里多次发生交配，然而在膜翅目社会性昆虫中，生殖行为通常是由蚁后掌控，且一般只有单次交配，研究成果为从分子层面上解释这些差异，提供了思路。"

科学家还发现了，一些在膜翅目社会性昆虫中，参与等级分化和生殖分工相关的基因家族，在白蚁中也表现出了相似的特性。

（2）发现白蚁蚁巢可遏制沙漠化。2015年2月5日，美国普林斯顿大学生物学家科丽娜·塔尔尼负责的一个研究小组，在《科学》杂志上报告说，在非洲、拉丁美洲和亚洲的草原、热带稀树草原或干旱地区，白蚁蚁巢可以储存营养和水分，并通过其内部通道使水分更好地渗入土壤中。换言之，同样是雨水不足，有白蚁蚁巢存在的地方植被长势更好，相对不易发生沙漠化。

研究人员表示，提到白蚁，人们可能首先想到它们会啃坏家具。但他们这项研究显示，白蚁建造的如小土山般的蚁巢可以保护植被，广泛分布的这种蚁巢，有助于在干旱及半干旱地区遏制沙漠扩张。

美国国家科学基金会环境生物学部门，项目主管道格·利维在一份声明中说："白蚁蚁巢为植物创造了重要避难所，并保护非洲大片地区免受干旱的影响。毫无疑问，白蚁并非在所有地方都是害虫。"

研究人员主要分析了肯尼亚的黑翅土白蚁，但他们表示其结论适用于所有类型的白蚁。塔尔尼策解释说，在草原和热带稀树草原地区，沙漠化要经历5个阶段，每个阶段的植被情况都不相同。而白蚁蚁巢让宝贵的旱地植被得以保存，造就了沙漠中的"绿洲"。

八、昆虫纲蜻蜓目与蜚蠊目动物研究的新进展

1. 研究蜻蜓目昆虫的新发现

（1）首次证实蜻蜓也有嗅觉。2014年3月，意大利佩鲁贾大学无脊椎动物生物学家曼妮尔·雷沃拉主持的一个研究小组，在《昆虫生理学》杂志上发表论文认为，蜻蜓是一种令人吃惊不已的动物。它们有六条腿，但其中的大多数不能行走。蜻蜓的眼睛由3万个微小的接收器组成，能察觉紫外线。尽管它们缺乏具备正常嗅觉所需的脑结构，但他们的研究发现，蜻蜓可能利用气味捕食。

人类鼻子里有很多嗅觉感受器，每一个嗅觉感受器能精准地辨别某个特殊的气味分子。当某种气味飘荡至人类鼻子里，这些嗅觉感受器，会将神经信号传送至被称为嗅小球的感觉中转站。科学家一直认为，大多数陆地哺乳动物和昆虫都具备的嗅小球，是辨别气味的唯一器官。因为蜻蜓和其"近亲"豆娘，都不具备嗅小球或其他更高级的嗅觉中心，大多数科学家认为这类昆虫根本无法分辨气味。

雷沃拉却持不同的观点。在电子显微镜的帮助下，她的研究小组对蜻蜓和豆娘的触须做了更细致地观察。研究人员发现了类似嗅觉感受器的微小球状物。这些感受器，就相当于昆虫的鼻子，里面有很多嗅觉神经元。当雷沃拉把其感受器暴露在某种气味下时，它们会发出神经脉冲，这更印证了雷沃拉的观点——豆娘和蜻蜓能感知气味。

感受器要想作为真正的嗅觉器官，可不仅仅只能是对气味做出反应这么简单——感受器发出的信号，必须影响蜻蜓和豆娘的行为。为此研究人员开展了一个风洞实验：蜻蜓最爱吃的"美食"果蝇被隐藏在一个棉布制成的屏风后，果蝇的气味可以通过屏风飘散。豆娘向果蝇所在的屏风一侧移动，这首次证明了感受器发出的信号会影响蜻蜓和豆娘的行为。

（2）发现蜻蜓可预测猎物的动作。2014年12月，一个昆虫学家组成的研究小组，在《自然》杂志发表文章指出，蜻蜓在追捕猎物的过程中，确实可以通过预测神经建模能力来拦截猎物。

任何曾尝试拍死一只昆虫的人都知道，接触到逃窜的昆虫有多难。尽管蜻蜓大脑很小，但它们却精湛地掌握着追捕猎物昆虫的技术。当人类试图拦截一个物体时，大脑会预测该物体会如何运动以及行动时身体应如何反应。研究人员此前并不知晓无脊椎动物是否具有这种预测能力，一直以来均认为它们的行为完全是滞后的。

然而，研究人员近日发现，蜻蜓具有预测猎物昆虫飞行动作的能力。研究人员把反射标记系在蜻蜓躯干上，然后用高速摄像机记录它们的动作，监测它们如何跟踪猎物：蜻蜓会让躯干与下方猎物形成直线来接近目标。

在此过程中，捕食者蜻蜓会用头部跟踪猎物，但是躯干会与猎物保持直线队列。这些动作需要蜻蜓准确预测猎物与其自身的动作。如果蜻蜓可以与猎物的

行动保持一致,获得一场盛宴就像接近垂直目标、然后当目标经过时抓住它那样易如反掌。其他无脊椎动物是否具有这种预测神经建模能力仍待进一步发现。

(3)发现蜻蜓辨色能力特别强的原因。2015年3月,日本产业技术综合研究所生物学家二桥亮领导的一个研究小组,在美国《国家科学院学报》网络版上发表研究报告说,他们在分析蜻蜓辨色能力特别强原因时发现,蜻蜓体内与区分颜色有关的基因种类格外多,能根据不同环境使用不同的色觉基因组合,所以,在蜻蜓眼中,世界的色彩会应得更艳丽。这一发现,有助于开发适应不同光亮环境的光传感器。

研究小组介绍说,很多动物都只有3~5种视蛋白基因,例如人类存在3种视蛋白基因,能形成应对蓝、绿、红三原色的"光传感器",可识别以三原色为基础的各种色彩。为此,人类能看到红色和紫色等,却看不到紫外线。研究人员通过分析各种蜻蜓的染色体,发现蜻蜓的视蛋白基因种类非常多,多达15~33种。

研究人员通过详细研究一种秋赤蜻,发现其复眼中朝向背部的小眼含有一种非常活跃的视蛋白基因,容易感知天空的蓝色。而在其靠近腹部的小眼中,视蛋白基因则能区分红色和绿色食物。二桥亮说,蜻蜓也许是为了有利于生存而进化出更多的视蛋白基因种类。

这一研究显示,蜻蜓能根据不同的光亮环境,运用不同的视蛋白基因组合。今后,研究小组准备详细分析蜻蜓的感光细胞,弄清其每个视蛋白基因的详细功能,揭示色觉进化和适应不同光亮环境的分子基础。

2. 研究蜚蠊目昆虫的新发现

(1)发现蟑螂等昆虫死后散发的气味可驱赶昆虫。2009年9月,加拿大麦克马斯特大学生物学家大卫·罗洛领导的研究小组,在《进化生物学》月刊上发表文章称,他们发现,不管是蟑螂还是毛虫,它们死后都会散发出具有恶臭的酸性脂肪类混合物,而这种气味能够驱赶室内所有昆虫。

研究人员在观察蟑螂的社会行为时发现,它在找到像碗橱之类居所时,会发出一种化学信号,吸引其同类。为了查明这种化学信号的具体物质成分,研究人员把死亡的蟑螂身体捣碎,然后将其体液撒播在一些事先设定的地方。结果让人惊奇地发现,蟑螂在爬行的时候,会避开这些撒播了死蟑螂提取物的区域。于是,研究人员就想查出,到底是什么物质让它们要避开这些地方。

为了查明这种物质,必须研究其他虫子是否会在死亡后散发出驱赶同类的味道。研究小组经过试验发现,不仅是蟑螂,蚂蚁、毛虫、树虱及潮虫等都存在此类现象。进一步研究还发现,尽管甲壳类动物和昆虫,分属于不同物种,但它们死后都会散发出酸性脂肪类混合物,其功能主要是用来表示一种警告信号。对于虫子来说,这种信号可让其确认同类死亡,并且避免与死者靠近,以便减少感染疾病的概率。而且,这种方法也能让动物激活自身的免疫能力。

研究人员希望,能够提炼出昆虫死亡后产生的这种气味混合物,并且通过这种方法来保护农作物免受害虫侵害。比如说,在原木上涂上酸性脂肪类混合物,能让其在一个月内不受木蠹蛾的侵害。

（2）研究发现蟑螂有眼黑夜不黑。2014年12月,一个昆虫学家组成的研究小组,在《实验生物学报》网络版上发表论文称,蟑螂能在黑暗中跑来蹿去,过去人们知道这是它会用触觉和嗅觉导航。现在,研究人员有了新发现:蟑螂还可以通过每个复眼中成千上万的对光敏感的细胞,即感光细胞,集合视觉信号,从而在一片漆黑中看见周围的环境。

该研究小组为了检测蟑螂的视觉敏感度,他们给蟑螂设计了一个虚拟的现实系统,发现当蟑螂周围的环境旋转时,这种昆虫会朝着同一个方向旋转来稳定其视觉。首先,他们把蟑螂放在一个追踪球上,使蟑螂不能用其口器或是触角导航。然后,科学家围绕蟑螂旋转黑白光栅,灯光照明的强度从灯光明亮的房间到没有月光的夜晚。

研究人员发现,蟑螂对光线暗度低至0.005勒克斯的旋转环境,进行了回应。它的每个光感受器每10秒仅可以接收到一个光子。他们表示,蟑螂一定在依赖深部神经中枢的一种未知的神经信息处理过程处理复杂的视觉信息;神经中枢位于大脑底部,并对动作进行调节。了解这一机制,或许可以帮助科学家为夜间视力,设计出更好的成像系统。

3. 研制出捕杀蟑螂的新方法

（1）人工合成出诱捕雄蟑螂的物质。2005年2月18日,日本信越化学工业公司一个研究小组,在《科学》杂志上发表研究成果称,他们人工合成出雌蟑螂吸引雄蟑螂的性外激素成分。研究人员认为,可借助这种人工合成物质,开发诱捕雄蟑螂的新方法。

据报道,早在1993年,科学家就知道蟑螂性外激素的存在,但由于含量太少,难以提取。最近,研究人员从5000只雌蟑螂的尾部分离出 1×10^{-6} 克这种激素,并查明其成分结构,然后人工合成出微量的这种物质。

在实验中,研究人员把这种人工合成的性外激素浸入纸中,放在距雄蟑螂55厘米的位置,结果在1分钟内有60%的雄蟑螂被这种激素所吸引。研究人员还在猪圈里放置了1/1000克这种性外激素,结果一个晚上诱捕30只雄蟑螂。

研究人员说,这种方法一旦普及,可望成为一种消灭蟑螂的有效手段。世界上有4000多种蟑螂。蟑螂可以传播多种病菌,蟑螂粪还可使人过敏。这种害虫很难被消灭。

（2）通过制成当"卧底"的机器人来剿杀蟑螂。蟑螂时常出没在厨房和卧室,给人们带来烦恼。它常躲在墙角旮旯里,出来后又爬行敏捷,难以消灭。现在,人们不用愁了,科学家已着手在蟑螂队伍中培养"卧底"。"卧底"能够影响和改变蟑螂的生活习性,引其出洞,以便剿杀。

2007年11月16日出版的美国《科学》杂志上报告说,比利时、法国和瑞士的研究人员,在实验中把几个蟑螂机器人混入真蟑螂队伍中。通过程序控制,以假乱真的蟑螂机器人能明显影响整个蟑螂群体的决策,使它们行为变得怪异。研究人员希望通过蟑螂机器人,来研究像蟑螂这样成群出没的动物如何进行"群体决策"。

法国的研究人员在分析研究蟑螂的行为后发现,蟑螂喜欢群体生活,但没有领袖,成员都很平等,而蟑螂常会跟随同伴行动。因此,研究人员认为,如果能在蟑螂队伍中培养"卧底",就可能把蟑螂带出黑暗的角落。

这些蟑螂机器人外形上并不太像真蟑螂,但体积很小,和真蟑螂的个头差不多。研究人员给机器人外表敷了一个涂层。这种涂层,是由不同化合物混合制成的,与真蟑螂身体表面的化学组成成分十分类似。因此,机器人会发出一种蟑螂气味,让真蟑螂确信这是自己的同类。

机器人放入真蟑螂群体后,很快就与真蟑螂"打成一片"。机器人开始参与到群体决策过程中,并显示出"影响力"。比如,蟑螂喜欢黑暗、成群活动,它们的活动决策由两个因素决定:那个地方有多黑、同伴们是否都去那儿。当面对明暗不同的两个藏身地点时,被研究人员编程的几个蟑螂机器人选择了亮一些的去处。尽管行为稍显异常,但机器人却成了"带头大哥",整个蟑螂群也跟着一起前往。

研究小组在报告中写道,这说明机器人的确可以改变动物的群体习性。他们希望这项实验,以及其他动物机器人研究,能够有助于理解动物行为以及群体决策过程等。

研究人员认为,蟑螂机器人的成功研制及运用,将使人类在控制动物方面取得突破性进展。该项目负责人说:人类利用"内奸"控制动物,其实是非常古老的方法,猎人和渔民都是这方面的老手。不同的是,现在研究的是混入动物并与其沟通的机器动物。

九、其他节肢动物研究的新进展

1. 研究内口纲弹尾目动物的新发现

在雪蚤身上发现防冻蛋白质。2005 年 10 月,加拿大安大略金斯敦奎恩大学生物化学专家劳里·格雷汉姆、皮特·戴维斯等人组成的一个研究小组,在《科学》杂志上发表研究成果称,他们在厚厚的积雪下面的菌类上,发现雪蚤仍能存活。是什么让这种小东西不被冻死呢?原来雪蚤身上有一种独特的"防冻剂"。

研究人员认为,如果把这种物质应用于农业或者器官移植手术,农作物和牲畜就可以不再害怕霜冻和寒流,捐献者用于移植的器官也就可以在低温状态下保存和运输,器官移植的成功率将大大提高。

长着 6 条腿的雪蚤只有 1～2 毫米长,没有翅膀。它们还被称为"跳虫",因为它们的腹部有一个被称为"弹器"的"弹簧",可以让它们从捕食者边上迅速跳走。

研究人员说,这种雪蚤的体内含有一种蛋白质,可以通过使体液的凝固点降低6℃的方法,抑制冰的形成。这一研究的一个实际应用,就是可以让移植器官保存在较低的温度下,以便保存得更长。

格雷汉姆说:"如果你能得到大量的这种物质,或者能够用这种防冻蛋白质获得一个基本的保护方法,并将器官浸在里面,那以你就可以用较低的温度保存这个器官,而防冻剂会保护器官不会被损坏。理论上讲,通过这种防冻蛋白质,我们可以将一个器官,保存在零下6℃以下,这就有希望让移植器官保存更长的时间。"

她说,冷冻食品也可以从这一发现中获益。她从雪蚤中提取的这种防冻蛋白质可以用来抑制冻灼。另外一种可能的应用是用于农业,让果树在遭到寒流突然袭击时不被冻死。格雷汉姆说:"如果你能够通过基因改良易受霜冻影响的农作物的话,你就能够制造出对冷冻不太敏感的作物。"

格雷汉姆和她的同事戴维斯发现,从雪蚤中发现的防冻蛋白质,与从甲早虫和蛾子中发现的防冻蛋白质不同,他们从而得出一个结论,那就是这些防冻蛋白质,在雪蚤身体得到了独立的发展。格雷汉姆说:"这可能是由于新的环境的气候变化和有机体受到了挑战而导致的结果。"雪蚤没有翅膀,是弹尾虫的一个类别,与咬人的跳蚤没有什么关系。

2. 研究有爪纲栉蚕科动物的新成果

揭秘天鹅绒虫黏液的喷出机理。2015年3月,智利阿道夫·伊班奈兹大学生物学家安德烈·孔查领导的研究小组,在《自然·通讯》杂志上发表文章指出,天鹅绒虫喷射黏液的过程利用了流体的力量和弹性,能做出超出神经对肌肉的控制速度的周期性振动。天鹅绒虫利用这种能力,快速喷出网状黏液,用来抓住猎物或威慑敌人。

天鹅绒虫是来自热带的分节动物,能快速喷射黏液。这种黏液喷射,是自然界中少数几种生物能够通过快速振动来实现的,人们目前尚不清楚其背后的精确控制机制。与其他物种(例如射毒眼镜蛇和射毒蜘蛛)通过晃动脑袋,让喷出的流体出现周期性振动不同,天鹅绒虫的脑袋能保持在固定位置。

该研究小组利用高速摄像技术,排除了靠肌肉收缩的可能性,他们发现黏液喷射的周期性振动速度比天鹅绒虫已知的肌肉收缩速度要快。在检查了天鹅绒虫的解剖结构后,他们开发了一套机械模仿流体从口腔突出的管道喷出的过程。

研究人员利用仿生弹性软管制造了类似注射器的工具,他们发现,能复制之前观察到的与天鹅绒虫黏液腺收缩同样的振动。

3. 研究多足纲山蛩目动物的新成果

从千足虫体内提炼药用成分。2015年8月,日本富山县立大学的浅野泰久教授及其同事组成的一个研究小组,在美国《国家科学院学报》网络版上发表研究报告说,他们发现,在该国九州和本州地区分布的一种千足虫(学名马陆),含有一种制取某些医用和农用药物所需的酶,在它们身上提取这种酶的效率,比常规方法更高。

研究人员说,这种千足虫体长约3厘米,拥有约100只脚,对人和农作物没有危害。当它们在栖息地大量繁殖时,其平均分布密度高达每平方米 103 条。这种千足虫在受到攻击时,会释放出氢氰酸气。研究人员由此推测其体内应有合成氢氰酸的酶,并着手研究。

研究小组在九州地区的杉树林,收集了约 12 万条千足虫。然后,将其磨碎,从生成的液体中,提取出了可合成氢氰酸的羟基扁桃腈裂合酶,平均每千克千足虫可获取约 0.12 毫克这种酶。

羟基扁桃腈裂合酶,可用于制造某些消炎及心脏病药物和农药。目前该成分主要从杏仁中提取,而千足虫体内的羟基扁桃腈裂合酶具有独特结构,活性更高,提取效率比用杏仁提炼高出 4 倍以上。而且这种"虫酶"在高温下也不易被破坏,稳定性良好。

4. 开发利用昆虫类动物取得的其他成果

(1)从昆虫身上提取抗癌药物分子。2004 年 11 月,德国《世界报》报道,昆虫的种类数量占世界所有生物的一半还多,它们适应各种生存环境并形成了众多针对不同细菌的抗体。德国斯特拉斯堡药物研究实验室主任孔巴尔贝主持,成员分别为生物学家、药物学家、化学家和昆虫学家的一个研究小组,试图从昆虫身上提取药物分子,并希望借此战胜癌症。

孔巴尔贝说,尤其是有关两个"特别活跃分子"的项目有望在治疗癌症的斗争中成功。那些分子能够摧毁癌细胞并抑制其在体内扩散。但现在说这种昆虫分子会对哪种癌症有效还为时过早。

这种分子与癌细胞发生作用后,癌细胞"大幅度减少",而且扩散被抑制或者停止。另一项目组研究人员目前正在患有癌症的老鼠身上进行实验。迄今为止,这些实验很有希望。孔巴尔贝希望在近期开始进行人体临床试验。

该研究小组不仅在昆虫身上获得了治疗癌症和感染的生物活性物质,而且还发现了昆虫的其他一些用途。他们首先把昆虫在酒精中熬煮,然后让液体流过一个起过滤作用的仪器。他们用这种方法发现了一种可治疗血中毒的蛋白分子。他们还从一种蝴蝶身上获得了一种有助于治疗霉菌病(特别是医院里那些免疫力差的患者所患的霉菌病)的缩氨酸。

(2)利用昆虫遏制外来杂草入侵。2009 年 8 月,有关媒体报道,19 世纪中期,原产于日本的蓼科杂草来到英国。由于当地罕有天敌,这种植物得以迅速繁殖,严重威胁了本地生物。英国莱斯特大学的研究人员为此专门培育出一种昆虫,使用生物手段遏制它的入侵蔓延。

他们培育出的是同翅目昆虫木虱,它不但专门吸食蓼科杂草的汁液,而且可在其枝叶上大量繁殖后代,从而削弱蓼科杂草的生长繁殖能力。研究人员说,这种生物遏制手段经过严格测试,它针对性强,不会对英国本地的类似植物或重要经济作物造成威胁。

第七节 其他无脊椎动物研究的新成果

一、软体动物研究的新进展

1. 研究牡蛎取得的新成果

(1)开发出牡蛎超高压灭菌技术。2009年12月20日,据韩国媒体报道,韩国食品研究院和韩国全南大学共同组成的一个科研小组,成功开发出一种有效杀灭牡蛎中弧菌和诺瓦克病毒的食品消毒技术,可望大幅提高牡蛎食品的食用安全性和出口价值。

据悉,韩国约有20%的食品中毒病例是由诺瓦克病毒引起的。在全球范围内,诺瓦克病毒引发的食品中毒病例近年来一直呈上升势头。其中韩国的发病率高于美国,但是低于日本。

研究人员表示,此次开发的超高压灭菌技术属于完全非加热灭菌技术,最大限度地减少了食品中的营养成分和生物组织结构受到的影响。由于超高压灭菌最大限度地保证了食品的质量,提高了食品安全性,有望成为消费食品行业的基础技术。该技术推广之后,韩国牡蛎的综合质量水平将得到很大提高,其国际竞争力也可望得到进一步增强。

(2)开发出高效养殖牡蛎技术。2012年8月1日,日本群马工业高等专科学校教授小岛昭率领的研究小组,向当地媒体宣布,他们与石井商事公司合作,开发出了养殖牡蛎的新技术,能大幅加快牡蛎的生长速度。

新方法是把装有铁板的碳纤维袋子供牡蛎卵附着。把这种袋子挂在养殖牡蛎的木筏上后,由于碳的作用,牡蛎产的卵非常容易附着在袋子上,而且铁质会溶解到水中,促进牡蛎捕食的浮游生物的生长。

以前,养殖牡蛎都是在海水中悬挂一串串的扇贝壳,供牡蛎卵附着。与之相比,新方法可使附着的牡蛎卵数目增长2倍,牡蛎生长速度也加快60%～70%。研究小组从去年开始在新潟县佐渡市进行养殖试验,证实了新技术的高效。

2011年东日本大地震发生后,日本东北地区的牡蛎养殖业大受打击,目前正在逐步恢复。小岛昭表示:"希望利用这种有效培育牡蛎的技术,为重建做出贡献。"

(3)破解牡蛎玻璃护甲之谜。2014年3月,一个以材料学家为主组成的研究小组,在《自然·材料》杂志上网络版上发表研究成果称,他们在利用电子显微镜观察牡蛎外壳的晶体结构后,终于发现了它呈现透明而坚固状态的秘密。

研究人员说,牡蛎的外壳非常透明且坚固,在印度和菲律宾的一些城市,它被用来当作玻璃的替代品。但是,牡蛎外壳99%的组成物质都是方解石,这是一种只含有很少有机材料的易碎物质。他们想要弄清,牡蛎只有手指甲厚的外壳,为何能够在抵御多重撞击时还能保持透明,令人造材料望尘莫及。

当研究人员用金刚石猛钻牡蛎的外壳时,它能抵抗方解石承受力10倍的压力,且依然完好无损。他们利用电子显微镜观察,终于发现了其中的秘密。当承受压力时,牡蛎外壳的晶体结构也会相对扭曲,使得原子重组生成新的边界,避免发生任何形式的破裂。

这一过程被称为塑变双晶,牡蛎能够将垂直压力水平驱散开,使得自己的壳可以承受多次重击。此外,方解石层与层之间还存在有机物质,避免在水平驱散压力时发生开裂。研究人员认为,该研究成果,能够为新一代挡风玻璃提供坚固透明的材料,甚至能够为军人提供"透明装甲"。

2. 研究章鱼与乌贼取得的新成果

(1)找到麻醉章鱼的新方法。2014年11月,欧盟一个实验动物研究小组,在《水生动物卫生杂志》上发表研究成果称,他们找到一种给章鱼进行麻醉的新方法,可以使其在运输和进行科学实验处理时,例如让章鱼经历行为学、生理学、神经生物学和水产养殖研究的过程,不会感到疼痛。

研究人员表示,当提及实验动物福利时,大鼠和小鼠并不是唯一令人担忧的生物。2013年,欧盟强制要求用于科学研究的章鱼等头足类动物应被人道地对待。这样,寻找合适的章鱼麻醉方法便是对这项规定做出的回应。

研究人员说,他们把10种章鱼浸泡在含有异氟烷的海水中做试验,异氟烷是一种适用于人类的麻醉剂。研究人员把这种物质的浓度从0.5%逐渐增加到2%。结果发现,这些动物会丧失对触觉的反应,并且颜色变得苍白,这意味着其大脑的颜色控制协调性丧失,也就是这种动物确实已经被麻醉了。当被浸泡在不含异氟烷的新鲜海水中40~60分钟后,章鱼开始恢复知觉。它们开始能对外界接触产生反应,颜色也恢复了正常。

(2)发现乌贼停歇时产生电信号是为了伪装。2015年12月1日,国外一个海洋生物研究小组在英国《皇家学会学报B》上发表研究报告称,他们在实验室的测试中发现,乌贼停歇时产生电信号现象是为了伪装自己在此处不存在。

科学家早就知道,乌贼和它们的一些同族在受到捕食者威胁时会停止呼吸。不过,他们推断,呆立在原地不动仅能辅助这种动物从视觉上进行伪装。而事实证明,这还有另一个目的。一项最新研究显示,流经乌贼腮部的水缺失会减少附近的电活动,从而使捕食鲨鱼以为这种生物并不存在。

在实验室中,研究人员测量了乌贼在水槽底部停歇时产生的电信号。随后,他们测量了因一段捕食者迫在眉睫的视频而受到惊吓的乌贼产生的电信号。当这些处于恐慌中的生物呆立在原地并用触手掩盖住通往腮部的腔体时,附近水中的电压下降了约80%。

随后,对两种鲨鱼进行的实验室测试显示,这种策略完美地发挥了作用。当研究人员产生电压以模仿一只停歇乌贼的出现时,鲨鱼能探测到 20 厘米外的电子设备,并且在 62% 的时候朝它发起攻击。不过,当研究人员模拟一只屏住呼吸的乌贼出现时,两头鲨鱼在更加靠近设备的 5 厘米的地方才注意到它。即便这样,它们只是在 30% 的时候向它发起攻击。

另外,当研究人员模拟一只逃离的乌贼时,鲨鱼在 94% 的时候探测到该设备,并且是在 38 厘米以外的地方,从而使直接逃离这一策略成为最坏的选择。

研究人员认为,掩盖住长有腮部的腔体,或许同样能以另外一种方式帮助静止的乌贼:它可能制止了进出这一凹口的水流,从而减小了提示捕食者有乌贼存在的微小压力波。

二、扁形动物研究的新进展

1. 研究扁形动物基因的新发现

在涡虫体内发现抑癌基因。2012 年 4 月,英国诺丁汉大学生物学院阿齐兹·阿博贝克博士领导的一个研究小组,在《公共科学图书馆·遗传学》期刊上发表研究成果称,他们通过对涡虫的研究发现,SMG–1 基因可能在癌症发展过程中起着重要作用,该基因变异会导致癌症肿瘤的迅速增生。

涡虫是一种常见的水生非寄生性变形虫,在自然界中分布十分广泛。它具有强大的再生能力,因而被科学家们视为一种很好的实验材料。

研究人员对涡虫进行研究时发现,涡虫体内的 SMG–1 基因会与 mTOR 信号通路密切配合,控制涡虫的生长和再生。一旦这种控制被移除,则会导致涡虫体内细胞的急剧分裂,形成肿瘤,最终导致涡虫死亡。

研究人员相信,SMG–1 基因会抑制 mTOR 信号通路,从而抑制癌症及其他衰老性疾病的发展。如果是这样,则应该能在癌症患者体内找到 SMG–1 基因突变。而已有研究表明,在某些乳腺癌肿瘤细胞中发现有 SMG–1 基因突变。研究人员的下一步工作,则是要证实这种突变是否会导致细胞的非正常生长,从而引发癌症。

阿博贝克指出,研究表明,SMG–1 基因是被科学家们忽视了的新的肿瘤抑制基因。这种基因,对于动物的生长起到抑制作用,如果其作用在人类身上也适用,则可以用来开发新的治疗癌症和其他衰老性病症的方法。

2. 研究扁形动物再生能力的新成果

(1)揭示真涡虫无限再生寿命的支持机制。2012 年 4 月,英国诺丁汉大学生物学院阿齐兹·阿博贝克博士领导的一个研究小组,在美国《国家科学院学报》上发表论文称,他们发现一种真涡虫(Planarian)有着惊人的组织修复能力,把它们切成两段后,两边能再生出新的肌肉、皮肤、肠道,甚至完整的大脑,而且这种再生好像能无限地进行下去。他们揭示了这种动物无限再生寿命背后的支持机制,为研究人类细胞克服老化,延缓衰老特征的出现带来希望。

　　细胞老化的原因之一,与端粒长度有关。端粒是 DNA 链末端的"保护帽",就像鞋带末端防止开线的小胶棒。细胞每分裂一次,端粒就会变短一点,端粒变得太短时,细胞就丧失了分裂的能力。如果一种动物能无限地保持其端粒的长度,就可能永远分裂下去,它就可能永生不死。此前的研究显示,保持端粒长度靠的是一种端粒酶的活性。在大部分有性繁殖生物中,这种酶只在早期发育阶段表现出最大活性,随着年龄增长活性丧失,端粒就开始变短。

　　阿博贝克说,真涡虫的干细胞却能以某种方式避免老化过程,保持自身细胞一直分裂下去。在真涡虫的成熟干细胞中,染色体能主动保持着端粒的长度,理论上它们是永生的。他们用两种真涡虫做了一系列实验,一种是有性繁殖,另一种是无性繁殖,即简单地分成两段。

　　他们识别出一段端粒酶基因,关闭了该基因活性后,真涡虫端粒开始变短。然后他们检测了该基因活性和端粒长度之间的关系,发现无性繁殖的真涡虫再生时,端粒酶基因的活性大大增加,使干细胞能在分裂中保持端粒长度;而有性繁殖的真涡虫却没显示出这样的情况。研究人员对这两者间的差异非常吃惊,因为两种真涡虫都有无限的再生能力。他们推测,要么有性繁殖真涡虫最终会出现端粒变短,要么它们是通过一种不需要端粒酶的机制来保持端粒长度。

　　阿博贝克说,他们的下一个目标是详细研究这种机制,这对理解某些与老化有关的基本过程具有重要意义。无性繁殖真涡虫能在再生过程中保持端粒长度,从这里有望找出让一个动物永生不死的原因。

　　(2)真涡扁虫种间"换头"实验获得成功。2015 年 11 月,美国塔夫茨大学再生与发育生物学中心主管迈克尔·莱文、生物学本科生埃蒙斯·贝尔等人组成的一个研究小组,在《国际分子科学》杂志上发表论文称,他们不改变基因组序列,就成功诱导一种扁虫长出了另一种扁虫的头形和脑结构。这一成果,表明生理线路可作为一种新的表观遗传信息,决定生物体内较大的结构。

　　该研究发现,由基因组决定的头部形状并非固定不变,控制体内的电突触能改变基因表征,因此在某种程度上,物种间差异可以通过生物电网络来决定。

　　实验所用的是再生能力很强的真涡扁虫。研究人员通过打乱扁虫细胞间的缝隙连接(蛋白质通道),让它们长出了不同的头形、脑结构和成熟干细胞。他们还发现,扁虫改变头形的难易与进化有关,变形前后两个物种之间的关系越近,改变越容易。这些实验加强了物种在进化历史上的联系,也表明生理线路调节,或许是进化中改变动物体型的另一种工具。

　　莱文说:"人们普遍认为,染色质(构成染色体的遗传物质)的序列和结构,决定了一种生物的体型,但新研究显示,生理网络的作用能超越物种之间所空缺的结构。通过电突触调节细胞之间的缝隙连接,我们能让一种有着正常基因组的动物,长出另一种动物的头形和脑花纹。"掌握如何确定及影响机体形状非常重要,这些知识,可以帮助生物学家修复生物体的出生缺陷,使其在受伤后长出新的身体结构。

以往的研究,曾把几种扁虫永久性地变成了双头虫。而这次变形是暂时的,扁虫完全长出另一种头形后的几周里,会再次调整变回原来的头形,但为何如此还需进一步研究。

贝尔说,在扁虫的头再生期间,细胞间的电信号连接为种间头形的改变提供了重要信息。这种信息,对推动再生医学发展,更好地理解生物进化非常重要。

三、环节动物研究的新进展

1. 研究水蛭的新发现

发现袋鼠水蛭喜欢搭螃蟹便车。2014 年 1 月,研究南非水蛭的一个研究小组在《国际寄生虫学杂志:寄生虫和野生动物》上发表研究成果称,他们发现,南非水蛭必须要出行时,往往不愿自己走,而喜欢搭螃蟹的便车。

与一些将卵附着在青蛙或鱼类等宿主身上的水蛭不同,这种水蛭利用一种内部育儿袋保护自己的后代,在这里其后代能够生活数周。但是,这些袋鼠水蛭在成年后,仍然要抓住蟹,尽管它们并不以其为食。这里,一只动物仅仅使用另一只动物作为交通工具。

研究人员在考察南非波切夫斯特鲁姆附近的河蟹时,发现这种运输行为随季节而变化,并且因河蟹的性别而不同。袋鼠水蛭在繁殖季节开始之前,会寄居在公河蟹身上。

更多公河蟹落入有食物诱饵的陷阱,这暗示了随着河蟹们进入求爱的最佳状态,它们在这一时期的觅食活动也增加了。母河蟹遇到的情况相似,但是规模较小,在繁殖后它们的水蛭乘客的数量会增加,在需要额外觅食以确保孕期营养时尤为如此。

研究人员表示,在一年中的其他时期,平均一只河蟹上仅有几十只水蛭。通过跳上一只河蟹,它们走过大部分陆地,并坚持到达难以企及的地点。袋鼠水蛭可能利用了河蟹当作避风港躲避捕食者,同时扩展自己的淡水领土。

2. 研究蚯蚓的新发现

发现蚯蚓能"小心"躲开植物防御系统。2015 年 12 月,德国马普海洋微生物研究院曼纽尔·里切克、英国伦敦帝国理工学院雅各布·班迪等人组成的一个研究小组,在《自然·通讯》杂志发表论文称,他们发现,蚯蚓肠道中产生的一种独特化合物,可以保护它们不受植物产生的防御性化学物质的损伤。这些化合物起到的作用就像是表面活性剂,降低了植物化合物之间的表面张力,或者干脆破坏掉它们的化学性质,其机制类似于洗洁精或是其他清洁用品所起作用的方法。

植物为了避免地面上的食草动物把它们吃掉,会产生阻止蛋白质结合的化学物质多酚。多酚广泛存在于植物体内,在被动物吃下后,可以抑制其肠道中酶的作用。植物采取这种"防守策略"的结果,就是使这些化学物质被保留在枯枝落叶中。对于蚯蚓这种生活在地面以下的"分解者"来说,这无疑是一种饮食上的挑战。

此次,使用了各种技术来分析摄入了植物多酚后蚯蚓肠道的液体的化学组成,同时详细地展示出在消化道的哪个部位多酚最活跃。他们在肠道中找到了一组从前没有被科学界描述过的、具有表面活性的代谢产物,并命名为"蚓防御素",而这个命名是来自蚯蚓所在的无脊椎动物的目——巨蚓目。

研究人员发现,这些化合物存在于14类不同蚯蚓物种的肠道当中,但是在其他亲缘关系较近的无脊椎动物群(如水蛭和颤蚓)当中则没有发现。这表明"蚓防御素"是蚯蚓独有的一种物质。在自然环境下的蚯蚓进食了含有丰富的多酚类物质一餐后,它们会增加"蚓防御素"的浓度进行分解。当然,这也意味着,这种物质在全球范围内约百亿吨的植物碳循环中,起到了重要的生态作用。

论文作者表示,体内自带"洗洁精",是蚯蚓能适应在土壤中"回收"枯枝落叶的一个关键。

四、刺胞动物研究的新进展

1. 研究珊瑚取得的新成果

(1)证明珊瑚能够经受海洋酸性变化的考验。《自然》杂志上曾有文章预言,由于人为因素导致碳含量增加,到21世纪末,海洋表面的pH值将从8.2降低到7.8,与过去2000万年相比,今天的海水变得更酸了。海水酸度增加,会更多地溶解碳酸钙。对珊瑚来说,这是个严重问题,从本质上讲,酸化会导致珊瑚裸露。

针对此况,2007年3月30日出版的《科学》杂志,发表了以色列巴伊兰大学研究人员的实验报告,认为部分种类的珊瑚会让单个珊瑚虫从其碳酸钙骨骼中剥离出来,珊瑚在酸度增加的海水中仍然能生存。

这一实验过程是,把两种地中海珊瑚放入溶液中,并逐渐增加溶液的酸度。研究人员发现当溶液的pH值低到7.3时,这些珊瑚群的结构在几周时间内出现显著变化:碳酸钙骨骼开始溶解,珊瑚虫完全裸露。令人吃惊的是,这些脱离碳酸钙骨骼的珊瑚虫,在这种极端酸化的环境中仍能成长壮大,体积比原来大3倍,后代的繁殖也没有受到影响。这一发现,令人兴奋也让人担忧:珊瑚虫虽然能存活,但珊瑚礁却不见了。

(2)证实大堡礁海水变暖会增大珊瑚死亡风险。2012年9月,堪培拉媒体报道,澳大利亚一项新研究证实,世界最大的珊瑚礁——大堡礁水域的海水温度正在上升。专家认为,这一变化将给这一区域及其周边区域的生态环境带来影响。

澳大利亚研究理事会合理利用珊瑚礁研究所研究人员报告说,他们分析了1985年以来的卫星数据,发现有"明显证据证明"大堡礁水域的大部分区域海水温度上升,其中南部水域海水温度上升了0.5℃。研究人员认为,海水温度升高意味着珊瑚的死亡风险增大。

研究同时表明,季节变换的规律正在发生改变,在某些区域夏季开始得比往常更早,且持续时间更长。这种改变也将影响大堡礁海域的生态环境。

(3)研究预测珊瑚礁对气候引发损伤的反应。2015年1月,澳大利亚詹姆士库克大学,尼古拉斯·格雷厄姆领导的一个研究小组,在《自然》杂志发表的研究报告表明,印度洋—太平洋中的珊瑚礁,对于气候引起损伤的长期反应和珊瑚礁的结构复杂性,以及水深等可测量因素有关。组合在一起,对于这些特征的量化测量,可以用98%的准确率解释珊瑚礁的恢复或者以藻类为主的生态系统的转变。增强对于这些变化事件的了解,可以更好地采取预防措施,应对气候变化对热带珊瑚礁产生的影响。

研究小组采用了塞舍尔群岛受到1998年厄尔尼诺严重褪色事件影响的21个珊瑚礁,历经17年的数据,测量了11个珊瑚礁的指标与珊瑚礁恢复或者转变的关联。他们发现了可预测的生态系统反应的阈值。

据预测,全球珊瑚礁褪色事件的频率在未来还会增加,因此此项研究发现的让珊瑚礁易于恢复的因素,可以更好地指导管理珊瑚礁的工作。水深和珊瑚礁初始结构复杂度是主要因素,而这方面的测量容易达成,作者指出,可以在更少的时间内,在更大的面积中,收集更多的数据。

(4)研究表明加勒比海珊瑚礁退化将危及其他物种。2015年9月,英国纽卡斯尔大学海洋生物学家尼克·波留宁等人组成的一个研究小组,在《动物生态学杂志》上发表研究报告说,他们一项研究结果显示,加勒比海的珊瑚礁如果因环境等因素而退化,会给这一海域的生物多样性带来非常大的负面影响,甚至让许多依赖珊瑚礁生存的物种灭绝。

研究人员说,他们对加勒比海部分珊瑚栖息地的环境和珊瑚种类进行了详细分析。研究结果显示,在加勒比海的博奈尔岛、波多黎各、圣文森特岛与格林纳丁斯群岛等地附近海域,都有相似的发展趋势:如果当地珊瑚礁的复杂生态体系逐渐退化,其周边海域的生物多样性和种群数量也会随之下降。

研究人员说,如果珊瑚礁的复杂生态体系退化到一个"临界点",那么加勒比海的部分物种就会完全消失,其中包括许多鱼类。这样,以捕鱼为生的很多当地人可能会受到不小影响。

波留宁说,复杂的珊瑚礁生态体系是加勒比海中重要的生物栖息地,上述研究再次显示,这一生态体系对众多海洋生物的生存具有不可替代的作用。

2. 研究水母取得的新成果

(1)首次成功培育出长12个头的水母。2008年4月,德国媒体报道,德国汉诺威大学兽医学院的生物学与无脊椎动物学家本内德·谢尔沃特主持,其同事沃尔夫冈·雅各布等人参与的一个研究小组,在实验室成功地培育出一种有12个头的水母。这一新成就在人类的动物培育史上尚属首次,对于科学家们揭开多头生物体的形成奥秘具有重要意义。

谢尔沃特称,研究小组最近进行了一系列基因实验,并在实验室中成功地培育出一种有12个头的水母,该实验揭示了自然界中其他多头生物体,包括形成珊瑚礁的生物群,是如何起源的。

研究小组仔细研究了所谓的"Cnox"基因,因为这种基因能够影响水母的胚胎发育,进而影响水母身体结构的形成。"Cnox"基因与"Hox"基因有着密切的关联,后者同样能够影响人类的胚胎发育和身体构成。

研究小组从法国南部搜集了一种欧洲水螅的水母,并对其进行了实验研究。实验中,研究人员设计了一些可以专门抑制"Cnox"基因的核糖核酸分子。在正常情况下,由于水母体内的盐分比较高,因此这种核糖核酸分子无法渗入它们的细胞。为此,谢尔沃特表示,他们使用了足够多的淡水对海水进行稀释,创造出一种既利于水母存活,又利于核糖核酸分子进入水母体内的环境。

谢尔沃特介绍道,当一个名为"Cnox–3"的Cnox基因受到抑制,动物就会生出两个功能完备的头,例如进食;而一旦另一个名为"Cnox–2"的基因也受到抑制,动物常常就会长出两个以上,甚至多达12个头。

在自然界,生有多头的动物极其罕见,这意味着两个或者多个头并不比单独一个头优越,因为多头往往弊大于利。

谢尔沃特注意到,珊瑚虫是一种腔肠动物,许多珊瑚虫群集在一起形成群体,它们的头不断叠加却共用一个腔肠,看起来有点类似于研究人员们培育出的多头水母。水母与形成珊瑚的珊瑚虫一样,都是长有小刺须的食肉动物,属于刺丝胞动物类。

谢尔沃特猜想,早在很久以前,珊瑚虫和其他集群生物体的共同祖先可能就拥有了这种多头基因,以"形成动物集群"。他认为,可以确定的是,这些发现表明抑制某些基因可以导致身体结构"从一开始"就发生不可思议的变异,这揭示了"动物生命大体上的进化和演变过程"。

(2)对水母推进力研究的新发现。2014年2月,一个由海洋生物学家组成的研究小组,在《自然·通讯》杂志上发表文章说,人类制造的任何东西,都无法像水母一样有效地穿梭于水中。他们发现,水母的每个触手都能创造出压力系统:从水母钟形身体前部旋转的低压涡旋,会遇上形成于其身后的高压膨胀。这种压力梯度拉动着水母轻松地在水中穿梭。

该研究小组用了两年时间对水母的推进力进行专门研究,终于揭示了让这种半透明动物有效运动的一个重要结构特点:柔韧。研究人员还通过制造机器水母,验证了这一理论,结果柔韧模型把僵硬模型甩在了身后。但是,水母是唯一发现柔韧魔法的动物吗?

一项新研究调查了59种动物具有推进力的四肢,从虎鲸的鳍到飞蛾和蝙蝠的翅膀,再到海蛞蝓的翼状脚。柔韧性不仅无处不在,并且经过了精妙的调整。无论动物生活在空气中还是水中,无论它是利用皮肤、羽毛还是胶状襟翼推动自己前进,四肢拥有推进力的所有动物,似乎有相同的柔韧设计约束:在稳定动作中,结构长度的约1/3弯曲,弯曲角范围从15度到40度。

研究人员指出,上述描述的这种精密的"生物形态空间",并不是共享基因的结果。相同的解决方案被重复了无数次。而鳍和翅膀的精细调整经过了良好设计,并在进化过程中被再三发现。不夸张地说,僵硬是一种拖累。

(3)发现水母断腕采用"均衡化"自我疗伤。2015年6月15日,美国帕萨迪纳市加州理工学院生物学家李·戈恩托罗领导,他的学生生物学博士迈克尔·艾布拉姆斯等人参与的一个研究小组,在美国《国家科学院学报》发表论文称,水母断腕后不是重新长出新触手,而是通过重新排列触手以恢复身体的均衡性,来实现自我疗伤。

2013年春,艾布拉姆斯弄断了一个小水母的两个触手,因为他发现了一些此前从未见过的现象。"他开始喊……'你绝对没见过这个,快过来看看。'"他的导师戈恩托罗回忆说。

该研究小组猜想,可能艾布拉姆斯的海月水母会重新长出新触手,因为很多其他海洋无脊椎动物,包括海月水母自身在螅形体阶段时,都通过这种方式再生。

然而,这个海月水母并没有重新长出两只触手,而是重新排列了剩余的6个触手,直到它们均匀地分布在身体周围。海月水母剩余触手上生长的肌肉不断推扯着,直到它们重新均衡分布,触手的均衡分布对于海月水母的活动十分关键。

为此,研究人员在偶然间发现了一种全新的科学现象,他们把此称作"均衡化"。水母经常会受伤,如有时捕获猎物的攻击没有成功,均衡化是水母自我疗伤的一种重要方法。

缅因大学没有参与此项研究的海洋学家萨拉·琳赛说:"这是一项惊人的发现,是非常难得的观察性研究成果。"

戈恩托罗研究小组险些错过这项发现。他们一开始计划研究灯塔水母的肢体重构方式。在等待研究样本到来期间,他们打算先用普遍存在的海月水母做一些试验。

艾布拉姆斯说,观察到海月水母的触手调整现象后,他反复试验了几次,因为他以为可能发生了错误。随后,他确定了海月水母确实在重新调整触手,以恢复身体的均衡性,这一过程大致要花费12小时至4天。

为了调节这种现象背后的机制,研究人员把注意力转向水母的肌肉系统。如果给海月水母注射肌肉松弛剂,它们就很难完成触手均衡化过程。然而,当研究小组增加了小水母体内的肌肉脉冲时,这一过程明显比通常情况下加快了速度。

戈恩托罗补充说,了解这种现象,可以为科学家研究再生药物提供新思路。

她说:"我们希望它可以激发新的生物材料技术:不是通过替换丢失的部分,而是通过恢复相关功能。"

五、线形动物研究的新进展

1. 研究线虫生理现象的新成果和新发现

(1)绘出线虫胚胎形成图。2005年8月,美国纽约大学克里斯·刚撒卢斯牵头,哈佛大学以及德国马克思·普朗克研究所研究人员参加的一个国际研究小组,对媒体发布消息说,他们制作出第一幅胚胎早期形成过程的分子交互运动图表,从而能够更好地解释一个有着特定组织和器官的多细胞生物体,是如何从一个单一的细胞发展而来的。

研究小组对秀丽隐杆线虫的前两次细胞分裂进行了观察研究。秀丽隐杆线虫是一种体形较小、浑身透明并寄居土壤的蛔虫,它被当作一种生物体模型,而广泛应用于胚胎发展的各项研究中,也是第一种自身完整染色体被排序的动物。研究人员使用一种新的研究方法,把以前研究秀丽隐杆线虫基因、蛋白质功能及活动的大型基因研究成果,与当前的研究结合起来,观察胚胎是如何形成的。

刚撒卢斯说,胚胎发展的早期几个阶段的研究意义是十分重大的,因为它是研究该动物后期胚胎发展过程的基础和框架。通过第一次细胞分裂,那些影响线虫特定组织和器官生成发展及决定它身体形状的条件就建立起来了。他还说:"我们在该项研究中所制作的图画,从整体的系统的角度对早期胚胎发展的分子运动,做出了革命性的阐释。"

研究人员的图画,描述了被他们称为"分子机器"的一小部分蛋白质组簇,是如何调整影响线虫胚胎的早期发展过程的。那些被观察到的"组簇"模式,为一些未解决的研究提供潜在的解释,而接下来的实验,也证实那些功能并显示出该研究方法的巨大潜能。

秀丽隐杆线虫还含有许多更为复杂的生物体,包括人类中的基因和蛋白质,因此该研究的结果也将帮助研究人员更好地理解更广范围内的胚胎发展过程。

(2)从研究线虫发现进化可预测的有力证据。2011年9月,有关媒体报道,美国洛克菲勒大学遗传学家科妮莉亚·巴格曼领导的研究小组,通过对三组不同种类的线虫进行的试验表明,进化方向趋向于使那些对生命过程最没有影响的基因消失,也就是说,进化在某种程度上是可以预测的。

自然条件下的线虫有两种生命路径,一种是在食物充裕、气温适宜、个体数量不拥挤的情况下,在3天内成熟繁育并于2周内死去;另一种是进入休眠状态,待适宜条件出现后复苏并开始前述生命过程。

不同种类的线虫都有检测同类发出的、表明拥挤程度的信息素的基因,如拥挤则表明食物短缺,部分线虫便进入休眠状态。

研究小组用秀丽隐杆线虫、为哥伦比亚号航天飞机准备的一种秀丽隐杆线虫、秀丽小杆线虫三种线虫进行试验。他们发现在实验室里，线虫个体十分拥挤，但食物来源十分充裕的条件下，经过若干代繁殖，几种线虫体内负责检测拥挤程度的信息素的基因都消失了，使得很少或几乎没有线虫进入休眠状态。

（3）发现线虫等虫子身上也自带"指南针"。2015 年 6 月，物理学家组织网报道，美国得克萨斯大学安德烈斯·加德亚领导，乔恩·下村等为成员的一个研究小组，首次在动物身上找到了地球磁场感应器，这个感应器位于线虫的小脑袋里。

大雁、海龟、狼等很多动物都可以通过地球磁场为自己"导航"。但是直到现在，没有人能说清楚它们是如何做到的。据报道，这次研究人员在秀丽隐杆线虫里发现了地球磁场感应器，它是线虫脑子里 AFD 神经元末端的一个微型结构。

这个磁场感应器看起来像是纳米级别的电视天线，这些线虫利用它在地下"导航"。该研究小组认为，由于不同物种间大脑的结构有很多相似之处，其他动物也很可能具有这种结构。下村说："其他更为高级的动物如蝴蝶和鸟类，也很有可能会利用这种微型结构。"这一发现，使他们理解其他动物磁场感应机制有了立足点。

研究人员发现，饥饿的线虫在含有填充物的试管中倾向于向下蠕动，他们认为这有可能是线虫寻找食物的策略。此后，他们使用来自世界其他地区的秀丽隐杆线虫做实验，发现在同样情况下，这些线虫的蠕动方向取决于自己的"故乡"所在地：来自夏威夷、英格兰或澳大利亚等不同地区的线虫，蠕动的方向会与地球磁场形成不同角度，这个角度在它们的"故乡"非常精确地对应着下方。例如，来自澳大利亚的线虫会向上方蠕动。他们还发现，经基因工程处理过的 AFD 神经元遭到破坏的线虫，不会像正常线虫那样向上或向下蠕动。

研究人员总结道，随着地理位置的移动，地球磁场的方向也会发生变化，每一个线虫的磁场感应系统都精确地与本土环境相匹配，以允许自己分辨上方和下方。加德亚说："磁性探测可能对生活在土壤中的物种而言十分常见，这一前景令我深为着迷。"

2. 医疗健康领域研究线形动物的新成果

（1）发现食用未煮熟的猪肉易感染旋毛虫。2004 年 12 月，俄罗斯媒体报道，俄罗斯医学科学院专家杜尔涅夫等人组成的一个研究小组，在提供的研究报告中写道，他们发现，食用未煮熟的猪肉可以使人感染旋毛虫，从而对健康及生育能力造成危害。旋毛虫是一种很小的寄生虫，可寄生在人体及猪和老鼠等动物体内。

研究小组用老鼠进行实验后发现，旋毛虫除了使被感染对象发生消化不良、发烧和肌肉疼痛等症状外，其体内的活性物质还可能破坏被感染对象骨髓和生殖细胞的 DNA,致使 DNA 的一部分从被破坏的细胞中流出,在细胞周围形成类似彗尾的云状物质,从而影响生育能力。

杜尔涅夫介绍说,旋毛虫在生物体内经历复杂的发展过程。它们随食物进入胃后,先在小肠内聚集,3 天后具备繁殖能力并产下幼虫。幼虫可进入血液循环系统和身体各部位,侵入肌肉组织,破坏肌肉纤维,汲取养分。约 2 周后,它将用膜把自己包起来。

研究人员发现,旋毛虫正式"安家落户"这一阶段,对生物体的破坏力最强。但总体来说,它们的破坏力与数量有关,如果大量寄生在生物体内的话,它们甚至在生物体小肠聚集阶段,就可以对其造成损害。

杜尔涅夫表示,用现代医疗手段完全可以制服旋毛虫。但他指出,旋毛虫的危害比人们想象的要大得多,这一点应引起足够的重视。

(2)发现蛔虫、绦虫、钩虫等严重威胁全球人类健康。2011 年 7 月 22 日,加拿大国立卫生研究院网站报道,加拿大麦吉尔大学卫生中心教授、流行病学家特丽萨·杰尔科斯博士领导的研究小组发现,肠道寄生虫正在严重地威胁首全球人类的身体健康。

研究人员指出,全世界目前有 20 亿人,因食用被污染的食物和饮用水,而罹患肠道寄生虫疾病。这个数量,约占全球人口的 1/3,且全部集中在发展中国家。

肠道寄生虫主要以土壤为传媒进行传播,包括蛔虫、绦虫、钩虫等线虫,普遍存在于老百姓的日常生活环境中。人们一般对肠道寄生虫感染带来的严重后果不能给予充分重视。一般的感染会导致被感染者营养不良、疲乏、贫血,而重度的感染会削弱免疫系统,导致认知障碍和丧失劳动能力,进而带来严重的社会经济问题。肠道寄生虫可通过被污染的食物、水、未洗净的手等多种途径进入人体,主要感染孕妇、学龄前儿童和少年。

目前,该研究小组正在尝试让深受肠道寄生虫病影响的国家和地区,尽早出台有关卫生政策和行动计划,并教育当地老师、家长帮助孩子养成良好的卫生习惯,同时尽可能保障驱虫药物的合理、有效使用。当前驱虫药物非常廉价和高效,各国也能从一些国际性卫生组织,获得免费驱虫药物。

这项研究,也是即将出台的世界卫生组织,在全球超过 100 个国家,控制肠道寄生虫感染战略计划的一部分。

(3)开发出治疗钩虫感染的一种安全廉价疗法。2013 年 11 月 16 日,有关媒体报道,美国加州大学圣地亚哥分校拉菲·阿罗恩教授与项目科学家胡燕博士等人组成的研究小组,开发出一种安全而廉价的治疗钩虫感染方法:用转基因益生菌发酵而成的纳豆来治疗钩虫感染,动物实验已表明其安全有效。

钩虫是一种嗜血性肠道寄生虫,可使感染者出现贫血等症状,感染钩虫的儿童还会营养不良、体智发育迟缓等。世卫组织统计,包括中国在内全球有约 7.4 亿人感染钩虫。目前治疗人类钩虫感染的药物,最初是为治疗牲畜肠道寄生虫而研发的,效果不是特别理想,而且在非洲、东南亚一些地方还出现了抗药性问题,改进疗法已迫在眉睫。

美国研究人员发现,用于害虫生物防治但对人体安全的苏云金杆菌(BT)会产生一种晶体蛋白 Cry5B,在动物实验中具有非常好的抗钩虫效果。他们将相关基因植入一种益生菌中,转基因的益生菌也会在发酵过程中生产 Cry5B 蛋白。

胡燕说,这种益生菌叫作纳豆枯草芽孢杆菌,日本人用它来发酵黄豆制作传统食物纳豆,这种转基因菌和由它发酵的纳豆,对人类和动物是完全无害的,而且成本较低。

研究人员把感染钩虫的仓鼠分成两组各 6 只进行实验,一组喂食"转基因"纳豆,另一组喂食没有改造的纳豆作为对照组。治疗 5 天后发现,吃"转基因"纳豆的仓鼠体内钩虫全部清除干净,而对照组仓鼠体内平均有 40~50 条钩虫。

下一步,研究人员将测试这种益生菌,对其他肠道寄生虫的疗效。如果治疗效果得到进一步验证,将开始进行人体临床试验。

(4)发现线虫或可成为"验癌高手"。2015 年 3 月,日本九州大学等机构有关专家组成的研究小组,在《公共科学图书馆·综合卷》上报告说,别看线虫体长仅 1 毫米左右,最新发现,它在识别癌症方面有"特长"。线虫可根据气味准确辨识出癌症患者的尿液,未来有望据此开发出简单而廉价的诊断方法。

此前研究已知,癌症患者的尿液及呼出气体有特殊气味,因此有人研究利用癌症嗅探犬来诊断癌症。不过,训练一条合格的嗅探犬并不容易,且成本不菲。

该研究小组介绍说,他们采集了 218 名健康人和 24 名癌症患者的尿液,将尿液样本置于玻璃皿上,然后将 50~100 条秀丽隐杆线虫放在玻璃皿中央,观察其反应。这种线虫拥有和狗相当的嗅觉受体。

结果发现,线虫普遍远离健康人的尿液,而聚集到癌症患者的尿液旁,准确率高达 95% 左右。研究人员通过基因操作,使线虫的部分嗅觉功能失灵,结果发现它们不再有此表现。这说明线虫"偏好"的是癌症患者尿液的气味。

此次研究涉及胃癌、食道癌、前列腺癌、胰腺癌等多种癌症,且有些癌症处于很早期阶段,而线虫不分癌症种类和发展程度,都能准确识别出癌症患者的尿液。

研究人员说,线虫与狗的嗅觉能力相当,且更容易饲养,如果能将本次研究成果推向实用,有望大幅降低癌症检查费用,并使检查过程更加便捷,约 1.5 小时就能得出结果。

3. 开发线虫研究的新技术

(1)首次推出线虫全神经实时成像的新技术。2014 年 5 月 18 日,奥地利维也纳大学神经科学家阿里帕夏·瓦齐里领导的一个研究小组,在《自然·方法学》杂志上发表研究成果称,他们第一次在活的生物体即秀丽隐杆线虫内,对所有的神经细胞活动进行了成像。这项成果展示了神经信号是如何实时穿过生物体的。

早在 1986 年,科学家便已经绘制了线虫全部 302 个神经细胞的连接图,这是第一个,并且迄今为止也没有在其他任何生物体中重复实现的成就。

但是这张"线路图",并不能帮助科学家确定导致一个特定行为的神经细胞路径。瓦齐里指出,研究人员无法依据该连接图,预测线虫在任何时间点上,将要做什么。而通过提供一种方法,以三维和实时的方式展示神经细胞之间的信号活动,这项新技术将使得科学家能够实现上述两个目标。

于是,瓦齐里及其同事对秀丽隐杆线虫进行基因改造,使得当一个神经细胞被激活,并且有钙离子穿越其细胞膜时,整个神经细胞将会被点亮。

为了捕捉这些信号,研究人员利用一项名为"光场解卷积显微术"的技术,对整个线虫进行成像。这种技术把来自一组微透镜的图像整合在一起,并利用一种算法对其进行分析,从而得到一个高分辨率的三维图像。研究人员每秒钟摄制了多达 50 张的整个线虫的图像,从而使得他们能够观测秀丽隐杆线虫大脑、中枢神经干以及尾部的神经细胞活动。

接下来,研究人员利用这项技术分析了透明的斑马鱼幼体:随着斑马鱼对泵入水中的化学物质的气味做出响应,他们对这种小鱼的整个大脑进行了成像。在这种技术的帮助下,研究人员能够同时捕捉约 5000 个神经细胞的活动,斑马鱼大约一共有 10 万个神经细胞。

(2)开发使线虫神经系统三维可视化的新技术。2014 年 6 月,美国麻省理工学院生物工程和脑与认知科学副教授埃德·博伊登领导,他的同事及维也纳大学的研究人员参与的一个研究小组,在《自然·方法学》上发表论文称,他们创建出一种揭示活体动物线虫整个大脑神经活动的成像系统,并生成毫秒级的三维影像,可以帮助科学家了解神经元网络如何处理感觉信息并产生行为。

博伊登说:"只看大脑中的一个神经元活动,是不能了解信息如何被计算的,因此还需要知道其上面的神经元在做什么。而为了解既定神经元的活动意味着什么,必须能够看到下游的神经元在做什么。总之,如果想了解信息是如何从感觉集成到所有的动作,就必须看到整个大脑的活动情况。"

新的方法还可以帮助神经科学家了解更多有关大脑疾病的生物学基础。博伊登说:"我们真的不知道,对于任何脑部疾病参与其中的确切细胞。在整个神经系统调查活动的能力,可能有助于找出那些涉及脑部疾病的细胞或网络,引导出新的治疗思路。"

神经元编码信息包括感官数据、运动计划、情绪状态和想法。利用称为动作电位的电脉冲,其闪光时引发钙离子流进每一个细胞。当工程荧光蛋白与钙结合而发光,科学家便可视化放电的神经元。然而,到现在为止,一直没有办法将这种神经活动在一个大容积的三维空间中高速呈现。

用激光束扫描大脑可以产生神经活性的三维图像,但需要用较长的时间来拍摄图像,因为每个点都必须单独进行扫描。该研究小组想实现类似三维成像的效果加速这个过程,只在毫秒的瞬间看到神经元发生放电。

研究人员说,光场显微镜的缺点是分辨率不如慢慢扫描样本的技术好。当前的分辨率足以看到单个神经元的活动,而研究人员现在努力改进它,以便显微镜也可被用于部分神经元的成像,如从神经元的主体分支出来的长树突。他们也希望能加快计算过程,目前需几分钟的时间来分析一秒钟成像的数据。

研究人员还计划将该技术与光遗传学结合,使神经元放电由对细胞工程表达光敏蛋白闪亮的光进行控制。通过用光线刺激神经元和观察大脑的其他地方,科学家能够确定哪些神经元参与了特定的任务。

参考文献和资料来源

一、主要参考文献

[1]闵航.微生物学[M].杭州:浙江大学出版社,2011.

[2]李颖,关国华.微生物生理学[M].北京:科学出版社,2013.

[3][德]伦内贝格.病毒、抗体和疫苗[M].杨毅,杨爽,王健美,译.北京:科学出版社,2009.

[4]王全喜,张小平,赵遵田,黄勇,张萍.植物学[M].(第2版).北京:科学出版社,2012.

[5][英]马丁·里克斯.植物大发现:黄金时代的图谱艺术[M].姚雪霏等,译.北京:人民邮电出版社,2015.

[6]王三根.植物生理学[M].北京:科学出版社,2016.

[7]杨秀平,肖向红.动物生理学[M].北京:高等教育出版社,2009.

[8]柳巨雄,杨焕民.动物生理学[M].北京:高等教育出版社,2011.

[9]蒋志刚,梅兵,唐业忠,等.动物行为学方法[M].北京:科学出版社,2012.

[10]蒋志刚.中国哺乳动物多样性及地理分布[M].北京:科学出版社,2015.

[11]钱凯先.基础生命科学导论[M].北京:化学工业出版社,2008.

[12]曹凯鸣.现代生物科学导论[M].北京:高等教育出版社,2011.

[13][美]奎恩,[美]雷默.生物信息学概论[M].孙啸,译.北京:清华大学出版社,2004.

[14]霍奇曼.生物信息学[M].北京:科学出版社,2010.

[15]王廷华,王廷勇,张晓.生物信息学理论与技术[M].北京:科学出版社,2015.

[16]刘旭光,张杰.分子生物学软件应用[M].北京:北京大学医学出版社,2007.

[17][美]克雷格·文特尔.解码生命[M].赵海军,周海燕,译.长沙:湖南科学技术出版社,2009.

[18][美]沃森.双螺旋[M].刘望夷,译.北京:化学工业出版社,2009.

[19][美]克拉克等.比较基因组学[M].邱幼祥,高翔等,译.北京:科学出版社,2007.

[20]李德山.基因工程制药[M].北京:化学工业出版社,2010.

[21][英]特怀曼.蛋白质组学原理[M].王恒梁等,译.北京:化学工业出版社,2007.

[22][英]惠特福德.蛋白质结构与功能[M].魏群,译.北京:科学出版社,2008.

[23]翟中和,王喜忠,丁明孝.细胞生物学[M].3版.北京:高等教育出版社,2007.

[24][美]阿巴斯.细胞与分子免疫学[M].北京:北京大学医学出版社,2004.

[25]张晓杰.细胞病理学[M].北京:人民卫生出版社,2009.

[26]郑杰.肿瘤的细胞和分子生物学[M].上海:上海科学技术出版社,2011.

[27]张瑞兰.免疫学基础[M].北京:科学出版社,2007.

[28][美]熊彼特.经济发展理论[M].何畏,易家详等,译.北京:商务印书馆,1990.

[29]张明龙,张琼妮.国外发明创造信息概述[M].北京:知识产权出版社,2010.

[30]张明龙,张琼妮.八大工业国创新信息[M].北京:知识产权出版社,2011.

[31]张明龙,张琼妮.新兴四国创新信息[M].北京:知识产权出版社,2012.

[32]张明龙,张琼妮.美国生命健康领域的创新信息[M].北京:知识产权出版社,2013.

[33]本报国际部.2004年世界科技发展回顾[N].科技日报,2005 - 01 - 01.

[34]本报国际部.2005年世界科技发展回顾[N].科技日报,2005 - 12 - 31 ~ 2006 - 01 - 06.

[35]本报国际部.2006年世界科技发展回顾[N].科技日报,2007 - 01 - 01.

[36]毛黎,张浩,何屹,等.2007年世界科技发展回顾[N].科技日报,2007 - 12 - 31 ~ 2008 - 01 - 06.

[38]毛黎,张浩,何屹,等.2008年世界科技发展回顾[N].科技日报,2009 - 01 - 01.

[39]毛黎,张浩,何屹,等.2009年世界科技发展回顾[N].科技日报,2010 - 01 - 01.

[40]本报国际部.2010年世界科技发展回顾[N].科技日报,2011 - 01 - 01.

[41]本报国际部.2011年世界科技发展回顾[N].科技日报,2012 - 01 - 01.

[42]本报国际部.2012年世界科技发展回顾[N].科技日报,2013 - 01 - 01.

[43]本报国际部.2013年世界科技发展回顾[N].科技日报,2014 - 01 - 01.

[44]本报国际部.2014年世界科技发展回顾[N].科技日报,2015 - 01 - 01.

[45]本报国际部.2015年世界科技发展回顾[N].科技日报,2016 - 01 - 01.

[46]Ben - David J、Scientific Growth, Essays on the Social Organization and

Ethos of Science[C]. University of California Press, 1991.

[47] Ibbons M, Limoges C, Nowotny H, et al. The New Production of Knowledge: The Dynamics of Science and Research in Contemporary Societies. Sage Publications, 1994.

[48] Stevenson L, Byerly H, The Many Faces of Science, An Introduction to Scientists, Values and Society[M]. Oxford: Westview Press, 1995.

[49] Seaborg G T, A Scientific Speaks Out, A Personal Perspective on Science, Society and Change[M]. World Scientific Publishing Co. Pte. Ltd. , 1996.

[50] McLaughlin J, Rosen P, Skinner D, et al. Valuing Technology: Organization, Culture and Change. London: Routledge, 1999.

[51] Petryna A, Life Exposed: Biological Citizens After Chernobyl [M]. Princeton: Princeton University Press, 2002.

[52] The National Intellectual Property Law Enforcement Coordination Council: Report to the President and Congress on Coordination of Intellectual Property Enforcement and Protection[R], 2006.

[53] The World Bank. Rural Development, Natural Resources and Environment Management Unit. 2007.

二、主要资料来源

[1]《科技日报》2003 年 1 月 1 日至 2015 年 12 月 30 日

[2]http://www. sciencemag. org/

[3]http://www. sciencedaily. com/

[4]http://www. nature. com/

[5]http://www. sciencedirect. com/

[6]http://en. wikipedia. org/wiki/Cell_(biology)

[7]http://www. sciencenet. cn/dz/add_user. aspx

[8]http://www. sciencenet. cn/

[9]http://tech. icxo. com/

[10]http://www. sciam. com. cn/

[11] http://www. cdstm. cn/

[12]http://www. kepu. net. cn/gb/index. html

[13]http://www. news. cn/tech/

[14]《自然》(Nature)

[15]《自然·细胞生物学》(Nature Cell Biology)

[16]《自然·结构生物学》(Nature Structural Biology)

[17]《自然·化学生物学》(nature Chemical Biology)

[18]《自然·生物技术》(*Nature Biotechnology*)

[19]《自然·遗传学》(*Nature Genetics*)

[20]《自然·免疫学》(*Nature Immunology*)

[21]《自然·神经科学》(*Nature Neuroscience*)

[22]《自然·医学》(*Nature Medicine*)

[23]《自然·纳米技术》(*Nature Nanotechnology*)

[24]《自然·植物》(*Natural plants*)

[25]《自然·通讯》(*Nature Communication*)

[26]《自然·方法学》(*Nature Methodology*)

[27]《科学》(*Science Magazine*)

[28]《科学·转化医学》(*Science Translational Medicine*)

[29]《科学报告》(*Scientific Reports*)

[30]美国《国家科学院学报》(*Proceedings of the National Academy of Sciences*)

[31]《当代生物学》(*Contemporary biology*)

[32]《进化生物学》(*Evolutionary Biology*)

[33]《生物化学杂志》(*Journal of Biological Chemistry*)

[34]《基因组研究》(*Genome Research*)

[35]《分子和细胞生物学》*Molecular and Cell Biology*)

[36]《应用化学》(*Angewandte Chemie*)

[37]《微生物学》(*Microbiology*)

[38]《微生物生态学杂志》(*Multidisciplinary Journal of Microbial Ecology*)

[39]《国际系统与进化微生物学杂志》(*International Journal of Systematic and Evolutionary Microbiology*)

[40]《植物细胞》(*Plant Cell*)

[41]《植物类食品与人类营养》(*Plant Food and Human Nutrition*)

[42]《农业与食品化学杂志》(*Journal of Agricultural and Food Chemistry*)

[43]《环境科学和技术》(*Environmental Science and Technology*)

[44]《濒危物种研究》(*Endangered Species Research*)

[45]《极地研究》(*Polar Research*)

[46]《动物生态学杂志》(*Journal of Animal Ecology*)

[47]《水生动物卫生杂志》(*Journal of Aquatic Animal Health*)

[48]《行为生态学》(*Behavioral Ecology*)

[49]《生态学快报》(*Ecology Letters*)

[50]《全球变化生物学》(*Global Change Biology*)

[51]《全球生态和保护》(*Global Ecology and Conservation*)

[52]《柳叶刀·肿瘤学》(*Lancet Oncology*)

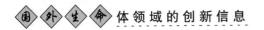

[53]《临床肿瘤学杂志》(*Journal of Clinical Oncology*)

[54]《癌细胞》(*Cancer cell*)

[55]《癌症》(*Cancer*)

[56]《神经病学》(*Neurology*)

[57]《细胞·干细胞》(*Cells Stem Cells*)

[58]《纳米快报》(*Nano Letters*)

[59]《新科学家》(*New Scientist*)

[60]《流行病和公共卫生杂志》(*Epidemiology and Public Health Magazine*)

[61]《公共科学图书馆·综合卷》(*PLoS Comprehensive*)

[62]《公共科学图书馆·生物学》(*PLoS Biology*)

[63]《公共科学图书馆·病原体》(*PLoS Pathogen*)

[64]《公共科学图书馆·遗传学》(*PLoS Genetics*)

[65]《公共科学图书馆·医学》(*PLoS Medicine*)

后 记

21 世纪以来,我们在建设省重点学科和名家工作室过程中,形成了一个相对稳定的研究团队。我们先后主持或参与国家及省部重要课题研究 10 多项,这些科研项目,大多集中在创新领域,主要涉及企业创新、产业集群创新、区域经济创新和宏观管理创新,因此,搜集和整理科技创新前沿信息,自然而然成为一项基础性的研究工作。

随着研究工作的深入和经验的总结,我们发现已经积累和搜集到的创新信息可以通过学科分类,按照一定逻辑关系,把它们整理成反映某个方面科技发展状况的书稿。于是,我们依此思路,陆续整理出版了《八大工业国创新信息》《新兴四国创新信息》《国外环境保护领域的创新进展》《国外材料领域创新进展》等。

2016 年年初,知识产权出版社出版了我们撰写的《国外生命基础领域的创新信息》。该书主要概述国外在基因、蛋白质和细胞等生命基础领域的创新进展情况。现在,它的姊妹篇:《国外生命体领域的创新信息》也即将付梓出版了,本书主要概述国外在微生物、植物和动物等生命体领域的新成果和新进展。本书与其姊妹篇《国外生命基础领域的创新信息》组合在一起,可以比较系统地反映国外生命科学方面的创新信息。

本书以现代生命科学理论为指导,密切跟踪国外生物工程技术的研究和开发活动,系统考察国外生命体领域的创新成果,着手从国外现实创新活动中搜集、整理有关资料,取精用宏,细加考辨,实现同中求异,异中求同,精心设计成研究生命体领域创新信息的分析框架。本书所选材料限于 21 世纪以来的创新成果,其中95% 以上集中在 2005 年 1 月至 2015 年 12 月期间。

我们在研究科研项目和撰写书稿的过程中,得到许多科研院所、大专院校、科技管理部门,以及企业的支持和帮助。这部专著的基本素材和典型案例,吸收了报纸、杂志、网络等众多媒体的新闻报道。这本书的各种知识要素,吸收了学术界的研究成果,不少方面还直接得益于师长、同事和朋友的赐教。为此,向所有提供过帮助的人,表示衷心的感谢!

这里,要特别感谢名家工作室成员的协作精神和艰辛的研究付出。感谢余俊平、卢双、巫贤雅等研究生参与课题调研,以及帮助搜集、整理资料等工作。感谢浙江省哲学社会科学规划重点课题基金、浙江省科技计划软科学研究项目基金、台州市宣传文化名家工作室建设基金、台州市优秀人才培养(著作出版类)资助基金对本书出版的资助。感谢台州学院办公室、组织部、宣传部、人事处、科研处、教务处、招生就业处、信息中心、图书馆和经济研究所、经贸管理学院,浙江师范大学经济管理学院等单位诸多同志的帮助。感谢知识产权出版社的诸位同志,特别是王辉先生,他们为提高本书质量倾注了大量时间和精力。

限于我们的学术研究水平,书中难免存在一些不妥之处,敬请广大读者不吝指教。

张明龙　张琼妮
2016 年 3 月于台州学院湘山斋张明龙名家工作室